OTHER KITCHEN THINGS
OTHER KITCHEN THINGS
OTHER KITCHEN THINGS
OTHER KITCHEN

입맛에 맞게 새로 짠
365일 반찬 · 밑반찬

건강한 식생활은
식품 하나하나의 영양소보다 함께 먹는 식품과의
영양 균형이 중요하다

식생활 패턴이 많이 달라졌다.

특히 아이들이나 20~30대 젊은이들의 입맛은 매우 다양해져서 소스나 패스트푸드에
길들여지고 일품요리를 좋아하게 되었다. 한끼 한끼의 식사가 모여서 몸의 균형을 유지시킨다는
사실을 잊고, 한두 번 먹는 특정식품에 기대를 거는 사람들도 많다.

또한 외식에도 익숙해져서 하루에 2~3회 정도 외식을 한다는 사람들도 의외로 많다. 하지만
영양의 고른 섭취를 위해서는 이상적인 식단에 맞추어 계획적인 식생활을 하는 것이 바람직하다.
더구나 비만이 걱정되는 젊은이들이나 성인병이 걱정되는 중장년기 어른들은 반드시 식단에
맞추어 식생활 패턴을 정할 것을 권한다.

이 책의 식단은 특정한 사람들을 위한 것이 아니고 누구나의 입맛에 잘 맞게 평범한 메뉴들로
짜여졌다. 또한 식단의 다양성을 살리기 위해 메뉴마다 열량치를 알려주어 같은 열량이라면
메뉴를 바꾸어 먹을 수도 있게 했다. 아울러 이 책에서 강조하고 싶은 것은 바른 영양은 균형된
식사에서 비롯된다는 것. 하나하나의 식품이 갖고 있는 영양소보다 더불어 먹는 음식들과의
밸런스, 이것이 무엇보다 중요하다는 것을 알리고 있다.

이 책의 식단은 주단위로 짜여졌기 때문에 보기도 쉽고 이용하기도 편리하다.

또한 매달 '이달의 특별요리'를 달아주어 그달그달의 메뉴 선정에 다양성을 살렸다.

달라진 입맛에 맞게
새로 짰습니다

이 식단의 특징

이 책의 아침, 점심, 저녁 식단은 아이 둘을 둔 4인 가족을 기준으로 짰으며 소개된 요리 재료의 분량도 거기에 맞추었다.

❶ 생활주기가 대개 주단위로 이루어지므로 평일은 준비가 쉽고 조리도 간단한 식단으로 꾸몄고 가족이 함께 있는 시간이 많은 토요일과 일요일은 보다 색다른 요리를 식탁에 올릴 수 있도록 안배했다.

❷ 음식의 재료는 그 계절에 많이 나오는 제철 식품을 이용했다. 무리한 식비의 지출도 막고 식품이 갖는 제맛을 제대로 즐길 수 있기 때문이다. 그러나 때로는 철이 이른 식품을 이용해 식탁의 단조로움을 없애고 산뜻한 미각을 살려주도록 배려 했다.

❸ 한 끼에 준비하는 음식의 종류는 되도록 줄여, 주부의 시간과 노동의 낭비를 피했다. 한끼 식사의 종류는 밥·국·김치를 제외하고 3가지 정도가 적당하다. 5가지가 넘으면 많다.

❹ 주스류나 과일은 특별히 식단에 올리지 않았다. 그 계절에 맞는 과일을 선택하여 섭취하도록 한다.

❺ 밥은 흰밥만으로 하지 않고 보리나 잡곡을 사용하여 영양의 밸런스를 맞추었다.

❻ 음식의 양은 되도록 적게 하여 많이 먹지 않는 것이 이상적이다.

❼ 아침 식단은 쉽게 준비하여 간단히 먹을 수 있는 것으로 하되 단백질의 비율을 높였다.

❽ 열량 및 영양소의 비중은 세 끼에 비슷하게 안배하는 것이 원칙이지만 요즘은 식생활 패턴이 달라졌다. 저녁은 가볍게 먹는 것을 권장하고 있으므로 아침·점심의 열량에서 조절하는 것이 좋겠다.

❾ 이 책에 소개된 요리는 담음새가 돋보여 손님 상차림 코디네이트 요령을 터득할 수 있다.

❿ 매달 '이달의 특별요리'를 소개하여 식단의 폭을 넓혀주고 있다.

식단 보는 법

❶ 각 페이지마다 소개된 요리 만들기는 식단 중 굵은 글씨로 쓰인 것들이다.

❷ 계량 단위는 1작은술 = 5ml
   1큰술 = 3작은술 = 15ml
   1컵 = 200ml ※ 1ml = 1cc

❸ 각 요리마다 만드는 법 외에 요리의 포인트를 달아 만들기의 어려움을 덜어 준다.

한국인의 에너지 필요량

몸의 컨디션은 대개의 경우 식사를 어떻게 하느냐에 따라 달라진다고 한다. 그런 의미에서 부엌일을 맡고 있는 주부는 가족의 건강을 지키는 영양사. 간단한 영양지식을 알아두자.

한가족의 하루 영양은 5가지 기초식품군에서 빠지는 군이 없이 골고루 일정량을 섭취해야 하며 그 필요량은 가족 구성원의 연령, 성별, 체중, 건강 상태에 따라 산출되어야 한다.

	연령(세)	체중(kg)	필요추정량(kcal)
남자	6~8	25.0	1,600
	9~11	35.7	1,900
	12~14	50.5	2,400
	15~18	62.1	2,700
	19~29	65.8	2,600
	30~49	63.6	2,400
	50~64	60.6	2,200
	65~74	59.2	2,000
	75세 이상	59.2	2,000
여자	6~8	24.6	1,500
	9~11	34.8	1,700
	12~14	47.5	2,000
	15~18	53.4	2,000
	19~29	56.3	2,100
	30~49	54.2	1,900
	50~64	52.2	1,800
	65~74	50.2	1,600
	75세 이상	50.2	1,600
임신기	전반		+0
	후반		+340
수유기			+320

바꾸어 먹을 수 있는 식사구성안

매일 짜여진 식단대로 식사를 할 수 있다면 좋겠지만 외식이 많거나 혼자서 식사를 해야 하는 경우, 어려움이 따른다. 이때 이용할 수 있는 것이 식사구성안. 식사구성안이란 영양소의 조성이 비슷한 식품들을 식품군으로 묶어놓은 것으로, 이 식품군을 골고루 섭취하면 대체로 고른 영양소의 섭취가 가능해진다.

예를 들면 밥 한공기 대신 감자(중) 1개를 먹으면 칼로리와 영양이 거의 비슷하다고 보는 것이다. 생선 작은 것 한토막과 달걀 1개도 비슷한 영양을 섭취할 수 있는 것도 예의 하나다.

● 식품군별 대표식품의 1인 1회 분량

식품군	1인 1회 분량
곡류	밥 1공기(210g), 국수 1대접(건면 100g), 식빵(대) 2쪽(100g), 감자(중) 1개(130g)*, 씨리얼 1접시(40g)*
고기·생선 계란·콩류	육류 1접시(생 60g), 닭고기 1조각(생 60g), 달걀 1개(60g) 두부 2조각(80g), 콩(20g)
채소류	콩나물 1접시(생 70g), 시금치나물 1접시(생 70g), 배추김치 1접시(생 70g), 오이소박이 1접시(60g), 버섯 1접시(생 30g), 물미역 1접시(생 30g)
과일류	사과(중) 1/2개(100g), 귤(중) 1개(100g), 참외(중) 1/2개(200g), 포도(중) 15알(100g), 오렌지주스 1/2컵(100g)
우유·유제품류	우유 1컵(200g), 호상요구르트 1/2컵(100g), 액상요구르트 3/4컵(150g), 아이스크림 1/2컵(100g), 치즈 1장(20g)*
유지·당류	식용유 1작은술(5g), 버터 1작은술(5g), 마요네즈 1작은술(5g), 설탕 1큰술(10g), 커피믹스 1봉지(12g)

*다른 식품들 1회 분량의 1/2 에너지를 함유하고 있으므로 식단 작성 시 0.5회로 간주함.

〈자료출처 • 사)한국영양학회, 한국인 영양섭취기준 개정판, 2010〉

바람직한 식사관리

1. 다양한 식품을 골고루 먹자

우리가 생명을 유지하고 건강한 삶을 살기 위해서는 영양소를 섭취해야 하는데 이 영양소는 그 종류가 약 40여종에 이른다. 이들 영양소는 체내에서 하는 역할이 다양하며 영양소 상호간에도 유기적인 관계가 있어 한 영양소라도 넘치거나 부족하면 영양상의 균형이 깨지게 된다. 실제로 우리가 섭취하는 식품은 매우 다양하여 하루 섭취량을 일일이 계산하기란 어렵다. 그러므로 영양소의 조성이 비슷한 식품들을 식품군으로 묶어 이 식품군을 골고루 섭취하면 대체로 필요한 영양소를 얻을 수 있고 영양소의 부족도 막을 수 있다.

2. 정상 체중을 유지하자

경제수준의 향상과 더불어 생활양식이 서구화되어 가면서 체중과 신장이 점차 증가하는 추세다. 때문에 성인병의 발병율과 사망률도 증가 추세에 있는데, 체중이란 건강과 밀접한 관계가 있어 섭취한 영량과 소비된 열량이 서로 균형이 맞았을 때 그대로 유지될 수 있다. 체중을 줄이려면 설탕이나 탄산음료의 섭취를 줄이고 튀김 같은 고열량 식품의 섭취를 자제해야 한다. 더불어 생활에서 활동량을 늘려 열량을 더 소비하여 에너지대사의 균형을 유지하는 것이 매우 중요하다.

3. 단백질을 충분히 섭취하자

단백질은 성장기 어린이나 성인에게 새로운 조직의 발달을 도와주며 정상적인 성장과 건강을 유지시켜 준다. 따라서 단백질의 결핍은 체조직의 손실을 일으켜 성장부진과 체력의 약화를 초래한다. 그러므로 육류, 어류 및 계란, 우유 등 질이 좋은 단백질을 매일 충분히 섭취하는 것이 중요하다.

4. 지방질은 총 열량의 20% 정도를 섭취하자

한국인의 경우 영양 권장량에 의하면 총 열량 섭취의 20% 정도를 지방질로 섭취할 것을 권하고 있다. 특히 식물성과 동물성 유지 섭취의 균형을 지키는 것이 중요하며 생선과 콩의 섭취도 권장하다.

5. 우유를 매일 마시자

우유는 우리나라 식사에서 특히 부족한 칼슘과 리보플라빈의 함량이 특히 높은 식품으로, 우유를 매일 한 컵씩 마신다면 이들 영양소의 섭취 수준을 크게 향상시킬 수 있다. 우유는 위궤양, 위염, 골다공증, 간장질환, 당뇨병 등의 치료 및 예방을 위해서도 권장되는 식품으로 우유를 싫어하는 사람이라면 요구르트나 치즈 등의 유제품을 섭취해도 좋다.

6. 짜게 먹지 말자

식염의 성분이 되는 나트륨은 체내대사에 꼭 필요한 무기질이지만 나트륨의 섭취가 높아지면 고혈압 발생 빈도가 높아지고 여러 가지 합병증을 유발할 수 있으므로 평소 음식을 짜게 먹는 습관은 고치는 것이 좋다. 화학조미료의 무절제한 사용도 금하도록.

7. 술·담배·카페인·음료 등을 절제하자

알코올 음료는 열량을 제공하지만 다른 영양소가 거의 없고 식욕을 감퇴시키며 몇 가지 필수영양소의 흡수를 방해하기 때문에 비타민·무기질 등의 부족을 일으키기 쉽다. 또한 흡연은 폐기종을 유발하기 쉬우며 심장병과 말초혈관계의 질병을 높이는 경향이 있다. 카페인 또한 중추신경을 자극하며 혈압을 상승시키고 철분 흡수를 방해하며 불면증을 유발시키므로 건강을 위해 절제하자.

8. 식생활 및 일상생활의 균형을 이루자

한 가지 음식만을 너무 많이 섭취하지 말고 식사의 질과 양, 활동량과 운동량을 조절하여 건강을 유지하도록 해야 하며 규칙적으로 식사하고 배설하며 수면을 취하는 것이 중요하다.

9. 가족의 기호와 영양을 고려하자

즐겁고 바람직한 식사 시간을 위해서는 몇 가지 사항이 필요한데 우선 영양소가 골고루 섭취될 수 있도록 여러 가지 식품을 선택하며 적합한 조리방법으로 영양소의 손실을 막는다. 그리고 식품의 특성과 조리시의 변화를 잘 이해하여 식품의 소화율을 증가시키고 가족들의 기호를 만족시킬 수 있는 방법으로 조리하도록 한다.

참고 ♠ 한국영양학회 자료

01월

요리힌트

볶음요리 불조절법 018 조림을 윤기나게 하려면 020 코다리의 영양 025 다진고기 살 때 026 카레가루의 여러 가지 용도 028 버섯 손질법 030
늙은 호박으로 만드는 호박지김치 033 양파 다지기 034 신선한 쇠고기 고르기 037 가스불에 밥을 잘하려면 038 버섯의 영양 039
닭고기의 부위별 특징 040 마른오징어를 부드럽게 하려면 043 아귀찜의 맛은 야채에서 나온다 044 계량컵과 계량스푼의 이용법 049

02월

요리힌트

맛있는 김 고르기 051 값싸고 영양 많은 돼지고기 054 고기를 연하고 맛있게 먹으려면 056 순대 만들기 061
튀김온도를 알려면 062 메기의 성분 068 명란젓 담그는 법 071 꼬치를 구울 때는 072 유자차 만들기 076

05월

요리힌트 감자는 찬물에 담갔다 조리한다 148　연근의 아린맛을 빼려면 150　생선조림은 일식조림장으로 152　화이트소스 만들기 154
호박에 들어있는 영양 160　푸른채소를 데치려면 160　꽁치는 껍질째 먹는다 162　돼지고기를 맛있게 조리하려면 164
채소를 볶을 때 166　튀김을 맛있게 하려면 168　연두부시금치탕 맛내기 비결 169　튀김온도 알아내는 요령 172　서양 요리 소스 7가지 177

06월

요리힌트 고기요리에는 고추기름을 184　식빵을 썰 때는 196　중국소스 이용하기 198

09월

요리힌트

오징어 데치는 요령 276　샌드위치 모양내기 278　오징어 껍질 벗기기 280　과일주스로 만드는 젤리 281　생선 보관법 282
시금치 데치기 283　튀김옷 입히는 요령 284　초회양념장 활용 287　우엉은 식촛물에 담가야 288　참치샐러드를 맛있게 하려면 289
잔멸치튀김 요령 290　이면수 보관법 293　갈치 고르기 295　묵 조리법 298　냉채소스 종류 299　양념장 섞기만 하면 돼요! 305

10월

요리힌트

달걀을 잘 삶으려면 307　토란 손질법·건파래 효능 309　오징어의 영양 310　고구마줄기 손질법 316　마요네즈를 이용한 소스 317
고등어·감자 조리법 318　생선구이 요령 321　볶음밥 요령 322　도라지를 조릴 때 323　튀김 요령 324　맛있는 김치밥 만들기 325
감자구이 요령 327　전갱이 손질법 328　남은 유부 이용하기 330

11월

	첫째주	둘째주	셋째주	넷째주
월	338 굴튀김과 소스	345 나물육개장 홍합적	352 서양식닭불고기	359 양송이수프 돼지고기향미야채볶음
화	339 메밀김치부침 양송이장조림	346 해물스파게티	353 명란고추찜 오징어취나물	360 오믈렛
수	340 파스타와 닭튀김 도리아	347 새우리조트 두부엿장조림	354 김부각	361 쇠고기무찜 감자조림
목	341 북어해장국밥 새우 곁들인 양상추샐러드	348 고등어깻잎찜 순두부찌개	355 배추들깨국 무말랭이볶음	362 호박고지찰밥 된장찌개
금	342 잣국수	349 해삼볶음 오이선	356 쌀강정	363 고등어불고기 옥수수전
토	343 오징어버터구이 도토리묵잡채	350 갈치된장조림	357 불고기와 시금치생채 술안주모듬	364 백김치보쌈
일	344 감자크로켓	351 호박떡 모과차	358 꽃게튀김	365 두부장떡 콩비지찌개

이달의 특별요리

별미 김장김치

- 366 배추통김치
나박김치
백김치
- 367 동치미
깍두기
총각김치
- 368 파김치
갓김치
섞박지
오이소박이

요리힌트

샐러드용 야채 썰기 341 국수를 쫀득하게 만들려면 342 크로켓 튀기기 344 두부 조리기 347 고등어자반 고르기 348
찜통에 떡 찌는 법 351 닭냄새 없애기 352 신선한 명란 고르기 353 엿강정 만들기 356 호박오가리 손질법 362
고등어 고르기 363 돼지고기 누린내 없애기 364 월별 식품 저장 계획표 369

12월

	첫째주	둘째주	셋째주	넷째주
월	370 김치롤찜	377 삼각만두튀김 무초절이	384 모듬야채전	391 명태포장구이 순두부볶음
화	371 지중해식 해물찜 누룽지장국죽	378 돼지갈비지찌개	385 전라도식 청국장 콩나물볶음	392 오징어무초절임
수	372 배추겉절이	379 라이스버거 뱅어포구이	386 도미전전골	393 핫윙 닭마늘구이와 야채볶음
목	373 참치뚜가리 참치카레구이	380 토란미트볼소스스파게티 굴초회	387 야채호떡 감자튀김과 메추리알조림	394 고등어김치지짐 고등어범벅
금	374 굴탕	381 햄버거스테이크 사과샐러드	388 케익떡	395 우엉다시마장조림 배추샤브샤브
토	375 김치철판볶음밥 명란두부탕	382 애플스프링롤	389 토스트카나페 파래맛 크래커	396 돼지고기솔방울찜
일	376 단호박오븐찜	383 양념꽃게장구이 북어장떡	390 우거지갈비탕	397 깻잎들깨나물 비빔밥

이달의 특별요리

해장요리

- 398 조개탕
청파탕
북어콩나물국
- 399 김치굴국
매실차
배꿀찜
- 400 오이생즙
마즙
북어초회
해물죽

요리힌트

겉절이 맛있게 무치기 372 감자 고르는 법·손질법 373 굴 깨끗이 씻으려면 374 호박의 영양 376 무의 영양 377
사과의 효능 382 장떡을 쫄깃하게 지지려면 383 우거지 맛있게 끓이려면 390 두부 종류와 보관법 391
오징어 저장방법 392 우엉 고르는 요령 395 깻잎의 영양 397

1년 중 가장 추운 달이면서 제철식품도 많지 않은 때다. 추위에 자꾸 움츠러들어
건강에도 소홀해지 쉬운데 양질의 식품으로 가족 건강을 챙기자. 굴, 동태, 코다리,
고등어자반 등 고단백 식품과 가을에 갈무리해둔 채소들, 겨울이 제철인 시금치,
연근 등으로 매일 한가지씩만 맛깔스럽게 차려내도 맛과 영양, 입맛이 살아난다.

1>2월

M월day

떡잡채

재료/4인분

흰떡	1kg
쇠고기	200g
불린표고버섯	150g
양파	250g
당근	150g
미나리	100g

떡양념

국간장	4큰술
설탕	2큰술

잡채양념

진간장	3 1/2큰술
참기름·설탕	2큰술씩
다진마늘	1큰술
깨소금	1/2큰술
식용유	3큰술
후춧가루	약간

이렇게 만드세요

1 떡 데치기 가래떡은 5cm길이로 잘라 4등분하여 끓는물에 10분 정도 데쳐 건진다. 건진 떡에 삶은 국물을 약간 넣고 간장, 설탕을 넣어 재워 놓는다.

2 쇠고기와 버섯 양념하여 볶기 쇠고기는 5cm길이로 얇게 채썰고 표고버섯도 쇠고기와 같은 크기로 채썰어 각각 갖은양념을 하여 볶아낸다.

3 야채 볶기 양파는 반갈라 채썰고, 당근은 4cm길이, 1cm폭으로 얇게 썰어 프라이팬에 기름을 두르고 센불에서 재빨리 볶는다.

4 미나리 데치기 미나리는 5cm 길이로 썰어 끓는물에 살짝 데쳐 찬물에 헹구어 건진다.

5 재료 버무려 볶기 재워놓은 떡과 미나리, 볶은 표고버섯과 쇠고기, 당근과 양파를 함께 팬에 담고 양념을 넣고 버무려 볶아낸다.

더 맛있게! 마른 표고는 미지근한 물에 20분 정도 담가 충분히 불려서 물기를 가볍게 짜고 꼭지는 뗀다. 생표고는 끓는물에 소금을 넣고 살짝 데쳐낸 후 꼭지를 떼어내고 물기를 짜서 사용한다.

요리힌트

야채는 낮은 온도로, 고기류는 높은 온도로 달군 팬에 볶는다

야채를 볶을 때는 약하게 달군 팬에 기름을 두르고 채를 가볍게 볶되 타지 않도록 찬물을 조금씩 쳐가면서 볶는다. 색도 변치 않고 속까지 빨리 익어 모양도 좋고 맛도 있다. 고기류는 높은 온도로 팬을 달군 다음에 고기를 넣고 센불에서 볶아 물이 나오지 않게 해야 맛이 있고, 영양소도 파괴되지 않는다.

떡 데치기

떡 재우기

야채 볶기

버무리기

Tu화day

오늘의 식단
(총1987kcal)

아침	· 콩밥(2/3공기)	220Kcal
	북어탕	172Kcal
	오이생채	46Kcal
	나박김치	12Kcal
점심	· 돼지고기조림과 파스타	
		547Kcal
	야채수프	63Kcal
저녁	· 흰밥(1공기)	334Kcal
	닭마늘산적	136Kcal
	가자미식해	405Kcal
	부추김치	52Kcal

가자미식해

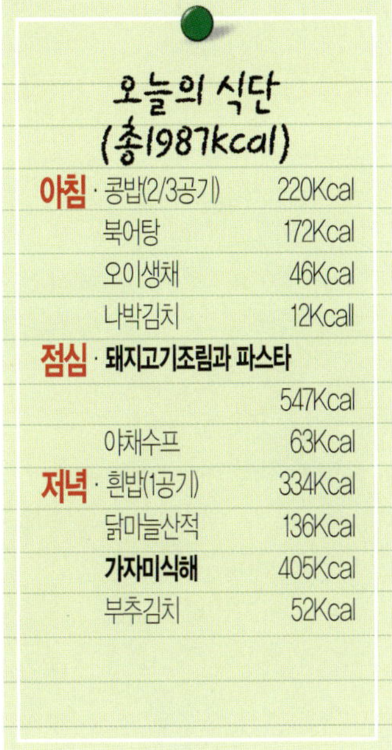

🍚 **재료/4인분**

참가자미 1kg, 무 500g, 좁쌀 1컵, 소금 1/2컵, 고춧가루 1컵, 파 2대, 마늘 2통, 생강 1/2톨

📋 **이렇게 만드세요**

1 가자미 절이기 가자미는 비늘을 긁고 내장과 머리를 없애고 손질하여 소금을 뿌려 하룻밤 절여둔다.

2 가자미 말리기 절인 가자미를 맑은 물에 씻어 채반에 널어 바람이 잘 통하는 곳에서 한나절 말린다.

3 무 채썰어 절이기 무는 굵게 채썰어 소금에 절였다가 물기를 꼭 짠다.

4 조밥 짓기 좁쌀을 모래 없이 일어서 김이 오른 찜통에 넣고 찌거나 질지 않게 밥을 짓는다.

5 재료 버무리기 가자미를 적당한 크기로 토막내고, 조밥과 무는 고운 고춧가루로 버무린다.

6 식해 양념하기 가자미에 고춧가루에 버무린 조밥과 무를 넣고, 다진파, 마늘, 생강과 소금을 넣어 고루 버무려 항아리에 담고 꼭꼭 눌러 일주일 정도 두었다가 좁쌀이 풀어지고 살이 연해지면 먹는다.

돼지고기조림과 파스타

🍚 **재료/4인분**

돼지고기(안심부위) 200g, 소금·후추 약간씩, 식용유 2큰술, 양파 1/2개, 표고버섯 2개, 토마토케첩 3큰술, 설탕 1큰술, 우스터소스 2작은술, 육수 1/3컵, 완두콩통조림 2큰술, 파스타(리본 모양) 1컵, 식용유 적당량

📋 **이렇게 만드세요**

1 돼지고기 준비하기 돼지고기안심은 덩어리째 실로 묶어서 긴 원통형으로 만든다.

2 돼지고기 밑간하기 묶은 고기에 소금, 후추를 뿌리고 살짝 문질러서 밑간을 해둔다.

3 야채 썰기 양파는 얇게 채썰고 표고버섯은 불려서 채썬다.

4 돼지고기 지지기 팬에 기름을 두르고 달구어지면 고기를 넣고 표면이 노릇하게 지져낸다.

5 소스 만들기 냄비에 양파와 표고버섯, 완두콩을 넣고 볶다가 토마토케첩과 우스터소스, 설탕, 육수를 넣고 끓인다.

6 고기 조리기 ⑤에 지진 돼지고기를 넣고 뚜껑을 덮어 속까지 완전히 익도록 조린다. 15분 정도 지나면 뚜껑을 열고 윤기가 나도록 소스를 끼얹어주면서 센불에서 바글바글 끓여 불에서 내린다.

7 파스타 삶기 파스타는 끓는물에 7~8분 정도 삶아 망에 건져내어 식용유로 버무린다.

8 담아내기 고기는 한입크기로 썰고, 남은 소스에 파스타를 버무려 접시에 담고 조린고기를 올려낸다.

Wed수esday

아침	· 보리밥(2/3공기)	219Kcal
	김치콩나물국	33Kcal
	방게조림	161Kcal
	김치	17Kcal
점심	· 라면볶음	525Kcal
	양파국	62Kcal
	장조림	148Kcal
저녁	· 단호박그라탱	265Kcal
	양파수프	114Kcal
	바게트	205Kcal
	콘샐러드	13Kcal

방게조림

🍚 재료/4인분

방게 ················300g
레몬즙 ················2큰술
녹말가루 ················1/2컵
튀김기름 ················적당량
통깨 ················1큰술
붉은고추 ················1개
실파 ················3뿌리

조림장

간장 ················2큰술
설탕 · 물엿 ················1큰술씩
다시마장국 ················1/2컵
생강즙 ················1/2큰술
마늘 ················2쪽
맛술 ················1큰술

📋 이렇게 만드세요

1 **방게 식촛물에 담그기** 방게는 깨끗하게 씻어 건진 후 연해지도록 레몬즙을 뿌려두거나 식초물에 담가 놓았다가 물기를 제거한다.

2 **기름에 튀기기** 방게에 녹말가루를 묻혀 170℃의 기름에 바삭하게 튀긴다.

3 **고추와 파 썰기** 붉은고추는 씨를 털어낸 후 채썰고, 실파도 송송 썬다.

4 **조림장 만들기** 냄비에 채썬 마늘, 간장과 맛술, 설탕, 생강즙, 물엿, 다시마장국을 넣고 서서히 조려 조림장을 만든다.

5 **방게 조리기** 조림장에 튀긴 방게를 넣고 약한불에서 은근하게 조린다. 맛이 들면 통깨를 뿌리고, 고추와 실파를 곁들여낸다.

더 맛있게! 조림을 할 때는 냄비의 지름보다 약간 작은 뚜껑을 재료 위에 직접 올려놓고 조린다. 조림국물 속에서 재료가 들썩거려 부서지는 것을 막고, 조림국물이 증발하지 않게 하고, 끓어오른 국물이 재료에 끼얹어져 맛이 균일하게 배는 효과가 있기 때문이다. 일본에서는 생선 조림에 나무뚜껑을 사용하는데, 꼭 물에 적셔 사용한다.

🧑‍🍳 요리힌트

녹말물을 섞어 조리면 윤기가 난다

조림에 녹말물을 섞어 조리는 방법을 초라고 하는데, 보통 전복, 홍합, 해삼 같은 해산물을 재료로 하여 끈기있고 국물이 없게 조린다. 조림장을 만들 때 녹말물을 넣어주면 조림을 했을 때 윤기가 나고 쫄깃하다. 방게조림은 녹말가루에 튀겨 국물이 흐르지 않게 조리고, 조림장이 충분히 배어 거무스름하고 윤기가 나야 잘 된 것이다. 센불에서 조리면 조림장이 다 졸아버리므로 뭉근한 불에서 은근히 조린다.

비디오 쿠킹

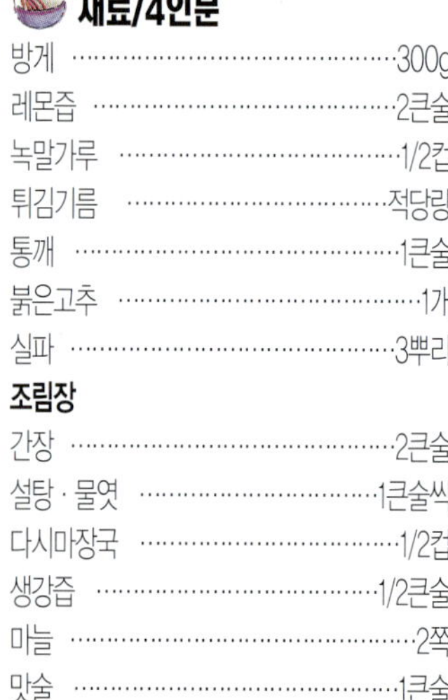
식촛물에 담그기

튀기기

조림장 만들기

조리기

*Thu*목*sday*

오늘의 식단
(총1699kcal)

아침 · 달걀죽	310Kcal
양배추초절이	45Kcal
과일(귤)	48Kcal
우유(1컵)	118Kcal
점심 · 동치미냉면	446Kcal
호박전	89Kcal
저녁 · 보리밥(1공기)	329Kcal
청국장찌개	168Kcal
숙주나물	23Kcal
동치미쇠고기무침	106Kcal
김치	17Kcal

동치미냉면

재료/4인분

동치미무 150g, 동치미국물 2컵, 생수 2컵, 설탕 약간, 식초 1작은술, 배즙 1/4개분량, 삶은 달걀 2개, 메밀국수 150g

이렇게 만드세요

1 동치미 무썰기 동치미무는 먹기 좋게 썰고 줄기는 4cm길이로 썬다.

2 냉면국물 만들기 동치미국물에 생수와 배즙을 섞고 설탕과 식초를 넣어서 맛을 낸다.

3 달걀 준비하기 삶은 달걀은 껍질을 벗기고 동그랗게 썰거나 길게 반으로 가른다.

4 면 삶기 메밀국수는 끓는물에 넣고 5분 정도 삶아 건져 바로 차게 헹군 다음 4등분한다.

5 담아내기 그릇에 동치미무와 무청, 메밀국수, 달걀을 담고 먹을 때 국물을 붓는다.

동치미쇠고기무침

재료/4인분

동치미무 150g, 쇠고기 150g, 참나물 80g, 통깨 약간 **고기양념장** 간장 1큰술, 설탕 1/2큰술, 다진마늘 1작은술, 다진파 2작은술, 깨소금 · 참기름 1작은술씩, 후춧가루 약간

이렇게 만드세요

1 동치미무 설탕에 재우기 동치미무는 반달모양으로 얄팍하게 썰어 설탕물에 5분 정도 담가 두었다가 건져서 물기를 꼭 짠다.

2 고기 양념하기 쇠고기는 불고기용으로 준비하여 알맞게 썰어서 분량의 양념을 섞어 만든 고기양념장에 재워둔다.

3 참나물 손질하기 참나물은 깨끗이 손질하여 4cm길이로 썬다.

4 고기 볶기 달구어진 팬에 기름을 두르고 양념한 고기를 넣어서 센불에 재빠르게 물기 없이 볶는다.

5 고기와 나물 무치기 쇠고기가 볶아지면 그릇에 담고 동치미무와 참나물을 넣어서 서로 잘 어우러지도록 무친다.

더 맛있게! 동치미는 밥상에 오르지만 떡을 먹을 때나 국수상, 또는 술상을 차릴 때 내놓으면 좋다. 특히 떡을 먹을 때 곁들이는 동치미는 개운한 맛을 줄 뿐 아니라, 무의 디아스타제라는 소화효소가 소화작용을 도와주기 때문에 부담 없이 먹을 수 있다. 항아리에서 동치미를 꺼낼 때, 물이 묻은 손으로 꺼내면 곰팡이가 피고 맛이 쉽게 변하므로 반드시 물기 없는 손으로 정갈하게 다룬다. 상에 낼 때는 무는 나박나박 썰고, 동치미 국물을 충분히 부은 후 삭한 고추와 실파, 갓을 고루 띄워낸다.

Friday 금

오늘의 식단
(총1996kcal)

아침 · 버터라이스		362Kcal
	감자국	87Kcal
	브로콜리베이컨볶음	164Kcal
점심 · 햄버거		462Kcal
	야채수프	63Kcal
	양상추샐러드	75Kcal
저녁 · 잡곡밥(1공기)		36Kcal
	된장국	44Kcal
	닭강정	312Kcal
	말린도라지나물	49Kcal
	배추김치	17Kcal

닭강정

재료/4인분

닭	1마리
튀김가루	1컵
튀김기름	적당량
다진땅콩	약간

닭양념

소금	2큰술
후추	1/2작은술
청주	1/3컵
양파즙	4큰술

강정소스

마른고추	2개
다진마늘	2큰술
대파	6cm
다진생강	1/2작은술
고추장	3큰술
토마토케첩	1/2컵
간장	1큰술
후춧가루	1/2작은술
물엿	2큰술
설탕	2큰술

이렇게 만드세요

1 닭 손질하기 닭은 배를 갈라 속까지 깨끗이 씻은 다음 종이타월로 물기를 깨끗이 닦아내고 4cm크기로 작게 토막을 낸다. 토막낸 닭은 다시 물에 씻지 않도록 한다.

2 양파즙에 닭 재우기 양파를 강판에 갈아 즙을 내어 닭에 고루 버무리고 소금, 후추, 청주를 분량대로 넣어 밑간하여 랩을 씌워 재워둔다.

3 양념 다지기 마른고추는 가위로 동글게 썰어서 씨를 털고 대파는 굵게 다진다. 마늘은 칼등으로 눌러서 대강 굵게 다진다.

4 닭 튀기기 밑간한 닭에 튀김가루를 뿌려서 가볍게 묻힌 다음 넉넉한 양의 기름에 고기가 완전히 익도록 튀긴다.

5 양념 볶기 밑이 둥근 커다란 팬을 먼저 달구어 기름을 두르고 마늘과 고추, 대파를 넣고 향이 나도록 볶는다.

6 소스 끓이기 ⑤에 고추장 등의 남은 소스재료를 넣고 보글보글 끓인다.

7 소스에 닭 넣기 소스에 윤기가 나기 시작하면 튀긴 닭을 넣고 닭에 고루 묻도록 볶듯이 섞는다.

8 땅콩 버무리기 마지막에 다진 땅콩을 넣고 재빠르게 버무려서 불에서 내린다.

비디오 쿠킹

닭 밑간하기

튀김가루에 버무리기

튀기기

소스에 버무리기

Saturday 토

오늘의 식단
(총 1769kcal)

아침 · 식빵		298Kcal
	달걀샐러드	100Kcal
	깍두기	20Kcal
점심 · 해물철판볶음밥		460Kcal
	야채수프	63Kcal
	물김치	12Kcall
저녁 · 콩밥(1공기)		345Kcal
	굴꼬치지짐	133Kcal
	쇠고기두부조림	177Kcal
	당근전	144Kcal
	배추김치	17Kcal

굴꼬치지짐

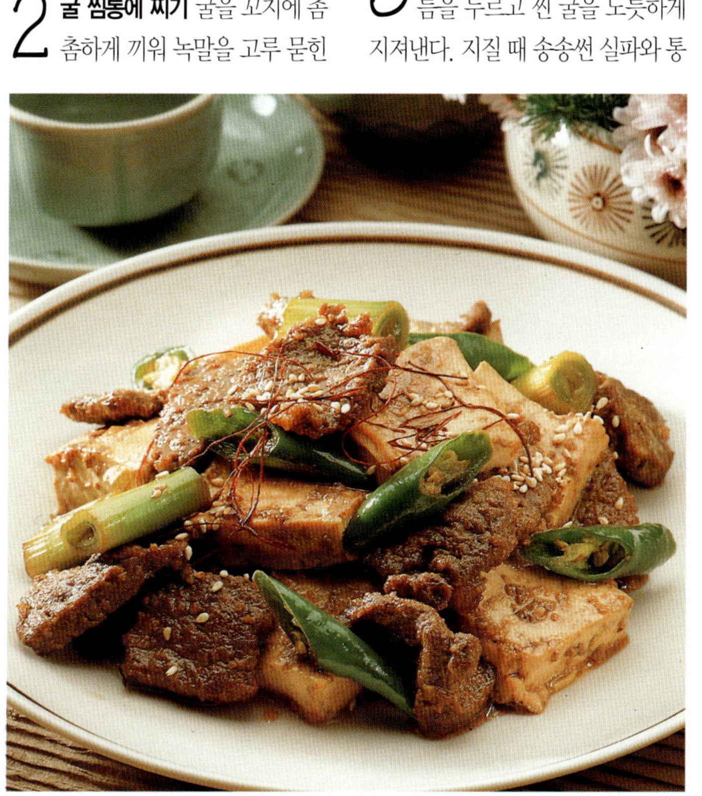

재료/4인분

굴 200g, 녹말가루 50g, 실파 2뿌리, 실고추 · 통깨 조금씩

이렇게 만드세요

1 굴 씻기 굴은 묽은 소금물에 살살 흔들어 굴딱지를 떼고 깨끗이 씻은 후 체에 밭친다.

2 굴 찜통에 찌기 굴을 꼬치에 촘촘하게 끼워 녹말을 고루 묻힌 후 김이 오른 찜통에 찐다. 굴이 투명해질 때 꺼내어 서로 달라 붙지 않게 떼어놓는다.

3 팬에 지지기 달구어진 팬에 기름을 두르고 찐 굴을 노릇하게 지져낸다. 지질 때 송송썬 실파와 통깨, 실고추를 고명으로 올린 후 꺼낸다.

4 내기 굴 자체에 짠맛이 있기 때문에 따로 간을 하지 않아도 된다. 양념장을 곁들여도 좋다.

더 맛있게! 굴은 씻을 때 맹물에 씻으면 영양소가 빠지게 되고 굴이 물을 먹어 불어나게 된다. 찬 소금물에 헹구어 껍질과 잡티를 가려내고 조리나 소쿠리에 건져 물기를 뺀다. 굴은 향미가 좋으므로 생으로 먹는 것이 가장 좋으며, 그렇지 않으면 살짝 익혀야 한다. 너무 굽거나 끓이면 단단해지고 몸은 오그라든다.

쇠고기두부조림

재료/4인분

쇠고기 100g, 두부 1모, 풋고추 1개, 대파 1뿌리, 마늘 3쪽, 간장 2큰술, 설탕 1작은술, 후춧가루 · 참기름 약간씩

이렇게 만드세요

1 쇠고기 밑간하기 쇠고기는 1cm 두께로 도톰하게 떠서 한입크기로 썰어 다진마늘과 후춧가루, 참기름으로 밑간한다.

2 두부 썰기 두부는 찬물에 헹궈 씻은 다음 1.5~2cm두께로 먹기 좋게 썬다.

3 고추와 대파 썰기 풋고추는 씨를 털고 대파와 함께 어슷썰어 준비한다.

4 쇠고기 데치기 냄비에 물 1/2컵을 붓고 간장과 설탕을 넣어 팔팔 끓인다. 국물이 끓어오르면 재워 두었던 쇠고기를 넣고 불을 세게 하여 끓여 쇠고기는 건져낸다.

5 두부 익히기 국물을 계속 끓이면서 두부를 넣어 조린다. 이때는 불을 세지 않게 조절해야 두부가 부드럽게 익는다.

6 쇠고기 조리기 ⑤에 먼저 익혀 두었던 쇠고기와 풋고추, 대파를 넣어서 잠깐 더 조려낸다.

오늘의 식단
(총1829kcal)

아침 · 잡곡밥(2/3공기)	240Kcal
	두부명란맑은탕	133Kcal
	무생채	49Kcal
	달걀말이	95Kcall
점심 · **바지락김치스파게티**	336Kcal
	두부달걀국	106Kcal
	양배추샐러드	117Kcall
저녁 · 콩나물비빔밥	526Kcal
	바지락된장국	98Kcal
	무말랭이볶음	112Kcal
	배추김치	17Kcal

바지락 김치스파게티

🥣 재료/4인분

바지락	2컵
배추김치	2컵분량
실파	5뿌리
붉은고추	1개
마늘	2톨
맛술	2큰술
스파게티	100g
버터	3큰술

📋 이렇게 만드세요

1 **바지락 담그기** 바지락은 슴슴한 소금물에 담가 해감을 토하게 하고 깨끗이 씻어서 물기를 뺀다.

2 **김치 썰기** 배추김치는 속을 털어내고 1.5cm폭으로 썬다.

3 **스파게티 삶기** 끓는물에 스파게티를 넣어 10분 정도 삶아서 망에 걸러 물기를 뺀다. 물을 뺀 다음 온기가 있을 때 버터 1큰술에 버무려 면발이 달라붙지 않게 한다.

4 **양념 썰기** 마늘은 얇게 썰고, 실파는 3cm길이로 썰고, 붉은고추는 얇게 송송 썬다.

5 **재료 볶기** 팬에 버터 2큰술을 두르고 먼저 마늘과 붉은고추를 볶다가 향이 나기 시작하면 바지락을 넣고 맛술을 뿌려서 볶는다. 바지락의 입이 벌어지면 김치를 넣고 함께 볶는다.

6 **스파게티 볶아내기** 맛이 서로 어우러지기 시작하면 스파게티를 넣고 잠시 볶다가 실파와 참기름 한방울을 떨어뜨려서 불에서 내린다.

더 맛있게! 조개류는 껍질이 단단하고 껍질에 광택이 있어야 하며 파르스름한 빛을 내는 것이 좋다. 그리고 껍질을 칼등으로 두드렸을 때 속살이 움츠러들고 입이 벌어져 있지 않고 악취가 없으며 해감이 적은 것이 좋다.

🧑‍🍳 요리힌트

스파게티는 10배 이상의 물에 삶는다

큰 냄비에 최저 10배의 물을 끓여 소금을 약간 넣고 물이 끓으면 스파게티를 흐트러 넣은 후 달라붙지 않도록 젓가락으로 저으며 삶는다. 끓는 동안 물의 온도가 떨어지지 않도록 불은 강하게 하고, 뚜껑을 닫지 말고 10분 정도 삶는다. 삶는 동안 물을 더 붓거나 하지 않는다. 스파게티를 잘랐을 때 심이 바늘끝만큼 남을 정도면 다 삶아진 것 이때 덧물을 부어 60℃ 정도로 온도를 내린 후 불을 끄고 체에 받친다.

비디오 쿠킹

버터에 버무리기

맛술 넣기

김치 넣고 볶기

스파게티 버무리기

Monday 월

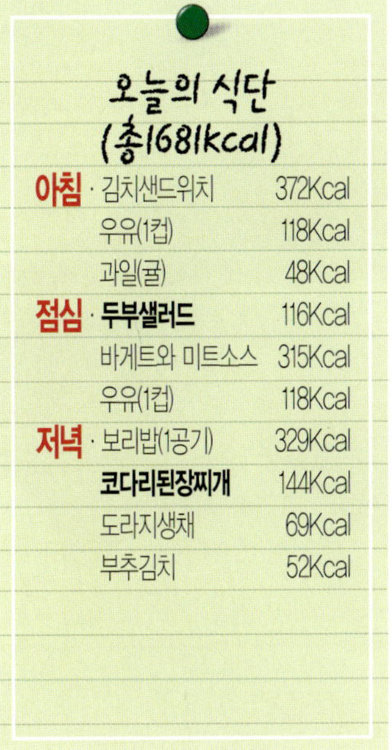

오늘의 식단 (총1681kcal)	
아침 · 김치샌드위치	372Kcal
우유(1컵)	118Kcal
과일(귤)	48Kcal
점심 · 두부샐러드	116Kcal
바게트와 미트소스	315Kcal
우유(1컵)	118Kcal
저녁 · 보리밥(1공기)	329Kcal
코다리된장찌개	144Kcal
도라지생채	69Kcal
부추김치	52Kcal

코다리된장찌개

 **재료/4인분**

코다리 1마리, 애호박 1/3개, 무 4토막, 대파 5cm, 매운고추 1개, 다진마늘 2작은술, 멸치장국 2컵, 된장 1큰술, 고춧가루 1작은술

 **이렇게 만드세요**

1 코다리 손질하기 코다리는 쌀뜨물에 씻어서 다시 찬물에 헹군 다음 머리와 지느러미, 꼬리를 잘라내고 토막을 낸다.

2 야채 썰기 애호박은 반달썰기하고 대파와 고추는 어슷썰기 한다. 무는 4cm 정도로 얄팍하게 썬다.

3 장국에 재료 넣고 끓이기 멸치 장국이 끓으면 무를 넣고 된장을 풀어 끓인다. 무가 익어서 떠오르면 코다리를 넣고 다시 한소끔 끓인 다음 애호박과 다진마늘을 넣는다.

4 고추와 대파 넣기 호박이 익으면 고추와 대파를 넣고 고춧가루를 넣어 한소끔 끓여 불을 끈다.

두부샐러드

 **재료/4인분**

두부 1/2모, 숙주 50g, 오이 1/2개, 당근 1/2개, 부추 20g, 소금 약간 **소스** 간장 2큰술, 설탕 1큰술, 식초 1큰술, 참기름 1/2큰술, 다진마늘 1큰술, 물 1/2큰술

 **이렇게 만드세요**

1 두부 데치기 두부는 1cm크기로 깍뚝썰기하여 소금간을 하고 끓는물에 살짝 데쳐서 차게 식힌다.

2 오이 썰기 오이는 소금으로 문질러 씻어서 씨부분을 도려내고 사방 1.5cm크기로 썬다.

3 야채 준비하기 숙주는 머리와 꼬리를 떼고 끓는물에 데쳐서 차게 식힌다. 당근은 오이와 같은 크기로 얇게 썰고, 부추는 3cm길이로 썬다.

4 소스 만들기 다진마늘에 분량의 간장, 식초, 설탕, 참기름, 물을 섞어서 소스를 만든다.

5 야채와 함께 담아내기 두부와 손질한 야채를 한데 섞어서 보기 좋게 담고 먹기 직전에 소스를 끼얹는다.

 요리힌트

코다리의 주성분은 단백질, 지방 함량이 적은 편이다

코다리는 마른 북어보다는 촉촉하고 부드럽고, 생태보다는 쫀득하고 구수한 맛이 나는 생선이다. 너무 꾸덕하거나 축축한 것은 피하고 살이 많은 것을 고른다. 칼집이 나 있는 배쪽의 살색이 누런 것은 상한 것이므로 주의한다. 손질할 때는 지느러미와 머리를 잘라낸 후 배를 갈라 펼쳐 토막을 낸 다음 가운데 뼈를 발라낸다.

더 맛있게! 샐러드의 재료는 신선해야 씹는 맛이 좋다. 채소는 차게 하면 사박사박하여 맛이 좋지만 너무 차면 야채의 맛을 음미하기가 어렵다. 샐러드의 소스는 미리 얹으면 재료에서 물기가 나오므로, 식탁에서 먹기 직전에 소스를 얹어 무친다.

1월

Tuesday 화

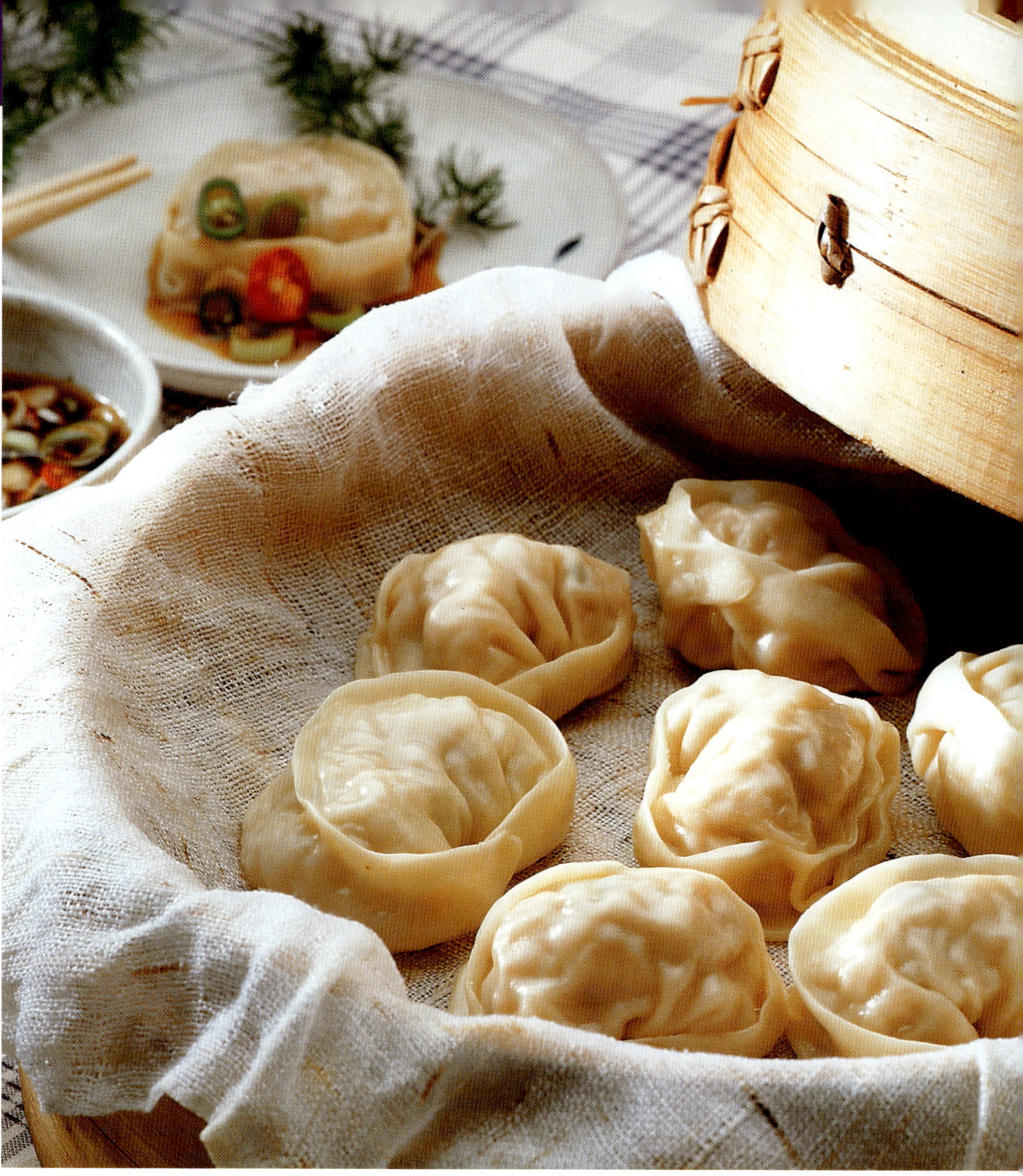

오늘의 식단
(총1951kcal)

아침	· 떡구이와 꿀	269Kcal
	우유(1컵)	118Kcal
	바나나	82Kcal
점심	· **개성만두**	528Kcal
	쇠고기국	134Kcal
	깍두기	20Kcal
저녁	· 닭갈비와 볶음밥	550Kcal
	콩나물국	43Kcal
	메밀묵회	190Kcal
	배추김치	17Kcal

개성만두

재료/4인분

밀가루 ·····1 1/2컵
달걀흰자 ·····1개
소금 ·····1작은술
물 ·····2큰술
쇠고기 ·····200g
닭고기 ·····200g
돼지고기 ·····100g
두부 ·····150g
김치 ·····150g
쇠고기장국 ·····8컵
잣 ·····적당량

만두소 양념

소금 ·····1큰술
파 ·····3큰술
마늘 ·····2큰술
참기름 ·····2큰술
후춧가루 ·····1/2작은술

이렇게 만드세요

1 **만두피 만들기** 밀가루에 소금과 달걀흰자를 넣고 차지게 반죽하여 얇게 밀어 직경 7cm 원으로 만두피를 만든다.

2 **고기소, 두부 양념하기** 쇠고기, 돼지고기, 닭고기는 각각 곱게 다져서 합하여 만두소 양념의 반 분량을 넣고 양념하고, 두부는 으깨어 물기를 꼭 짜내고 고춧가루와 참기름으로 무친다.

3 **김치 썰기** 김치는 송송 썰어 다져서 국물을 꼭 짠다.

4 **만두소 버무리기** 큰그릇에 고기, 김치, 두부를 넣고, 달걀 노른자와 소금, 파, 마늘, 참기름, 후춧가루 등 나머지 양념을 넣어 고루 섞어서 소를 만든다.

5 **만두 빚기** 만두피에 소와 잣을 넉넉히 얹고 반 접어 양끝을 맞붙여서 만두를 빚는다.

6 **만두 삶기** 쇠고기 장국에 넣어 끓이거나 끓는물에 삶아내어 국물 없이 초장에 찍어 먹는다. 찜통에 깨끗한 천을 깔고 쪄내면 보기도 깔끔하고 먹기 좋다.

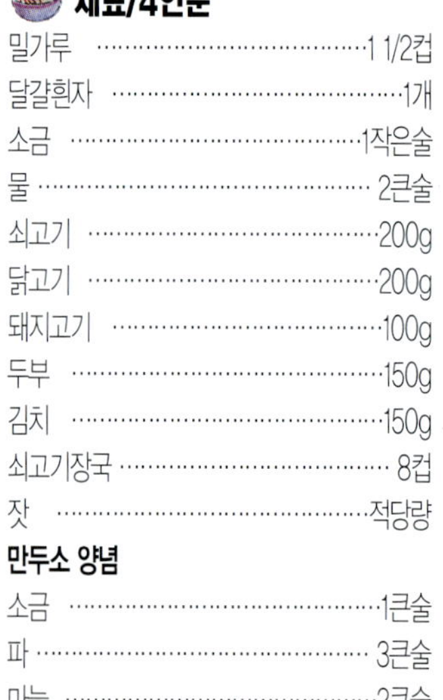

요리 힌트

다진고기를 살 때는

다진고기로는 채끝살, 우둔살, 안심이 주로 이용되는데 양파를 다져넣고 햄버거스테이크를 하거나 두부, 밀가루 등을 섞어 완자를 빚어 사용하는 경우가 많다. 다져놓은 고기를 사기보다는 필요한 부위를 덩어리째 사서 그 자리에서 갈아달라고 부탁하는 것이 좋다. 덩어리 고기를 살 때는 결이 곱고 빛깔이 선홍색을 띠며 지방이 새하얀 것을 고른다. 다진고기 속에 기름기가 많으면 기름에서 즙이 흘러나와 부서진다.

비디오 쿠킹

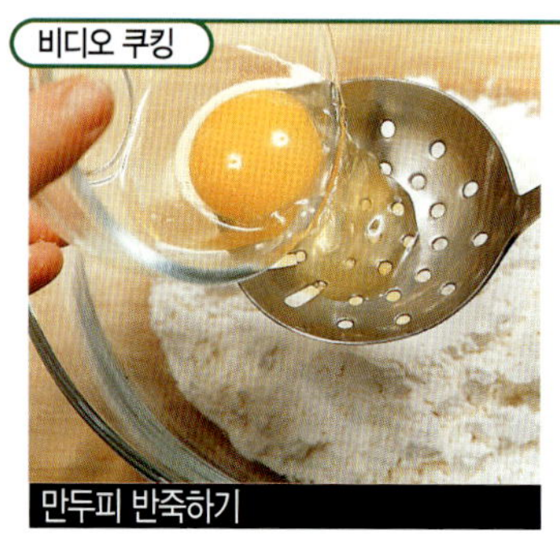

만두피 반죽하기

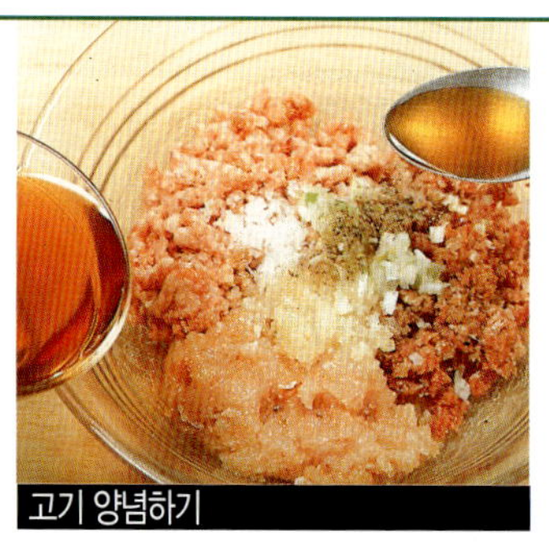

고기 양념하기

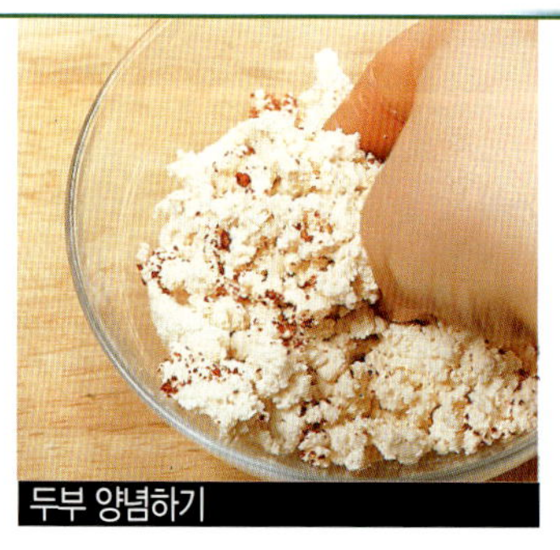

두부 양념하기

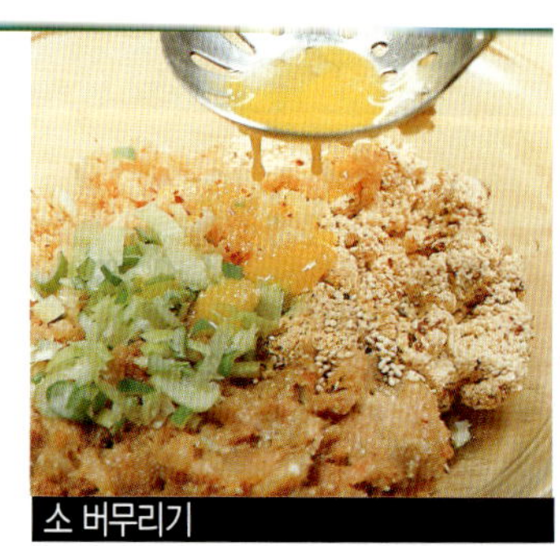

소 버무리기

Wed수nesday

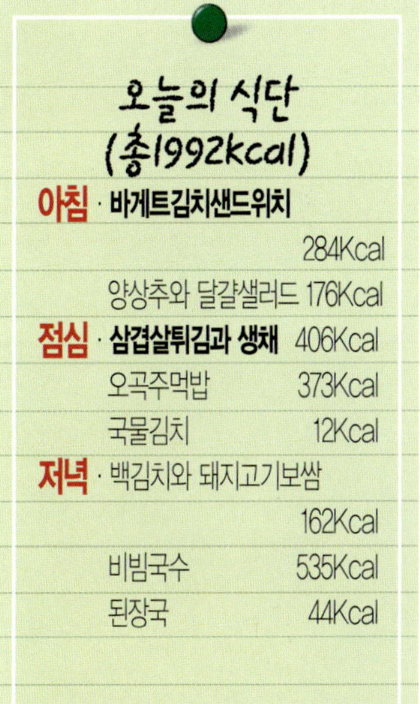

아침 · 바게트김치샌드위치		
		284Kcal
	양상추와 달걀샐러드	176Kcal
점심 · 삼겹살튀김과 생채		406Kcal
	오곡주먹밥	373Kcal
	국물김치	12Kcal
저녁 · 백김치와 돼지고기보쌈		
		162Kcal
	비빔국수	535Kcal
	된장국	44Kcal

바게트김치샌드위치

 **재료/4인분**

바게트빵 1개, 배추김치 1/4포기, 베이컨 2장, 통조림옥수수 4큰술, 양파 1/2개, 양상추잎 5장, 설탕 1작은술, 후춧가루 약간, 버터 1큰술

 **이렇게 만드세요**

1 빵 썰기 바게트빵은 3cm폭으로 썰어서 끝이 잘리지 않게 가운데에 칼집을 넣는다.

2 김치 썰기 배추김치는 속을 털어서 2cm폭으로 채썬다.

3 재료 준비하기 베이컨은 1cm폭으로 썬다. 옥수수콘은 통조림으로 준비하여 망에 건져놓아 물기를 뺀다. 양파는 굵게 다지고, 양상추는 찬물에 담가 싱싱하게 두었다가 물기를 닦는다.

4 김치 볶아 속 만들기 달구어진 팬에 베이컨을 넣어 기름이 나오도록 볶다가 김치를 넣고 함께 볶는다. 김치가 숨이 죽기 시작하면 옥수수와 설탕, 후춧가루를 넣어 맛을 낸 다음 불에서 내린다.

5 빵에 속 넣기 잘라놓은 빵의 안쪽에 버터를 바르고 양상추잎을 잘라 깔고 준비해둔 속을 넣는다.

> **더 맛있게!** 샌드위치용 빵은 갓 구운 빵보다 전날 구운 빵이 적당하다. 너무 부드러우면 모양이 깨지기 쉽고 칼자리도 깨끗이 마무리 되지 않는다. 식칼을 불에 쬐어 자르면 깔끔하게 잘라진다.

삼겹살튀김과 생채

 **재료/4인분**

삼겹살 300g, 양상추잎 4장, 상추잎 2장, 부추 50g, 푸른잎채소 적당량, 대파 1대 **삼겹살 양념** 청주 1큰술, 마늘즙 1/2큰술, 소금 약간, 후추 약간 **냉채소스** 간장 2큰술, 설탕 1큰술, 연겨자 1/2큰술, 다진마늘 1작은술, 식초 1큰술, 참기름 1작은술, 물 1큰술, 깨소금 약간

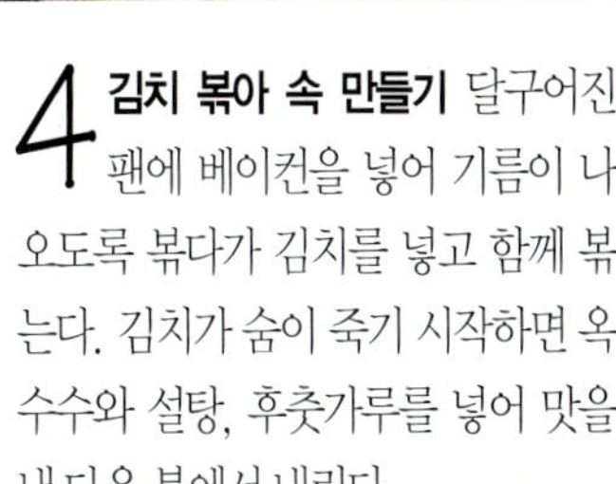 **이렇게 만드세요**

1 삼겹살 양념하기 삼겹살은 2cm폭으로 썰어서 준비한 양념에 재워둔다.

2 야채 썰기 대파는 얇게 어슷썰어 냉수에 여러번 헹구어 미끈거리는 것과 매운맛을 뺀다. 잎채소는 손으로 잘게 뜯어서 냉수에 담가서 싱싱하게 둔다.

3 냉채소스 만들기 준비한 양념을 골고루 섞어 냉채소스를 만들어 차게 둔다.

4 삼겹살 튀기기 양념한 삼겹살은 녹말가루에 묻혀서 중온의 기름에 바삭하게 튀긴다.

5 소스와 함께 내기 준비한 재료들을 한데 섞어 소스에 무친다. 또는 준비한 재료를 각각 차게 준비해 두었다가 큰접시에 옆옆이 둘러서 담는다. 이 경우에는 소스를 따로 곁들여서 먹기 전에 뿌려서 섞는다.

오늘의 식단
(총1982kcal)

아침	· 흰밥(2/3공기)	223Kcal
	콩나물국	43Kcal
	멸치조림	79Kcal
	달걀프라이	93Kcal
	김치	17Kcal
점심	· 닭살볶음밥과 양파샐러드	
		549Kcal
	두부카레튀김	229Kcal
저녁	· 팥밥(1공기)	365Kcal
	배추속대국	74Kcal
	삼합장과	162Kcal
	호박오가리볶음	148Kcal

호박오가리볶음

 **재료/4인분**

호박오가리 100g, 다진돼지고기 100g, 실고추 약간, 깨소금·참기름 약간씩 **돼지고기양념** 간장 1큰술, 다진마늘 2작은술, 청주 1작은술, 생강즙 약간, 설탕 2작은술, 깨소금·참기름 1작은술씩

이렇게 만드세요

1 호박오가리 불리기 호박오가리는 설탕물에 불려서 물기를 꼭 짠다.

2 돼지고기 양념하기 다진 돼지고기는 갖은양념을 하여 재워둔다.

3 돼지고기와 호박 볶기 뜨겁게 달군 팬에 기름을 두르고 돼지고기를 먼저 넣고 볶다가 고기가 익기 시작하면 불린 호박오가리를 넣고 볶는다.

4 양념하기 고기맛이 호박에 잘 배면 실고추와 깨소금, 참기름을 고루 섞어 불에서 내린다.

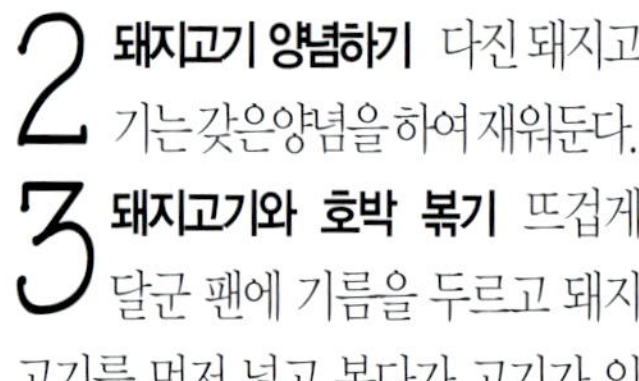

요리를 하고 남은 호박은 얇게 썰어 말려두었다가 호박오가리를 만들면 두고 먹을 수 있다. 호박을 동그랗고 얇게 썬 뒤 채반에 겹치지 않도록 넣어 햇볕이 좋을 때 바싹 말린다. 말려서 보관한 호박오가리는 찬물에 충분히 불려 조리한다. 호박살이 연하기 때문에 뜨거운 물에 불리면 쉽게 물러져 살짝 씹히는 맛이 나지 않는다.

두부카레튀김

 **재료/4인분**

두부 1/2모, 소금·후추 약간씩, 녹말가루 4큰술, 카레가루 2큰술, 마늘즙 1작은술, 고춧가루 약간

 **이렇게 만드세요**

1 두부 데치기 두부는 끓는물에 데친 다음 키친타월에 싸서 도마로 살짝 눌러 물기를 뺀다.

2 두부 썰기 물기가 빠져 두부가 단단해지면 갸름하고 길게 썬다.

3 밑간하기 두부에 소금, 후춧가루, 마늘즙, 카레가루, 고춧가루로 밑간한다.

4 두부 튀겨내기 ③에 녹말가루를 묻혀서 가루가 촉촉하게 배도록 두었다가 중온의 기름에서 바삭하게 튀겨낸다.

향신료로 좋은 카레

카레가루는 30여 종의 향신료를 종합하여 만든 송압 양신료로 톡톡인 향과 맛을 낸다. 특히 서양요리를 할 때 사용하면 향긋한 맛과 향을 살릴 수 있다. 피클을 담글 때나 튀김을 할 때 밀가루에 조금만 섞어서 사용하여도 요리의 빛깔이 곱고 맛과 향도 좋다. 밀가루에 카레를 섞어 국수를 빼면 카레국수가 되고, 생선이나 야채에 옷을 입혀 부치면 카레전이 된다.

Friday 금

연근맛탕

재료/4인분
연근 1개, 설탕 1컵, 식용유 1큰술, 튀김기름 적당량, 다진아몬드 5큰술

이렇게 만드세요

1 연근 식촛물에 담그기 연근은 껍질을 벗기고 반갈라 삼각뿔 모양으로 썰어서 30분 정도 식촛물에 담가둔다.

2 연근 물기 빼기 식촛물에 담근 연근은 건져내어 마른 행주에 싸서 물기를 닦는다.

3 기름에 튀기기 달구어진 기름에 연근을 한번에 넣고 노릇하게 튀긴다.

4 설탕시럽 만들기 팬에 식용유 1큰술을 두르고 설탕을 넣고 물 1큰술을 넣어 설탕이 갈색이 되도록 끓여 설탕시럽을 만든다.

5 시럽에 연근 볶기 설탕시럽이 타기 전에 튀긴 연근을 넣고 실이 생기도록 볶다가 기름을 바른 쟁반에 하나씩 떨어지게 담아낸다. 아

몬드나 기타 다른 재료를 섞을 때는 연근을 설탕시럽과 섞는 도중에 넣는다.

더 맛있게! 연근은 11월경부터 맛이 좋아지기 시작해 한겨울에 가장 맛있다. 마디 사이에 상처가 없이 매끈하고 통통하며 묵직한 느낌이 드는 것이 좋다. 또 너무 가는 것은 섬유질이 억제되므로 피한다. 겉으로 봐서 흠집이 적은 것이 좋다. 껍질을 벗겨서 물에 담가놓고 파는 것은 표백한 것일 수 있으므로 되도록 흙이 묻어있는 것이 좋다.
연근의 주성분은 탄수화물이며 식물성 섬유가 풍부하게 들어있다. 연근의 식물성 섬유는 장을 적당히 자극하여 장내의 활동을 활발히 해주며 콜레스테롤 치를 떨어뜨리는 작용을 한다. 떫은 맛을 내는 것은 탄닌성분 때문인데, 식촛물에 담갔다가 조리하면 떫은 맛이 사라진다.

콩나물두반장소스

재료/4인분
콩나물 300g, 소금 1큰술 **두반장소스** 두반장 1큰술, 다진마늘 1작은술, 다진대파 1큰술, 고춧가루 1작은술, 붉은고추 1개, 육수 1컵, 맛술 1큰술, 청주 1큰술, 간장 1큰술, 소금·후춧가루 약간씩, 녹말가루 1큰술, 돼지고기 80g

이렇게 만드세요

1 콩나물 찌기 콩나물은 손질하여 씻어 물기를 뺀다. 냄비에 담고 소금과 물을 조금 붓고 뚜껑을 덮어 찜하듯이 익힌다.

2 무쳐내기 3~4분 정도 익으면 불을 끄고 뚜껑을 열어 놓는다.

3 돼지고기 다지기 돼지고기는 칼로 곱게 다지거나 다져놓은 고기를 구입한다.

4 양념 다지기 마늘과 붉은고추, 대파는 굵게 다진다.

5 돼지고기 볶기 밑이 둥근 팬을 먼저 달구어 기름을 두르고 다진마늘과 파, 고추를 볶는다. 마늘의 향이 진하게 나기 시작하면 다진 돼지고기를 보슬보슬하게 볶는다.

6 끓이기 고기가 익어서 색이 변하기 시작하면 두반장과 고춧가루를 넣고 육수를 붓고 끓인다.

7 농도 맞추기 국물이 끓기 시작하면 간장, 청주, 맛술, 소금, 후춧가루를 넣어서 간하고 맛이 어우러지면 녹말물을 조금씩 넣어서 약간 걸쭉하게 농도를 맞춘다. 녹말물은 녹말가루에 동량의 물을 타서 만든다.

8 무쳐내기 접시에 콩나물을 담고 두반장소스를 얹어낸다. 또는 미리 버무려서 담기도 한다.

오늘의 식단
(총1706kcal)

아침	· 잡곡밥(2/3공기)	240Kcal
	미역홍합국	39Kcal
	깻잎찜	24Kcal
	생표고장조림	103Kcal
	배추김치	17Kcal
점심	· 토스트피자	353Kcal
	그린소스샐러드	97Kcal
	오렌지주스(1/2컵)	41Kcal
저녁	· 보리밥(1공기)	329Kcal
	두부김치찌개	157Kcal
	돼지불고기	244Kcal
	쑥갓생채	45Kcal
	배추김치	17Kcal

생표고장조림

🥣 재료/4인분

생표고	12개
다진쇠고기	80g
두부	80g
밀가루	적당량
식용유	적당량
맛술	약간
마른고추	1개

고기양념

간장	약간
소금	1/2작은술
다진파	1작은술
다진마늘	1/2작은술
깨소금·설탕	약간씩
참기름	약간

📋 이렇게 만드세요

1 **표고 씻기** 생표고는 기둥을 떼고 물에 깨끗이 씻어서 마른 행주로 물기를 눌러짠다.

2 **고기소 만들기** 두부는 곱게 으깨어 쇠고기와 함께 고기양념을 하여 고기소를 만든다.

3 **표고에 고기소 붙이기** 표고의 안쪽에 밀가루를 살짝 바르고 털어낸 뒤 고기소를 얇게 채워 붙인다.

4 **버섯 지져내기** 달구어진 팬에 기름을 두르고 버섯을 앞뒤로 노릇노릇하게 지져낸다.

5 **버섯 조리기** 냄비에 간장과 설탕, 맛술, 마늘과 채썬 마른고추를 넣고 끓으면 고추는 건져내고 지진버섯을 넣어 간이 충분히 밸 때까지 조린다.

더 맛있게! 두부를 으깰 때는 칼을 비스듬히 눕혀 칼면으로 으깬다. 만두속이나 완자를 만들 때는 깨끗한 행주에 싸서 꼭 비틀어 짜면 곱게 부서지고 물기도 쏙 빠진다. 볶음이나 튀김을 할 때는 소금을 뿌려두면 간도 배고 내부에 있던 물기도 어느정도 빠진다.

요리 힌트

버섯의 기본 손질법

표고버섯은 용도에 따라 기둥을 떼내거나 통째로 사용한다. 깔끔한 요리에는 기둥은 떼내고 갓만 이용한다. 말린 것은 미지근한 물에 충분히 불리는 것이 포인트. 느타리버섯은 물에 가볍게 씻은 후 옅은 소금물에 데쳐 찬물에 담갔다가 물기를 꼭 짜고 사용한다.

버섯 물기 빼기

고기소 넣기

표고 지지기

표고 조리기

*Sun*일*day*

오늘의 식단 (총1836Kcal)	
아침 · 토스트	290Kcal
양송이수프	114Kcal
브로콜리야채찜	64Kcal
점심 · 보리밥(1공기)	329Kcal
해물뚝가리	148Kcal
미역줄기볶음	149Kcal
달걀말이	95Kcal
총각김치	27Kcal
저녁 · 흰밥(1공기)	334Kcal
동태국	130Kcal
양파생채	57Kcal
총각김치어묵볶음	99Kcal

총각김치어묵볶음

 **재료/4인분**

총각김치 200g, 어묵 100g, 실파 50g, 고춧가루 2큰술, 깨소금 1큰술, 참기름 1큰술, 설탕 약간, 붉은고추 1개

 **이렇게 만드세요**

1 총각김치 썰기 총각김치는 무청과 무를 따로 떼내어 무는 큰 것은 4등분하고 작은 것은 2등분한다.

2 어묵 썰기 어묵은 막대기형으로 준비하여 총각무와 비슷한 크기로 썬다. 실파는 3cm길이로 썰고, 붉은고추는 어슷 썬다.

3 총각김치와 어묵 볶기 달구어진 팬에 기름을 두르고 총각김치와 어묵을 함께 넣고 볶는다.

4 양념하기 총각무가 살짝 익으면 3cm 길이로 썬 실파를 뿌리고 고춧가루와 깨소금, 참기름, 설탕을 넣어 맛을 낸다. 어슷썬 홍고추를 넣는다. 맛을 진하게 내려면 조미료를 조금 넣는다.

미역줄기볶음

 **재료/4인분**

염장미역줄기 200g, 고춧가루 약간, 다진파 2작은술, 다진마늘 1작은술, 식용유 3큰술, 간장 1큰술, 후춧가루 약간, 참기름 1작은술, 깨소금 1큰술

 **이렇게 만드세요**

1 미역 불리기 미역줄기는 물에 한번 흔들어 소금기을 떨어내고 약간 슴슴한 소금물에 담가 짠맛을 뺀다. 2배 정도로 양이 불을 때까지 담가둔다.

2 미역 데치기 불린미역을 바락바락 주물러 끈적한 점액을 빼고 5cm길이로 자른다. 끓는물에 넣어 살짝 데친 후 찬물에 헹구어서 소쿠리에 건져 물기를 뺀다.

3 팬에 볶기 팬에 기름을 넉넉히 두르고 뜨거워지면 미역을 넣고 충분히 볶는다.

4 미역에 양념하기 미역을 볶다가 다진파, 마늘, 고춧가루, 간장, 후춧가루를 넣고 섞은 후 불을 약하게 하고 뚜껑을 덮어 잠시 둔다.

5 마무리 김이 올라 알맞게 익으면 깨소금과 참기름으로 맛을 낸다.

더 맛있게! 미역은 알칼리성 식품으로 예로부터 피를 만들어 준다하여 산후에는 미역국을 먹었다. 요즘은 성인병 예방과 미용식으로 인기가 있다. 미역은 비릿한 미역 특유의 냄새와 끈끈한 점질을 잘 빼야 조리했을 때 고소한 맛이 난다. 비릿한 맛을 없애려면 고추나 고춧가루 등의 자극성 있는 맛을 주고, 식초를 약간 넣어도 좋다. 끈적한 점질은 물에 담가 바락바락 잘 주물러 씻어야 한다.

Monday

월

오늘의 식단 (총1960 kcal)

아침	찐고구마	175Kcal
	소시지구이와스크램블에그	207Kcal
	우유(1/2컵)	59Kcal
점심	잡채덮밥	549Kcal
	된장국	44Kcal
	배추김치	17Kcal
저녁	쌀밥(1/2공기)	167Kcal
	부대찌개	444Kcal
	청경채볶음	98Kcal
	감자샐러드	200Kcal

부대찌개

재료/4인분

김치	80g
소시지	200g
스팸	120g
햄	40g
두부	1/4모
양파	1/2개
대파	1뿌리
당근	50g
가래떡	80g
당면	80g
돼지고기	20g
쇠고기	50g
쑥갓	약간
쌀뜨물	3컵

찌개양념장

다진마늘	2큰술
다진생강	1/2작은술
고추장	2큰술
진간장	1/2큰술
고춧가루	1큰술
후춧가루	약간

고기양념

다진마늘	1작은술
다진생강	1/4작은술
소금	1/2작은술
후춧가루	약간
식용유	1큰술

이렇게 만드세요

1 재료에 뜨거운 물 붓기 햄은 3cm길이로 자르고, 소시지는 2등분하여 반가르고, 스팸은 숟가락으로 뜬다. 준비한 재료에 뜨거운 물을 부어 기름기와 불순물을 제거한다.

2 야채 썰기 두부는 3cm크기로 얄팍하게 썰고, 양파는 0.5cm두께로 채썰고, 대파는 어슷 썰고, 당근은 4cm길이로 얇게 썬다. 김치는 4cm 크기로 썬다.

3 가래떡 불리기 가래떡은 뜨거운 물에 담가 불린다.

4 양념장 만들기 준비한 분량의 양념을 골고루 섞어 양념장을 만든다.

5 국물 만들기 준비한 쌀뜨물에 간장으로 간한다.

6 고기 양념하기 납작하게 썬 돼지고기와 쇠고기에 다진마늘, 다진생강, 후춧가루, 소금, 식용유를 넣고 고루 치대어 양념이 배도록 한다.

7 당면 불리기 당면은 미지근한 물에 불린다.

8 냄비에 재료 담아 끓이기 냄비에 재료를 담고, 쌀뜨물을 자작하게 붓고 끓이다가 당면과 가래떡과 양념장을 올리고 먹기 직전에 쑥갓을 올려 불을 끈다.

뜨거운 물 붓기

양념장 만들기

쌀뜨물 간하기

고기 양념하기

Tuesday 화

아침 · 참치죽	206Kcal	
달걀프라이	93Kcal	
김치볶음	132Kcal	
점심 · 석화와 겨자소스	96Kcal	
바게트	205Kcal	
양배추콜슬로우	45Kcal	
저녁 · 잡곡밥(1공기)	361Kcal	
호박지김치찌개	111Kcal	
고구마야채튀김	216Kcal	
연어회	171Kcal	

호박지김치찌개

 **재료/4인분**

호박지김치 1보시기, 멸치 10개, 식용유 1큰술, 설탕 1작은술, 다진파 2작은술, 다진마늘 1작은술

 **이렇게 만드세요**

1 **김치 안치기** 냄비나 뚝배기에 호박지를 담고 살짝 잠길 정도로 물을 잘박하게 붓는다.

2 **멸치 넣고 끓이기** 내장을 뺀 멸치와 분량의 식용유를 넣고 끓인다. 멸치 대신 돼지고기를 넣을 때는 기름기가 약간 섞인 것을 준비해서 얄팍하게 썰어서 넣는다.

3 **양념 넣고 끓이기** 한소끔 끓인 후 분량의 설탕과 다진파, 다진 마늘을 넣어 맛을 내고 다시 한번 끓인다.

요리힌트

늙은호박으로 만드는 호박지김치

늙은 호박은 씨를 긁어내고 1cm두께로 도톰하게 썰어 소금에 절인다. 절인 호박에 배추우거지와 무청, 고춧가루, 젓갈, 다진마늘, 생강, 어슷썬파를 넣고 고루 버무린다. 단지에 꼭꼭 눌러서 담아서 익힌다. 호박지김치는 겨울철 찌개용 김치로 적당하다.

석화와 와인소스

재료/4인분

석화 20개, 레몬 1/4개 **와인소스** 와인식초 2작은술, 올리브오일 3작은술, 통후춧가루 1/4작은술, 머스터드(양겨자) 1/2작은술

이렇게 만드세요

1 **소금물에 굴 씻기** 굴은 칼로 기둥을 떼어서 굴을 껍질에서 떼어낸다. 굴껍질과 굴은 분리한 상태에서 각각 슴슴한 소금물에 하나씩 흔들어 씻는다.

2 **껍질에 굴 얹기** 씻은 굴은 망에 건져 물기를 빼고, 껍질에 굴을 다시 하나씩 얹는다.

3 **와인소스 만들기** 준비한 와인소스 양념을 분량대로 섞어 와인소스를 만들어 냉장고에 차게 두었다가 먹을 때 뿌린다.

4 **레몬즙 뿌리기** 레몬은 껍질을 깨끗이 씻어서 4등분하여 내었다가 먹기 전에 즙을 짜서 굴에 뿌린다.

더 맛있게! 식초는 새콤한 맛 때문에 다양한 드레싱의 재료로 활용된다. 천연 양조식초를 이용하는 것이 풍미도 있고 건강에도 좋다. 식초드레싱을 만들려면 식물성 기름 1/2컵, 식초 3큰술, 설탕 2큰술, 소금 1작은술, 후춧가루 조금을 준비한다. 뚜껑이 있는 깨끗한 병에 후춧가루를 제외한 재료를 넣고 뚜껑을 덮어 골고루 흔든다. 식초와 식물성 기름이 충분히 섞이면 뚜껑을 열고 후춧가루를 넣는다. 싱거우면 설탕과 소금을 적당히 더 넣는다.

Wednesday 수

아침	쌀밥(2/3공기)	223Kcal
	김치국	51Kcal
	명란두부전	200Kcal
	묵무침	143Kcal
	깍두기	20Kcal
점심	향채볶음밥	348Kcal
	콩나물국	43Kcal
	달걀장조림	91Kcal
	김치	17Kcal
저녁	쌀밥(1공기)	334Kcal
	돼지고기냉샤브샤브	224Kcal
	북어구이	217Kcal
	생야채	64Kcal

향채볶음밥

재료/4인분

밥	3공기
대파	1대
풋고추	2개
붉은고추	1개
양파	1/2개
깻잎	4장

양념장

표고버섯	2장
간장	3큰술
설탕	11/2큰술
맛술	1큰술
물	2큰술
후춧가루	약간

이렇게 만드세요

1 양념장 만들기 간장, 설탕, 맛술, 후춧가루, 물을 섞는다.

2 야채 썰기 대파와 고추는 송송 썰고, 양파는 굵게 다진다. 깻잎은 사방 1cm크기로 썬다.

3 표고버섯 다지기 표고버섯은 불려서 기둥을 떼고 잘 헹군 다음 굵게 다진다.

4 야채 볶기 밑이 둥근팬을 달구어 기름을 두르고 먼저 양파와 마늘을 볶아 향이 나면 표고버섯과 대파를 넣어서 마저 볶는다.

5 소스 붓고 끓이기 대파의 색이 선명해지면 양념장을 붓고 끓인다.

6 밥 넣고 볶기 소스가 보글보글 끓기 시작하면 씨를 빼고 송송 썬 고추와 깻잎, 찬밥을 넣고 볶는다. 은행이나 잣 등의 견과류를 곁들이면 향과 잘 어울린다.

더 맛있게! 채소를 볶을 때는 단단한 것부터 볶는다. 예를 들어 당근, 피망 같은 것을 먼저 볶고 부드러운 양배추나 양파는 나중에 볶는다. 또 야채가 프라이팬에 달라붙어서 탈 것 같은 느낌이 들면 1큰술 정도의 물을 프라이팬의 가장자리에 둘러 주면 된다.

요리힌트

양파 다지기

양파는 뿌리부분은 잘라내고 대를 자른 부분에서부터 갈색의 마른 껍질을 벗긴 후 용도에 따라 썰어서 사용한다. 음식에 많이 이용하는 방법은 채썰기, 링썰기, 잎모양으로 큼직하게 썰기, 다지기 등이다.

양파썰기에서 가장 어려운 것은 다지기다. 무턱대고 채썰어서 다지려고 하면 크기도 일정하지 않고 시간도 오래 걸리며 눈이 매워 눈물만 쏟게 된다. 많은 양을 한꺼번에 다질 때는 커터기에 넣고 돌리면 간편하다.

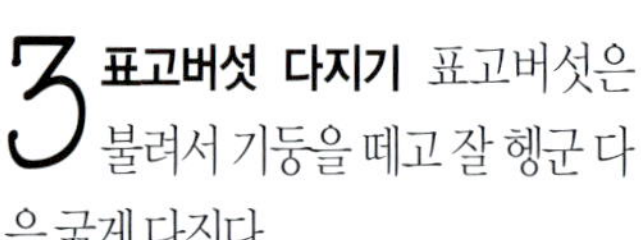

비디오 쿠킹

양념장 만들기

야채 볶기

양념장 넣기

밥 볶기

Thursday 목

도루묵찜

 **재료/4인분**

도루묵 12마리, 미나리 약간, 실고추 1/2개분량, 통깨 약간 **찜양념장** 간장 1/3컵, 물 1컵, 소금 약간, 후추 1/4작은술, 고춧가루 1큰술, 다진마늘 2큰술, 다진파 3큰술, 생강즙 1/4작은술, 청주 1큰술, 깨소금 1큰술, 설탕 1작은술

 **이렇게 만드세요**

1 **도루묵 손질하기** 도루묵은 아가미와 내장을 함께 빼내고 습습한 소금물에 씻어서 물기를 빼둔다.

2 **양념장 만들기** 준비한 양념을 골고루 섞어 찜양념장을 만든다.

3 **생선 조리기** 냄비에 기름을 조금 바르고 생선을 가지런하게 놓고 양념장의 반을 얹고 센불로 조린다. 끓기 시작하면 바로 불을 줄여서 국물을 끼얹어 가면 서서히 조린다.

4 **조림 간 맞추기** 조리는 도중에 상태를 보아서 남은 양념장을 더하여 준다. 처음부터 간이 세면 맛을 조절하기가 어렵다.

5 **고명 얹기** 국물이 거의 없어지고 도루묵이 연한 붉은빛 갈색이 나면 불에서 내린다. 실고추와 통깨, 미나리 등을 고명으로 얹는다.

> **더 맛있게!** 냄비에 양념장을 만들어 한소끔 끓인 다음 생선을 넣고 생강을 몇쪽 넣어 조리면 밑이 타지도 않고 생선살이 부서지지도 않는다.

스플레오믈렛

 **재료/4인분**

달걀 2개, 물 1큰술, 버터 20g **버섯소스** 양파(작은것) 1개, 마늘 1쪽, 양송이(작은것) 120g, 밀가루 3작은술, 백포도주 1/4컵, 닭육수 1/2컵, 우유 1/4컵, 양겨자 2작은술

 **이렇게 만드세요**

1 **흰자 거품내기** 달걀은 흰자와 노른자를 나누어서 흰자는 거품기로 저어 거꾸로 들어도 쏟아지지 않을 정도로 거품을 낸다.

2 **반죽 만들기** 노른자에는 물을 넣고 약하게 소금간을 하여 푼 다음①에 조금씩 넣어 섞는다.

3 **팬에 오믈렛 부치기** 팬에 버터를 두르고 반죽을 한국자씩 떠서 앞뒤로 노릇하게 약한불로 부쳐낸다.

4 **야채 썰기** 양파와 마늘, 양송이는 얇게 썬다.

5 **야채 볶기** 팬에 버터를 두르고 양파와 양송이, 마늘을 볶다가 양파가 익으면 밀가루를 넣고 함께 볶는다.

6 **오믈렛 소스 만들기** ⑤에 닭육수를 넣고 멍우리가 생기지 않을 때까지 저어가며 끓이다가 우유와 백포도주, 양겨자를 넣어 맛을 낸다. 한소끔 끓여서 불에서 내린다.

7 **담기** 부쳐둔 오믈렛을 반 접어 접시에 담고 소스를 끼얹어낸다.

Friday 금

오늘의 식단
(총1878kcal)

아침	· 단호박죽	236Kcal
	오이지무침	39Kcal
	사과	37Kcal
점심	· 잡곡밥(1공기)	361Kcal
	해물된장국	148Kcal
	말린가지볶음	89Kcal
	무생채	49Kcal
저녁	· 쌀밥(1공기)	334Kcal
	해물탕	210Kcal
	게튀김볶음	168Kcal
	청포묵잡채	190Kcal
	배추김치	17Kcal

해물탕

재료/4인분

우럭	1마리
미더덕	1컵
낙지	1마리
명란	4쪽
미나리	100g
콩나물	100g
대파	1뿌리
쑥갓	한줌
무	5cm 한토막

국물재료

다시마	10cm
당근 · 양파 · 무	섞어서 100g
멸치	30g
물	2ℓ

양념장

고춧가루	5큰술
다진생강	1작은술
육수	1큰술
소금	약간
다진마늘	2큰술
조미료	1큰술

이렇게 만드세요

1 해물 손질하기 우럭은 비늘을 말끔히 벗겨 내장을 빼고 깨끗이 헹구어 물기를 뺀다. 미더덕은 씻어서 꼬치로 한번씩 찌른다. 낙지는 소금으로 문질러 씻어서 말끔히 헹구고, 명란은 생것으로 준비하여 슴슴한 소금물에 씻어서 물기를 뺀다.

2 국물 내기 당근, 양파, 무는 얄팍하게 썰고, 멸치는 내장을 빼고 다듬어 함께 냄비에 담고 물을 붓고 15분간 끓인다. 국물이 완전히 식을 때까지 우린 다음 깨끗한 가제에 국물을 맑게 거른다.

3 양념장 만들기 준비한 분량의 양념을 고루 섞어 양념장을 만들어 둔다.

4 채소 손질하기 미나리는 5~6cm길이로 썰고, 콩나물은 긴 꼬리만 다듬는다. 대파는 4cm길이로 썰어서 반으로 가른다. 무는 큼직하게 토막낸다.

5 냄비에 담고 끓이기 전골냄비에 먼저 무를 편편히 깔고 위에 해물을 나란히 담는다. 해물위에 양념장을 얹고 그 위에 채소를 올린다. 국물을 자작하게 붓고 뚜껑을 닫고 끓인다.

> **더 맛있게!** 생선의 점막에는 비린내의 원인인 트릴메틸아민이라는 물질과 갖가지 오물이 기생하고 있다. 때문에 생선이나 해물은 껍질의 미끈미끈한 점막을 깨끗이 씻어 사용해야 한다. 또 해물탕을 끓이면서 먹다가 국물이 없어지면 기호에 따라 수제비를 넣어서 익혀 먹거나 밥을 넣어서 볶음밥을 해먹어도 좋다.

비디오 쿠킹

국물 거르기

양념장 만들기

재료 앉히기

국물 붓기

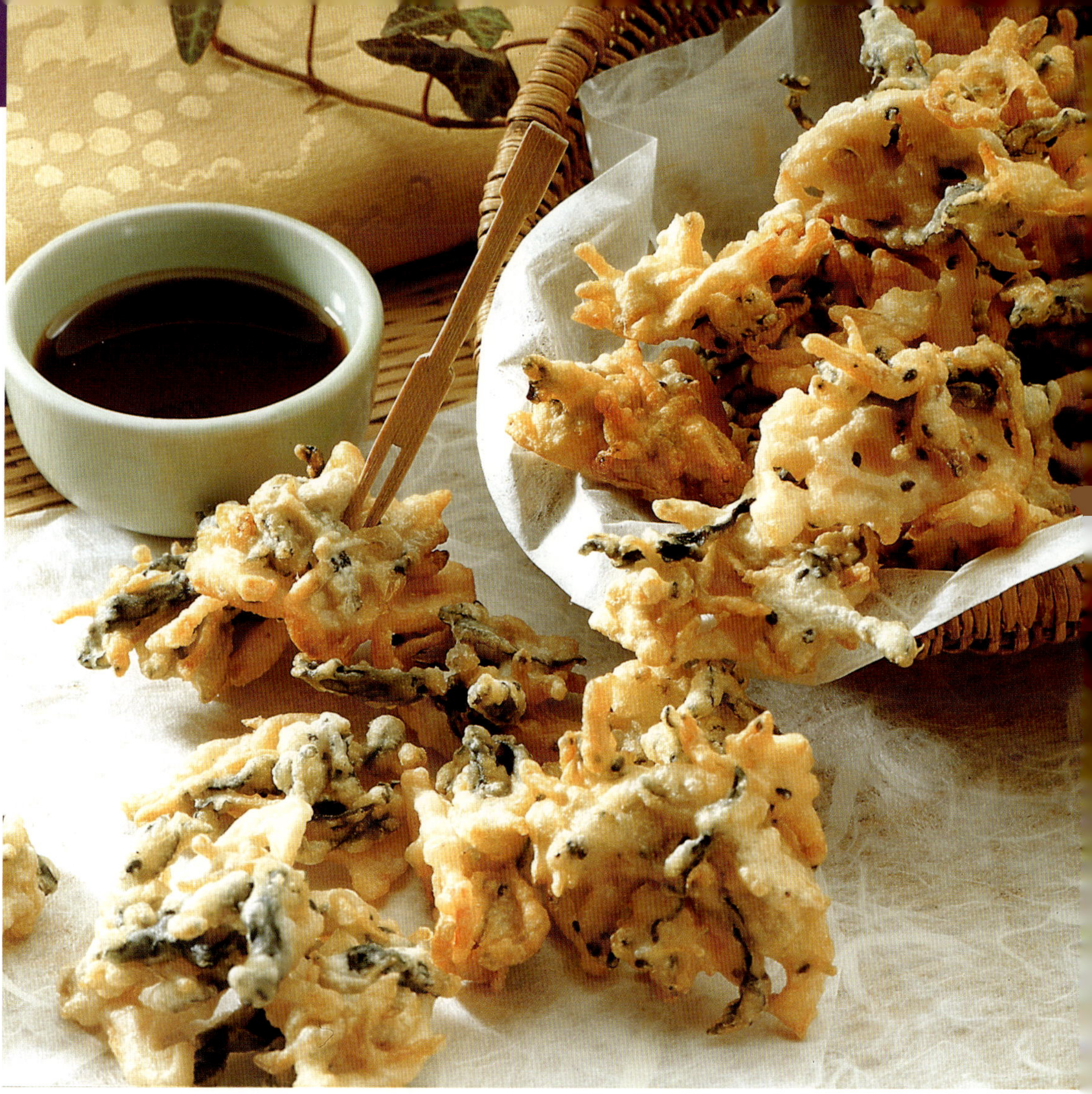

Saturday 토

멸치미역튀김

 **재료/4인분**

잔멸치 1컵, 미역 1컵, 연근 한토막(4cm), 튀김가루 적당량, 검은깨 약간, 식용유 적당량

 **이렇게 만드세요**

1 멸치 씻기 잔멸치는 씻어서 물기를 완전히 닦아낸다.

2 미역 자르기 미역은 물에 담가 짠기를 살짝 빼고 짧게 잘라서 준비한다.

3 연근 식촛물에 담그기 연근은 얇게 썰어서 식촛물에 담가두었다가 물기를 거둔다. 이렇게 하면 연근의 떫은맛이 빠진다.

4 반죽하기 그릇에 잔멸치와 미역, 연근을 넣고 튀김가루와 물을 조금 넣고 고루 섞는다.

5 튀기기 달구어진 기름에 한 젓가락씩 떠넣고 노릇하게 튀긴다.

쇠고기숙주볶음

 **재료/4인분**

쇠고기 200g, 숙주나물 100g, 대파 1뿌리, 녹말가루 1큰술, 소금 약간, 식용유 4큰술 **양념장** 간장 1큰술, 다진파 1큰술, 육수 2큰술, 참기름 약간, 굴소스 1작은술, 식초 1큰술, 고추기름 2작은술, 설탕 2작은술

 **이렇게 만드세요**

1 쇠고기 양념하기 쇠고기는 살코기로 준비하여 얇게 저며 녹말가루와 같은 양의 물, 소금을 넣고 버무려서 잠시 재워둔다.

2 숙주 다듬기 숙주는 긴 꼬리를 다듬는다. 대파는 채썰고, 고추는 씨를 빼고 채썬다.

3 숙주 볶기 달구어 팬에 기름 2큰술을 두르고 숙주를 먼저 볶는다.

4 냄비에 데치기 냄비에 물 2컵을 붓고 끓이다가 기름 2큰술을 넣은 뒤 재워 놓은 쇠고기를 넣어 센불에서 데쳐낸다.

5 양념장 만들기 간장에 다진파 등 준비한 분량의 양념을 넣어 잘 섞어 소스를 만든다.

6 담기 접시에 숙주와 붉은고추, 파를 담고 쇠고기를 얹은 다음 양념장을 곁들인다.

 **요리 힌트**

쇠고기는 결이 고른 것이 신선하다

쇠고기 속에는 지방이 서로 섞여 있다. 기름이 섞여 있는 상태를 단면으로 보면 무수한 점모양으로 흩어져 있는 것이 그물처럼 엉킨 것보다 상품이고 맛도 좋다. 고기의 결은 가늘게 되어 있는 것일수록 좋다. 결이 굵은 고기는 삶거나 구워도 질기다. 또 고기의 색이 진하거나 연한 것은 좋지 않다. 고기 단면이 짙은 붉은 색깔의 암소고기가 좋다.

Sun일day

영양솥밥

재료/4인분

찹쌀	1/2컵
멥쌀	2컵
말린도라지	50g
인삼가루	2큰술
닭뼈	300g
마늘	3톨

양념장

간장	4큰술
물	2큰술
다진파	2큰술
설탕	2작은술
깨소금	1큰술
참기름	1큰술
고춧가루	1큰술

이렇게 만드세요

1 쌀 불리기 찹쌀과 멥쌀은 30분 정도 물에 담가 불렸다가 깨끗이 씻어 일어서 망이나 소쿠리에 건져 물기를 뺀다.

2 도라지 불리기 말린 도라지는 미지근한 물에 불려서 잘게 자른다.

3 국물 내기 냄비에 물을 넉넉히 붓고 닭뼈와 마늘을 넣고 뽀얗게 국물이 우러나도록 끓인다. 식으면 깨끗한 가제를 깔고 걸러 맑은 국물만 준비한다.

4 양념장 만들기 준비한 분량의 양념을 섞어 양념장을 만든다.

5 밥짓기 솥에 불린 도라지와 인삼가루, 쌀을 담고 닭국물을 적당히 부어서 밥을 짓는다.

6 뜸 들이기 뜸을 충분히 들여야 밥이 부드럽게 된다.

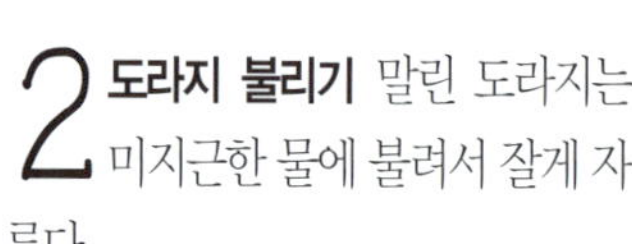

생도라지를 고를 때는 뿌리가 곧게 뻗어있고 통통하며 속이 흰빛을 띠는 것을 고른다. 가지가 여러 갈래로 뻗어나간 것이나 잔뿌리가 많은 것, 중간중간 옹이가 진 것은 피하도록. 껍질을 벗긴 것보다 벗기지 않은 통도라지가 맛과 향이 더 좋다. 도라지는 당질과 섬유질, 무기질이 풍부한 알칼리성 식품이다.

가스불에 밥을 잘 하려면

가스불에 밥을 지을 때는 센불에서 끓이다가 잘 끓을 때 불을 낮추어서 약간 시간을 두고 끓게 한 후 뜸이 거의 들 때 불을 약간 높인다. 이렇게 하면 뜸이 잘 들어 맛있는 밥이 된다. 돌솥에 밥을 짓는 경우에는 밥이 어느정도 끓으면 불을 끈 상태에서 5분 정도 두면 돌솥의 남아있는 열로 인해 뜸이 든다. 냄비처럼 밑이 두껍지 않은 용기에 밥을 지을 때는 중불에서 하고, 뚜껑을 뒤집어 물을 약간 부어 뜸을 들이면 뜸이 잘 든다.

비디오 쿠킹

국물 내기

도라지 불리기

인삼가루 넣기

국물 붓기

*Mo*월*day*

오늘의 식단
(총 1999 kcal)

아침	· 손가락김밥	332Kcal
	청포묵국	143Kcal
	숙주나물	23Kcal
	김치	17Kcal
점심	· 옥수수팬케익	608Kcal
	우유(1컵)	118Kcal
저녁	· 보리밥(1공기)	329Kcal
	청국장	168Kcal
	갈치구이	119Kcal
	느타리버섯매운볶음	125Kcal
	김치	17Kcal

느타리버섯매운볶음

 **재료/4인분**

느타리버섯(생것) 300g, 고추장 3큰술, 다진파 2큰술, 다진마늘 1큰술, 깨소금 약간, 참기름 1큰술, 식용유 적당량, 통깨·소금 약간

이렇게 만드세요

1 버섯 손질하기 느타리버섯은 연한 소금물에 담가 돌이나 잡티를 없애고 깨끗이 손질하여 씻어서 건진다. 느타리버섯은 잎이 너무 퍼지지 않은 것으로 고른다.

2 버섯 데치기 손질한 느타리버섯은 끓는물에 데쳐 찬물에 헹구어 물기를 뺀다.

3 버섯 양념하기 고추장, 다진파, 다진마늘, 참기름, 깨소금, 통깨를 분량대로 섞어 양념장을 만들어 느타리버섯과 함께 넣고 간이 고루 배도록 조무조물 무친다.

4 버섯 굽기 뜨겁게 달구어진 팬에 기름을 두르고 양념한 느타리버섯을 살짝 굽는다. 석쇠에 호일을 깔고 구워도 좋다. 구워낸 느타리버섯에 통깨를 뿌려낸다.

 **요리힌트**

비타민B₂가 풍부한 버섯

버섯은 독특한 향기와 맛이 있는 식품이다. 버섯의 성분은 수분이 대부분이며 그밖에 단백질, 지방, 탄수화물, 섬유질 등이 조금씩 들어 있고, 회분이 비교적 많이 있다. 또한 비타민B₂와 D의 모체인 에르고스테롤이 풍부하며 감칠맛을 내는 구아닌산이 풍부하다.

옥수수팬케익

 **재료/4인분**

옥수수(통조림) 1/2캔, 땅콩버터 적당량, 캬라멜시럽 적당량 **팬케익반죽** 밀가루 2컵, 바닐라향 1작은술, 베이킹파우더 1작은술, 녹인버터 2큰술, 설탕 5큰술씩, 소금 1/4작은술, 달걀 2개, 우유 1컵, 식용유 4큰술

이렇게 만드세요

1 옥수수 준비하기 옥수수는 통조림으로 준비하여 망에 건져 물기를 빼고, 믹서에 우유 반컵을 함께 넣고 곱게 간다.

2 버터에 옥수수 섞기 버터는 중탕하여 부드럽게 녹여 설탕을 넣고 거품기로 고루 섞고 분량의 달걀과 남은 우유, 갈은 옥수수를 넣고 잘 젓는다.

3 케익가루 준비하기 밀가루에 베이킹파우더와 바닐라향을 합하여 체에 여러번 내린다.

4 반죽하기 ②에 준비한 케익가루를 넣고 주걱으로 가볍게 섞는다.

5 팬에 반죽 넣기 달구어진 팬에 기름을 묻힌 종이를 놓고 반죽을 한국자씩 떠서 넣어 익혀낸다.

6 담기 팬케익을 먹기 좋도록 잘라놓고, 먹을 때 땅콩버터나 캬라멜소스, 딸기잼 등을 발라먹으면 잘 어울린다.

Tuesday 화

통후추닭구이

재료/4인분

닭다리 ······················3개
대파 ·······················3대
붉은고추 ····················1개
풋고추 ·····················2개
소금 ·······················1큰술
참기름, 통후추 ···············1큰술
간장 ·······················약간
맛술 ·······················1큰술
설탕 ·······················2작은술

이렇게 만드세요

1 닭다리살 준비하기 닭다리는 넓게 펴서 뼈를 발라내고 포크로 껍질을 찔러 속이 잘 익고 간이 잘 배도록 한다.

2 대파·고추 무치기 대파와 고추는 길게 어슷썰어 참기름에 버무려 둔다.

3 통후추 깨기 통후추는 깨끗한 행주에 싸서 튀지 않도록 방망이로 두들기거나 냄비바닥으로 눌러 굵게 빻는다. 통후추 가는 기구가 있으면 그것을 활용한다.

4 닭고기 재워두기 닭다리 고기를 소금, 맛술, 설탕, 간장으로 밑간하여 대파와 풋고추 무침으로 덮어서 1시간 정도 재워둔다.

5 굽기 재워둔 닭을 꺼내어 갈아놓은 통후추를 꼭꼭 눌러 묻힌 다음 석쇠에 올려서 속이 잘 익도록 굽는다. 오븐이나 브로일러를 이용해도 좋다.

6 야채 볶기 닭을 재워 두었던 파와 풋고추는 팬에 참기름을 두르고 볶아낸다.

7 썰어내기 구운 닭은 먹기 좋은 크기로 썰어 담고 볶은 야채를 곁들여낸다. 통후추가 씹히는 것이 싫은 사람은 칼로 약간 긁어내고 먹는다.

요리 힌트

닭고기의 부위별 특징

가슴살은 날개를 없앤 가슴 부분의 고기로 색깔이 희며 단백질이 많고 지방이 적어 맛은 담백하다. 육질이 부드러워 익히는 요리나 중국식 요리에 적합하다. 엷은 분홍빛이 나는 두꺼운 것이 좋다. 날개살은 살코기 자체는 적으나 젤라틴질이 풍부하고 지방도 많다. 닭고기 중에서는 가장 값싼 부위이지만 부드럽게 씹히는 맛이 좋아 튀김이나 조림에 많이 이용된다. 다리 살은 육질은 다소 단단하지만 지방이나 단백질도 많고 씹히는 맛이 있고 풍미도 진하다. 뼈가 붙어있는 채 구이나 조림, 찜을 해먹어도 좋다.

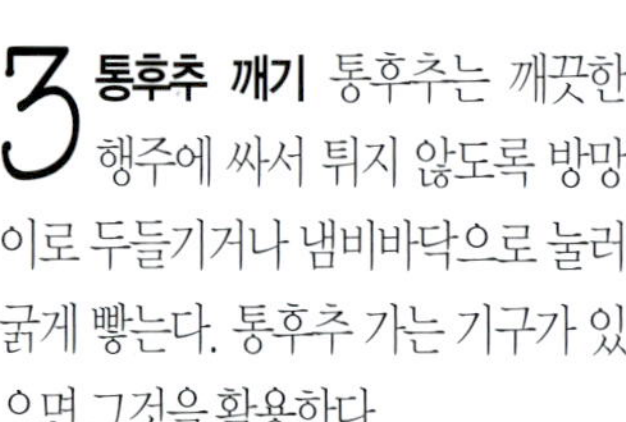

비디오 쿠킹

닭다리 준비하기

야채 무치기

통후추 깨기

통후추 묻히기

Wednesday 수

오늘의 식단
(총1,672kcal)

아침 · 잣죽	275Kcal
유자정과	121Kcal
나박김치	12Kcal
점심 · **로스트포테이토**	290Kcal
브로콜리와 소스	120Kcal
우유(1컵)	118Kcal
저녁 · 쌀밥(1공기)	334Kcal
손두부찌개	170Kcal
고추튀각무침	125Kcal
소라장조림	107Kcal

로스트포테이토

재료/4인분

감자(큰것) 4개, 체다치즈(슬라이스) 2장, 가루치즈 2큰술, 달걀노른자 1개분, 버터 2큰술, 소금·후춧가루 적당량

이렇게 만드세요

1 **감자 찌기** 감자는 껍질째 깨끗이 씻어서 물기를 닦아 찜통에 넣고 속이 완전히 익을 때까지 40분 정도 찐다.

2 **감자 으깨기** 삶은 감자는 반으로 껍질이 부서지지 않도록 갈라 속을 파내고, 파낸 속은 망에 담아 곱게 내린다.

3 **감자 속 버무리기** 파낸 감자 속은 뜨거울 때 슬라이스치즈와 가루치즈, 버터, 소금, 후춧가루를 넣어서 멍울이 없이 고르게 섞는다.

4 **감자소 채우기** 비닐봉지에 만들어 놓은 감자소를 넣고 한쪽 모서리의 끝을 잘라 속을 파낸 감자에 다시 짜넣어 속을 채운다.

5 **달걀 바르기** 달걀 노른자를 ④의 표면에 바른다.

6 **굽기** 예열된 오븐에 넣고 갈색이 나도록 굽는다.

소라장조림

재료/4인분

소라 150g, 간장 2큰술, 대파 2대, 붉은고추 2개, 풋고추 2개, 마늘 1톨, 생강 1톨, 녹말가루 1큰술, 참기름 1큰술, 잣가루 1큰술

이렇게 만드세요

1 **소라 데치기** 소라는 깨끗이 손질해서 끓는물에 살짝 데쳐 건진다.

2 **재료 썰기** 마늘과 생강은 저며 썰고 파는 3cm길이로 토막을 낸다. 붉은고추와 풋고추는 반갈라 씨를 털어내고 3cm길이로 토막낸다.

3 **조림장 만들기** 냄비에 간장 2큰술과 물 1큰술의 비율로 섞어 마늘·생강을 넣고 끓인다.

4 **조리기** 조림장이 끓어오르면 소라를 넣고 약한 불에서 조린다.

5 **녹말물 넣기** 국물이 자작해질 정도가 되면 동량의 물에 녹말가루를 풀어 넣어 고루 뒤섞는다.

6 **고추 넣기** 거의 다 졸았을 때쯤 썰어놓은 고추를 넣고 뒤적여 불을 끄고 참기름을 넣어 윤기를 낸다.

7 **담기** 소라와 고추를 꺼내어 꼬치에 꿰어 접시에 담고 잣가루를 뿌려낸다.

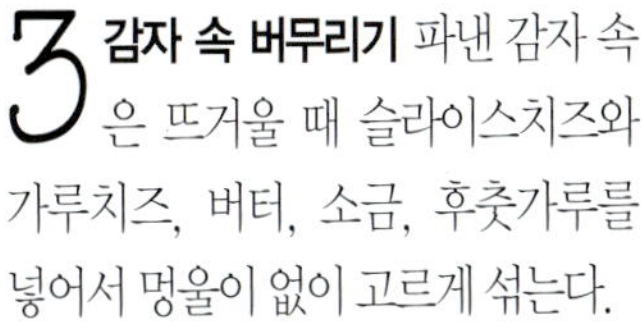

더 맛있게! 소라와 조개류에는 독특한 감칠맛을 내는 호박산이 들어 있어 국을 끓이면 국물이 시원하고 맛이 일품이다. 또 구이나 조림으로 하면 술맛을 나게 하여 술안주로도 좋고, 간장을 보호하는 효과도 있다.

*Thur*목*day*

아침	· 쇠고기우엉주먹밥	235Kcal
	감자국	87Kcal
	멸치장떡	209Kcal
	김치	17Kcal
점심	· 쌀밥(1공기)	334Kcal
	참치김치찌개	86Kcal
	시금치나물	58Kcal
	김치	17Kcal
저녁	· 쌀밥	334Kcal
	돼지고기볶음과 생야채	
		460Kcal
	두부회	110Kcal
	나박김치	12Kcal

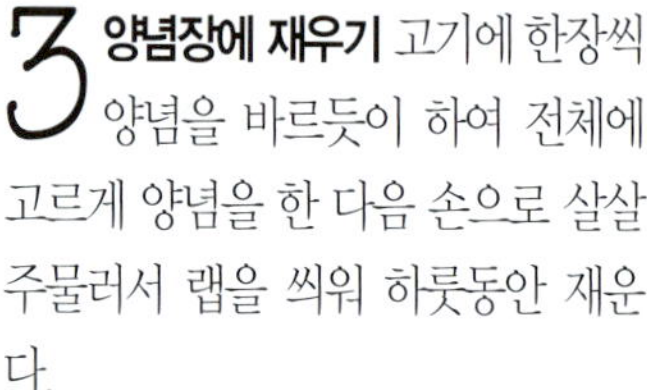

돼지고기볶음과 생야채

 **재료/4인분**

삼겹살 200g, 돼지고기목살 200g, 돼지고기(불고기감) 200g, 대파 1뿌리, 통깨 약간, 상추 3장, 깻잎 2장, 부추 약간, 양파 1/4개 **양념장** 간장 2큰술, 고추장 3큰술, 고춧가루 2큰술, 다진마늘 2큰술, 다진생강 1작은술, 후춧가루 약간

 **이렇게 만드세요**

1 **고기 썰기** 고기는 부위별로 준비하여 5mm두께로 얇게 썬다. 불고기감은 얇게 썰은 것으로 준비한다.

2 **양념장 만들기** 간장, 고추장, 고춧가루, 다진마늘, 다진생강 등 준비한 분량의 양념을 고루 섞어 고기 양념장을 만든다.

3 **양념장에 재우기** 고기에 한장씩 양념을 바르듯이 하여 전체에 고르게 양념을 한 다음 손으로 살살 주물러서 랩을 씌워 하룻동안 재운다.

4 **고기 굽기** 달구어진 석쇠에 솔로 기름칠을 하고 고기를 한 장씩 퍼놓고 굽는다.

5 **야채 준비하기** 야채는 손으로 뜯어서 찬물에 담가 싱싱하게 두었다가 먹을 때 망에 건져 물기를 완전히 뺀다.

6 **담기** 접시에 야채를 먼저 깔고 구운 돼지고기를 올린다.

 돼지고기 볶음을 먹을 때 고기와 야채를 함께 집어서 먹으면 고기의 냄새도 없고 맵게 느껴지지 않고 산뜻하다. 고기를 직접 불에 구울 때는 불과 재료의 거리가 떨어지게 하여 굽는 것이 좋은데 거리가 가까우면 속이 익기 전에 겉만 까맣게 그을려 버리기 때문이다. 또 거리가 있어서 서서히 구우면 고기에 구워지는 냄새가 배게 되어 더욱 맛이 좋게 된다.

멸치장떡

 **재료/4인분**

멸치(중) 100g, 밀가루 1/2컵, 풋고추 2개, 간장 1큰술, 깨소금 · 참기름 2작은술씩 **조림장** 간장 2큰술, 설탕 1큰술, 물엿 1큰술, 물 2큰술, 청주 1큰술

 **이렇게 만드세요**

1 **멸치 볶아 갈기** 멸치는 머리와 내장을 떼어내고 마른팬에 볶아서 바삭해지면 믹서에 넣고 곱게 간다.

2 **고추 다지기** 풋고추는 반갈라 씨를 털어내고 잘게 다진다.

3 **멸치 반죽하기** 그릇에 다진풋고추와 멸치가루, 간장, 깨소금, 참기름을 넣고 물을 조금 넣어서 되직하게 반죽한다.

4 **장떡 지지기** 멸치반죽을 조금씩 떼어 동글납작한 모양의 장떡을 빚어서 팬에 노릇하게 지진다.

5 **장떡 조리기** 조림장 재료를 넣고 바글바글 끓이다가 지진 장떡을 넣고 윤기나게 조린다.

오늘의 식단
(총1857kcal)

아침 · 오믈렛	138Kcal
	콩나물국	43Kcal
	마른오징어고추조림	207Kcal
	배추김치	17Kcal
점심 · **편육실파무침**	243Kcal
	콩나물국	43Kcal
	낙지볶음과 소면	237Kcal
저녁 · 산채비빔밥	550Kcal
	다시마국	123Kcal
	돼지불고기	244Kcal
	나박김치	12Kcal

마른오징어고추조림

재료/4인분

마른오징어 1마리, 꽈리고추 100g, 간장 5큰술, 설탕 1큰술, 맛술 2큰술, 다진파 1큰술, 다진마늘 1/2큰술, 참기름 · 깨소금 1큰술씩

이렇게 만드세요

1 오징어 불리기 마른 오징어는 미지근한 물에 담가 5시간 정도 불린다.

2 오징어 썰기 불린 오징어는 건져서 물기를 닦고 오징어의 껍질을 말끔히 벗기고 몸통은 세로로 4등분하여 2cm폭으로 가지런히 썰고, 다리는 끝을 잘라버리고 4~5cm 길이로 자른다.

3 고추씨 빼기 꽈리고추는 연한 것으로 준비하여 반으로 갈라 물에 씻어 씨를 털어 놓는다.

4 조림장 만들기 냄비에 간장, 맛술, 설탕, 물을 넣고 팔팔 끓여 조림장을 만든다.

5 오징어 조리기 조림장이 끓으면 오징어를 넣어 조린다. 조림장이 반쯤 줄어들고 오징어가 약간 갈색을 띠면 꽈리고추와 다진파, 마늘을 넣고 조린다.

6 마무리 장물이 거의 다 없어지면 참기름과 깨소금을 넣고 고루 섞어 불을 끈다.

풋고추는 씻어서 장조림 간장에 조리면 맛있는 고추조림이 된다. 또 생선을 조릴 때에도 생선 사이에 놓고 조리면 비린내도 없어지고 맛있는 조림이 된다.

마른 오징어를 부드럽게 하려면

마른 오징어는 그대로 불리려면 시간이 걸리며, 다 불은 것 같아도 물기가 없어지면 다시 딱딱해진다. 이런 경우 간간한 소금물에 하룻밤 담가 놓으면 물오징어 같이 연해진다.

편육실파무침

재료/4인분

사태 500g, 실파 50g **양념장** 간장 1큰술, 고춧가루 1작은술, 식초 1큰술, 설탕 2작은술, 깨소금 · 참기름 2작은술씩, 다진마늘 1큰술

이렇게 만드세요

1 고기 삶기 사태고기를 덩어리째 물에 넣고 삶아서 얄팍하게 썬다.

2 파 썰기 파는 깨끗이 다듬어서 4~5cm길이로 썬다. 뿌리부분이 너무 굵은 것은 2~3쪽으로 가른다.

3 고기와 파 무치기 분량의 재료로 양념장을 만들어 편육과 파를 함께 넣고 고루 무친다.

오늘의 식단
(총1918kcal)

아침	· 쌀밥(2/3공기)	223Kcal
	배추들깨국	134Kcal
	오징어채무침	89Kcal
	시금치베이컨볶음	119Kcal
	김치	17Kcal
점심	· 버터볶음밥	362Kcal
	쇠고기튀김	212Kcal
	물김치	12Kcal
저녁	· 보리밥(1/2공기)	165Kcal
	아귀찜	291Kcal
	실파김치적	236Kcal
	생미역회	58Kcal

아귀찜

 재료/4인분

아귀	800g
미나리	100g
국간장	적당량
대파	1뿌리
풋고추	2개
붉은고추	2개

양념장

고추장	3큰술
물엿	2큰술
설탕	1큰술
식초	약간
생강즙	1큰술
다진마늘	2큰술
조미료	약간

전체양념

참기름	1큰술
후추 · 통깨	1큰술씩

이렇게 만드세요

1 아귀 손질하기 아귀는 집에서 손질하는 것이 매우 어려우므로 생선가게에서 살 때 손질해온다. 아귀는 턱만 빼고는 버리는 것이 없다.

2 아귀 끓이기 냄비에 아귀가 잠길 정도의 물을 붓고 끓기 시작하면 아귀와 청주를 함께 넣어서 한소끔 끓여낸다.

3 야채 손질하기 미나리는 잎을 떼고 줄기만 다듬어 4~5cm길이로 썬다. 고추는 씨를 빼고 대파와 함께 어슷썬다.

4 생강즙 내기 생강은 강판에 갈아서 즙을 짠다. 즙이 너무 나오지 않을 때는 물을 조금 붓고 잘 섞어 생강즙을 만든다.

5 양념장 만들기 준비한 분량의 양념을 섞어서 밑이 오목한 팬에 넣고 끓인다.

6 양념장에 넣고 찜하기 데쳐낸 아귀는 양념장에 넣고 조리듯이 찜한다.

7 야채넣기 아귀가 어느정도 익으면 미나리와 다른 야채를 넣어서 함께 찜하고 마지막에 참기름, 통깨, 후추 등을 넣는다.

 **요리힌트**

아귀찜의 맛은 야채에서 나온다

아귀찜의 맵고 깔끔한 맛은 충분한 양의 미나리와 콩나물, 매운 양념장에서 나온다. 콩나물에는 콩의 단백질을 비롯한 우수한 영양성분과 비타민C가 풍부하여 숙취를 풀고 간을 보호해 준다.

또 미나리는 싱싱하고 연한 것을 골라야 향이 좋고 맛도 좋다. 미나리는 식욕을 돋우고 피를 맑게 하며 해독작용을 하기 때문에 독성이 있는 생선 요리에 이용하면 좋다.

아귀 삶기

양념장 끓이기

아귀 볶기

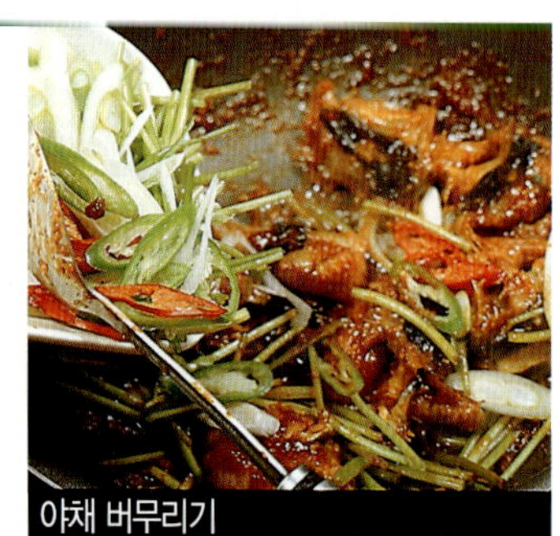
야채 버무리기

Su*일*day

오늘의 식단 (총1967kcal)	
아침 · 비빔밥	367Kcal
도라지오이생채	56Kcal
물김치	12Kcal
점심 · 보리밥(1공기)	329Kcal
병어회초고추장무침	
	233Kcal
상추나물	42Kcal
저녁 · 스파게티	384Kcal
치킨볼로니	499Kcal
양배추콜슬로우	45Kcal

병어회고추장무침

재료/4인분

병어 1마리, 미역 20g, 양파 1/4개, 무순 약간
초고추장 고추장 2큰술, 식초 1큰술, 레몬즙 1
작은술, 마늘즙 1작은술, 청주 1/2작은술, 설탕
2작은술

이렇게 만드세요

1 병어 손질하기 병어는 비늘을 말
끔히 벗기고 지느러미와 머리,
내장을 떼어내고 흐르는 물에 씻어
서 물기를 닦는다.

2 병어살 포뜨기 병어살을 앞뒤
로 떠서 얇게 채썬다.

3 미역 헹구기 미역은 거품이 나
도록 주물러 씻어서 여러번 헹
구어 물기를 빼고 먹기 좋게 썬다.

4 양파 채썰기 양파는 가늘게 채
썰어 찬물에 헹구어 매운맛을
뺀다.

5 초고추장 만들기 준비한 양념을
분량대로 섞어 초고추장을 만든
다.

6 무치기 재료를 차게 보관하였
다가 먹기 전에 무쳐낸다. 레몬
즙을 마지막에 뿌려주면 향긋하다.

치킨볼로니

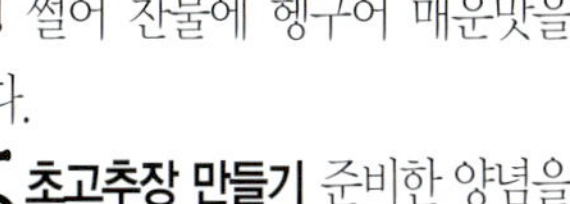
재료/4인분

닭다리살 2쪽, 식용유 2작은술, **고기소** 다진
닭가슴살 100g, 다진마늘 1개, 다진파슬리 1
큰술, 달걀흰자 1개,분량, 생크림 1큰술
토마토소스 기름 1작은술, 다진양파 1개분, 다
진마늘 1큰술, 다진당근 1/2컵, 닭육수 2컵, 갈
은통후추 1작은술, 다진토마토 1개분, 다진파
슬리 2작은술

이렇게 만드세요

1 닭살 손질하기 닭다리살은 뼈를
제거하고 포크로 찔러서 양념이
잘 배도록 한다.

2 고기소 만들기 다진 닭가슴살과
다진마늘, 파슬리, 달걀흰자,
생크림을 섞어서 고기소를 만든다.
랩을 씌워 냉장고에 30분 정도 두면
맛이 부드러워진다.

3 고기소 싸기 닭다리살은 껍질
이 아래쪽으로 향하도록 놓고
고기소를 올린다. 닭다리살을 반으
로 접어서 꼬치나 이쑤시개로 고정
시킨다.

4 오븐에 굽기 오븐에 기름칠을
하고 고기가 부드러워질 때까
지 약 45분간 굽는다.

5 토마토소스 만들기 팬에 뜨거운
기름을 두르고 양파, 마늘, 당근
을 넣고 양파가 부드러워질 때까지
볶는다. 육수와 통후추를 넣고 뚜껑
을 덮고 끓이다가 다진 토마토와 파
슬리를 넣고 뜨거워질 때까지 저어
완성한다.

6 내기 구운 닭볼로니는 먹기 좋
게 썰어 토마토소스와 함께 낸
다.

프라이팬에 굽고, 찜통에 쪄서
쉽게 완성한다

오븐 없이
만드는 빵·과자

오븐 레인지를 마련하기에는 가격이 만만치 않다. 굳이 비싼 오븐이
아니더라도 굽고, 튀기고, 찌는 것으로 만들 수 있는 빵·과자를 소개한다.

유자케익

재료

유자차(시판용) 90cc, 밀가루 160g, 베이킹파우더 1/2작은술, 버터 100g,
설탕 100g, 달걀 2개
소스 유자차건지 2큰술, 오렌지주스 90cc

만드는 법

❶ **버터와 설탕 섞기** 그릇에 상온에서 녹인 버터와 설탕을 넣고 거품기로 잘
섞은 다음, 달걀 푼 것을 조금씩 넣으면서 섞는다.

❷ **유자차 섞기** 유자차즙 90cc를 ①에 넣고 잘 섞는다.

❸ **밀가루 넣고 반죽하기** 밀가루와 베이킹파우더를 체에 내려 2~3회에 나누
어서 ②에 섞으면서 거품기로 반죽한다.

❹ **케익 틀에 반죽 넣기** 가운데 구멍이 있는 케익 틀에 버터를 바르고 반죽을
틀의 7부 정도 넣는다.

❺ **찜통에 찌기** 김이 오른 찜통에 넣고 찐다. 35분 정도 지난 다음 나무꼬치로
찔러서 날반죽이 묻어 나오면 익지 않은 것이므로 더 찐다.

❻ **소스 만들기** 냄비에 유자차건지 다진 것, 오렌지주스를 섞어서 끓인다. 걸
쭉하게 만들려면 녹말가루 1큰술에 물 1큰술을 섞어서 조금씩 넣는다.

❼ **마무리** 찐 케익을 접시에 담고 소스를 뿌린다.

한마디 더 | 밀가루는 손으로 비벼 보았을 때 보슬보슬한 것이 좋다. 식빵이나
찐빵처럼 부풀려서 만드는 빵은 수분 흡수력이 강한 강력분을 준
비하여 체에 내려 쓴다. 베이킹파
우더나 소금을 밀가루와 함께 섞
어 체에 쳐도 좋다. 체에 여러 번
칠수록 많은 양의 공기가 포함되
어 잘 부푼다.

과일찐빵

재료

밀가루 200g, 베이킹파우더 1큰술, 달걀 1개,
설탕 60g, 식용유 1큰술반, 우유 75cc,
혼합과일통조림 2/3컵, 버터 적당량

만드는 법

❶ **달걀에 설탕 넣기** 그릇에 달걀을 풀고 설탕
을 넣어 거품기로 설탕이 녹을 때까지 섞는다.

❷ **우유와 식용유 넣기** 설탕이 녹으면 우유와 식용유를 넣고 잘 젓는다.

❸ **밀가루 섞기** 밀가루에 베이킹파우더를 섞어서 고운 체에 내린 후 ②에 넣
고 고무주걱으로 가볍게 저어 섞는다.

❹ **반죽에 과일 섞기** 반죽이 대강 섞이면 망에 건져 물기 뺀 과일통조림을 넣
고 반죽한다.

❺ **찜통에 찌기** 버터 바른 머핀 컵에 반죽을 7부 정도 떠 넣고 김이 오른 찜통
에서 15분간 찐다.

한마디 더 | 뜨거운 김으로 찌는 찐빵은 연하고 탄력성이 강하여 전체적으로
부드럽고, 담백한 것이 특징이다. 빵 반죽에는 보통 이스트를 사
용하지만 이스트는 발효시키는데 시간이 오래 걸리므로 베이킹
파우더를 많이 쓴다. 베이킹파우더로 반죽한 빵은 이스트로 반죽
한 빵에 비해 보존성도 없고 덜 부드럽지만 빨리 쉽게 만들 수 있
다. 베이킹파우더를 사용할 때는 반죽이 질면 찌는 도중 증기가
올라와서 흐물거리거나 질겨지므로 조금 되직하게 반죽한다.

달걀찐빵

재료

우유 200cc, 설탕 70g, 달걀 3개,
생크림 100cc, 식빵 100g, 홍차(티백)
부재료 사과 50g, 건포도 20g,
설탕 10g, 물 20cc

만드는 법

❶ **사과와 식빵 썰기** 준비한 사과와 식
빵은 1.5cm 크기로 썰고, 건포도는 미지
근한 물에 설탕을 조금 넣고 불린 뒤 물기를 뺀다.

❷ **사과와 건포도 조리기** 사과와 건포도에 설탕과 물을 넣고 냄비에 물기가
없어질 때까지 조린다.

❸ **우유에 홍차 우리기** 우유에 홍차를 넣고 따끈하게 데워 홍치의 맛과 색을
우린다.

❹ **생크림 넣기** 우유에서 홍차는 건지고 달걀 푼 것과 생크림을 넣고 거품기
로 잘 섞는다.

❺ **반죽에 조린 사과 넣기** 생크림 넣은 반죽에 조린 사과와 빵을 넣고 섞는다.

❻ **반죽 넣기** 턱이 너무 높지 않은 내열접시에 반죽을 흘려 넣는다.

❼ **찌기** 김이 오른 찜통에 넣어서 20분간 찐다. 꼬치로 찔러서 달걀물이 묻어
나오는지 확인하고 꺼낸다.

오방떡

재료

핫케이크가루 200g, 달걀 1개, 우유 1컵, 팥조림 1컵, 식용유 적당량

만드는 법

❶ **빵틀 준비하기** 작은 빵틀을 여러 개 준비하여 안쪽에 식용유를 바른다.

❷ **팥소 만들기** 팥은 깨끗이 씻어서 일구어 물을 넉넉히 붓고 삶는다. 팥알이 통통하게 익으면 설탕을 넣고 달게 조린다.

❸ **반죽하기** 그릇에 달걀과 우유를 붓고 잘 푼다. 핫케이크가루를 넣고 거품기를 이용하여 멍울없이 잘 섞는다.

❹ **빵틀에 반죽 넣기** 달군 팬에 준비한 여러 개의 빵틀을 올려놓고 예열이 되면 작은 국자로 반죽을 떠서 빵틀의 1/4 정도만 붓는다.

❺ **소 넣고 굽기** 반죽 위에 구멍이 나면서 익기 시작하면 팥소를 한 숟가락씩 가운데 떠 넣는다. 그 위에 다른 빵틀에서 익고 있는 반죽을 꺼내어 덮고 익으면 꺼낸다.

추러스 (스페인풍의 과자)

재료

밀가루 100g, 달걀 1개반, 우유 125cc, 무염버터 2큰술(25g), 럼주(또는 진토닉) 3큰술, 튀김기름 적당량, 설탕 적당량

만드는 법

❶ **버터 녹이기** 냄비에 우유와 잘게 썬 버터를 넣고 버터가 녹을 정도까지만 중탕으로 끓인다. 버터가 녹으면 불을 약하게 하여 밀가루를 넣어서 한 덩어리가 되도록 나무주걱으로 젓는다.

❷ **버터에 달걀물 넣기** 냄비를 불에서 내리고 달걀물을 조금씩 넣으면서 냄비의 밑바닥까지 고루 섞는다.

❸ **반죽 준비하기** 달걀을 다 넣은 다음 반죽이 한 덩어리가 되면 짜 주머니에 넣는다.

❹ **튀기기** 170℃ 정도로 달군 튀김기름에 반죽을 적당한 길이로 짜 넣고 노릇노릇하게 튀긴다.

❺ **설탕 묻히기** 튀긴 과자는 기름을 빼고 뜨거울 때 설탕을 묻힌다.

한마디 더 | 과자를 튀길 때 색깔을 곱게 내려면 쓰던 기름은 사용하지 않는 것이 좋다. 너무 높은 온도에서 튀기면 새까맣게 되고, 너무 낮은 온도에서 튀기면 기름이 많이 배므로 170~180℃가 적당하다. 설탕과 계피가루를 섞어 반죽하면 더욱 향이 좋고 맛있는 과자가 된다.

식빵크래커

재료

식빵 4장 **장식** 달걀흰자 1/2큰술, 설탕 5큰술, 인스턴트커피 1/4작은술

만드는 법

❶ **식빵 썰기** 토스터기에 식빵을 넣어 노릇하게 구운 다음 길게 썰거나 삼각지게 원하는 크기로 썬다. 식빵은 구운 지 2~3일 지나 다소 굳은 것을 이용한다.

❷ **아이싱 만들기** 그릇에 달걀흰자와 설탕을 넣고 단단하게 거품을 내어 반으로 나눈다.

❸ **달걀물에 커피 섞기** 뜨거운 물에 인스턴트커피를 타서 식힌 후 ②의 아이싱 한쪽에 섞는다.

❹ **빵에 아이싱 바르기** 구워 자른 빵에 각각 흰색 아이싱과 커피를 섞은 아이싱을 바른다.

❺ **아이싱 굳히기** 예열된 그릴에 식빵을 넣고 불을 끈 뒤 표면이 건조될 때까지 남은 열로 건조시킨다. 완전히 식으면 병에 보관해두었다가 꺼내 먹는다.

드럽도넛

재료

밀가루 70g, 버터 60g, 달걀 3개, 물 100cc, 설탕 · 소금 조금씩, 건포도 30g, 호두 30g, 튀김기름 적당량, 설탕 적당량

만드는 법

❶ **밀가루 내리기** 밀가루는 고운 체에 2~3번 내린다.

❷ **재료 준비하기** 건포도는 향이 좋은 럼주 등의 술에 재워서 살짝 불려 건진다. 달걀은 젓가락으로 풀고, 호두는 굵게 다진다.

❸ **반죽소스 끓이기** 법랑재질의 냄비에 물과 버터, 설탕, 소금을 넣고 버터가 녹을 때까지 끓인다.
❹ **소스에 밀가루 넣기** 버터가 녹으면 불을 줄이고 밀가루를 한 번에 쏟아 넣고 나무주걱으로 날가루가 보이지 않도록 섞는다.
❺ **반죽하기** 밀가루 반죽을 불에서 내려 달걀에 세 번에 나누어 넣으면서 주걱으로 힘 있게 젓는다. 처음에는 잘 섞이지 않지만 한쪽 방향으로 계속 저으면 노란빛의 매끈한 반죽이 된다.
❻ **반죽에 건포도, 호두 넣기** 반죽에 건포도와 호두를 넣고 잘 섞는다.
❼ **튀기기** 중온으로 달군 기름에 반죽을 한 숟가락씩 떠 넣고 짙은 황갈색이 되면 꺼내어 기름을 뺀다. 한 김 나면 설탕을 고운 망에 담아서 뿌린다.

한마디 더 | 밀가루를 구입한 뒤 일단 개봉한 것은 되도록 빨리 사용한다. 밀가루의 신선도를 알려면 밀가루를 손으로 꼭 쥐어본다. 밀가루를 쥔 순간 손가락 틈으로 가루가 날리면 신선한 것.

누룽지과자

재료
찬밥 2컵, 실멸치 1/4컵, 다진보리새우 2큰술, 볶은 들깨 2큰술, 호박씨 2큰술, 소금 조금

만드는 법
❶ **밥에 부재료 섞기** 밥은 그릇 2개에 나누어 담고 한쪽에는 멸치와 보리새우를 넣어 고루 섞는다. 다른 하나에는 들깨와 호박씨를 넣어 섞는다.
❷ **간하기** 각각의 밥에 소금을 조금씩 넣어 짜지 않게 간한다.
❸ **밥 누르기** 부재료를 넣은 밥을 손으로 조금씩 떼어서 비닐 위에 놓고 손바닥으로 세게 눌러 모양을 잡는다.
❹ **누룽지 만들기** 재질이 두꺼운 팬을 달구어 반죽을 하나씩 겹쳐지지 않게 놓고 약한 불에서 굽는다. 노릇해지면 불에서 내려 먹기 좋은 크기로 자른다.

참깨스낵

재료
밀가루 2컵, 통깨 2큰술, 검은깨 2큰술, 식용유 3큰술, 우유 1컵, 소금 조금

만드는 법
❶ **반죽하기** 밀가루에 통깨와 검은깨, 식용유를 분량대로 넣어 고루 섞고 우유를 넣어 되직하게 반죽한다. 반죽을 오래하면 질어져 바삭하지 않다.
❷ **반죽 밀어 자르기** 반죽을 밀대로 2mm 두께로 얇게 밀어 4cm 길이, 1.5cm 폭으로 썬다. 반죽 양끝을 1cm 정도 남기고 가운데 칼집을 넣는다.
❸ **스낵 모양 만들기** 칼집 사이로 반죽의 한쪽 모서리를 집어넣어 꽈배기 모양을 만든다.
❹ **튀기기** 170℃ 정도의 기름에 노릇하게 튀긴다.

한마디 더 | 오래 두어도 바삭바삭한 튀김을 하려면 튀김옷에 녹말이나 쌀가루, 소다, 베이킹파우더 등을 넣는다. 무엇보다 뜨거울 때 바로 먹는 것이 제일 맛있다.

고구마과자

재료
고구마 1개, 건포도 3큰술, 박력분 100g, 베이킹파우더 1/2작은술, 설탕 3큰술
버터크림 버터 50g, 땅콩버터 50g, 달걀노른자 1개 분량

만드는 법
❶ **고구마 익히기** 고구마는 껍질째 깨끗이 씻어서 0.5cm 크기로 썬 후 끓는 물에 데친다. 전자레인지에 넣어 익혀도 좋다.
❷ **건포도 불리기** 건포도는 미지근한 물에 설탕을 조금 넣고 불려서 물기를 뺀다.
❸ **버터크림 만들기** 오목한 그릇에 버터를 넣고 나무주걱으로 부드럽게 만든 후 땅콩버터, 달걀노른자를 조금씩 넣으면서 크림상태가 될 때까지 저어준다.
❹ **밀가루 체에 내리기** 밀가루와 베이킹파우더를 섞어 고운 체에 내린다.
❺ **반죽 재료 섞기** 밀가루에 고구마, 건포도를 먼저 섞고, 버터크림에 넣어서 고무주걱으로 고루 섞는다.
❻ **반죽 만들기** 비닐봉지에 반죽을 넣어 날가루가 없도록 고루 섞어 한 덩어리로 만든 후 3cm 지름의 둥근 막대 모양을 만든다.
❼ **팬에 굽기** 반죽을 2cm 두께로 썰어서 팬에 굽는다. 불은 약하게 하여 속까지 완전히 익도록 한다.

한마디 더 | 베이킹파우더는 팽창제로 과자를 만들 때 부풀어 오르게 한다. 요즘 시판되는 베이킹파우더는 소다와 주석산, 전분 등을 적절히 배합한 것으로 정확한 양을 사용하도록 한다. 베이킹파우더를 넣은 밀가루 반죽은 단시간 내에 가볍게 해야 부드럽게 잘 부푼다.

계량컵과 계량스푼의 이용법

음식만들기에 서투른 초보자에게 가장 문제가 되는 것은 계량컵과 계량스푼의 사용방법이다.
1컵, 1큰술, 1작은술의 분량이 어느정도이고 계량컵과 계량스푼은 어느 것을 어떻게 사용해야 하는지 막연하기만 하다.
다음에 소개하는 내용을 익혀 반찬 만들기에 실패가 없도록 하자.
특성을 잘 파악하고 올바른 계량법을 익혀야 제맛나는 음식을 만들 수 있다.

Point ❶ 계량스푼과 계량컵은 사용하기 쉬운 것으로 한다

사용하기에 편리하고 실용적이며 튼튼한 재질로 만들어진 것이 역시 최고. 특히 계량컵은 산이나 알칼리에 강한 스테인리스제나 내열유리제가 좋다. 내열유리제는 눈금이나 내용물의 확인이 쉬워 더욱 편리하다.

보통 한 컵의 양은 200cc이다

일반적으로 시중에서 판매되는 계량컵은 200cc, 500cc가 가장 많다. 500cc짜리는 국이나 찌개, 수프 등 국물의 양이 많은 것을 측정할 때 편리하지만 대개 200cc를 기준으로 해서 사용해도 불편하지 않다. 보통 요리책에서의 한 컵은 200cc를 말한다. 눈금을 읽을 때는 컵을 평면에 놓고 읽도록.

내열유리제 계량컵

계량스푼은 보통 세 종류로 나눈다

대개 대·중·소 세 종류의 스푼이 한 세트로 구성되어 있다. 큰술이 15cc, 중간술이 5cc, 작은술이 2.5cc이다. 이 중에서 사용 빈도는 대 → 중 → 소 순이다.

Point ❷ 계량스푼으로 직접 계량해 보자

대부분의 사람들이 한 술 하면 넘치도록 가득 담은 것으로, 1/2술 하면 거의 스푼이 찰 정도로 착각하기 쉽다. 그러나 조미료는 초과 사용보다는 좀 모자라는 듯이 쓰는 것이 안전하다. 특히 간을 맞춰야 하는 소금이나 간장의 양은 더욱 그렇다.

'1큰술' 하면 스푼 가장자리 선에 찰 정도를 말한다

간장·식초는 스푼에 담아 넘치지 않을 정도가 1큰술이다. 밀가루나 설탕은 한 술 가득 떠서 반듯한 주걱으로 편편하게 긁어 낸 상태이다.

'1큰술 듬뿍' 이라고 하면 조금 소복하게 올라오는 정도

1큰술보다 조금 많은 분량이 필요하면 '1큰술 듬뿍' 이라는 표현을 쓰는데 이것은 가루인 경우에는 스푼에 소복하게 올라올 정도이고 액체인 경우에는 1스푼을 먼저 담아내고 조금 더 보탠 양을 말한다.

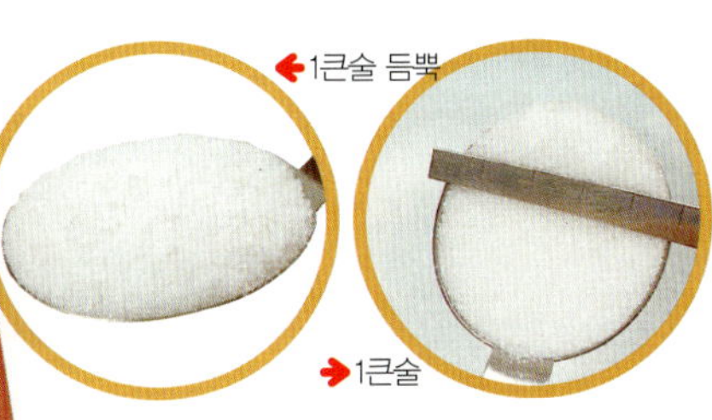

1작은술은 1/3큰술과 같다

● 가루는 작은 주걱으로 긁어 반을 덜어 낸 상태 먼저 1스푼이 되도록 긁어내고 그 반을 주걱으로 덜어내면 정확해진다. 1/3인 경우에는 먼저 주걱으로 3등분을 하고 2/3를 덜어내면 된다. 또 큰술, 작은술을 잘 활용하면 구태여 덜어내지 않아도 1/3큰술이 1작은술이므로 평소에 머리속에 익혀서 활용하자.

● 간장이나 물같은 액체의 1/2은 뜻밖에 분량이 많다 보기에는 1큰술에 가깝지만 실은 1/2큰술의 양. 뜻밖에 많아 보인다. 1/2큰술은 1중간술(5cc)과 1작은술(2.5cc)의 두 계량스푼으로 계산한 분량과 같다. 정확한 계량과 분량을 익히기 위해서는 2개의 스푼으로 시험해 보도록.

Point ❸ 손대중도 연습하자

계량기 없이 수많은 음식을 만들었던 우리네 할머니, 어머니의 손대중은 놀랄만큼 정확하다. 그러나 우리는 그것을 인수받아 사용할 수 없는 계량기 시대를 맞고 있다. 하지만 바쁠 때는 감각적이기는 하나 손끝을 사용하게 되는데 이 방법은 개인차가 있지만 익숙해지면 나름대로 요령을 터득하게 된다.

아주 적은 양이 필요할 때

엄지와 검지 사이에 잡힐 정도.

다소 많은 양이 필요할 때

엄지·검지·중지 세 손가락으로 잡을 정도.

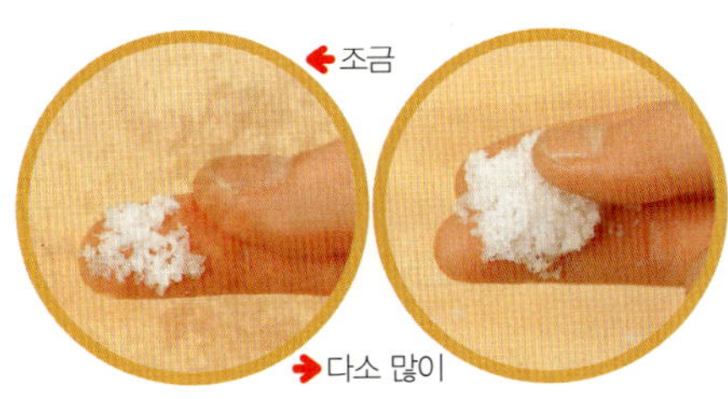

Monday

오늘의 식단
(총1646kcal)

아침	· 현밥(2/3공기)	223Kcal
	참치뚜가리	104Kcal
	시금치나물	58Kcal
	물김치	12Kcal
점심	· 만두국	403Kcal
	달걀찜	83Kcal
	짠지무침	10Kcal
저녁	· 잡곡밥(1공기)	361Kcal
	우거지생선찜	258Kcal
	연근전	99Kcal
	파래무침	35Kcal

우거지생선찜

재료/4인분

총각김치(또는 우거지 절임) ………… 300g
꽁치 …………………………… 2마리
대파 ……………………………… 1대
양파 ……………………………… 1개
매운풋고추 ……………………… 2개
홍고추 …………………………… 2개
식용유 ………………………… 약간

양념
고춧가루 ……………………… 3큰술
고추장 ………………………… 2큰술
간장 …………………………… 2큰술
다진마늘 ……………………… 2큰술
후춧가루 · 생강 ……………… 약간씩

이렇게 만드세요

1 양파 썰기 양파는 8등분해 반으로 자른다.

2 야채 썰기 파 · 홍고추 · 매운 풋고추는 깨끗하게 손질한 후 굵게 어슷썬다.

3 총각김치 썰기 총각김치의 무는 길이로 반 가르고 무청은 4-5cm길이로 썬다.

4 생선 손질하기 생선은 칼등으로 비늘을 살살 긁고 머리를 자른다. 배를 갈라 내장을 뺀다. 지느러미도 떼어낸다. 흐르는 물에 얼른 씻어서 물기를 닦아낸 후 3등분 한다.

5 재료 볶기 팬을 달군 다음 기름을 두르고 썰어놓은 야채와 총각김치를 볶는다.

6 재료 끓이기 볶은 야채와 김치에 기름기가 고루 돌면서 나른하게 볶아지면 고춧가루, 고추장, 간장, 다진 마늘, 후춧가루, 생강을 넣고 물을 자작하게 부어 한소끔 끓인다.

7 생선넣어 익히기 볶은 재료 위에 토막낸 생선을 올린 후 중불에서 찜하듯이 익힌다. 이때 수저로 뒤섞으면 생선살이 부서지므로 그대로 익히는 것이 중요하다.

> **더 맛있게!** 꽁치는 가격도 싸고 단백질 함량이 풍부한 영양 식품이지만 비린내가 심하므로 찌개나 조림, 튀김요리에 적당하다. 껍질과 껍질 바로 밑의 살에 영양성분이 풍부하므로 껍질째 먹을 수 있게 조리하는 것이 좋다.
> 산란 직전인 10~11월경이 제철이다. 작고 살이 통통하게 오른 것을 고른다. 주둥이 주변이 노란빛을 띠고 있으면 기름이 잘 오른 것이다.

재료 썰기

냄비에 볶기

양념 넣고 물붓기

생선 넣기

Tue화day

아침	· 달걀볶음밥	307Kcal
	무국	112Kcal
	장조림샐러드	164Kcal
점심	· 주꾸미버터구이	162Kcal
	스파게티	384Kcal
	야채수프	63Kcal
	오이피클	26Kcal
저녁	· 흰밥(1공기)	334Kcal
	돼지고기편육냉채	197Kcal
	고추장김무침	85Kcal
	백김치	17Kcal

고추장김무침

 **재료/4인분**

김 40장, 쇠고기 50g, 고추장 1/2컵, 설탕 3큰술, 물엿 1큰술, 깨소금 약간 **고기양념** 간장 1/2작은술, 설탕 · 다진마늘 · 깨소금 · 후춧가루 조금씩

 **이렇게 만드세요**

1 김 손질하기 김은 지푸라기 등의 잡티를 떼어내 깨끗이 손질한다.

2 김 굽기 뜨겁게 달군 팬이나 석쇠에 김을 넣어서 바삭하게 굽는다.

3 쇠고기 양념하기 쇠고기에 간장, 설탕 다진마늘 등 분량의 고기양념 재료를 넣어 양념한다.

4 양념고추장 만들기 냄비에 기름을 조금 두르고, 쇠고기를 먼저 볶다가 고추장과 물 1/2컵을 넣어서 끓인다. 물이 거의 줄어들면 물엿과 깨소금을 넣어서 맛을 낸다. 양념 고추장은 차게 식힌다.

5 김 부수기 구운 김은 비닐봉지에 담아서 대강 부순다.

6 김 무치기 부순 김을 양념고추장에 넣고 양념이 고루 배도록 손으로 조물조물 무친다. 마지막에 참기름을 한방울 넣어서 향을 낸다.

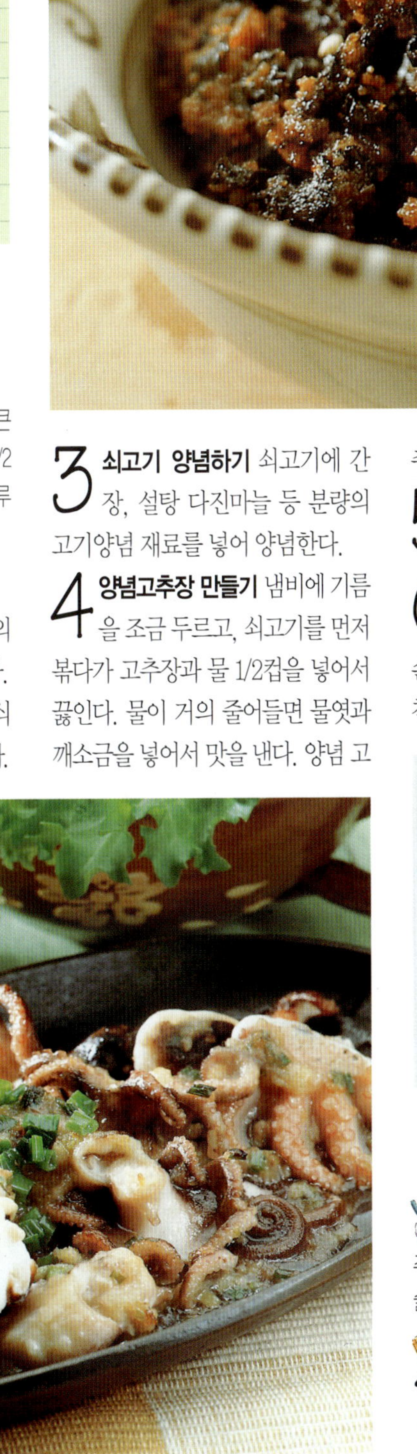

주꾸미버터구이

 **재료/4인분**

주꾸미 300g, 버터 5큰술, 실파다진 것 6큰술, 후추 약간, 다진마늘 3큰술, 청주 1/2컵

 **이렇게 만드세요**

1 주꾸미 손질하기 주꾸미는 다리를 잡아 당겨 갈색의 내장을 빼내 잘라내고 깨끗하게 씻는다.

2 마늘 버터 만들기 버터를 상온에 두어 녹으면 거품기나 나무 젓가락으로 저어 크림상태로 만든 다음 다진 실파와 마늘, 후추를 넣어서 고루 섞는다.

3 주꾸미 삶기 끓는 물에 청주를 반컵 정도 넣고 주꾸미를 넣어서 살짝 데친다.

4 굽기 데친 주꾸미는 밀가루를 가볍게 묻힌 다음 ②의 마늘버터와 섞어서 팬에 올려 굽는다.

맛있는 김 고르기

김은 단백질과 칼슘을 비롯해 각종 비타민이 풍부해, 푸른 채소가 적은 겨울에는 비타민 공급원으로 중요한 역할을 한다.

눈으로 보아 빛깔이 검고 광택이 나면서 특유의 향기가 있는 것이 좋은 것이다. 질 좋은 김일수록 구웠을 때 나타나는 청록색이 선명하다. 만져보아 결이 곱고 얇은 것을 고른다. 날김이 황색을 띠거나 파래 등이 섞이고 두꺼운 것은 품질이 떨어지는 것이다.

Wed수sday

오늘의 식단
(총1814kcal)

아침	· 보리밥(2/3공기)	219Kcal
	명란찌개	133Kcal
	두부부침	103Kcal
	감자조림	112Kcal
점심	· 한식해파리냉채	251Kcal
	달걀국	55Kcal
	찐빵	224Kcal
저녁	· 흰밥(1공기)	334Kcal
	콩나물해물찜	282Kcal
	오이생채	46Kcal
	느타리버섯나물	55Kcal

한식 해파리냉채

재료/4인분

염장해파리	100g
콩나물	100g
오이	1개
쫄면국수	100g
햄	80g
통깨	조금
식초 · 설탕 · 간장	약간씩

초고추장

고추장	3큰술
식초	3큰술
설탕	2큰술
물	2큰술
꿀	1큰술
마늘즙	1/2작은술
파인애플(통조림)	반쪽

이렇게 만드세요

1 해파리 불리기 염장 해파리는 하루 이상을 물에 담가서 충분히 불린 다음 돌돌 말아 가늘게 썬다.

2 단촛물 만들기 냉수에 설탕과 간장 · 식초를 약간씩 넣어서 새콤달콤하게 간을 한다.

3 해파리 준비하기 채썬 해파리는 30℃의 온수에 담아서 살이 오들오들하게 오그라들면 단촛물에 넣고 우린다. 해파리가 연해지면 건져서 물기를 빼고 차게 보관한다.

4 콩나물 준비하기 콩나물은 머리와 꼬리를 떼어서 끓는 물에 소금을 넣고 데친 후 아삭한 맛이 나게 차게 식힌다.

5 오이 · 햄 썰기 오이는 채썬다. 햄도 채썰어서 준비한다.

6 쫄면 삶기 쫄면은 한올한올 잘 떨어지도록 손으로 비벼서 끓는 물에 삶아서 건져둔다.

7 초고추장 만들기 재료를 분량대로 섞어 만들어 차게 둔다. 이때 파인애플은 잘게 썰어 넣는다.

8 접시에 담기 준비한 재료들은 오목한 접시에 돌려 담는다. 먹기 전에 초고추장을 끼얹어서 무친다.

더 맛있게! 소금에 절인 염장 해파리는 소금물에 담가 짠맛을 우려낸 다음 냉수에 헹군다. 채썬 해파리를 구입했을 때는 깨끗이 비벼 씻은 후 물에 담가 짠맛을 충분히 우려낸다.
채썰기 – 넓적하고 큰 것은 먼저 가로, 세로 10cm 정도의 길이가 되게 잘라 돌돌 말아서 가늘게 채썬다.
물기짜기 – 찬물에 충분히 헹궈낸 해파리를 마른 수건에 싸서 물기를 꼭 짠다음 냉장고에 둔다.

비디오 쿠킹

해파리 단촛물에 재우기

해파리 물기 빼기

콩나물 데치기

초고추장 만들기

Thursday 목

즉석생선묵

 **재료/4인분**

생선살과 오징어 자투리 300g, 양파 1/4개, 당근 약간, 실파 약간, 생강즙 1/4작은술, 소금 약간, 흰후추 약간, 녹말 3큰술, 달걀흰자 1개분

 **이렇게 만드세요**

1 생선살 · 오징어 다지기 생선살과 오징어 남은 것을 한데 모아 서 대강 다진다.

2 야채 준비하기 양파와 다른 야 채들은 데치거나 소금에 절여 서 물기를 없앤 다음 잘게 다진다.

3 재료 섞기 분마기나 믹서에 해 물과 야채, 녹말가루, 달걀흰 자, 생강즙, 소금, 흰후추를 넣고 잘 게 갈아 섞는다.

4 튀기기 180℃로 달구어진 기름 에 반죽을 한 수저씩 떠넣어 노 릇하게 튀긴다.

5 곁들여 내기 초간장에 와사비 또는 겨자를 섞어 곁들여 낸다.

처녑볶음

 **재료/4인분**

처녑 300g, 소금 1큰술, 표고버섯 3장, 느타리버섯 100g, 실파 5뿌리, 홍고추 1개 **무침양념** 다진마늘 1큰술, 생강채 1작은술, 간장 2큰술, 깨소금 1큰술, 참기름 1큰술, 물 1/4컵, 잣가루 적당량

 **이렇게 만드세요**

1 처녑 손질하기 처녑은 소금으로 비벼 씻어서 냄새를 없앤 다음 끓는 물에 살짝 데친다. 까만 부분을 벗겨내고 1cm폭으로 채썬다.

2 표고버섯 준비하기 표고버섯은 마른 것은 미지근한 물에 설탕 을 조금 넣고 충분히 불려서 기둥을 뗀 후 깨끗이 헹군다. 두꺼운 것은 반

으로 저며서 채썬다.

3 느타리버섯 손질하기 느타리버 섯은 굵은 것은 여러 갈래로 찢고 작은 것은 그대로 쓴다. 끓는 물에 소금을 넣고 느타리버섯을 데 친 다음 찬물에 바로 헹구어 물기를 꼭 짠다.

4 실파 · 홍고추 썰기 실파는 3cm 길이로 썬다. 홍고추는 반갈라 서 씨를 빼고 어슷하게 채썬다.

5 양념하기 재료를 분량대로 섞어 서 처녑과 버섯에 각각 나누어 넣어 양념한다.

6 재료 볶기 냄비에 기름을 조금 두르고 먼저 처녑과 홍고추를 볶다가 표고버섯과 느타리버섯을 넣 어 볶는다.

7 익히기 ⑥에 실파를 넣고 물을 조금 부어서 물기가 촉촉하도록 익힌다. 접시에 담고 잣가루를 뿌린 다.

Friday 금

돼지고기전

재료/4인분

돼지고기	200g
깻잎	8장
실파	5뿌리
밀가루	4큰술
달걀	1개
식용유	약간

고기양념

새우젓	2작은술
다진마늘	1큰술
생강즙	약간
고춧가루	1큰술
후춧가루	1/4작은술
소금	1작은술
간장	1/2작은술

이렇게 만드세요

1 깻잎 썰기 깻잎은 한잎씩 깨끗이 씻어서 꼭지를 떼고 몇장을 겹쳐 먼저 길게 썰고 가로로 잘게 썬다. 찬물에 한번 헹구어 물기를 뺀다.

2 실파 썰기 실파는 뿌리쪽을 깨끗이 잘라내고 겉껍질을 벗겨서 다듬는다. 물에 깨끗이 씻어 물기를 제거한 다음 송송 썬다.

3 돼지고기 다지기 돼지고기는 살코기로 준비하여 기름기를 제거하고 곱게 다진다.

4 재료 섞기 그릇에 다진 돼지고기와 새우젓, 다진 마늘, 생강즙, 고춧가루, 후춧가루, 소금, 간장 등 분량의 고기 양념을 넣고 밀가루와 달걀을 넣어 고루 섞는다.

5 야채 넣기 ④에 썰어놓은 깻잎과 실파를 넣어서 가볍게 섞어준다.

6 전 지지기 먼저 팬을 달군 다음 기름을 두르고 ⑤의 반죽을 한 수저씩 떠 넣는다. 반죽이 질척하므로 따로 모양을 빚을 필요가 없다. 약한 불에서 속까지 완전히 익도록 지진다.

요리힌트

값싸고 영양 많은 돼지고기

돼지고기는 콜레스테롤이 많아 고혈압 등 성인병에 치명적인 영향을 미친다고 생각하는 사람이 많은데 단백질, 지방, 비타민 A, 비타민 B, 칼슘, 인 등이 풍부한 영양식이다. 섬유가 가늘고 연해서 단백질, 지방질의 소화율이 모두 95% 이상에 이른다. 지방이 많고 특유의 냄새 때문에 싫어하는 사람도 있지만 조리법만 잘 개발하면 값도 싸면서 좋은 영양 공급원이 될 수 있다.

비디오 쿠킹

실파·깻잎 썰기

고기양념하기

반죽에 달걀넣기

고기전 지지기

Saturday 토

오늘의 식단
(총 1973kcal)

아침	· 잡곡밥(2/3공기)	241Kcal
	우거지국	93Kcal
	생선전	205Kcal
	김구이	14Kcal
	배추김치	17Kcal
점심	· 감자그라탱	315Kcal
	오렌지주스(1/2잔)	41Kcal
	바게트와 그린샐러드	
		234Kcal
저녁	· 동치미냉면	446Kcal
	새우튀김	164Kcal
	청경채 닭살무침	203Kcal

감자그라탱

 **재료/4인분**

감자 4개, 다진쇠고기 300g, 양송이 50g, 양파 1/2개, 토마토 1개, 소금 약간, 후추 약간, 슬라이스 치즈 2장, 피자치즈 50g, 빵가루 1/2컵, 버터 2큰술, 파슬리가루 약간, 카레가루 2큰술, 가루치즈 약간

 **이렇게 만드세요**

1 감자 으깨기 감자는 껍질째 찜통에 찐 다음 뜨거울 때 수건으로 감싸서 껍질을 벗기고 으깬다. 입자가 살아 있어도 좋고 완전히 으깨도 좋다. 으깨면서 소금으로 살짝 간한다.

2 재료 준비하기 쇠고기는 다진 것으로 준비하고, 양송이는 얇게 썬다. 양파는 굵게 다진다. 토마토는 칼집을 넣어서 끓는 물에 데쳐서 껍질을 벗긴 다음 얄팍하게 썬다. 슬라이스치즈는 4등분한다. 피자치즈는 강판에 갈아서 가루를 낸다. 빵가루는 버터와 파슬리가루에 버무린다.

3 재료 볶기 팬에 버터와 식용유를 1큰술씩 두르고 먼저 양파를 볶다가 고기를 넣어서 보슬보슬하게 볶는다. 고기가 잘 볶아지면 카레가루로 맛을 낸다.

4 재료 담기 내열용기에 버터를 바르고 으깬감자를 담는다. 그 위에 ③과 양송이, 토마토를 얹은 다음 다시 남은 감자를 얹는다. 슬라이스 치즈와 가루 치즈를 뿌린 다음 위에 버터에 버무린 빵가루를 얹는다.

5 굽기 200℃로 예열된 오븐에 넣어서 빵가루가 노릇하게 색이 나도록 굽는다.

청경채닭살무침

 **재료/4인분**

청경채 300g, 소금 1작은술, 샐러드유 1큰술, 닭가슴살 200g, 소금 · 후춧가루 · 청주 약간씩 **무침장** 다진생강 1작은술, 간장 2큰술, 식초 1큰술, 깨소금 1큰술, 설탕 1작은술, 참기름 1큰술

 **이렇게 만드세요**

1 닭살 굽기 닭살에 소금, 후춧가루, 청주를 뿌려서 밑간을 한 다음 팬에 올려서 노릇하게 굽는다.

2 청경채 씻기 청경채는 밑둥을 네 쪽으로 가른 다음 흐르는 물에 씻는다.

3 청경채 데치기 냄비에 물을 끓이다가 소금과 샐러드유를 넣고 청경채를 데쳐 내어 식힌다.

4 닭고기 찢기 닭고기는 결대로 굵게 찢는다.

5 무침장 만들기 분마기에 깨소금, 참기름을 넣고 으깨다가 나머지 양념을 넣는다.

6 재료 무치기 준비한 청경채와 닭살을 무침장에 무친다. 닭살만 무치고 청경채는 곁들여 내기도 한다.

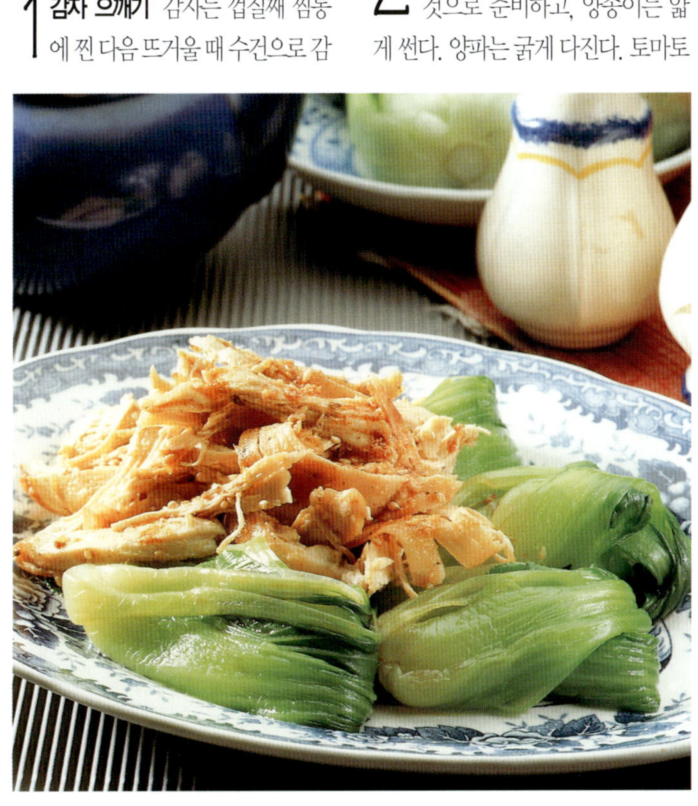

오늘의 식단 (총1502kcal)

아침 · 설기떡	253Kcal
	식혜	104Kcal
	동치미국	10Kcal
점심 · **고추짜장밥**	399Kcal
	달걀국	55Kcal
	백김치	17Kcal
저녁 · 콩밥(1공기)	367Kcal
	물오징어찌개	151Kcal
	달래묵무침	96Kcal
	돼지고기장조림	159Kcal
	총각김치	27Kcal

고추짜장밥

 재료/4인분

돼지고기	100g
양파	1개
양배추	2잎
매운풋고추	4개
대파	1개
당근	1/2개
생강 · 마늘	1쪽씩
짜장(춘장)	2큰술
설탕	조금
물(육수)	1컵
밥	4공기

녹말물

녹말가루	1큰술
물	2큰술

이렇게 만드세요

1 재료 준비하기 돼지고기와 양파, 양배추는 7mm각으로 썬다. 매운풋고추와 대파는 송송썬다.

2 생강 · 마늘 다지기 생강, 마늘은 곱게 다진다.

3 재료 볶기 팬에 기름을 넉넉히 두르고 먼저 생강과 마늘을 볶다가 향이 돌면 돼지고기를 넣어서 센불에 재빠르게 볶는다.

4 야채 볶기 고기가 익으면 나머지 야채를 넣어서 함께 볶아 낸다.

5 춘장 볶기 다른 팬에 기름을 넉넉히 두르고 춘장을 넣어 타지 않도록 볶는다. 설탕을 넣어 간을 맞춰가며 볶는다. 너무 세지 않은 불에서 타지 않게 오래 볶는 것이 요령이다.

6 짜장소스 만들기 고기와 야채 볶은 것에 볶은 짜장을 넣고 고루 섞은 다음 물을 붓고 끓인다.

7 녹말물 넣기 국물에 맛이 우러나면 녹말물을 넣어서 흐를 정도의 농도가 되면 불에서 내린다.

8 밥에 소스 얹기 고슬하게 지은 밥을 접시에 담고 짜장소스를 끼얹는다. 밥대신 국수를 곁들여도 좋다.

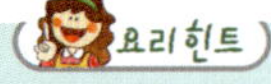 
요리힌트

고기를 연하고 맛있게 먹으려면

고기요리를 할 때 배나 파인애플, 키위 등을 갈아 넣으면 고기가 연해진다. 단, 키위에 들어있는 단백질 분해 효소는 연육 효과가 높아서 오래 재워 두면 고기가 완전히 흐물흐물해지므로 주의해야 한다. 돼지고기 요리를 할 때 마늘을 넣으면 비타민 B1의 흡수를 돕는다.

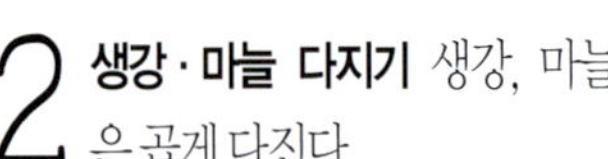

비디오 쿠킹

재료 썰기

야채 볶기

짜장 볶기

짜장소스 만들기

Mo월day

오늘의 식단
(총1986kcal)

아침 · 달걀덮밥	529Kcal
꽁치포구이	132Kcal
나박김치	12Kcal
점심 · **감자마리네**	311Kcal
과일(사과1쪽)	37Kcal
저녁 · 육개장	239Kcal
보름김밥	525Kcal
우엉조림	116Kcal
도라지 오이생채	58Kcal
총각김치	27Kcal

감자마리네

재료/4인분
감자(냉동 튀김감자) 300g, 양파 1/4개, 튀김기름 적당량, 소금 조금, 베이컨 100g, 샐러드유 조금, 푸른야채 약간 **마리네 드레싱** 샐러드유 3/4컵, 식초 1/4컵, 소금 1작은술, 후추 조금, 파슬리가루 2작은술, 카레가루 1작은술, 마늘 2톨

이렇게 만드세요

1 **마리네 드레싱 만들기** 그릇에 소금, 후추, 식초 반량, 카레가루를 넣고 샐러드유를 조금씩 넣으면서 젓다가 남은 식초를 넣고 다시 샐러드유를 조금씩 넣어서 뽀얗게 만든다. 파슬리가루와 얇게 썬 마늘을 넣어 향을 낸다. 드레싱은 차게 보관한다.

2 **재료 준비하기** 양파와 베이컨은 2cm폭으로 썰어서 버터에 볶아 식힌다. 감자는 바삭하게 기름에 2번 튀겨서 기름을 뺀다.

3 **드레싱에 재료 버무리기** 차게 보관한 드레싱에 튀긴 감자와 양파, 베이컨 볶은 것을 넣어서 버무린다.

4 **접시에 담기** 접시에 푸른야채를 깔고 감자 마리네를 담는다.

보름김밥

재료/4인분
김 8장, 호박오가리 50g, 가지 50g, 취나물 말린 것 50g **마른나물 양념** 다진파 1큰술, 마늘 1/2큰술, 참기름 2작은술, 국간장 2큰술, 깨소금 1큰술, 식용유 적당량 **오곡밥**(4공기) 팥 1/2컵, 밤콩 1/2컵, 수수 1/2컵, 차조 1/2컵, 찹쌀 1컵, 멥쌀 2컵, 소금 1큰술, 물(팥 삶는물 포함) 4컵 **돼지고기 고추장조림** 돼지고기 100g, 고추장 1큰술, 고춧가루 약간, 간장 1작은술, 다진파 2작은술, 다진마늘 1작은술, 참기름 1작은술, 후춧가루 약간, 청주 1큰술, 물 4큰술

이렇게 만드세요

1 **오곡밥 짓기** 팥은 씻어서 불에 올려 충분히 잠길 정도로 물을 붓는다. 끓어오르면 물은 따라 버리고, 다시 3컵 정도의 물을 부어 팥알이 터지지 않을 정도로 삶아 건진다. 팥물은 따로 받아둔다. 콩은 물에 불리고, 수수는 여러 번 문질러 씻어 붉은 물을 우려낸다. 차조는 씻어 건진다. 찹쌀과 멥쌀은 밥짓기 약 30분전에 씻어 물에 불렸다가 건진다. 멥쌀과 찹쌀, 삶은 팥과 불린 콩, 수수는 냄비나 솥에 넣어 고루 섞어 팥 삶은 물과 소금을 넣고 고루 젓는다. 밥물을 부어 불에 올려 끓인다. 밥이 끓어오르면 위에 차조를 얹고 불을 중불로 줄인다. 쌀알이 익어 퍼지면 불을 아주 약하게 하여 뜸을 들인 후 위 아래를 잘 섞어 밥그릇에 푼다.

2 **마른나물 준비하기** 호박오가리와 가지, 취나물 말린 것은 미지근한 물에 넣어서 흠씬 불린 다음 물기를 꼭 짜고 잘게 썬다. 나물 각각에 다진파, 마늘, 참기름, 국간장, 깨소금을 넣어 조물조물 무친 다음 팬에 기름을 둘러서 볶다가 물을 조금 뿌려서 뜸들이듯이 익힌다. 넓은 쟁반에 옮겨 한김 식힌다.

3 **김 굽기** 김은 잡티를 떼어내고 기름을 살짝 발라서 굽는다.

4 **고추장조림 만들기** 돼지고기는 채썬다. 분량의 조림양념을 넣고 물을 조금 부어 바짝 조린다.

5 **김말이** 김발 위에 김을 올리고 오곡밥을 2/3정도 얇게 깐 다음 그 위에 나물과 고기 조린것을 가지런히 올려서 김말이 한다. 적당한 폭으로 썰어 접시에 담아낸다.

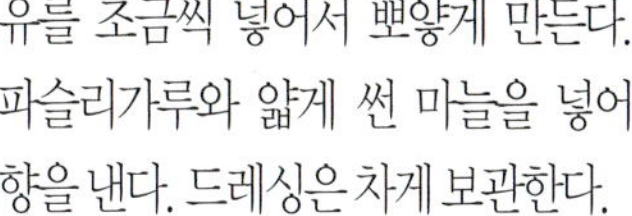
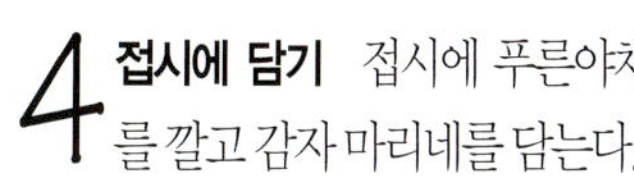

장어매운구이

재료/4인분

장어	4마리
표고버섯	3개
양송이	4개
팽이버섯	1개
쑥갓	100g
홍고추	2개
양파	1개

양념장

간장	2큰술
된장	2/3큰술
설탕	1/2큰술
고춧가루	2큰술
후춧가루	조금
다진생강	1/2작은술
다진마늘	1큰술
청주	3큰술

이렇게 만드세요

1 **장어 손질하기** 장어는 생선집에서 손질해 온다. 장어살은 소금과 밀가루로 주물러 기름과 냄새를 흡수시킨 다음 찬물에 여러 번 헹군 후 물기를 없앤다.

2 **장어 썰기** 손질한 장어는 4-5cm폭으로 썬다.

3 **버섯 준비하기** 표고버섯은 설탕물에 불려서 기둥을 뗀다. 찬물에 여러 번 헹구어서 물기를 꼭 짠 다음 채썬다. 팽이버섯은 흙이 묻은 검은 밑둥을 잘라낸다. 양송이는 5mm두께로 썰어 색이 변하지 않도록 레몬즙을 뿌려둔다.

4 **야채 준비하기** 양파는 둥글게 썬다. 쑥갓은 억센 줄기는 잘라내고 찬물에 넣어서 싱싱하게 둔다. 홍고추는 얇게 어슷썰기 하여 찬물에 헹구어 씨를 턴다.

5 **양념장 만들기** 양념장은 재료를 분량대로 섞어서 만든다.

6 **양념장에 섞기** 그릇에 장어와 양송이·표고버섯, 고추, 양파를 넣고 양념장을 넣어서 고루 섞는다.

7 **랩 씌워 재우기** ⑥에 랩을 씌워서 1시간 정도 재워둔다.

8 **지지기** 달구어진 팬에 기름을 두르고 재워두었던 재료를 넓게 펴서 굽듯이 지진다. 먼저 장어를 지지고 장어가 거의 익으면 팽이버섯과 쑥갓을 넣어서 가볍게 섞은 다음 불에서 내린다.

9 **담기** 접시에 장어, 표고버섯, 팽이버섯, 양파 등을 담아낸다.

장어 손질하기

양념장 만들기

재료 버무리기

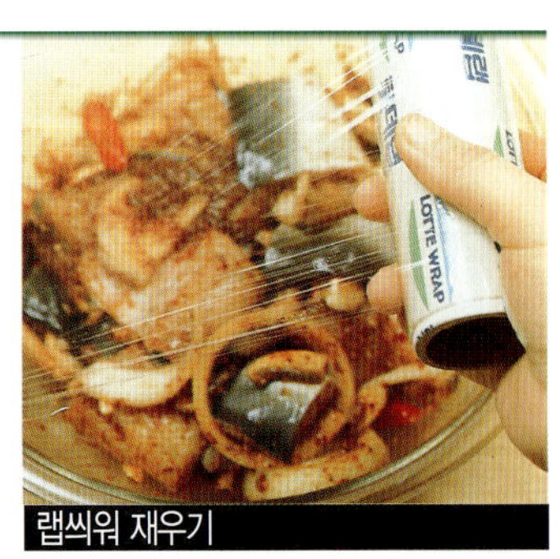

랩씌워 재우기

Wednesday 水

배굴생채

 **재료/4인분**

굴 200g, 배 반개, 밤 4개, 미나리 50g, 실고추 약간, 통깨 조금, 고춧가루 1큰술, 소금 1/2작은술, 식초 2큰술씩, 설탕 1작은술

 **이렇게 만드세요**

1 굴 손질하기 굴은 소금물에 씻어 건진다. 무를 강판에 간 후 굴에 넣어 가볍게 주물러 헹구어 내면 굴 냄새를 없앨 수 있다. 헹구면서 굴깍지를 제거한다. 손질한 굴은 망에 담아서 물이 생기지 않도록 한다.

2 배·밤 준비하기 배는 껍질을 벗기고 2mm두께로 도톰하게 썰어 연한 설탕물에 담가 둔다. 껍질을 말끔히 벗긴 밤은 큰 것은 반으로 잘라서 납작하게 썰고, 작은 것은 그대로 납작썰기 한다.

3 미나리·실고추 준비하기 미나리는 다듬어서 3cm길이로 썬다. 실고추는 짧게 자른다.

4 재료 섞기 고춧가루에 소금, 식초, 설탕을 넣어 섞어 두었다가 고춧가루가 부드럽게 불면 준비한 굴과 배, 밤, 미나리를 섞어가며 양념한다.

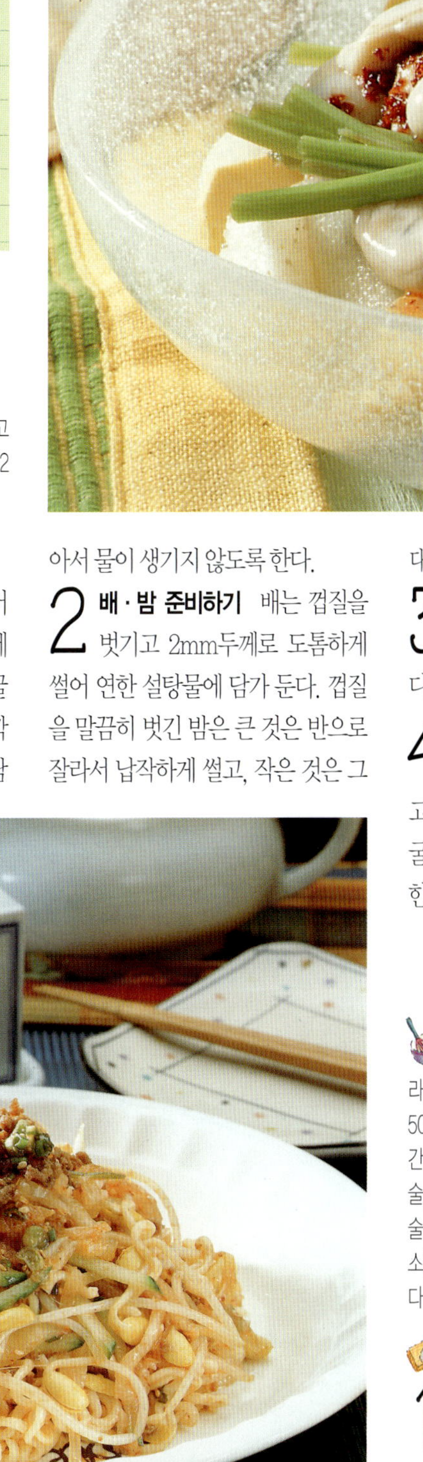

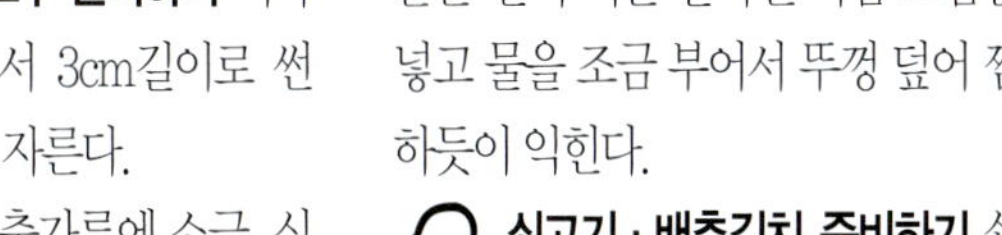

비빔라면

 **재료/4인분**

라면 1봉지, 콩나물 100g, 양파 1/2개, 쇠고기 50g, 배추김치 50g, 오이 1/2개 **비빔양념장** 간장 3큰술, 송송썬 실파 2큰술, 설탕 2작은술, 참기름 2큰술, 깨소금 1큰술, 고추기름 1큰술 **쇠고기 양념** 간장 1큰술, 설탕 1/2큰술, 깨소금·참기름 1/2큰술씩, 다진마늘 1작은술, 다진파 2작은술, 후춧가루 약간

 **이렇게 만드세요**

1 재료 준비하기 양파는 가늘게 채 썰어서 찬물에 여러 번 씻어 매운맛을 뺀 다음 물기를 제거한다. 오이는 둥글게 썰어서 차게 둔다. 콩나물은 긴 뿌리는 잘라낸 다음 소금을 넣고 물을 조금 부어서 뚜껑 덮어 찜하듯이 익힌다.

2 쇠고기·배추김치 준비하기 쇠고기는 다져서 고기양념으로 재워두었다가 보슬하게 볶아서 식힌다. 배추김치는 속을 털어내고 잘게 썰어서 설탕, 참기름, 깨소금으로 양념한다.

3 비빔양념장 만들기 간장에 실파, 설탕, 참기름, 깨소금 등을 섞어서 비빔양념장을 만든다.

4 라면 준비하기 라면은 끓는 물에 넣어서 3분 정도 삶는다. 건져내어 찬물에 여러번 헹궈 물기를 빼둔다.

5 재료 무치기 라면은 먹기 바로 전에 양념장에 무친다. 콩나물 익힌것과 고기 볶은것, 양파, 배추김치 등 준비한 야채를 넣어서 무쳐 낸다.

오늘의 식단
(총1956kcal)

아침	· 국수장국	452Kcal
	양송이장조림	33Kcal
	김무침	47Kcal
점심	· 흰밥(1공기)	334Kcal
	돼지고기죽순볶음	139Kcal
	연두부회	78Kcal
	당면국	147Kcal
저녁	· 잡곡밥(1공기)	361Kcal
	빈대떡	177Kcal
	생새우된장국	98Kcal
	생야채와 된장쌈	90Kca

생새우된장국

 **재료/4인분**

민물새우(새뱅이) 3컵, 무 400g, 미나리 100g, 대파 1뿌리, 풋고추 2개, 홍고추 1개, 멸치국물 4컵 **된장국양념** 된장 2큰술, 고춧가루 1큰술, 다진마늘 2큰술, 소금 2작은술, 후추 약간, 국간장 2작은술, 생강즙 약간

 **이렇게 만드세요**

1 민물새우 준비하기 민물새우는 슴슴한 소금물에 씻어서 물기를 뺀다.

2 야채 썰기 무는 적당하게 토막을 내어 열십자로 4등분하여 1cm두께로 썬다. 미나리는 잎을 다듬어내고 줄기만 4cm길이로 썬다. 대파와 고추는 어슷썬다.

3 멸치장국 준비하기 찬물 10컵에 다시마와 무, 멸치, 대파 등 자투리 야채 200g을 넣어서 10분간 끓인 다음 불에서 내려 완전히 식혀 맑게 거른다.

4 된장국 양념 만들기 된장국 양념을 분량대로 섞어 만든다.

5 장국에 무 넣기 멸치장국이 끓으면 무를 먼저 넣는다. 말갛게 익으면 된장국 양념을 풀어넣어 맛을 낸다

6 장국 끓이기 한소끔 끓으면 새우를 먼저 넣고 다시 끓인다. 미나리와 고추, 대파를 넣어서 다시 한번 끓인 다음 불에서 내린다.

돼지고기죽순볶음

 **재료/4인분**

죽순(통조림) 2개, 돼지고기 150g, 간장 · 참기름 · 통깨 약간씩 **돼지고기 양념** 간장 1큰술, 다진파 2작은술, 설탕 2작은술, 다진마늘 1작은술, 생강즙 약간, 청주 1작은술, 참기름 1작은술

 **이렇게 만드세요**

1 죽순 손질하기 죽순은 반으로 가른 다음 빗살 사이의 하얀색 석회분을 씻어낸다. 얇게 빗살모양으로 썬다.

2 돼지고기 준비하기 돼지고기는 얄팍하게 불고기감으로 썰어서 준비한다. 준비한 갖은 재료를 넣어 양념한 후 30분 정도 재운다.

3 죽순 볶기 팬을 뜨겁게 달군 다음 기름을 두르고 죽순을 넣어서 센불로 재빠르게 볶는다. 볶는 도중에 소금으로 살짝 간한다.

4 돼지고기 볶기 볶은 죽순은 그릇에 옮겨담고 팬에 기름을 조금 더 두른 다음 돼지고기를 넣어 완전히 익도록 볶는다.

5 간하기 고기가 익으면 볶아두었던 죽순을 팬에 다시 넣고 간장 약간과 참기름을 넣어서 맛을 낸다. 이때 참기름은 마지막에 넣어야 향이 유지된다. 참기름을 직접 불에 달구면 기름이 쉽게 상한다.

Friday 금

오늘의 식단
(총1642Kcal)

아침 · 새우양상추샐러드	135Kcal
찐빵	224Kcal
오렌지주스	82Kcal
점심 · 보리밥(1공기)	329Kcal
상추쌈	30Kcal
고등어된장쌈	158Kcal
새우달걀국	90Kcal
저녁 · 한치찹쌀순대	540Kcal
상추생채	42Kcal
나박물김치	12Kcal

한치찹쌀순대

 **재료/4인분**

한치 4마리, 찹쌀 1컵반, 설탕 1큰술, 간장 2큰술, 참기름 1큰술, 청주 1큰술, 소금 약간 **소스** 간장 2큰술, 설탕 2큰술, 녹말물 1큰술, 물 3큰술

이렇게 만드세요

1 **찹쌀 찌기** 찹쌀은 불린 다음 김이 오른 찜통에 넣어서 푹 찐다.

2 **한치 썰기** 한치는 다리를 떼고 살짝 데쳐 송송 썬다.

3 **찰밥에 양념하기** 찰밥에 설탕, 간장, 참기름, 청주를 넣고 고루 섞는다.

4 **한치에 찰밥 넣기** 한치는 몸통 안을 깨끗이 닦은 다음 ③의 밥을 약간 헐렁하게 채워넣는다. 끝 부분은 꼬치로 찔러서 속이 빠져나오지 않도록 한다.

5 **찜통에 넣기** 김이 오른 찜통에 행주를 깔고 내열접시에 속을 채운 한치를 담아서 20분 정도 쪄낸다.

6 **익히기** 냄비에 간장, 설탕, 물을 넣고 끓이다가 쪄낸 한치를 굴리면서 잠깐 조린다.

7 **녹말가루 넣기** 말가루를 물에 타서 조금씩 넣어서 윤기나게 한다. 둥글게 썰어서 접시에 담는다.

고등어된장쌈

 **재료/4인분**

고등어 1/2마리, 된장 1/2컵, 풋고추(매운 것) 3개, 홍고추 1개, 대파 1대, 다진마늘 1큰술, 멸치가루 1큰술

 **이렇게 만드세요**

1 **고등어 굽기** 고등어는 배를 갈라 내장을 빼내고 소금물에 씻어 물기를 닦아 2~3cm 두께로 썬다. 팬에 기름을 두르고 달구어지면 고등어를 올려 구워낸다.

2 **고등어 부수기** 고등어는 구워서 잘게 부순다. 고등어 구이 남은 것을 활용할 수 있는 요리이다.

3 **다지기** 풋고추와 홍고추는 굵직하게 다진다. 대파는 송송 썬다.

4 **멸치 가루내기** 멸치는 마른 팬에 볶은 후 믹서나 분마기에 갈아 가루를 낸다.

5 **뚝배기에 재료넣기** 뚝배기에 살을 부수어 놓은 고등어와 된장, 마늘, 멸치가루를 넣고 물을 반 정도 잠길 만큼 붓는다. 중불에서 서서히 끓인다.

6 **끓이기** 국물이 거의 줄어들면 풋고추와 홍고추, 대파를 넣어서 2-3분간 끓인 다음 불에서 내린다. 상추나 깻잎 등 원하는 야채와 함께 쌈을 싸 먹으면 별미이다.

더 맛있게! 소금에 절여진 자반고등어를 구입할 때는 살에 뼈가 단단히 붙어 있는지 살피고 노르스름한 기름 덩어리라 겉돌지 않고 배를 눌러보아 즙액이나 내장이 밀리지 않는 것을 고른다. 자반고등어는 겉에 묻은 소금을 털어내고 깨끗이 씻은 다음 쌀뜨물에 담가두어 소금기를 뺀다.

요리힌트

순대 만들기

순대는 돼지 창자에 소를 채워서 끓는 물에 삶는다. 소는 돼지고기와 선지, 두부, 찹쌀밥을 합하여 파, 마늘, 생강, 후춧가루, 소금으로 양념하여 대롱을 대고 채워 양끝을 실로 묶는다. 또는 삶은 우거지나 숙주나물을 데쳐서 섞기도 한다. 쪄서 소금, 고춧가루, 후춧가루를 섞은 것에 찍어 먹는다. 소창으로 하면 가늘고 대창으로 하면 굵은 순대가 된다.

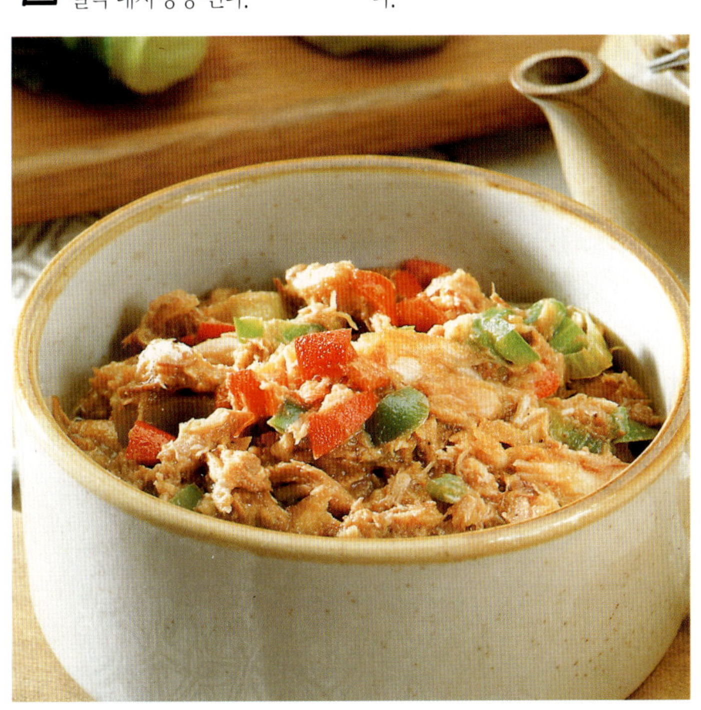

Saturday 토

아침	콩밥(2/3공기)	245Kcal
	감자매운찌개	165Kcal
	호박전	89Kcal
	불고기	196Kcal
점심	도넛	312Kcal
	우유	118Kcal
저녁	흰밥(1공기)	334Kcal
	게매운탕	104Kcal
	햄달걀부침	115Kcal
	무나물	93Kcal

도넛

🍚 재료/4인분

밀가루	100g
달걀	1개
설탕	45g
소금	1g
버터	15g
탈지분유	4g
베이킹파우더	3g
바닐라향	0.2g
넛맥	0.4g

📒 이렇게 만드세요

1 재료 섞기 달걀과 설탕, 소금을 섞어 설탕이 완전히 녹아서 크림빛이 날 때까지 섞는다.

2 버터 넣기 분량의 버터를 그릇에 담아 그릇째로 뜨거운 물에 넣어 녹인 다음 ①에 넣으면서 거품기로 저어준다.

3 체에 내리기 밀가루, 베이킹파우더, 탈지분유, 바닐라향, 넛맥을 섞어서 체에 2~3번 내려 부드러운 가루를 준비한다. 넛맥이나 바닐라향은 향료의 일종인데 빵·과자 재료상이나 대형 수퍼에서 살수 있다.

4 반죽하기 ③에 ②를 넣어서 가볍게 섞은 후 반죽한다. 반죽 판에 밀가루를 뿌리고 그 위에 반죽을 올려놓은 다음 손목으로 누르고 돌려가면서 접었다 뭉쳤다 하는 동작을 반복한다. 반죽이 끈적거리지 않고 부드럽게 잘 펴질 때까지 주무른다.

5 발효시키기 준비된 반죽을 밀가루를 묻힌 그릇에 넣어 비닐 랩을 덮어두거나 반죽을 비닐에 싸서 10~20분간 실온에 두어 발효시킨다.

6 모양 만들기 ⑤의 비닐을 벗겨 매끈해질 때까지 반죽한 다음 밀대로 0.8~1cm 두께가 되도록 밀어 링 모양으로 찍어낸다.

7 튀기기 180~195℃ 튀김 기름에서 5~10분 정도 뒤집어가며 튀긴다. 이때 너무 자주 뒤집지 않는다.

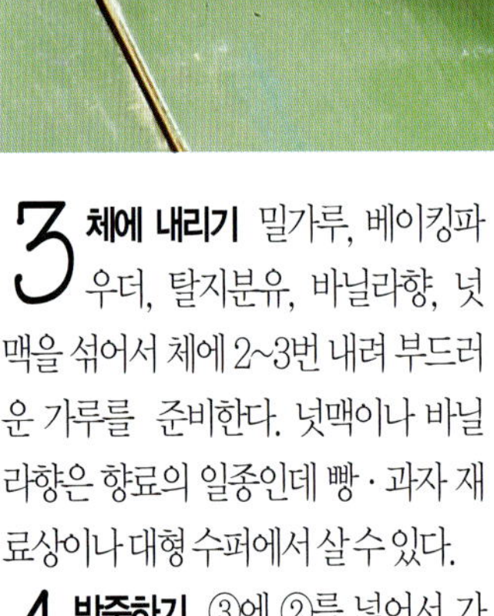

🧑‍🍳 요리힌트

튀김온도를 알려면…

튀김옷을 한 방울 떨어뜨려 보아 튀김옷이 냄비 바닥까지 가라앉고 거품이 적으면 150~160℃의 저온이다. 튀김옷이 중간까지 잠겼다가 잠시 후 떠오르면 170℃ 정도.

버터 넣기

가루 체에 내리기

반죽 발효시키기

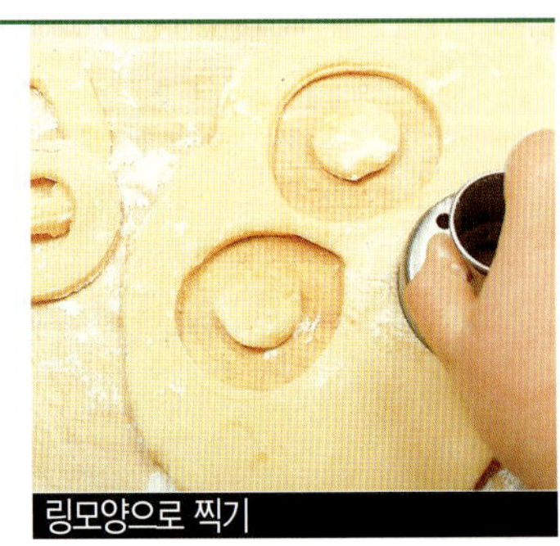

링모양으로 찍기

Sunday 일

오늘의 식단
(총1999kcal)

아침	· 쇠고기덮밥	501Kcal
	청경채볶음	120Kcal
	짠지무침	10Kcal
점심	· 샐러드피자	394Kcal
	양파수프	114Kcal
	야채스틱과 생크림소스	150Kcal
저녁	· 오곡솥밥	373Kcal
	묵은나물볶음	131Kcal
	홍어기름구이	206Kcal

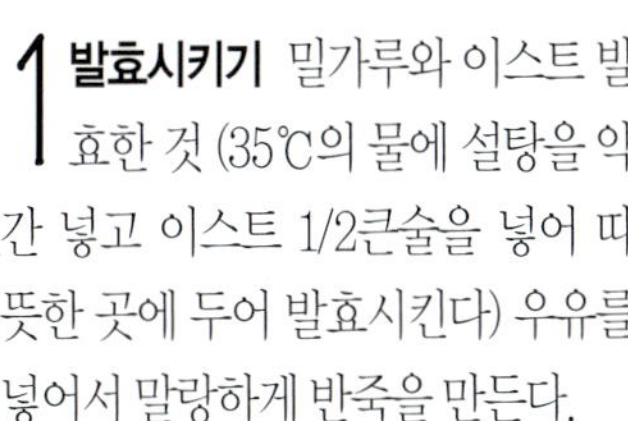

샐러드피자

 **재료/4인분**

밀가루 2컵, 이스트 1/2큰술, 설탕 1작은술, 우유 1/2컵, 소금 약간, 버터 적당량, 피자치즈 100g, 푸른잎채소(양상추 1/6통, 치커리 4줄기, 겨자잎 2줄기) **토마토소스** 토마토 1개, 양파 1/2개, 토마토케첩 2큰술, 올리브유 1큰술, 소금 1/2작은술, 후추 조금, 홍고추 다진것 1큰술

 **이렇게 만드세요**

1 발효시키기 밀가루와 이스트 발효한 것 (35℃의 물에 설탕을 약간 넣고 이스트 1/2큰술을 넣어 따뜻한 곳에 두어 발효시킨다) 우유를 넣어서 말랑하게 반죽을 만든다.

2 버터 넣기 반죽은 랩으로 싸서 따뜻한 곳에 두어 1차 발효시킨다. 버터녹인 것을 2큰술 넣고 다시 반죽하여 2차 발효시킨다.

3 토마토소스 만들기 토마토는 껍질을 벗겨서 잘게 다진 다음 올리브유와 다진양파, 홍고추다진 것, 토마토케첩, 소금, 후추를 넣어서 맛을 낸다.

4 야채 준비하기 준비한 야채는 깨끗이 씻어둔다.

5 피자치즈 뿌리기 발효된 반죽을 넓게 편 다음 그 위에 토마토소스를 바르고 피자치즈를 뿌린다.

6 오븐에 굽기 예열된 오븐에 넣어서 빵이 익을 정도로 굽는다. 오븐에서 꺼낸 다음 야채와 가루치즈 등을 얹어서 낸다.

홍어기름구이

 **재료/4인분**

홍어 600g, **초간장** 간장 · 식초 · 설탕 · 소금 · 참기름 약간씩

 **이렇게 만드세요**

1 홍어 손질하기 홍어는 신선한 것으로 준비한다. 껍질이 벗겨지지 않도록 주의해가며 미끈미끈한 것은 칼로 살살 긁어 깨끗이 씻는다.

2 홍어 찌기 손질한 홍어는 한입 크기로 썰어서 소금으로 간을 해 둔다.

3 찌기 밀가루에 굴려서 밥솥이나 찜통에 찐다.

4 팬에 지지기 한김 뺀 홍어는 팬에 기름을 두르고 노릇하게 지져서 초간장과 함께 곁들여 낸다.

Monday

아침	참치야채죽	235Kcal
	도라지생채	69Kcal
점심	닭볶음밥	492Kcal
	깻잎찜	24Kcal
	달걀장조림	91Kcal
저녁	쌀밥(1공기)	334Kcal
	대합구이	315Kcal
	불고기시금치무침	156Kcal
	오이나물	79Kcal

대합구이

재료/4인분

대합	중 6개
조갯살	100g
쇠고기(우둔)	100g
두부	50g
밀가루	3큰술
달걀	2개

조개양념

소금	1큰술
설탕	1작은술
다진파	4작은술
다진마늘	2작은술
깨소금	2작은술
참기름	1작은술
후춧가루	약간

이렇게 만드세요

1 대합 익히기 냄비에 물을 조금 담고 손질한 대합을 넣어서 끓인다. 대합의 입이 벌어지면 바로 불을 끄고 살을 발라낸다. 껍질은 따로 깨끗이 씻어 놓는다.

2 조갯살 준비하기 조갯살은 깨끗하게 손질해 뜨겁게 데운 냄비에 볶아 살짝 익힌다. 물기를 빼서 ①의 대합 조갯살과 섞어 곱게 다진다.

3 양념하기 쇠고기는 살코기로 곱게 다진다. 두부는 눌러서 물기를 빼 곱게 으깬다.

4 재료섞기 조갯살에 쇠고기와 두부를 섞고 조개양념으로 간한다.

5 대합 굽기 대합 껍질의 안쪽에 기름을 얇게 바른 후 밀가루를 살짝 뿌리고 ④의 재료를 채워 넣는다. 윗면을 고르게 하여, 밀가루를 얇게 뿌린 후 풀어 놓은 달걀을 바른다. 팬에 달걀물은 면을 지져서 석쇠에 껍질 쪽으로 얹어 굽는다.

6 상에 내기 속까지 익으면 껍질 째 접시에 담는다. 기호에 따라 초간장을 얹어 먹기도 한다.

> **더 맛있게!** 조개 두 개를 서로 껍질끼리 부딪혀 맑은 소리가 나는 것을 고른다. 가열해도 입을 벌리지 않는 것은 죽은 것이므로 먹지 말아야 한다. 대합을 사와 바로 소금물에 담근다. 물 1컵에 소금 1작은술 정도의 비율로 소금물을 만들어 대합을 넣고 5~6시간 정도 두면 해감을 토해낸다. 저장할 때 바닷물 농도인 소금물에 담가 서늘하고 어두운 곳에 두면 1~2일은 싱싱하게 보존할 수 있다.

대합 익히기

조갯살 다지기

양념하기

팬에 지지기

Tue화day

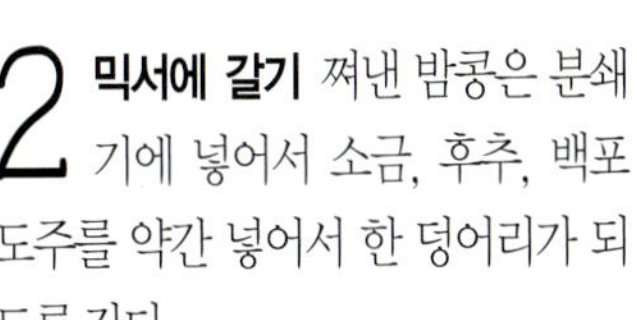

오늘의 식단
(총1982kcal)

아침	· 떡만두국	383Kcal
	5색나물	80Kcal
	각색전	150Kcal
점심	**· 그린소스샐러드**	231Kcal
	돈가스	423Kcal
	나박김치	12Kcal
저녁	· 쌀밥(2/3공기)	223Kcal
	밤콩볼튀김	364Kcal
	김치산적	104Kcal
	나박김치	12Kcal

밤콩볼튀김

 **재료/4인분**

밤콩 2컵, 소금 2작은술, 백포도주 1큰술, 가루치즈 약간, 튀김기름 약간 **크림소스** 밀가루 3큰술, 버터 2큰술, 우유 2/3컵, 소금·후추 조금씩

 **이렇게 만드세요**

1 밤콩 익히기 밤콩은 물에 충분히 불려서(3시간 정도) 김이 오른 찜통에 넣어 익힌다.

2 믹서에 갈기 쪄낸 밤콩은 분쇄기에 넣어서 소금, 후추, 백포도주를 약간 넣어서 한 덩어리가 되도록 간다.

3 크림소스 만들기 냄비에 버터를 두르고 밀가루를 볶다가 우유를 넣고 끓여 되직한 크림소스를 만든다. 소금, 후추로 간을 한다.

4 밤콩 빚기 콩갈은것과 크림소스, 가루치즈를 섞어서 동글게 콩 두배 정도 크기로 빚는다

5 튀기기 140℃ 정도의 낮은 기름에 넣어 서서히 갈색이 나도록 튀겨낸다. 튀긴 콩은 종이타월에 옮겨 기름을 뺀다. 소금을 곱게 갈아서 살짝 뿌려 낸다.

그린소스샐러드

 **재료/4인분**

야채(양상추, 당근, 셀러리, 양파, 치커리 등), 마요네즈 1/2컵, 설탕 1작은술, 소금 1작은술, 후추 약간, 프렌치드레싱 1/4컵(식용유 3큰술, 식초4큰술, 소금·흰후추 조금씩), **그린소스** 셀러리 10g, 시금치 2줄기, 파슬리 5g, 양파 1/4개, 레몬 1/2개

 **이렇게 만드세요**

1 야채 준비하기 샐러드용 야채는 손으로 알맞은 크기로 뜯어서 냉수에 담가 냉장고에 보관했다가 먹을 때 물기를 빼서 사용한다.

2 그린소스 재료 준비하기 셀러리는 잘게 썬다. 시금치와 파슬리는 씻어서 물기를 뺀 후 대강 다진다. 양파는 곱게 다져 찬물에 헹궈 매운 맛을 뺀 다음 물기를 없앤다. 레몬은 즙을 낸다.

3 그린소스 만들기 시금치, 파슬리, 양파를 믹서에 넣어서 곱게 갈아 즙을 낸다. 그릇에 야채를 갈아 만든 녹색즙과 레몬즙, 그린소스의 나머지 재료를 모두 넣어서 소스를 완성한다.

4 프렌치드레싱 만들기 식초에 소금, 후추를 넣어서 소금을 녹인 다음 식용유를 조금씩 넣는다. 거품기나 포크를 이용해 한 방향으로 계속 저어 뽀얀빛의 프렌치드레싱을 만든다.

5 야채에 소스 곁들이기 차게 보관해둔 야채 위에 그린소스와 프렌치드레싱을 뿌려 상에 낸다.

Wednesday 수

아침	· 김치굴밥	304Kcal
	두부조림	122Kcal
	섭산적	271Kcal
점심	· 유부초밥	571Kcal
	된장국	44Kcal
	깍두기	20Kcal
저녁	· 잡곡밥(1공기)	361Kcal
	콩나물조개찜	208Kcal
	양배추간장소스무침	45Kcal
	국물김치	12Kcal

콩나물조개찜

재료/4인분

콩나물	300g
바지락	100g
맛살	100g
미더덕	100g
쇠고기	100g
미나리	50g
홍고추	2개
멥쌀	4큰술
참기름 · 국간장	적당량

고기양념

간장	2큰술
다진파	1큰술
다진마늘	1/2큰술
깨소금 · 참기름	1작은술씩
후춧가루 · 설탕	약간씩

이렇게 만드세요

1 콩나물 손질하기 콩나물은 머리와 꼬리를 떼어내고 줄기만 사용한다. 물에 여러 번 흔들어 씻어서 소쿠리에 건져둔다.

2 조갯살 준비하기 조갯살은 굵은 것으로 준비하여 소금물에 흔들어 씻어 건져둔다.

3 미더덕 씻기 미더덕은 씻어 건져 이쑤시개로 터뜨려 놓는다.

4 미나리 준비하기 미나리는 줄기만 다듬어 씻어서 4cm길이로 썬다.

5 믹서에 갈기 홍고추와 씻어 건진 멥쌀은 믹서에 곱게 간다.

6 쇠고기 양념하기 쇠고기는 얄팍하게 썰어서 분량의 고기양념을 한다.

7 재료 볶기 냄비에 참기름을 넉넉히 두르고 쇠고기와 조갯살을 볶다가 물을 부어 끓인다.

8 끓이기 끓으면 콩나물, 미더덕을 넣고 뚜껑을 덮어 익을 때까지 끓이다가 고추와 쌀 갈은 것, 미나리를 넣고 걸쭉한 상태가 되면 국간장과 후춧가루로 간한다.

더 맛있게! 조개류는 껍질이 단단하고 껍질에 광택이 있어야 하며 파르스름한 빛을 내는 것이 좋다. 껍질을 칼등으로 두드렸을 때 속살이 움츠러들어야 하며 입이 벌어져 있지 않고 악취가 없고 해감이 적은 것이 싱싱한 것이다. 바지락은 맹물에서 해감을 토해내게 한다. 성긴 체에 담아서 물에 담가 신문지를 덮어 두고 도중에 여러 번 물을 갈아준다.

조갯살 씻기

쌀과 홍고추 갈기

쇠고기 · 조갯살 볶기

초추 · 쌀 갈은 것 넣기

오늘의 식단
(총1972kcal)

아침	· 누룽지장국죽	384Kcal
	장육볶음	228Kcal
점심	· 잡곡밥(1공기)	361Kcal
	꼴뚜기깻잎겉절이	168Kcal
	도토리묵부침	220Kcal
	시금치된장국	88Kcal
저녁	· 비프커틀릿	364Kcal
	옥수수프	72Kcal
	감자버터볶음	87Kcal

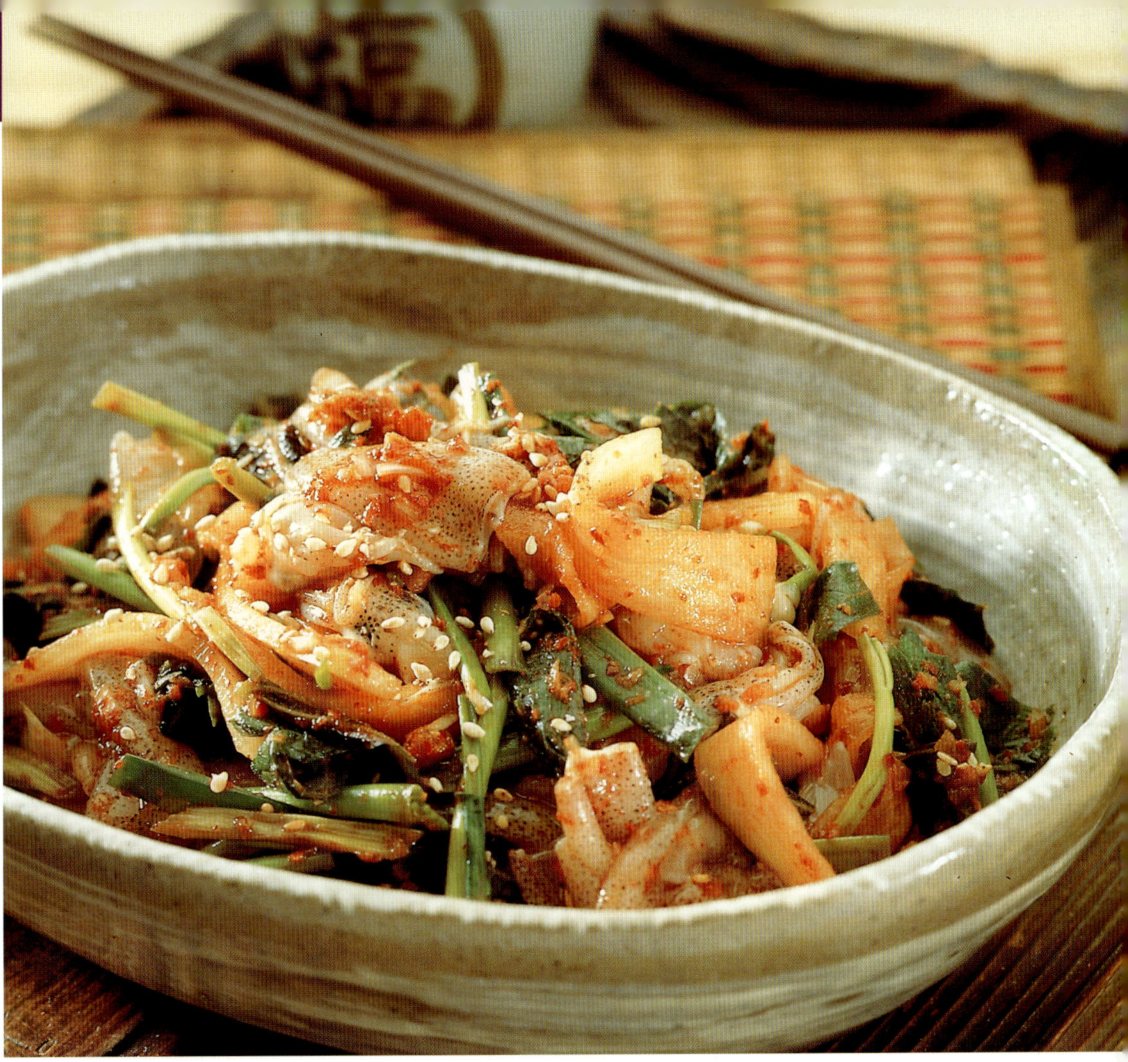

꼴뚜기깻잎겉절이

재료/4인분

꼴뚜기 200g, 깻잎 2묶음, **겉절이양념** 소금 1/2컵, 물 3컵, 무 300g, 실파 20g, 미나리 20g, 밤 5개, 마늘 40g, 생강 20g, 멸치젓 3큰술, 고춧가루 1/2컵, 설탕 2큰술, 소금 적당량, 식초 2큰술, 깨소금 2큰술

이렇게 만드세요

1 **깻잎 준비하기** 깻잎은 한잎씩 흐르는 물에 깨끗이 씻어서 물기를 뺀다. 반으로 갈라 2cm폭으로 썬다.

2 **꼴뚜기 준비하기** 꼴뚜기는 속을 빼내어 찬물에 얼른 씻어서 물기를 뺀 다음 소금에 슴슴하게 절인다.

3 **재료 준비하기** 무는 씻어서 4cm 길이로 납작하게 채썬다. 실파와 미나리는 다듬어서 3cm 길이로 썬다. 마늘과 생강은 씻어서 각각 곱게 채로 썬다. 밤은 껍질을 까놓는다.

4 **양념 만들기** 그릇에 멸치젓국을 담고 고춧가루로 버무려서 불린다. 채썬 무와 밤, 마늘, 생강, 설탕을 넣어 고루 무쳐 양념을 만든다.

5 **재료 섞기** ④에 꼴뚜기와 깻잎을 넣어서 살짝 섞은 다음 단지에 꼭꼭 눌러담는다. 3일 정도 지나서 꺼내 먹으면 맛있다. 즉석에서 겉절이로 낼 때는 깨소금과 참기름, 식초를 더 넣어 윤기나게 무친다.

도토리묵부침

재료/4인분

도토리묵가루 1컵, 밀가루 3/5컵, 당근 4cm, 양파 1개, 표고버섯 1개, 실파 50g, 소금 1작은술, 물 3컵, **초간장** 간장 2큰술, 식초 2큰술, 물 1큰술, 설탕 1작은술, 소금 약간, 송송썬 실파 3큰술

이렇게 만드세요

1 **체에 내리기** 도토리묵가루와 밀가루는 체에 내려서 고루 섞는다.

2 **표고버섯 준비하기** 표고버섯은 미지근한 물에 설탕을 조금 넣고 충분히 불린다. 기둥을 떼고 물기를 꼭 짠 다음 2~3번 저며, 가늘게 채썬다.

3 **야채 썰기** 당근과 양파는 가늘게 채썬다. 실파는 4cm길이로 썬다.

4 **재료 섞기** 썰어놓은 재료는 소금으로 밑간을 한 다음 ①의 가루를 넣고 잘 섞는다.

5 **반죽하기** ④에 물을 부어서 약간 묽은 반죽을 만든다.

6 **빈대떡 지지기** 팬에 기름을 두르고 한수저씩 떠서 지진다.

Friday 금

아침	· 바게트	205Kcal
	참치스프레드	156Kcal
	양배추콜슬로우	45Kcal
점심	쌀밥(1공기)	334Kcal
	알탕	133Kcal
	호박나물	47Kcal
	무생채	49Kcal
저녁	· 쌀밥(1공기)	334Kcal
	물메기찜	183Kcal
	쇠고기불고기	196Kcal
	과일즉석김치	75Kcal

물메기찜

재료/4인분

물메기	1마리(약400g)
무	10cm토막
대파	1뿌리
다진마늘	1작은술
고춧가루	2큰술
국간장	2큰술
술	1큰술
물	7컵
쑥갓	약간

이렇게 만드세요

1 물메기 손질하기 물메기는 배를 갈라서 내장을 빼고 흐르는 물에 깨끗이 씻는다. 머리는 잘라내고 몸통은 4~5토막으로 자른다.

2 대파 준비하기 대파는 굵직하게 어슷썬다.

3 무 손질하기 무는 10cm 정도만 사용하므로 씻지 않은 채로 토막을 낸 후 사용하지 않는 부분은 흙이 묻은 채 보관하고 쓸 부분만 손질한다. 흙을 씻어내고 수세미로 문질러 깨끗하게 씻는다. 껍질은 벗기지 않아도 된다.

4 무 빗겨썰기 무를 한 손에 들고 다른 손에 칼을 들어 연필깎듯이 큼직하게 빗겨썬다.

5 재료 끓이기 냄비 바닥에 무를 깔고 물메기를 가지런히 올린 후 고춧가루를 뿌린 다음 물을 붓고 끓인다.

6 간하기 한소끔 끓여서 무와 물메기의 시원한 맛이 우러나면 마늘과 국간장, 소금을 넣어서 간을 한다. 고춧가루는 기호대로 넣는다.

7 대파 넣기 마지막에 대파를 넣고 조금 더 끓이다가 쑥갓을 얹고 불에서 내린다.

메기 요리는 담백한 고기맛이 일품

메기는 민물에서 사는 민물메기와 바다에서 사는 물메기 두 종류가 있다. 비늘이 없고 몸통은 미끌미끌한데 이 미끄러운 성분이 고단백이므로 씻지 않고 조리한다. 비린내가 없고 입안에서 살살 녹는 담백한 고기맛이 일품이다. 한방에서는 부기를 빼고 신장과 간장에 좋은 음식으로 알려져 있다.

물메기 썰기

무 빗겨썰기

물 붓고 끓이기

대파 넣기

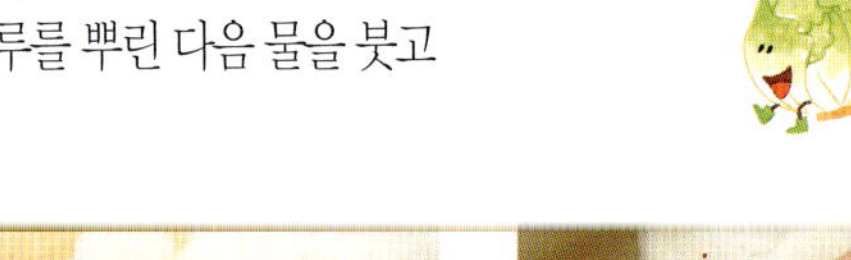

Satu토day

오늘의 식단
(총1714kcal)

아침	· 보리밥(2/3공기)	219Kcal
	풋배추된장국	74Kcal
	콩자반	108Kcal
	알찜	96Kcal
점심	· 온면	452Kcal
	배추김치	17Kcal
	장조림	148Kcal
저녁	· 라이스팬구이	462Kcal
	호도초채	128Kcal
	동치미	10Kcal

라이스팬구이

 **재료/4인분**

찬밥 4공기, 피자치즈 100g, 가루치즈 적당량, 파슬리가루 조금 **미트소스** 쇠고기 다진 것 150g, 토마토케첩 4큰술, 양파 1/2개, 다진 마늘 1큰술, 통후추 4알, 월계수잎 1장, 간장 1작은술, 물 1컵

이렇게 만드세요

1 **재료 준비하기** 찬밥은 한 공기 분량으로 동글납작하게 눌러서 모양을 만든다. 양파는 잘게 다진다.

2 **쇠고기 볶기** 냄비에 식용유와 버터를 1큰술씩 넣고 뜨거워지면 양파와 마늘을 먼저 볶는다. 향이 나기 시작하면 쇠고기를 넣어서 보슬보슬 볶는다.

3 **미트소스 만들기** 쇠고기가 익으면 소스 재료를 모두 넣고 국물이 거의 없어질 때까지 조린다.

4 **굽기** 팬에 밥을 올려서 버터와 식용유를 조금씩 두르고 한쪽면을 노릇하게 지진 다음 뒤집어서 소스를 두 수저씩 올린다. 그 위에 피자치즈를 적당량 올리고 뚜껑을 덮어서 치즈가 녹을 때까지 굽는다.

5 **파슬리 가루 뿌리기** 접시에 한 덩어리씩 올리고 파슬리가루와 가루치즈를 뿌린다. 야채샐러드를 곁들여낸다.

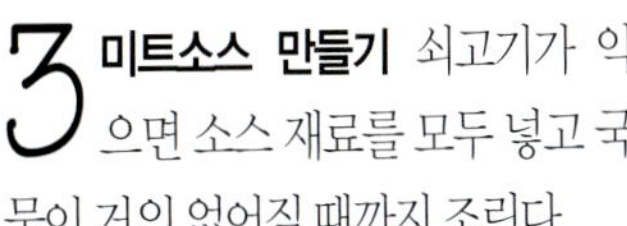

호도초채

 **재료/4인분**

호도초즙 호도 다진 것 2큰술, 잣가루 1큰술, 달걀 노른자 반개분, 꿀 1큰술, 겨자불린 것 2큰술, 식초 1/2컵, 소금 1.5큰술, 설탕 2작은술, **무침재료** 무채 5cm토막, 오이채 1개, 당근채 조금, 달래 1/2단, 양배추잎 3장

이렇게 만드세요

1 **호도 다지기** 호도는 깨끗한 종이 위에 놓고 칼로 다진다. 껍질은 입으로 훌훌 불어 제거하면서 다지면 깨끗하다.

2 **잣 다지기** 잣은 고깔을 떼고 종이 위에서 기름을 빼가며 보송보송하게 다진다.

3 **꿀에 개기** 다진호도와 잣에 달걀노른자와 꿀을 넣고 잘 갠 후 나머지 양념을 넣어 호도초즙을 만든다.

4 **야채 준비하기** 무와 오이, 당근, 양배추는 5-6cm길이로 채썰어 비닐 봉지에 넣어서 냉장고에 넣어 싱싱하고 차게 둔다.

5 **달래 썰기** 달래는 굵은 뿌리는 칼등으로 눌러서 2-3갈래로 썰고 잎은 5cm길이로 썬다.

6 **무치기** 준비한 야채를 그릇에 담고 소금을 약간 뿌려 밑간을 한 다음 호도초즙을 뿌려서 가볍게 무친다.

Sunday 일

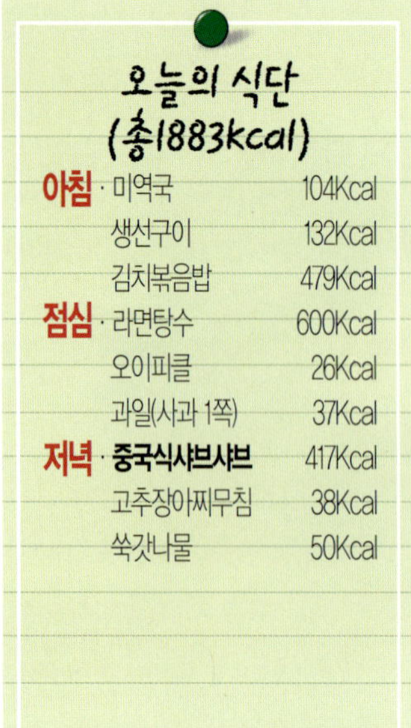

아침	· 미역국	104Kcal
	생선구이	132Kcal
	김치볶음밥	479Kcal
점심	· 라면탕수	600Kcal
	오이피클	26Kcal
	과일(사과 1쪽)	37Kcal
저녁	· 중국식샤브샤브	417Kcal
	고추장아찌무침	38Kcal
	쑥갓나물	50Kcal

중국식샤브샤브

재료/4인분

돼지고기로스구이	150g
표고버섯	5장
햄 슬라이스	100g
달걀 지단	2장
대파	2뿌리
배추	500g
오징어	1마리
기름 · 소금 · 후춧가루	약간씩
당면	60g

튀김국수

당면	5사리
기름	약간
튀김기름	약간

장국

멸치국물	6컵
청주	2큰술
소금 · 후추	약간씩

이렇게 만드세요

1 재료 썰기 돼지고기는 약간 길쭉하게 썬다. 표고버섯은 기둥을 떼고 길쭉하게 채썬다. 햄과 달걀지단도 같은 길이로 썬다. 대파는 어슷 썬다.

2 배추잎 썰기 배추는 씻어서 밑을 자르고 잎과 흰줄기 부분으로 나눈다. 잎은 큼직큼직하게 썰고, 줄기는 햄이나 달걀지단 크기에 맞춰서 썬다.

3 오징어 손질하기 오징어는 다리와 창자를 떼내고, 연골도 빼낸다. 손가락 끝에 소금을 묻혀 헝겊으로 비비듯이 하여 오징어 껍질을 벗긴다.

4 오징어 썰기 몸통은 갈라서 약간 굵고 길게 썬다. 다리는 눈의 중간에 칼집을 넣어 창자, 입, 눈을 떼내고 2등분 한다.

5 재료 볶기 돼지고기, 표고버섯, 파, 배추는 각각 기름에 재빨리 볶아 소금과 후추로 간을 맞춘다. 당면은 미지근한 물에 불려서 큼직큼직하게 썬다.

6 당면 튀기기 당면은 삶아서 헹궈 물기를 없앤 다음 기름을 약간 친다. 중불로 가열한 튀김기름에 넣어, 젓가락으로 작은 덩어리로 말아 충분히 튀긴다.

7 장국국물 간하기 냄비에 장국국물을 넣고 불에 올려 끓으면 불을 약하게 줄이고 청주, 소금, 후추로 맛을 낸다. 재료에 양념이 되어 있으므로 간은 싱겁게 한다.

8 먹기 전골 냄비(또는 신선로)에 튀긴 국수와 준비한 갖은 재료를 조금씩 보기좋게 담는다. 양념한 장국국물을 부어 데우면서 먹는다. 튀김국수는 마지막에 넣는다.

재료 썰기

배추 볶기

장국국물에 간하기

재료 담기

오늘의 식단
(총1682 kcal)

아침 · 고구마인절미		351Kcal
수정과		116Kcal
점심 · 흰살생선 크림크로켓		
		213Kcal
셀러리수프		63Kcal
바게트		205Kcal
저녁 · 달걀볶음밥		543Kcal
게살탕		104Kcal
명란장조림		87Kcal

흰살생선크림크로켓

재료/4인분

흰살생선 200g, 브로콜리 100g, 피자치즈 50g, 크림소스 1/2컵, 소금·후추 조금씩, 백포도주 1큰술, 파슬리가루 조금, 빵가루 1컵, 달걀 1개, 밀가루 4큰술, 튀김기름 적당량 **크림소스** 우유 300cc, 얇게 썬 양파 1/3개, 월계수잎 1장, 통후추 4알, 버터 50g, 밀가루 30g, 넛맥(향신료) 조금

이렇게 만드세요

1 간하기 흰살생선은 동태나 민어 등으로 준비하여 2mm두께로 얇고 넓게 썰어서 비닐에 올려놓고 소금, 후추, 백포도주로 밑간을 한다. 다시 비닐을 덮어서 방망이로 두께가 고르게 되도록 다독인다.

2 브로콜리 다지기 브로콜리는 소금물에 파랗게 데쳐서 굵게 다진다.

3 크림소스 만들기 냄비에 우유와 양파, 월계수잎, 통후추를 넣고 뚜껑을 덮어 10분간 약한 중간 불에서 끓인다. 다른 냄비(턱이 낮은 냄비가 소스팬으로 하기에 편하다)에 버터를 넣고 버터가 완전히 녹으면 불을 약하게 한 후 밀가루를 넣고 나무주걱으로 1분간 볶는다. 여기에 끓인 우유를 망으로 걸러서 넣고 소금과 넛맥을 넣어 거품기나 주걱으로 멍울이 지지 않도록 저으면서 2분간 더 끓인다.

4 브로콜리 넣기 크림소스에 브로콜리 다진 것을 섞어서 반죽 상태로 만든다.

5 소스 올리기 생선살 위에 ④를 올리고 둥글게 만다.

6 튀기기 밀가루, 달걀, 빵가루를 묻혀서 중온의 기름에서 튀겨낸다.

명란장조림

재료/4인분

명란 300g(20쪽 정도), 생강·계피 조금씩, 마늘 3알, 대파 5cm토막, 마른고추 1개, 정향 1쪽, 청주 2큰술, 간장 3큰술

이렇게 만드세요

1 명란 데치기 명란은 끓는 물에 데쳐서 모양을 잡는다.

2 끓이기 끓는 물에 생강, 계피, 마늘, 대파, 마른고추, 정향, 청주, 간장을 넣어서 향이 우러나도록 끓인다.

3 재료 조리기 명란 데친 것을 ②에 넣어서 불을 약하게 하여 서서히 조린다.

🍳 요리힌트
명란젓 담그는 법

명란은 자연스러운 붉은 빛이 돌면서 살이 단단한 것을 고른다. 너무 빨간 것은 착색의 우려가 있으므로 잘 살펴보도록. 알주머니가 찢어졌거나 질척거리는 것은 피한다. 명란젓을 담글 때는 터지지 않은 싱싱한 것으로 골라 소금물에 살살 씻어 건져 물기를 뺀 다음 다진마늘, 소금, 고운 고춧가루를 섞은 것에 넣어 양념을 고루 묻힌 후 항아리에 차곡차곡 담아 2주일쯤 익힌다.

Tuesday 화

오늘의 식단
(총1768kcal)

아침
- 흰밥(2/3공기) · 223Kcal
- 연두부소스없음 · 78Kcal
- 삼치소금구이 · 138Kcal
- 연근조림 · 50Kcal

점심
- 김치국밥 · 351Kcal
- 멸치볶음 · 105Kcal
- 달걀장조림 · 91Kcal

저녁
- 콩밥(1공기) · 345Kcal
- 오징어무국 · 88Kcal
- 명란달걀찜 · 96Kcal
- **실파해물꼬치구이** · 183Kcal
- 명란달걀찜 · 96Kcal
- 깍두기 · 20Kcal

실파해물꼬치구이

재료/4인분
- 실파 ···300g
- 굴 ··80g
- 오징어 ····································반쪽
- 소라 ··1개

구이소스
- 고춧가루 ·······························2큰술
- 고추장 ···································약간
- 다진마늘 ·······························1큰술
- 물 ···4큰술
- 물엿 ·······································1큰술
- 깨소금 ·····································2큰술
- 생강즙 ···································약간

이렇게 만드세요

1 실파 손질하기 뿌리 쪽을 깨끗이 잘라내고 바싹 마른 얇은 겉껍질은 벗겨서 다듬는다. 물에 깨끗이 씻어 물기를 빼놓는다.

2 실파 감기 실파는 4cm길이로 꺾어 타래를 만든다.

3 굴 준비하기 굴은 맹물에 씻으면 영양분이 없어지므로 찬 소금물에 헹구듯 가볍게 담가 껍질과 잡티를 가려낸다. 소쿠리나 조리에 건져 물기를 빼야 맛이 떨어지지 않는다.

4 오징어 손질하기 오징어는 적갈색이나 유백색으로 몸통에 탄력이 있고 광택이 도는 것을 고른다. 내장이 터지지 않도록 조심스럽게 떼어낸 다음 몸통 속에 남아있는 연골을 빼낸다. 마른 수건을 이용해 껍질을 벗기고, 칼끝으로 눈을 도려낸다. 다리 안쪽 빨판과 동글동글한 흡판도 칼로 긁어낸다.

5 오징어 썰기 오징어는 껍질을 벗기고 사선으로 칼집을 넣어서 굴보다 조금 더 크고 모나게 썬다.

6 소라 준비하기 소라는 내장을 떼어내고 깨끗이 손질해 끓는 소금물에 데쳐낸 다음 4~5쪽으로 썬다.

7 구이소스 만들기 고춧가루, 고추장, 다진 마늘 등 분량의 구이소스 재료를 냄비에 넣어서 한소끔 끓인다.

8 꼬치에 끼우기 실파와 해물은 번갈아가며 꼬치에 끼운다.

9 굽기 팬에 기름을 두르고 꼬치를 얹어 노릇하게 지진 다음 구이소스를 앞뒤로 발라가면서 굽는다.

요리힌트
꼬치를 구울 때

꼬치를 구울 때 먼저 꼬치에 꽂은 재료를 적당하게 익힌 다음 구이소스를 발라 익히면 재료가 타지 않고 보기좋게 익는다. 꼬치 요리에 사용할 수 있는 재료는 야채, 고기, 해산물 등 다양하다. 꼬치는 색과 맛의 조화를 생각해서 재료를 번갈아 꿰고 동시에 익힐 수 없는 재료는 살짝 익혀서 사용한다.

실파 감기

오징어 썰기

구이소스 만들기

굽기

Wednesday 수

오늘의 식단
(총1782kcal)

아침	· 단호박죽	236Kcal
	무나물	93Kcal
	물김치	12Kcal
점심	· 잡곡밥(1공기)	361Kcal
	연근전	99Kcal
	연배추돼지고기볶음	198Kcal
	김구이	14Kcal
저녁	· 미트소스스파게티	576Kcal
	오이닭살찜	130Kcal
	야채수프	63Kcal

연근전

 **재료/4인분**

연근 1개, 쇠고기 다진 것 50g, 양파 1/2개, 밀가루 1컵, 달걀 흰자 1개분, 물 반컵, **고기 양념** 소금 1/2작은술, 다진마늘 1/2작은술, 참기름 1/4작은술, 후춧가루 · 깨소금 · 간장 약간씩

 **이렇게 만드세요**

1 연근 준비하기 연근은 찬물에 식초를 2방울 떨어뜨린 식촛물에 담아 두었다가 깨끗하게 헹군다. 반은 데쳐서 잘게 다지고, 반은 강판에 간다.

2 쇠고기 양념하기 쇠고기 다진 것에 다진마늘, 소금, 후춧가루, 깨소금, 참기름, 간장 약간을 넣어서 조물조물 양념한다.

3 양파 준비하기 양파는 다져서 찬물에 헹구었다가 물기를 꼭 짠다.

4 재료 섞기 그릇에 연근 다진것과 간 것, 양념한 쇠고기, 양파, 밀가루, 달걀흰자, 물을 넣어서 섞는다.

5 지지기 달구어진 팬에 기름을 넉넉히 두르고 반죽을 한 수저씩 떠넣어 노릇하게 지진다.

오이닭살찜

 **재료/4인분**

오이 2개, 닭살 다진 것 100g, 소금 · 후추 · 다진마늘 · 청주 약간씩, 녹말가루 적당량, **겨자장** 연겨자 2큰술, 식초 1큰술, 물 1큰술, 설탕 1큰술, 소금 1/4작은술, 간장 약간, 참기름 1/3작은술

 **이렇게 만드세요**

1 오이 준비하기 오이는 껍질을 소금으로 문질러 씻는다. 양끝의 꼬투리를 잘라내고 길게 토막을 낸 후 칼로 도톰하게 돌려깎기 하여 씨만 발라낸다.

2 닭살 간하기 닭살은 소금, 후추, 다진마늘, 청주를 넣고 믹서에 갈아놓는다.

3 오이 절이기 오이는 슴슴한 소금물에 아삭할 정도로 절여서 물기를 닦는다.

4 닭살 펴바르기 오이의 안쪽에 녹말가루를 바르고 ②의 닭살을 얇게 펴 바른다.

5 오이 말기 오이는 원래 모양대로 동글게 말아 풀리지 않도록 실로 중간중간 묶는다.

6 찜통에 찌기 김이 오른 찜통에 넣어 5~7분간 찐다.

7 소스 곁들이기 겨자장은 분량대로 섞어서 만든다. 오이찜은 식혀서 한입 크기로 썰어서 소스를 곁들여낸다.

오늘의 식단 (총1960kcal)	
아침 · 참치주먹밥	490Kcal
된장국	44Kcal
달래생채	58Kcal
점심 · 중국식잡채	367Kcal
달걀국	55Kcal
오이장아찌	47Kcal
저녁 · 흰밥(1공기)	334Kcal
돼지고기매운튀김	250Kcal
브로콜리볶음	128Kcal
깻잎전	187Kcal

돼지고기매운튀김

 **재료/4인분**

돼지고기 200g, 달걀 반개 분량, 녹말가루 1/2컵, 튀김기름 적당량 **돼지고기 양념** 고춧가루 1큰술, 고추기름 1큰술, 청양고추(매운 풋고추) 1개, 청주 1큰술, 다진마늘 2작은술, 생강즙 1/2작은술, 양파 다진 것 1큰술

 **이렇게 만드세요**

1 돼지고기 준비하기 돼지고기는 불고기 감으로 준비하여 한입크기로 썬다.

2 양념에 재우기 고춧가루, 고추기름, 풋고추 다진 것 등의 돼지고기 양념에 고기를 버무린 다음 달걀과 녹말가루를 넣어 고루 섞는다. 랩을 씌워서 30분 정도 재운다.

3 튀기기 중온의 기름에 고기를 조금씩 떼어 넣어 튀긴다. 초벌로 살짝 익을 정도로만 튀겨낸 다음 다시 한번 튀기는 것이 좀더 바삭하다.

중국식잡채

 **재료/4인분**

고구마 당면 150g, 간장 · 참기름 1큰술, 식초 · 설탕 3큰술씩, 참기름 1큰술, 다진마늘 2큰술, 소금 1/4작은술 **곁들이 재료** 맛살 2개, 돼지고기 100g, 오이 1개, 당근 1/3개, 달걀 2개, 표고버섯 3장, 홍고추 1개, 양파 반개, 부추 30g, 간장 · 소금 · 참기름 적당량씩 **겨자소스** 겨자 갠 것 1큰술, 설탕 · 식초 2큰술씩, 간장 · 참기름 1작은술씩

 **이렇게 만드세요**

1 당면 삶기 당면은 부드럽게 불려서 끓는 물에 심이 없도록 삶는다.

2 당면 양념하기 뜨거울 때 간장, 설탕, 참기름, 소금, 식초로 조물조물 무쳐서 양념한다.

3 맛살 썰기 맛살은 4cm길이로 썰어서 잘게 찢는다.

4 밑간하기 돼지고기는 가늘게 채썰어서 간장, 청주, 후춧가루, 녹말가루를 넣어서 밑간한 후 넉넉한 기름에 볶는다.

5 재료 썰기 오이와 당근은 맛살과 같은 길이로 썬다. 달걀은 얇게 부쳐서 마찬가지로 채썬다. 부추는 4cm길이로 썬다. 홍고추는 반갈라 가늘게 채썬다. 양파는 세로로 채썬다. 표고버섯은 불려서 가늘게 채썬다.

6 재료 볶기 팬을 뜨겁게 달군 다음 기름을 두르고 먼저 양파를 볶으면서 소금, 간장으로 간을 한다. 표고버섯과 당근, 고추를 차례로 볶고 마지막에 부추를 살짝 볶아 참기름으로 맛을 낸후 양념한 당면과 섞는다.

7 재료 담기 오이와 당근, 달걀지단, 돼지고기, 맛살, 홍고추 등을 보기좋게 돌려서 담는다. 가운데 재료를 소복히 담고 겨자장은 먹기 전에 끼얹는다.

*Fri*day 금

오늘의 식단
(총1976kcal)

아침	· 보리밥(2/3공기)	219Kcal
	무국	112Kcal
	닭살양념구이	341Kcal
점심	· 새우링튀김	198Kcal
	오이단초무침	26Kcal
	마늘빵	203Kcal
저녁	· 잡곡밥(1공기)	361Kcal
	순두부찌개	241Kcal
	배추나물	43Kcal
	이면수훈제구이	212Kcal
	깍두기	20Kcal

새우링튀김

재료/4인분

새우살 200g, 양파 50g, 파슬리가루 2큰술,
녹말가루 4큰술, 소금 · 후추 약간씩

이렇게 만드세요

1 새우살 준비하기 새우살은 등쪽
으로 내장을 빼내고 굵게 다진다
음 분마기에 넣고 끈기가 생기도록
간다. 도중에 녹말가루와 소금, 후추
를 넣어서 간을 하여 섞는다.

2 파슬리가루 · 양파 준비하기 파
슬리가루와 양파는 잘게 다져
찬물에 헹군다. 물기를 꼭 짜 ①에
넣는다.

3 녹말가루 뿌리기 쟁반에 랩을
깔고 그위에 녹말가루나 빵가
루를 고루 뿌린다.

4 원모양 만들기 간 새우는 비닐
에 넣어서 한쪽 모통이를 조금
잘라낸 후 ③의 쟁반위에 직경 4cm
크기의 원으로 모양을 낸다. 링 위에
다시 녹말가루나 빵가루를 덮어 냉
동실에서 살짝 얼린다.

5 튀기기 180℃로 달구어진 기름
에 노릇하게 튀긴다.

이면수훈제구이

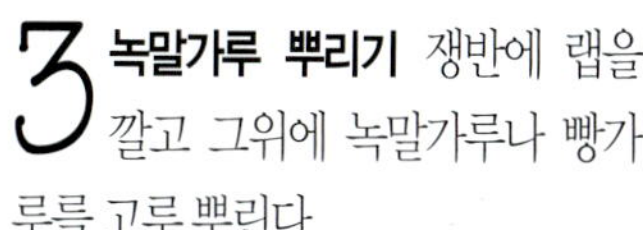

재료/4인분

자반이면수 작은 것 2마리, 후추 1/2작은술(또
는 통후추 3알 다진 것, 청주 2큰술, 우려낸
녹차잎 1컵

이렇게 만드세요

1 짠맛 우리기 자반이면수는 쌀뜨
물에 2시간 정도 담가두어 짠맛
을 우려낸다.

2 녹차잎 붙이기 이면수는 종이
타월로 물기를 꼼꼼하게 닦아
낸다. 술과 후추를 뿌린 다음 녹차잎
을 촘촘히 붙인다.

3 이면수 굽기 그릴팬의 석쇠 밑
에 녹차잎을 깐 다음 팬에 석
쇠를 올린다. 그 위에 ②의 녹차잎을
붙인 이면수를 올려서 20~30분 정
도 굽는다. 양념초간장을 곁들이면
맛있다.

 **더 맛있게!** 프라이팬에 구이를 할 때는 우선 팬부터 달군다. 기름 온도가 높아지
면 끈기가 없어지므로 팬을 미리 달궈 놓아야 기름이 엷고 넓게 퍼진
다. 기름이 뜨거워진 후에 재료를 넣어야 타는 것을 방지할 수 있다. 또한 처음
부터 간해서 굽지 말고 어느 정도 굽고 난 다음에 간하면 재료가 타지 않는다.

*Satu*토*day*

유자곶감말이

재료/4인분

곶감	15개
유자차 건지	1컵
유자청	4장
잣	2큰술

이렇게 만드세요

1 곶감 준비하기 곶감은 꼭지를 떼어내고 한쪽을 잘라서 넓게 편다. 곶감은 황금빛이 나면서 꼬들꼬들한 것이 알맞고 맛도 좋다.

2 곶감 저미기 곶감의 안쪽에 붙어있는 씨를 발라내고 양쪽 끝은 나중에 말이를 한 후에 잘 붙어있도록 얇게 저민다.

3 유자건지 거르기 유자차는 망에 담아서 즙을 빼내고 건지만 거른다.

4 유자청 만들기 유자차의 건지 대신 유자청을 이용해도 좋다. 유자청은 11~12월 유자철에 속을 빼내고 껍질만 100%의 설탕에 재운다. 껍질이 거의 반투명해지도록 익힌 다음 꺼내 쓴다. 유자청은 채썰어 사용한다.

5 유자 조리기 냄비에 유자 건지를 담고 질척하지 않게 바짝 조린 다음 차게 식힌다.

6 곶감 펼쳐놓기 김발에 랩을 깔고 곶감 펼친 것을 3개 정도 나란히 놓는다.

7 곶감 말기 유자조림한 것을 펼친 곶감 가운데에 올린 다음 김밥말이 하듯이 말이한다. 곶감을 말 때 랩을 함께 감싸 양끝이 흐트러지지 않도록 마무리한다.

8 차게 보관하기 냉장고에 차게 보관해 두었다가 먹을 때 1cm 크기로 썰어 잣을 몇개씩 박아서 상에 낸다.

요리 힌트

유자차 만들기

껍질이 울퉁불퉁하고 진한 오렌지 색을 띤 유자를 골라 깨끗이 씻은 다음 물기를 닦는다. 씻어 놓은 유자를 세로로 반을 자른 다음 얇게 반달썰기한 후 밀폐 용기에 꿀과 함께 켜켜로 깔고 뚜껑을 닫아 서늘한 곳에 15일 정도 재워 둔다. 유자에는 비타민 C가 레몬의 3배 이상 많이 들어 있어 대표적인 감기 치료약으로 꼽힌다. 유자차나 유자청을 만들어 두었다가 차를 끓여 마시면 목이 따뜻해지고 기침·감기에 효과적이다.

유자청 채썰기

곶감 벌리기

곶감 말기

랩과 함께 싸기

오늘의 식단
(총2092kcal)

아침	· 오곡밥(2/3공기)	249Kcal
	김치장찌개	247Kcal
	부추콩가루찜	89Kcal
	갈비구이	164Kcal
점심	· 닭칼국수	471Kcal
	미나리무침	170Kcal
	총각김치	27Kcal
저녁	· **생미역비빔밥**	416Kcal
	보탕국	75Kcal
	고기완자전	118Kcal
	목이버섯 냉채	66Kcal

생미역비빔밥

 **재료/4인분**

생미역잎 1컵, 연배추 2포기, 무 200g, 숙주 100g, 고비 60g **연배추 양념** 된장 2작은술, 다진마늘 1/2작은술, 깨소금·참기름 조금씩, **무 채양념** 고춧가루 1큰술, 식초 1큰술, 소금 2작은술, 설탕·깨소금 약간씩, 다진마늘 1작은술 **숙주양념** 참기름 1작은술, 소금 약간 **고비 양념** 다진마늘 1/2작은술, 국간장 1작은술, 깨소금·참기름 조금씩, 물 1큰술 **보탕국** 생새우살 1/2컵, 조갯살 1/2컵, 두부 50g, 참기름 1큰술

 **이렇게 만드세요**

1 미역 준비하기 생미역은 잎으로만 준비하여 소금에 주물러 씻는다. 찬물에 여러 번 헹구어 소쿠리에 담아 물기를 뺀 다음 줄기를 훑어서 미역잎만 떼어낸다. 미역잎이 큰 것은 손으로 대강 찢는다.

2 배춧잎 양념하기 배춧잎은 삶아서 송송 썰어서 물기를 뺀 다음 양념한다.

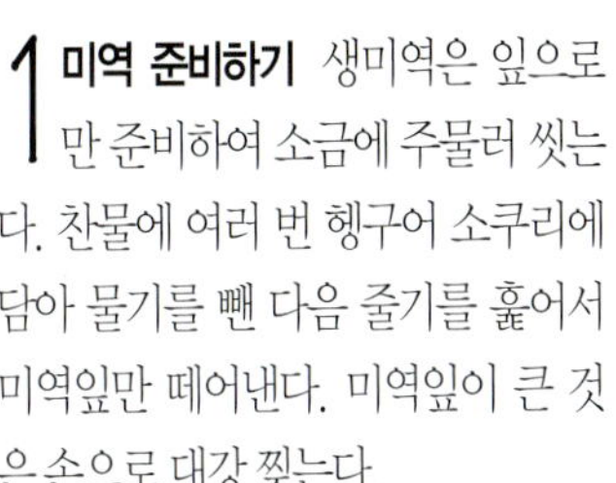

3 무생채 만들기 무는 채썰어서 고춧가루로 붉은 물을 들인 다음 나머지 양념을 넣어서 새콤한 무생채를 만든다.

4 숙주 준비하기 숙주는 끝부분을 다듬어 소금물에 데쳐서 양념한 다음 조물조물 무친다.

5 고비 볶기 고비는 깨끗이 씻어서 양념한다. 물을 조금 넣고 팬에 볶는다.

6 보탕국 재료 준비하기 새우살과 조갯살은 슴슴한 소금물에 흔들어 씻어서 대강 다진다. 두부는 1cm각으로 썬다.

7 보탕국 끓이기 냄비에 참기름을 두르고 조갯살과 새우살을 볶아 국물이 생기면 물을 더 붓고 두부를 넣는다. 국물이 잘박해지도록 끓인다. 경상도 지방에서 비빔밥에 곁들여 내는 국을 보탕국이라 하고 재료는 조갯살 하나로도 가능하다.

8 상에 내기 준비된 나물들은 접시에 따로 낸다. 나물과 보탕국을 밥과 함께 내어 비벼먹는 별미비빔밥이다.

김치장찌개

재료/4인분

김치 시래기(김치 우거지) 2컵, 참기름 1큰술, 깨소금 1큰술, 고추장 1큰술, 쌀뜨물 3컵, 된장 3큰술, 다진쇠고기 3큰술, 두부 1모, **쇠고기 양념** 다진마늘·참기름·후추 조금씩

이렇게 만드세요

1 김치 시래기 준비하기 김치 시래기는 씻지 않고 그대로 꼬득꼬득 말린다. 김치 시래기가 없을 때는 김치우거지를 잘게 썰어서 베보에 싸서 물기를 쪽 빼서 쓰면 별미이다. 시래기나 우거지는 잘게 썰어서 참기름, 깨소금, 고추장을 넣어 골고루 주물러 간이 배도록 한다.

2 재료 익히기 뽀얗게 받은 쌀뜨물에 된장을 풀어 팔팔 끓으면 양념한 쇠고기와 시래기를 넣어 중불에서 푹 익힌다. 불을 줄여 바짝 조린다.

3 두부썰어 넣기 상에 올리기 직전에 두부를 엄지손가락 한마디 크기로 썰어서 한소끔 끓인다.

반찬&밑반찬, 국&찌개,
일품요리 이 정도는 익혀두자

신혼 주부의 기본 요리

결혼한 지 얼마 안 된 초보주부들은 끼니마다 반찬 걱정이다.
메뉴를 정하는 것도 어렵고, 맛있게 만들 자신도 없다. 요리에 서툰
주부도 쉽게 따라할 수 있는 기본 요리를 소개한다.

» 일 . 품 . 요 . 리

잡채

재료

당면 100g, 쇠고기 150g, 오이 1개, 당근 1/4개, 양파 1개, 목이버섯 10장,
마른 표고버섯 2장, 달걀 2개, 굵은 소금 · 설탕 · 식용유 적당량씩
쇠고기 · 버섯양념장 간장 1큰술반, 설탕 1/2큰술, 다진파 3큰술,
다진마늘 · 참기름 · 깨소금 1큰술반씩, 후춧가루 조금
당면양념 간장 1큰술, 설탕 1큰술, 참기름 1작은술

만드는 법

❶ **당면 삶기** 당면은 삶기 전에 미지근한 물에 30분간 담가 불린다. 펄펄 끓
는물에 불린 당면을 넣고 냄비 바닥에 들러붙지 않도록 저어가며 삶는다. 투명
하게 익으면 건져 찬물에 헹구지 말고 뜨거운 상태로 체에 건져놓는다.

❷ **버섯 준비하기** 마른 표고버섯은 미지근한 물에 설탕을 조금 넣고 불린 뒤
기둥을 잘라내어 곱게 채썬다. 목이버섯은 분량의 10배 정도의 물을 붓고 푹
불려 먹기 좋게 찢어 놓는다.

❸ **쇠고기 재썰기** 쇠고기는 알팍하게 썬 나음 겹쳐놓고 1cm 두께로 채썬다.

❹ **야채 썰기** 오이는 소금으로 문질러 씻는다. 4cm 길이로 자른 뒤 납작 썰어
소금에 살짝 절인 후 헹궈 물기를 꼭 짠다. 당근도 4cm 길이로 납작 썰어 끓는
소금물에 데친 후 찬물에 헹구고, 양파는 채썰어 찬물에 살짝 헹구어 둔다.

❺ **재료 양념하기** 분량의 쇠고기 · 버섯양념장을 만든 다음 쇠고기와 표고버
섯, 목이버섯을 따로따로 양념한다.

❻ **재료 볶기** 팬을 달군 후 기름을 두르고 오이, 양파, 당근 순으로 볶아 쟁반
에 넓게 펴서 식힌다. 야채를 볶은 팬에 기름을 두르고 쇠고기를 볶다가 고기

가 어느 정도 익어서 물이 생기면 표고버섯과 목이버섯을 넣고 함께 볶는다.

❼ **지단 썰기** 달걀은 지단으로 부쳐 4cm 길이로 곱게 채썬다.

❽ **볶기** 오목한 팬을 달군 후 기름을 조금 두르고 뜨거운 당면과 간장, 설탕,
참기름을 넣고 간을 해 물기가 없어질 때까지 볶아준다.

❾ **간하기** 넓은 그릇에 당면과 볶아놓은 나머지 재료를 넣고 고루 섞은 뒤 간
을 확인한다. 싱거우면 간장, 설탕, 깨소금으로 간하고 황백지단채를 얹는다.

카레덮밥

재료

쇠고기 300g, 감자 2개, 양파 · 당근 1개씩, 브로콜리 200g, 밀가루 2큰술,
카레가루 3큰술, 마늘 2쪽, 소금 · 후춧가루 · 식용유 · 버터 · 육수 적당량씩

만드는 법

❶ **밑간하기** 쇠고기는 한입 크기로 썰어 소금, 후춧가루를 뿌려 밑간한다.

❷ **재료 준비하기** 감자는 중간 것으로 4등분해 모서리를 다듬어 찬물에 담가
놓는다. 당근도 같은 크기로 썰어 모서리를 다듬는다. 양파는 8등분해 반으로
썰고, 마늘은 곱게 다진다.

❸ **재료 볶기** 밑이 두꺼운 냄비를 달군 후 버터와 식용유를 넣고 다진마늘을
넣어 향을 낸다. 쇠고기에 밀가루를 섞어준 후 볶는다. 고기가 익으면 감자, 당
근, 양파를 넣고 함께 볶는다.

❹ **끓이기** 고기와 야채가 충분히 볶아지면 육수를 자작하게 붓는다. 물에 갠
카레가루를 넣어 고루 풀어준 후 끓인다.

❺ **브로콜리 넣기** 브로콜리는 끓는 소금물에 살짝 데쳐 찬물에 헹군다. 카레가
거의 되었을 때 넣고 함께 끓인다. 소금으로 간을 맞추고 밥 위에 얹는다.

골뱅이무침

재료
골뱅이 200g, 오징어포 50g, 오이 1개, 당근 1/4개, 대파 1/2뿌리, 미나리 20g, 풋고추 1개, 홍고추 1개, 소금 적당량
양념장 간장 1큰술, 고춧가루 2큰술, 설탕·식초 1큰술씩, 다진마늘 1작은술, 참기름 1/2작은술, 깨소금 1작은술

만드는 법
❶ **골뱅이 물기 빼기** 골뱅이는 신선한 통조림으로 준비하여 필요한 만큼만 체에 밭쳐 물기를 뺀다.
❷ **오징어포 준비하기** 오징어포는 잘 마른 것으로 골라 준비한다. 적당한 길이로 잘라 준 후 물에 담가 살짝 불려 물기를 꼭 짠다.
❸ **오이·당근 썰기** 오이는 소금으로 비벼 씻은 후 길이로 반 갈라 어슷하게 썬다. 당근은 반 갈라 어슷하게 썬다.
❹ **야채 썰기** 미나리는 잎을 떼고 줄기만 3cm길이로 자른다. 대파는 어슷 썰어 찬물에 한번 헹구어 매운맛을 뺀다. 풋고추, 홍고추도 어슷하게 썰어 물에 헹구어 씨를 빼 건진다.
❺ **재료 섞기** 양념 그릇에 간장과 고춧가루를 넣어 불린 후 나머지 양념들을 넣어 고루 섞는다.
❻ **무치기** 넓은 그릇에 골뱅이와 준비한 재료를 모두 넣고 살살 무친다.

한마디 더 | 골뱅이는 익혀서 통조림한 것이므로 따로 익히지는 않는다. 통조림 특유의 냄새가 나지 않도록 끓는물을 끼얹어 주기만 한다.

≫ 국 & 찌 개

된장찌개

재료
애호박 1/2개, 두부 150g, 쇠고기 50g, 불린 표고버섯 4장, 대파 1뿌리, 청양고추 2개, 붉은고추 1개, 된장 5큰술, 고춧가루 1/2큰술, 다진마늘 1/2큰술, 참기름 1작은술, 국간장 1작은술, 물 적당량

만드는 법
❶ **쇠고기 양념하기** 쇠고기는 기름기가 있는 것으로 골라 납작납작하게 썬다. 국간장, 참기름, 다진마늘로 양념한다.
❷ **재료 썰기** 애호박은 1cm 두께로 썰어 4등분하고 두부는 1cm 두께로 납작하게 썬다. 표고버섯은 호박 크기와 같게 썰고 대파와 고추는 송송 썬다.
❸ **재료 끓이기** 달군 뚝배기에 양념한 쇠고기를 넣고 볶은 후 물을 붓고 된장을 푼다. 된장이 보글보글 끓으면 호박과 표고버섯을 넣는다. 마지막에 두부와 대파, 고추, 다진마늘을 넣고 한번 끓으면 고춧가루를 넣고 불에서 내린다.

한마디 더 | 된장찌개는 된장과 국물에 의해 맛이 좌우된다. 시원한 맛을 내려면 바지락이나 게 한 토막을 넣는다. 청양고추나 마른고추를 한 개쯤 넣으면 국물이 칼칼하고 개운하다.

콩나물국

재료
콩나물 100g, 대파 1뿌리, 소금 조금, 마른고추 1개, 다진마늘 1큰술, 물 4컵

만드는 법
❶ **콩나물 손질하기** 콩나물은 뿌리를 다듬어 손질한 후 한번 물에 헹구어 건진다.
❷ **재료 썰기** 대파는 짧게 어슷 썰고, 마른고추는 손으로 찢는다.
❸ **재료 끓이기** 냄비에 찬물을 붓고 콩나물과 마른고추를 넣어 15분간 끓인다.
❹ **간하기** 콩나물이 익어서 투명해지면 소금으로 간하고, 대파와 다진마늘, 소금을 넣고 한소끔 더 끓인다.

한마디 더 | 콩나물의 비린내는 콩껍질 때문이다. 국물이 끓을 때까지 뚜껑을 열지 않도록 한다.

≫ 반 찬 & 밑 반 찬

장조림

재료
홍두깨살 600g, 마늘 20쪽, 생강 1쪽, 통후추 1/2큰술, 마른고추 3개, 대파 1뿌리
조림장 간장 6큰술, 설탕 3큰술, 맛술 1큰술

만드는 법
❶ **고기 핏물빼기** 고기는 사태나 홍두깨살로 준비해 찬물에 1~2시간 담가 핏물을 말끔히 뺀다. 핏물을 빼야 육수 색도 맑고 고기 누린내도 덜 난다.
❷ **향신야채 준비하기** 마른고추는 손으로 대충 찢어 씨를 털어낸다. 생강은 껍질을 긁어낸 뒤 씻는다. 마늘은 껍질을 벗긴 뒤 씻어 통째로 준비한다. 가제로 만든 주머니에 통후추, 마늘, 생강, 마른고추를 넣고 입구를 실로 꼭 묶는다.
❸ **재료 삶기** 냄비에 고기가 잠길 만큼의 물을 붓고 대파와 향신야채가 담긴 가제 주머니를 함께 넣어 삶는다.
❹ **고기 익히기** 1시간~1시간 30분 정도 지나 고기가 익었는지 꼬치로 찔러본다. 핏물이 나오지 않고 꼬치가 부드럽게 들어가면 제대로 익은 것이다.
❺ **고기 썰기** 고기는 건져 먹기 좋은 크기로 썰고, 육수는 젖은 가제로 거른다.
❻ **조리기** 냄비에 육수를 담아 끓으면 고기를 넣고 조림장을 반만 넣어 심심하게 간을 맞춘 후 조린다. 조림 국물이 처음 분량의 1/3 정도로 줄어들면 마늘과 마른고추를 넣고 남은 조림장을 넣어 끓인다.

한마디 더 | 고기는 핏물을 빼지 않으면 누린내가 난다. 일단 한번 삶아서 조직을 헐겁게 해야 간이 고루 밴다. 고기를 삶지 않고 처음부터 간장 등으로 짠 맛을 넣으면 고기의 수분이 먼저 빠져나가 육질이 단단하고 맛이 덜하다.

멸치조림

재료
잔멸치 50g, 꽈리고추 100g, 청주 1큰술, 간장 2큰술, 설탕·물엿·식용유 1큰술씩, 통깨 1/2작은술, 참기름 1/4작은술, 소금 조금

만드는 법
❶ **잔멸치 볶기** 잔멸치는 달군 팬에 볶은 후 고운 체에 담아 먼지를 턴다.
❷ **꽈리고추 준비하기** 꽈리고추는 꼭지를 떼고 깨끗이 씻은 뒤 물기를 제거한다. 꼬치로 찔러 간이 고루 배게 한다.
❸ **재료 볶기** 팬에 기름을 두르고 꽈리고추에 소금을 살짝 뿌려 볶은 후 잔멸치를 넣어 볶는다. 간장, 설탕, 청주를 넣고 고루 섞으며 볶아준다. 마지막에 통깨와 참기름을 넣어서 마무리한다.

한마디 더 | 멸치를 물에 살짝 씻거나 조림양념하는 도중에 물을 넣으면 부드럽다. 바삭한 맛의 멸치볶음을 하려면 기름 없이 노릇하게 볶다가 기름을 넣어 볶으면서 간을 한다.

감자어묵볶음

재료
감자 2개, 어묵 100g, 피망 1/2개, 당근 조금, 소금 1큰술, 참기름 1작은술, 깨소금 1작은술, 식용유 적당량

만드는 법
❶ **감자 절이기** 감자는 껍질을 벗겨 찬물에 담가 전분질을 뺀 후 곱게 채썰어 소금에 절인다. 절여진 감자는 물에 헹군 후 물기를 닦는다.
❷ **재료 채썰기** 어묵은 끓는물을 부어 기름기를 뺀 후 4cm길이로 곱게 채썬다. 피망과 당근도 4cm길이로 곱게 채썬다.
❸ **재료 볶기** 달구어진 팬에 기름을 두르고 감자와 어묵, 당근, 피망을 넣고 볶아준다. 마지막에 깨소금과 참기름을 넣어 섞은 후 불을 끈다.

무생채

재료
무 300g, 미나리 50g
생채 양념 고춧가루 2작은술, 설탕·식초·소금 1큰술씩, 다진파 1큰술, 다진마늘 1/2큰술, 다진생강 1/2작은술, 참기름·깨소금 1/2큰술씩

만드는 법
❶ **재료 준비하기** 무는 껍질을 벗겨 5cm 정도의 길이로 곱게 채썬다. 미나리는 3cm 길이로 썰고, 파, 마늘, 생강은 곱게 다진다.
❷ **무치기** 그릇에 무채를 담고 먼저 고춧가루를 넣어 고루 주물러서 붉은 빛이 돌게 한 다음 나머지 생채양념을 넣어 무친다.

불고기

재료
쇠고기(등심) 400g, 양파 2개, 실파 50g, 팽이버섯 100g, 배 1/4개
양념장 간장 3큰술, 다진파 1큰술, 다진마늘 2큰술, 설탕 2큰술, 깨소금 1큰술, 참기름 1큰술, 후춧가루 조금

만드는 법
❶ **고기 준비하기** 불고기감은 육질이 부드럽고 기름이 적당히 섞여 있는 등심으로 준비해 3mm두께로 썬다.
❷ **재료 썰기** 양파는 껍질을 벗긴 후 씻는다. 반으로 가른 후 5mm 너비로 가늘게 채썬다. 실파는 4cm 길이로 썰고, 팽이버섯은 밑둥을 자른다.
❸ **과즙에 재우기** 배를 강판에 갈아 과즙을 만든다. 썰어놓은 고기에 과즙을 넣어 고기를 재둔다. 과즙이 고루 배도록 조물조물 주무른 뒤 10분간 재두면 고기 맛이 연해진다.
❹ **불고기양념 만들기** 볼에 제시한 분량의 양념을 넣고 고루 섞어 불고기 양념장을 만든다. 양념장은 미리 만들어두면 양념끼리 잘 어우러져 고기 맛을 좋게 한다.
❺ **양념장에 재우기** 과즙에 재웠던 고기는 한 장씩 양념장에 적신 후 가볍게 주물러 간이 고두 배도록 30분간 재둔다. 가끔씩 위아래를 뒤집어준다.
❻ **야채 넣기** 고기에 어느 정도 간이 배면 손질해둔 양파와 실파, 팽이버섯을 넣고 야채의 향이 고기에 배도록 가볍게 섞어준다.
❼ **고기 굽기** 밑이 두꺼운 팬을 준비하여 충분히 달궈 기름을 두른 후 양념한 고기를 넣고 굽는다. 처음에는 센 불에서 굽다가 고기의 핏물이 윗면에 고이면 뒤집고 불을 줄여 굽는다. 자주 뒤집으면 겉이 단단해지고 쓴맛이 나므로 적당히 익힌 뒤 한번만 뒤집어 굽는다.

어느새 봄채소, 햇나물들이 밥상에 오를 때. 봄동, 미나리, 쑥, 냉이, 달래 등 봄 향기 가득한 채소로 초록밥상을 차려보자. 춘곤증에 힘들어하는 가족을 위한 영양제가 따로 없다. 육류와 생선류로 푸짐하게 차린 반찬으로 나른해진 몸에 원기를 더하는 것도 잊지말자. 봄바람 살랑살랑 코끝을 간질이면 나들이도 가고 싶기 마련. 샌드위치와 도시락반찬 만드는 법도 알아두면 요긴하다.

3 > 4월

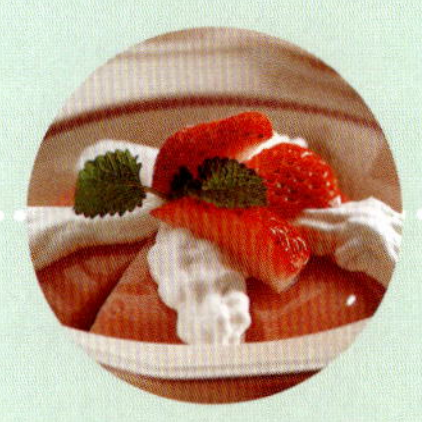

Monday 월

봄배추겉절이

재료/4인분

얼갈이배추	250g
달래	100g
오이	1/2개
실고추 · 통깨	적당량씩
참기름	1큰술

양념

멸치젓국	2큰술
간장	1큰술
고춧가루	1큰술
다진파	2큰술
다진마늘	1큰술
설탕	1/2큰술
깨소금	1/2큰술

이렇게 만드세요

1 배추 손질하기 배추는 뿌리 쪽을 자르고 길이로 죽죽 찢거나 잘라서 소금을 뿌려 살짝 절인다. 배추가 적당히 나른해지면 깨끗이 헹궈 채반에 밭쳐 물기를 뺀다.

2 오이 어슷썰기 오이는 소금으로 문질러 깨끗이 씻어서 길이로 반 갈라 어슷하게 썬다.

3 달래 다듬기 달래는 머리 쪽을 깨끗이 다듬어 씻어 4cm길이로 잘라 놓는다.

4 양념장 만들기 큼직한 그릇에 멸치젓국과 간장, 고춧가루, 깨소금, 설탕, 다진파 · 마늘을 넣고 골고루 섞어서 양념장을 만든다.

5 재료 버무리기 양념장에 준비한 얼갈이와 오이, 달래를 넣고 고루 버무린다.

6 참기름 넣기 마지막으로 참기름과 실고추, 통깨를 넣고 슬쩍 버무려서 그릇에 담아낸다.

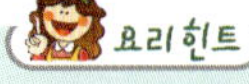

더 맛있게! 생채나 겉절이 같이 새콤달콤하게 무쳐내는 요리는 어설프게 익으면 맛이 없다. 바로 버무려 먹어야 신선한 맛을 즐길 수 있다. 야채를 버무릴 때 젓가락으로 무치면 간이 고루 배지 않는다. 손으로 조물조물 무쳐야 간이 속속들이 스며들어 제맛이 난다.

요리힌트
양념에는 넣는 순서가 있다

양념은 순서대로 넣어야 음식 맛이 좋다. 초무침의 경우 먼저 설탕, 식초로 버무려 맛을 들인 다음 고춧가루, 간장 순으로 넣어 버무린다.

배추 자르기

오이 어슷썰기

양념장 만들기

양념장에 버무리기

火day

오늘의식단
(총1813Kcal)

아침	· 시금치죽	215Kcal
	나박김치	12Kcal
	달걀부침	93Kcal
점심	**· 두부버거스테이크**	534Kcal
	우유 1컵	125Kcal
저녁	· 흰밥(1공기)	334Kcal
	달래오징어찌개	151Kcal
	완자전	224Kcal
	콩자반	108Kcal
	김치	17Kcal

두부버거스테이크

 **재료/4인분**

두부 1/2모, 표고버섯 1장, 당근 50g, 피망 1/2개, 달걀 1/2개, 빵가루 1/2컵, 밀가루 조금, 소금·후춧가루 적당량씩, 지짐기름 **소스** 토마토케첩 1/4컵, 우스터소스 1큰술, 양파(다진것) 2큰술, 설탕 1/2큰술, 마늘 조금, 육수 1/4컵

이렇게 만드세요

1 두부 으깨기 두부는 물기를 짜고 칼등으로 곱게 으깨어 놓는다.

2 야채 다지기 표고버섯, 당근, 피망은 곱게 다져 놓는다.

3 재료 섞기 으깬 두부에 다져 놓은 야채를 넣고 달걀, 빵가루, 밀가루를 섞은 후 소금, 후춧가루로 간을 하여 고루 치대어 준다.

4 반죽 빚기 반죽을 적당한 크기로 동글납작하게 빚어놓는다.

5 팬에 지지기 달구어진 프라이팬에 기름을 두르고 빚어 놓은 반죽을 앞뒤로 노릇노릇하게 지져낸다.

6 소스 만들기 냄비에 기름을 두른 후 마늘과 양파를 넣어 볶다가 토마토케첩, 우스터소스, 설탕을 넣는다. 육수를 붓고 중불에서 조려 두부버거에 곁들인다.

달래오징어국

 **재료/4인분**

오징어 1마리, 달래 100g, 무 50g, 애호박 50g, 대파 1/4대, 붉은고추 1/2개, 된장 2큰술, 고춧가루 1큰술, 다진마늘 1큰술, 후춧가루 조금, 소금 조금

이렇게 만드세요

1 오징어 손질하기 오징어는 껍질을 벗긴 후 가로, 세로로 칼집을 넣어 한입 크기로 썰어 놓는다.

2 달래, 무, 애호박 다듬기 달래는 머리를 깨끗이 다듬어 씻은 후 3cm 길이로 자른다. 무, 애호박은 3×2cm 길이로 나박썬다.

3 대파, 고추 썰기 대파, 붉은고추는 어슷썬다.

4 무 넣고 끓이기 냄비에 찬물을 붓고 된장을 푼다. 고춧가루를 약간 넣고 무를 넣어 끓인다.

5 오징어 넣어 끓이기 끓어 오르면 준비한 오징어를 넣고 한소끔 끓인다. 달래, 애호박, 붉은고추를 넣고 계속 끓인다.

6 국 간하기 맛이 우러나면 마늘, 후춧가루를 넣고 간을 본다. 싱거우면 소금으로 간을 맞춘 후 어슷썬 대파를 넣어 한소끔 끓여낸다.

Wednesday 수

닭꼬치구이

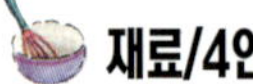 **재료/4인분**

닭다리 2개, 대파 2뿌리, 꼬치 조금 **양념장** 간장 2큰술, 청주 1큰술, 설탕 1큰술, 다진파 1큰술, 다진마늘 1/2큰술, 깨소금 1/2큰술, 후춧가루 1작은술, 참기름 1/2큰술

 **이렇게 만드세요**

1 **닭다리 밑간하기** 닭다리는 살만 발라내어 껍질을 제거한다. 한입 크기로 썰어 소금, 후춧가루, 청주로 밑간을 한다.

2 **대파 간하기** 대파는 너무 굵지 않은 것으로 골라 3cm 길이로 썬다. 소금, 참기름으로 밑간한다.

3 **양념장 만들기** 간장, 청주, 설탕, 다진파, 다진마늘, 깨소금, 후춧가루, 참기름을 분량대로 넣어 양념장을 만든다.

4 **꼬치에 재료 꽂기** 꼬치에 밑간한 닭다리와 대파를 꽂는다.

5 **재료 익히기** 달구어진 팬이나 석쇠에 기름을 두르고 재료를 꽂은 꼬치에 양념장을 발라가며 앞 뒤로 고루 익힌다.

청포묵초무침

 **재료/4인분**

청포묵 1모, 미나리 조금, 숙주 70g, 김 1/4장, 달걀지단 조금, **초간장** 간장 1큰술, 식초 1큰술, 설탕 1큰술

 **이렇게 만드세요**

1 **청포묵 채썰기** 청포묵은 5cm 길이의 젓가락 모양으로 채썬다.

2 **숙주 데치기** 숙주는 머리, 꼬리를 떼어낸 후 끓는물에 소금을 넣어 데친다.

3 **미나리 데치기** 미나리는 깨끗이 다듬어 4cm 길이로 자른다. 끓는물에 소금을 넣고 살짝 데친다.

4 **김, 달걀지단 채썰기** 김은 살짝 구워 4cm 길이로 곱게 채썬다. 달걀지단도 김과 같은 크기로 곱게 채썬다.

5 **초간장 만들기** 간장에 분량의 식초, 설탕을 섞어 초간장을 만든다.

6 **묵과 야채 담기** 접시에 묵과 데쳐 놓은 야채를 고루 담은 후 먹기 직전에 초간장을 뿌려 주거나 버무려 접시에 담는다.

*Thu*목*sday*

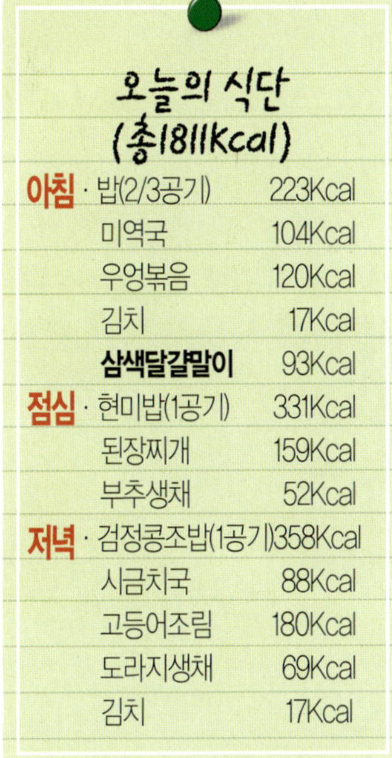

오늘의 식단
(총1811Kcal)

끼니	메뉴	열량
아침 ·	밥(2/3공기)	223Kcal
	미역국	104Kcal
	우엉볶음	120Kcal
	김치	17Kcal
	삼색달걀말이	93Kcal
점심 ·	현미밥(1공기)	331Kcal
	된장찌개	159Kcal
	부추생채	52Kcal
저녁 ·	검정콩조밥(1공기)	358Kcal
	시금치국	88Kcal
	고등어조림	180Kcal
	도라지생채	69Kcal
	김치	17Kcal

삼색달걀말이

 **재료/4인분**

재료	분량
달걀	3개
다시마장국	2큰술
설탕	1큰술
맛술	2작은술
간장	1/2작은술
소금	조금
실파	5뿌리
식용유	조금

이렇게 만드세요

1 실파 손질하기 실파는 깨끗이 다듬어 씻는다. 송송 썰어 깨끗한 가제에 싸서 물에 넣고 흔들어 헹구어 물기를 짜 놓는다.

2 달걀 간하기 우묵한 그릇에 달걀 3개를 풀고 다시마장국과 설탕, 맛술, 간장으로 간하여 고루 젓는다.

3 달걀에 실파 넣기 풀어 놓은 달걀에 송송 썬 실파를 넣고 고루 섞는다.

4 달걀 익히기 사각 프라이팬에 기름을 조금 두르고 뜨겁게 달구어지면 불을 줄이고 달걀을 1/3쯤 붓는다. 달걀을 젓가락으로 멍울멍울하게 저어서 부드럽게 만들어 익힌다. 윗면이 익으면 말아서 한쪽 끝으로 밀어 놓은 다음, 남은 달걀을 반만 부어 익혀 점점 두툼하게 만다. 나머지도 마저 한 다음 약한 불에서 속까지 고루 익힌다.

5 달걀 김발에 말기 익힌 달걀을 뜨거울 때 김발에 놓고 말아서 손으로 가만가만 눌러 모양을 낸다. 상에 낼 때는 약간 두툼하게 썰어서 담는다.

 **요리 힌트**

달걀을 풀 때는 젓가락으로 휘젓지 말고 수저로 끊듯이

달걀 지단을 부치거나 찜을 할 경우 수없이 많은 작은 구멍들이 생길 때가 있다. 달걀은 푸는 방법에 따라 가열 후의 응고상태가 달라진다. 이는 흰자 때문으로, 흰자 단백질은 휘저을 때 단백질 간에 공기를 품어서 기포를 만드는 성질이 있다. 공기 구멍 없이 매끄럽게 지단을 부치려면 달걀을 풀 때 휘젓지 말고 수저로 흰자를 끊듯이 하여 공기가 들어가지 못하게 한다.

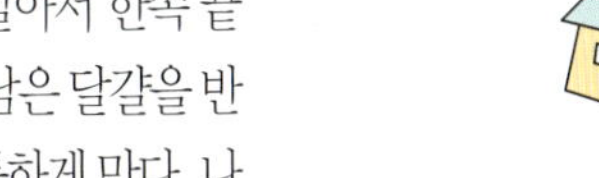

비디오 쿠킹

실파 송송 썰기

달걀에 맛술 넣기

달걀에 실파 섞기

프라이팬에 익히기

오늘의식단 (총1804Kcal)		
아침 · 흰죽		235Kcal
달걀부침		93Kcal
시금치생채		58Kcal
우유 1컵		125Kcal
점심 · 해쉬라이스		540Kcal
달걀국		55Kcal
김치		17Kcal
저녁 · 찰밥(1공기)		327Kcal
맛살고추장찌개		295Kcal
상추겉절이		42Kcal
김치		17Kcal

시금치생채

재료/4인분

시금치 1단, 대파 1대, 실고추 조금 **양념** 고춧가루 2큰술, 멸치액젓 1/2작은술, 다진마늘 2큰술, 다진파 2큰술, 깨소금 2큰술, 참기름 1큰술, 소금 조금, 물 3큰술

이렇게 만드세요

1 시금치 손질하기 생으로 먹는 겉절이용 시금치는 길이가 짧막하고 뿌리 부분에 붉은 색이 많이 도는 포항초가 달고 맛있다. 연한 속대만 뜯어서 준비한다. 억세 보이는 겉잎은 떼어 놓았다가 국을 끓이거나 데쳐 먹는다.

2 대파 채썰기 대파는 흰부분만 골라 5cm 길이로 곱게 채썰어 찬물에 여러 번 헹군다. 깨끗한 가제로 물기를 거두어 놓는다.

3 실고추 준비하기 실고추는 너무 길지 않게 잘라 놓는다.

4 양념 만들기 고춧가루 2큰술에 멸치액젓과 물, 다진 파·마늘, 깨소금, 참기름을 분량대로 넣고 잘 개서 되직하게 양념을 만든다. 간은 소금으로 한다.

5 양념에 버무리기 상에 내기 직전에 준비한 양념으로 살살 버무려 담아낸다. 너무 오래 버무리면 뭉크러지므로 살살 버무린다.

맛살고추장찌개

재료/4인분

맛살 200g, 무 100g, 풋고추 1개, 붉은고추 1/2개, 대파 1/4대, 고추장 1큰술, 고춧가루 1큰술, 다진마늘 1큰술, 생강즙 1/2작은술, 후춧가루 조금, 소금 조금

이렇게 만드세요

1 맛살 끓이기 맛살은 연한 소금물에 담가 해감을 토하게 하고 냄비에 찬물을 붓고 끓인다.

2 국물 밭치기 맛살의 입이 벌어지면 맛살은 건져내고 국물은 다른 체에 밭쳐 불순물을 제거한다.

3 야채 썰기 무는 2×3cm로 나박 썰기하고 풋고추, 붉은고추, 대파는 어슷썬다.

4 국물에 무 넣고 끓이기 따라 놓은 조갯국물에 고추장, 고춧가루를 푼 후 무를 넣어 끓인다.

5 재료 넣어 끓이기 무가 거의 익으면 맛살을 넣고 마늘, 생강즙, 후춧가루를 넣은 후 소금으로 간을 맞춘다. 고추와 대파를 넣어 한소끔 끓여낸다.

Sat토urday

아침	· 토스트	290Kcal
	크림수프	72Kcal
	양상추오이샐러드	101Kcal
	우유 1컵	125Kcal
점심	· 새우초밥	587Kcal
	왜된장국	44Kcal
저녁	· 흰밥(1공기)	334Kcal
	아욱국	84Kcal
	닭겨자냉채	94Kcal
	호박눈썹나물	47Kcal
	김치	17Kcal

새우초밥

 **재료/4인분**

중하	10마리
표고버섯	4장
간장	1큰술
설탕	1작은술
맛술	1큰술
와사비(고추냉이)	적당량

초밥

쌀	3컵
다시마(5cm길이)	1장
식초	4큰술
설탕	2큰술
소금	1작은술

 **이렇게 만드세요**

1 밥짓기 쌀은 밥짓기 한 시간 전에 씻어서 불린다. 밥물에 다시마 한 장을 넣고 고슬하게 밥을 짓는다. 다시마는 밥이 한소끔 끓어 올라 밥물이 자작해지면 미리 꺼낸다.

2 새우 손질하기 새우는 등쪽의 실 같은 검은 내장을 꺼낸다. 머리를 떼낸 후, 연한 소금물에 흔들어 씻어 건진다.

3 새우 찜통에 찌기 새우가 익으면서 구부러지지 않게 꼬리에서 머리 쪽을 향해 긴 대꼬치를 끼워서 김이 오른 찜통에 찐다. 껍질이 빨개지고 살이 익으면 꺼내서 대꼬치를 빼내고 한마디씩 껍질을 벗겨둔다.

4 새우 포뜨기 새우 모양을 살려 길게 반 가른 다음 다시 얇게 포를 뜬다.

5 표고버섯 조리기 마른표고는 부드럽게 불렸다가 물기를 짜고 곱게 채썬다. 간장, 설탕, 맛술을 넣고 물기 없이 조린다.

6 배합초 만들기 냄비에 식초, 설탕, 소금을 분량대로 섞어 살짝 끓인 다음 한번 식혀 배합초를 만든다.

7 밥에 배합초 섞기 뜨거운 밥에 배합초를 끼얹어 가며 고루 섞는다.

8 표고버섯, 새우살 얹기 네모난 틀에 소금물(또는 배합초)을 조금 묻힌 후, 밥을 반쯤 꼭꼭 눌러 담는다. 조린 표고버섯을 골고루 뿌린 후, 다시 밥을 얹는다. 밥 위에 얇게 포뜬 새우살을 골고루 얹어서 판판하게 눌러 두었다가 꺼내어 네모 모양으로 썬다.

배합초 만들기

뜨거운 밥에 배합초 섞기

사각틀에 밥넣기

밥 위에 새우얹기

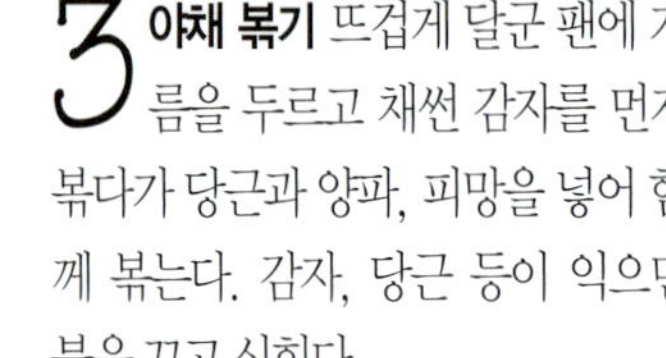

오늘의식단
(총1963Kcal)

아침 · 야채팬케익		296Kcal
	우유 1컵	125Kcal
점심 · 채소비빔밥		550Kcal
	쑥갓국	124Kcal
저녁 · 콩밥(1공기)		330Kcal
	오이감정	79Kcal
	치킨핑거	416Kcal
	숙주미나리나물	23 Kcal
	깍두기	20Kcal

야채팬케익

 **재료/4인분**

핫케익가루 220g, 달걀 1개, 우유 2/3컵, 감자 1/2개, 당근 1/3개, 양파 (작은 것) 1개, 피망 1/2개, 캔옥수수 4큰술, 버터 조금

 **이렇게 만드세요**

1 **야채 채썰기** 감자와 당근은 껍질을 벗기고 얇게 썰어 4~5cm 길이로 가늘게 채썬다. 양파와 피망도 비슷한 길이로 채썬다.

2 **옥수수 물기 빼기** 옥수수 통조림은 체에 밭쳐 물기를 빼둔다.

3 **야채 볶기** 뜨겁게 달군 팬에 기름을 두르고 채썬 감자를 먼저 볶다가 당근과 양파, 피망을 넣어 함께 볶는다. 감자, 당근 등이 익으면 불을 끄고 식힌다.

4 **반죽하기** 달걀에 우유를 넣어 잘 풀어준 후 핫케익 가루에 살살 부어 반죽한다.

5 **반죽에 야채 넣기** 준비한 반죽에 야채 볶은 것과 옥수수를 넣어 고루 섞는다.

6 **팬케익 굽기** 팬에 버터를 녹인 후 반죽을 한 국자씩 떠 넣는다. 불에서 서서히 익힌다. 반죽 윗면에 구멍이 생기면 팬케익을 뒤집어서 속이 완전히 익을 때까지 노릇하게 굽는다.

치킨핑거

 **재료/4인분**

닭가슴살 2~3쪽, 소금 · 후춧가루 · 다진마늘 조금씩, 튀김기름 적당량, 마가린 1/4컵, 콘칩 1봉지 **소스** 마요네즈 4큰술, 꿀 2큰술, 양겨자 2큰술, 파슬리가루 조금

 **이렇게 만드세요**

1 **닭고기 밑간하기** 닭고기는 껍질을 벗긴 가슴살로 준비한다. 손가락 크기만하게 썰어 소금, 후춧가루, 다진마늘(또는 마늘가루)을 뿌려 밑간해둔다.

2 **콘칩 잘게 부수기** 콘칩은 비닐봉지에 담아 잘게 부순다.

3 **마가린 녹이기** 마가린은 중탕으로 녹인다.

4 **콘칩 묻히기** 밑간한 닭을 녹인 마가린에 적신 후 잘게 부순 콘칩 봉지에 넣고 흔들어서 과자가루를 골고루 묻힌다.

5 **닭고기 굽기** 오븐 팬에 쿠킹 호일을 깔고 콘칩 묻힌 닭고기를 가지런히 놓는다. 225℃로 예열된 오븐에 넣어 8~10분 정도 굽는다.

6 **허니 머스터드 소스 만들기** 마요네즈에 양겨자와 꿀을 분량대로 넣고 섞은 후 파슬리가루를 뿌려 만든 허니 머스터드 소스나 토마토케첩을 곁들인다.

*M*월*nday*

오늘의 식단 (총1837Kcal)	
아침 · 보리밥(2/3공기)	219Kcal
감자국	87Kcal
다진고기전	224Kcal
파래무침	35Kcal
깍두기	20Kcal
점심 · 핫도그샌드위치	372Kcal
우유 1컵	125Kcal
저녁 · 밥(1공기)	329Kcal
미역국	104Kcal
부추제육볶음	198Kcal
고등어자반구이	185Kcal
김치	17Kcal

부추제육볶음

재료/4인분

부추	100g
돼지고기	100g
양파	1/2개
표고버섯	3장
간장 · 설탕	조금씩
붉은고추	1개

돼지고기 양념

간장	1/2큰술
청주	1작은술
후춧가루	조금
생강즙	조금

이렇게 만드세요

1 **돼지고기 밑간하기** 돼지고기는 4cm 길이로 채썰어 간장, 청주, 후춧가루, 생강즙으로 밑간을 한다.

2 **부추 다듬기** 부추는 깨끗이 다듬어 씻는다. 4cm 길이로 자른다.

3 **양파, 고추 채썰기** 양파는 채썬다. 붉은고추는 반으로 갈라 씨를 제거하고 4cm 길이로 곱게 채썬다.

4 **표고버섯 양념하기** 불린 표고버섯은 뒷기둥을 떼고 채썰어 간장과 설탕으로 양념한다.

5 **고기, 표고버섯 볶기** 프라이팬에 기름을 두르고 양념한 돼지고기와 표고버섯을 넣고 볶는다.

6 **야채 넣어 볶기** 돼지고기와 표고버섯이 어느 정도 익으면 양파를 넣고 볶는다. 부추와 붉은고추를 넣고 볶는다.

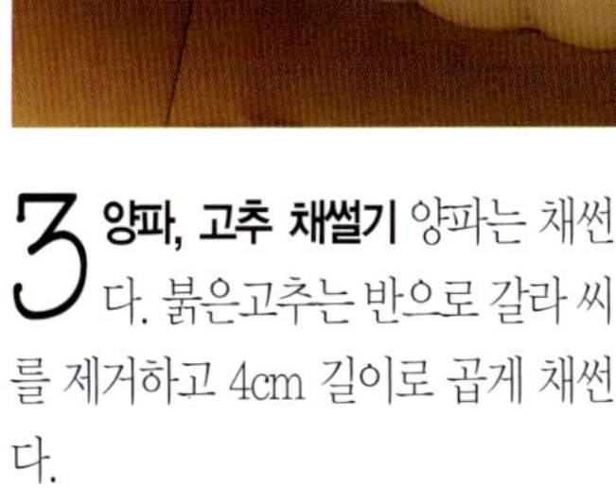
더 맛있게! 돼지고기는 쇠고기와는 달리 기생충이 있으므로 속까지 충분히 익혀 먹는다. 굽거나 볶을 때는 센불에서 요리해야 표면의 단백질이 응고돼 고기맛이 좋다. 술이나 생강즙을 넣어 밑간을 하면 누린내도 없어지고 고기도 연해진다.

요리 힌트

돼지고기는 조리 전 핏물을 빼 누린내를 제거한다

돼지고기는 영양가가 높고 육질도 부드러워 조리하기에 쉬운 재료이다. 삶거나 끓여서 조리할 때는 찬물에 담가 핏물을 빼면 냄새도 덜 나고 끓일 때 거품도 덜 생긴다. 돼지고기를 약간 도톰하게 썰어서 구울 때는 두들겨서 결을 끊어주는 것이 부드럽게 먹을 수 있는 비결이다. 전체를 균일한 두께로 두들겨서 결을 끊어주면 단시간에 구석까지 익어 고기가 단단해지는 것을 막을 수 있다.

비디오 쿠킹

돼지고기 양념하기

야채 썰기

돼지고기 볶기

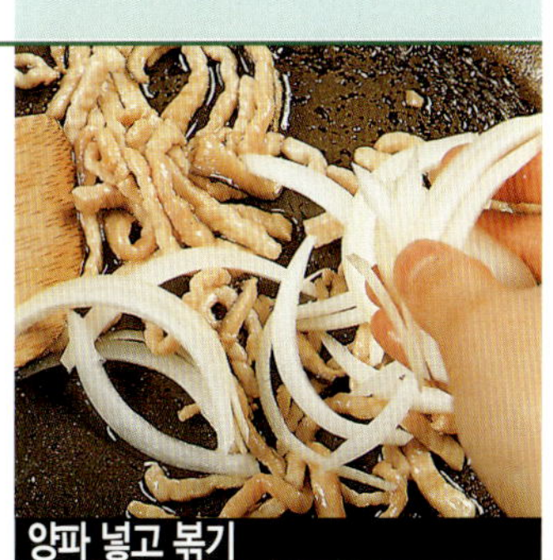
양파 넣고 볶기

Tuesday 화

오늘의식단 (총1820kcal)	
아침 밥(2/3공기)	223Kcal
두부찌개	170Kcal
씀바귀나물	66Kcal
김치	17Kcal
점심 · **비빔국수**	535Kcal
왜된장국	44Kcal
저녁 · 흰밥(1공기)	334Kcal
깻잎찜	12Kcal
무생채	49Kcal
김치	17Kcal
달걀피자	353Kcal

비빔국수

재료/4인분

가는국수 70g, 쇠고기 60g, 달래 50g, 양상추 2장 **초고추장** 고추장 2큰술, 청주 1/2큰술, 식초 1큰술, 설탕 1큰술, 다진마늘 1/2큰술, 생강즙 1/2작은술, 흰후추 조금 **쇠고기양념장** 간장 1/2큰술, 설탕 1작은술, 청주 1/2작은술, 다진파 · 다진마늘 · 깨소금 · 후춧가루 · 참기름 약간씩

이렇게 만드세요

1 달래, 양상추 썰기 달래는 깨끗이 다듬어 3cm 길이로 자른다. 양상추는 곱게 채썰어 찬물에 담가 싱싱하게 둔다.

2 쇠고기 볶기 쇠고기는 기름기가 적은 우둔으로 골라 곱게 채썰어 쇠고기 양념에 무쳐 팬에 볶아 놓는다.

3 국수 삶기 냄비에 물을 붓고 끓으면 국수를 넣는다. 저어주면서 끓인다. 끓어오르면 소량의 찬물을 붓고 다시 한번 끓인다. 두세 번 반복해서 끓인다.

4 삶은 국수 채반에 건지기 국수가 속까지 익으면 재빨리 찬물에 서너 번 헹구어 1인분씩 사리를 지어 채반에 건져 놓는다.

5 초고추장에 버무리기 고추장, 청주, 식초, 설탕, 마늘, 생강, 후추를 섞어 초고추장을 만든 후 ④의 국수에 고루 버무려 그릇에 담는다.

6 야채 곁들여 내기 국수에 양상추, 달래, 볶은 쇠고기를 고루 얹어 상에 낸다.

달걀피자

재료/4인분

달걀 3개, 우유 2큰술, 소금 · 후춧가루 조금씩, 양파 1/4개, 피망 1/2개, 베이컨 1장, 햄 30g, 피자치즈 100g, 식물성기름 · 토마토케첩 적당량씩

이렇게 만드세요

1 달걀 우유에 풀기 달걀 3개에 우유 2큰술을 섞어 소금, 후추로 간하여 잘 풀어 놓는다.

2 재료 다지기 피망, 양파, 햄, 베이컨은 굵게 다진다.

3 재료 볶기 팬에 기름을 두르고 뜨거워지면 양파와 햄, 베이컨을 볶다가 피망을 넣어 함께 살짝 볶는다.

4 달걀에 치즈 얹기 바닥이 두껍고 작은 프라이팬에 기름을 넉넉히 두르고 ①의 푼 달걀을 붓고 젓가락으로 저어 부드럽게 만든다. 반 정도 익으면 그 위에 볶은 재료를 고루 얹고 치즈를 얹은 후 뚜껑을 덮어 약한 불에서 피자치즈가 녹을 때까지 익힌다.

5 소스 곁들이기 먹을 때 토마토케첩이나 핫소스, 가루 치즈를 뿌린다.

Wednesday 수

아침 · 햄에그샌드위치	351Kcal
	당근주스 1컵	80Kcal
점심 · **카레덮밥**	580Kcal
	김치	17Kcal
저녁 · 보리밥(1공기)	329Kcal
	쇠고기국	134Kcal
	무말랭이무침	56Kcal
	꽁치튀김	262Kcal
	김치	17Kcal

카레덮밥

 **재료/4인분**

닭살	300g
감자	1개
당근	100g
양파	1/2개
피망	1/2개
카레가루	1/4컵
밥	1공기
소금 · 후춧가루	조금씩

이렇게 만드세요

1 닭 밑간하기 닭은 기름기가 적은 가슴살을 골라 한입 크기로 썰어 소금, 후춧가루로 밑간한다.

2 야채 썰기 감자, 당근, 양파, 피망은 사방1cm의 정육면체로 썬다.

3 닭, 야채 볶기 냄비에 기름을 두르고 밑간해 놓은 닭을 넣고 볶는다. 감자, 당근을 넣고 소금, 후춧가루로 간을 해 볶는다.

4 육수 붓기 감자와 당근에 기름이 돌면 양파, 피망을 넣고 잠시 볶아준 후 야채가 잠길 정도의 육수를 부어 준다.

5 카레가루 풀기 육수가 끓으면 물에 풀어 놓은 카레가루를 덩어리지지 않게 고루 저으면서 부어 준다.

6 중불에서 끓이기 적당히 끓으면 불을 줄여 중불에서 야채가 익을 때까지 끓인다. 계속 저어주면 서싱거우면 소금으로 간을 맞추고 불을 끈다.

7 밥에 얹어 내기 카레는 먹기 직전에 밥에 끼얹는다.

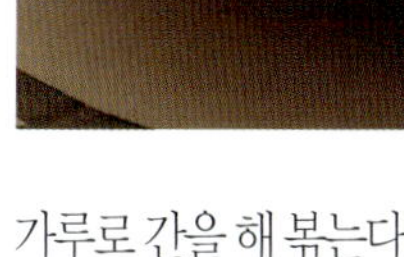

 **요리힌트**

독특한 맛과 향이 일품인 카레 응용법

카레가루는 30여 종의 향신료를 종합해 만든 것으로 요리에 사용하면 향긋한 향과 독특한 맛을 즐길 수 있다. 튀김옷에 카레가루를 섞으면 색도 노릇노릇하고 맛과 향도 좋다. 카레는 소스로 만들어 밥이나 국수에 얹어 먹는 것이 가장 일반적이나 밀가루 등에 섞어 튀김이나 전 등의 요리에 응용할 수 있다.

당근, 양파 썰기

재료 볶기

육수 붓기

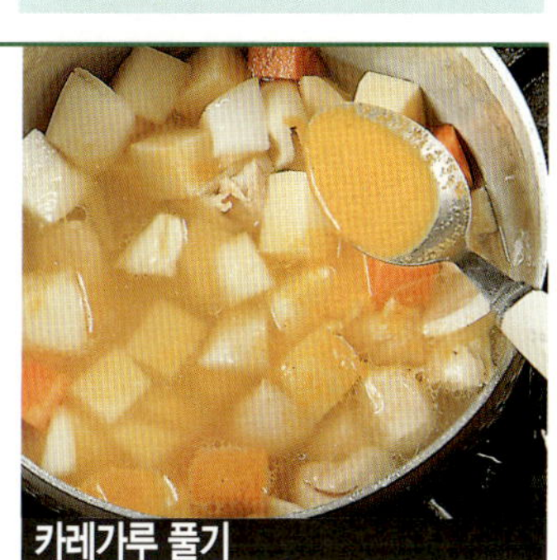
카레가루 풀기

*Thur*day 목

오늘의 식단 (총 1836Kcal)	
아침 · 보리밥(2/3공기)	223Kcal
쑥콩가루국	110Kcal
참치전	205Kcal
미나리나물	37Kcal
김치	17Kcal
점심 · 삼계탕	377Kcal
김치	17Kcal
저녁 · 보리밥 (1공기)	329Kcal
류산슬	331Kcal
냉이나물	73Kcal
조개탕	100Kcal
김치	17Kcal

류산슬

 **재료/4인분**

돼지고기 150g, 새우 70g, 해삼 100g, 죽순 50g, 말린표고 10g, 파 40g, 생강 15g, 간장(굴기름) 1큰술, 청주 2큰술, 소금 1/2작은술, 육수 1컵, 물녹말 2큰술, 참기름 1작은술, 데칠 식용유 1컵, **고기양념** 간장 1작은술, 청주 1작은술, 녹말가루 1작은술

이렇게 만드세요

1 양념장에 재기 돼지고기는 살코기 부분으로 골라 채썬다. 새우는 등에 칼집을 넣어 모래집을 없앤 다음 분량의 고기양념에 잰다.

2 표고, 죽순 채썰기 말린 표고는 깨끗이 씻어 미지근한 물에 불려 기둥을 떼낸 다음 곱게 채썬다. 죽순도 4cm 길이로 돌려깎기하여 채썬다.

3 파, 생강 채썰기 파, 생강은 깨끗하게 손질해 채썬다.

4 돼지고기, 새우 데치기 팬을 충분히 달군 다음 기름을 넉넉히 부어 돼지고기와 새우를 튀기듯이 데쳐낸다.

5 파, 생강으로 향내기 팬을 충분히 달군 다음 파와 생강으로 향을 낸다. 간장을 넣어 색을 낸다.

6 육수 붓기 이미 데쳐 놓은 돼지고기와 새우, 청주를 넣고 볶는다. 표고, 죽순, 해삼을 넣고 고루 볶으면서 육수를 붓는다.

7 물녹말 풀기 소금으로 간을 하고 육수가 끓으면 물녹말을 푼다. 참기름을 넣어 살짝 버무리다

쑥콩가루국

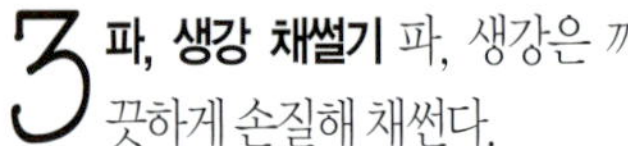 **재료/4인분**

쑥 200g, 쇠고기 50g, 날콩가루 1/2컵, 된장 2큰술, 파 · 마늘 조금씩 **고기양념** 국간장 1/2큰술, 다진파 1작은술, 다진마늘 1/2작은술, 후춧가루 조금

 **이렇게 만드세요**

1 쑥 데치기 쑥은 지저분한 잎들을 다듬어 깨끗이 씻는다. 끓는물에 소금을 조금 넣고 살짝 데쳐서 찬물에 헹구어 물기를 꼭 짠다. 어린 쑥은 데치지 않고 씻어서 바로 끓이기도 한다.

2 쇠고기 양념하기 쇠고기는 기름기가 약간 섞인 등심으로 골라 얄팍하게 저며 썬다. 분량의 고기 양념으로 고루 무친다.

3 고기 볶기 냄비에 양념한 고기를 넣고 볶다가 고기가 익으면 물을 붓고 끓인다.

4 된장 풀기 ③의 냄비에 된장을 풀어 끓인다.

5 콩가루 묻히기 된장을 푼 국물이 끓으면 준비한 쑥을 콩가루에 살살 굴려 뭉치지 않게 고루 묻힌다. 된장을 푼 장국에 넣어 끓인다.

6 파, 마늘 넣어 끓이기 맛이 우러나면 어슷 썬 파와 다진마늘을 넣고 잠깐 더 끓여낸다.

Friday 금

오늘의 식단
(총1807Kcal)

아침	· 보리밥(2/3공기)	223Kcal
	취나물	131Kcal
	달래된장찌개	153Kcal
	부추풋고추무침	58Kcal
	김치	17Kcal
점심	· 당근머핀	214Kcal
	우유1컵	125Kcal
	사과 1/2개	50Kcal
저녁	· 쌀밥(1공기)	334Kcal
	감자국	87Kcal
	파전	182Kcal
	북어포강정	141Kcal
	마늘쫑무침	92Kcal

북어포강정

재료/4인분

북어포 2마리, 녹말가루 · 튀김기름 적당량, 은행 10알, 잣 1큰술 **조림장** 고추장 2큰술, 고춧가루 1큰술, 간장 1큰술, 청주 1큰술, 물엿 2큰술, 다진마늘 1큰술, 설탕 1/2큰술, 생강즙 조금, 물 1/2컵 **북어양념** 소금 1작은술, 마늘 1/2큰술, 참기름 1큰술

이렇게 만드세요

1 **북어 손질하기** 북어포는 머리를 잘라내고 물에 담갔다 바로 건져 물기를 짠다. 한입 크기로 자른다.

2 **북어 밑간하기** 잘라 놓은 북어에 소금, 마늘, 참기름으로 밑간을 한다.

3 **튀기기** 밑간해 놓은 북어에 녹말가루를 버무려 170℃의 튀김기름에 바삭하게 튀겨낸다.

4 **은행 껍질 벗기기** 은행은 북어를 튀긴 기름에 넣고 튀겨내거나 팬에 기름을 둘러 볶아 껍질을 벗긴다.

5 **조림장 만들기** 냄비에 고추장, 고춧가루, 간장, 청주, 물엿, 다진마늘, 설탕, 생강즙, 물을 넣고 고루 섞어 중불에서 은근히 조려 윤기가 흐르게 한다.

6 **조림장 볶기** 팬에 기름을 두르고 조림장을 넣어 볶는다. 튀겨 놓은 북어와 껍질 벗긴 은행, 잣을 조림장에 넣어 고루 뒤적여 접시에 담는다.

당근머핀

재료/4인분

박력분 120g, 설탕 120g, 베이킹파우더 3g, 계피가루 1작은술, 달걀 2개, 소금 2g, 당근(간 것) 100g, 레몬즙 1작은술, 무염버터 90g, 해바라기씨 · 건포도 조금씩

이렇게 만드세요

1 **체에 내리기** 박력분과 베이킹파우더, 계피가루는 한데 섞어 고운 체에 내린다.

2 **버터 녹이기** 무염 버터는 중탕하거나 전자 레인지에 녹인다.

3 **달걀 간하기** 볼에 달걀 2개를 깨뜨려 넣고 거품기로 잘 젓는다. 설탕을 조금씩 넣으면서 잘 섞은 후 마지막에 소금을 조금 넣고 젓는다.

4 **레몬즙 섞기** 레몬즙과 당근 간 것을 ③에 넣고 함께 섞는다.

5 **재료 반죽하기** ④에 체에 친 ①의 밀가루를 넣으면서 주걱으로 자르듯이 섞어 반죽한다.

6 **반죽에 버터 넣기** 녹인 버터에 반죽을 조금만 넣어 잘 섞다가 남은 반죽을 모두 넣고 섞는다.

7 **오븐에 굽기** 머핀 틀에 ⑥의 반죽을 7할 정도 되게 담고 해바라기씨와 건포도를 얹는다. 200℃로 예열한 오븐에서 25분 정도 굽는다.

오늘의 식단 (총1747Kcal)

아침 · 콩죽		318Kcal
	오이깍두기	20Kcal
	오렌지주스	50Kcal
점심 · **치즈튀김**		290Kcal
	찐빵	336Kcal
	우유 1컵	125Kcal
저녁 · 보리밥(1공기)		329Kcal
	스끼야끼	209Kcal
	오이깍두기	20Kcal
	사과 1/2개	50Kcal

치즈튀김

 **재료/4인분**

모짜렐라치즈(또는 일반 슬라이스 치즈) 200g, 밀가루 · 달걀 · 빵가루 · 튀김기름 · 토마토케첩이나 타르타르소스 적당량씩

 **이렇게 만드세요**

1 치즈 썰기 피자 치즈는 손가락 굵기 만하게 5~6cm 길이로 썬다.

피자 치즈가 없을 때는 보통의 슬라이스 치즈를 이용해도 된다. 슬라이스 치즈를 4~5장 정도 두툼하게 겹쳐서 1.5cm 정도 간격으로 알맞게 썰어준다.

2 튀김옷 입히기 치즈에 밀가루, 달걀, 빵가루 순으로 튀김옷을 입혀 180℃의 높은 온도에서 살짝 튀긴다.

3 소스 곁들이기 치즈 튀김은 뜨거울 때 접시에 담아 토마토케첩이나 타르타르 소스를 곁들여 낸다.

스끼야끼

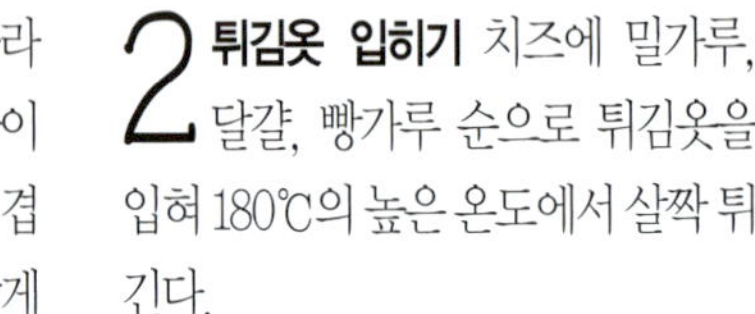 **재료/4인분**

쇠고기(등심) 150g, 배추 2장, 두부 1/4모, 양파 1/2개, 당근 50g, 쇠기름 조금, 달걀 1개 **스끼야끼 소스** 다시마장국 1/4컵, 간장 1/4컵, 청주 1/4컵, 설탕 1 1/2큰술

 **이렇게 만드세요**

1 고기 핏물 제거하기 쇠고기는 기름기가 약간 있는 등심 부위로 준비한다. 얇게 저며 썰어 핏물을 제거한다.

2 재료 준비하기 배추는 6cm 길이로 잘라 3cm 폭으로 쭉쭉 가른다. 양파, 당근은 굵게 채썬다. 두부는 2×3cm 길이에 1cm 두께로 썰어 팬에 노릇하게 굽는다.

3 소스 만들기 냄비에 분량의 다시마장국, 간장, 술, 설탕을 넣어 불에 올리고 설탕이 녹을 때까지 끓인 후 식힌다.

4 냄비 달구기 두꺼운 전골냄비에 쇠기름을 올리고 열을 가하여 기름이 녹으면서 철판이 잘 달구어지게 한다.

5 재료 볶기 달구어진 전골냄비 위에 쇠고기를 먼저 넣어 볶다가 살짝 익으면 한쪽으로 밀어 놓는다. 배추, 양파, 당근, 두부를 넣어 살짝 더 익힌다. 만들어 놓은 스끼야끼 소스를 조금씩 끼얹어 가며 볶아 타지 않게 한다

6 달걀에 담가 먹기 날달걀을 작은 그릇에 담아 잘 풀어서 재료가 익는대로 잠깐 담갔다가 먹는다. 달걀에 담가 먹으면 뜨거운 것도 식히고 입에 닿는 감촉도 부드럽다.

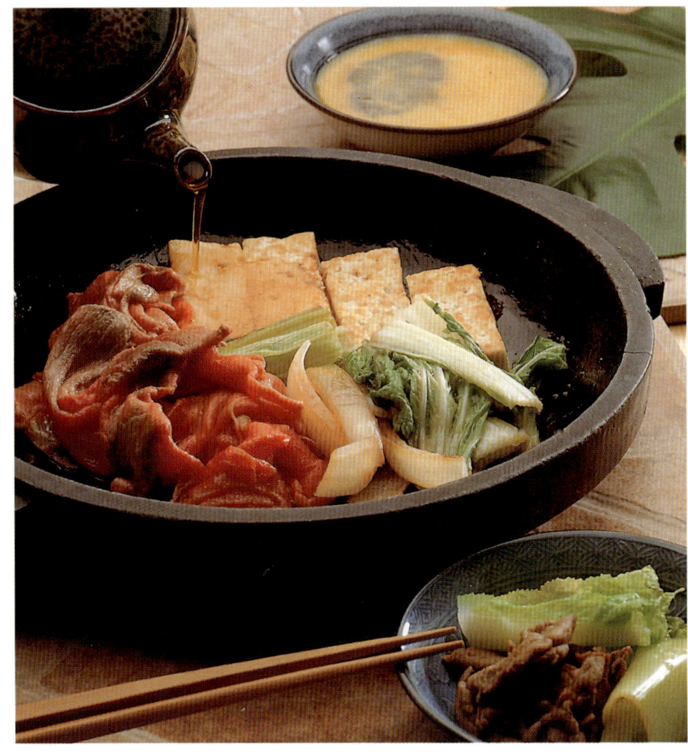

Sunday

오늘의 식단
(총1982kcal)

아침 · 완두콩밥(2/3공기)	207Kcal
원추리국	84Kcal
생선전	205Kcal
달래양념장	58Kcal
김치	17Kcal
점심 · 명란스파게티	576Kcal
김치	17Kcal
저녁 · 쌀밥	334Kcal
미역초무침	40Kcal
모시조개된장국	88Kcal
닭고기양념튀김	339Kcal
김치	17Kcal

명란스파게티

🍚 재료/4인분

명란젓	100g
스파게티국수	80g
참나물	50g
마른고추	1개
통마늘	2개
소금 · 후춧가루	조금씩

📋 이렇게 만드세요

1 명란젓 자르기 명란젓은 겉에 양념이 너무 많을 경우에는 한번 훑어 내린 후 1cm 크기로 자른다.

2 재료 썰기 참나물은 다듬어 깨끗이 씻어 건져 물기를 뺀 뒤 손으로 알맞게 자른다. 마른고추와 통마늘은 저며 썬다.

3 스파게티 삶기 끓는물에 소금과 식물성기름을 넣는다. 스파게티 국수를 넣어 10~15분 정도 삶아 속까지 익힌다.

4 고추, 마늘 볶기 달구어진 팬에 기름을 두르고 마른고추와 마늘편을 넣어 볶는다.

5 명란젓 볶기 ④의 기름에 향이 돌면 잘라 놓은 명란젓을 넣고 볶다가 삶은 스파게티를 넣어 같이 볶는다.

6 간 맞추기 간을 보아 싱거우면 소금, 후춧가루로 간을 맞춘다. 마지막에 참나물을 넣고 다시 한번 살짝 섞어 접시에 담아낸다.

🍳 요리 힌트

삶은 스파게티는 찬물에 넣지 않는다

스파게티를 삶을 때는 10배의 물을 끓여 소금을 물의 양의 7~10% 넣고 스파게티를 흐트려 재빨리 넣은 후 달라붙지 않도록 젓가락으로 저으며 삶는다. 센불에서 뚜껑을 닫지 않고 10~15분 동안 삶는다.

스파게티는 잘라 보아서 심이 조금 남을 정도이면 다 삶아진 것이다. 덧물을 부어 온도를 내린 후 불을 끈다. 건져낸 국수는 찬물에 헹구지 말고 버터에 버무린다.

비디오 쿠킹

스파게티 삶기

명란젓 가위로 자르기

마른고추, 마늘편 볶기

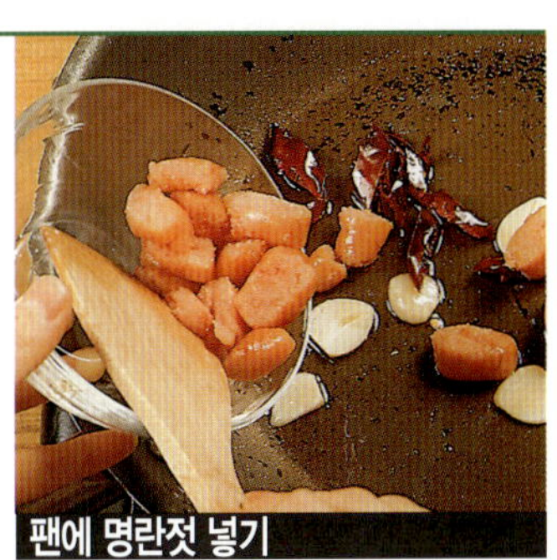

팬에 명란젓 넣기

오늘의 식단
(총1799Kcal)

아침	모닝빵	195Kcal
	쇠고기수프	72Kcal
	양배추샐러드	117Kcal
	우유 1컵	125Kcal
점심	김밥	516Kcal
	왜된장국	44Kcal
	단무지	10Kcal
저녁	현미밥(1공기)	331Kcal
	아욱국	84Kcal
	달걀찜	83Kcal
	김치	17Kcal
	병어감자채튀김	205Kcal

병어감자채튀김

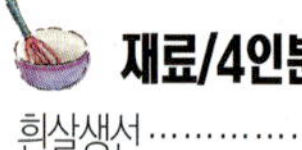

재료/4인분

흰살생선	300g
감자	1개
소금 · 흰후춧가루	조금씩
깻잎	2장
파슬리	1송이
달걀	2개
밀가루 · 튀김기름	적당량씩

이렇게 만드세요

1 생선 포뜨기 대구나, 동태, 가자미, 병어 등 흰살생선을 준비해, 한입 크기로 포를 뜬다.

2 생선에 밑간하기 포를 떠 놓은 생선은 물기를 제거한 후 소금, 흰후추를 뿌려 밑간한다.

3 감자 채썰기 감자는 껍질을 벗기고 곱게 채썬다. 찬물에 담가 전분기를 뺀다.

4 밀가루에 버무리기 전분기가 빠진 감자는 건져서 물기를 제거한 후 밀가루 또는 녹말가루에 버무려 놓는다.

5 물기 제거하기 밑간해 둔 생선살의 물기는 마른 행주나 키친 타월로 살며시 눌러 닦는다.

6 달걀, 감자채 묻히기 생선살에 밀가루를 묻히고 푼 달걀에 적셔 감자채를 손으로 꼭꼭 눌러 떨어지지 않게 골고루 묻힌다.

7 튀기기 감자채를 묻힌 생선을 180℃의 튀김 기름에 넣어 바삭하게 두 번 튀긴다.

더 맛있게! 튀김은 바삭바삭해야 맛있다. 먼저 재료의 물기를 완전히 제거한다. 물기가 있으면 기름을 많이 흡수해 눅눅해지기 쉽다. 튀김옷은 얇게 입힌다. 튀김옷이 너무 두꺼우면 맛도 덜하고 기름 흡수도 많아 자연 바삭한 맛이 떨어진다. 튀김 기름 온도를 맞추는 것도 중요하다.

요리힌트

튀김 요리, 바삭하고 볼륨 있게 튀기는 요령

튀김에 사용할 밀가루는 체에 쳐서 사용한다. 밀가루를 체에 치면 공기 함유량이 많아져 바삭하게 튀겨진다. 녹말가루를 섞으면 파삭하다. 분량은 밀가루의 1/10 분량. 튀김옷을 입히기 전, 재료에 밀가루를 묻히는 대신 녹말가루를 살짝 묻히는 것도 방법이다. 달걀은 완전히 푼 다음에 섞는다. 밀가루에 바로 달걀을 넣고 반죽을 하게 되면 밀가루에 끈기가 생겨 튀김이 눅눅해진다. 튀김옷은 나무젓가락으로 툭툭 치듯 가볍게 섞는다.

비디오 쿠킹

감자채 썰기

생선 포뜨기

소금, 후춧가루로 밑간하기

감자채 묻히기

*Tu*화*day*

오늘의 식단
(총1892Kcal)

아침	· 보리밥(2/3공기)	219Kcal
	김구이	14Kcal
	돼지고기감자찌개	281Kcal
	오이토마토 샐러드	101Kcal
	김치	17Kcal
점심	· 부추물만두	403Kcal
	김치	17Kcal
저녁	· 쌀밥(1공기)	334Kcal
	강된장찌개	168Kcal
	야채쌈	142Kcal
	불고기	196Kcal

오이토마토샐러드

 **재료/4인분**

오이 1개, 토마토 1개, 크림치즈 30g, 레몬 1/2개, 붉은피망 1/2개 **소스** 올리브오일 6큰술, 식초 2큰술, 레몬주스 1큰술, 소금 · 후춧가루 · 오레가노 조금씩

이렇게 만드세요

1 오이 썰기 오이는 깨끗이 씻어 동글고 얇게 썬다.

2 토마토 썰기 토마토는 씨를 빼고 1cm 폭으로 길게 썬다.

3 레몬 채썰기 레몬은 껍질을 얇게 저며 곱게 채썬다. 피망은 3cm 길이로 곱게 채썬다.

4 드레싱 만들기 올리브오일에 식초, 레몬주스, 소금, 후춧가루, 오레가노를 넣어 드레싱을 만든다.

5 크림치즈 준비하기 크림치즈는 작은 스푼으로 한 스푼씩 떠서 먹기 좋게 놓는다.

6 드레싱 뿌리기 접시에 오이, 토마토, 크림치즈를 보기 좋게 담은 후 레몬과 피망채를 얹는다. 먹기 직전에 드레싱을 뿌려 고루 섞는다.

야채쌈

 **재료/4인분**

쌈 케일, 청경채, 레드 치커리, 상추, 겨자잎, 깻잎 등 신선한 야채 적당량 **쌈장** 된장 2큰술, 고추장 1/2큰술, 다진쇠고기 50g, 육수 1/3컵, 다진파 · 마늘 · 깨소금 · 참기름 1/2큰술씩, 설탕 1/3작은술

이렇게 만드세요

1 케일 데치기 케일은 작고 여린 잎으로 골라 끓는물에 소금을 넣고 살짝 데쳐 낸다. 케일 잎이 여린 것은 데치지 않고 생으로 먹어도 좋다.

2 야채 손질하기 청경채, 레드 치커리, 상추, 겨자잎, 깻잎은 깨끗이 씻어 채반에 밭쳐 물기를 제거한다.

3 쌈장 만들기 냄비에 기름을 두르고 마늘, 다진 쇠고기를 볶다가 된장, 고추장을 넣어 충분히 볶는다. 육수, 깨소금, 설탕, 다진파를 넣어 중불에서 은근히 끓인다.

4 참기름 넣기 쌈장이 충분히 조려지면 마지막으로 참기름을 넣는다.

5 쌈장 곁들여 내기 접시에 쌈을 보기 좋게 담아 쌈장을 곁들여 낸다.

오늘의 식단
(총 2130Kcal)

아침 · 보리밥(2/3공기)	219Kcal
	갈비매운탕	328Kcal
	김치	17Kcal
점심 · 쑥찐빵	224Kcal
	과일샐러드	304Kcal
	우유 1컵	125Kcal
저녁 · 흑미밥 (1공기)	327Kcal
	닭고기찜	283Kcal
	양배추생채	45Kcal
	순두부찌개	241Kcal
	김치	17Kcal

과일샐러드

재료/4인분

사과 1개, 딸기 6개, 귤 2개, 키위 1개, 떠먹는 요구르트 1개, 마요네즈 3큰술, 소금·흰후춧 가루 조금

이렇게 만드세요

1 사과 썰기 사과는 깨끗이 씻어 8등분한다. 씨를 제거한 후 1cm 넓이로 썬다.

2 딸기 손질하기 딸기는 깨끗이 씻어 꼭지를 딴 후 반으로 자르거나 4등분한다.

3 귤 손질하기 귤은 껍질을 깨끗이 벗긴 후 반으로 자른다.

4 키위 자르기 키위는 껍질을 벗겨 사과와 같은 크기로 자른다.

5 드레싱 만들기 떠먹는 요구르트에 마요네즈를 섞고 소금, 흰후춧가루로 간을 해 드레싱을 만든다.

6 과일에 드레싱 담기 먹기 직전에 썰어 놓은 과일에 드레싱을 고루 섞어 접시에 담는다.

갈비매운탕

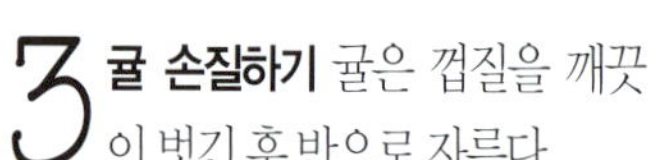

재료/4인분

쇠갈비 400g, 삶은 당면 적당량, 대파 1/2개, 고춧가루 1 1/2큰술, 소금·후춧가루·다진마늘 조금씩, 달걀지단 조금

이렇게 만드세요

1 핏물 빼기 쇠갈비는 기름기를 떼낸 후 찬물에 담가 핏물을 뺀다.

2 갈비 칼집 넣기 핏물을 뺀 갈비는 칼집을 넣는다. 냄비에 자작할 정도의 찬물을 넣고 끓인다. 끓어 오르면 물을 따라 버리고 다시 찬물을 받아 끓인다.

3 끓이기 끓으면 불을 줄여 살이 무를 때까지 약한 불에서 은근히 끓인다.

4 대파,지단 채썰기 대파는 송송 썰고 지단은 3cm 길이로 곱게 채썬다.

5 간 맞추기 갈비가 무르게 익으면 고춧가루를 풀고 다진마늘, 소금, 후춧가루를 넣어 간을 맞춘 후 끓인다.

6 갈비탕에 당면 넣기 그릇에 삶은 당면을 먹기 좋은 크기로 잘라 담은 후 ⑤의 갈비탕을 담는다. 고명으로 송송 썬 대파와 지단 채썬 것을 얹어준다.

*Thu*목*day*

오늘의 식단
(총1923Kcal)

아침 · 토스트(2~3장)	290Kcal
	우유 1컵	125Kcal
	바나나샐러드	177Kcal
점심 · 톳나물비빔밥	416Kcal
	달걀탕	55Kcal
	귤 1개	50Kcal
저녁 · 쌀밥(1공기)	334Kcal
	냉이국	111Kcal
	삼치조림	134Kcal
	버섯튀김	142Kcal
	풋마늘오징어무침	89Kcal

풋마늘오징어무침

 재료/4인분

풋마늘	3대
오징어	1마리
고추장	2큰술
생강즙	1작은술
설탕	1큰술
식초	2큰술
다진마늘	1/2큰술
청주	1/2큰술

이렇게 만드세요

1 **풋마늘 손질하기** 풋마늘은 깨끗이 다듬는다. 뿌리 부분이 굵은 것은 반으로 갈라 4cm길이로 자른다.

2 **풋마늘 데치기** 다듬어 놓은 풋마늘은 끓는물에 소금을 넣고 살짝 데친다. 찬물에 헹구어 체에 밭쳐 물기를 뺀다.

3 **오징어 껍질 벗기기** 오징어는 내장 제거 후 소금이나 젖은 가제를 이용해 껍질을 벗긴다.

4 **오징어 저며 썰기** 껍질 벗긴 오징어는 세로로 칼집을 넣은 후 3등분한다. 다시 가로로 칼을 눕혀 넓적하게 저며 썬다.

5 **오징어 데치기** 오징어는 끓는 물에 살짝 데쳐 낸다.

6 **초고추장 만들기** 그릇에 고추장, 설탕, 술, 식초, 마늘, 생강즙을 넣고 섞어 초고추장을 만든다.

7 **초고추장에 버무리기** 먹기 직전에 풋마늘, 오징어를 초고추장에 버무려 접시에 담아낸다.

더 맛있게! 풋마늘은 뿌리 쪽이 단단하므로 데칠 때는 뿌리 쪽부터 넣어야 고르게 데쳐진다. 오징어를 데칠 때는 팔팔 끓는물에 소금을 조금 넣고 손질한 오징어를 넣는다. 썰어서 데칠 때는 망에 담아 데치면 꺼낼 때 편하다. 데친 오징어는 바로 찬물에 담가 식힌다.

요리힌트
오징어 요리에는 반드시 채소를 곁들인다

오징어는 지방 함유량이 적고 단백질이 풍부한 영양가가 높은 식품이지만 강산성이므로 반드시 채소를 곁들여 먹는다. 오징어무침 요리에 사용하는 야채와 데친 오징어는 최대한 물기를 제거한다. 먹기 직전에 무쳐야 싱거워지지 않는다.

오징어 요리를 할 때 칼집을 넣어 주면 모양도 예쁘고 또 섬유 조직을 적당히 끊어주어 질기지 않다.

오징어 대신 갑오징어를 쓰면 더 쫄깃한 맛을 즐길 수 있다.

비디오 쿠킹

풋마늘 데치기

오징어 저며썰기

오징어 데치기

초고추장 만들기

오늘의 식단 (총1804Kcal)	
아침 · 콩나물국밥	384Kcal
깍두기	20Kcal
우유 1컵	125Kcal
점심 · 칼국수	501Kcal
연두부냉채	57Kcal
저녁 · 쌀밥(1공기)	334Kcal
미역옹심이국	119Kcal
닭고기쪽파볶음	244Kcal
깍두기	20Kcal

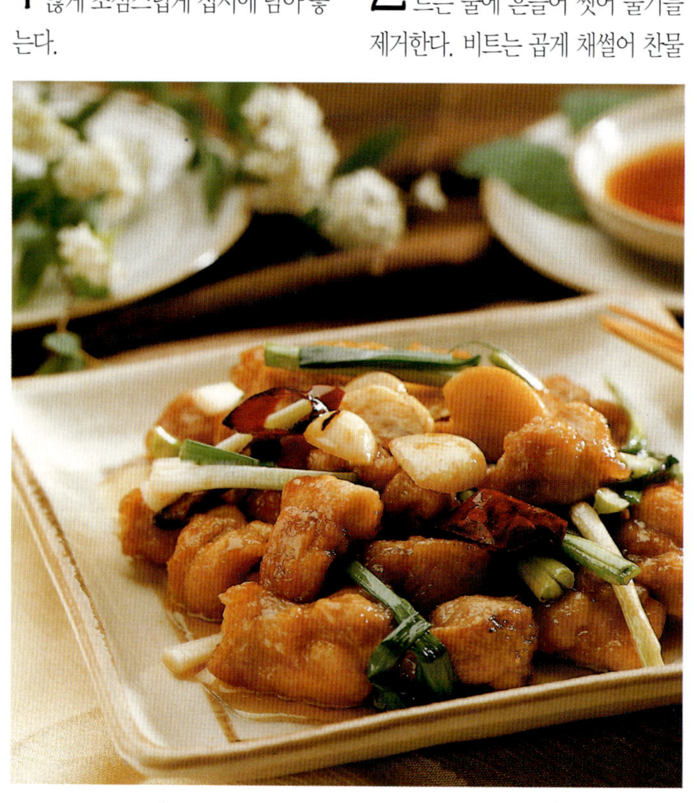

연두부냉채

재료/4인분

연두부 1모, 무순 20g, 비트 조금 **양념장** 달래 30g, 간장 2큰술, 고춧가루 1큰술, 청주 1큰술, 다진파 1/2큰술, 다진마늘 1/2큰술, 설탕 1/2큰술, 깨소금 · 참기름 1/2큰술씩

이렇게 만드세요

1 연두부 담기 연두부는 으깨지지 않게 조심스럽게 접시에 담아 놓는다.

2 무순, 비트 손질하기 무순은 흐르는 물에 흔들어 씻어 물기를 제거한다. 비트는 곱게 채썰어 찬물에 헹구어 놓는다.

3 양념장을 만든다 달래는 다듬어 씻어 송송 썬다. 간장, 고춧가루, 청주, 파, 마늘, 설탕, 깨소금, 참기름을 고루 섞어 양념장을 만든다.

4 양념장 끼얹기 접시에 무순과 비트를 고루 얹은 후 양념장을 끼얹어 상에 낸다.

닭고기쪽파볶음

재료/4인분

닭다리 2개, 쪽파 5뿌리, 마른고추 1개, 통마늘 3쪽, 생강 1톨, 물녹말 3큰술 **닭다리양념장** 청주 1큰술, 간장 1큰술, 녹말가루 1큰술 **볶음소스** 간장 2큰술, 청주 1큰술, 굴기름 1큰술, 식초 2큰술, 소금 · 후춧가루 조금씩

이렇게 만드세요

1 닭다리 손질하기 닭다리는 뼈를 따라 칼집을 넣어 뼈를 발라내고껍질을 제거한 뒤 적당한 크기로 썬다.

2 양념에 재기 썰어 놓은 닭은 술, 간장, 녹말가루에 재워 놓는다.

3 재료 썰기 쪽파는 4cm 길이로 썰고 마른고추는 어슷썰어 씨를 턴다. 통마늘, 생강은 저며 썬다.

4 기름에 데치기 달구어진 팬에 기름을 넉넉히 두르고 손질한 닭을 튀기듯이 데쳐낸다.

5 볶음 소스 만들기 간장에 술, 굴기름, 식초, 소금, 후춧가루를 넣어 볶음 소스를 만든다.

6 향내기 달구어진 팬에 기름을 두르고 마른고추, 마늘, 생강을 넣고 볶아 향을 낸다.

7 소스에 재료 넣기 기름에 향이 돌면 볶음 소스를 넣는다. 끓으면 데쳐 놓은 닭다리와 쪽파를 넣는다.

8 참기름 넣기 ⑦에 물녹말을 푼 다음 참기름을 둘러 준 후 살짝 버무려 접시에 담는다.

Sat토rday

오늘의 식단
(총1776Kcal)

아침	· 밤빵	260Kcal
	옥수수수프	72Kcal
	키위 1개	46Kcal
	우유 1컵	125Kcal
점심	· 보리밥(1공기)	329Kcal
	왜된장국	44Kcal
	메로양념구이	217Kcal
	김치	17Kcal
	사과 1/2개	50Kcal
저녁	· 곰탕(밥2/3공기포함)	572Kcal
	깍두기	20Kcal
	무오이장과	24Kcal

메로양념구이

재료/4인분

재료	분량
메로(구이용)	300g
소금 · 흰후춧가루 · 청주	조금씩
양념장	
간장	2큰술
청주	1큰술
설탕	1/2큰술
다진파	1큰술
다진마늘	1/2큰술
다진풋고추	1개
다진붉은고추	1개
와사비(고추냉이)	1/2큰술
깨소금	1작은술
참기름	1/2큰술

더 맛있게! 양념장 구이는 양념맛이 생선에 골고루 배야 맛있다. 칼집을 깊숙이 넣고, 양념장을 뿌린 후에는 양념이 충분히 배게 두었다가 굽는다. 프라이팬에 먼저 살짝 익힌 후에 양념을 발라 구우면 모양이 흐트러지지 않고 타지도 않는다. 양념을 발라 바로 굽기 시작하면 양념 때문에 생선이 익기도 전에 표면이 너무 빨리 타버린다.

이렇게 만드세요

1 생선 구입하기 메로는 윤기가 있는 신선한 구이용으로 구입한다. 메로는 대구와 비슷한 맛을 가지고 있으나 기름이 많아 국이나 찌개보다는 구이나 횟감으로 많이 쓴다.

2 비늘 벗기기 비늘을 벗기고 깨끗이 씻는다. 생선 비늘은 꼬리에서부터 머리 쪽으로 긁어내야 쉽게 벗겨진다.

3 밑간하기 큰 것은 4등분하고 작은 것은 2등분하여 소금, 후춧가루, 청주로 밑간한다.

4 양념장 만들기 간장에 술, 설탕, 다진파 · 마늘, 풋고추, 붉은고추, 깨소금을 섞은 후 와사비를 덩어리지지 않게 갠다. 참기름을 섞어 양념장을 만든다.

5 그릴에 굽기 그릴에 호일을 깔고 기름을 약간 바른 후 밑간해 놓은 메로를 속까지 익도록 애벌구이한다.

6 양념장 끼얹기 메로가 익으면 양념장을 끼얹어 다시 한번 약한불에 굽는다.

생선에 밑간하기

양념장 만들기

밑간한 생선 굽기

양념장 끼얹기

오늘의 식단
(총1775Kcal)

아침 · 현미밥(2/3공기)	221Kcal
	완자전	224Kcal
	동태매운탕	179Kcal
	깍두기	20Kcal
점심 · 감자수제비	300Kcal
	배추겉절이	45Kcal
저녁 · 쌀밥(1공기)	334Kcal
	감자국	87Kcal
	풋마늘대장아찌	92Kcal
	해물부추전	253Kcal
	깍두기	20Kcal

해물부추전

재료/4인분

조갯살 100g, 홍합 100g, 생굴 100g, 부추 1/2단, 붉은고추 1개, 달걀 1개, 밀가루 1컵, 멥쌀가루 1/2컵, 식물성기름 · 소금 조금씩 **양념 초간장** 간장 1.5큰술, 다진파 1/2큰술, 다진마늘 1작은술, 붉은고추(다진것) 1/2큰술, 식초 1/2큰술, 물 1/2큰술

이렇게 만드세요

1 부추 손질하기 부추는 엉키지 않게 가지런히 다듬어야 씻기가 편하다. 하얀 뿌리 끝부분의 지저분한 껍질을 깨끗이 벗겨낸다. 씻어서 물기를 빼고 3cm 길이로 썬다.

2 고추 채썰기 붉은 고추는 반으로 갈라 씨를 제거한다. 2cm 길이로 곱게 채썬다.

3 소금물에 씻기 조갯살과 생굴은 연한 소금물에 흔들어 씻는다. 체에 밭쳐 물기를 뺀다. 홍합은 안쪽의 털을 제거한 후 소금물에 흔들어서 놓는다.

4 해물 다지기 다듬어 놓은 해물은 각각 굵게 다진다.

5 밀가루 개기 밀가루에 멥쌀가루를 섞고 물을 넣어 되직하게 갠다. 소금을 약간 넣어 간을 한다.

6 재료 섞기 반죽에 부추, 고추 채썬 것, 조갯살, 홍합, 생굴 다진 것을 넣어 고루 섞는다. 달걀은 작은 그릇에 따로 풀어 놓는다.

7 프라이팬에 지지기 뜨겁게 달구어진 팬에 기름을 두르고 ⑥을 작게 한 국자씩 떠 놓는다. 푼 달걀을 그 위에 흘려얹어 앞뒤로 노릇노릇하게 지진다. 가장자리가 바삭해지도록 지져야 맛있다. 칼칼한 양념 초간장을 곁들인다.

감자수제비

재료/4인분

감자 5개, 소금 1/2작은술, 녹말가루 1/4컵, 애호박 1/4개, 소금 약간

이렇게 만드세요

1 감자물 만들기 감자 4개는 깨끗이 씻어 껍질을 벗긴다. 강판에 갈아서 깨끗한 가제에 꼭 짠다.

2 녹말 가라앉히기 감자 건더기는 따로 둔다. 감자물을 한 편에 놓고 녹말을 가라앉힌다.

3 감자 건더기와 녹말 섞기 녹말이 가라앉으면 웃물은 가만히 따라내고 따로 두었던 감자 건더기와 가라앉은 녹말을 고루 섞는다. 소금으로 간을 한다. 이때 반죽이 질면 녹말가루를 섞는다.

4 모양 만들기 반죽을 직경 3cm 크기의 원형 모양으로 납작하게 뜯어 놓는다.

5 감자, 호박 저며썰기 남은 감자와 호박은 반달 모양으로 저며 썬다. 물에 넣고 끓이면서 소금으로 간을 맞춘다.

6 끓이기 감자가 익으면 ④를 넣고 호박도 같이 넣어 한소끔 더 끓인다. 완자가 익어서 떠오르면 그릇에 담아낸다.

Monday 월

야채죽

 재료/4인분

불린 쌀	1/2컵
마른새우	20g
참기름	적당량
시금치	30g
당근	1/6개
표고버섯	2장
국간장, 소금	조금씩
육수	3컵

📝 이렇게 만드세요

1 쌀 갈기 2시간 정도 불린 쌀은 체에 밭쳐 물기를 뺀다. 믹서 또는 분마기에 넣어 쌀알이 반쯤 으깨지도록 간다.

2 새우 다지기 마른새우는 다듬어 칼로 굵게 다져 놓는다.

3 시금치 다듬기 시금치는 작고 여린 것으로 골라 깨끗이 다듬어 씻는다.

4 당근, 버섯 채썰기 당근, 표고버섯은 곱게 채썬다.

5 시금치 데치기 다듬어 놓은 시금치는 끓는물에 소금을 넣고 살짝 데친다.

6 표고버섯 밑간하기 채썰은 표고버섯은 국간장과 참기름으로 밑간한다.

7 재료 볶기 냄비에 참기름을 두르고 마른새우와 표고버섯을 넣고 볶는다.

8 육수 붓기 표고와 새우가 충분히 볶아지면 으깨 놓은 쌀을 넣고 참기름이 배나올 때까지 볶는다. 육수를 붓는다.

9 끓이기 한소끔 끓으면 불을 줄여 중불에서 은근히 끓이면서 준비한 당근과 시금치를 넣는다. 쌀이 퍼질 때까지 저어서 끓인다.

10 간하기 쌀이 퍼지면 소금으로 간을 맞추거나 양념장을 따로 만들어 곁들인다.

> **더 맛있게!** 야채를 주재료로 한 요리므로 신선한 야채를 사용하는 것이 중요. 표고버섯은 불려서 곱게 채썰어 간장과 참기름으로 밑간을 해두면 죽에 간도 배고 맛도 좋다. 재료를 볶을 때는 잘 익지 않는 표고버섯과 새우를 먼저 충분히 볶은 후 당근과 시금치를 넣어야 재료가 골고루 익는다. 죽요리는 쌀알이 퍼질 때까지 뭉근히 오래 끓인다.

비디오 쿠킹

불린 쌀 갈기

야채 썰기

볶은 야채에 쌀넣기

육수 붓고 끓이기

오늘의 식단 (총 1900Kcal)	
아침 · 쌀밥(2/3공기)	223Kcal
우거지국	93Kcal
소시지구이	200Kcal
열무김치	19Kcal
점심 · 다진돼지고기커틀릿	563Kcal
배추겉절이	45Kcal
저녁 · 보리밥(1공기)	329Kcal
열무김치	19Kcal
순두부찌개	241Kcal
씀바귀나물	66Kcal
딸기젤리	102Kcal

딸기젤리

 **재료/4인분**

딸기 300g, 젤라틴 6g, 생크림 2/3컵, 설탕 60g, 레몬즙 1작은술 **장식** 딸기 2개, 거품 낸 생크림 조금

 **이렇게 만드세요**

1 딸기 준비하기 딸기는 꼭지를 떼고 씻어서 체에 담는다. 숟가락으로 으깨어 내려서 설탕과 레몬즙을 섞는다. 딸기 한두 개는 장식용으로 길게 4등분으로 잘라 놓는다.

2 젤라틴 불리기 젤라틴에 반 컵 정도의 물을 붓고 10분 정도 그대로 두어 불린다. 젤라틴이 흐물거리면 그대로 냄비에 담고 다시 물 반 컵을 더 부어 약한 불에서 끓인다. 젤라틴이 투명해지면 불을 끈다.

3 딸기에 젤라틴 섞기 체에 내린 딸기에 젤라틴 녹인 것을 부어 골고루 섞는다. 다시 한번 체에 내려서 멍울 없이 곱게 준비한다.

4 생크림 섞기 ③에 생크림을 넣어 골고루 섞은 다음 예쁜 컵에 7할 정도 붓는다.

5 굳히기 실온에 두면 시간이 오래 걸리므로 냉장고에 넣는다.

6 젤리 장식하기 젤리가 3분의 2 정도 굳으면 거품 낸 생크림과 딸기 등으로 장식한다.

다진돼지고기커틀릿

 **재료/4인분**

다진돼지고기 200g, 소금 · 후춧가루 조금씩, 표고버섯 1장, 풋고추 1개, 붉은고추 1/2개, 피자치즈 또는 슬라이스 치즈 2장, 달걀 1개, 빵가루 · 밀가루 적당량씩, 튀김기름 **소스** 토마토케첩 1/4컵, 우스터소스 · 설탕 1큰술씩, 다진양파 1/4개, 다진마늘 약간, 육수 1/4컵

 **이렇게 만드세요**

1 고기에 간하기 돼지고기는 기름기가 적은 등심을 골라 곱게 간다. 표고버섯, 풋고추, 붉은고추를 섞어 소금, 후춧가루로 간하고 골고루 반죽한다.

2 치즈 얹기 ①의 반죽을 넓게 편 후 치즈를 사이에 얹어 접는다.

3 고기반죽 튀기기 반죽을 타원형으로 빚은 후 밀가루, 달걀, 빵가루를 입힌다. 170℃의 튀김기름에 넣어 갈색나게 튀긴다.

4 소스 만들기 냄비에 기름을 두른 후 마늘, 양파를 넣어 볶는다. 토마토케첩, 우스터소스, 설탕, 육수를 넣고 중불에서 은근히 조려 소스를 만든다.

5 샐러드 곁들이기 접시에 커틀릿을 담은 후 생야채나 샐러드를 곁들여 낸다. 기호에 따라 토마토케첩이나 소스를 뿌려 먹는다.

Wednesday 수

아침	· 보리밥(2/3공기)	219Kcal
	무국	112Kcal
	꼴뚜기조림	132Kcal
	멸치볶음	105Kcal
	열무김치	19Kcal
점심	· 누룽지끓인밥	250Kcal
	두부조림	122Kcal
	김치	17Kcal
저녁	· 현미밥(1공기)	331Kcal
	열무김치	19Kcal
	고등어탕수	342Kcal
	사과 1/2개	50Kcal

고등어탕수

 재료/4인분

고등어	1마리
청주	3큰술
녹말물	1/2컵
달걀	1/2개
튀김기름	적당량

소스

마른고추	3개
마늘	4쪽
생강	1쪽
대파	1/2뿌리
토마토케첩	3큰술
설탕 · 식초 · 고추기름	1큰술씩
육수	1 1/2컵
녹말물	2큰술

더 맛있게! 고등어는 한 번 튀기는 것보다 두 번 튀겨 내야 더욱 바삭한 맛을 즐길 수 있다. 토막낸 고등어는 튀기기 전에 깨끗이 손질한 후 물기를 완전히 제거한다. 고등어에 물기가 남아 있으면 튀김옷이 쉽게 벗겨지고 바삭한 맛이 덜하다. 케첩을 넣은 소스를 곁들여 먹으면 고소하고 새콤한 맛을 즐길 수 있다.

이렇게 만드세요

1 고등어 손질하기 고등어는 머리를 잘라내고 내장을 제거한 후, 깨끗이 씻어 물기를 닦는다.

2 어슷하게 썰기 2cm 두께로 어슷하게 썬다. 뼈에 붙은 피 찌꺼기도 칼끝으로 말끔히 긁어내고 씻어야 비린내가 덜 난다.

3 밑간하기 토막 낸 고등어는 청주와 소금을 뿌려 간한다.

4 마른고추 씨 털기 마른고추는 어슷하게 썰어 씨를 털어낸다.

5 재료 채썰기 마늘, 생강, 파는 짧게 채썬다.

6 튀김옷 입히기 고등어에 간이 배면 녹말물과 달걀을 넣고 튀김옷을 입힌다.

7 튀기기 튀김옷을 입힌 고등어는 170~180℃에서 바삭하게 두 번 튀겨낸다.

8 기름에 재료 볶기 팬을 달구어 고추기름을 두르고 기름이 뜨거워지면 마른고추와 생강, 마늘, 파 채썬 것을 넣어 볶는다.

9 소스 만들기 기름에 향이 배면 육수를 붓고 케첩과 설탕, 식초로 간을 하여 끓인다.

10 녹말물로 농도 맞추기 소스가 끓으면 녹말물을 넣어 걸쭉하게 농도를 맞춘다.

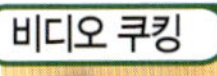

술, 소금으로 밑간하기

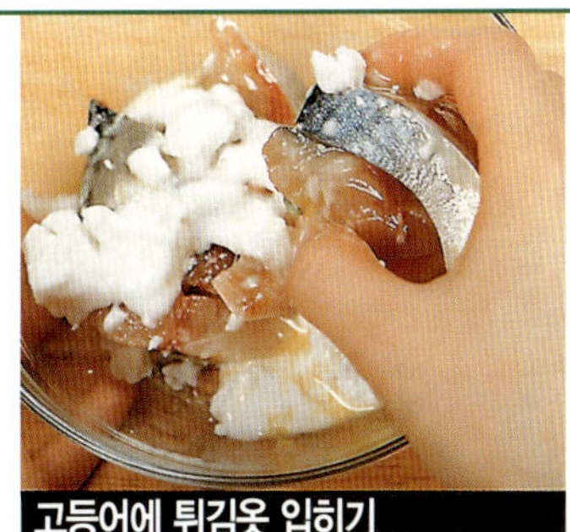
고등어에 튀김옷 입히기

두번 튀기기

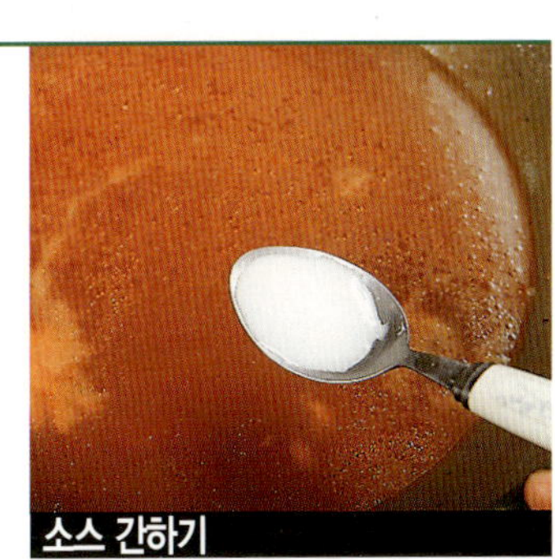
소스 간하기

오늘의 식단
(총1751Kcal)

아침	쌀밥(2/3공기)	223Kcal
	애탕국	94Kcal
	북어포도라지무침	101Kcal
	김치	17Kca
점심	쌀밥(1공기)	334Kcal
	김치라면전골	335Kcal
	(라면 1/4봉)	
저녁	쌀밥(1공기)	334Kcal
	미나리무침	25Kcal
	된장찌개	159Kcal
	두부브로콜리볶음	112Kcal
	김치	17Kcal

두부브로콜리볶음

 **재료/4인분**

두부 1/2모, 브로콜리 150g, 쇠고기 80g, 양파 1/2개, 소금·식물성기름 조금씩, 마른고추 1개 **소스** 토마토케첩 4큰술, 고춧가루 1작은술, 물 1/2컵, 설탕 1/2큰술, 조미술 1작은술, 참기름 1작은술, 후춧가루 조금

 **이렇게 만드세요**

1 두부 깍둑썰기 두부는 사방 1cm 크기로 깍둑 썰어 소금을 살짝 뿌려둔다.

2 양파, 고기 썰기 양파는 사방 2cm 크기로 네모지게 썬다. 쇠고기는 로스구이용으로 준비해 2cm 크기로 썰어 소금, 후춧가루로 간한다.

3 브로콜리 데치기 브로콜리를 작게 떼어 끓는 물에 소금을 넣고 파랗게 데친다. 냉수에 헹구어 물기를 뺀다.

4 재료 볶기 팬에 기름을 두르고 뜨겁게 달구어지면 마른고추 썬것을 넣고 향을 낸다. 양파와 쇠고기를 볶다가 고기가 거의 익으면 두부와 브로콜리를 넣고 살짝 볶아 따로 담아 놓는다.

5 케첩 소스 만들기 팬에 분량의 케첩과 고춧가루를 넣고 충분히 볶는다. 신맛이 날아가면 물을 붓고 한소끔 끓이다 설탕, 참기름, 술, 후춧가루를 넣고 고루 섞어 되직하게 끓인다.

6 소스에 재료 버무리기 케첩 소스에 볶은 것을 넣고 버무린다. 다시 한 번 볶아 그릇에 담아낸다.

북어포도라지무침

 **재료/4인분**

마른북어포 100g, 통도라지 200g, 소금 **양념장** 고추장 2큰술, 고춧가루 1큰술, 설탕 1/2큰술, 식초 1큰술, 물엿 1큰술, 다진마늘 4큰술, 다진파 2큰술, 통깨 조금

 **이렇게 만드세요**

1 북어 손질하기 북어는 찢어 놓은 것으로 준비한다. 가시를 발라내고 물에 살짝 씻어 건져 물기를 제거한다. 적당한 크기로 잘라 놓는다.

2 도라지 채썰기 도라지는 4cm 길이로 가늘게 채썬다. 소금을 넣고 주물러 씻어 쓴맛을 제거한 뒤 찬물에 헹구어 건진다.

3 양념장 만들기 고추장, 고춧가루, 설탕, 식초, 물엿, 파, 마늘, 통깨를 고루 섞어 양념장을 만들어 놓는다.

4 양념장 넣기 도라지에 양념장을 조금 넣어 고춧가루 물을 들인 후 손질한 북어를 넣는다. 나머지 양념장을 넣어 고루 섞는다. 도라지 외에 오이나 양파를 곱게 썰어 섞어 주어도 좋다.

오늘의 식단
(총 712Kcal)

아침 · 콘플레이크(우유)	352Kcal
	달걀반숙	75Kcal
점심 · 봄나물회덮밥	527Kcal
	왜된장국	44Kcal
	김치	17Kcal
	사과	50Kcal
저녁 · 보리밥(1공기)	329Kcal
	팔보채	204Kcal
	일식샐러드	97Kcal
	김치	17Kcal

봄나물회덮밥

재료/4인분
참치회 100g, 톳나물 60g, 달래 50g, 풋고추 1/2개, 무순 · 달걀지단 조금씩, 밥 1공기 **초고추장** 고추장 2큰술, 식초 1큰술, 생강즙 1작은술, 설탕 조금, 다진마늘 1/2큰술, 흰후춧가루 조금, 청주 1작은술

이렇게 만드세요
1 나물 손질하기 톳나물은 흐르는 물에 흔들어 씻어 채반에 밭쳐 물기를 뺀다. 달래는 껍질을 벗긴 후 2~3cm 길이로 썬다. 풋고추는 송송 썬다.

2 달걀지단 채썰기 달걀지단은 곱게 채썰어 놓는다. 무순은 흐르는 물에 흔들어 씻는다.

3 참치 손질하기 참치는 소금물에 재빨리 씻어 건진다. 젖은 가제에 싸 놓는다.

4 초고추장 만들기 고추장에 설탕, 식초, 술, 마늘, 생강즙, 후춧가루를 넣어 초고추장을 만든다.

5 참치 썰기 먹기 직전에 참치를 1cm의 정사각형으로 썬다. 그릇에 밥을 담은 후 준비한 야채와 참치를 보기 좋게 담아 지단을 얹고 초고추장을 곁들여 낸다.

일식샐러드

재료/4인분
양상추 3장, 양파 1/4개, 무순 50g, 비트 30g, 새우 8마리, 체리토마토 6개 **소스** 사과 1/2개, 당근 1/4개, 토마토케첩 1/2큰술, 식초 1큰술, 간장 조금, 식물성기름 3큰술

이렇게 만드세요
1 양상추 손질하기 양상추는 잎을 하나씩 떼어낸 뒤 깨끗이 씻어 적당한 크기로 잘라 찬물에 담가 놓는다.

2 양파 매운맛 없애기 양파는 곱게 채썰어 찬물에 담가 매운맛을 없앤다.

3 무순, 비트 준비하기 무순은 흐르는 물에 흔들어 씻는다. 비트는 곱게 채썰어 찬물에 담가 놓는다.

4 새우 데치기 새우는 등쪽 내장을 제거한 후 껍질을 벗겨 끓는 물에 데친다.

5 소스 만들기 사과, 당근은 강판에 간다. 토마토케첩, 식초, 간장, 식물성기름을 섞어 소스를 만든다.

6 야채 물기 제거하기 물에 담가 놓았던 야채는 모두 체에 밭쳐 물기를 제거하고 무순, 새우와 같이 고루 섞어 접시에 담는다. 먹기 직전에 소스를 뿌리거나 버무려 먹는다.

오늘의 식단
(총1729Kcal)

아침 · 볶음밥	407Kcal
	봄배추콩나물국	33Kcal
	오이소박이	29Kcal
점심 · 해물칼국수	471Kcal
	김치	17Kcal
저녁 · 쌀밥(1공기)	334Kcal
	무국	123Kcal
	돼지갈비찜	246Kcal
	부추생채	52Kcal
	김치	17Kcal

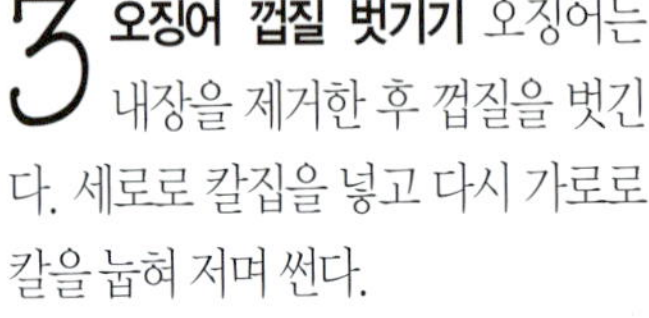

해물칼국수

 **재료/4인분**

젖은국수 300g, 모시조개 100g, 오징어 1/2마리, 새우 10마리, 호박 1/2개, 양파 1/2개, 표고버섯 2장, 붉은고추 1개, 마른고추 1개, 통마늘 2개, 간장·소금·후춧가루 조금씩 **양념장** 간장 3큰술, 다진마늘 1작은술, 다진파 1큰술, 고춧가루 1/2큰술, 청주 1큰술, 깨소금·참기름 1작은술씩

 **이렇게 만드세요**

1 국수 준비하기 국수는 너무 가늘지 않은 젖은 것으로 준비한다. 서로 붙지 않게 밀가루를 골고루 뿌려 놓는다.

2 조개 손질하기 모시조개는 연한 소금물에 담가 해감을 토하게 한 후 냄비에 찬물을 붓고 끓인다. 입이 벌어지면 조개는 건져내고 국물은 다른 냄비에 가만히 따라내어 바닥에 가라앉은 모래를 제거한다.

3 오징어 껍질 벗기기 오징어는 내장을 제거한 후 껍질을 벗긴다. 세로로 칼집을 넣고 다시 가로로 칼을 눕혀 저며 썬다.

4 새우 내장 제거하기 새우는 등쪽 내장을 제거한 후 껍질을 벗겨 준비한다.

5 재료 썰기 호박, 양파, 표고, 붉은고추는 채썬다. 마른고추, 통마늘은 저며 썬다.

6 재료 볶기 팬에 기름을 두르고 마른고추와 통마늘을 볶는다. 향이 돌면 오징어, 새우를 넣고 볶다가 준비한 야채를 넣고 볶는다.

7 육수 붓기 야채를 볶다가 간장, 소금, 후춧가루로 간하여 잠시 볶다가 육수를 부어 끓이다

8 국수 넣기 육수가 끓으면 국수를 서로 붙지 않게 손으로 흐트리면서 넣는다.

9 소금으로 간하기 국수가 끓어 거의 익으면 소금으로 간을 한다. 식성에 따라 간을 싱겁게 한 후 양념장을 곁들여 먹어도 좋다.

봄배추콩나물국

 **재료/4인분**

봄배추 200g, 콩나물 150g, 대파 1/4대, 홍고추 1/2개, 고춧가루 2큰술, 소금 조금, 다진마늘 1큰술

 **이렇게 만드세요**

1 배추 준비하기 봄배추는 억세지 않고 여린 것으로 골라 4cm 길이로 썰어 깨끗이 씻는다.

2 콩나물 다듬기 콩나물은 꼬리를 다듬어 깨끗이 씻어 놓는다. 대파, 홍고추는 어슷 썬다.

3 고춧가루물 끓이기 냄비에 물을 붓고 고춧가루를 풀어 끓여 고춧가루물을 만든다.

4 재료 넣고 끓이기 고춧가루물이 끓으면 콩나물과 봄배추를 넣는다. 마늘을 같이 넣어 끓인다.

5 소금으로 간하기 재료가 익으면 소금으로 간을 맞춘 후 대파, 홍고추를 넣는다. 한소끔 끓여 그릇에 담아낸다. 입맛에 따라 고추장이나 된장을 풀어 끓여도 좋다.

Sunday 일

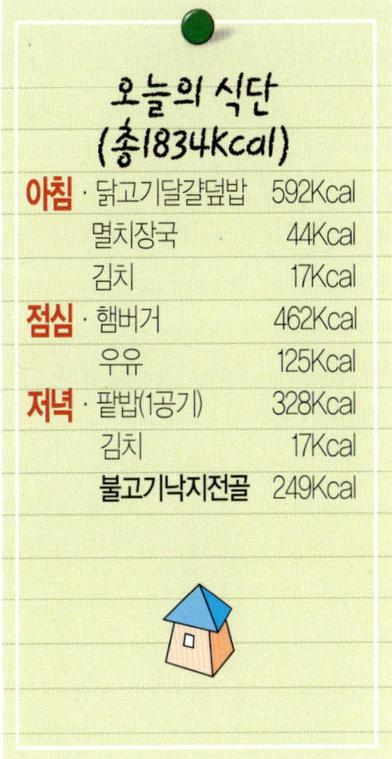

오늘의 식단 (총1834Kcal)	
아침 · 닭고기달걀덮밥	592Kcal
멸치장국	44Kcal
김치	17Kcal
점심 · 햄버거	462Kcal
우유	125Kcal
저녁 · 팥밥(1공기)	328Kcal
김치	17Kcal
불고기낙지전골	249Kcal

불고기낙지전골

재료/4인분

쇠고기	200g
낙지	1마리
숙주	150g
미나리 · 마른새우	100g씩

양념장

간장 · 고춧가루	2큰술씩
청주 · 다진파	1큰술씩
다진마늘	1큰술
생강즙 · 후춧가루	1작은술씩
깨소금 · 참기름	1/2큰술씩
설탕	조금

쇠고기양념장

간장	1 1/2큰술
설탕 · 청주 · 다진마늘	1/2큰술씩

다진파	1큰술
깨소금 · 후춧가루 · 참기름	1/2큰술씩

더 맛있게! 전골에 넣을 고기는 반드시 미리 양념을 해서 넣는다. 고기에 간이 배고 맛도 들어 깊은 맛을 낼 수 있다. 낙지와 같이 잘 익지 않는 재료는 미리 살짝 데쳐서 사용하는 것도 요령. 우엉이나 죽순처럼 떫은 맛이 강한 재료는 미리 끓는물에 데쳐 잡맛을 없앤 후에 넣어야 국물에 나쁜 맛이 우러나지 않는다.

🍴 이렇게 만드세요

1 양념장에 무치기 쇠고기는 기름기가 있는 등심 부위로 골라 얇게 저며 썬다. 쇠고기는 양념장으로 무쳐 놓는다.

2 낙지 손질하기 낙지는 내장을 제거한 후 굵은 소금을 넣고 주물러 씻는다. 소금기를 제거한 후 5cm 길이로 자른다.

3 낙지 양념하기 잘라 놓은 낙지는 끓는물에 살짝 데친 후 마늘, 깨소금, 참기름에 무친다.

4 숙주, 미나리 손질하기 숙주는 꼬리를 깨끗이 다듬는다. 미나리는 손질하여 4cm 길이로 자른다.

5 장국 만들기 마른새우는 냄비에 넣고 볶다가 물을 붓고 끓여 장국을 만든다.

6 양념장 만들기 간장에 고춧가루, 청주, 파, 마늘, 생강즙, 깨소금, 후춧가루, 참기름, 설탕을 섞어 양념장을 만든다.

7 재료에 양념장 넣기 전골냄비에 숙주를 깔고 양념한 쇠고기, 낙지, 미나리를 고루 담은 후 양념장을 끼얹는다.

8 장국 붓기 ⑦에 ⑤의 장국을 부어 끓인다. 싱거우면 소금으로 간을 맞춘다.

쇠고기 양념장에 무치기

낙지 데친 후 건지기

새우 장국 만들기

양념장 만들기

한개만 먹어도 든든해요
영양 샌드위치 10가지

빵에 고기와 여러 가지 야채를 곁들이는 샌드위치 요리는
영양도 골고루 섭취할 수 있고 요리 방법도 간단해 식사대용으로도
안성맞춤. 아이들 간식이나 주말 가족을 위한 별식으로 준비해 보자.

과일샐러드샌드위치

재료
둥근빵 3개, 딸기 3개, 키위 1개, 금귤 3개
크림치즈소스 크림치즈 4큰술, 생크림 4큰술, 설탕 조금

만드는 법
❶ **빵 준비하기** 빵은 가장자리를 1cm 정도 남긴 후 빵속을 파낸다.
❷ **딸기 썰기** 딸기는 깨끗이 씻어 꼭지를 떼어낸 후 세로로 4등분한다.
❸ **키위·금귤 썰기** 키위는 껍질을 벗긴 후 1cm 정사각형으로 썬다. 금귤은 도
톰하게 저며 썰어 씨를 제거한다.
❹ **생크림에 설탕 섞기** 생크림은 차가울 때 빨리 거품을 낸 후 설탕을 넣고 녹
을 때까지 젓는다.
❺ **소스 만들기** ❹의 생크림에 크림치즈를 넣고 고루 섞는다.
❻ **속재료 넣기** ①의 빵 속에 ⑤의 소스를 넉넉히 넣은 후 딸기, 키위, 금귤을
보기 좋게 얹는다.

크림치즈오픈샌드위치

재료
호밀 바게트(1.5cm 두께) 10장, 훈제연어 150g, 케이퍼 1큰술,
연어알 1큰술, 양파 1/4개, 크레송 조금, 크림치즈 적당량

만드는 법
❶ **연어 썰기** 훈제연어는 얇게 저며 썬다.
❷ **양파·크레송 준비하기** 양파는 곱게 다지고 크레송은 한 잎씩 떼어 찬물에
담갔다 건진다.

❸ **재료 올리기** 호밀 바게트에 크림치즈를 넉넉히 바른 후 연어를 얹고 그 위
에 케이퍼와 양파 다진 것을 얹는다.
❹ **장식하기** ③의 위를 크레송으로 장식한다.
❺ **남은 재료 올리기** 호밀 바게트에 ③과 같은 방법으로 연어를 얹은 후 연어
알과 양파 다진 것을 얹는다. 크레송으로 장식하여 보기 좋게 담는다.

핫도그샌드위치

재료
핫도그빵 2개, 프랑크 소시지 2개, 양배추 2장, 식초 2큰술, 설탕 1/2큰술,
소금·흰후춧가루 조금씩, 양파 1/4개, 오이피클 1개, 머스터드 적당량,
토마토케첩 적당량, 식용유 적당량
겨자버터 버터 4큰술, 양겨자 1큰술

만드는 법
❶ **빵 가르기** 핫도그빵은 옆면 가운데에서 깊게 칼집을 넣는다.
❷ **겨자버터 만들기** 버터에 양겨자를 섞어 겨자버터를 만든다.
❸ **소시지 익히기** 프랑크 소시지는 어슷하게 칼집을 넣어 달구어진 팬에 기름
을 두른 후 익혀낸다.
❹ **양배추 볶기** 양배추는 굵게 채썰어 팬에 기름을 두르고 볶다가 식초, 설탕,
소금, 흰후춧가루를 넣어 새콤달콤하게 볶아낸다.
❺ **양파·피클 썰기** 양파는 굵게 다지고 피클은 얇게 저며 썬다.
❻ **재료 넣기** ①의 핫도그빵에 겨자버터를 얇게 바르고 ③의 양배추, 프랑크
소시지, 양파, 피클을 먹기 좋게 넣는다. 기호에 따라 머스터드나 토마토케첩을
끼얹어 먹는다.

구운 브리오슈샌드위치

재료

브리오슈 4개, 양파 1/4개, 슬라이스치즈 1장, 깻잎 2장
참치샐러드 참치(통조림) 1/2개, 양파 1/4개, 마요네즈 2큰술, 머스터드 1/2큰술,
소금·흰후춧가루 조금씩

만드는 법

❶ **빵 준비하기** 브리오슈는 위쪽 1/4부분을 잘라낸다. 아랫부분은 가장자리
1cm를 남기고 속부분을 파낸다.
❷ **참치·양파 준비하기** 참치통조림은 체에 밭쳐 기름을 빼고 양파는 다진다.
❸ **참치샐러드 만들기** 볼에 참치와 양파를 넣고 마요네즈와 머스터드를 섞은
후 소금, 후춧가루로 간하여 참치샐러드를 만든다.
❹ **양파·치즈·깻잎 썰기** 양파와 슬라이스치즈는 굵게 채썬다. 깻잎은 세로로
반을 가른다.
❺ **재료 넣기** 속을 파낸 브리오슈에 깻잎을 깔고 ③의 참치샐러드를 얹은 후
양파채와 채썬 치즈를 보기 좋게 얹는다.
❻ **굽기** 190~200℃의 오븐에서 2~3분 정도 살짝 굽는다.

감자샐러드오픈샌드위치

재료

옥수수모닝빵 4개, 레드샐러드볼 4장, 새우 8마리, 무순 적당량, 버터 조금
감자샐러드 감자 2개, 마요네즈 4큰술, 소금·흰후춧가루 조금씩

핫도그샌드위치

구운 브리오슈샌드위치

감자샐러드오픈
샌드위치

만드는 법

❶ **감자 삶아 볶기** 감자는 껍질을 벗긴 후 찬물을 붓고 끓인다. 감자가 익으면
물을 따라내고 냄비에 포슬포슬해지게 볶는다.
❷ **감자샐러드 만들기** ①의 감자는 마요네즈를 넣고 버무린 후 소금, 흰후춧가
루로 간한다.
❸ **야채 씻기** 레드샐러드볼은 씻어 찬물에 담그고 무순은 흐르는 물에 씻는다.
❹ **새우 데치기** 새우는 등쪽 내장을 제거한 후 끓는 물에 살짝 데친다.
❺ **재료 올리기** 옥수수모닝빵은 옆으로 반을 가른다. 버터를 얇게 펴 바른 후
샐러드볼의 물기를 제거하여 얹는다. 여기에 감자샐러드를 소복이 올리고 그
위에 새우와 무순을 얹어 접시에 담는다.

삼색샌드위치

재료

샌드위치용 식빵 4장, 슬라이스햄 1장,
슬라이스치즈 1장, 오이 1/2개,
마요네즈·소금 조금씩

만드는 법

❶ **식빵 준비하기** 식빵은 하루 정도 지
나 조금 굳은 것으로 준비한다.
❷ **햄·치즈·오이 준비하기** 햄과 치즈는
얇게 썬 것으로 준비한다. 오이는 빵길이로 잘라 0.2cm 두께로 썰어 소금을
살짝 뿌려 절인다.
❸ **오이 얹기** 식빵 한쪽면에 마요네즈를 바른 후 오이를 얹고 다시 마요네즈
를 바른 면이 포개지도록 한다.
❹ **햄·치즈 얹기** ③의 빵 위에 다시 마요네즈를 바르고 햄을 얹는다. ③과 같
은 방법으로 빵을 포갠 후 다시 마요네즈를 발라 치즈를 얹고 마요네즈 바른
면이 포개지도록 빵으로 덮는다.
❺ **모양내어 담기** 빵을 젖은 행주에 싼 후 무거운 것으로 잠시 눌러준다. 식빵
의 가장자리를 자르고 모양 있게 썰어 접시에 담는다.

크로와상 샌드위치

재료

샌드위치용 크로와상 1개, 로메인상추 1장, 토마토 1/2개, 버터 조금,
토마토케첩 조금 **오믈렛** 달걀 2개, 우유 2큰술, 소금·흰후춧가루 조금씩

만드는 법

❶ **빵 가르기** 크로와상은 큰 것으로 준비해
옆면 가운데에서 칼집을 넣는다.
❷ **상추·토마토 준비하기** 로메인상추는 한
잎씩 떼어 찬물에 담가 놓고 토마토는 도톰
하게 썬다.
❸ **달걀물 간하기** 달걀 푼 물에 우유를 섞고
소금, 흰후춧가루로 간을 한다.
❹ **오믈렛 만들기** 팬에 버터를 조금 두르고

④의 달걀물을 부은 후 젓가락으로 젓는다. 부드러운 스크램블에그가 되면 타원형으로 말아 준다.

❺ **재료 올리기** 크로와상 안쪽에 버터를 얇게 바른다. 로메인상추는 물기를 제거한 후 깔고, 그 위에 토마토, 오믈렛 순으로 얹어 토마토케첩을 뿌린다.

바게트샌드위치

재료
바게트 1/2개, 버터·마늘버터 적당량씩,
쇠고기(등심) 100g, 베이컨 3장,
슬라이스치즈 3장, 양파 1개, 오이 1/2개,
붉은피망 1/2개, 토마토케첩 적당량,
머스터드·식용유·양겨자 적당량씩
겨자버터 버터 4큰술, 겨자 1큰술
쇠고기양념장 간장 1큰술, 설탕 1/2큰술,
청주 1/2큰술, 다진파 1/2큰술, 다진마늘 1작은술,
깨소금·후춧가루·참기름 조금씩

만드는 법
❶ **빵 칼집넣기** 바게트는 1cm 두께로 칼집을 넣는다.

❷ **고기 볶기** 쇠고기는 얇게 저며 썬 후 쇠고기양념장으로 무쳐 팬에 기름을 두르고 볶는다.

❸ **베이컨·오이·피망·양파 준비하기** 베이컨은 달구어진 팬에 넣고 굽는다. 오이는 어슷하게 저며 썰고 붉은피망, 양파는 링으로 얇게 썬다.

❹ **겨자버터 만들기** 버터에 겨자를 고루 섞어 겨자버터를 만든다.

❺ **버터 바르기** ①의 빵을 3등분하여 빵의 안쪽면에 버터, 마늘버터, 겨자버터를 각각 나누어 바른다.

❻ **재료 넣기** 버터 바른 빵에는 치즈, 양파, 오이, 붉은피망을 채운 후 토마토케첩을 뿌린다. 마늘버터 바른 빵은 베이컨, 양파, 오이를 채운 후 머스터드를 뿌린다. 겨자버터 바른 빵은 불고기, 양파, 오이를 채운 후 양겨자를 뿌린다.

생선버거샌드위치

재료
흰살생선 300g, 소금·흰후춧가루 조금씩, 피망 1/4개, 당근 30g, 양파 1/4개,
슬라이스치즈 1장, 달걀 1/2개, 빵가루 1/2컵, 양상추 2장, 햄버거용 빵 2개,
식용유 적당량
마요네즈레몬소스 마요네즈 1/2컵, 레몬 1/2개, 소금·흰후춧가루 조금씩

만드는 법
❶ **재료 준비하기** 흰살생선은 잘게 썰어 곱게 갈아 놓는다. 피망, 양파, 당근, 치즈는 굵게 다진다.

❷ **재료 볶기** 팬에 기름을 두른 후 피망, 양파, 당근은 각각 소금, 후춧가루로 간을 해 볶은 후 넓게 펴서 식힌다.

❸ **양상추 씻기** 양상추는 한 잎씩 떼어 찬물에 담가 싱싱하게 보관한다.

❹ **생선살 반죽하기** 갈아 놓은 흰살생선에 볶은 야채와 다진 치즈를 넣고 달걀, 빵가루를 고루 섞는다. 소금, 후춧가루로 간을 맞춰 잘 치댄다.

❺ **반죽 굽기** 반죽을 햄버거용 빵 크기로 너무 두껍지 않게 0.7~0.8cm 두께로 빚어 팬에 기름을 두르고 노릇하게 지져낸다.

❻ **소스 만들기** 레몬은 껍질을 얇게 벗겨 곱게 채썬다. 즙은 따로 짜서 준비한다. 마요네즈에 레몬 껍질과 레몬즙을 섞고 소금, 흰후춧가루로 간한다.

❼ **재료 올리기** 햄버거용 빵은 반 갈라 ⑥의 소스를 바르고 양상추를 깐 후 구워둔 생선버거를 얹는다. 이 위에 마요네즈레몬소스를 올리고 빵으로 덮는다.

쑥찐빵치킨샌드위치

재료
쑥찐빵 4개, 닭가슴살 2개, 오이 1/2개, 로메인상추 2장, 토마토 1개,
소금·흰후춧가루·식용유 조금씩
마요네즈소스 마요네즈 4큰술, 머스터드 1큰술, 소금·흰후춧가루 조금씩

만드는 법
❶ **닭가슴살 밑간하기** 닭가슴살은 도톰하고 넓게 저며 썬다. 칼등으로 자근자근 두드린 후 소금, 후춧가루로 밑간해 놓는다.

❷ **오이·상추·토마토 준비하기** 오이는 어슷하게 얇게 저며 썬다. 로메인상추는 한 잎씩 떼어 찬물에 담가 놓는다. 토마토는 도톰하게 썬다.

❸ **닭고기 굽기** 달군 팬에 기름을 조금 두르고 밑간해둔 닭고기를 굽는다.

❹ **소스 만들기** 마요네즈에 머스터드, 소금, 흰후춧가루를 섞는다.

❺ **빵에 소스 바르기** 쑥찐빵은 소가 없는 것으로 골라 옆으로 반을 가른다. 마요네즈소스를 얇게 펴 바른다.

❻ **재료 올리기** ⑤의 빵에 로메인상추, 오이, 닭살을 순서대로 얹은 후 마요네즈소스를 조금 바른다. 다시 오이, 토마토를 올린 후 빵으로 덮는다.

마요네즈 드레싱

가장 손쉽게 사용할 수 있는 드레싱인 마요네즈는 집에서 간단히 만들 수 있다. 기본 소스를 만들어 두고 드레싱에 응용해 보자.

기본 소스 (4인분)

재료 설탕·소금·양겨자 1/2작은술씩, 식초 또는 레몬즙 1큰술, 달걀 노른자 1개분, 식물성기름 1컵

만들기 분량의 설탕과 소금, 후춧가루를 섞은 후 달걀 노른자 1개분을 넣어 잘 섞는다. 달걀 노른자가 고루 섞이면 식물성기름 1컵을 조금씩 부으면서 거품기로 젓는다.

칵테일 마요네즈

재료 마요네즈 드레싱·꿀·카레가루 1큰술씩, 레몬즙 1/4개

만들기 꿀이 없을 때는 설탕과 물을 1:1로 섞어 끓인 시럽으로 대신해도 된다. 레몬은 1/4개로 즙을 내 둔다. 만들어 둔 마요네즈드레싱에 꿀 또는 시럽 1큰술, 카레가루 1큰술, 레몬즙을 넣고 거품기로 잘 섞는다. 카레가루의 향긋하고 매콤한 풍미가 독특한 소스가 된다.

카레 마요네즈

재료 마요네즈 드레싱, 다진 옥수수·양겨자·다진양파 1큰술씩, 달걀 노른자 1개분, 소금·후춧가루 조금씩

만들기 옥수수는 통조림으로 준비해 물기를 빼고 잘게 다져서 1큰술 정도 준비한다. 양파도 잘게 다진 것으로 1큰술을 준비한 다음 기본 소스에 다진 옥수수와 양파, 양겨자 1큰술, 달걀 노른자 1개를 넣고 잘 섞는다. 마지막에 소금과 후춧가루로 간을 한다.

콘 마요네즈

재료 마요네즈 드레싱, 토마토케첩 1큰술, 와인 1작은술, 생크림 3큰술, 고춧가루 1작은술, 소금 조금

만들기 기본 소스에 빡빡하게 거품을 낸 생크림과 잘게 다진 고춧가루, 토마토케첩, 와인, 고춧가루를 넣고 잘 섞은 후 소금으로 간한다

요구르트 드레싱

새콤달콤한 맛이 일품인 요구르트로 드레싱을 만들어 보자. 맛도 순하면서 느끼하지 않은 담백한 드레싱이다.

기본 소스 (4인분)

재료 플레인 요구르트 250ml, 생크림 4큰술, 설탕 2큰술, 레몬즙 1작은술, 소금 1작은술, 후춧가루 조금

만들기 차가운 생크림에 설탕 2큰술과 레몬즙 1작은술을 넣고 거품기로 저어 빡빡해질 때까지 거품을 낸 다음 플레인 요구르트, 소금, 후춧가루를 조금 넣어 맛을 낸다.

마늘 요구르트 드레싱

재료 요구르트 드레싱, 식물성기름 1/2큰술, 다진마늘 1작은술, 후춧가루 1/2작은술

만들기 만들어 둔 요구르트 드레싱을 절반만 덜어 식물성기름 1/2큰술, 다진마늘 1작은술. 후춧가루 1/2작은술을 잘 섞는다. 양을 넉넉히 하고 싶으면 요구르트 드레싱을 더 사용하고 다른 재료의 분량을 2배로 잡으면 된다.

레몬 요구르트 드레싱

재료 요구르트 드레싱, 레몬 1개, 설탕 2큰술

만들기 레몬 1개는 반 갈라 즙을 내고 남은 껍질은 깨끗이 씻어 절반 정도만 잘게 다진다. 미리 만들어 둔 요구르트 드레싱에 레몬즙과 설탕 2큰술, 잘게 다진 레몬 껍질을 넣고 고루 섞는다.

야채 요구르트 드레싱

재료 요구르트 드레싱, 파슬리가루 1큰술, 다진마늘 1큰술, 송송 썬 실파 1큰술, 소금·후춧가루 조금씩

만들기 파슬리는 잘게 다져 물에 한 번 흔들어 씻어 1큰술 정도를 준비하고 마늘은 다지고 실파도 잘게 썰어 1큰술씩 준비한다. 준비한 요구르트 드레싱에 파슬리가루, 마늘, 실파를 섞어 넣고 소금과 후춧가루로 맛을 낸다.

야채맛을 살리는 샐러드 드레싱

드레싱이라고 하면 웬지 거창하게 느껴져서 망설여지지는 않는지? 하지만 똑같은 야채, 똑같은 과일로 만든 샐러드라도 드레싱에 조금만 신경을 쓰면 전혀 다른 맛을 낼 수 있다. 마요네즈, 카레가루, 레몬 등 부엌 여기 저기에 널려 있는 재료들을 한자리에 모아 독특한 맛과 향을 가진 드레싱을 만들어 보자!

식초 드레싱

식초는 새콤한 맛 때문에 다양한 드레싱의 재료로 활용된다. 천연 양조식초를 이용하는 것이 풍미도 있고 건강에도 좋다.

기본 소스 (4인분)

재료 식물성기름 1/2컵, 식초 3큰술, 설탕 2큰술, 소금 1작은술, 후춧가루 조금

만들기 뚜껑이 있는 깨끗한 병을 준비해 식물성기름과 식초, 설탕, 소금을 넣고 뚜껑을 덮어 골고루 흔든다. 식초와 식물성기름이 충분히 섞이면 뚜껑을 열고 후춧가루를 넣는다. 싱거우면 설탕과 소금을 적당히 더 넣는다.

야채 식초 드레싱

재료 식초 드레싱, 파슬리 가루 1큰술, 다진파 1큰술, 다진마늘 1작은술, 다진셀러리 1큰술

만들기 식초 드레싱에 곱게 다진 파슬리·파·마늘·셀러리를 넣고 잘 섞어 준다. 향이 강한 향미 채소를 다져 넣었기 때문에 독특한 풍미가 살아난다.

토마토 식초 드레싱

재료 식초 드레싱, 잘게 썬 토마토 2개, 송송 썬 실파 2큰술, 소금·후춧가루 조금씩

만들기 토마토는 색이 붉고 잘 익은 것으로 골라 뜨거운 물에 한 번 넣었다가 건져 겉껍질을 벗기고 잘게 다진다. 실파도 송송 썰어 준비한다. 식초 드레싱에 토마토 다진 것과 실파를 넣고 소금과 후춧가루로 간을 한다.

달걀 노른자와 식물성기름을 이용한 기본 소스

다양하게 활용할 기본 소스를 한 가지 더 배워보자. 달걀 노른자와 식물성기름을 이용한 소스

재료 달걀 노른자 1개분, 식물성기름 1/2컵, 양겨자 1큰술, 설탕 2큰술, 후춧가루 조금

만들기 달걀 노른자 1개를 풀어 1/2컵의 식물성기름을 조금씩 넣어가면서 섞는다. 고루 섞이면 양겨자, 설탕, 후춧가루로 맛을 낸다.

Monday 월

돼지고기양배추냉채

재료/4인분

돼지고기(샤브샤브용)	300g
양배춧잎	8장
풋고추	1/2개
소금 · 청주	조금씩

소스

토마토	1개
피망	1/2개
마늘	1쪽
샐러드유	1큰술
레몬즙	1큰술
칠리소스	2작은술
고운 고춧가루	1작은술
소금	조금
물	4컵

이렇게 만드세요

1 양배추 썰기 양배추는 한잎씩 떼어서 굵은 줄기부분을 저며내고 먹기 좋은 크기로 뜯어 놓는다.

2 양배추 데치기 끓는물에 소금을 조금 넣고 양배추를 넣어 데쳐서 찬물에 헹구어 물기를 뺀 다음 냉장고에 차게 넣어 둔다.

3 술 넣기 양배추 데친 물을 끓이다가 청주를 조금 넣어준다.

4 돼지고기 살짝 익히기 ③의 물에 알코올이 날아가면 얇게 썬 돼지고기를 넣어 익힌다.

5 야채 다지기 토마토는 끓는물에 살짝 담갔다 꺼내서 껍질을 벗기고 반으로 썰어 씨를 뺀 다음 굵게 다진다. 피망과 마늘도 다진다.

6 소스 만들기 냄비에 토마토 다진 것과 피망, 마늘 다진 것, 샐러드유, 레몬즙, 칠리 소스, 고춧가루 등 소스 재료를 분량대로 모두 넣고 끓여서 걸쭉해지면 체에 한번 걸러 놓는다.

7 접시에 담기 접시에 차게 한 양배추를 깔고 데친 돼지고기를 얹은 다음 소스를 뿌려 낸다.

8 채썬 풋고추 얹기 풋고추를 반 갈라 씨를 빼고 채썰어 얹는다.

요리힌트

양배추는 한장씩 뜯어서 데친다

양배추는 단백질과 비타민, 섬유질이 풍부하다. 우유 못지 않게 칼슘도 많이 들어 있고 피부를 아름답게 하는 비타민 C도 있다. 양배추는 통째로 데치기보다는 한 장씩 떼어 데치는 것이 좋다. 양배추에는 특유의 누린내가 있는데 데칠 때 식초를 몇 방울 떨어뜨리면 냄새가 사라진다.

[비디오 쿠킹]

양배추 데치기

술 넣기

돼지고기 익히기

소스 만들기

T𝘶𝑒𝘴day

오늘의 식단 (총1844kcal)	
아침 · 쌀밥(2/3공기)	223Kcal
팟국	62Kcal
오이김치	20Kcal
버섯레몬마리네	140Kcal
두부달걀찜	83Kcal
점심 · 콩나물비빔밥	526Kcal
팟국	62Kcal
오이소박이	29Kcal
저녁 · 쌀밥(2/3공기)	223Kcal
오징어국수전골	312Kcal
조개젓무침	55Kcal
피망두부소찜	92Kcal
김치	17Kcal

버섯레몬마리네

 **재료/4인분**

생표고버섯 3장, 느타리버섯 150g, 만가닥버섯 1/2봉지, 양파 1/4개, 청·홍피망 1/4개씩, 소금, 청주 적당량 **소스** 다시마장국 2 1/2큰술, 레몬즙 1/2큰술, 간장 1/2큰술, 청주 1/2큰술

이렇게 만드세요

1 버섯 손질하기 표고버섯은 갓이 너무 크지 않은 것으로 골라 2~3 등분 하고, 느타리버섯과 만가닥버섯은 적당한 크기로 찢어 놓는다.

2 야채 썰기 양파, 청피망, 붉은 피망은 곱게 채썰어 놓는다.

3 소스 만들기 다시마 장국에 레몬즙, 간장, 청주를 섞어 소스를 만든다.

4 버섯 데치기 끓는물에 소금, 청주를 넣고 손질한 버섯을 넣어 데쳐내 체에 받쳐 물기를 제거한다.

5 접시에 담기 그릇에 데쳐 놓은 버섯과 채썬 야채를 고루 담고 소스를 뿌려 차게 하여 상에 낸다.

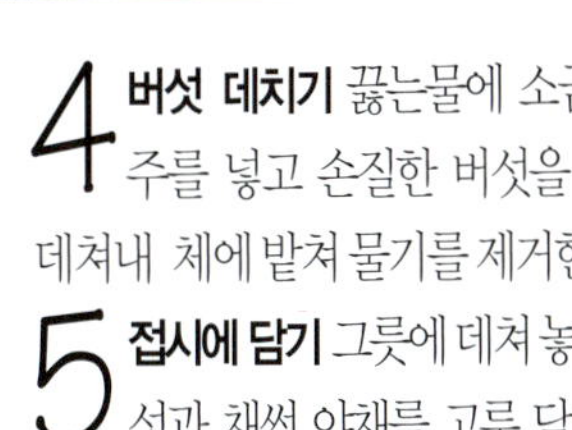

피망두부소찜

 **재료/4인분**

두부 1/2모, 쇠고기(다진 것) 100g, 당근 50g, 청피망 1 1/2개, 붉은피망 1 1/2개, 다진파 2작은술, 다진마늘 1작은술, 소금 2작은술, 참기름 1작은술, 깨소금 1큰술, 밀가루 2작은술, 달걀 1개 **소스** 육수 1/2컵, 식초 1/3컵, 설탕 1/3컵, 간장 조금, 소금 조금, 물녹말 6큰술

 **이렇게 만드세요**

1 두부 다지기 두부는 가제로 물기를 제거한 후 곱게 다져 놓는다.

2 야채 다지기 청피망, 붉은피망은 한개씩은 반 갈라 씨를 제거한 후 그대로 두고 나머지 분량은 당근과 같이 곱게 다진다.

3 소 만들기 그릇에 다진 두부와 다져 놓은 쇠고기를 넣고 채썰어 놓은 야채를 섞은 후 파, 마늘, 소금, 참기름, 깨소금, 달걀, 밀가루로 간을 하여 고루 치대어 준다.

4 피망에 소 채우기 씨를 제거하여 놓은 피망 안쪽에 밀가루를 고루 바른 다음 만들어 놓은 소를 채워 준다.

5 피망 찌기 소를 채운 피망은 찜통에 넣고 5~7분 정도 쪄낸다.

6 소스 만들기 팬에 육수를 붓고 끓여 간장으로 색을 내고 소금으로 간을 한 다음 설탕과 식초로 맛을 낸다.

7 접시에 담기 접시에 쪄낸 피망을 먹기 좋은 크기로 잘라 담은 후 소스를 끼얹어 준다.

오늘의 식단
(총1836Kcal)

아침 · 쌀밥(2/3공기)		223Kcal
	왜된장국	44Kcal
	생선조림	180Kcal
	당근전	144Kcal
	깍두기	20Kcal
점심 · **생미역수제비**		300Kcal
	깍두기	20Kcal
저녁 · 쌀밥(1공기)		334Kcal
	쇠고기볶음	202Kcal
	홍합초	76Kcal
	양배추쌈	142Kcal
	대구포무침	134Kcal
	김치	17Kcal

생미역수제비

재료/4인분

생미역	300g
맛살	100g
밀가루	4컵
국간장·소금	조금씩

양념

소금	1작은술
다진마늘	1작은술
대파	1/4뿌리

양념장

간장	1큰술
고춧가루	1작은술
청주	1/2큰술
다진파	1/2큰술
다진마늘	1작은술
소금	1작은술
참기름	1작은술

이렇게 만드세요

1 생미역 다듬기 생미역은 깨끗이 다듬어 씻어 놓는다.

2 생미역 데치기 끓는물에 소금을 약간 넣고 미역을 살짝 데쳐낸다.

3 미역 썰기 데쳐낸 미역을 줄기와 잎을 따로 구분하여 먹기 좋은 4~5cm 크기로 썰어서 준비한다.

4 맛살 데치기 맛살은 연한 소금물에 넣고 해감을 토하게 한 후 깨끗이 씻어 찬물에 넣고 입이 벌어질 때까지 끓인 후 건져내고 국물은 다른 냄비에 가만히 따라 모래를 제거한다.

5 밀가루 반죽하기 밀가루는 소금을 약간 넣고 밀가루 양의 반 분량의 물로 반죽하여 젖은 가제로 덮어 잠시 둔다.

6 밀가루 반죽 떼어넣기 국물에 청장으로 색을 낸 후 끓기 시작하면 반죽을 한입 크기로 얇게 떼어 넣고 끓인다.

7 수제비 간하기 떼어 넣은 밀가루 반죽이 푹 익었으면 맛살과 미역을 넣고 한소끔 끓인 다음 간을 보아 싱거우면 소금으로 간을 맞추고, 어슷썬 대파와 마늘을 넣고 한소끔 끓인다.

8 그릇에 담아내기 ⑦을 그릇에 담은 후 양념장을 곁들인다.

요리 힌트

물미역은 물에 담갔다 쓴다

생미역은 선명한 녹색에 반투명한 것이 좋고, 마른 미역은 심이 가늘고 광택이 있는 것이 좋다. 소금에 절인 물미역은 깨끗이 씻은 다음 다시 맑은 물에 불리면서 소금기를 뺀다. 단단한 줄기는 칼로 잘라내고 물에 15분 가량 불려서 사용한다.

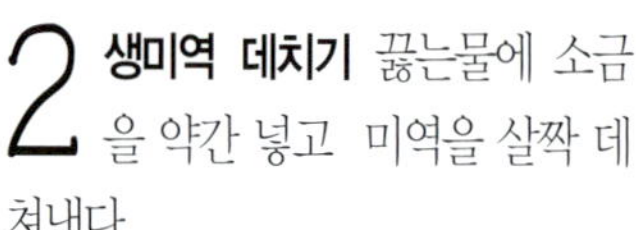

비디오 쿠킹

생미역 데치기

맛살 데치기

밀가루 반죽 떼어넣기

수제비 간하기

Thu목sday

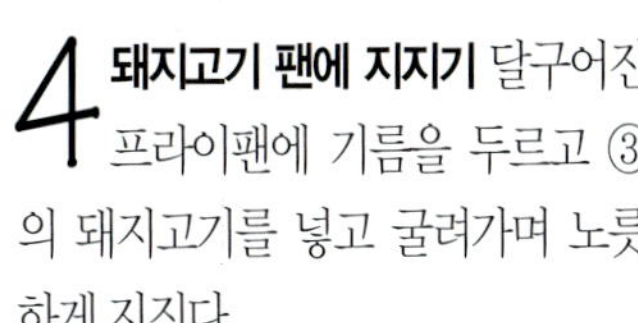

돼지고기부추말이

 **재료/4인분**

돼지고기 70g(소금 · 간장 조금씩, 조미술), 부추 1/4단, 당근 30g, 콩나물 50g, 밀가루 1작은술, 식물성기름 1작은술, 간장 1작은술

 **이렇게 만드세요**

1 **돼지고기 밑간하기** 돼지고기는 넓게 포떠 잔칼집을 넣은 후 소금과 간장으로 밑양념을 한다.

2 **야채 준비하기** 부추는 깨끗이 씻어 끓는 소금물에 살짝 데쳐 내고, 당근은 가늘게 채썬다. 콩나물은 머리를 떼고 각각 살짝 데쳐낸다.

3 **돼지고기에 야채넣고 말기** 밑간해 놓은 돼지고기에 ②의 야채를 넣고 돌돌 말아 밀가루를 묻힌다.

4 **돼지고기 팬에 지지기** 달구어진 프라이팬에 기름을 두르고 ③의 돼지고기를 넣고 굴려가며 노릇하게 지진다.

5 **돼지고기 양념장에 조리기** 돼지고기가 노릇하게 익으면 간장과 조미술을 넣고 굴려가며 조려내 썰어 접시에 담아낸다.

냉이완자국

 **재료/4인분**

냉이 200g, 쇠고기 (다진 것)100g, 대파 1/4대, 된장 2큰술, 고춧가루 1/2큰술, 소금 조금 다진마늘 2작은술 **양념** 다진파 2작은술, 다진마늘 1작은술, 소금 1/4작은술, 참기름 1작은술, 깨소금 1/2작은술, 후춧가루 조금, 밀가루 2큰술, 멸치장국 5컵

 **이렇게 만드세요**

1 **냉이 다듬기** 냉이는 뿌리 부분을 모래가 없도록 깨끗이 다듬어 씻어 놓는다.

2 **냉이 데친 후 곱게 다지기** 냉이는 끓는 물에 소금을 넣고 살짝 데쳐 물기를 제거한 다음 잘게 다져 놓는다.

3 **쇠고기 양념하기** 쇠고기는 기름기가 적은 우둔 부위를 골라 곱게 다져 파, 마늘, 소금, 참기름, 깨소금, 후춧가루로 양념한다.

4 **완자 빚기** ②의 다져 놓은 냉이와 ③의 쇠고기를 섞어 고루 치대어 지름 1.5~2cm크기의 완자를 빚는다.

5 **장국 끓이기** 냄비에 멸치장국을 붓고 된장과 고춧가루를 풀어 끓인다.

6 **장국에 완자 넣고 끓이기** 장국이 끓으면 완자를 넣고 서로 달라붙지 않게 저어가며 마늘을 넣고 소금으로 간하여 완자가 동동 뜨면 그릇에 담는다. 파나 청 · 홍 고추를 어슷썰어 얹어낸다.

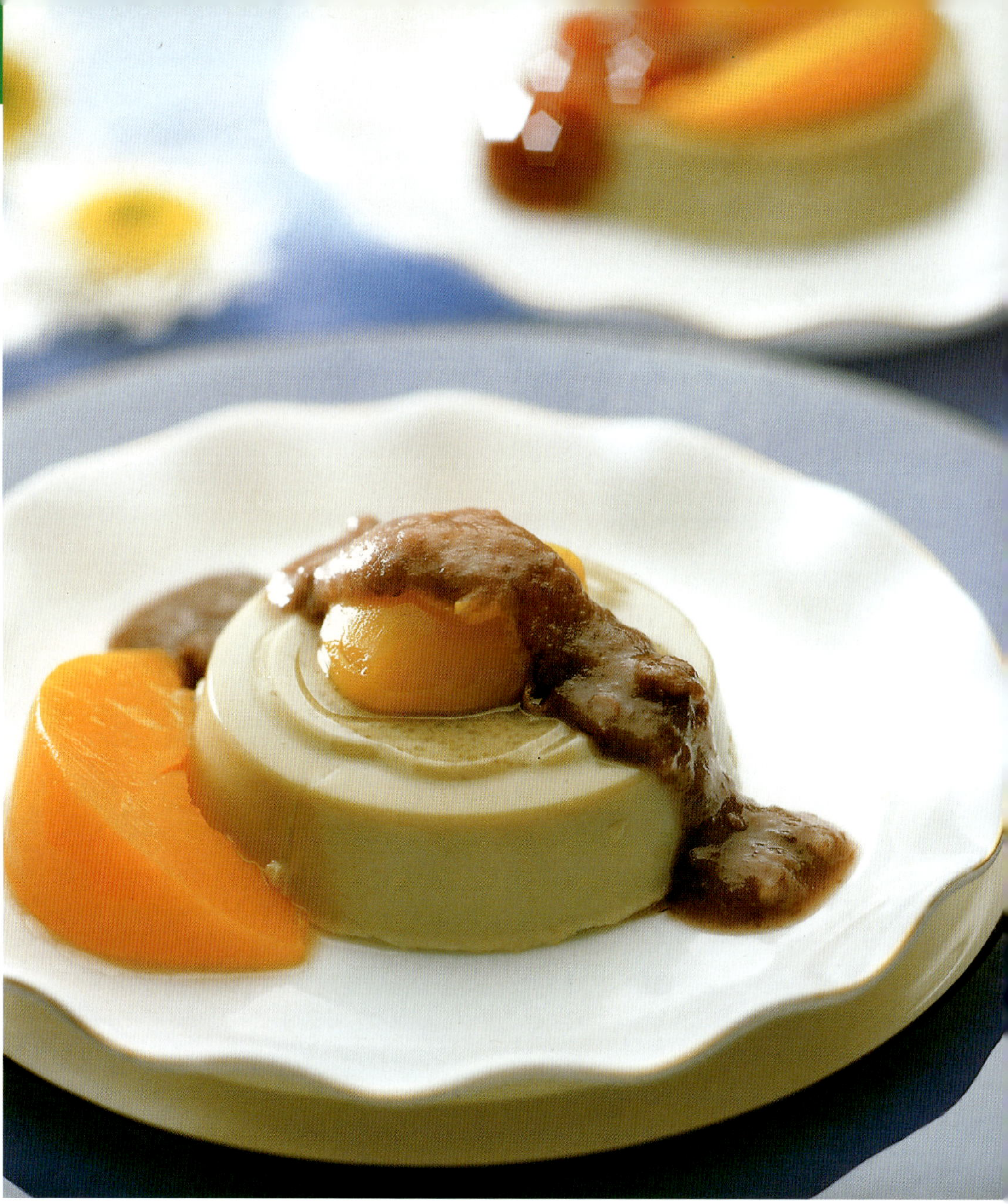

Friday

녹차바바로아

재료/4인분

난황	2개분
설탕	20g
우유	220cc
설탕	40g
녹차가루	2작은술
판젤라틴	6g
생크림	1/2컵
밤(통조림)	6알
물	2작은술

소스

삶은 팥물	120cc
설탕	2큰술
물녹말	2작은술

이렇게 만드세요

1 녹차가루 물에 풀기 녹차가루는 적은 양의 물에 풀어 놓는다.

2 판젤라틴 불린 후 녹이기 판젤라틴은 냉수에 불린 후 불에 올려 녹여 준다.

3 난황과 설탕 섞기 오목한 그릇에 난황과 설탕 20g을 넣고 따뜻한 물 위에서 거품기로 흰색이 되도록 쳐준다.

4 우유와 난황 섞기 냄비에 우유와 설탕 40g을 넣고 녹여서 ③에 조금씩 넣고 합한다.

5 판젤라틴과 녹차 섞기 불려서 녹인 판젤라틴을 ④에 넣고, 풀어 둔 녹차도 넣고 구멍이 촘촘한 체에 걸러서 오목한 그릇에 담은 후 얼음물에서 차게 식힌다.

6 생크림 거품내기 그릇에 생크림을 넣고 5분 정도 쳐서 거품을 낸다.

7 생크림 섞기 ⑤가 식었으면 생크림을 넣고 고루 섞어준다.

8 틀에 반죽 붓기 ⑦의 반죽을 틀에 반 정도 붓고, 통조림 밤을 넣은 후 반죽을 조금 더 부어주고 냉장고에 두어 차게 식힌다.

9 소스 만들기 삶은 팥을 믹서에 넣고 갈아 냄비에 담고 불에 올려 끓으면 설탕을 넣어 끓이다가 물녹말을 넣고 걸쭉해지면 차게 식힌다.

10 접시에 담기 바바로아를 틀에서 빼낸 다음 접시에 담고 소스를 흘려 넣는다. 기호에 따라서 팥소스 대신 딸기잼을 사용하기도 하고, 밤 통조림 대신 복숭아 통조림을 사용해도 좋다.

비디오 쿠킹

녹차가루 물에 풀기

판젤라틴 불리기

녹인 젤라틴 붓기

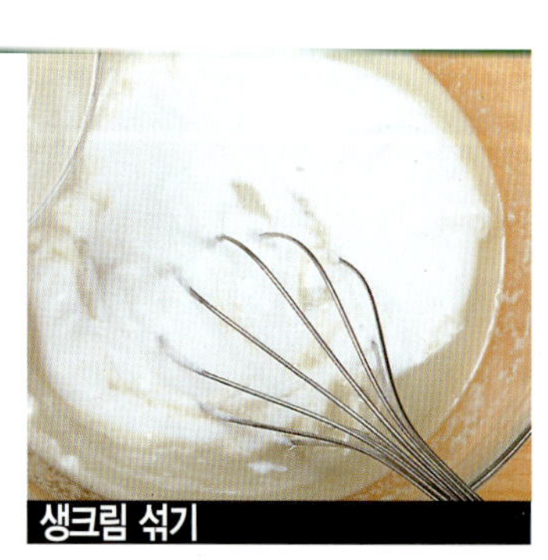

생크림 섞기

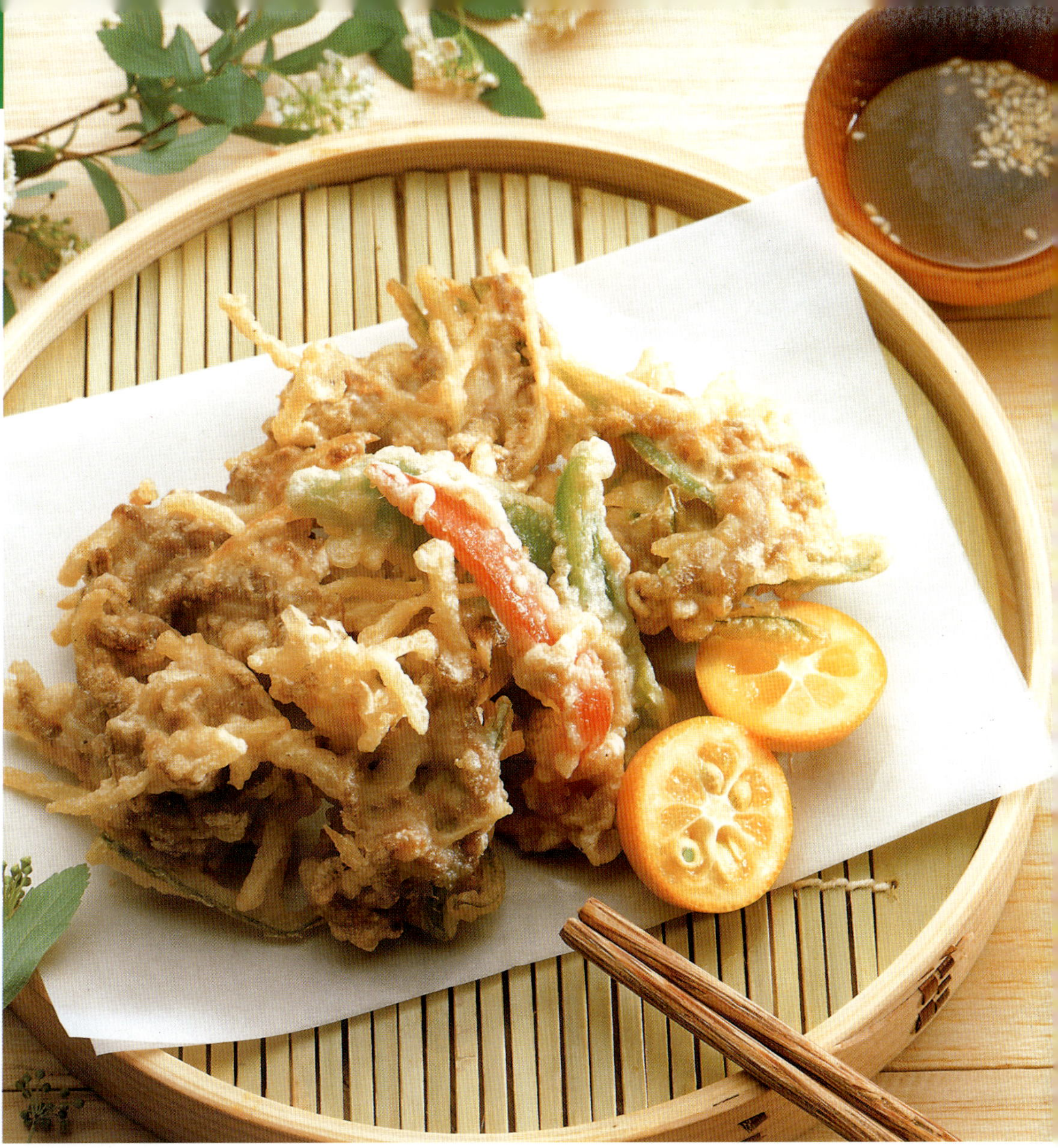

Sat토urday

일식쇠고기튀김

 **재료/4인분**

쇠고기 100g, 감자 1/2개, **튀김옷** 달걀 1개분, 물 6큰술, 밀가루 1/2컵 **쇠고기 양념** 간장 1작은술, 청주 1작은술

 **이렇게 만드세요**

1 **쇠고기 채썰기** 쇠고기는 가늘게 채썰어 둔다.

2 **쇠고기 밑간하기** 채썬 쇠고기에 분량의 간장과 청주를 넣어 밑간한다.

3 **감자 썰기** 감자는 껍질을 벗겨 채썰어 물에 담갔다가 건져 물기를 빼놓는다.

4 **쇠고기와 감자에 밀가루 바르기** 그릇에 쇠고기, 감자를 넣고 밀가루 1큰술을 뿌려 고루 섞는다.

5 **튀김옷 만들기** 달걀과 물을 섞어 달걀물을 만든 후에 밀가루를 넣고 섞일 정도로만 대충 섞어 튀김옷을 만든다.

6 **튀김옷 입혀 튀기기** 덧가루를 바른 쇠고기와 감자는 튀김옷을 입혀 한 수저씩 떠서 170~180℃의 튀김기름에 바삭하게 튀겨낸다.

병어매운탕

 **재료/4인분**

병어 2마리, 무 100g, 두부 1/4모, 풋고추 1개, 붉은고추 1/2개, 대파 1/4대 고추장 1큰술, 고춧가루 1큰술, 소금 조금, 다진마늘 1큰술, 생강즙 1/2작은술, 청주 1작은술, 후춧가루 조금

 **이렇게 만드세요**

1 **병어 손질하기** 병어는 신선한 것으로 골라 비늘을 긁고, 지느러미를 떼어 낸 다음 머리와 내장을 제거하여 깨끗이 씻은 후 반으로 잘라 놓는다.

2 **야채 썰기** 무와 두부는 2×3cm 크기로 도톰하게 썰고, 풋고추, 붉은고추, 대파는 어슷썰어 놓는다.

3 **찬물에 고추장 풀어 끓이기** 냄비에 찬물을 붓고 고추장과 고춧가루를 풀은 다음 썰어 놓은 무를 같이 넣고 끓인다.

4 **장국에 병어 넣고 끓이기** 장국이 끓어 무가 반 정도 익으면 손질해 씻어 놓은 병어를 넣고 한소끔 끓인다.

5 **매운탕 간하기** ④의 매운탕이 끓으면 마늘, 생강즙, 청주를 넣고 끓인다.

6 **야채넣기** 무와 병어가 거의 익으면 썰어 놓은 대파, 고추를 넣고 소금으로 간을 맞춘 후 한소끔 끓여 낸다.

※ 생선을 끓일 때에는 너무 오랜 시간 끓이면 살이 단단해지고 맛이 빠져나가 맛이 없어지므로 15분 이상 끓이지 않도록 한다.

오늘의 식단
(총1828Kcal)

아침	· 모닝빵	195Kcal
	딸기주스	102Kcal
	콩나물오믈렛	180Kcal
점심	· 보리밥(1공기)	329Kcal
	냉이국	111Kcal
	꽁치구이	132Kcal
	두부회	77Kcal
	김치	17Kcal
저녁	· 찰밥(2/3공기)	218Kcal
	삼계탕	377Kcal
	깻잎장아찌	28Kcal
	연배추우엉겉절이	45Kcal
	김치	17Kcal

콩나물오믈렛

재료/4인분

콩나물	150g
양파	1/4개
대파	1/4대
달걀	3개
고춧가루	2작은술
토마토케첩	2큰술
소금 · 식물성기름	적당량씩

이렇게 만드세요

1 야채 썰기 콩나물은 다듬고 양파와 대파는 채썰어 놓는다.

2 야채 볶다가 간하기 달구어진 팬에 기름을 두르고 콩나물, 양파, 대파 순으로 볶다가 고춧가루, 소금, 설탕으로 간을 맞춘다.

3 달걀 간하여 풀어주기 달걀은 신선한 것으로 골라 소금, 후춧가루, 우유를 넣고 잘 섞어 준다.

4 반숙된 달걀에 콩나물 얹기 뜨겁게 달구어진 오믈렛 팬에 기름을 두르고 ③의 달걀을 부어 나무젓가락으로 뒤적이다가 반숙으로 익었을 때 볶아 놓은 ②의 콩나물을 얹어준다.

5 모양 만들어 주기 ④의 달걀을 타원형으로 접어 익혀준 다음 젖은 가제로 싸서 모양을 만들어 준다.

6 소스 만들기 남은 콩나물 볶음에 물을 약간 붓고 토마토 케첩을 섞어 끓여 오믈렛에 얹어준다.

더 맛있게! 오믈렛은 달걀만으로 만들면 다소 뻣뻣해지므로 부드럽게 하기 위해서 우유를 조금 섞는게 좋다. 푼 달걀을 프라이팬에 부은 후 즉시 젓가락으로 휘저어야 부드럽다. 달걀에 햄이나 치즈 다진 것을 섞어 햄오믈렛, 치즈오믈렛 등 여러 가지 오믈렛을 만들 수 있다.

요리힌트

콩나물을 구리 냄비에 넣고 데치지 않는다

콩나물은 콩과는 다른 영양소를 많이 가지고 있다. 그 중 비타민C가 가장 많아 감기에 걸렸을 때 콩나물국을 얼큰히 끓여 먹으면 좋다. 콩나물 뿌리에는 숙취에 좋은 아스파라긴산이라는 성분이 들어 있어 해장국용으로 좋다. 데쳐서 사용할 때는 구리로 된 냄비를 사용하면 비타민이 파괴되므로 피하도록 한다.

비디오 쿠킹

야채 썰기

야채 볶다가 간하기

반숙된 달걀에 재료 얹기

모양 만들어 주기

Monday 월

오늘의식단
(총1941Kcal)

아침	· 보리밥(2/3공기)	219Kcal
	두부찌개	170Kcal
	부추무침	52Kcal
	김치	17Kcal
점심	· 닭고기비빔냉면	487Kcal
	북어국	172Kcal
	마늘장아찌	16Kcal
저녁	· 보리밥(1공기)	329Kcal
	된장찌개	159Kcal
	깻잎무침	50Kcal
	난자완스	253Kcal
	김치	17Kcal

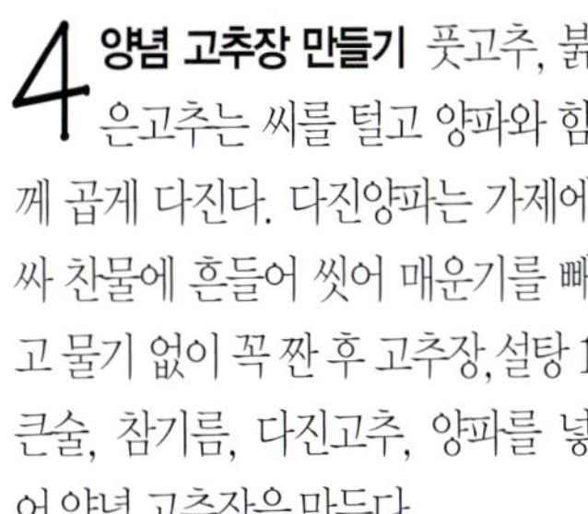

닭고기비빔냉면

 **재료/4인분**

닭살 200g, 냉면국수 300g, 마늘·생강 조금씩, **양념 고추장** 풋고추 1개, 붉은고추 1개, 양파 1/2개, 고추장 5큰술, 참기름 적당량, 설탕 1큰술

이렇게 만드세요

1 **닭 손질하기** 양파나 레몬을 반으로 갈라 자른 면으로 닭의 몸통을 문질러주면 닭 특유의 냄새를 없앨 수 있다.

2 **닭 삶기** 닭이 잠길 정도로 냄비에 물을 붓고 마늘과 생강을 넣어 삶는다. 손가락으로 눌러보아 탄력이 느껴질 때 꺼낸다.

3 **닭살 찢기** 닭살은 삶아 건져서 식힌 후 먹기 좋은 크기로 찢어 준비한다.

4 **양념 고추장 만들기** 풋고추, 붉은고추는 씨를 털고 양파와 함께 곱게 다진다. 다진양파는 가제에 싸 찬물에 흔들어 씻어 매운기를 빼고 물기 없이 꼭 짠 후 고추장, 설탕 1큰술, 참기름, 다진고추, 양파를 넣어 양념 고추장을 만든다.

5 **냉면 삶기** 냉면은 끓는물에 삶아 찬물에 여러번 비벼 씻어 1인분씩 사리를 지어 놓는다.

6 **그릇에 담기** 그릇에 냉면을 담고 위에 닭살을 얹어 비벼 먹는다.

깻잎무침

 **재료/4인분**

깻잎순 400g, 다진 쇠고기 100g, 붉은고추 1/2개,, 국간장 1큰술, 다진파 2큰술, 다진마늘 1큰술, 깨소금 2작은술, 참기름 2작은술, 소금 조금, **쇠고기 양념** 간장 1큰술, 설탕 1/2큰술, 청주 1작은술, 다진파 1/2큰술, 다진마늘 2작은술, 깨소금 1작은술, 후춧가루·참기름 조금씩

 **이렇게 만드세요**

1 **깻잎순 다듬기** 깻잎순은 억세지 않고 어린 것으로 골라 짧게 잘라 흐르는 물에 깨끗이 씻어 놓는다.

2 **깻잎순 데치기** ①의 깻잎은 끓는 물에 소금을 넣고 줄기가 무를 때까지 삶아 낸 후 찬물에 재빨리 헹구어 체에 밭쳐 물기를 제거한다.

3 **쇠고기 양념하여 볶기** 다져 놓은 쇠고기는 간장, 설탕, 술, 파, 마늘, 깨소금, 후춧가루, 참기름으로 양념하여 달구어진 팬에 기름을 두르고 볶아낸다.

4 **깻잎순 양념하여 볶기** 데쳐놓은 깻잎순은 국간장, 마늘을 넣고 밑간하여 달구어진 팬에 기름을 두르고 볶아낸다.

5 **버무리기** 그릇에 볶아놓은 깻잎순과 쇠고기를 넣고 다진파, 깨소금, 참기름을 넣고 고루 버무린다. 이때, 간을 보아 싱거우면 소금으로 간을 맞추어 준다.

<table>
<tr><td colspan="2" align="center">오늘의 식단
(총 1697Kcal)</td></tr>
<tr><td>아침 · 보리밥(2/3공기)</td><td>219Kcal</td></tr>
<tr><td>시금치국</td><td>88Kcal</td></tr>
<tr><td>햄피카타</td><td>106Kcal</td></tr>
<tr><td>김치</td><td>17Kcal</td></tr>
<tr><td>점심 · 콩죽</td><td>318Kcal</td></tr>
<tr><td>취나물</td><td>131Kcal</td></tr>
<tr><td>김치</td><td>17Kcal</td></tr>
<tr><td>저녁 · 팥밥(1공기)</td><td>328Kcal</td></tr>
<tr><td>감자국</td><td>87Kcal</td></tr>
<tr><td>쇠간야채볶음</td><td>123Kcal</td></tr>
<tr><td>콩자반</td><td>108Kcal</td></tr>
<tr><td>삼치구이</td><td>138Kcal</td></tr>
<tr><td>김치</td><td>17Kcal</td></tr>
</table>

쇠간야채볶음

재료/4인분

쇠간 · 양배추	80g씩
당근	30g
양파	1/4개
생강	1/4쪽
간장	1작은술
청주	1/2작은술
설탕	2/3작은술
소금	적당량
붉은고추 · 피망	1/2개씩
통마늘	3톨

이렇게 만드세요

1 쇠간 손질하기 간은 신선한 것으로 골라 표면의 얇은 막을 제거 한 다음 우유에 담가 냄새를 제거한다.

2 간 삶아내기 손질해 놓은 간은 끓는 물에 대파, 마늘, 생강을 같이 넣고 삶아낸다.

3 간과 야채 썰기 삶은 간은 1×4cm 크기로 납작하게 썰고, 양배추, 피망, 당근, 양파, 붉은고추도 같은 크기로 썬다. 마늘은 편으로 썰어 놓는다.

4 마늘 볶고 향이 돌면 간 넣기 달구어진 팬에 기름을 두르고 마늘을 넣어 볶아 향이 돌면 썰어 놓은 간을 넣어준다.

5 야채 넣고 간하기 간이 어느정도 볶아지면 썰어 놓은 ③의 야채를 넣고 간장과 청주를 넣어 볶아준다.

6 접시에 담기 간을 보아 싱거우면 소금과 설탕, 후춧가루로 간을 맞추어 고루 섞은 다음 접시에 담아낸다.

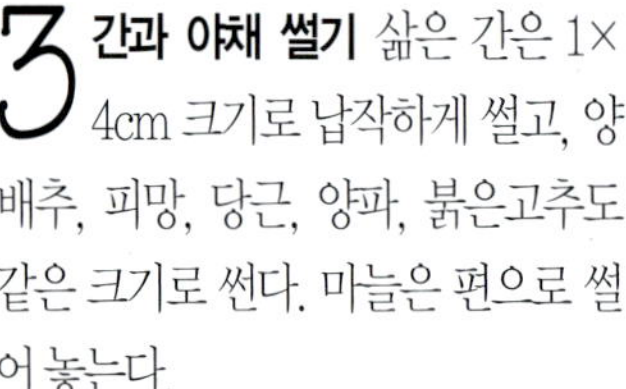

요리힌트

간의 냄새는 소주로 없앤다

쇠간은 우유에 담가도 좋지만 찬물에 담가 핏물을 빼고 칼날에 참기름을 묻혀가며 썬다. 풋고추, 양파 등 야채를 넉넉히 넣고 볶아 뜨거울 때 상에 내면 비린내도 덜 나고 술안주로도 좋다. 소주 1큰술을 끼얹어 내면 간의 냄새를 제거할 수 있다. 또한 쇠간은 간을 튼튼하게 하는 식품이자 비타민 A가 풍부해 눈에도 좋은 식품. 채소 중에서 카로틴이 많은 당근과 볶아 먹으면 눈이 피로할 때 좋다.

비디오 쿠킹

쇠간 손질하기

양배추 썰기

간 볶기

야채 넣고 간하기

Wednesday 수

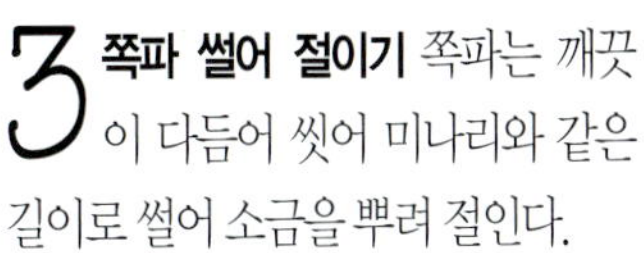

미나리전유어

 **재료/4인분**

미나리 1단, 쪽파 10뿌리, 쇠고기(다진 것) 100g, 붉은고추 1/2개, 밀가루 1컵, 달걀 1개 소금 조금, 지짐기름 적당량 **쇠고기 양념** 간장 1큰술, 설탕 1/2큰술, 청주 1작은술, 다진파 1/2큰술, 다진마늘 1작은술, 깨소금 1작은술, 후춧가루 조금, 참기름 1작은술

이렇게 만드세요

1 **미나리 다듬어 데치기** 미나리는 잎을 떼어내고 깨끗이 씻어 끓는 물에 소금을 넣고 살짝 데쳐 찬물에 재빨리 헹구어 낸다.

2 **미나리 썰기** 데쳐놓은 미나리는 2~3cm길이로 썰어 놓고, 붉은고추는 반 갈라 씨를 없앤 후 3cm길이로 곱게 채썬다.

3 **쪽파 썰어 절이기** 쪽파는 깨끗이 다듬어 씻어 미나리와 같은 길이로 썰어 소금을 뿌려 절인다.

4 **쇠고기 양념하기** 쇠고기는 간장, 설탕, 청주, 파, 마늘, 깨소금, 후춧가루, 참기름으로 양념장을 만들어 고루 버무려 놓는다.

5 **밀가루 반죽하기** 쪽파가 절여지면 미나리, 쇠고기, 채썬 붉은고추를 섞고 밀가루를 솔솔 뿌린 다음 달걀과 남은 밀가루를 넣고 반죽을 묽게 한다.

6 **전 지지기** 달구어진 팬에 기름을 두르고 반죽을 한 수저씩 떠서 앞뒤로 노릇노릇하게 지져낸다. 기호에 따라 초간장을 곁들인다.

시저샐러드

 **재료/4인분**

양상추 1/2개, 치커리 50g, 앤초비 4마리, 삶은 달걀 1개, 레몬즙 1개분, 파슬리 가루 조금, 마늘 1쪽, 가루치즈 1큰술, 식빵 2장, 소금·흰 후춧가루 조금, 샐러드유 적당량

 **이렇게 만드세요**

1 **야채 뜯어 준비하기** 양상추, 치커리는 한입에 먹기 알맞은 크기로 손으로 작게 뜯어 얼음물에 담가 싱싱하게 준비해 놓는다.

2 **식빵 튀기기** 식빵은 작은 주사위 모양으로 썰어 샐러드유를 넉넉히 두르고 노릇하게 튀겨내서 종이 위에 건져서 기름을 빼서 크루톤을 만든다.

3 **드레싱 만들기** 삶은 달걀은 잘게 썰고 앤초비, 파슬리가루, 마늘은 곱게 다져서 그릇에 넣고 잘 섞어준 다음 레몬즙을 넣고 샐러드유를 조금씩 넣으면서 저어서 섞는다.

4 **그릇에 담기** 양상추, 치커리의 물기를 잘 빼고 ③에 넣어 버무리고 소금, 후춧가 루로 간을 맞춘 후 가루치즈, 크루톤을 넣어서 살짝 섞어서 그릇에 담아낸다.

※ 채소를 싱싱하게 하기 위해선 냉수에 얼음을 넣고 그 물에 담갔다 체에 건져둔다.

Thursday 목

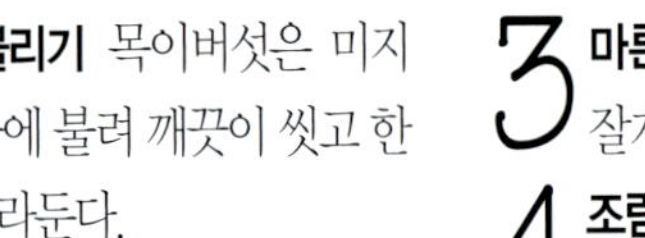

오늘의 식단
(총1879Kcal)

아침	콘플레이크	227Kcal
	우유	125Kcal
	과일	50Kcal
점심	보리밥(1공기)	329Kcal
	팥국	62Kcal
	돼지고기마늘종볶음	228Kcal
	배추겉절이	45Kcal
저녁	쌀밥(1공기)	334Kcal
	미역국	104Kcal
	무달래생채	58Kcal
	꼴뚜기조림	132Kcal
	두부소박이튀김	168Kcal
	김치	17Kcal

돼지고기마늘종볶음

 **재료/4인분**

돼지고기 90g, 마늘종 50g, 홍피망 1개, 목이버섯 적당량, 간장·청주 1작은술씩, 소금 조금, 식초 1작은술, 식물성기름 적당량

 **이렇게 만드세요**

1 재워두기 돼지고기는 5~6mm 두께의 적당한 크기로 썰어 간장·술 1/2작은술을 넣어 밑양념하여 재워둔다.

2 마늘종 썰기 마늘종은 깨끗이 씻어 3cm길이로 썰어 두고, 홍피망은 작은 네모 모양으로 잘라 둔다.

3 버섯 불리기 목이버섯은 미지근한 물에 불려 깨끗이 씻고 한 입 크기로 잘라둔다.

4 간 맞추기 프라이팬에 식물성기름 2작은술을 둘러 달구어서 고기를 넣어 볶아 익으면 마늘종, 홍피망, 목이버섯을 넣어 볶다가 간장, 청주, 소금을 넣어 간을 맞추고 식초를 넣어 마무리한다.

꼴뚜기조림

 **재료/4인분**

꼴뚜기 200g, 마른고추 1개, 간장 3큰술, 설탕 1큰술, 참기름 1큰술, 청수 1큰술, 물엿 2큰술

이렇게 만드세요

1 꼴뚜기 씻어 건지기 꼴뚜기는 연한 소금물에 흔들어 씻어 놓는다.

2 꼴뚜기 데치기 씻어 놓은 꼴뚜기는 끓는물에 소금을 약간 넣고 살짝 데쳐내어 물기를 거둔다.

3 마른고추 자르기 마른고추는 잘게 썰어 씨를 털어 준비한다.

4 조림장 만들기 냄비에 마른고추, 간장, 설탕, 청주, 물엿을 넣고 끓여 걸쭉하게 만든다.

5 조림장에 꼴뚜기 조리기 조림장이 걸쭉하게 되면 꼴뚜기를 넣고 조려, 윤이 나게 조려지면 참기름을 두르고 살짝 버무려 준다.

6 통깨 뿌리기 먹을 때 통깨를 살짝 뿌려준다.

 **요리 힌트**

돼지고기는 센불에서 굽는다

쇠고기와 마찬가지로 돼지고기도 센불에서 구워 표면의 단백질을 응고시켜야 한다. 그래야 고기의 맛난 성분이 빠져나가지 못한다. 돼지고기는 쇠고기에 비해 맛이 담백하므로 향이 강한 소스를 곁들여 맛을 더해준다.

Friday 금

오늘의 식단 (총1745Kcal)

아침	· 찰전병	235Kcal
	우유	125Kcal
	달걀반숙	75Kcal
점심	· **새우죽순온면**	517Kcal
	연근조림	50Kcal
	김치	17Kcal
저녁	· 보리밥(1공기)	329Kcal
	콩나물국	43Kcal
	씀바귀생채	66Kcal
	· **꼬치너비아니구이**	271Kcal
	김치	17Kcal

새우죽순온면

 **재료/4인분**

새우 50g, 죽순 50g, 팽이버섯 1봉지, 시금치 50g, 어묵 2장, 소면 150g, 육수 1컵, 간장 1작은술, 참기름 1/3작은술, 소금·청주 적당량씩

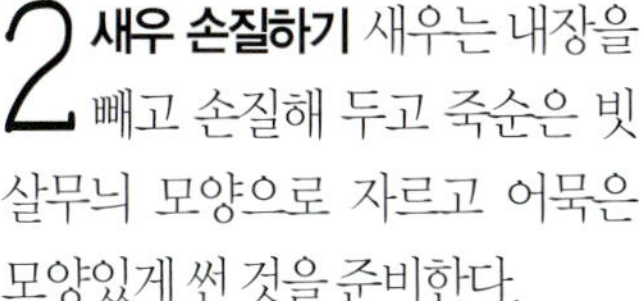 **이렇게 만드세요**

1 국수 삶기 국수는 끓는물에 삶아 건져서 냉수에 여러번 헹구어 체에 밭쳐 물기를 빼둔다.

2 새우 손질하기 새우는 내장을 빼고 손질해 두고 죽순은 빗살무늬 모양으로 자르고 어묵은 모양있게 썬 것을 준비한다.

3 야채 데치기 팽이버섯은 뿌리 부분을 칼로 잘라내고 가닥을 나누어 끓는 물에 소금·청주를 넣어 살짝 데쳐내어 물기를 빼두고 시금치는 손질해서 끓는 소금물에 살짝 데쳐내어 물기를 빼고 2cm길이로 자른다.

4 육수 부어 끓이기 냄비에 육수를 부어 끓여서 간장, 참기름, 소금으로 간을 맞춘다.

5 담기 그릇에 국수, 새우, 죽순, 팽이버섯, 시금치, 어묵을 담고 ④의 국물을 팔팔 끓여 담는다.

꼬치너비아니구이

재료/4인분

쇠고기(등심) 200g, 꼬치 조금 **쇠고기 양념** 간장 2큰술, 설탕 1큰술, 청주 1큰술, 다진파 1큰술, 다진마늘 1/2큰술, 깨소금 1작은술, 후춧가루 1작은술, 참기름 1작은술

이렇게 만드세요

1 쇠고기 준비하기 쇠고기는 약간 도톰하고 넓게 너비아니감으로 구입한다.

2 쇠고기 칼집넣기 쇠고기는 0.5cm 두께로 넓게 포를 떠서 잠깐 청주에 담갔다가 꺼내 핏물을 제거하고 잔칼집을 넣는다.

3 양념장 만들기 그릇에 간장, 설탕, 청주, 파, 마늘, 깨소금, 후춧가루, 참기름을 넣고 고루 섞어 양념장을 만든다.

4 간하기 양념장에 칼집 넣은 쇠고기를 넣고 주물러 간이 고루 배도록 한다.

5 꼬치에 꿰기 길다란 꼬치에 양념한 쇠고기를 감침질 하듯이 꿰어 준다.

6 굽기 석쇠를 달구어 쇠고기를 구워낸다. 처음에는 센불로 표면을 익히다가 불을 줄여 속까지 익히되 너무 오래 구우면 고기가 질겨지므로 불 조절에 주의한다.

*Sat*토*rday*

오늘의 식단
(총1809Kcal)

아침 · 보리밥(2/3공기)	219Kcal
	근대국	59Kcal
	청포묵무침	190Kcal
	생선전	205Kcal
	김치	17Kcal
점심 · **닭감자죽**	358Kcal
	열무물김치	12Kcal
저녁 · 쌀밥 (1공기)	334Kcal
	어묵냄비	163Kcal
	부추밀적	170Kcal
	연배추나물	65Kcal
	김치	17Kcal

닭감자죽

재료/4인분

닭	1/2마리
물	10컵
통마늘	3톨
감자	2개
쌀	1컵
참기름	조금
소금	2작은술
흰후춧가루	조금

🍳 이렇게 만드세요

1 닭 삶아 찢어 놓기 닭은 깨끗이 손질하여 통마늘을 넣고 푹 삶아 익으면 건져내어 뼈를 추려내고 살을 잘게 찢어 놓는다. 국물은 기름을 거두어 체에 밭쳐 걸러둔다.

2 감자 자르기 감자는 껍질을 벗겨낸 후 사방 1cm크기로 깍뚝 썰어 놓는다.

3 쌀 불려 으깨기 쌀은 깨끗이 씻어 불린 후 분마기에 넣고 대충 반 정도 으깨어 놓는다.

4 참기름 두르고 쌀 볶기 냄비에 참기름을 두르고 ③의 쌀을 넣고 볶아 기름이 돌면 감자를 넣고 볶아준다.

5 육수 붓고 끓이기 ④가 충분히 볶아지면 ①의 육수를 붓고 닭살도 넣고 중불에서 뭉근히 끓이면서 나무주걱으로 가끔 눌지 않도록 저어가며 끓인다.

6 그릇에 담기 약한 불에서 쌀알이 퍼질 때까지 끓여서 그릇에 담고 먹을 때 소금, 후춧가루로 심심하게 간을 맞추어 먹는다.

7 고명 얹기 기호에 따라 실파를 송송 썰어 넣거나 검은깨를 뿌려내면 고소한 맛이 더하다.

> 🧑‍🍳 **요리힌트**
> ### 닭은 뱃속을 깨끗이 닦고 요리한다
> 닭을 손질할 때는 뱃속을 신경써서 닦아낸다. 뼈 틈새에 엉겨 붙어 있는 피찌꺼기를 깨끗이 씻어내야 누린내가 나지 않는다. 뱃속에다 직접 수도꼭지를 대고 물을 틀어 씻어내면 쉽다.

더 맛있게! 닭은 무조건 오래 삶는다고 해서 좋은 게 아니다. 닭고기는 너무 오래 삶으면 살이 단단해져 먹기가 곤란하다. 중닭의 경우 40분쯤 끓여 손가락으로 고기를 눌러 보아 탄력이 느껴질 때 꺼내면 적당하다. 끓일 때 저민 마늘이나 생강, 파 등의 향신 채소를 넣으면 좋다.

감자 썰기

쌀 불려 으깨기

쌀과 감자 볶기

육수 붓고 끓이기

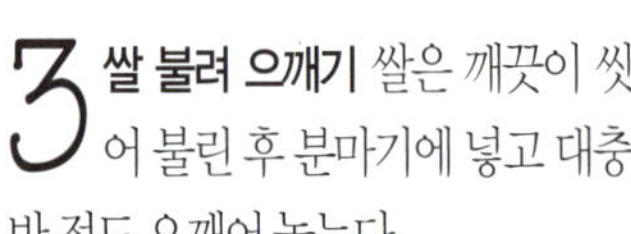
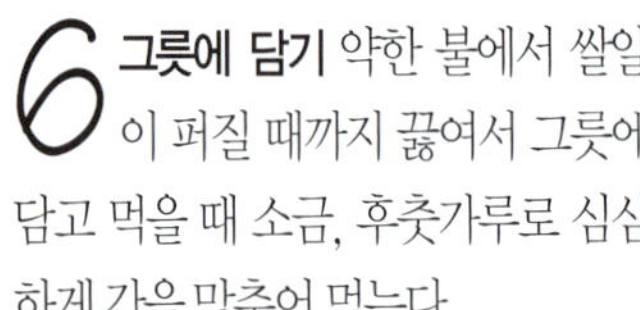

Sun일day

오늘의 식단 (총1910Kcal)	
아침 · 토스트	290Kcal
커피	43Kcal
달걀프라이	93Kcal
딸기	54Kcal
점심 · 김밥	516Kcal
왜된장국	44Kcal
영양부침	170Kcal
김치	17Kcal
저녁 · 보리밥(1공기)	329Kcal
감자조림	112Kcal
잔조기맑은찌개	151Kcal
더덕산적구이	74Kcal
김치	17Kcal

더덕산적구이

 **재료/4인분**

더덕 200g, 쪽파 10뿌리, 쇠고기 200g, 꼬치 약간 **더덕 양념** 참기름 2작은술, 간장 2작은술 **쇠고기 양념** 간장 2큰술, 설탕 1큰술, 청주 1/2큰술, 다진파 1큰술, 다진마늘 1/2큰술, 깨소금 2작은술, 참기름 2작은술, 후춧가루 조금 **밀가루즙** 밀가루 1컵, 물 1/2컵, 간장 2작은술, 참기름 2작은술

이렇게 만드세요

1 더덕 두드리기 더덕은 너무 굵지 않은 중간 크기로 골라 자근자근 두드려 가운데에 있는 굵은 심은 제거한다.

2 더덕 물에 씻어 건지기 ①의 더덕은 6~7cm 크기로 잘라 물에 헹구어 체에 밭쳐 물기를 뺀다.

3 더덕과 실파 양념하기 실파는 더덕과 같은 크기로 썰어 ②의 더덕과 같이 참기름, 간장으로 밑양념 한다.

4 쇠고기 썰어 양념하기 쇠고기는 더덕과 같은 굵기로 길이는 1cm정도 길게 썰어 연하게 잔칼질하여 쇠고기 양념장에 재운다.

5 꼬치에 꿰기 꼬치에 더덕, 쇠고기, 실파 순으로 꿰어준다.

6 밀가루즙 만들기 그릇에 밀가루, 물, 간장, 참기름을 섞어 밀가루즙을 만든다.

7 팬에 지지기 ⑤의 꼬치에 밀가루를 고루 바른 다음 ⑥의 밀가루즙을 묻혀 기름 바른 석쇠를 달구어 앞뒤로 노릇노릇하게 구워낸다.

영양부침

재료/4인분

두부 1/2모, 돼지고기(다진 것) 100g, 김치 150g, 실파 3뿌리, 소금 1작은술, 깨소금 2작은술, 후춧가루 조금, 참기름 2작은술, 깻잎 1묶음, 달걀 2개, 밀가루 적당량 **김치 양념** 참기름 1작은술, 깨소금 1작은술 **돼지고기 양념** 소금 조금, 청주 1작은술, 후춧가루 조금, 생강즙 1/2작은술

이렇게 만드세요

1 두부 으깨어 양념하기 두부는 깨끗한 가제 물기를 짜낸 다음 칼등으로 곱게 다져 소금, 후춧가루로 밑간하여 놓는다.

2 돼지고기 볶기 돼지고기는 기름이 적은 부위로 골라 곱게 다져서 소금, 청주, 후춧가루, 생강즙으로 양념하여 달구어진 팬에 기름을 두르고 볶아낸다.

3 김치 양념하기 김치는 속을 털어내고 송송 썰어 물기 없이 꼭 짠 후, 참기름, 깨소금에 고루 무쳐 놓는다.

4 소 만들기 그릇에 으깨어 놓은 두부, 볶은 돼지고기, 양념해 놓은 김치, 각종양념을 넣어 고루 버무린다.

5 깻잎에 소 넣기 깻잎 안쪽에 밀가루를 바르고 속을 고르게 넣고 반을 접어 준다.

6 팬에 지지기 소 넣은 깻잎은 밀가루, 달걀물 순으로 옷을 입혀 고르게 지져 낸다.

M월day

오늘의 식단
(총1907Kcal)

아침	· 달걀닭고기덮밥	517Kcal
	김치	17Kcal
점심	· **부추숙주국수**	452Kcal
	김치	17Kcal
저녁	· 보리밥(1공기)	329Kcal
	달래순두부찌개	241Kcal
	소라살무침	78Kcal
	쇠고기파인애플볶음	239Kcal
	김치	17Kcal

부추숙주국수

재료/4인분

부추	20g
숙주	50g
돼지고기	50g
목이버섯	적당량
젖은 국수	100g
육수	1 1/2컵
간장	1/2큰술
굴소스	1/2큰술
참기름	1작은술
소금	조금
식물성기름	1작은술
붉은고추	1/2개

이렇게 만드세요

1 부추 다듬기 부추는 다듬어 씻어서 3cm길이로 잘라두고, 숙주는 씻어 건져둔다.

2 고기·버섯 준비하기 돼지고기는 저며 썰어두고, 목이버섯은 미지근한 물에 불려 한입크기로 잘라 준비한다.

3 국수 삶기 젖은 국수는 끓는 물에 삶아 건져 둔다.

4 볶기 프라이팬에 식물성기름과 참기름을 두르고 가열한 뒤, 돼지고기, 숙주, 부추, 목이버섯 순으로 놓고 볶는다.

5 육수 부어 끓이기 ④에 육수를 부어 끓이다가 간장, 굴소스로 간을 하고 부족한 간은 소금으로 보충한다.

6 국수에 육수 붓기 삶아놓은 국수에 육수를 부어준다. 육수는 다시 소금을 넣어 간을 맞춰 한소끔 끓인 후 국수에 붓는다.

7 장식하기 붉은고추를 길게 썰어 씨를 털어내고 채썰어 국수 위에 얹어준다.

부추는 잘 다듬어 흐르는 물에 씻는다

부추는 어리고 연한 것일수록 맛있다. 입끝이 말라 있거나 부러진 것은 피하고 잘 다듬어 흐르는 물에 씻어 놓는다.

부추, 숙주, 버섯 등에서는 물이 나오므로 그 양을 생각해 육수의 양을 조절한다.

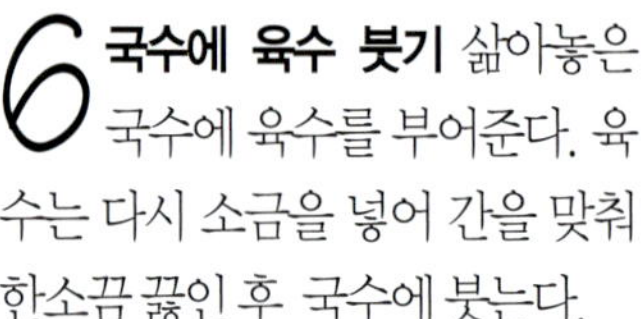

더 맛있게! 젖은 국수는 겉에 묻은 밀가루가 많으면 많을수록 국수를 삶을 때 넘치기 쉽다. 또 국수 표면에 끈적거리는 것이 남는다. 삶기 전에 반드시 이 가루를 털어내야 한다. 또 넘치기 쉬우므로 큰 냄비에 삶고 중간에 찬물도 넉넉히 부어 주어야 한다.

부추 썰기

재료 볶기

육수 부어 끓이기

간장으로 간하기

Tu화day

오늘의 식단
(총1898Kcal)

아침	· 프렌치토스트	326Kcal
	베이컨	238Kcal
	양배추샐러드	117Kcal
점심	· 찐빵	224Kcal
	달걀국	55Kcal
	닭고기양상추쌈	229Kcal
	김치	17Kcal
저녁	· 잡채밥	549Kcal
	멍게초회와 무생채	98Kcal
	깻잎장아찌	28Kcal
	김치	17Kcal

닭고기양상추쌈

 **재료/4인분**

닭고기 300g, 간장 1큰술, 녹말가루 1큰술, 설탕 1작은술, 소금 1/2작은술, 달걀노른자 1개, 식물성기름 2컵, 양상추 1/2통, 양파 1/4개, 당근 1/4개, 피망 1/2개, 옥수수통조림 1큰술 **양념** 간장 1 1/2큰술, 청주 1큰술, 참기름 1작은술, 후춧가루 조금 **자장소스** 자장 2큰술, 꿀 1큰술

 **이렇게 만드세요**

1 **양상추 손질하기** 양상추는 찢어지지 않게 한잎씩 떼어서

가위로 둥글게 잘라 놓는다.

2 **닭고기 썰기** 가슴살로 준비해 옥수수 알맹이 크기로 네모지게 썬다.

3 **야채 썰기** 피망, 양파, 당근은 껍질을 벗기고 닭고기와 비슷한 크기로 썬다. 옥수수 통조림은 체에 담아 물에 한 번 씻어 물기를 뺀다.

4 **닭고기 재우기** 잘게 썬 닭고기에 간장, 설탕, 소금, 달걀노른자, 녹말가루를 분량대로 넣고 조물조물해서 30분 이상 재운다.

5 **닭고기 기름에 데치기** 뜨겁게 달구어진 프라이팬에 기름을 2컵쯤 붓고, 재어놓은 닭고기를 넣어 부드럽게 데쳐서 볶으면 거품이 생기지 않는다.

6 **닭고기와 야채 볶기** 뜨거운 프라이팬에 기름을 두르고 손질해 놓은 양파부터 넣어 향을 낸 뒤 피망, 당근, 옥수수를 넣고 볶으면서 데친 닭고기를 넣어 함께 볶는다.

7 **양념하기** 야채와 닭고기를 볶으면서 프라이팬 가장자리로 청주와 간장을 돌려 붓고, 참기름과 후춧가루로 맛을 낸다.

8 **접시에 담기** 야채와 닭고기 볶은 것을 자장소스에 버무려 먹기 좋게 담아낸다.

멍게초회와 무생채

 **재료/4인분**

멍게 300g, 무 150g, 미나리 50g, 고운 고춧가루 1/2작은술, 소금 조금, 설탕 1작은술, 식초 2작은술, 초고추장·고추장 2큰술씩, 청주 2작은술, 설탕 1큰술, 식초 1큰술, 다진마늘 1/2큰술, 생강즙 1작은술, 흰후춧가루 조금

 **이렇게 만드세요**

1 **멍게 자르기** 멍게는 껍질에서 꺼내서 연한 소금물에 흔들어 씻어 큰 것은 2등분하고 작은 것은 그냥 둔다.

2 **야채썰기** 무는 곱게 채썰고, 미나리는 깨끗이 다듬어 3cm길이로 썰어 놓는다.

3 **무생채 만들기** 채썬 무에 고춧가루로 색을 낸 후 소금, 설탕, 식초를 넣고 버무린 다음 마지막에 미나리를 넣고 살짝 버무린다.

4 **초고추장 만들기** 그릇에 고추장, 청주, 설탕, 식초, 마늘, 생강즙, 후춧가루를 넣고 고루 섞어 초고추장을 만든다.

5 **접시에 담기** 접시에 무생채, 멍게를 먹음직스럽게 담아 초고추장을 곁들인다.

오늘의 식단
(총 1880Kcal)

아침 · 팬케익		296Kcal
	베이컨	238Kcal
	양송이수프	114Kcal
점심	쌀밥(1공기)	334Kcal
	달걀조갯살찌개	142Kcal
	도토리묵무침	76Kcal
	김치	17Kcal
저녁 · 쌀밥(1/2공기)		167Kcal
	떡만두국	383Kcal
	연배추겉절이	45Kcal
	가지찜	48Kcal
	깍두기	20Kcal

달걀조갯살찌개

 **재료/4인분**

조갯살	50g
시금치	70g
표고버섯	1장
달걀	1개
풋고추	1개
붉은고추	1/2개
고추장	1큰술
고춧가루	1/2큰술
소금	조금
다진마늘	2작은술
후춧가루	조금

이렇게 만드세요

1 조갯살 소금물에 씻기 조갯살은 연한 소금물에 흔들어 씻어 조개 껍질이나 이물질을 제거하여 체에 밭쳐 둔다.

2 시금치 다듬기 시금치는 억세지 않은 작고 여린 것으로 골라 깨끗이 다듬어 씻어 짧게 잘라 놓는다.

3 야채 썰기 풋고추, 붉은고추는 어슷 썰고, 표고버섯은 채썬다.

4 고추장 풀어 끓이기 냄비에 물을 붓고 고추장, 고춧가루를 풀어 끓여 준다.

5 장국에 조갯살, 시금치 넣기 장국이 끓으면 조갯살과 표고, 시금치, 마늘을 넣어 끓인다.

6 찌개 간하기 찌개가 맛이 들면 어슷썬 고추를 넣고 소금, 후춧가루로 간을 맞추고 불을 약하게 줄인다.

7 달걀 줄알치기 마지막으로 달걀을 풀어 저어준 다음 끓는 찌개 위에 가만히 부어 고르게 줄알을 친 후 반숙으로 익혀서 불을 끄고 그릇에 담아낸다.

찌개를 맛있게 끓이려면 처음에는 불을 세게 해 국물이 끓기 시작하면 불을 줄이고 약한 불에서 보글보글 끓인다. 찌개는 대개 오래 끓여 국물이 졸아드므로 처음에는 심심하게 간을 하도록 한다. 한소끔 끓으면 거품이 많이 생기므로 불을 줄이고 국물을 걷어내야 국물맛이 깔끔하다. 생선이나 해물류는 국물이 끓을 때 넣어야 맛있다.

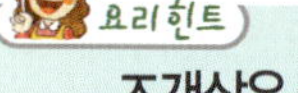

조갯살은 체에 담아 흔들어 씻는다

조갯살이나 굴처럼 껍질을 벗겨놓은 것은 상처나기 쉽고 세균이 번식하기도 쉽다. 손으로 주물러 씻지 말고 체에 담은 채로 소금물에 살살 흔들어 씻어 물기를 뺀다.

비디오 쿠킹

조갯살 소금물에 씻기

물에 고추장 풀기

장국에 시금치 넣기

줄알치기

*Thu*목*sday*

우엉건포도조림

 **재료/4인분**

우엉 80g, 건포도 1큰술, 식물성기름 1작은술, 설탕 1/2큰술, 간장 1/2큰술, 물 1/4컵

 **이렇게 만드세요**

1 식촛물에 담그기 우엉은 깨끗이 씻어 껍질을 벗기고 길게 어슷하게 썰어 식촛물에 담가둔다.

2 우엉 볶기 프라이팬에 식물성기름을 두르고 가열하여 우엉을 넣고 볶다가 분량의 설탕, 물을 넣어 천천히 조린다.

3 간장 넣고 볶기 ②에 간장, 건포도를 넣고 센불에서 볶아 윤기를 준다.

도라지강정

 **재료/4인분**

통도라지 200g, 은행 10알, 잣 1큰술, 녹말가루 조금, 튀김기름 적당량 **양념장** 고추장 2큰술, 간장 2작은술, 설탕 2작은술, 물엿 3큰술, 청주 1큰술, 다진마늘 1/2큰술, 생강즙 1작은술, 후춧가루 조금, 참기름 2작은술

 **이렇게 만드세요**

1 도라지 썰어 기름에 튀기기 도라지는 1~2cm길이로 잘라 물기가 없는 상태에서 마른 녹말가루를 묻혀 기름에 바삭하게 튀겨낸다.

2 은행 껍질 벗기기 은행은 ①의 튀김기름에 투명하게 될 때까지 튀겨내어 껍질을 벗겨낸다.

3 양념소스 만들기 냄비에 고추장, 간장, 설탕, 물엿, 청주, 마늘, 생강즙, 후춧가루를 고루 섞어 중불에서 나무주걱으로 저어가며 은근히 조려 준다.

4 양념소스에 참기름 넣기 소스가 걸쭉하게 조려지면 마지막으로 참기름을 섞어준다.

5 도라지에 양념소스 버무리기 달구어진 팬에 기름을 두르고 ④의 소스를 넣고 볶다가 튀겨 놓은 ①의 도라지와 은행, 실백을 넣고 고루 버무린다.

 **요리힌트**

우엉을 식촛물에 넣으면 아린 맛이 적어진다

우엉 특유의 맛은 껍질에 있으므로 수세미로 문질러 씻거나 칼등으로 가볍게 긁어내는 정도로 껍질을 벗긴다. 껍질을 벗긴 우엉을 얇게 비져 썰려면 미리 길이로 4~5개의 칼집을 넣고 칼끝으로 연필을 깎는 것처럼 얇게 쳐낸다. 일단 벗긴 우엉은 색이 쉽게 변하므로 물에 담가둔다. 이때 식초를 조금 넣으면 색깔이 선명해지고 아린 맛도 적어진다.

Fr금day

**오늘의 식단
(총1878Kcal)**

아침	쌀밥(2/3공기)	223Kcal
	미역국	104Kcal
	달걀말이	95Kcal
	멸치고추조림	83Kcal
	김치	17Kcal
점심	쇠고기덮밥	464Kcal
	달래생채	58Kcal
	토마토	56Kcal
저녁	완두콩밥(1공기)	345Kcal
	배추속대국	74Kcal
	탕수육	342Kcal
	김치	17Kcal

쇠고기덮밥

재료/4인분

쇠고기	100g
양파	1개
양송이	2개
버터	2큰술
식용유	1큰술
육수	11/2컵
생크림	2큰술
밀가루	2큰술
후춧가루 · 소금	조금
버터라이스	2공기
다진 파슬리 · 파프리카	적당량씩

더 맛있게! 고기를 볶을 때는 프라이팬을 뜨겁게 달군 다음 센불에서 재빨리 볶아야 고기에서 물이 나오지 않아 맛있게 되고 영양도 파괴되지 않는다. 조림국물과 재료가 겉돌지 않고 걸쭉하게 볶으려면 밀가루를 넣고 볶는다. 덩어리가 질 수 있으므로 밀가루는 체에 한 번 내려서 사용한다.

이렇게 만드세요

1 쇠고기 썰기 쇠고기는 기름기가 약간 있는 등심부위로 골라 얇게 저며 썬다.

2 야채 썰기 양파는 굵게 채썰고, 양송이는 껍질을 벗겨 2~4등분 한다.

3 양파와 쇠고기 볶기 프라이팬에 버터와 식물성기름을 두르고 양파와 쇠고기를 넣어 색이 나도록 볶는다.

4 밀가루 넣고 볶기 쇠고기가 익으면 양송이버섯을 넣고 밀가루를 넣어 노릇하게 볶아 준다.

5 육수 붓기 ④에 육수를 조금씩 넣으면서 응어리지지 않게 잘 풀어 중불에서 20분쯤 저으면서 조린다.

6 생크림 넣기 ⑤에 소금, 후추로 간을 하고, 내리기 직전에 생크림을 넣는다.

7 접시에 담기 프라이팬에 버터를 약간 녹이고 밥을 볶아낸 버터라이스를 접시에 담고, ⑥의 소스를 얹어 준다. 다진파슬리와 파프리카를 살짝 뿌려준다.

야채 썰기

양파와 쇠고기 볶기

육수 붓기

생크림 넣기

오늘의 식단
(총1897Kcal)

아침 ·	크로아상	345Kcal
	소시지	100Kcal
	우유	125Kcal
	즉석오이피클	46Kcal
점심 ·	쌀밥 (1/3공기)	111Kcal
	콩나물된장국	58Kcal
	포크커틀릿	423Kcal
	김치	17Kcal
저녁 ·	보리밥(1공기)	329Kcal
	상추쌈	61Kcal
	풋고추조림	30Kcal
	도라지오이생채	56Kcal
	패주팬구이	179Kcal
	김치	17Kcal

패주팬구이

 **재료/4인분**

패주 3개, 청·홍피망 2개씩, 간장 1/2큰술, 조미술 1/2큰술, 식물성기름 적당량

 **이렇게 만드세요**

1 **패주 손질하여 재우기** 패주는 신선한 것으로 골라 깨끗이 씻어서 간장, 조미술을 각 1/2큰술을 넣어 약 10분 동안 재워 둔다.

2 **피망 썰기** 청·홍 피망은 씨를 털어내고 길이로 굵게 채썬다.

3 **야채 볶기** 프라이팬에 식물성기름 1/4큰술을 두르고 가열하여 청·홍피망에 소금을 넣어 살짝 볶아낸다.

4 **패주 굽기** 다시 프라이팬에 식물성기름 1/4큰술을 두르고 ①의 패주를 넣어 중간불에서 서서히 국물을 끼얹어 가며 속까지 익도록 구워 준다.

5 **그릇에 담기** 그릇에 볶아낸 청·홍피망과 구워낸 패주를 담아낸다.

즉석오이피클

 **재료/4인분**

오이 2개, 양파 1/4개, 마른고추 1개, 월계수잎 1장, 통후추 3알, 정향 2개, 마늘 1쪽, 소금 1작은술, 식초 1/2컵, 물 1/2컵, 설탕 4큰술

이렇게 만드세요

1 **오이 썰기** 오이는 소금으로 비벼 씻어 0.5cm 두께로 어슷썰고 양파도 굵게 채썬다.

2 **오이 절이기** 오이, 양파를 합해서 소금을 뿌려 살짝 절였다가 물기를 짠다.

3 **끓이기** 냄비에 물, 소금, 설탕을 넣어 끓인 후 식초와 월계수잎, 통후추, 마늘, 정향을 넣어 끓인다.

4 **촛물 붓기** 병에 절인 오이, 양파를 담고 더운 촛물을 부어서 식은 후 뚜껑을 덮어 보관한다. 촛물이 배기를 기다려 한두 시간 후에 꺼내 먹는다.

오늘의 식단
(총1893Kcal)

아침 · 쌀밥 (2/3공기)	223Kcal
	김치찌개	157Kcal
	명란젓	18Kcal
	김구이	14Kcal
	김치	17Kcal
점심 · **미역스콘**	307Kca
	우유	125Kcal
	소시지구이	200Kcal
저녁 · 쌀밥(1공기)	334Kcal
	순두부탕	241Kcal
	채소볶음	98Kcal
	숙주초나물	23Kcal
	갈치카레지짐	119Kcal
	김치	17Kcal

미역스콘

재료/4인분

불린 미역	40g
박력분	250g
소금	1/3작은술
설탕	1/2큰술
베이킹파우더	2작은술
버터	60g
달걀	1개
우유	1/3컵
프로세스치즈	40g

이렇게 만드세요

1 박력분 체에 내리기 박력분은 소금, 설탕, 베이킹파우더를 넣어 체에 두번 내려준다.

2 버터 썰기 버터는 사방 1cm 크기로 썰어 차게 해 둔다.

3 치즈와 미역 다지기 치즈는 곱게 다지고 미역은 깨끗이 씻어 잘게 썰어 준다.

4 박력분에 버터 섞기 ①에 버터를 넣고 고루 섞어 준다.

5 달걀에 우유 섞기 달걀을 풀어 우유를 붓고 잘 섞는다.

6 반죽하기 ④의 반죽에, 치즈와 미역을 넣고 달걀물을 부어 반죽한다.

7 모양 만들어 굽기 ⑥의 반죽을 5cm 크기, 1.5cm 두께로 동그랗게 빚어 200℃의 오븐에서 20~25분간 구워준다. 빵보다는 바삭거리지만 점심 식사메뉴로도 어울린다.

> **더 맛있게!** 미역은 음식을 만들기 전에 우선 밑손질이 중요하다. 물에 담갔다가 바락바락 주물러 거품을 충분히 우려내 미끈거리지 않게 한다. 물에 불리면 양이 많이 불어나므로 분량을 잘 가늠한다.

요리힌트

밀가루 반죽을 많이 치대면 질겨진다.

미역은 충분히 불려 물기를 쪽 빼야 밀가루에 넣고 반죽해도 물이 생기지 않는다. 버터를 차게 굳힌 상태에서 밀가루에 섞었으므로 고무 주걱을 세워서 자르듯이 반죽한다.

너무 오래 치대면 오히려 질겨진다. 녹인 버터를 반죽에 넣을 때는 한 곳에 쏟아넣지 말고 주걱을 대고 조금씩 흘려 넣는다.

비디오 쿠킹

박력분에 버터 섞기

달걀에 우유 섞기

미역·치즈 넣기

달걀물 부어 반죽하기

Monday 월

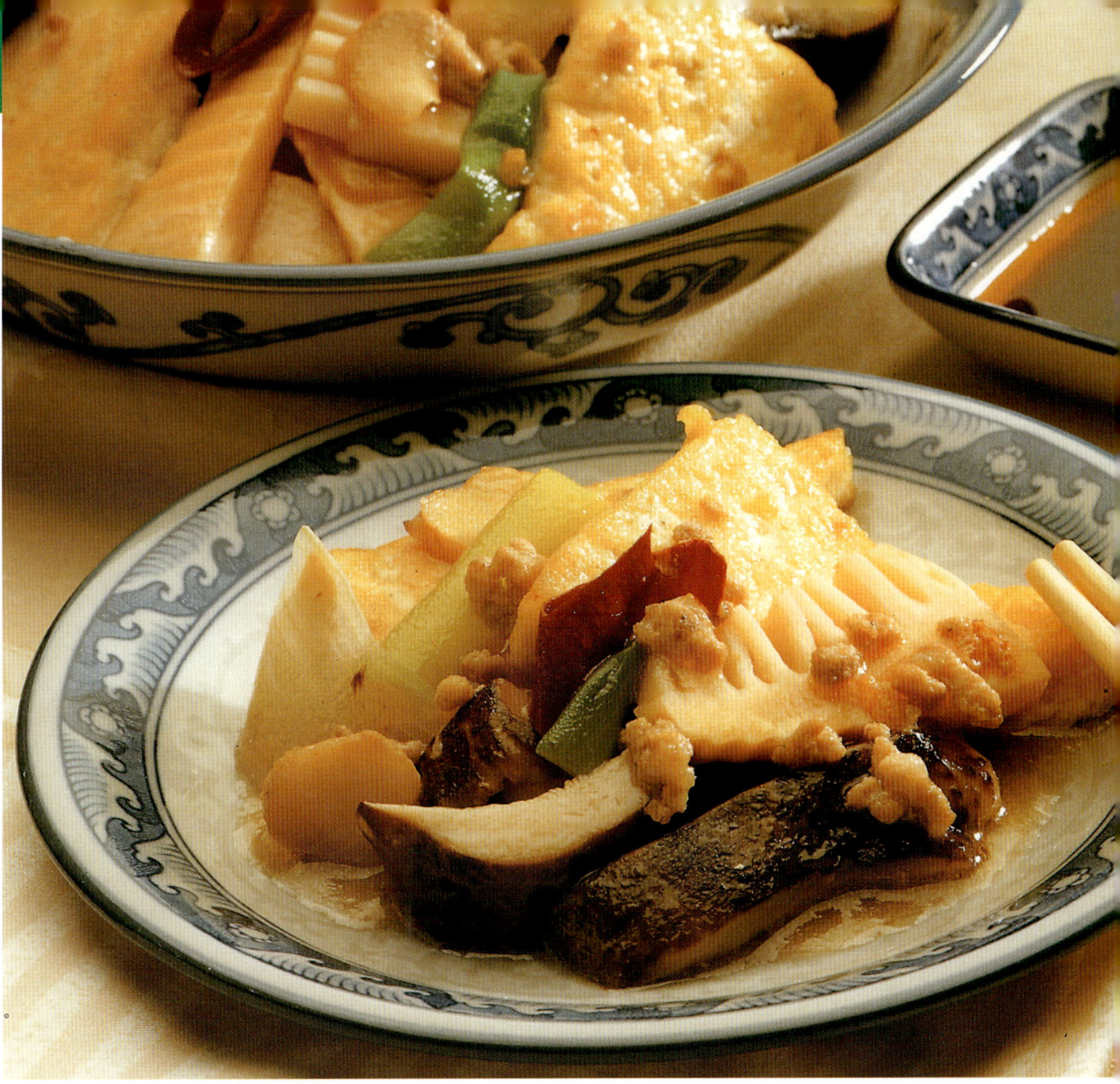

가상두부

 **재료/4인분**

두부 1모, 표고버섯 2장, 죽순 1/2개, 돼지고기 (다진 것) 50g, 대파 1/4대, 생강 1쪽, 마늘 2쪽, 마른고추 1개, 육수 1/2컵, 간장 2큰술, 청주 2큰술, 물녹말 1큰술, 참기름 조금, 튀김기름 적당량

이렇게 만드세요

1 두부 썰기 두부는 부침용으로 골라 1cm두께로 삼각지게 썬다.

2 두부 데쳐놓기 두부의 물기를 닦고서 기름에 넣어 노릇하게 데친다. 데치는 동안 두부의 비린내도 없어지고 구수한 맛이 산다.

3 야채 준비하기 돼지고기는 다지고, 죽순, 표고버섯은 두부보다 약간 작은 크기로 납작하게 저며 썬다. 마른고추와 파는 약간 길쭉하게 마늘, 생강은 납작하게 썬다.

4 파, 마늘, 고추, 고기 볶기 달구어진 프라이팬에 기름을 넉넉히 두르고 파, 마늘, 생강, 고추를 볶아 향을 낸 후, 돼지고기 다진 것을 넣고 볶는다. 고기가 익으면 프라이팬 가장자리로 간장과 청주를 넣어 맛을 낸다.

5 야채 넣고 볶기 표고와 죽순을 차례대로 넣고 볶는다.

6 두부 넣고 볶기 버섯과 죽순에 맛이 들면 기름에 데친 두부를 넣고 육수를 부어 한소끔 끓이다가 물녹말을 한 큰술 정도 넣어서 농도를 맞추고 다시 끓어오르면 참기름으로 맛을 살린다.

연배추나물

 **재료/4인분**

연배추 300g, 붉은고추 1/2개, 실파 3뿌리 **양념장** 된장 2큰술, 고추장 2작은술, 다진파 1큰술, 다진마늘 2작은술, 설탕 2작은술, 깨소금 2작은술, 참기름 1큰술

이렇게 만드세요

1 연배추 다듬기 연배추는 여린 것으로 골라 4~5cm크기로 잘라 깨끗이 씻어 놓는다.

2 야채 썰기 붉은고추, 실파는 3cm길이로 채썰어 놓는다.

3 연배추 데치기 다듬어 놓은 연배추는 끓는물에 소금을 약간 넣고 파랗게 데쳐 찬물에 재빨리 헹구어 물기를 뺀다.

4 양념장 만들기 그릇에 된장, 고추장, 파, 마늘, 설탕, 깨소금, 참기름을 고루 섞어 양념장을 만든다.

5 버무리기 그릇에 데쳐놓은 연배추는 물기를 짜서 놓고 양념장과 실파, 붉은고추를 넣어 고루 버무린다.

※연배추는 데쳐서 물기를 짤 때 너무 세게 짜지 말고 약간 물기가 있게 해야 나물이 촉촉하고 맛이 있다. 양념장에는 참기름을 넉넉히 넣어야 고소하고 맛이 좋다.

Tuesday 화

오늘의 식단
(총1801Kcal)

아침	· 참치샌드위치	414Kcal
	야채주스	80Kcal
점심	· 양상추냉국수	535Kcal
	오이깍두기	20Kcal
저녁	· 보리밥(1공기)	329Kcal
	표고볶음	111Kcal
	파해물전	253Kcal
	상추겉절이	42Kcal
	김치	17Kcal

양상추냉국수

재료/4인분

양상추	3장
오이	1/2개

당근국수

밀가루	1컵
당근가루	1큰술
물	1/3컵
소금	조금

마요네즈소스

마요네즈	3큰술
삶은 달걀	1개
양파	1/4개
소금 · 흰후춧가루	조금씩

이렇게 만드세요

1 **당근국수 반죽하기** 당근가루는 소량의 물에 풀어 밀가루에 소금과 같이 넣어 반죽하여 잠시 그대로 둔다.

2 **국수 삶기** ①의 국수반죽은 다시 한번 치대어 얇게 밀어 썬다. 끓는물에 넣고 삶아 재빨리 찬물에 헹구어 사리를 만들어 둔다.

3 **야채 썰기** 양상추는 곱게 채 썰어 찬물에 담가 싱싱한 상태로 두고, 오이는 씨를 제거하고 굵게 다진다. 양파는 곱게 다져 물에 헹궈 물기를 제거한다.

4 **달걀 삶아 다지기** 달걀은 완숙하여 흰자는 야채처럼 굵게 다지고 노른자는 체에 내려 가루로 만든다.

5 **소스 만들기** 마요네즈에 흰자 · 양파 다진 것을 섞고, 소금, 흰후춧가루로 간을 하여 마요네즈소스를 만든다.

6 **접시에 담기** 물기를 뺀 양상추를 접시에 담고 당근국수를 얹은 다음 마요네즈소스를 얹는다. 그위에 오이를 얹고 달걀노른자를 뿌려준다.

요리힌트
양상추는 날로 먹어야 영양 손실 적다

양상추냉국수는 마요네즈 소스를 얹어 비벼먹는 국수. 아이들이 싫어하는 당근가루, 시금치가루 등을 넣어 국수를 만들면 편식을 고칠 수 있다. 양상추는 씻어 놓으면 금방 상하므로 통째로 신문지에 싸서 냉장고에 보관해 두고 먹을 만큼만 뜯어내어 쓴다.

당근국수 반죽하기

국수 삶기

양상추 썰기

소스 만들기

Wednesday 수

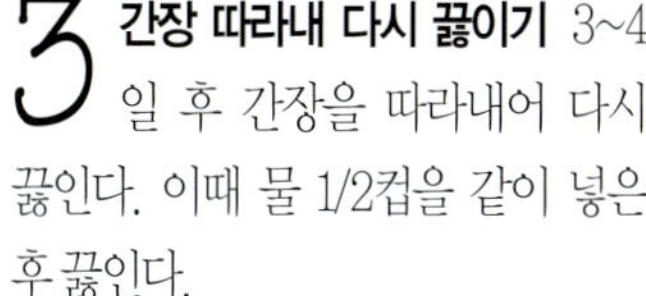

꽃게간장게장

 **재료/4인분**

꽃게 3마리, **간장양념** 간장 1컵, 물 1/2컵, 설탕 2큰술, 대파 1/2대, 통마늘 3개, 생강 1/2개, 마늘 6쪽, 마른고추 1개

이렇게 만드세요

1 **꽃게 손질하기** 꽃게는 통째로 깨끗이 씻어 건져 놓는다.

2 **간장양념 끓이기** 냄비에 간장양념을 넣고 끓여서 식힌 다음 그릇에 ①을 담고 식힌 간장을 부어 무거운 것으로 눌러 놓는다.

3 **간장 따라내 다시 끓이기** 3~4일 후 간장을 따라내어 다시 끓인다. 이때 물 1/2컵을 같이 넣은 후 끓인다.

4 **꽃게에 간장 붓기** 꽃게는 위, 아래를 바꾸어 담은 다음 ③의 식힌 간장을 부어 무거운 것으로 눌러 놓는다.

5 **게딱지 떼기** 간장에 담았던 꽃게의 게딱지를 떼고 모래주머니와 수염을 뗀다.

6 **게 잘라 그릇에 담기** 게딱지의 장은 한 곳으로 모으고, 다리는 적당하게 갈라 접시에 담는다. ※기호에 따라 파, 마늘, 생강, 고춧가루, 참기름, 깨소금, 설탕에 무쳐서 먹어도 좋다.

감자야채치즈수프

 **재료/4인분**

감자 1개, 양파 1/4개, 당근 15g, 육수 1/4컵, 우유 2/3컵, 가루치즈 15g, 버터 1 1/2큰술, 밀가루 1큰술, 소금·흰후춧가루 조금씩, 다진 파슬리 조금

 **이렇게 만드세요**

1 **감자 썰기** 감자는 껍질을 벗겨 곱게 채썰어 물에 담가 놓는다.

2 **야채 썰기** 양파, 당근은 곱게 채썰고, 파슬리는 곱게 다져서 가제에 싸서 물에 헹군 다음 물기를 꼭 짜 보슬보슬한 가루로 만든다.

3 **야채 볶기** 냄비에 버터를 두르고 채썬 감자, 당근, 양파를 넣어 볶는다.

4 **밀가루와 육수 붓기** ③의 야채가 충분히 볶아지면 밀가루를 넣고 옅은 갈색이 나도록 볶은 후 육수를 조금씩 부어가며 저어준다.

5 **믹서에 갈기** ④의 야채가 물러지면 우유를 약간 넣고 믹서에 갈아준다.

6 **간하여 그릇에 담기** ⑤를 다시 냄비에 담아 끓여 우유로 농도를 맞추고 소금, 후춧가루로 간하여 그릇에 담아 가루치즈와 파슬리가루를 뿌려준다.

편육과 양파생채

재료/4인분

돼지고기(삼겹살) 1.2kg, 된장 2큰술, 양파 1개 **양파생채 양념** 고춧가루 1큰술, 설탕 1/2큰술, 다진파 1/2큰술, 다진마늘 1작은술, 식초 1큰술, 깨소금 1작은술, 참기름 1작은술 **새우젓양념장** 새우젓 4큰술, 다진파 2작은술, 고춧가루 · 참기름 · 다진마늘 · 깨소금 1작은술씩

이렇게 만드세요

1 **핏물 없애기** 돼지고기는 삼겹살로 준비하여 물에 담가 여러번 물을 헹궈내면서 핏물을 제거한다.

2 **돼지고기 삶기** 물에 된장을 풀고 끓여서 ①의 돼지고기를 넣고 삶아 젓가락으로 찔러 탄력이 느껴질 정도로 익었을 때 불을 끈다.

3 **삶은 돼지고기 누르기** 삶아진 돼지고기를 건져내어 고기결을 맞추어 베보자기에 싸서 돌로 눌러 놓았다가 얇게 저며 썬다.

4 **양파생채 만들기** 양파는 곱게 채썰어 찬물에 헹구어 매운맛을 제거한 다음 물기를 없애고 생채양념장에 고루 무친다.

5 **새우젓양념장 만들기** 새우젓은 굵게 다져 고춧가루, 파, 마늘, 깨소금, 참기름을 넣어 고루 섞어 놓는다.

6 **접시에 담기** 접시에 썰어 놓은 돼지고기 편육과 양파생채를 보기좋게 담고 새우젓양념장을 곁들인다.

※돼지고기를 삶을 때 된장을 풀어 넣게 되면 돼지고기 특유의 누린내를 제거할 뿐만 아니라 고기에 된장의 구수한 맛이 배어 들어 맛을 한층 돋우어 준다.

애탕

재료/4인분

쑥 50g, 쇠고기 150g, 다진파 2작은술, 다진마늘 1/2작은술, 소금 1/2작은술, 달걀 1개, 밀가루 2큰술, 후춧가루 · 참기름 조금씩, 국간장 2큰술

이렇게 만드세요

1 **쇠고기 · 쑥 다지기** 쇠고기의 반은 곱게 다지고 나머지 반은 얇게 저며 물을 부어 육수를 끓인다. 쑥은 깨끗이 다듬어 데치고 찬물에 헹구어 물기를 꼭 짠 다음 칼로 곱게 다진다.

2 **쇠고기 · 쑥 양념하기** 다진 쇠고기와 쑥을 섞어 다진파, 다진마늘, 참기름, 후춧가루, 소금을 넣고 잘 치대어 반죽을 한 다음 직경 2cm 크기로 완자를 빚는다.

3 **밀가루 묻히기** 밀가루를 얇게 펴 놓은 큰 접시 위에 둥글게 빚은 완자를 올려 놓고 밀가루가 고루 묻도록 살살 흔들어 굴린다.

4 **육수에 완자 넣기** 밀가루 묻힌 완자를 푼 달걀물에 담갔다가 국간장으로 간을 맞춘 육수에 넣고 끓인다. 달걀이 부풀면서 끓어오르면 불을 끈다.

Friday 금

옥수수마른새우튀김

 **재료/4인분**

옥수수통조림 1/2개, 마른새우 100g, 실파 3뿌리, 소금·후춧가루 조금씩, 튀김기름 **튀김옷** 밀가루 1컵, 달걀 1개, 물 3/4컵

이렇게 만드세요

1 **옥수수 물기 빼기** 옥수수는 체에 받쳐 물기를 빼놓고, 실파는 송송 썬다.

2 **마른새우 다지기** 마른새우는 다리와 꼬리를 떼어내고 굵직하게 다져놓는다.

3 **튀김옷 만들기** 물에 달걀을 고루 풀어 놓은 후 밀가루를 대충 섞어 튀김옷을 만든다.

4 **밀가루 묻히기** 그릇에 옥수수, 마른새우, 실파를 넣고 마른 밀가루를 약간 뿌려준다.

5 **튀김옷에 야채섞기** ③의 튀김옷에 ④의 재료를 섞고 소금, 후춧가루로 간을 한다.

6 **재료 튀기기** 튀김기름을 160~170℃로 가열하여 ⑤의 재료를 한 숟가락씩 떠넣어 바삭하게 튀겨낸다.

수삼냉채

 **재료/4인분**

수삼 3뿌리, 배추속대 1장, 대추 2개, 밤 3개, 미나리 30g **냉채소스** 꿀 3큰술, 소금 1작은술, 설탕 2작은술, 식초 2큰술, 금귤 1개

 **이렇게 만드세요**

1 **수삼 채썰기** 수삼은 깨끗이 씻어 4cm길이로 채썬다.

2 **야채 썰기** 배추는 연한 잎으로 골라 4cm길이로 곱게 채썰고, 미나리는 잎을 떼어낸 후 배추와 같은 크기로 썬다. 밤, 대추도 채썬다.

3 **소스 만들기** 그릇에 꿀, 소금, 설탕, 식초를 넣고 고루 섞어 새콤달콤한 소스를 만들어 냉장고에 두어 차게 만든다.

4 **버무리기** 먹기 직전에 수삼, 배추, 미나리, 밤, 대추를 고루 섞어 소스에 살짝 버무려 담는다. 금귤의 속을 파내고 채썰어 접시 위에 얹어준다.

오늘의 식단
(총1996Kcal)

아침 ·	쌀밥(2/3공기)	223Kcal
	맛살찌개	295Kcal
	오이깍두기	20Kcal
점심 ·	바지락스파게티	576Kcal
	샐러드	90Kcal
	과일	50Kcal
저녁 ·	보리밥(1공기)	329Kcal
	냉이국	111Kcal
	새우칠리소스볶음	242Kcal
	미역초회	40Kcal
	오이깍두기	20Kcal

새우칠리소스볶음

재료/4인분

새우	80g
삶은 달걀	1/2개
불린 녹말	3큰술
생강	1/4쪽
마늘	1/4쪽
실파	1뿌리
복숭아통조림	1/2컵
완두콩	2큰술
소금·튀김기름	조금씩

소스

토마토케첩	2작은술
청주	1/2큰술
설탕	1작은술
간장	1작은술
물녹말	1/2작은술
두반장	약간

이렇게 만드세요

1 새우 밑간하기 새우는 내장을 빼고 손질해서 청주 1작은술과 약간의 소금을 넣어 밑양념을 해 둔다.

2 새우 튀기기 밑간한 새우에 달걀, 불린녹말을 넣고 버무려 기름에 바삭하게 튀긴다.

3 양념 다지기 생강, 마늘, 실파는 손질해서 다진다.

4 복숭아 통조림 물기 빼기 복숭아통조림은 물기를 빼둔다.

5 완두콩 데치기 완두콩은 끓는 물에 넣어 파랗게 색이 나도록 데쳐낸다. 통조림을 써도 좋다.

6 소스 만들기 토마토 케첩, 청주, 설탕, 간장, 두반장을 섞어 소스를 만든다.

7 기름에 향내기 프라이팬에 기름을 1/2큰술 두르고, 다진 생강, 마늘, 실파를 넣어 기름에 향이 배도록 볶는다.

8 소스 넣기 ⑦에 물기 뺀 통조림 복숭아와 데친 완두콩을 넣고 살짝 볶은 후 ⑥의 소스를 넣어 끓인다.

9 새우 넣기 ⑧에 튀긴 새우를 넣어 고루 섞은 다음 물녹말을 넣어 농도를 맞춘다.

더 맛있게! 바삭하게 새우를 튀기려면 기름의 온도를 잘 맞추어서 온도 유지가 되도록 조금씩 넣어서 튀겨야 한다. 한 번에 많이 넣으면 기름 온도가 내려간다. 반드시 꼬리 쪽의 물집샘을가위로 잘라버리고 꼬리도 칼끝으로 긁어낸 후에 튀겨야 기름이 튈 염려가 없다.

비디오 쿠킹

새우 밑간하기

새우 튀기기

기름에 향내기

소스 넣기

Sun일day

오늘의 식단
(총1970kcal)

아침	· 찐빵	224Kcal
	옥수수탕	90Kcal
	생야채	60Kcal
점심	· 산나물비빔밥	550Kcal
	콩나물국	43Kcal
	모듬초회	147Kcal
	과일	50Kcal
	김치	17Kcal
저녁	· 보리밥(1공기)	329Kcal
	닭고기바비큐	278Kcal
	감자찌개	165Kcal
	김치	17Kcal

닭고기바비큐

재료/4인분

닭 1마리, 간장 2큰술, 토마토케첩 1/2컵, 설탕 1큰술, 다진마늘 2큰술, 소금 · 후춧가루 조금씩, 가지 2개, 컬리플라워 150g

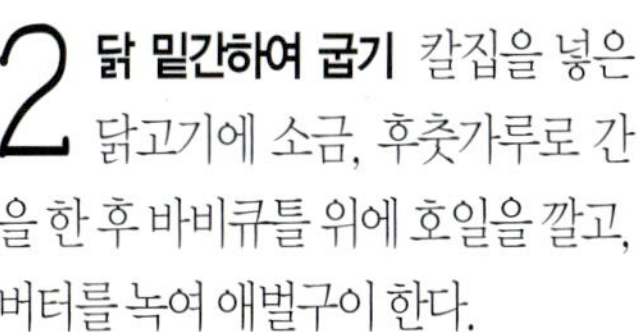

이렇게 만드세요

1 닭고기 칼집넣기 닭고기는 적당한 크기로 토막내어, 잘 익고 간이 고루 배도록 군데군데 칼집을 넣는다.

2 닭 밑간하여 굽기 칼집을 넣은 닭고기에 소금, 후춧가루로 간을 한 후 바비큐틀 위에 호일을 깔고, 버터를 녹여 애벌구이한다.

3 소스 만들기 간장, 토마토케첩, 설탕, 마늘, 소금, 후춧가루를 섞어 끓여서 소스를 만든다.

4 야채 썰기 가지는 어슷하게 썰고, 컬리플라워는 송이송이 작게 자른다.

5 닭 소스 발라 굽기 애벌구이한 닭고기에 소스를 발라가며 굽는다. 구울 때 가지와 컬리플라워를 곁들여 굽는다.

모듬초회

재료/4인분

두릅 200g, 흰살생선 100g, 오징어 1/2마리, 녹말가루 조금 **초고추장** 고추장 3큰술, 식초 2큰술, 설탕 2큰술, 다진마늘 1큰술, 생강즙 1작은술, 청주 2작은술, 흰후춧가루 조금, 레몬즙 1/4개 분량

이렇게 만드세요

1 두릅 데치기 두릅은 깨끗이 다듬어 끓는물에 소금을 넣고 살짝 데쳐낸다.

2 흰살생선 자르기 흰살생선은 한입 크기로 잘라 물기를 거두어 넣는다.

3 오징어 데치기 팔팔 끓는물에 소금을 조금 넣고 손질한 오징어를 데쳐 낸다. 데친 오징어는 바로 찬물에 담가 식힌다.

4 흰살생선 데치기 ②의 생선은 녹말가루를 고루 묻혀 끓는물에 데쳐내었다가 다시 한번 녹말을 묻혀 끓는물에 데쳐낸다.

5 초고추장 만들기 고추장에 식초, 설탕, 마늘, 생강, 청주, 후추, 레몬즙을 섞어 초고추장을 만든다.

6 접시에 담기 접시를 차게 하여 두릅과 흰살생선, 오징어를 담고, 초고추장을 곁들인다.

✻ 기호에 따라 쑥갓, 당근, 오이 청경채 등도 녹말을 묻혀 데쳐내어 곁들인다.

✻ 접시에 담을 때 접시에 얼음을 담은 후 그위에 회를 담아 내면 신선하고 더욱 먹음직스러워 보인다.

맛과 영양에 솜씨와 정성을 더해보세요

별미 도시락 10가지

따사로운 햇살과 싱그러운 바람을 즐기며 먹는 도시락이야말로 별미 중의 별미다. 모처럼 가족과 놀러갈 때, 특별한 이에게 정성어린 선물을 주고 싶을 때, 보기도 좋고 맛도 좋은 도시락을 준비해 보자.

쌈밥도시락

··· 쌈밥

❶ 밥 양념하기 밥은 고슬고슬하게 지어 소금과 참기름으로 간한다.
❷ 재료 준비하기 김치는 속을 털어내고 소금, 참기름, 깨소금으로 양념하고 양배추는 찜통에 살짝 쪄내 익힌 후 한잎 한잎 떼어두고, 케일잎과 깻잎은 끓는 소금물에 살짝 데쳐 찬물에 헹구어 준비한다.
❸ 양념된장 만들기 냄비에 물을 조금 넣어 된장 2큰술에 고추장 2큰술, 다진 파, 마늘, 참기름, 깨소금을 넣고 잘 저어가며 볶아서 양념장을 만든다.
❹ 말기 준비된 김치, 양배추, 깻잎에 밥을 조금씩 넣고 말아서 그릇에 담고 양념된장을 곁들인다.

··· 닭고기북어찜

❶ 재료 손질하기 닭은 토막내서 물에 씻은 후 물기를 빼두고 북어는 손질해서 4cm길이로 토막낸 후 미지근한 물에 담가 부드럽게 하고 다시마는 물에 담가 불린다.
❷ 양념 준비하기 파, 마늘은 다져두고 붉은고추는 어슷하게 썬다.
❸ 양념장 만들기 간장, 파, 마늘, 깨소금, 참기름, 후춧가루를 넣어 양념장을 만든다.
❹ 닭고기 익히기 프라이팬에 기름을 두르고 달구어 붉은고추와 닭고기를 넣어 앞뒤로 노릇하게 굽는다.
❺ 냄비에 안치기 냄비에 구워낸 닭과 북어, 다시마를 넣고 양념장을 부어 계속 끼얹어 주면서 찜을 한다.

삼각주먹밥

··· 삼각주먹밥

❶ 밥 양념하기 밥은 고슬고슬하게 지어 소금과 참기름으로 양념한다.
❷ 은행 볶기 은행은 프라이팬에 기름을 두르고 살짝 볶아 껍질을 벗긴다.
❸ 재료 준비하기 깨소금, 흑임자, 당근가루, 시금치가루를 준비한다.
❹ 모양 만들기 빚어 둔 밥에 은행을 넣어준 후 삼각형 모양으로 다시 빚어 각각 깨소금, 흑임자, 당근가루, 시금치가루를 가장자리에 묻힌다.

··· 패주·브로콜리꼬치구이

❶ 패주, 브로콜리 손질하기 패주는 손질해두고 도라지는 껍질을 벗겨두고 브로콜리는 손질해서 끓는물에 소금과 식용유 1~2방울을 넣어 살짝 데쳐낸다.
❷ 바비큐 소스 만들기 토마토케첩, 간장, 설탕, 식초를 넣어 살짝 끓여서 바비큐 소스를 만든다.
❸ 꼬치에 꿰어 굽기 꼬치에 패주, 도라지, 브로콜리 순으로 꿰어 바비큐 소스를 발라가며 석쇠에 굽는다.

유부초밥

··· 유부초밥

❶ 밥 짓기 쌀은 씻어 건져 쌀과 같은 양의 물에 불려 놓은 다시마를 넣어 밥을 짓는다.
❷ 유부 손질하기 유부는 끓는 물에 살짝 데친 후 다시마물, 간장, 설탕에 조려 물기를 뺀다.
❸ 재료 손질하기 연근은 껍질을 벗겨 썰어서 살짝 데쳐내어 설탕, 식초, 소금을 넣은 단촛물에 담가 두었다가 건져서 작게 썬다. 당근은 채썬 후 끓는 물에 살짝 데쳐 다시마물, 간장, 설탕에 조려 작게 썬다. 표고버섯은 미지근한 물에 불려 기둥을 떼고 저며 채썰어서 다시마물, 간장, 설탕에 조려내어 작게 썬다.
❹ 촛물 만들기 냄비에 식초, 설탕, 소금을 넣어 살짝 끓여 식혀 촛물을 만든다.
❺ 밥에 재료 넣어 촛물에 버무리기 밥을 큰그릇에 담고 조린 연근, 당근, 표고버섯을 넣고 흑임자, 촛물을 부어 부채로 부쳐가며 나무주걱으로 섞어 식힌다.
❻ 모양 만들기 조려진 유부에 버무려 둔 초밥을 넣고 모양을 만든다.

··· 쇠고기완자튀김꼬치

❶ 쇠고기 간하기 다진 쇠고기는 150g을 준비하여 핏물을 빼고 간장 2큰술, 설탕 1큰술, 다진파 1작은술, 다진마늘 1/2작은술, 참기름 1/2작은술, 깨소금 1/2작은술, 후춧가루로 양념한다.
❷ 오이, 단무지 썰기 오이와 단무지는 주사위 모양으로 썬다.
❸ 완자에 밀가루, 달걀물 입히기 양념한 쇠고기를 완자로 빚어 밀가루, 달걀물을 씌운다.
❹ 완자 익히기 팬에 기름을 두르고 달구어 완자를 굴려가며 익힌다.
❺ 꼬치에 꿰기 꼬치에 익힌 완자와 오이 또는 완자와 단무지를 끼운다.

주먹초밥

··· 주먹초밥

❶ **밥짓기** 쌀은 2컵을 씻어 건져서 쌀과 같은 양의 물을 부어 밥을 고슬하게 짓는다.
❷ **김 자르기** 김은 1cm 폭으로 길게 자른다.
❸ **촛물 만들기** 냄비에 식초 3큰술, 설탕 2큰술, 소금 1작은술을 넣어 설탕이 녹을 정도로 살짝 끓여 촛물을 만들어 식힌다.
❹ **모양빚기** 준비된 밥에 촛물을 넣어 버무린 후 먹기 좋게 빚어 김을 두른다.

··· 삼색달걀말이

❶ **달걀풀기** 달걀 4개를 풀고 소금을 넣고 체에 거른다.
❷ **야채 썰기** 당근, 실파, 양파, 표고는 잘게 썬다.
❸ **재료 합하기** 달걀물에 야채 썬 것을 합한다.
❹ **달걀 말아가며 익히기** 달구어진 팬에 기름을 두르고 달걀물을 부어 말아가면서 익혀 식으면 모양있게 썬다.

필라프도시락

··· 필라프

❶ **쌀 씻어 건지기** 쌀은 씻어 건져 물기를 뺀다.
❷ **해물 손질하기** 오징어는 내장을 제거하고 껍질을 벗겨내어 세로로 칼집을 넣은 다음 4~5cm길이로 잘라 다시 칼을 눕혀 저며 썰고, 새우는 내장을 빼고

소금물에 흔들어 씻는다. 청피망, 붉은피망은 사방 1cm 크기로 썬다.
❸ **바지락 삶기** 바지락은 소금물에 담가 해감을 토하게 한 후 냄비에 물을 붓고 끓여, 바지락을 건져내고 국물은 따로 받아 놓는다.
❹ **치자물 만들기** 치자는 깨뜨려 1/2컵 분량의 물에 담가 색을 우린다.
❺ **밥 짓기** 냄비에 올리브 오일을 넉넉히 두르고 다진마늘과 다진양파를 넣어 볶다가 준비해 놓은 해물과 쌀을 넣어 소금, 후춧가루로 간하여 기름기가 돌 정도로 볶은 후 조개국물과 치자물로 밥물을 맞추어 밥을 짓는다.

··· 쇠고기찹스테이크

❶ **쇠고기 썰어 밑간하기** 쇠고기는 기름기가 조금 있는 등심으로 준비하여 사방 1.5cm 크기로 썰어 소금, 후춧가루를 뿌려 간한다.
❷ **야채 준비하기** 양파, 청·홍피망은 손질하여 쇠고기와 같은 크기로 썬다.
❸ **간하여 볶기** 달구어진 팬에 기름을 두르고 쇠고기를 넣어 볶다가 양파, 청피망, 붉은피망을 넣고 소금, 후춧가루로 간하여 볶는다.

흑미밥도시락

··· 흑미밥

❶ **밥 짓기** 멥쌀 1컵에 흑미 1큰술 정도 섞어 깨끗이 씻어 20~30분 정도 불린 후 불에 올려 한소끔 끓으면 나무주걱으로 한번 저어 고슬한 밥을 짓는다. 쌀밥도 같은 방법으로 짓는다.
❷ **도시락에 담기** 밥이 한김 나간 후에 흑미밥과 쌀밥을 반씩 나누어 담는다.

··· 닭다리튀김

❶ **밑간하기** 닭다리는 어슷하게 칼집을 넣어 소금, 후춧가루, 청주로 밑간한다.
❷ **찜통에 찌기** 밑간한 닭은 김이 오른 찜통에 넣고 10~15분 정도 찐다.
❸ **튀김옷 묻히기** 찜통에 쪄낸 닭은 한김 나간 후에 밀가루, 달걀, 빵가루 순으로 묻혀 160~170℃의 튀김기름에 노릇하게 튀긴다.

··· 김치밀전병

❶ **김치 썰기** 김치는 소를 털어내고 송송 썰어 깨소금, 참기름으로 양념한다.
❷ **실파, 고기 준비하기** 실파는 2cm길이로 송송 썰고, 쇠고기는 곱게 다져 갖은 양념하여 팬에 기름을 두르고 볶는다.
❸ **반죽하기** 밀가루에 달걀, 물을 섞어 걸쭉한 반죽을 만든 다음 김치, 실파, 고기를 넣고 소금, 마늘, 참기름으로 간을 해 고루 섞는다.
❹ **팬에 지지기** 달구어진 팬에 기름을 두르고 ③의 반죽을 한국자씩 떠넣어 앞뒤로 노릇하게 지져내어 한김 나간 후에 한입 크기로 썰어 담는다.

··· 작은게조림

❶ **작은게 손질하기** 작은게는 살아 있는 것으로 준비해 솔로 문질러 닦는다.
❷ **야채 썰기** 고추는 꼭지를 떼고 씻어서 어슷썰고, 대파도 어슷썬다.
❸ **양념장 만들기** 간장, 고춧가루, 물엿, 다진파, 다진마늘, 후춧가루에 물을 붓고 양념장을 만든다.
❹ **작은게 볶기** 냄비에 기름을 두르고 손질한 게를 넣어 볶다가 양념장을 붓고 대파, 붉은고추, 풋고추를 넣어 간이 배게 더 볶는다.
❺ **통깨 뿌리기** 윤기나게 볶은 후 마지막에 통깨를 뿌린다.

초밥케익도시락

··· 초밥케익
❶ **밥 짓기** 쌀은 밥짓기 30분 전에 씻어 건져 다시마를 넣고 고슬한 밥을 짓는다.
❷ **단촛물 만들기** 식초, 설탕, 소금을 섞어 잠시 끓여 밥이 뜨거울 때 고루 섞는다.
❸ **속 재료 준비하기** 쇠고기는 곱게 다져 간장, 설탕, 청주, 마늘, 파, 후추, 참기름으로 양념하여 고루 볶아 놓고, 깻잎은 깨끗이 씻어 물기를 닦아 놓는다.
❹ **틀에 담기** 사각틀에 랩을 깐 다음 촛물을 섞어 식혀 놓은 밥을 반 정도 넣어 고르게 펴고, 그 위에 쇠고기, 깻잎을 얹은 다음 다시 남은 초밥을 얹는다.
❺ **초밥 장식하기** ④의 초밥 위에 무거운 것을 올려 잠시 눌러준 다음 달걀노른자나 파슬리가루를 체에 내려 얹고 먹기 좋은 크기로 잘라 먹는다.

··· 돼지고기피카타
❶ **돼지고기 준비하기** 돼지고기는 기름기가 적은 부위로 1장당 80g씩 1cm두께로 준비해서 칼집을 넣어 준 후 소금, 후추로 간한다.
❷ **재료 손질하기** 치즈는 굵직하게 다져 놓고 파슬리는 다져 물에 헹구어 꼭 짜 가루로 준비한다.
❸ **달걀물에 재료 합하기** 달걀물에 치즈와 파슬리를 합하여 놓는다.
❹ **팬에 지지기** 돼지고기에 밀가루를 입힌 후 ③의 달걀물에 적셔 프라이팬에 기름을 두르고 달구어 앞뒤를 익힌다.

각색초밥

··· 각색초밥 김달걀말이초밥
오이초밥 · 햄초밥
장어구이초밥
❶ **밥하기** 쌀은 씻어 불려서 건져 물기 뺀 후 같은 양의 물을 부어 밥을 짓는다.
❷ **재료 준비하기** 달걀은 푼 후 소금을 넣고 체에 걸러두고 김은 반으로 자른다. 오이는 돌려 깎기하여 3cm 폭, 4cm 길이로 썰고, 햄도 오이와 같은 폭으로 준비한다. 장어는 손질하여 두고 실파는 살짝 데친다.
❸ **재료 익히기** 달군 팬에 기름을 두르고 달걀물을 부어 반 정도 익으면 김을 얹어 말아가며 2~3번 반복해서 익혀 썬다. 장어는 먼저 간장과 참기름으로 유장을 만들어 초벌구이를 한 후 고추장, 간장, 물엿, 다진파 · 마늘, 생강즙, 청주, 참기름으로 양념장을 만들어 한번 더 발라가며 구워 알맞게 썬다.
❹ **촛물 만들기** 식초, 설탕, 소금을 넣어 끓여 식혀 촛물을 만든다.
❺ **밥에 촛물 섞기** 준비된 밥에 촛물을 부어 식혀서 밥의 모양을 만들어 둔다.
❻ **모양내기** 초밥 위에 달걀말이, 오이, 햄, 장어 썬 것을 올려 실파로 만다.

··· 호박전
❶ **호박 썰기** 호박은 0.5cm 두께로 썰어 소금을 뿌려 두었다가 물기를 뺀다.
❷ **밀가루, 달걀물 입히기** 호박에 밀가루, 달걀물을 씌운다.
❸ **호박 지지기** 팬을 달구어 기름을 두르고 호박을 앞뒤로 지져 익힌다.

쇠고기깻잎김밥

··· 쇠고기깻잎김밥 · 누드김밥
❶ **밥 양념하기** 쌀을 미리 씻어 불렸다가 건져 물기를 뺀 후 고슬고슬하게 밥을 지어 소금과 참기름으로 간한다.
❷ **재료 준비하기** 다진 쇠고기를 준비하고 시금치는 다듬어서 끓는 소금물에 살짝 데친다. 당근은 막대모양으로 잘라 끓는 물에 살짝 데치고, 단무지는 막대모양으로 썬다. 달걀은 풀어 지단을 부쳐 길게 썰고, 깻잎은 씻어 반으로 나눈다.
❸ **양념해 무치기** 쇠고기는 간장, 설탕, 다진파 · 마늘, 참기름, 깨소금, 후춧가루로 양념해서 볶는다. 시금치는 소금, 참기름, 깨소금으로 양념해 무친다.

❹ **김굽기** 김은 석쇠에 앞, 뒤를 살짝 굽는다.
❺ **재료 넣어 말기** 김발 위에 김을 얹고 밥을 편 후 가운데에 깻잎을 깔고 그 위에 쇠고기, 시금치, 당근, 단무지, 지단을 올려 단단하게 돌돌 말아 썬다.
❻ **누드 김밥 만들기** 김발 위에 랩을 깔고 밥을 편 후 김을 올린다. 가운데에 깻잎을 얹고 그 위에 쇠고기, 시금치, 당근, 단무지, 지단을 올려 단단하게 돌돌 말아 알맞은 크기로 썬다.

밥전도시락

··· 밥전
❶ **밥 짓기** 밥은 고슬하게 지어 준비한다.
❷ **야채 준비하기** 쇠고기는 다진 것을 준비해 표고버섯 다진 것과 간장, 설탕, 청주, 다진파, 다진마늘, 깨소금, 후춧가루, 참기름으로 양념하여 볶아 식혀두고, 당근은 잘게 썰어 팬에 기름을 두르고 소금 간하여 살짝 볶는다.
❸ **밥 양념하기** 밥에 볶아둔 쇠고기, 표고, 당근을 넣고 소금, 참기름, 깨소금으로 간을 하여 버무린다.
❹ **모양 만들기** 양념해 놓은 밥은 한입크기로 떼어 손으로 꼭 쥐어 놓는다.
❺ **달걀 풀어 체에 거르기** 달걀은 소금을 넣어 잘 풀어서 체에 거른다.
❻ **팬에 지지기** 달구어진 프라이팬에 기름을 두르고 달걀물을 한수저씩 떠넣은 후 쥐어 놓은 밥을 그 위에 얹어 말아서 지진다.

··· 돼지고기편육양념구이
❶ **돼지고기 핏물 빼고 삶기** 돼지고기는 물에 담가 핏물을 뺀다. 물에 된장을 풀어 끓으면 대파, 마늘, 생강을 넣고 핏물 뺀 돼지고기를 넣어 푹 삶는다.
❷ **돼지고기 누르기** 돼지고기가 다 익었으면 꺼내어 뜨거울 때 베보자기에 싸서 무거운 것으로 눌러 모양을 만든 후 썬다.
❸ **양념장 만들기** 그릇에 간장, 설탕, 다진파 · 마늘, 깨소금, 참기름을 넣어 양념장을 만든다.
❹ **편육 굽기** 그릴에 호일을 깔고 편육에 양념장을 끼얹어 가며 앞뒤로 먹음직스럽게 굽는다.

이맘때면 채소와 과일이 풍성해 장보기도 좋고 메뉴 짜기도 한결 수월하다. 양상추, 더덕, 미나리, 상추, 마늘종, 청경채 등 각종 채소에 병어, 꽃게, 오징어, 새우, 멸치 등 해산물도 한창이다. 조리고 무치고 튀기는 것도 좋지만 재료 자체 맛을 즐길 수 있는 식품들도 많아 손쉽게 풍성한 식탁을 차릴 수 있다. 시원한 여름김치까지 담가두면 상차림이 더 즐겁다.

5 > 6월

M_월nday

아침 · 토스트	290Kcal
요구르트	114Kcal
참치샐러드	156Kcal
점심 · 카레라이스	580Kcal
오이소박이	29Kcal
저녁 · 흑미밥(1공기)	331Kcal
북어무채국	182 Kcal
닭고기버섯레몬조림	265Kcal
씀바귀무침	66Kcal
오이소박이	29Kcal

닭고기버섯레몬조림

재료/4인분

닭고기	400g
만가닥버섯	1봉지
팽이버섯	1봉지
레몬	1개
다진 파슬리	조금
소금 · 후춧가루	조금씩
백포도주 · 올리브유 · 버터	조금씩

조림장

백포도주	1/2컵
레몬즙	1/2개분
너트멕	1/2작은술
양파(채썬것)	1/4개
마늘(채썬것)	1개
육수	1컵

이렇게 만드세요

1 닭고기 밑간하기 닭은 기름을 떼어내고 깨끗이 씻어 물기 제거한 후 한입 크기로 잘라 소금, 후춧가루, 백포도주로 밑간을 한다.

2 버섯 손질하기 만가닥버섯은 뿌리 부분의 흙을 털어내고 밑둥을 잘라낸 후 송이송이 뜯어 놓고, 팽이버섯은 밑둥을 잘라 흐르는 물에 흔들어 씻는다.

3 레몬 손질하기 레몬은 껍질을 벗겨서 안쪽의 흰부분은 떼어낸 후 곱게 채썰고, 과육은 즙을 짜둔다.

4 닭 구워내기 달구어진 프라이팬에 올리브유, 버터를 두르고 밑간한 닭을 노릇노릇하게 구워낸다.

5 냄비에 끓이기 냄비에 구운 닭고기를 담고 레몬즙, 양파, 마늘, 육수, 너트멕을 넣고 끓인다. 끓이면서 생기는 거품은 걷어내고 뚜껑을 덮고 약한 불에서 15~20분 정도 끓인다.

6 버섯과 백포도주, 레몬껍질 넣기 한소끔 끓으면 손질해 놓은 버섯과 백포도주, 레몬껍질을 넣고 뚜껑을 열고 약 5분간 조린다.

7 접시에 담기 닭고기에 맛이 배면 그릇에 담고 파슬리가루를 뿌려 낸다.

> **더 맛있게!** 레몬은 신맛이 강해서 그대로 먹을 수 없다. 하지만 닭요리에 즙을 넣거나 닭살의 겉면을 레몬의 단면으로 문질러 주면 닭 특유의 비릿한 냄새를 없앨 수 있다.

비디오 쿠킹

닭고기 밑간하기

버섯 손질하기

닭 구워내기

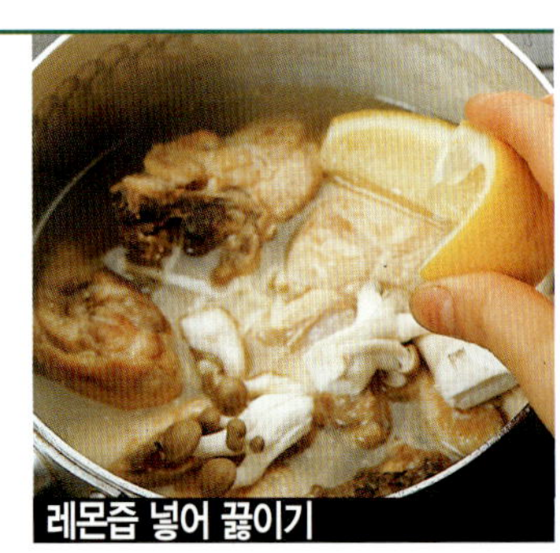

레몬즙 넣어 끓이기

Tu화day

오늘의 식단
(총1762Kcal)

아침	야채죽	215Kcal
	김치	17Kcal
	마른새우무조림	74Kcal
점심	쌀밥(2/3공기)	223Kcal
	무국	123Kcal
	시금치나물	58Kcal
	호도쇠고기구이	406Kcal
	오이소박이	9Kcal
저녁	잡곡밥	329Kcal
	삼색냉채	66Kcal
	콩나물된장국	58Kcal
	낙지피망볶음	147Kcal
	김치	17Kcal

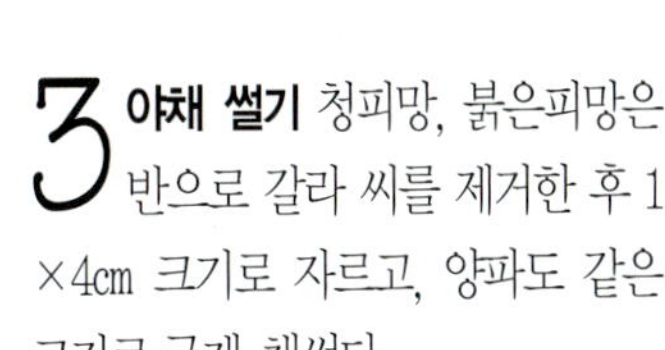

낙지피망볶음

 **재료/4인분**

낙지(중) 1마리, 청피망 1개, 붉은피망 1/2개, 양파 1/2개, 다진마늘 2작은술, 다진생강 1작은술, 설탕 1작은술, 소금 1/2작은술, 청주 2큰술, 후춧가루 조금, 육수 3큰술, 물녹말 1큰술, 샐러드유 적당량

이렇게 만드세요

1 낙지 손질하기 낙지는 머리에 칼집을 넣어 먹물주머니가 터지지

않도록 조심하여 내장을 제거한 다음, 굵은 소금을 넣고 바락바락 주물러 깨끗이 씻는다.

2 낙지 썰기 손질한 낙지는 5cm 길이로 자르고 다리 끝 부분은 조금씩 잘라낸다.

3 야채 썰기 청피망, 붉은피망은 반으로 갈라 씨를 제거한 후 1×4cm 크기로 자르고, 양파도 같은 크기로 굵게 채썬다.

4 낙지 데치기 끓는 물에 낙지를 넣고 살짝 데쳐낸다.

5 팬에 볶기 달구어진 팬에 기름을 두르고 마늘과 생강을 넣고 볶아 향이 돌면 썰어 놓은 피망, 양파를 볶는다.

6 낙지 넣고 간하기 야채가 어느 정도 익으면 낙지를 넣고 센불에서 잠깐 볶다가 육수를 붓고 소금, 설탕, 청주, 후춧가루로 간한다.

7 녹말 섞기 마지막에 물녹말을 넣어 버무린 다음 참기름을 섞어 접시에 담아낸다.

호도쇠고기구이

 **재료/4인분**

쇠고기(다진것) 400g, 호두 4개 **양념장** 간장 3큰술, 설탕 1 1/2큰술, 청주 1큰술, 다진파 1큰술, 다진마늘 2작은술, 깨소금 2작은술, 후춧가루 조금, 참기름 2작은술

이렇게 만드세요

1 쇠고기 다지기 쇠고기는 등심 부위로 골라 곱게 다져 놓는다.

2 호두 껍질 벗기기 호두는 미지근한 물에 불려 속껍질을 벗긴다.

3 양념장 만들기 그릇에 간장, 설탕, 청주, 파, 마늘, 깨소금, 후춧가루, 참기름을 넣고 고루 섞어 쇠고기 양념장을 만든다.

4 쇠고기 양념하여 치대기 다진 쇠고기에 양념장을 넣고 고루 치대어 끈기가 생기도록 한다.

5 모양 만들기 쇠고기는 크기 4×6cm 크기, 0.7cm 두께의 직사각형으로 빚는다.

6 호두 박기 빚어놓은 쇠고기 반죽에 껍질 벗긴 호두를 모양 있게 박아준다.

7 굽기 그릴 판에 호일을 깔고 쇠고기 반죽을 중불에서 고루 구워낸 뒤 접시에 담고 잣가루를 뿌린다.

Wednesday 수

오늘의 식단
(총1851Kcal)

아침 · 쌀밥(2/3공기)	223Kcal
	콩나물국	43Kcal
	두부찜	82Kcal
	더덕생채	69Kcal
	총각김치	27Kcal
점심 · 바게트	205Kcal
	생선차우더	263Kcal
	감자튀김샐러드	319Kcal
저녁 · 쌀밥(1공기)	334Kcal
	고기배추전골	209Kcal
	연근조림	50Kcal
	총각김치	27Kcal

감자튀김샐러드

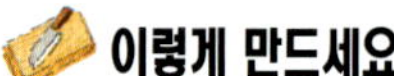

재료/4인분

감자	3개
베이컨	4장
통마늘	3쪽
무순	조금
레몬슬라이스	조금

프렌치 드레싱

올리브유	3큰술
식초	1 1/2큰술
소금	1작은술
흰후춧가루	조금

이렇게 만드세요

1 감자 썰기 감자는 깨끗이 껍질을 벗긴 후 한입 크기로 큼직하게 썰어 모서리를 둥그렇게 다듬어 준다.

2 감자 삶기 냄비에 썰어 놓은 감자를 넣고 물을 부어 삶아낸다.

3 베이컨 굽기 달구어진 팬에 베이컨을 넣고 바삭하게 구워낸다. 베이컨의 기름이 빠지면 잘게 썰어 놓는다.

4 감자 튀기기 삶아 놓은 감자는 물기를 뺀 후 170℃의 기름에  노릇하게 튀겨낸다. 이때 마늘도 납작하게 썰어 함께 튀겨낸다.

5 드레싱 만들기 그릇에 식초, 소금, 흰후춧가루를 담아 거품기로 저은 후 올리브오일을 조금씩 부어 가며 세게 저어서 뿌연색이 나도록 한다.

6 접시에 담기 접시에 감자, 베이컨, 마늘 조각을 섞어 담은 후 무순을 곁들여낸다. 먹기 직전에 드레싱을 뿌려준다

요리 힌트

감자는 찬물에 잠시 담갔다가 조리한다

감자는 조리하기 전에 찬물에 잠깐 담가두면 감자의 아린 맛도 우려낼 수 있고 변색되는 것도 방지할 수 있다. 또 녹말이 제거되기 때문에 축축 늘어지거나 달라붙지 않고 바삭하게 튀겨진다.

더 맛있게! 감자를 고를 때는 껍질이 녹색을 띠는 것은 아린 맛이 나므로 피하고, 싹이 난 것은 독성이 있으므로 좋지 않다.

비디오 쿠킹

감자 모서리 다듬기

감자 삶기

베이컨 굽기

프렌치 드레싱 만들기

Thursday 목

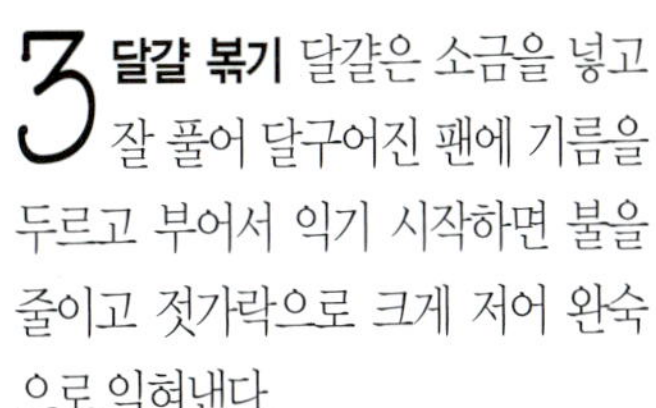

오늘의 식단
(총1930Kcal)

아침	· 크로아상	345Kcal
	햄지짐	91Kcal
	토마토오이샐러드	97Kcal
점심	· 쌀밥(1공기)	334Kcal
	달걀마늘종볶음	144Kcal
	달래된장찌개	153Kcal
	깍두기	20Kcal
저녁	· 보리밥(1공기)	329Kcal
	더덕구이	74Kcal
	두부백숙과 달래장	107Kcal
	채소튀김	216Kcal
	깍두기	20Kcal

달걀마늘종볶음

 **재료/4인분**

달걀 4개, 마늘종 300g, 목이버섯 20g, 생강 1톨, 소금 · 후춧가루 · 식물성기름 · 참기름 조금씩 **양념장** 굴기름 1큰술, 간장 1큰술, 설탕 1 작은술

 **이렇게 만드세요**

1 **야채 준비하기** 마늘종은 깨끗이 씻어 3~4cm 길이로 썰고 목이버섯은 미지근한 물에 불려 씻은 후 한입 크기로 뜯어 놓는다. 생강은 곱게 채썬다.

2 **양념장 만들기** 굴기름에 간장, 설탕을 섞어 양념장을 만든다.

3 **달걀 볶기** 달걀은 소금을 넣고 잘 풀어 달구어진 팬에 기름을 두르고 부어서 익기 시작하면 불을 줄이고 젓가락으로 크게 저어 완숙으로 익혀낸다.

4 **마늘종 볶기** 달구어진 팬에 기름을 두르고 생강을 넣어 향이 돌면 마늘종을 넣고 볶는다.

5 **양념장 넣기** 마늘종이 충분히 볶아지면 목이버섯을 넣고 양념장을 부은 후 다시 한번 볶아준다.

6 **달걀 넣기** 마늘종이 거의 다 익었을 때 익혀놓은 달걀을 넣고 다시 한번 섞는다.

7 **참기름 넣기** 소금으로 간하고, 마지막으로 후춧가루, 참기름을 넣어 살짝 버무려 접시에 담아낸다.

두부백숙

재료/4인분

돼지고기(샤브샤브용) 100g, 두부 1/2모, 참나물 50g, 다시마 10㎝, 국간장 1작은술, 소금 · 청주 · 후춧가루 조금씩

이렇게 만드세요

1 **돼지고기 썰기** 돼지고기는 기름기 적은 등심으로 골라 얇게 저며 썰어 소금, 청주로 밑간해 놓는다.

2 **야채 준비하기** 두부는 손으로 큼직하게 으깨어 놓고 참나물은 짧게 잘라 놓는다.

3 **장국 만들기** 다시마는 하루 전에 찬물에 담가놓거나 찬물에 넣고 끓여낸다. 끓기 시작해서 10분 정도 끓인 후 다시마는 건져낸다.

4 **돼지고기 넣기** 장국에 국간장으로 색을 낸 후 청주를 넣고, 알코올이 날아가면 돼지고기를 넣어 끓인다.

5 **두부 넣고 간하기** 돼지고기가 익으면 으깨어 놓은 두부를 넣고 소금 · 후춧가루로 간을 맞추어 준다.

6 **참나물 넣기** 충분히 맛이 들면 마지막으로 참나물을 넣어 한소끔 끓여낸다.

Friday 금

오늘의 식단 (총1836Kcal)		
아침	팥밥(2/3공기)	219Kcal
	미역국	104Kcal
	생선조림	144Kcal
	열무김치	19Kcal
점심	들깨국수	512Kcal
	열무김치	19Kcal
저녁	쌀밥(1공기)	334Kcal
	양배추쌈	30Kcal
	쌈장	41Kcal
	대구포무침	134Kcal
	연근돼지고기전	261Kcal
	열무김치	19Kcal

연근돼지고기전

 **재료/4인분**

연근	250g
돼지고기	50g
양파	1/4개
풋고추	1개
표고버섯	1장
달걀	1개
녹말가루	4큰술
소금	2/3작은술
후춧가루	조금
마늘	2작은술
식초	조금

이렇게 만드세요

1 연근 식촛물에 담그기 연근은 깨끗이 씻어 껍질을 벗기고 식촛물에 담가 놓는다.

2 연근 갈기 식촛물에 담가 두었던 연근은 건져서 강판에 곱게 간다.

3 돼지고기 다지기 돼지고기는 기름기가 적은 등심으로 골라 곱게 다진다.

4 야채 준비하기 양파, 풋고추, 표고버섯은 각각 곱게 다져 놓는다.

5 반죽하기 그릇에 갈아놓은 연근을 넣고 다져놓은 돼지고기, 양파, 풋고추, 표고버섯을 넣은 후 달걀, 녹말가루, 소금, 후춧가루, 마늘을 넣고 버무려 걸쭉하게 반죽한다.

6 지지기 달구어진 팬에 기름을 넉넉히 두르고 반죽을 한 수저씩 떠 넣어 앞뒤로 노릇노릇하게 지져낸다.

7 접시에 담기 노릇노릇하게 지져지면 채반에 담아 한김 나간 후에 접시에 보기 좋게 담고, 기호에 따라 양념장을 곁들여 낸다.

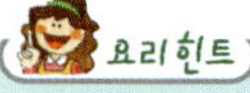 **요리힌트**

연근은 식촛물에 담가 아린맛을 뺀다

연근은 살이 많으며 껍질은 윤기가 있고 썰었을 때 구멍이 작으면서 수가 적은 것을 고른다. 가을에서 겨울 사이에 가장 맛이 좋은 연근은 당질과 비타민C가 비교적 많다. 아린맛이 강해서 자르면 바로 식촛물에 담가두어야 맛이 빠진다.

 **더 맛있게!** 입맛에 따라 부추나 양파를 넣고 전을 부쳐도 좋다. 부추나 양파 등 향이 강한 채소는 돼지고기의 누린내를 없애준다.

비디오 쿠킹

연근 식촛물에 담그기

연근 갈기

재료 반죽하기

팬에 지지기

오늘의 식단
(총1923Kcal)

아침	· 보리밥(2/3공기)	219Kcal
	풋고추매운국	74Kcal
	멸치볶음	105Kcal
	완자전	224Kcal
	김치	17Kcal
점심	· 쇠고기볶음밥	492Kcal
	무생채	49Kcal
	과일찰떡화채	193Kcal
저녁	· 쌀밥(1공기)	334Kcal
	버섯전골	163Kcal
	오징어젓갈	12Kcal
	깻잎전	24Kcal
	김치	17Kcal

과일찰떡화채

재료/4인분

찹쌀가루 1컵, 푸르츠 칵테일(통조림) 1통, 올리고당(또는 시럽) 조금 **찹쌀가루 반죽** 소금 조금, 더운물 1큰술

이렇게 만드세요

1 찹쌀가루 빻기 찹쌀을 물에 충분히 담가 불려서 가루로 빻아 고운 체에 내린다.

2 반죽하기 더운 물에 소금을 타서 찹쌀가루에 넣고 고루 치대어 반죽하고 젖은 가제로 덮는다.

3 찹쌀반죽 빚기 찹쌀 반죽이 말랑말랑하게 되면 직경 3cm, 두께 0.7cm 정도로 빚어 가운데를 살짝 눌러 모양을 만든다.

4 푸르츠 칵테일 체에 밭치기 푸르츠 칵테일을 체에 밭쳐 주스는 따로 받아 차게 준비한다.

5 찹쌀반죽 삶기 냄비에 물을 넉넉히 담아 불에 올려 끓어오르면 빚은 찹쌀반죽을 넣고 나무주걱으로 저어 떠오르면 건져낸다.

6 찹쌀반죽 올리고당에 버무리기 찹쌀반죽을 찬물에 헹구어 건져 물기를 빼고 올리고당이나 시럽에 버무린다.

7 그릇에 담기 그릇에 푸르츠 칵테일과 찹쌀반죽을 넣고 고루 버무려 차게 준비한 다음 먹기 직전에 주스를 부어 낸다.

풋배추매운국

재료/4인분

풋배추 200g, 쇠고기 100g, 쌀뜨물 8컵, 된장 3큰술, 고춧가루 1큰술, 대파 1/4대, 붉은고추 1/2개, 다진마늘 2작은술, 소금 조금 **쇠고기 양념장** 국간장 · 다진마늘 · 참기름 1작은술씩, 후춧가루 조금

이렇게 만드세요

1 풋배추 다듬기 풋배추는 4cm 길이로 썰어 소금을 약간 넣고 살짝 데쳐서 찬물에 헹구어 건진다.

2 쇠고기 썰어 양념하기 쇠고기는 기름기가 약간 있는 등심으로 골라 얇게 썰어 국간장, 마늘, 참기름, 후춧가루를 넣고 고루 버무려 놓는다.

3 야채 썰기 대파는 어슷 썰고, 붉은고추는 어슷 썰어 씨를 털어 준비한다.

4 장국 끓이기 양념해 놓은 쇠고기를 볶다가 익으면 쌀뜨물을 붓고 된장과 고춧가루를 풀어 장국을 끓인다.

5 풋배추 넣고 끓이기 장국이 끓어서 충분히 맛이 들면 데쳐놓은 풋배추를 넣고 다진마늘을 넣어 맛이 어우러지게 끓인다.

6 간하기 국의 간을 보아 싱거우면 소금으로 간을 맞추고 썰어놓은 대파와 붉은고추를 넣고 한소끔 끓여 그릇에 담아낸다.

오늘의 식단
(총1725Kcal)

아침 · 보리밥(2/3공기)	219Kcal
	두부찌개	170Kcal
	부추무침	52Kcal
	열무물김치	12Kcal
점심 · 생선조림덮밥	512Kcal
	마늘장아찌	16Kcal
	열무물김치	12Kcal
저녁 · 보리밥(1공기)	329Kcal
	갈비탕	328Kcal
	조개젓무침	55Kcal
	깍두기	20Kcal

생선조림덮밥

재료/4인분

말린 붕장어(아나고)	2마리
달래	100g
흰깨 · 검은깨	조금씩
밥	4인분

조림장

고추장	2큰술
간장	2작은술
설탕	2작은술
물엿	3큰술
청주	1큰술
다진마늘	1/2큰술
생강즙	1작은술
후춧가루	조금

이렇게 만드세요

1 붕장어 불리기 말린 붕장어는 두 세 번 물에 씻어 미지근한 물에 한시간 정도 담가 불렸다가 건져 물기를 빼놓는다.

2 재료 썰기 불려 놓은 붕장어는 2~3㎝ 길이로 썰고, 달래는 머리의 껍질을 벗겨 깨끗이 씻어 붕장어와 같은 길이로 썰어 준비한다.

3 조림장 만들기 냄비에 고추장, 간장, 설탕, 물엿, 청주, 다진마늘, 생강즙, 후춧가루를 넣어 고루 저어가며 끓여 준다.

4 붕장어 넣고 조리기 조림장이 끓으면 썰어놓은 붕장어를 넣고 중불에서 양념을 끼얹어 가며 은근히 조린다.

5 그릇에 담기 붕장어가 윤기나게 조려지면 따뜻한 밥 위에 붕장어를 얹고 달래를 얹는다. 모양있게 흰깨와 검은깨를 얹어주어도 좋다.

🧑‍🍳 요리힌트

일식 조림장으로 맛을 낸다

생선은 장어 이외에 쉽게 구할 수 있는 꽁치, 삼치, 정어리 등을 사용해도 좋다. 또 고추장 양념장 이외에 간장, 청주, 설탕, 조미술을 이용한 일식 조림장을 만들면 색다른 맛을 낼 수 있다.

더 맛있게! 장어 요리를 할 때 산초를 함께 사용하면 좋다. 산초는 장어의 지방 산화를 억제하고 소화를 도와주는 작용을 하기 때문이다. 조림이나 구이를 할 때 장어의 앞뒷면에 칼집을 넣으면 간도 잘 배고 구울 때 모양도 오그라 들지 않는다. 양념장을 바른 장어는 1시간 정도 재워둔다.

비디오 쿠킹

마른 붕장어 불리기

달래 썰기

조림장 만들기

붕장어 넣고 조리기

*M*월*nday*

오늘의 식단
(총1774kcal)

아침	· 팬케익과 딸기크림	338Kcal
	밀크티	22Kcal
점심	· 보리밥(1공기)	329Kcal
	감자된장찌개	159Kcal
	꽁치구이	132Kcal
	김구이	14Kcal
	김치	17Kcal
저녁	· 쌀밥(1공기)	334Kcal
	돼지고기스테이크	304Kcal
	야채수프	63Kcal
	연배추우엉겉절이	45Kcal
	김치	17Kcal

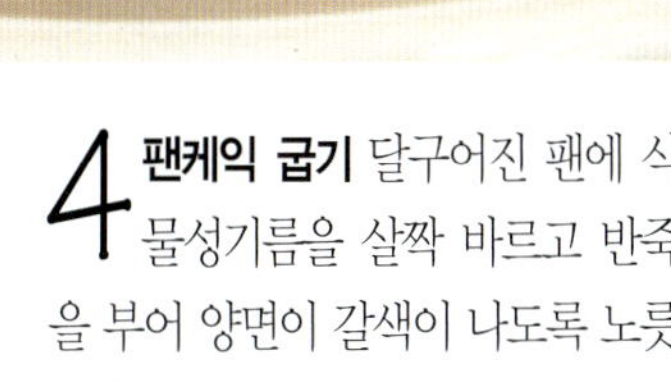

팬케익과 딸기 크림

재료/4인분
박력분 150g, 베이킹파우더 2작은술, 달걀 1개, 설탕 1큰술, 우유 3/4컵, 무염버터 4큰술, 소금·샐러드유 조금씩, 딸기 200g, 생크림 1컵, 설탕 1큰술, 딸기잼 조금

이렇게 만드세요

1 박력분 체에 내리기 박력분에 베이킹파우더를 섞어 고운 체에 두세번 내려준다.

2 달걀에 우유, 버터, 설탕 섞기 볼에 달걀을 넣고 잘 저은 후 설탕, 우유, 버터, 소금을 넣고 잘 섞어준다.

3 달걀물에 박력분 섞기 체에 내려놓은 박력분을 넣고 거품기로 잘 저어 반죽한다.

4 팬케익 굽기 달구어진 팬에 식물성기름을 살짝 바르고 반죽을 부어 양면이 갈색이 나도록 노릇하게 구워낸다.

5 딸기와 생크림 준비하기 딸기는 꼭지를 떼고 반 갈라 준비하고 생크림은 설탕을 약간 넣어 단단한 거품이 되도록 충분히 쳐준다.

6 접시에 담기 접시에 팬케익을 담고 딸기와 생크림, 딸기잼을 곁들여 담는다.

돼지고기스테이크

재료/4인분
돼지고기(1.5cm 두께) 4장, 소금·후춧가루·간장 조금씩, 애호박 1/2개, 붉은고추 1/2개, 새우젓·다진마늘·참기름 조금씩

이렇게 만드세요

1 돼지고기 핏물 빼기 돼지고기는 목살로 준비하여 1.5cm 두께로 썰어 핏물을 빼고 자근자근 두들겨 놓는다.

2 돼지고기 밑간하기 돼지고기에 소금, 후춧가루를 뿌려 밑간한다.

3 애호박 썰기 애호박은 반달모양으로 썰고, 붉은고추는 어슷 썬다. 새우젓은 굵게 다진다.

4 돼지고기 팬에 지지기 달구어진 팬에 기름을 두르고 간장을 약간 두른 후 밑간해 놓은 돼지고기를 넣고 갈색이 나게 속까지 완전하게 익혀낸다.

5 애호박 볶기 달구어진 냄비에 기름을 두르고 다진마늘을 넣고 볶아 향이 돌면 호박을 넣고 함께 볶는다.

6 애호박나물 간하기 호박이 익으면 새우젓으로 간을 맞추고 물을 붓고 끓인다. 붉은고추를 넣고 소금으로 간을 맞추고 참기름을 두른다.

7 접시에 담기 접시에 돼지고기를 담고 애호박나물을 곁들인다.

오늘의 식단
(총1724kcal)

아침	· 모닝빵	195Kcal
	두부토마토그라탱	**302Kcal**
점심	· 김치볶음밥	479Kcal
	달걀탕	55Kcal
	단무지	10Kcal
저녁	· 쌀밥(2/3공기)	223Kcal
	삼계탕	377Kcal
	씀바귀생채	66Kcal
	김치	17Kcal

두부토마토그라탱

 **재료/4인분**

두부	1모
토마토	4개
생크림	1/2컵
피자치즈	100g
소금 · 흰후춧가루	조금씩
샐러드유 · 버터	조금씩
파슬리가루	조금

 **이렇게 만드세요**

1 두부 썰기 두부는 2×3cm 크기, 두께 1cm 정도로 잘라 소금, 후춧가루를 뿌려 밑간한다.

2 두부 지지기 밑간해 놓은 두부를 달구어진 팬에 기름을 두르고 앞뒤로 노릇노릇하게 지져낸다.

3 토마토 데치기 토마토는 잘 익은 것으로 골라 가운데 +자 모양으로 칼집을 넣은 후 끓는 물에 넣어 살짝 데쳐낸다.

4 토마토 지지기 데친 토마토는 껍질을 벗겨 달구어진 팬에 버터를 두르고 지져낸다.

5 그릇에 담기 그라탱 그릇 안쪽에 얇게 버터를 바르고 두부, 토마토를 켜켜로 담는다.

6 생크림, 치즈 얹기 그 위에 생크림을 얹은 다음 피자치즈와 파슬리가루를 살짝 뿌려 전자레인지나 오븐에서 연한 갈색이 나도록 구워낸다.

더 맛있게! 오븐에 그라탱을 구워낼 때에는 미리 알맞은 온도로 예열시킨 상태에서 구워야 제맛이 난다. 예열이 제대로 되지 않은 상태에서 요리하면 음식이 제 맛, 제 빛깔을 내지 못한다.

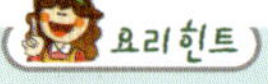 **요리힌트**

화이트 소스로 색다른 맛을!

생크림보다 밀가루와 버터를 같은 양으로 넣고 충분히 볶다가 육수와 우유를 넣어 같이 끓여 소금, 후춧가루로 간하여 화이트 소스를 만들어 보자. 만드는데 번거롭기는 하지만 그라탱을 만들 때에 화이트 소스를 넣으면 맛이 더욱 부드러워진다.

비디오 쿠킹

두부 지지기

토마토 데치기

토마토 지지기

그라탱 그릇에 담기

Wednesday 수

오늘의 식단
(총1947Kcal)

아침	· 보리밥(2/3공기)	219Kcal
	시금치국	88Kcal
	달걀장조림	91Kcal
	새우볶음	160Kcal
	김치	17Kcal
점심	· **쇠고기비빔국수**	535Kcal
	실파국	62Kcal
	토마토	56Kcal
저녁	· 쌀밥(1공기)	334Kcal
	감자국	87Kcal
	두부김치	144Kcal
	삼치일식된장조림	134Kcal
	깍두기	20Kcal

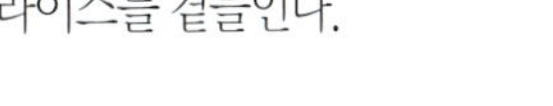

삼치일식된장조림

🍚 **재료/4인분**

삼치 1/2마리, 풋마늘 2대 **조림 된장** 다시마 장국 1컵, 청주 2큰술, 설탕 3 1/2큰술, 왜된장 3큰술, 생강 1톨

✍️ **이렇게 만드세요**

1 삼치 토막내기 삼치는 싱싱한 것으로 골라 3장 포뜨기 하여 오그라 들지 않도록 껍질 쪽으로 칼집을 넣는다.

2 야채 썰기 풋마늘은 길게 반 갈라 3~4cm 길이로 썰고, 실파는 송송 썬다. 생강은 곱게 채썬다.

3 조림장 만들기 냄비에 다시마장국을 붓고 왜된장을 덩어리가 생기지 않도록 잘 푼 다음 청주와 설탕, 생강채를 넣고 끓인다.

4 조리기 조림장이 끓기 시작하면 삼치를 넣고 불을 줄여 서서히 조린다.

5 풋마늘 넣기 거의 다 조려지면 풋마늘을 넣고 한소끔만 더 조려낸다.

6 그릇에 담기 그릇에 삼치와 풋마늘을 가지런히 담고 레몬 슬라이스를 곁들인다.

쇠고기비빔국수

🍚 **재료/4인분**

쇠고기 150g, 오이 1/2개, 셀러리 1/4대, 우동국수 4인분, 샐러드유 조금 **쇠고기 양념장** 물 1/2컵, 대파 1/4대, 생강 1/2톨, 왜된장 2작은술, 간장 1작은술 **비빔 양념장** 두반장 1큰술, 간장 2큰술, 청주 1큰술, 설탕 2큰술, 식초 2큰술, 후춧가루 · 소금 조금씩

✍️ **이렇게 만드세요**

1 쇠고기 다지기 쇠고기는 기름기가 적은 우둔으로 골라 곱게 다진다.

2 야채 썰기 오이, 셀러리는 5cm 길이로 곱게 채썰고, 대파와 생강은 곱게 다진다.

3 쇠고기 볶기 냄비에 기름을 두르고 대파, 생강을 넣고 볶아 향이 돌면 쇠고기를 넣고 볶다가 물을 붓고 왜된장과 간장으로 간을 하여 중간불에서 서서히 조린다.

4 비빔장 만들기 그릇에 간장, 청주, 설탕, 식초, 후춧가루, 소금을 넣고 고루 섞은 다음 두반장을 넣어 새콤달콤한 비빔장을 만든다.

5 국수 삶기 냄비에 물을 넉넉히 담아 끓으면 우동국수를 흐트러지게 넣고 속까지 익도록 삶아 찬물에 재빨리 헹구어 1인분씩 사리를 만들어 놓는다.

6 그릇에 담기 삶아 놓은 국수를 담고 볶아 조린 쇠고기와 셀러리, 오이를 보기 좋게 얹어 준 다음 새콤한 두반장 비빔장을 먹기 직전에 얹어 비벼 먹는다. 입맛에 따라 치커리, 무순 등을 곁들여도 좋다.

오늘의 식단
(총1811Kcal)

아침	· 쌀밥(2/3공기)	223Kcal
	감자미역찌개	165Kcal
	도라지볶음	98Kcal
	김치	17Kcal
점심	· 수제비	416Kcal
	딸기	54Kcal
	김치	17Kcal
저녁	· 보리밥(1공기)	329Kcal
	북어국	172Kcal
	오이생채	46Kcal
	닭고기양배추볶음	254Kcal
	오이깍두기	20Kcal

닭고기양배추볶음

 **재료/4인분**

닭살 200g, 양배추잎 3장, 양파 1/2개, 마른고추 1개, 마늘 3톨, 소금 · 후춧가루 · 샐러드유 조금씩, 녹말가루 1큰술 **양념장** 간장 2작은술, 고추장 1큰술, 고춧가루 2작은술, 설탕 2작은술, 청주 2작은술, 다진생강 1작은술, 후춧가루 · 참기름 조금씩

 **이렇게 만드세요**

1 **닭살 밑간하기** 닭살은 한입 크기로 썰어 소금, 후춧가루로 밑간

해 놓는다.

2 **야채 썰기** 양배추는 가운데 줄기는 저며내고 1×3cm 크기로 썰고, 양파는 채썬다. 마른고추는 어슷 썰어 씨를 털어내고, 마늘은 편으로 썬다.

3 **양념장 만들기** 그릇에 간장, 고추장, 고춧가루, 설탕, 청주, 생강, 후춧가루, 참기름을 넣고 고루 섞

어 양념장을 만든다.

4 **마른고추, 마늘 향내기** 달구어진 팬에 기름을 두르고 마른고추와 마늘을 넣고 볶아 향을 낸다.

5 **닭고기, 야채 볶기** 기름에 향이 돌면 닭고기를 넣고 볶다가 하얗게 익으면 양파와 양배추, 양념장을 넣고 볶는다.

6 **녹말 넣기** 소금, 후춧가루로 간을 맞추고 야채에서 물이 나오면 물에 풀어놓은 녹말을 넣어 걸쭉하고 윤기가 돌게 볶아낸다. 마지막에 참기름을 두르면 향이 더욱 좋다.

감자미역찌개

 **재료/4인분**

감자(중) 2개, 미역 100g, 모시조개 100g, 붉은고추 1/2개, 소금 · 후춧가루 조금씩, 다진마늘 2작은술, 고춧가루 1/2큰술

 **이렇게 만드세요**

1 **감자, 미역 썰기** 감자는 껍질을 벗긴 후 반으로 갈라 도톰하게 반달썰기 하고, 미역은 물에 충분히 불려

씻은 후 4∼5cm 길이로 썬다.

2 **모시조개 손질하기** 모시조개는 소금을 넣고 문질러 씻은 후 옅은 소금물에 담가 해감을 토하게 한다.

3 **붉은고추 썰기** 붉은고추는 어슷 썰어 씨를 털어낸다.

4 **모시조개 끓이기** 냄비에 찬물을 붓고 손질한 모시조개를 넣고 끓여 조개의 입이 벌어지면 조개는 건져서 따로 담아놓고 국물은 다른 냄비에 가만히 따라 바닥에 가라앉은 모래를 제거한다.

5 **감자 넣고 끓이기** 조개 국물에 고춧가루와 감자를 넣고 끓여 감자가 반 정도 익으면 미역을 넣고 충분히 끓여준다.

6 **간하기** 감자와 미역이 거의 다 익으면 다진마늘과 소금을 넣고 맛이 어우러지도록 끓인다.

7 **붉은고추 넣기** 마지막으로 붉은고추와 후춧가루를 넣고 한소끔 끓여 그릇에 담아낸다.

Friday

아침	콘프레이크	227Kcal
	우유	125Kcal
	딸기	54Kcal
	스크램블드에그	107Kcal
점심	쌀밥(1공기)	334Kcal
	호박나물	47Kcal
	속채운 오징어조림	185Kcal
	단무지	10Kcal
저녁	쌀밥(1공기)	334Kcal
	미역국	104Kcal
	상추쑥갓샐러드	44Kcal
	불고기	196Kcal
	열무김치	19Kcal

속채운오징어조림

 **재료/4인분**

오징어(소) 10마리, 토마토 1개, 양파 1/2개, 셀러리 1/4대, 토마토페이스트 1큰술, 소금·후춧가루·바질·파슬리가루·치즈가루·샐러드유 조금씩, 꼬치 **오징어속 양념** 닭살 100g, 두부 1/4모, 풋고추 1/2개, 당근 30g, 표고버섯 1장, 밀가루 조금, 달걀 1/2개분량, 다진마늘 2작은술, 소금·후춧가루·참기름 조금씩

 **이렇게 만드세요**

1 오징어 속 만들기 오징어는 작은 것으로 준비하여 손질하고 데쳐낸 뒤 오징어의 다리는 다지고, 닭살과 두부는 곱게 으깬다. 풋고추, 당근, 표고버섯은 곱게 다져서 밀가루, 달걀, 소금, 후춧가루, 마늘, 참기름을 넣고 고루 치대어 속을 만든다.

2 오징어 속 채우기 살짝 데쳐낸 오징어는 물기를 뺀 후 몸통 안쪽에 밀가루를 얇게 바르고 여분의 밀가루는 털어낸 다음 ①의 속을 오징어 몸통의 3/4정도만 채워서 꼬치로 입구를 아무린다. 이때, 꼬치로 몸통 중간 중간을 찔러 공기 구멍을 만들어 찔 때 터지는 것을 방지한다.

3 오징어 순대 찌기 찜통에 김이 오르면 젖은 가제를 깔고 속 채운 오징어를 넣어 5~8분 정도 쪄서 식힌 후 꼬치를 뺀다.

4 야채 다지기 토마토는 끓는물에 살짝 데쳐 껍질을 벗긴 후 씨를 제거하여 다지고, 셀러리·양파는 곱게 다진다.

5 소스 만들기 달구어진 팬에 기름을 두르고 다진 양파, 셀러리를 넣고 볶다가 토마토를 넣고 볶는다. 육수를 붓고 토마토페이스트와 바질을 넣고 중불에서 소금, 후춧가루로 간하여 끓인다.

6 소스에 오징어 넣어 조리기 소스가 반 정도 졸아들면 쪄서 식힌 오징어를 넣고 소스를 끼얹어가며 서서히 조린다.

상추쑥갓샐러드

 **재료/4인분**

상추 100g, 쑥갓 100g, 체리토마토 5개, 붉은고추 1/2개, 실파 2뿌리 **양념장** 간장 2큰술, 고춧가루 1큰술, 청주 1큰술, 설탕 2작은술, 다진파 1큰술, 다진마늘 2작은술, 깨소금 2작은술, 후춧가루 조금, 참기름 1큰술

 **이렇게 만드세요**

1 상추, 쑥갓 손질하기 상추와 쑥갓은 깨끗이 씻어 한입 크기로 뜯어 놓는다.

2 야채 썰기 체리토마토는 원형으로, 붉은고추는 저며 썰고 실파는 송송 썬다.

3 양념장 만들기 분량의 재료를 섞어 양념장을 만든다.

4 그릇에 담기 샐러드 볼에 준비해 놓은 재료를 담고 먹기 직전에 양념장을 끼얹어 버무린다.

**오늘의 식단
(총1991Kcal)**

아침	·토스트	290Kcal
	밀크커피	43Kcal
	베이컨	238Kcal
	달걀프라이	93Kcal
점심	·냉이나물비빔밥	550Kcal
	물김치	19Kcal
저녁	·보리밥(1공기)	329Kcal
	생선매운탕	194Kcal
	취나물	131Kcal
	감자볶음	87Kcal
	김치	17Kcal

냉이나물비빔밥

재료/4인분

냉이	200g
냉동 참치	100g
풋고추	1개
황지단	조금
쌀	1컵
왜된장국	1 1/2컵

초고추장

고추장	2큰술
설탕	1큰술
식초	2큰술
청주	2작은술
다진마늘	1/2큰술
다진생강	1작은술
후춧가루·레몬즙	조금씩

이렇게 만드세요

1 밥하기 쌀은 30분전에 씻어 건져 놓고 끓여 식혀 놓은 왜된장 국물로 밥물을 맞추어 약간 고슬고슬하게 밥을 한다.

2 냉이 다듬기 냉이는 뿌리를 깨끗이 다듬고, 지저분한 잎을 떼어 낸 후 흐르는 물에 여러번 헹군다.

3 냉이 데치기 냄비에 물을 붓고 끓어 오르면 소금을 약간 넣고 냉이를 데쳐 냉수에 헹구고 물기를 짠 후 적당한 크기로 썬다.

4 참치 손질하기 참치는 연한 소금물에 담갔다가 건져 젖은 가제에 싸서 냉장고에 넣어 완전히 녹지 않게 한다.

5 야채 썰기 풋고추는 송송 썰고, 달걀노른자로 지단을 부쳐서 3cm 길이로 곱게 채썰어 준비한다.

6 초고추장 만들기 그릇에 분량의 재료를 섞어 초고추장을 만든다. 마지막에 레몬즙을 넣는다.

7 참치 썰고 냉이 무치기 냉장고에 보관해 놓은 참치를 그릇에 담기 직전에 사방 1cm 크기의 정육면체 모양으로 썰고, 냉이는 초고추장에 고루 버무린다.

8 그릇에 담기 고슬하게 지어놓은 밥을 그릇에 담고 준비해 놓은 냉이, 참치, 지단채, 풋고추를 고루 얹은 후 초고추장을 곁들여 낸다.

> **더 맛있게!** 냉이는 꽃이 피기 전의 연한 것을 고르는 것이 포인트. 또 냉이를 된장 양념으로 무칠 때는 참기름을 듬뿍 넣어 고소한 맛을 내고, 초고추장 양념은 매콤새콤한 맛이 냉이의 독특한 향과 어우러져 입맛을 돋운다.

비디오 쿠킹

된장국으로 밥하기

냉이 데치기

참치 손질하기

초고추장 만들기

*Su*일*day*

오늘의 식단
(총1709Kcal)

아침	· 모닝빵	195Kcal
	새우야채수프	63Kcal
	소시지	200Kcal
	딸기	54Kcal
점심	· 비빔국수	535Kcal
	딸기	54Kcal
	김치	17Kcal
저녁	· 순두부찌개	241Kcal
	버섯볶음	111Kcal
	쇠고기숙채	222Kcal
	김치	17Kcal

새우야채수프

재료/4인분

잔새우 150g, 물 4컵, 양파·당근(채썬 것) 각 30g씩, 감자 1개, 양파 1/2개, 청피망 1/2개, 붉은피망 1/4개, 베이컨 1장, 샐러드유·버터 1큰술씩, 밀가루·소금·흰후춧가루 조금씩

이렇게 만드세요

1 **새우 손질하기** 새우는 머리를 떼고 내장을 제거한 다음 껍질을 벗긴다.

2 **국물 만들기** 냄비에 새우의 머리와 채썬 양파, 당근을 넣고 물을 부어 끓이고, 끓어오르면 불을 줄여 15분 정도 끓여 체에 밭쳐서 건더기는 버리고 국물만 남겨둔다.

3 **야채 썰기** 감자, 양파, 청피망, 붉은피망, 베이컨은 각각 사방 1cm 크기로 썬다.

4 **양파, 베이컨 볶기** 냄비에 버터 1큰술을 넣고 양파, 베이컨을 볶다가 밀가루를 넣고 충분히 볶은 후 ②의 육수를 1 1/2컵 정도 붓는다.

5 **감자, 피망 넣고 끓이기** 약한 불에서 서서히 끓이다가 소금, 후춧가루를 넣은 후 감자, 청피망, 붉은피망을 넣고 15분간 끓인다.

6 **새우 넣기** 새우를 넣어 끓이고 소금으로 간한다.

쇠고기숙채

재료/4인분

쇠고기 200g, 무 100g, 달래 100g, 붉은고추 1/2개, 소금·다진마늘·참기름·샐러드유 적당량씩 **쇠고기 양념장** 간장 2큰술, 설탕 1큰술, 청주 2작은술, 다진파 1큰술, 다진마늘 2작은술, 깨소금·참기름 1/2큰술씩, 후춧가루 조금 **겨자장** 샐러드유 3큰술, 식초 1 1/2큰술, 소금 1작은술, 흰후춧가루 조금, 겨자갠 것 1큰술

이렇게 만드세요

1 **쇠고기 채썰기** 쇠고기는 기름기가 적은 우둔으로 준비하여 5cm 길이로 곱게 채썬다.

2 **야채 다듬어 썰기** 무는 4cm 길이로 곱게 채썰고, 달래는 껍질을 벗긴 후 무와 같은 길이로 썬다. 붉은고추는 반으로 갈라 씨를 제거하고 3cm 길이로 곱게 채썬다.

3 **쇠고기 볶기** 채썬 쇠고기는 양념장으로 무쳐 볶아낸다.

4 **무나물 만들기** 냄비에 무를 넣은 뒤 물을 자작하게 붓고 뚜껑을 덮어 익힌 다음 물기를 약간 짜낸 후 소금, 마늘, 참기름으로 무친다.

5 **달래 볶기** 손질해 놓은 달래는 달구어진 팬에 기름을 두르고 소금으로 간하여 살짝 볶아낸다.

6 **겨자장 만들기** 그릇에 식초와 소금, 후춧가루를 담아 거품기로 저은 후 샐러드유를 조금씩 부어가면서 세게 저어서 뽀연색이 나면, 개어서 발효시킨 겨자를 넣고 고루 저어 겨자장을 만든다.

7 **그릇에 담기** 그릇에 쇠고기, 무나물, 달래, 붉은고추를 넣고 겨자장을 뿌려 고루 버무려 접시에 담아 낸다.

Monday

오늘의 식단 (총1754Kcal)		
아침	· 보리밥(2/3공기)	219Kcal
	근대국	59Kcal
	북어찜	230Kcal
	김치	17Kcal
점심	· 햄버거샌드위치	462Kcal
	딸기	54Kcal
저녁	· 보리밥(1공기)	329Kcal
	달래두부찌개	153Kcal
	소라살무침	78Kcal
	배추쌈카레조림	133Kcal
	깍두기	20Kcal

배추쌈카레조림

재료/4인분

연배추	400g
다진쇠고기	200g
완두콩	3큰술
양파	1/4개
빵가루	2큰술
소금·후춧가루	조금씩
카레가루	4큰술
육수	1컵
우유	조금

이렇게 만드세요

1 **연배추 데치기** 연배추는 연한 것으로 골라 끓는물에 소금을 약간 넣고 살짝 데쳐서 체에 밭쳐 물기를 뺀다.

> **더 맛있게!** 카레 가루의 반은 쇠고기를 밑간할 때 미리 뿌려두고, 나머지는 볶을 때 넣으면 카레맛이 더 잘 밴다. 가족들의 기호에 따라 카레의 양을 조금씩 조절해도 좋다.

2 **속재료 준비하기** 쇠고기는 곱게 다지고, 양파도 곱게 다져 준비한다.

3 **양파·쇠고기 볶기** 달구어진 팬에 기름을 두르고 다진 양파와 쇠고기를 강한 불에서 색이 나도록 볶다가 카레가루 1큰술을 넣고 볶는다.

4 **완두콩과 빵가루 섞기** ③이 어우러져 즙이 생기면 완두콩과 빵가루를 넣고 소금·후춧가루로 간하여 볶아낸다.

5 **배추에 소넣고 말기** 소가 식으면 데쳐놓은 연배추에 한 수저씩 떠놓고 말아 준다.

6 **카레소스 만들기** 남은 카레가루에 같은 양의 물을 풀어넣고, 냄비에 육수를 넣고 끓여 풀어놓은 카레를 나무주걱으로 눗지 않게 저어가며 넣어준다.

7 **우유 넣어 농도 맞추기** ⑥의 카레소스에 우유를 넣어 부드러우면서도 되직하지 않은 소스를 만든다.

요리힌트

푸른 채소를 데치려면

배추, 시금치 같은 푸른 채소를 데칠 때는 먼저 깨끗이 씻은 다음 물기를 빼고, 끓는물에 소금을 넣고 채소의 뿌리 부분부터 넣으면서 잎사귀를 나중에 넣는다. 젓가락으로 눌러 가며 살짝 데치고 재빨리 찬물에 헹구어 식힌 다음 물기를 빼고 조리한다.

8 **배추쌈 넣고 조리기** ⑦에 말아놓은 배추쌈을 넣고 중불에서 소스를 끼얹어 가며 은근히 조려준다.

양파·쇠고기에 카레가루 넣기

완두콩 넣기

카레소스에 우유 넣기

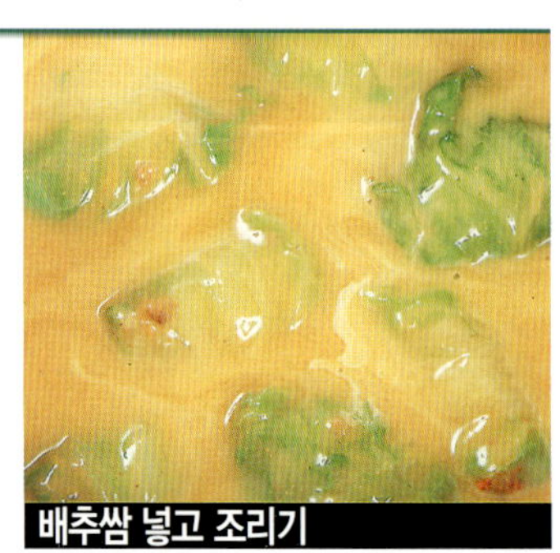

배추쌈 넣고 조리기

Tu화day

오늘의 식단
(총1889Kcal)

아침	· 쌀밥(2/3공기)	223Kcal
	두부실파새우국	96Kcal
	쇠고기볶음	202Kcal
	김치	17Kcal
점심	· 달걀쑥만두	269Kcal
	감자과일샐러드	160Kcal
	우유	125Kcal
저녁	· 쌀밥(1공기)	334Kcal
	배추속대국	74Kcal
	자반고등어구이	185Kcal
	풋고추전	187Kcal
	김치	17Kcal

달걀쑥만두

재료/4인분

쑥 150g, 달걀 2개, 돼지고기 200g, 만두피 15장, 식물성 기름 조금 **반죽 양념** 간장 1큰술, 소금 1/3작은술, 참기름 2큰술, 대파 1/4대, 생강 1쪽, 물 1/4컵

이렇게 만드세요

1 쑥 데치기 쑥은 끓는물에 소금을 넣고 살짝 데쳐내어 찬물에 여러

번 헹군 다음 물기를 꼭 짜서 다져 놓는다.

2 달걀 익혀놓기 달걀은 소금을 약간 넣고 잘 풀어서 달구어진 팬에 기름을 두르고 달걀을 넣고 익기 시작하면 불을 줄이고 젓가락으로 크게 저어 익혀낸다.

3 양념 다지기 돼지고기는 곱게 다지고, 대파와 생강은 깨끗이 씻어 곱게 다진다.

4 돼지고기 젓기 돼지고기에 물을 붓고 젓가락으로 한쪽 방향으로 한참 젓는다.

5 양념하기 돼지고기에 끈기가 생기면 파, 생강 다진 것, 간장, 소금으로 간하고 참기름으로 맛을 낸다.

6 쑥과 달걀 섞기 양념한 돼지고기에 다져놓은 쑥과 익혀놓은 달걀을 넣고 고루 잘 섞는다.

7 만두 빚기 만두피 가운데 만두소를 한 수저 떠놓고 가장자리에 주름을 잡아 모양을 만든다.

8 찜통에 찌기 찜통에 깨끗한 젖은 가제를 깔고 김이 오르면 빚어 놓은 만두를 가지런히 놓아 8~10분 정도 쪄서 접시에 담아낸다.

두부실파새우국

재료/4인분

두부 1/2모, 실파 5뿌리, 마른새우 100g, 붉은고추 1/2개, 다시마장국 5컵, 국간장 1/2큰술, 소금 조금, 다진마늘 1작은술

이렇게 만드세요

1 야채 준비하기 두부는 2×3cm크기로 약간 도톰하게 썬다. 실파는 3cm길이로 썰고, 붉은고추는 어슷썰어 씨를 털어낸다.

2 마른새우 손질하기 마른 새우는 깨끗한 가제에 싸서 비벼 부스러기는 털어낸다.

3 국물 만들기 냄비에 장국을 붓고 손질해 놓은 새우를 넣고 끓여준다.

4 두부 넣기 장국에 맛이 들면 국간장으로 색을 맞춘 다음 두부를 넣고 소금과 다진마늘을 넣어 간을 맞춘다.

5 실파, 붉은고추 넣기 국이 거의 끓으면 실파, 붉은고추를 넣고 한소끔 끓여서 그릇에 담아 낸다.

Wednesday 수

아침 · 프렌치토스트		326Kcal
햄지짐		91Kcal
양배추샐러드		117Kcal
점심 · 잡채밥		549Kcal
된장국		44Kcal
깍두기		20Kcal
저녁 · 보리밥(1공기)		329Kcal
꽁치지짐과 미나리장		380Kcal
상추		20Kcal
쌈장		41Kcal
열무물김치		12Kcal

꽁치지짐과 미나리장

재료/4인분

꽁치	2마리
소금 · 밀가루 · 지짐기름	조금씩

미나리 양념장

미나리	5줄기
토마토	1/2개
셀러리	30g
샐러드유	6큰술
식초	3큰술
소금	1작은술
간장 · 흰후춧가루	조금씩

이렇게 만드세요

1 꽁치 손질하기 꽁치는 머리를 떼어내고 내장을 제거한 후 깨끗이 씻어 반으로 자른다.

> 더 맛있게! 꽁치는 산성 식품이므로 알칼리성 식품인 채소를 함께 곁들이면 소화도 잘 되고 영양의 균형도 꾀할 수 있다. 상추에 잘 구워진 꽁치살을 얹어 싸먹어도 맛있다.

2 꽁치에 소금 뿌려 놓기 손질해 놓은 꽁치에 소금을 조금 뿌려 살짝 절여준다.

3 꽁치 지지기 꽁치는 물기를 제거한 후 밀가루를 고루 묻혀 여분의 밀가루는 털어내고 달구어진 팬에 기름을 두르고 앞뒤로 노릇노릇하게 지져낸다.

4 야채 다지기 미나리는 잎을 떼어낸 다음 송송 썰고, 토마토는 +자로 칼집을 넣어 끓는물에 넣고 살짝 데쳐 껍질을 벗긴 후 씨는 제거하고 잘게 다진다. 셀러리도 껍질을 제거한 후 잘게 다진다.

5 미나리 양념장 만들기 그릇에 식초와 간장, 소금, 후춧가루를 담아 거품기로 저은 후 샐러드유를 조금씩 부어가면서 세게 저어서 뿌연색이 나면 미나리, 토마토, 셀러리를 넣고 고루 섞어준다.

요리힌트

꽁치는 껍질째 먹는 것이 좋다

꽁치를 고를 때는 작고 통통하게 살이 오른 것이 맛있다. 주둥이 주변이 노란빛을 띠고 있으면 기름이 잘 오른 것이다. 껍질과 껍질 바로 밑의 살에 영양 성분이 풍부하므로 껍질째 먹을 수 있도록 조리하는 것이 좋다.

6 접시에 담기 팬에 지져 놓은 꽁치가 한김 나간 후에 접시에 담고 먹기 직전에 미나리 양념장을 얹어낸다.

비디오 쿠킹

꽁치 손질하기

꽁치에 소금 뿌려 절이기

꽁치 지지기

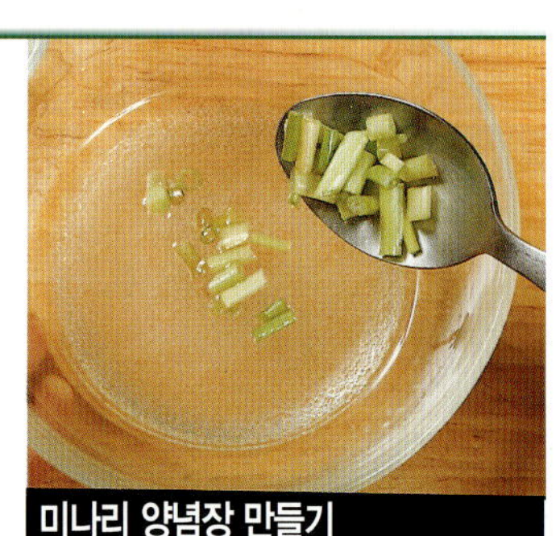
미나리 양념장 만들기

Thursday 목

오늘의 식단 (총1768Kcal)	
아침 · 닭고기달걀덮밥	596Kcal
김치	17Kcal
점심 · 찐빵	224Kcal
오렌지주스	82Kcal
양상추크림소스	206Kcal
저녁 · 보리밥(1공기)	329Kcal
조개탕	100Kcal
오이소박이초절이	29Kcal
두부두루치기	168Kcal
김치	17Kcal

양상추크림소스

재료/4인분

양상추(소) 1개, 양파 1/4개, 베이컨 4장, 생크림 1/2컵, 소금 · 후추 조금씩, 샐러드유 적당량

이렇게 만드세요

1 양상추 다듬기 양상추는 윗부분을 칼로 도려내어 +자 모양으로 잘라 흐르는 물에 씻어 놓는다.

2 양파, 베이컨 다져서 볶기 양파와 베이컨은 곱게 다져서 달구어진 팬에 기름을 1큰술 두르고 소금, 후춧가루로 간하여 볶아낸다.

3 양파, 베이컨에 생크림 넣기 볶아 놓은 양파, 베이컨에 생크림을 넣고 섞어 크림소스를 만든다.

4 그릇에 양상추 담기 내열성 용기에 양상추의 잘라진 면을 꽃 모양처럼 벌려서 담는다.

5 크림소스 얹어 익히기 ④의 양상추에 크림소스를 얹어 랩을 덮어 전자레인지에 3분간 익힌다.

오이소박이초절이

재료/4인분

오이 2개, 소금 1큰술, 당근 50g, 다진생강 1작은술, 다진마늘 1작은술, 대파 1/4대, 고운 고춧가루 1큰술, 설탕 1작은술, 식초 1작은술, 소금 조금

이렇게 만드세요

1 오이 손질하기 오이는 가늘고 긴 것으로 사서 굵은 소금으로 문질러 씻는다.

2 오이 자르기 깨끗이 씻은 오이를 4cm 길이로 잘라 한쪽은 붙도록 하고 다른 한쪽에 +자로 칼집을 넣는다.

3 오이 절이기 칼집낸 오이는 소금을 뿌려 꼭꼭 누르며 절여 놓았다가 절여지면 물에 헹구어 행주에 싼 후 무거운 것으로 눌러두어 물기를 뺀다.

4 속재료 준비하기 당근과 대파는 3cm 길이로 가늘게 채썰고, 나머지 양념은 곱게 다진다.

5 속 버무리기 그릇에 당근, 대파 채를 넣고 고춧가루로 물을 들인 후 마늘, 생강, 설탕, 식초, 소금을 넣고 고루 버무린다.

6 속채우기 절인 오이에 버무려 놓은 소를 집어넣어 접시에 담아낸다. 이때, 식초 · 설탕 · 소금을 섞어 단촛물을 만들어 끼얹어 내면 더욱 새콤한 오이소박이의 맛을 즐길 수 있다.

오늘의 식단
(총 1702Kcal)

아침 · 찐빵		224Kcal
	야채수프	63Kcal
	딸기잼	63Kcal
점심 · 보리밥(1공기)		329Kcal
	무나물	93Kcal
	버섯된장찌개	159Kcal
	김치	17Kcal
저녁 · 돼지고기청경채샤브샤브		
		287Kcal
	쌀밥(1공기)	334Kcal
	우엉조림	116Kcal
	김치	17Kcal

돼지고기청경채
샤브샤브

🍚 재료/4인분

돼지고기(샤브샤브용)	300g
청경채	300g
만가닥버섯	100g
다시마장국	4컵
소금 · 청주	조금씩

양념간장

다시마장국	4큰술
간장 · 식초	2큰술
청주	1작은술
맛술	2/3큰술
다진파	1큰술
다진마늘	2작은술
깨소금	2작은술
레몬	1/4개

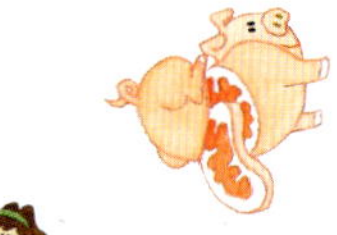

기호에 따라 소스에 파, 마늘, 깨소금 대신 무즙, 고춧가루, 와사비, 송송 썬 실파를 넣어 찍어 먹어도 좋다.

📖 이렇게 만드세요

1 재료 준비하기 돼지고기는 기름기가 적은 등심으로 골라 얇게 썰어놓고, 청경채는 작고 여린 것으로 골라 2~4등분 해놓는다. 만가닥버섯은 송이송이 잘라 놓는다.

2 장국 끓이기 다시마장국은 찬물에 다시마를 넣고 끓기 시작하여 10~15분 정도 끓으면 다시마는 건져내고, 샤브샤브 냄비에 7부 정도 붓고 소금, 청주로 간해 다시 끓인다.

3 청경채 데치기 장국이 끓기 시작하면 청경채, 만가닥버섯을 넣고 살짝 데쳐서 냉장고에 차게 식혀 둔다.

4 장국에 술 넣기 청경채 데친 물을 계속 끓이다가 청주를 조금 넣고 끓인다.

5 돼지고기 데치기 장국이 끓어서 알코올이 날아가면 얇게 저며 썬 돼지고기를 넣어 데쳐낸다.

6 양념장 만들기 다시마장국에 간장, 식초, 청주, 맛술, 파, 마늘, 깨소금을 섞은 후 마지막으로 레몬즙을 섞어준다.

7 접시에 담기 차게 준비해 놓은 청경채, 만가닥버섯, 돼지고기를 접시에 보기 좋게 담고 양념장을 끼얹거나 찍어 먹도록 한다.

🍳 요리 힌트

돼지고기는 조리하기 전에 실온에 꺼내 놓는다

돼지고기를 맛있게 조리하기 위해서는 조리하기 1시간 전에 냉장고에서 꺼내 실온에 두는 것이 중요하다. 고기는 오래 익히면 고기의 육질이 단단해지고 맛도 없어지므로 얇게 썰어 얼른 익히도록 한다.

비디오 쿠킹

청경채 데치기

장국에 청주 넣기

돼지고기 데치기

양념장 만들기

Saturday 토

오늘의 식단
(총 1981Kcal)

아침 · 참치샌드위치	414Kcal
딸기	54Kcal
우유	125Kcal
점심 · 콩나물국밥	384Kcal
김치	17Kcal
땅콩아몬드쿠키	99Kcal
저녁 · 보리밥(1공기)	329Kcal
감자조갯살탕	183Kcal
삼겹살구이	199Kcal
야채쌈/쌈장	91Kcal
도라지오이생채	69Kcal
김치	17Kcal

감자조갯살탕

재료/4인분

감자 2개, 국멸치 70g, 물 6컵, 조갯살 200g, 대파 1/2대, 붉은고추 1/2개, 소금·참기름 조금씩 **조갯살 양념** 소금 1작은술, 후춧가루 조금, 청주 1작은술, 다진파 2작은술, 다진마늘 1작은술

이렇게 만드세요

1 야채 썰기 감자는 껍질을 벗겨 반으로 잘라 도톰하게 썰고, 대파와 붉은고추는 어슷 썰어 놓는다.

2 멸치장국 만들기 국멸치는 마른 냄비에 넣고 충분히 볶다가 물을 부은 후 끓여서 장국을 만든다.

3 감자 넣고 끓이기 장국이 맛이 들면 멸치는 건져내고 썰어 놓은 감자를 넣고 끓인다.

4 조갯살 양념하기 조갯살은 연한 소금물에 흔들어 씻어 잡티와 모래를 제거하고 체에 밭쳐 물기가 빠지면 소금, 후춧가루, 청주, 파, 마늘을 넣고 고루 무친다.

5 조갯살 볶기 달구어진 팬에 참기름을 약간 두르고 양념해 놓은 조갯살을 넣어 살짝 볶는다.

6 장국에 조갯살 넣기 감자가 익으면 볶은 조갯살과 대파, 붉은고추를 넣고 한소끔 끓여서 그릇에 담아낸다.

땅콩아몬드쿠키

재료/4인분

무염버터 130g, 슈가파우더 60g, 박력분 180g, 호두·아몬드슬라이스·잣·해바라기씨·호박씨 각 30g씩, 버터·밀가루 조금씩

이렇게 만드세요

1 밀가루 체에 내리기 박력분은 고운 체에 두세 번 내려서 준비하고, 각종 너트류는 굵직하게 다져 놓는다.

2 버터 크림 상태로 만들기 버터는 실온에 꺼내 놓아 손으로 만져보았을 때 부드럽게 눌러질 정도로 녹인 후에 거품기로 저어 크림 상태로 만든다.

3 슈가파우더 넣기 버터가 크림상태가 되면 슈가파우더를 조금씩 넣어가며 잘 섞어준다. 슈가파우더를 넣으면 쿠키가 바삭바삭해진다.

4 너트류 섞기 ③이 다시 크림상태가 되면 다져놓은 호두, 아몬드, 해바라기씨, 잣, 호박씨를 넣고 나무주걱으로 고루 섞어준다.

5 박력분 넣어 반죽하기 버터와 너트가 충분히 섞이면 체에 밭쳐 놓은 박력분을 넣어 반죽한다.

6 오븐 팬에 버터와 밀가루 뿌리기 실리콘 페이퍼를 오븐 팬에 깐다. 실리콘 페이퍼가 없을 때는 버터를 바르고 밀가루를 체에 내려 뿌린 뒤 여분을 털어낸다.

7 오븐 팬에 반죽 떼어넣기 반죽을 오븐 팬에 한스푼씩 떠넣고 직경이 5cm가 되도록 동글납작하게 모양을 내고 주변을 정리한다.

8 오븐에 굽기 180℃의 오븐 중단에서 10~15분간 노릇노릇하게 구워낸다.

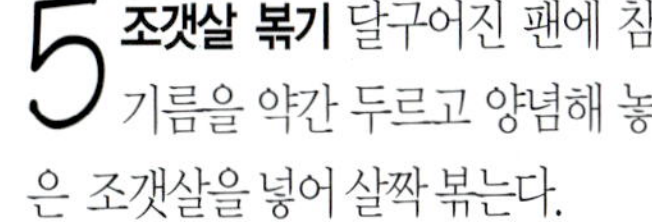

오늘의 식단
(총1787Kcal)

아침	보리밥(2/3공기)	219Kcal
	무국	123Kcal
	감자조림	112Kcal
	북어조림	151Kcal
	열무김치	19Kcal
점심	**잡채덮밥**	549Kcal
	열무김치	19Kcal
저녁	쌀밥(1공기)	334Kcal
	어묵냄비	97Kcal
	깻잎튀김	93Kcal
	부추생채	52Kcal
	열무김치	19Kcal

잡채덮밥

🥣 재료/4인분

돼지고기(등심)	100g
당근	50g
표고버섯	2장
양파	1/2개
중국부추	50g
붉은고추	1/2개
대파	1/4대
생강	1톨
당면	50g
달걀	2개
밥	2공기
샐러드유·소금·후춧가루	조금씩
청주·간장·참기름	조금씩

돼지고기 양념

간장	1/2큰술
청주	1작은술

더 맛있게! 부추는 쉽게 시들고 쉽게 익으므로 구입을 하면 빨리 조리하고, 요리 재료 중 맨 나중에 넣는 것이 좋다. 카로틴이 풍부하여 기름과 함께 조리하면 궁합이 잘 맞는다.

📋 이렇게 만드세요

1 당면 불리기 당면은 짧게 잘라 물에 담가 불린다.

2 돼지고기 썰기 돼지고기는 기름기가 적은 등심부위로 골라 채썰어 간장과 청주에 재워 놓는다.

3 야채 썰기 중국부추는 머리 부분이 단단하므로 칼등으로 자근자근 두들겨 부드럽게 만든 후 4cm 길이로 썰고 당근, 양파, 표고, 대파, 생강, 붉은고추도 같은 길이로 채 썬 다.

4 달걀 볶아내기 달걀은 소금, 청주를 약간씩 넣고 잘 저어준 후 달구어진 팬에 기름을 넉넉히 두르고 몽울몽울하게 볶는다.

5 밥 볶기 달구어진 팬에 기름을 넉넉히 두르고 다진마늘을 넣고 볶아 향이 돌면 찬밥을 넣고 볶다가 간장, 소금, 후춧가루로 간을 하여 볶은 후 마지막으로 볶아놓은 달걀과 참기름을 넣고 다시 한번 살짝 볶아 접시에 담는다.

6 대파, 생강으로 향내기 달구어진 팬에 기름을 두르고 파, 생강 채를 넣고 볶아 향이 돌면 양념해 놓은 돼지고기를 넣고 볶는다.

7 야채 넣고 간하여 볶기 돼지고기가 어느정도 익으면 당근, 양파, 표고, 붉은고추를 단단한 순서대로 넣고 볶는다. 이때, 부추의 단단한 부분도 같이 볶아준다.

8 당면 볶기 ⑦에 불린 당면을 넣어 투명해질 때까지 볶다가 간장, 술로 간을 하고 부추잎을 넣고 마무리하여 ⑤의 밥에 잡채를 얹어낸다.

👩‍🍳 요리힌트

채소는 센불에서 단시간에 조리한다

채소를 볶을 때에는 프라이팬을 충분히 달구고 기름을 넣어 센불에서 단시간에 볶아내는 것이 중요하다. 채소를 썰 때도 크기와 길이를 맞추고 질긴 부분을 먼저 볶고, 부드러운 부분은 나중에 볶는다. 소금으로 간을 맞출 때는 채소가 날 것인 상태에서 소금을 넣는다.

비디오 쿠킹

당면 불리기

야채 썰기

밥 볶기

대파·생강으로 향내기

Monday 월

오늘의 식단
(총1735Kcal)

아침	쌀밥(2/3공기)	223Kcal
	미역국	104Kcal
	달걀프라이	93Kcal
	멸치볶음	105Kcal
	김치	17Kcal
점심	찐빵	224Kcal
	버섯수프	114Kcal
	양상추샐러드	101Kcall
저녁	팥밥	328Kcal
	배추국	74Kcal
	더덕장아찌	10Kcal
	도토리묵무침	76Kcal
	돼지고기콩나물볶음	249Kcal
	김치	17Kcal

돼지고기 콩나물볶음

재료/4인분

돼지고기 100g, 콩나물 300g, 실파 3뿌리, 마른 고추 1개, 고춧가루 1큰술, 다진마늘 조금, 식물성기름 3큰술, 조미술 1큰술, 소금·참기름 약간씩 **고기양념** 간장 2작은술, 생강즙 약간, 녹말 1큰술

이렇게 만드세요

1 돼지고기 채썰어 재우기 돼지고기는 기름기가 적은 등심으로 골라 5cm길이로 채썰어 간장, 생강즙을 뿌려 무치고 녹말을 넣어 재워둔다.

2 야채 썰기 콩나물은 꼬리를 자르고 깨끗하게 손질하여 씻어서 물기를 뺀다. 실파는 3cm길이로 썰고, 마른 고추는 어슷 썰어 씨를 털어낸다. 마늘은 굵게 다진다.

3 마늘, 고추 볶아 향내기 뜨겁게 달군 프라이 팬에 기름을 두르고 다진마늘과 마른고추를 넣고 볶아 향을 낸다.

4 돼지고기 넣고 볶기 기름에 향이 돌면 밑간을 해두었던 돼지고기를 넣어 잘 펼쳐가며 볶아낸다.

5 간하기 돼지고기가 알맞게 익으면 고춧가루 1큰술을 넣어 고기에 잘 배도록 앞뒤로 골고루 뒤집어 가며 볶아준다.

6 콩나물 넣기 깨끗하게 손질해 준비해 두었던 콩나물을 넣고 비린내가 가실 정도로 볶는다.

7 참기름 넣기 썰어놓은 실파를 넣고 소금으로 간을 맞춘 다음 참기름을 약간 넣어 다시 한번 살짝 볶아 접시에 담아낸다.

버섯수프

재료/4인분

만가닥버섯 200g, 양송이 100g, 셀러리 1/4대, 양파 1/4개, 마늘 2쪽, 로즈마리 조금, 생크림 3큰술, 치즈가루 3큰술, 파슬리(다진 것) 1큰술, 올리브유·버터·소금·흰후춧가루 조금씩, 육수 조금

이렇게 만드세요

1 버섯 손질하기 만가닥버섯은 밑둥을 조금 자르고 잘게 뜯어낸 후 굵직하게 다진다. 양송이는 껍질을 벗겨낸 다음 만가닥버섯과 같이 굵직하게 다진다.

2 야채 준비하기 셀러리는 껍질을 벗겨낸 후 0.5×0.5cm 크기로 썰고, 양파도 같은 크기로 썬다. 마늘은 굵게 다진다.

3 야채 볶기 달구어진 냄비에 올리브유와 버터를 두르고 마늘을 넣고 볶아 향이 돌면 양파, 셀러리를 넣고 볶는다.

4 버섯 넣고 볶기 양파와 셀러리가 어느정도 볶아지면 만가닥버섯, 양송이를 넣고 소금, 흰후춧가루로 간하여 충분히 볶는다.

5 육수 붓기 버섯이 충분히 볶아지면 육수를 붓고 로즈마리를 넣어 끓인다.

6 생크림 넣기 ⑤가 끓기 시작하면 불을 줄여 중불에서 충분히 끓인 다음 생크림을 넣고 소금과 흰후춧가루로 간을 맞춘다.

7 치즈가루 넣기 수프가 완성되면 마지막으로 치즈가루와 파슬리가루를 넣은 후 한소끔 끓여낸다.

Tuesday 화

오늘의 식단 (총1710Kcal)	
아침 · 쌀밥(2/3공기)	223Kcal
아욱국	84Kcal
달걀찜	83Kcal
무말랭이무침	112Kcal
김치	17Kcal
점심 · 마파두부덮밥	431Kcal
오이김치	20Kcal
저녁 · 보리밥(1공기)	329Kcal
북어콩나물찌개	103Kcal
쑥갓나물	50Kcal
쇠고기애호박튀김	232Kcal
김치	17Kcal

쇠고기애호박튀김

재료/4인분

애호박	1개
쇠고기(다진 것)	100g
양파	1/4개
달걀	1/2개분
빵가루	1큰술
소금	1/4작은술
후춧가루	조금
튀김기름	적당량
토마토케첩	조금

튀김옷
밀가루 · 빵가루 조금씩, 달걀물 1개분

타르타르소스
마요네즈 3큰술, 완숙달걀 1/4개, 다진 양파 1
작은술, 피클 다진 것 1작은술, 파슬리 다진 것
1작은술

이렇게 만드세요

1 애호박 자르기 애호박은 가늘고 굵기가 고른 것으로 골라 5㎝길이로 자른 후 다시 4등분한다. 잘라놓은 호박은 씨부분을 도려내고 가장자리를 1㎝정도 남기고 껍질쪽으로 홈을 판다.

2 애호박 절이기 손질한 호박은 연한 소금물에 살짝 절였다가 물기를 뺀다.

3 쇠고기 다지기 쇠고기는 기름기가 적은 부위로 준비하여 핏물을 빼고 곱게 다지고, 양파도 곱게 다진다.

4 속 만들기 그릇에 쇠고기, 양파, 달걀, 빵가루를 넣고 소금, 후춧가루로 간하여 골고루 치댄다.

5 속 채우기 절인 호박의 안쪽에 밀가루를 얇게 바른 후 속을 고르게 채운다.

6 튀김옷 입히기 속을 채워 놓은 애호박에 밀가루, 달걀, 빵가루 순으로 튀김옷을 입힌다.

7 튀기기 170~180℃의 튀김기름에 튀김옷을 입힌 애호박을 넣어 노릇노릇하게 튀긴다.

8 소스 만들기 완숙 달걀 흰자는 잘게 다지고 노른자는 체에 내리거나 다진 후 양파, 피클, 파슬리, 마요네즈를 넣고 고루 섞어 간을 맞춘다.

9 접시에 담기 튀겨 놓은 애호박을 접시에 가지런히 담고 토마토케첩이나 타르타르소스를 곁들여낸다.

요리 힌트

튀김을 맛있게 하려면!
달걀과 녹말가루는 튀기기 직전에 넣고 버무려야 튀김옷이 잘 부풀고 부드럽게 튀겨진다. 쇠고기 대신에 닭고기, 돼지고기를 사용해도 맛있다.

비디오 쿠킹

애호박 자르기

애호박 절이기

속 채우기

튀기기

Wednesday 수

오늘의 식단
(총1891Kcal)

아침	토스트	290Kcal
	소시지	200Kcal
	우유	125Kcal
	바나나	82Kcal
점심	연두부시금치탕	101Kcal
	쌀밥(2/3공기)	223Kcal
	전유어	205Kcal
	김치	17Kcal
저녁	쌀밥(1공기)	334Kcal
	숙주나물	23Kcal
	꽃게찜	78Kcal
	두릅고추장찌개	193Kcal
	오이깍두기	20Kcal

꽃게찜

 **재료/4인분**

꽃게 2마리, 연두부 1/2모, 달걀 1개, 풋고추 2개, 붉은고추 1개, 소금 조금, 다진파 1큰술, 다진마늘 2작은술, 생강즙 1/2작은술, 흰후춧가루 조금, 참기름 2작은술

 **이렇게 만드세요**

1 꽃게 깨끗이 씻기 꽃게는 중간 크기의 싱싱한 것으로 준비하여 딱지와 배를 솔로 깨끗이 씻는다.

2 꽃게 손질하기 솔로 깨끗이 씻어낸 꽃게는 등딱지를 벌린 후 모래주머니와 아가미를 말끔히 떼어낸다.

3 꽃게 살 발라내기 꽃게의 등에서 알을 꺼내어 그릇에 담고, 떼어낸 몸통도 반으로 갈라 살만 발라내어 그릇에 담는다.

4 야채 다지기 풋고추, 붉은고추는 반으로 갈라 씨를 제거하고 잘게 다진다.

5 소 만들기 그릇에 꽃게살, 꽃게알, 연두부, 풋고추, 붉은고추, 달걀을 넣고 소금, 파, 마늘, 생강즙, 후춧가루, 참기름으로 양념하여 고루 섞는다.

6 속 채우기 꽃게 딱지에 소를 가지런하게 채운다.

7 찜통에 찌기 찜통에 김이 오르면 젖은 가제를 깔고 속 채운 꽃게를 넣고 중불에서 10분 정도 쪄낸다.

8 그릇에 담기 속까지 익은 꽃게찜은 한김 나간 후에 먹기 좋은 크기로 잘라서 담고 양념간장을 곁들여 낸다.

연두부시금치탕

 **재료/4인분**

시금치 150g, 연두부 1모, 마른새우 50g, 마늘 2쪽, 대파 1/4대, 마른고추 1개, 식물성기름·소금 조금씩, 육수 6컵, 물녹말 2큰술, 참기름 조금

 **이렇게 만드세요**

1 시금치 썰기 시금치는 깨끗이 다듬어 흐르는 물에 여러번 씻어서 물기를 빼고 잘게 썬다.

2 연두부와 양념 썰기 연두부는 사방 1cm 크기로 썰고 파는 반 갈라 송송 썰고, 마늘은 편으로 썬다. 마른 고추는 어슷하게 잘게 썰어 씨를 털어낸다.

3 마른새우 손질하기 마른새우는 깨끗한 가제에 싸서 비벼서 털어내고 미지근한 물에 담가 잠시 불렸다가 물기를 빼고 큰 것은 굵직하게 다진다.

4 마른고추, 파, 마늘, 마른새우 볶기 달구어진 팬에 기름을 두르고 마른고추를 볶아 향이 돌면 송송 썬 파, 마늘, 마른새우를 넣고 볶는다.

5 시금치 넣고 볶기 파, 마늘, 마른새우가 어우러져 향이 나면 잘게 썬 시금치를 넣고 숨이 죽을 만큼 잠깐 볶는다.

6 육수 붓기 시금치가 숨이 죽으면 끓는 육수를 붓고 소금으로 간을 맞추고 끓인다.

7 연두부 넣고 끓이기 한소끔 끓으면 물녹말을 풀어 적당한 농도를 내고 또 한번 끓인 후에 연두부를 넣어 다시 한번 끓이고 마지막으로 참기름을 뿌려 고소한 맛을 낸다.

 **요리힌트**

마른 새우가 맛의 비결

연두부시금치탕의 맛내기 비결은 마른새우이다. 마른새우의 구수한 맛과 국물에 우러난 시원한 맛, 마지막에 느껴지는 특유의 향기와 감칠맛이 연두부시금치탕의 매력이다.

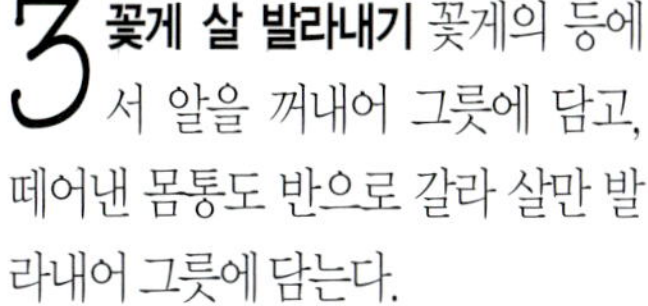
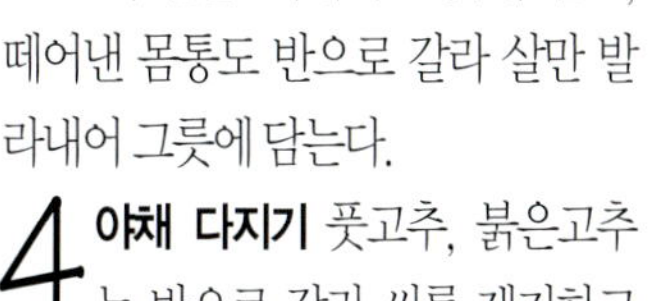
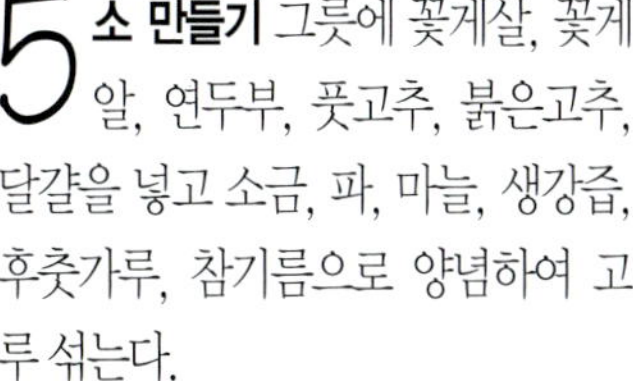
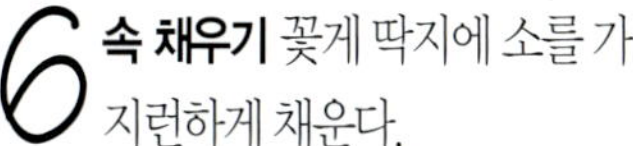

Thursday 목

오늘의 식단
(총1761Kcal)

아침 · 쌀밥(2/3공기)		223Kcal
	홍합달걀찜	118Kcal
	나박김치	12Kcal
점심	콩나물비빔밥	526Kcal
	미역냉국	83Kcal
	나박김치	12Kcal
저녁 · 보리밥(1공기)		329Kcal
	오징어찌개	151Kcal
	닭고기볶음	244Kcal
	오이생채	46Kcal
	김치	17Kcal

닭고기볶음

 **재료/4인분**

닭다리 2개, 브로콜리 200g, 마른고추 2개, 마늘 3쪽, 녹말 3큰술, 닭다리 데칠 식물성기름 1컵, 육수 1/2컵 **닭다리 양념** 간장 1큰술, 청주 1큰술, 녹말가루 1큰술 **볶음 양념장** 간장 2큰술, 청주 1큰술, 굴기름 1큰술, 설탕 2큰술, 식초 2큰술, 소금 · 후춧가루 조금씩

이렇게 만드세요

1 닭다리 재우기 닭다리는 뼈를 따라 칼집을 넣어 뼈를 발라낸 다음 적당한 크기로 썰어 간장, 청주, 녹말가루를 넣고 고루 주물러 재운다.

2 양념 준비하기 마른고추는 씨를 털어내고 어슷하게 썰고, 마늘은 편으로 썬다.

3 브로콜리 손질하기 브로콜리는 단단한 줄기는 잘라내고 송이대로 나누어 먹기 좋은 크기로 썬다.

4 닭다리 데치기 재워놓은 닭고기는 팬에 기름을 붓고 기름 온도가 높아지면 데치듯 살짝 튀긴다.

5 브로콜리 데치기 썰어놓은 브로콜리는 끓는물에 소금과 식물성 기름을 조금 넣어 데치고, 알맞게 삶아졌으면 건져서 식힌다.

6 양념장 만들기 간장, 청주, 굴기름, 설탕, 식초, 소금, 후춧가루를 넣고 섞어 양념장을 만든다.

7 마른고추, 마늘 넣고 볶아 향내기 달구어진 팬에 식물성기름 3큰술을 두르고 마늘, 마른고추를 넣고 볶아 향을 낸다.

8 닭고기와 양념장 넣고 볶기 ⑦에 닭고기를 넣고 굴려가면서 볶은 후 양념장을 넣는다.

9 육수를 붓고 물녹말 풀기 ⑧에 뜨거운 육수 1/2컵을 넣어 끓으면 동량의 물에 풀어놓은 물녹말을 붓고 뭉근해지도록 끓인

10 참기름 넣기 걸쭉하게 끓으면 미지막으로 참기름을 넣고 한번 버무려 접시에 담은 후 브로콜리로 가장자리를 장식한다.

홍합달걀찜

 **재료/4인분**

홍합 150g, 소금 조금, 두부 1/4모, 달걀 3개, 달래 50g, 새우젓 2작은술, 물 2/3컵

 **이렇게 만드세요**

1 홍합 다듬기 홍합은 가운데에 있는 털과 속 양쪽에 붙은 치마폭 같은 것을 떼어내고 연한 소금물에 흔들어 깨끗이 씻어 체에 밭쳐둔다.

2 홍합, 두부 썰기 홍합은 2~4등분하고, 두부는 사방 0.5cm 크기로 잘게 썬다.

3 달래와 새우젓 썰기 달래는 머리의 껍질을 벗겨 깨끗이 씻은 다음 송송 썰고, 새우젓은 건더기만 건져서 굵직하게 다진다.

4 달걀 풀기 달걀을 잘 풀어 물을 붓고 새우젓과 홍합, 두부를 넣고 잘 저어준다.

5 찜통에 찌기 간을 보아 싱거우면 소금으로 간을 맞추고 찜기에 8부 정도 붓고 김이 오른 찜통에 넣고 물이 떨어지지 않게 마른 가제로 덮어 중불에서 7~10분 정도 찐다.

6 달래 넣기 거의 다 익을 무렵 송송 썰어 놓은 달래를 위에 얹어 잠깐 끓인다. 수저로 눌러보아 딱딱하면 다 익은 것이다.

Friday / 금

아침	·누룽지끓인밥	250Kcal
	어묵조림	142Kcal
	콩자반	108Kcal
	김치	17Kcal
점심	·김밥	516Kcal
	양배추물김치	12Kcal
저녁	·보리밥(1공기)	329Kcal
	냉이국	111Kcal
	돼지갈비찜	246Kcal
	김치	17Kcal
	가지요구르트샐러드	
		196Kcal

가지요구르트 샐러드

 **재료/4인분**

가지 4개, 간장 1큰술, 샐러드유 1큰술, 소금 1작은술, 슬라이스 아몬드 20g **요구르트 드레싱** 플레인 요구르트 1컵, 크림버터 2~3작은술, 소금·설탕 조금씩

 **이렇게 만드세요**

1 가지 썰기 가지는 깨끗이 씻어 긴 것은 반을 갈라 8등분한다.

2 가지 찜통에 찌기 찜통에 김이 오르면 젖은 가제를 깔고 가지를 넣어 살짝 쪄서 익힌다.

3 가지 차게 식히기 가지가 익으면 꺼내어 물기를 뺀 후 간장, 소금으로 버무려 차게 식혀 보관한다.

4 드레싱 만들기 그릇에 요구르트, 크림버터, 소금, 설탕을 넣고 고루 섞어 드레싱을 만든다.

5 아몬드 볶기 프라이팬에 기름을 두르고 슬라이스 아몬드를 살짝 볶는다.

6 버무리기 드레싱에 차게 준비해 놓은 가지를 넣어 골고루 버무린다.

7 접시에 담기 접시에 아몬드 볶은 것을 담고 가지샐러드 버무린 것을 담은 뒤 피망이나 푸른 잎으로 장식한다.

양배추물김치

 **재료/4인분**

양배추 1/4통, 무 200g, 굵은소금 2큰술, 대파(흰 부분) 1/2대, 마늘 5쪽, 생강 1톨, 붉은고추 1개, 미나리 조금, 소금 4큰술, 고춧가루 3큰술, 물 10컵, 설탕 조금

 **이렇게 만드세요**

1 양배추, 무 자르기 양배추는 굵은 줄기 부분은 얇게 저며 내고 1.5×1.5cm 크기로 썰고, 무도 같은 크기로 나박썰기한다.

2 절이기 썰어 놓은 양배추와 무를 큰그릇에 담고 분량의 소금을 뿌린 뒤 고루 뒤적여 약 30분간 절인다.

3 양념 준비하기 대파는 씻어서 3cm 길이로 곱게 채썰고 마늘과 생강도 곱게 채썬다.

4 미나리, 붉은고추 썰기 붉은고추는 반 갈라서 씨를 제거하고 3cm 길이로 곱게 채썰고, 미나리도 같은 길이로 썬다.

5 버무리기 양배추와 무가 절여졌으면 물에 헹구어 건져 채썰어 준비한 대파, 마늘, 생강, 붉은고추, 미나리를 한데 넣고 버무려 항아리에 담는다.

6 김칫국 만들기 분량의 고춧가루를 가제에 싸서 심심하게 만든 소금물에 흔들어 김치국물을 만든다.

7 항아리에 김칫국 붓기 ⑤의 항아리에 김치국물을 붓는다. 1~2일 정도 두었다가 익으면 꺼내 먹는다.

Saturday 토

오늘의 식단
(총1923Kcal)

아침 · 쌀밥(2/3공기)		223Kcal
	김치국	51Kcal
	도토리묵무침	76Kcal
	생선전	205Kcal
	오이깍두기	20Kcal
점심 · 자장면		537Kcal
	달걀프라이	93Kcal
	김치	17Kcal
저녁 · 보리밥(1공기)		329Kcal
	우거지국	93Kcal
	애호박젓국볶음	49Kcal
	생선허브튀김	213Kcal
	김치	17Kcal

생선허브튀김

재료/4인분

흰살생선	300g
소금 · 흰후춧가루	조금씩
달걀	2개
밀가루	1/2컵
빵가루	2컵
로즈마리 · 파슬리가루	조금씩
튀김기름	조금

이렇게 만드세요

1 생선 자르기 생선은 지방이 적은 흰살생선으로 골라 뼈를 제거하고 4cm길이의 손가락 굵기로 잘라 놓는다.

2 밑간 하기 잘라 놓은 생선은 물기 제거하고 소금, 흰후춧가루를 뿌려 밑간해 놓는다.

3 빵가루에 허브 섞기 빵가루에 로즈마리와 파슬리가루를 고루 섞는다.

4 튀김옷 입히기 밑간한 생선에 밀가루를 고루 묻힌 후 여분의 밀가루는 털어내고 달걀, 허브 섞인 빵가루를 순서대로 묻힌다.

5 튀기기 튀김옷을 입힌 생선은 160~170℃의 튀김기름에서 노릇노릇하게 튀겨낸다.

6 접시에 담기 생선 튀김은 한김 나간 후에 접시에 가지런히 담고 기호에 따라 타르타르소스나 토마토소스를 곁들여 낸다.

더 맛있게! 생선을 밑간할 때 생강즙, 술, 레몬즙 등을 사용하면 생선 특유의 비린내를 없앨 수 있다. 생선을 바삭하게 튀기려면 튀김 재료의 물기를 잘 거두고 튀김옷을 잘 입혀야 한다. 생선에 밀가루를 골고루 묻힌 뒤 튀김옷을 입히면 된다.

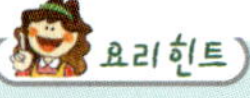 **요리힌트**

튀김 온도를 알아내는 요령

튀김요리에서 중요한 것은 튀겨낼 기름의 온도. 150~160℃(저온)는 튀김옷을 조금 떼어 넣었을 때 냄비 바닥에 가라앉았다가 천천히 떠오르는 상태, 170~180℃(중온)는 튀김옷이 냄비 중간까지 가라앉았다가 곧 떠오르는 상태, 180~190℃(고온)는 냄비 중간까지 가라앉지 않고 표면에서부터 흩어져버린다.

비디오 쿠킹

생선 자르기

생선 밑간하기

빵가루에 허브 섞기

튀기기

Su일day

오늘의 식단 (총1849Kcal)	
아침 · 콩죽	318Kcal
가지볶음	89Kcal
오이깍두기	20Kcal
점심 · **토마토깻잎파스타**	576Kcal
양상추샐러드	101Kcal
저녁 · 보리밥(1공기)	329Kcal
쇠고기무국	112Kcal
돼지불고기	244Kcal
미역초나물	40Kcal
오이깍두기	20Kcal

토마토깻잎 파스타

 **재료/4인분**

파스타(소라모양) 200g, 토마토 2개, 깻잎 5장, 올리브유 · 치즈가루 · 파슬리가루 조금씩 **드레싱** 샐러드유 3큰술, 식초 1 1/2큰술, 소금 1작은술, 흰후춧가루 조금, 마늘 1쪽

 **이렇게 만드세요**

1 파스타 삶기 큰 냄비에 물을 부어 끓으면 소금과 샐러드유를 넣고 파스타를 삶아 건진 다음 올리브유와 치즈가루를 뿌려 버무린다.

2 토마토 데치기 토마토는 잘 익은 것으로 골라 위에 +자로 칼집을 내어 끓는 물에 살짝 담갔다 건져 껍질을 벗겨낸다.

3 토마토, 깻잎 썰기 껍질을 벗겨 놓은 토마토는 씨를 제거하고 0.5×0.5cm크기로 썰고, 깻잎은 곱게 채썬다. 마늘은 칼등으로 두들겨 다진다.

4 드레싱 만들기 그릇에 식초와 소금, 흰후춧가루를 담아 거품기로 저은 후 샐러드유를 조금씩 부어가면서 뿌연 색이 나도록 세게 저어준다.

5 드레싱에 토마토, 깻잎 섞기 드레싱이 완성되면 썰어놓은 토마토와 깻잎, 마늘을 섞고 고루 저어준다.

6 접시에 담기 삶아 건진 파스타를 접시에 담고, 드레싱을 끼얹은 다음 파슬리가루를 뿌린다.

쇠고기무국

 **재료/4인분**

무 200g, 쇠고기 100g, 대파 1/4대, 붉은고추 1/2개, 고춧가루 1큰술, 다진마늘 2작은술, 국간장 1작은술, 소금 · 후춧가루 조금씩 **쇠고기 양념장** 국간장 1작은술, 다진마늘 1작은술, 청주 1/2작은술, 참기름 조금

이렇게 만드세요

1 쇠고기 밑양념하기 쇠고기는 기름기가 약간 있는 등심 부위로 골라 얇게 저며 썰고 국간장, 마늘, 청주, 참기름으로 밑양념한다.

2 야채 썰기 무는 2×3cm 크기로 나박썰고 대파와 붉은고추는 어슷 썬다.

3 쇠고기 볶기 달구어진 냄비에 기름을 두르고 밑양념해 놓은 쇠고기를 넣고 볶는다.

4 물과 무 넣고 끓이기 쇠고기가 익으면 물을 붓고 고춧가루를 푼 다음 썰어 놓은 무를 넣고 끓인다.

5 간하기 끓기 시작하면 불을 줄여 뭉근히 끓여준다. 무가 무르게 익으면 국간장, 마늘을 넣고 다시 끓인다.

6 대파와 붉은고추 넣기 간을 보아 싱거우면 소금으로 간을 맞추고 썰어 놓은 파, 붉은고추를 넣고 후춧가루를 뿌린 다음 한소끔 끓여낸다.

두세 가지만 준비해도 식탁이 푸짐하다

중국요리 10가지

중국요리는 넉넉한 양과 독특한 맛으로 어른 아이 할 것 없이
좋아하는 메뉴. 어린이날과 어버이날이 있는 5월.
모처럼 모인 가족들을 위해 두세 가지만 준비해도 푸짐해 보이는
중국요리로 식탁을 꾸며보자.

물오징어파인애플볶음

재료
물오징어 2마리, 파인애플 통조림 10쪽, 마요네즈 1/2컵, 설탕 1/3컵,
튀김기름 적당량
튀김옷 달걀흰자 2개 분량, 밀가루 3큰술, 녹말가루 3큰술

만드는 법
❶ **오징어 손질하기** 오징어는 내장과 뼈를 제거하고 껍질을 벗겨서 준비한다.
❷ **파인애플, 체리 썰기** 파인애플은 8등분하고, 체리는 반으로 자른다.
❸ **오징어 모양 썰기** 손질한 오징어는 몸통을 길게 반으로 갈라 세로로 촘촘
하게 칼집을 넣은 다음 가로로 놓고 칼을 눕혀서 2㎝ 너비로 어슷썬다.
❹ **끓는물에 데치기** 끓는물에 칼집 낸 오징어를 넣어 살짝 데쳐서 수분을 제
거한다. 물기가 없어야 튀길 때 기름이 튀지 않는다.
❺ **튀김옷 입히기** 오징어 튀김은 하얗게 색을 살리는 것이므로 달걀 흰자만을
사용해 튀김 반죽을 한다. 달걀 흰자 푼 것에 밀가루와 녹말가루를 반씩 섞어
잘 푼 다음 데친 오징어를 넣고 버무린다.
❻ **튀기기** 중온 정도의 튀김기름에 오징어를 붙지 않게 넣어 튀긴다. 하얀색
을 살리려면 누렇게 타지 않게 기름온도를 잘 조절한다.
❼ **소스 만들기** 팬에 파인애플 통조림 주스와 설탕을 넣고 조리다가 거의 졸
아들면 파인애플, 체리, 마요네즈를 넣고 중간불에서 빠른 속도로 저어 적당히
투명한 색의 소스를 만든다. 불이 세면 마요네즈가 분리되므로 주의한다.
❽ **오징어 넣고 버무리기** 소스가 완성되면 튀긴 오징어를 넣고 재빨리 섞는다.

한마디 더 | 튀김옷은 달걀 흰자를 잘 풀어 끈기가 없도록 한 후 녹말가루와
밀가루를 넣어 약간 흐를 정도의 반죽 상태로 만든다.

돼지갈비조림

재료
돼지갈비 450g, 땅콩 2큰술, 마른고추 1개, 간장 1큰술, 청주 1큰술,
녹말가루 1/2큰술, 밀가루 1/2큰술, 튀김기름 적당량
토마토케첩 소스 토마토케첩 5큰술, 설탕 5큰술, 고추기름 1큰술, 물 1/2컵

만드는 법
❶ **돼지갈비 손질하기** 돼지갈비는 기름이 적은 것으로 골라 4cm 길이로 위에
서 내리치듯이 단번에 토막내어 찬물에 담가 핏물을 충분히 빼고 깨끗이 헹구
어 건져 놓는다. 기름기는 떼낸다.
❷ **돼지갈비 양념에 재우기** 토막낸 돼지갈비를 큰 그릇에 담고 간장, 청주, 녹
말가루, 밀가루를 분량대로 넣고 주물러서 2~4시간 정도 충분히 재워놓는다.
❸ **돼지갈비 튀기기** 재워놓은 갈비는 저온의 튀김기름에서 튀기기 시작하여
서서히 온도를 높여 속까지 익게 튀긴다.
❹ **소스 만들기** 토마토케첩과 설탕을 같은 분량으로 섞고, 고추기름을 조금 넣
어 고루 섞은 후 물을 섞어 훌훌한 소스를 만든다.
❺ **소스 끓이기** 달구어진 팬에 기름을 두르고 마른고추를 어슷썰어 볶아 향이
돌면 소스를 부어 끓인다.
❻ **튀긴 갈비 넣어 버무리기** 소스가 끓으면 불을 줄여 서서히 끓이다가 설탕
이 완전히 녹고 소스에 끈기가 생기면, 튀겨서 기름을 뺀 갈비와 땅콩을 넣어
잘 버무려서 접시에 담는다.

한마디 더 | 돼지갈비에 튀김옷을 입힐 때는 표면에 얇은 피막만 씌워서 고기
가 익는 것을 도와주는 정도로만 한다. 익는 시간이 오래 걸리므
로 저온에서부터 시작해 서서히 온도를 높여가며 익힌다.

돼지갈비조림

물오징어
파인애플볶음

삼색냉채

재료

닭가슴살 100g, 오이 3개,
한천 조금, 달걀 3개,
대파 1뿌리, 마늘 2~3개,

샐러드유 · 소금 적당량씩
소스 식초 1큰술반, 설탕 1작은술, 간장 3큰술, 참기름 1큰술, 두반장 1큰술,
소금 조금, 라유 1큰술

만드는 법

❶ **닭살 찢기** 닭살은 끓는 물에 대파, 통마늘을 넣고 푹 삶아 가늘게 찢는다.
❷ **오이 썰기** 오이는 4cm 길이로 잘라 돌려 깎기해서 채썬 후 얼음물에 담가 놓는다.
❸ **한천 불리기** 한천은 소금물에 불린 후 4cm 길이로 썬다.
❹ **달걀 지단 부치기** 달걀에 소금을 조금 넣고 잘 풀어 체에 한 번 거른 다음, 잘 달구어진 팬에 기름을 조금 두르고 중불에서 얇게 부친다.
❺ **지단 채썰기** 얇게 부쳐낸 달걀은 4cm 길이로 곱게 채썬다.
❻ **소스 만들기** 그릇에 식초, 설탕, 간장, 두반장, 라유, 소금을 넣고 고루 섞고 마지막으로 참기름을 넣어 소스를 만든다.
❼ **접시에 담기** 접시에 각각 채썰어 놓은 오이, 한천, 달걀지단, 닭살을 보기 좋게 담고 소스를 곁들여 내거나 먹기 직전에 끼얹어 낸다.

부추잡채

재료

돼지고기(등심) 100g, 중국부추 1/2단,
대파 1/4뿌리, 생강 2톨, 마른고추 1개,
간장 2작은술, 소금 1/2작은술,
참기름 조금
돼지고기 양념장 청주 1큰술, 간장 1작은술, 녹말가루 조금

만드는 법

❶ **부추, 생강, 파, 고추 썰기** 부추는 흰부분과 푸른 잎부분을 구분해서 5~6cm 길이로 썬다. 파는 다듬어서 부추와 같은 길이로 채썰고, 생강도 곱게 채썬다. 마른고추는 어슷 썰어 씨를 털어낸다.
❷ **돼지고기 썰기** 돼지고기는 부추와 같은 길이로 곱게 채썬다.
❸ **돼지고기 재우기** 채썰어 놓은 돼지고기는 청주, 간장, 녹말가루를 넣고 고루 주물러 20분 이상 재워둔다.
❹ **돼지고기 기름에 데치기** 자작한 기름에 녹말가루에 재워놓은 고기를 넣어 부드럽게 데친다. 고기가 뭉치지 않게 풀어준다.
❺ **마른고추, 파, 생강채 볶기** 달구어진 팬에 기름을 두르고 마른고추, 파, 생강 채썬 것을 넣고 볶아 향을 낸다.
❻ **고기 간하여 볶기** 기름에 향이 돌면 기름에 데친 고기를 넣고 볶으면서 간장과 술로 양념한다.
❼ **부추 볶기** ❻에 부추의 흰부분을 먼저 넣고 볶다가 나머지 푸른 잎부분을 모두 넣고 볶는다. 숨이 죽으면 불을 끄고 참기름으로 맛을 낸다.

당면게살수프

재료

게살 300g, 당면 100g, 대파 1/2뿌리, 생강 1톨, 표고 2장, 죽순(소) 1개, 청주 1큰술, 소금 1작은술, 간장 조금, 참기름 1작은술, 식용유 적당량, 육수 6컵

만드는 법

❶ **게살, 당면 손질하기** 게살은 체에 밭쳐 물기를 빼고, 당면은 뜨거운 물에 불려 짧게 잘라 놓는다.
❷ **표고, 죽순 썰기** 표고버섯은 미지근한 물에 불려 얇게 저며 썰고, 죽순은 반 갈라 빗살무늬로 썬다.
❸ **양념 준비하기** 대파는 3cm 길이로 잘라 곱게 채썰고, 생강도 곱게 채썬다.

❹ **게살 볶기** 냄비에 기름을 두르고 대파와 생강을 넣고 볶다가 향이 돌면 게살을 넣고 볶는다.
❺ **육수 붓기** 게살이 익으면 육수 6컵을 붓고 센불에서 끓인다.
❻ **표고, 죽순 넣기** 끓기 시작하면 불을 줄여 서서히 끓이다가 표고버섯, 죽순, 청주, 소금을 넣고 20분간 끓인다.
❼ **당면 넣기** 충분히 끓으면 당면을 넣어 한소끔 끓인 후 간장과 참기름으로 맛을 낸다.

쇠고기굴기름볶음

재료

쇠고기 300g, 간장 1작은술, 녹말가루 1작은술, 청주 1큰술, 식물성기름 2컵, 양상추(소) 1통, 소금 · 설탕 1작은술씩, 마른고추 1개, 대파 1/2뿌리, 마늘 3쪽
종합소스 굴소스 2큰술, 청주 1큰술, 물녹말 1큰술, 육수 1/3컵, 참기름 조금

만드는 법

❶ **쇠고기 재우기** 쇠고기는 등심으로 준비하여 얇게 한입 크기로 썰어서 간장, 청주, 녹말가루를 넣고 주물러 20분 이상 재워둔다.
❷ **재료 준비하기** 양상추는 씻어서 적당한 크기로 뜯어 물기를 빼 놓고, 파는 4~5cm 길이로 굵게 채썬다. 마른고추는 어슷썰고, 마늘은 얇게 저며썬다.
❸ **쇠고기 기름에 데치기** 프라이팬을 충분히 달구어 기름 2컵을 붓고 양념에 재워두었던 고기를 넣어 데친다.
❹ **소스 만들기** 굴소스에 청주, 물녹말, 육수, 참기름을 넣고 섞어 소스를 만든다.
❺ **마른고추, 파, 마늘 향내기** 달구어진 팬에 기름을 두르고 마른고추, 파, 마늘을 볶다가 종합소스를 넣고 섞는다.
❻ **고기 넣고 볶기** 소스 맛이 어우러지면 기름에 데친 쇠고기를 넣어 재빨리 볶는다.
❼ **양상추 볶아 담기** 팬에 기름을 두르고 양상추를 센불에서 재빨리 볶으면서 설탕과 소금으로 맛을 낸다. 접시에 볶은 양상추를 넉넉히 담고 볶은 쇠고기를 얹는다.

흰살생선튀김

재료

흰살생선 200g, 소금 1/2작은술,
후춧가루 조금, 달걀 흰자 1/2개분,
녹말가루 1/2작은술, 양파 100g,
대파 1/2뿌리, 청피망 1개,
붉은피망 1/2개, 마늘 2쪽, 육수 1/2컵,
소금 · 설탕 1/2작은술씩, 토마토케첩 3작은술, 라유 조금, 튀김기름 적당량

만드는 법

❶ **흰살생선 손질하기** 흰살생선은 한입 크기로 잘라, 소금, 후추를 뿌려둔다.

❷ **양파, 청피망, 붉은피망 썰기** 양파와 피망은 2cm 크기로 각지게 썬다.

❸ **대파, 마늘 썰기** 대파는 1cm 길이로 썰고, 마늘은 얇게 저며 썬다.

❹ **녹말가루 묻히기** 밑간한 생선에 달걀 흰자와 녹말가루를 묻혀 버무린다.

❺ **튀기기** 튀김 팬에 기름을 붓고 170℃의 중온에서 서서히 튀긴다. 생선을 한 장씩 튀김기름에 넣어 튀기는데, 2번 튀겨서 건져 기름을 빼야 바삭하다.

❻ **소스 만들기** 냄비에 육수를 붓고 소금, 설탕, 케첩을 넣어 끓이다가 물녹말을 넣어 농도를 맞춘다. 물녹말은 육수가 끓을 때 넣으며 마지막에 기름 1큰술을 두르면 쉽게 식지 않고 부드러운 소스를 만들 수 있다.

❼ **대파, 마늘 볶기** 팬에 라유를 두르고 대파, 마늘을 넣어 재빠르게 볶는다.

❽ **볶기** 볶은 대파, 마늘에 양파, 피망을 넣어 재빠르게 볶다가 소금, 후춧가루로 간을 하고 튀긴 생선을 넣어 재빠르게 볶는다.

❾ **소스 끼얹기** 접시에 볶은 흰살생선과 야채를 담고 소스를 끼얹는다.

오색볶음밥

재료

닭가슴살 150g, 당근 100g, 우엉 40g, 어묵 150g, 껍질콩 30g, 밥 2공기,
육수 1/2컵, 소금 1/3작은술, 다진마늘 1/2큰술, 식용유 조금
닭고기 양념 청주 2작은술, 녹말가루 2작은술, 간장 1작은술
양념장 간장 1/2큰술, 소금 조금, 청주 1작은술, 후춧가루 조금

만드는 법

❶ **닭살 밑간하기** 닭가슴살은 1×1cm 크기로 깍둑썰기해 간장, 청주, 녹말가루로 버무린다.

❷ **당근, 우엉, 껍질콩, 어묵 썰기** 당근, 우엉, 껍질콩, 어묵은 1×1cm 크기로 각지게 썰고 우엉은 색이 변하지 않도록 물에 담갔다가 건져 물기를 뺀다.

❸ **닭가슴살 익히기** 팬에 기름을 넉넉히 두르고 밑간한 닭을 튀기듯 데쳐낸다.

❹ **야채 데치기** 당근은 끓는 물에 소금을 조금 넣고 데쳐내고, 우엉은 끓는 물에 식초를 조금 넣어 데쳐낸다.

❺ **야채 볶기** 팬에 기름을 두르고 다진마늘을 볶다가 우엉, 당근, 껍질콩을 넣어 볶은 후 닭가슴살, 어묵을 넣고 볶는다.

❻ **육수 부어 간하기** ⑤를 약한 불에서 익혀 간장, 소금, 청주, 후춧가루로 간하고 밥을 넣어 골고루 섞이도록 볶는다.

사천풍온면

재료

중국식 국수 2인분, 돼지고기 100g, 청경채 100g, 달걀 1개
돼지고기양념 청주 1작은술, 생강즙 조금, 대파 1/4뿌리, 마늘 2쪽, 자장 1/2큰술
육수 마른고추 2개, 대파 1/2뿌리, 마늘 2쪽, 생강 1톨, 소금 조금, 육수 적당량
양념장 간장 4큰술, 설탕 2큰술, 식초 1큰술, 참기름 1작은술, 다진파 2큰술

만드는 법

❶ **돼지고기 밑간하기** 돼지고기는 곱게 다져서 청주와 생강즙으로 밑간한다.

❷ **자장에 돼지고기 볶기** 달군 팬에 기름을 넉넉히 두르고 다진파와 마늘을 넣고 볶아 향이 돌면 자장을 넣어 충분히 볶은 후 밑간한 돼지고기를 익힌다.

❸ **지단 썰기** 달걀은 소금을 조금 넣고 풀어서 지단을 부쳐 채썬다.

❹ **청경채 데치기** 청경채는 끓는 소금물에 기름을 한두 방울 넣고 살짝 데친다.

❺ **국수 삶기** 끓는물에 국수를 펼쳐 넣고 끓어오르면 속이 익도록 찬물을 한두 번 부어가며 끓여서 찬물에 살살 비벼 헹구어 건져 물기를 뺀다.

❻ **향신채 썰기** 마른고추는 씨를 빼서 어슷썰고 대파, 마늘, 생강도 채썬다.

❼ **육수 만들기** 냄비에 기름을 두르고 마른고추, 대파, 마늘, 생강을 볶아 향을 낸 후 육수를 부어 끓여서 소금으로 간한다.

❽ **양념장 만들기** 간장, 설탕, 식초, 참기름에 다진파를 섞어 양념장을 만든다.

❾ **그릇에 담기** 그릇에 물기 뺀 국수를 담고 볶은 돼지고기와 청경채, 지단을 얹어 양념장을 끼얹은 다음 끓여 놓은 육수를 붓는다.

중식닭다리튀김

재료

닭다리 3개, 간장 4큰술, 청주 1큰술, 대파 1/4뿌리, 생강 1톨, 통후추 조금, 정향 · 팔각 조금씩, 녹말가루 3큰술, 튀김기름 · 당면 조금씩

만드는 법

❶ **닭다리 손질하기** 닭다리는 씻어서 물기를 닦고 어슷하게 칼집을 넣는다.

❷ **대파, 마늘 썰기** 대파는 반 갈라 4cm 길이로 썰고, 생강도 얇게 저며썬다.

❸ **양념하기** 손질한 닭다리를 그릇에 담고 간장, 청주, 대파, 생강, 통후추, 팔각, 정향을 넣고 주물러서 밑간한다.

❹ **녹말가루 묻히기** 간이 고루 배던 바른 녹말가루를 넣고 골고루 묻힌다. 녹말가루는 살짝 씌워질 정도로만 넣는다.

❺ **튀기기** 팬에 기름을 붓고 160℃의 중온에서 서서히 튀긴다. 노랗게 색이 나기 시작하면 불을 세게 하여 바싹 튀겨 건져 기름을 뺀다.

❻ **두번 튀기기** 먹기 직전에 다시 온도를 높여 처음부터 고온에 넣어 단번에 바싹하게 튀긴다.

서양요리 소스 8가지

요즘 소스와 드레싱에 대한 관심이 높아지면서 요리의 패턴도 많이 달라졌다.
알고보면 간편하게 집에서 만들 수 있는데도 주저하는 독자들을 위해 우리 입맛에 맞는 소스와 드레싱을 정리해서 알려준다.

타르타르소스

재료
마요네즈 5큰술
다진 완숙달걀 1/4개
잘게 썬 올리브 1큰술
잘게 썬 청·홍피망 1/2큰술씩
다진양파 1큰술
다진오이피클 1큰술
오이피클즙 1큰술
레몬즙 1작은술
소금·후춧가루 조금씩
생크림 1/2큰술

만들기

1 달걀 삶기 달걀은 완숙으로 삶아 1/4개만 잘게 다진다.
2 야채 준비하기 청·홍피망은 속씨를 빼고 잘게 다져 물기를 꼭 짜고 올리브와 양파, 오이피클은 잘게 썬다.
3 재료 섞기 마요네즈에 다진달걀과 피망, 잘게 썬 올리브, 다진양파, 다진오이피클을 넣고 섞는다.
4 간하기 섞은 재료에 레몬즙과 오이피클즙을 넣고 소금·후춧가루로 간을 하고 생크림을 넣어 섞은 다음 파슬리가루를 조금 뿌린다.

사우전드아일랜드소스

재료
마요네즈 4큰술
토마토케첩 2큰술
다진양파 2큰술
다진오이피클 1큰술
다진셀러리 1/2큰술
레몬즙 1큰술
소금·후춧가루·파슬리가루 조금씩

만들기

1 재료 손질하기 양파와 오이피클은 잘게 다진다. 셀러리 줄기는 표면의 섬유질을 벗겨내고 잘게 다진다.
2 파슬리가루 준비하기 파슬리는 곱게 다져서 물에 씻은 후 물기를 꼭 짜 보슬보슬한 가루로 준비한다.
3 재료 섞기 마요네즈와 토마토케첩을 섞고 다진양파, 오이피클, 셀러리를 섞는다.
4 간하기 섞은 재료에 레몬즙, 소금·후춧가루를 넣고 파슬리가루를 뿌린다.

양겨자마요네즈소스

재료
다진양파 1큰술
땅콩가루 조금
마요네즈 4큰술
양겨자 2큰술
레몬즙 1큰술
브랜디 1/2큰술
파슬리가루·파프리카·소금·후춧가루 조금씩

만들기

1 양파·땅콩 다지기 양파는 아주 곱게 다진다. 땅콩은 껍질을 벗겨 잘게 다진다.
2 재료 섞기 마요네즈에 분량의 양겨자와 레몬즙, 브랜디, 다진양파, 땅콩가루를 넣고 고루 저어 섞는다.
3 간하기 섞은 재료에 소금·후춧가루로 간을 한다. 파슬리가루와 파프리카를 조금 뿌린다.
✽ 파슬리가루 만들기는 사우전드아일랜드소스 참조.

겨자마늘소스

재료
발효겨자 3큰술
오렌지주스 3큰술
간장 1큰술
설탕 4큰술
다진마늘 3큰술
식초 3큰술
소금·후춧가루·참기름 조금씩

만들기

1 오렌지주스 넣기 분량의 발효겨자에 오렌지주스를 넣는다.
2 간장·설탕 넣기 오렌지주스 넣은 발효겨자에 간장과 설탕을 넣고 덩어리 없이 골고루 젓는다.
3 간하기 다진마늘과 식초를 넣고 저어준 다음 소금·후춧가루로 간한다. 마지막에 참기름을 넣는다.

겨자핫소스

재료
발효겨자 1큰술
핫소스 2큰술
꿀 1큰술
다진마늘 1큰술
우스터소스 1/2작은술
레몬즙 1큰술
소금·후춧가루 조금씩

만들기

1 소스 넣기 발효겨자에 핫소스와 우스터소스를 섞는다.
2 레몬즙 짜기 깨끗하게 씻은 레몬을 반으로 잘라 꼭 눌러서 짠다.
3 꿀·레몬즙 넣기 핫소스와 우스터소스를 섞은 발효겨자에 다진마늘과 꿀, 레몬즙을 넣고 저어 준 다음 소금, 후춧가루로 간을 한다.

쌀사소스

재료
토마토 1개
토마토케첩 3큰술
칠리소스 3큰술
다진양파 3큰술
다진마늘 1큰술
핫소스 1큰술
파프리카 조금
소금·후춧가루 조금씩

만들기

1 토마토 칼집내기 토마토 꼭지 반대편을 십자로 칼집을 낸다.
2 끓는물에 굴리기 칼집 낸 토마토를 끓는물에 잠깐 굴린다. 포크에 꽂아 껍질을 벗긴 다음 씨를 빼고 곱게 다져놓는다.
3 케첩에 재료 섞기 토마토케첩에 칠리소스와 다진양파·마늘을 섞는다.
4 간하기 섞은 재료에 다져놓은 토마토와 핫소스, 파프리카, 소금, 후춧가루를 넣고 잘 섞는다.

중국 요리 소스는?

중국요리에 쓰이는 소스도 다양하다. 굴소스나 두반장 등은 이제 우리에게도 익숙한 소스. 이런 소스들을 갖춰두고 조금만 응용하면 금방 근사한 중국요리를 만들 수 있다. 우리 입맛에도 잘 맞는 중국요리 소스에는 어떤 것들이 있는지 알아보자.

두반장

발효시킨 메주콩에 고추를 갈아 넣어 매콤한 맛이 나는 소스. 갖은양념을 곁들여서 맛이 진하고 맵기 때문에 매운 맛을 내는 음식에 주로 사용한다.

차쇼우 소스

주로 바베큐 요리에 많이 사용되는 소스. 농도가 걸쭉하고 짜기 때문에 그냥 사용하면 간을 맞추기 어려우므로 술이나 간장, 닭소스 등을 섞어서 사용한다. 구운 고기나 채소 요리에 흔히 사용된다.

닭 소스

닭육수에 갖은 향신료를 넣고 끓여 만든 소스. 간장처럼 묽어 사용하기 편하다. 닭고기를 잴 때나 요리에 색깔을 낼 때, 조림에 감칠맛을 주고 싶을 때 많이 이용한다.

굴소스

굴을 발효시키고 갖은양념과 향신료를 곁들여 만든 소스. 중국에서도 유일하게 한 회사에서만 만들어지고 있으므로 고르느라 망설일 필요가 없다. 간장으로 간을 한 음식, 해물 요리에 잘 어울린다.

M월nday

오늘의 식단
(총1968Kcal)

아침	· 참치샌드위치	414Kcal
	콘수프	72Kcal
	토마토	56Kcal
점심	· 쌀밥(1공기)	334Kcal
	콩나물국	43Kcal
	노각생채	58Kcal
	멸치조림	83Kcal
	열무물김치	12Kcal
저녁	· 보리밥(1공기)	329Kcal
	된장찌개	159Kcal
	양배추쌈	71Kcal
	수육야채무침	**325Kcal**
	열무물김치	12Kcal

수육야채무침

재료/4인분

쇠고기(샤브샤브용)	300g
당근	40g
깻잎	5장
양상추	2장
무순	조금
다시마	5cm
소금 · 청주	조금씩

참깨소스

다시마장국	5큰술
참깨	2큰술
땅콩버터	2작은술
고춧가루	1/2작은술
간장 · 청주	1/2작은술씩
설탕 · 식초	1/2작은술씩
레몬즙	1/2작은술

이렇게 만드세요

1 쇠고기 준비하기 쇠고기는 기름기가 약간 있는 등심으로 골라 종이처럼 얇게 저며 썬다.

2 야채 썰기 당근 · 깻잎 · 양상추는 깨끗이 씻어 채썬 다음 찬물에 담가 싱싱하게 해둔다.

3 다시마 장국 끓이기 다시마는 젖은 행주로 깨끗이 닦아 냄비에 찬물 5컵을 붓고 끓인다. 팔팔 끓기 시작한 뒤 5~10분 후에 다시마는 건져 낸다. 냄비에 다시마장국 1컵 정도를 덜어내고 나머지 국물에는 청주와 소금으로 간을 하여 다시 한 번 끓인다.

4 쇠고기 데치기 청주와 소금으로 간한 장국이 끓기 시작하면 썰어 놓은 쇠고기를 한 장씩 넣어 데치듯이 익힌 다음 차게 식힌다.

5 소스 만들기 덜어놓은 다시마장국에 참깨, 간장, 청주, 설탕, 식초, 땅콩버터, 고춧가루를 넣어 고루 섞은 다음 마지막으로 레몬즙을 넣어 섞는다.

6 접시에 담기 물에 담가 놓은 야채를 건져 물기를 뺀 후, 데쳐서 차게 식힌 쇠고기와 골고루 섞어 접시에 담아 낸다. 먹기 직전에 참깨소스를 뿌린다.

> **더 맛있게!** 깔끔하게 먹고 싶다면 참깨소스를 따로 곁들여 쇠고기와 야채를 찍어 먹도록 한다. 이것이 번거로울 때는 참깨소스에 쇠고기와 야채를 넣고 살살 버무려 담아 내어도 좋다.

야채 썰기

다시마국물내기

수육 데치기

소스 만들기

Tu화day

오늘의 식단
(총1730kcal)

아침	· 쌀밥(2/3공기)	223Kcal
	도라지나물	69Kcal
	오징어고추장찌개	151Kcal
	깍두기	20Kcal
점심	· **어만두**	382Kcal
	과일샐러드	177Kcal
저녁	· 회덮밥	527Kcal
	배추국	73Kcal
	호박가지튀김	142Kcal
	깍두기	20Kcal

어만두

 재료/4인분

흰살생선 300g, 소금 · 흰후춧가루 조금씩, 쇠고기(우둔) 100g, 표고버섯 3장, 목이버섯 3장, 오이 1개, 달걀 1개, 소금 · 깨소금 · 참기름 · 녹말가루 적당량씩 **쇠고기 양념** 간장 1 1/2큰술, 설탕 2작은술, 다진파 1큰술, 다진마늘 1/2큰술, 청주 1/2작은술, 깨소금 · 참기름 1/2작은술씩, 후춧가루 조금

 이렇게 만드세요

1 생선살 포 뜨기 생선살은 폭과 길이가 7cm 정도 되게 얇게 떠 서 소금과 흰후춧가루를 뿌려 놓는다.

2 쇠고기와 버섯 볶기 쇠고기는 곱게 채썰고, 마른 표고와 목이는 불려서 곱게 채썬다. 양념장을 만들어 채썰어 놓은 쇠고기와 버섯을 버무린 다음 살짝 볶아 식힌다.

3 오이 · 달걀 준비하기 오이는 채로 썰어 소금에 절였다가 살짝 볶아서 바로 식힌다. 달걀은 황 · 백지단을 부쳐 식으면 4cm 길이로 곱게 채썬다.

4 소 만들기 준비한 속재료를 소금, 깨소금, 참기름으로 간하여 버무린 후 지단을 넣고 살짝 섞는다.

5 만두 빚기 포 뜬 생선의 물기를 닦고 녹말을 한쪽에 묻혀서 준비한 만두소를 적당히 떠 얹고 둥그렇게 싼다. 겉에도 녹말을 묻혀서 꼭꼭 쥐어 만두 모양을 만든다. 김이 오른 찜통에 젖은 행주를 깔고 빚어 놓은 어만두를 얹어 찐다.

호박가지튀김

재료/4인분

애호박 1개, 가지 2개, 소금 조금, 밀가루 1/2컵, 달걀 1개, 빵가루 1컵, 튀김기름 적당량 **튀김옷** 밀가루 1/2컵, 녹말가루 1/2컵, 달걀 1개, 얼음물 3/4컵 **튀김간장** 가다랭이국물 1/2컵, 간장 2큰술, 청주 1큰술, 설탕 1작은술

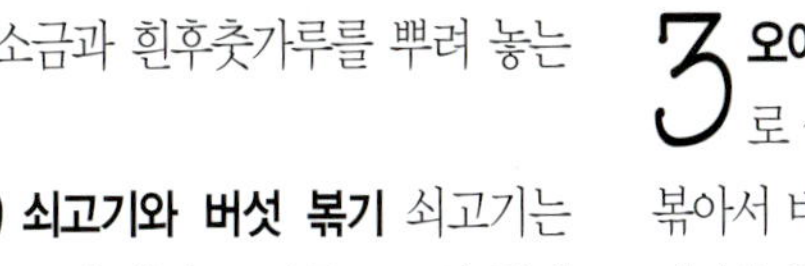 이렇게 만드세요

1 채소 자르기 애호박과 가지는 4cm 길이로 썰고 다시 4등분한 후 가운데 씨를 제거하여 소금에 살짝 절인다.

2 튀김옷 만들기 얼음물에 달걀 1개를 고루 푼 다음 밀가루와 녹말가루를 1:1로 넣고 젓가락으로 대충 섞일 정도로만 젓는다.

3 튀김옷 입히기 절여 놓은 애호박과 가지는 깨끗한 행주로 물기를 닦아낸 후 가지는 밀가루, 달걀, 빵가루순으로 튀김옷을 입히고, 애호박은 밀가루를 입힌 다음 ③의 튀김옷을 입힌다.

4 튀기기 튀김옷을 입힌 가지와 애호박은 170℃의 튀김기름에 바삭하게 튀겨낸다. 노릇하게 튀겨낸 애호박과 가지는 기름을 뺀 후 접시나 채반에 흰종이를 깔고 튀김간장을 곁들여 담는다. 분량대로 튀김간장을 만들어 찍어 먹는다.

오늘의 식단
(총1971Kcal)

아침 · 깨죽		261Kcal
다시마튀각		84Kcal
완자전		149Kcal
열무김치		19Kcal
점심 · 자장밥		547Kcal
달걀탕		55Kcal
배추김치		17Kcal
저녁 · 쌀밥(1공기)		334Kcal
무국		112Kcal
물오징어토마토마리네		**178Kcal**
불고기		196Kcal
열무김치		19Kcal

물오징어토마토마리네

재료/4인분

물오징어	2마리
토마토	2개
양파	1/2개
크레송	조금

카레드레싱

카레가루	1/2작은술
올리브유	1큰술
식초	1/2큰술
소금	1/2작은술
흰후춧가루	조금
레몬즙	1/2개분량
바질	1/2작은술
파슬리가루	조금

이렇게 만드세요

1 오징어 손질하기 오징어는 신선한 것으로 골라 다리를 잡아 당겨 내장을 제거한 다음 흐르는 물에 깨끗이 씻는다.

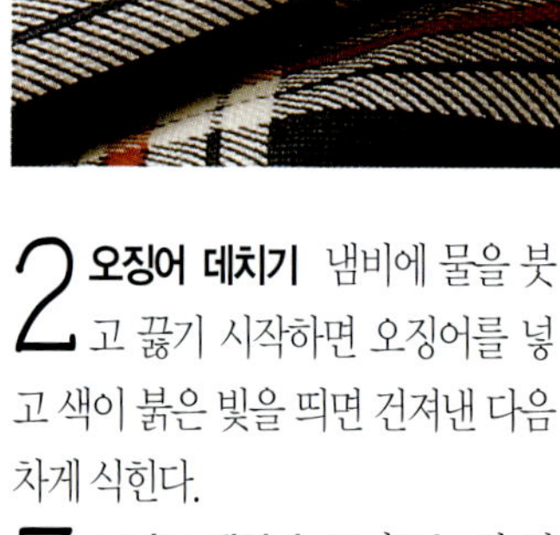

2 오징어 데치기 냄비에 물을 붓고 끓기 시작하면 오징어를 넣고 색이 붉은 빛을 띠면 건져낸 다음 차게 식힌다.

3 토마토 데치기 토마토는 잘 익은 것으로 골라 열십자로 칼집을 넣은 후 끓는 물에 살짝 데쳐서 껍질을 벗겨 차게 식힌다.

4 오징어·토마토 썰기 차게 식혀 놓은 오징어는 0.7cm 두께로 썰고, 토마토는 1cm 정도의 정사각형으로 썰어 준다.

5 양파·크레송 손질하기 양파는 곱게 채썰어 찬물에 담가 매운 맛을 뺀 다음 건져내어 물기를 빼고, 크레송은 찬물에 담가 싱싱하게 보관한다.

6 드레싱 만들기 식초에 소금, 흰후춧가루를 잘 섞은 다음 올리브유를 조금씩 넣어가며 저어준 다음 카레가루, 바질, 파슬리가루를 섞고 마지막으로 레몬즙을 넣어 고루 섞어 드레싱을 만든다.

7 버무리기 먹기 직전에 차게 준비해 놓은 오징어, 토마토, 양파를 볼에 담고 ⑥의 드레싱으로 살살 버무려 접시에 담는다.

더 맛있게! 카레가루나 바질을 사용한 드레싱은 독특한 향미가 있어 입맛을 살려준다. 향기가 강해서 싫다면 기본 프렌치 드레싱을 사용해도 된다.

비디오 쿠킹

토마토데치기

오징어 썰기

양파 매운맛 우리기

소스 만들기

*Thu*목*sday*

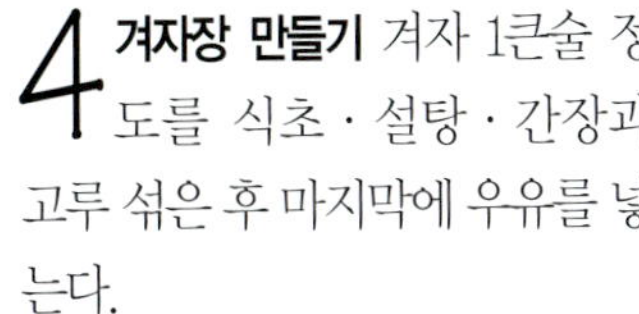

아침	· 콩밥(2/3공기)	220Kcal
	곰국	248Kcal
	가지나물	48Kcal
	멸치볶음	53Kcal
	깍두기	20Kcal
점심	· 쟁반국수	471Kcal
	배추된장국	73Kcal
	열무김치	19Kcal
저녁	· 쌀밥(1공기)	334Kcal
	대구찌개	194Kcal
	참치전	100Kcal
	고추잡채	164Kcal
	오이지	10Kcal

쟁반국수

 **재료/4인분**

닭 1/2마리, 양상추 2장, 붉은양배추 1장, 오이 1/2개, 깻잎 8장, 삶은 달걀 2개, 굵은파 1/4대, 마늘 3쪽, 생강 1톨, 메밀국수 300g **초고추장** 고추장 1 1/2큰술, 식초 1큰술, 설탕 1큰술, 다진 마늘 1작은술, 청주 1작은술, 흰후춧가루 조금 **겨자장** 겨자(갠것) 1큰술, 식초 1큰술, 설탕 1/2큰술, 간장 조금, 우유 1작은술

 **이렇게 만드세요**

1 닭 삶기 닭은 냄비에 찬물을 붓고 굵은파, 마늘, 생강을 넣고 푹 삶아 살만 뜯어 잘게 찢어 준다.

2 부재료 준비하기 양상추, 붉은 양배추, 깻잎은 곱게 채썰어 찬물에 담가 놓고, 오이도 곱게 채썬다. 달걀은 껍질 벗겨 동그랗게 썬다.

3 초고추장 만들기 고추장에 분량의 재료를 고루 섞어 초고추장을 만든다.

4 겨자장 만들기 겨자 1큰술 정도를 식초·설탕·간장과 고루 섞은 후 마지막에 우유를 넣는다.

5 국수 삶기 냄비에 물을 넉넉히 붓고 끓으면 메밀국수를 삶는다. 익으면 재빨리 찬물에 건져 내어 손으로 여러 번 비비면서 씻어 준다.

6 접시에 담기 야채는 건져 물기를 빼고 닭살, 달걀과 같이 접시에 보기 좋게 돌려 담고, 초고추장이나 겨자장을 곁들인다. 기호에 따라서 양념간장을 곁들이기도 한다.

고추잡채

 **재료/4인분**

풋고추 12개, 붉은고추 2개, 돼지고기(등심) 100g, 굵은파 1/4대, 생강 2쪽, 간장 2작은술, 소금 1/2작은술, 참기름 조금, 식물성기름 적당량 **돼지고기 양념** 간장 1작은술, 청주 1큰술, 녹말가루 조금

 **이렇게 만드세요**

1 고추·파·생강 썰기 고추는 반 갈라 씨를 도려내고 5cm 길이로 채썬다. 파와 생강도 곱게 채썬다.

2 돼지고기 재기 돼지고기는 가늘게 채썬다. 채썬 돼지고기에 청주, 간장, 녹말가루를 넣고 고루 주물러서 20분 이상 재둔다.

3 기름에 데치기 프라이팬에 기름을 자작하게 두르고 재놓은 고기를 넣어 부드럽게 데친다.

4 파·생강채 볶기 프라이팬에 식물성기름 2큰술을 두르고 파와 생강 채썬 것을 넣어 센불에서 볶아 향을 낸다.

5 간하기 기름에 향이 돌면 채썬 고기를 넣어 볶으면서 간장, 청주로 양념하고 고기가 익으면 채썰어 놓은 붉은고추를 먼저 넣고 한 번 볶아준 후에 풋고추 채썬 것을 넣고 볶는다. 잠깐 볶아 숨이 죽으면 불을 끄고 참기름으로 맛을 낸다.

오늘의 식단
(총1995Kcal)

아침 · 보리밥(2/3공기)	219Kcal
	북어국	172Kcal
	두부부침	103Kcal
	열무김치	19Kcal
점심 · 볶음밥	543Kcal
	달걀팟국	65Kcal
	열무김치	19Kcal
저녁 · 쌀밥(1공기)	334Kcal
	생선매운탕	194Kcal
	채소모음튀김	216Kcal
닭고기고추냉이무침	
		94Kcal
	김치	17Kcal

닭고기고추냉이무침

재료/4인분

닭고기	300g
오이	1/2개
껍질콩	3개
방울토마토	5개
통잣	조금
굵은파	1/4대
마늘	3쪽
생강	1톨

양념장

간장·식초	1큰술씩
설탕	1/2큰술
고추냉이(와사비)	1/2큰술

이렇게 만드세요

1 닭고기 삶기 닭은 물에 씻고 적당한 크기로 토막낸 다음 냄비에 물을 넉넉히 붓고 닭고기, 굵은파, 마늘, 생강을 넣고 푹 삶아 식힌다. 한김 나간 후에 먹기 좋을 정도로 잘게 찢어 차게 준비한다.

2 야채 썰기 오이는 소금에 문질러 씻은 다음 곱게 채썰고, 방울토마토는 도톰하게 저며 썰어 차게 준비한다.

3 껍질콩 데치기 껍질콩은 끓는 물에 소금을 조금 넣어 데치고 찬물에 재빨리 식혀 물기를 뺀 다음 오이와 같은 길이로 어슷썬다.

4 겨자장 만들기 그릇에 간장, 식초, 설탕을 넣고 고루 저어준 다음 찬물에 되직하게 개어 놓은 고추냉이(와사비)를 넣고 덩어리가 생기지 않도록 고루 섞는다. 고추냉이와 식초의 양도 입맛에 따라 조절해도 된다.

5 버무리기 차게 준비해 놓은 닭살, 오이, 껍질콩을 우묵한 그릇에 넣고 겨자장을 고루 뿌린 후 수저로 살살 버무려 방울토마토와 같이 곁들여 접시에 담는다.

더 맛있게! 닭은 입맛없는 여름철에 많이 찾는 보양식이다. 뜨겁게 끓인 삼계탕도 좋지만 상큼하게 먹고 싶다면 차가운 냉채로 만들어 본다. 각각의 재료는 미리 준비해 차게 식혀 놓았다가 버무려야 제맛을 살릴 수 있다. 고추냉이의 매운맛이 싫다면 머스터드나 마요네즈를 이용한 드레싱도 잘 어울린다. 대신 칼로리가 높아지니 주의.

비디오 쿠킹

닭고기 삶기

야채 썰기

양념간장 만들기

버무리기

Saturday 土

오늘의 식단 (총1795Kcal)		
아침	· 잉글리시머핀	214Kcal
	소시지구이	200Kcal
	우유	125Kcal
점심	· 냉소면	452Kcal
	달걀완숙	75Kcal
	김치	17Kcal
저녁	· 보리밥(1공기)	329Kcal
	육개장	239Kcal
	오이어묵게살무침	115Kcal
	오이소박이	29Kcal

냉소면

재료/4인분

소면 200g, 새우 10마리, 토마토 1개, 달걀지단 조금, 크레송 · 고추냉이 · 무 · 실파 조금씩
소면장 멸칫국물 10큰술, 진간장 2큰술, 맛술 2큰술

이렇게 만드세요

1 재료 손질하기 새우는 껍질을 벗겨 끓는물에 살짝 데쳐내고, 토마토는 한입 크기로 썬다. 달걀지단은 곱게 채썬다.

2 소면장 만들기 멸칫국물을 간장과 맛술로 간하여 소면장을 만든다. 입맛에 따라 설탕이나 식초 등을 넣어도 된다.

3 소면 삶기 소면은 팔팔 끓는 물에 넣고 휘저어가며 삶아 반투명하게 익으면 찬물에 헹군다. 차게 식으면 사리 지어 물기를 뺀다.

4 양념 준비하기 무는 강판에 갈아서 즙을 내고, 실파는 송송 썰어 찬물에 헹군 다음 물기를 살짝 짠다. 고추냉이는 찬물에 되직하게 갠다.

5 그릇에 담기 소면을 접시에 보기 좋게 담고 위에 썰어 놓은 과일 · 새우 · 지단 · 크레송을 얹은 뒤 소면장을 곁들이고 무즙, 실파, 고추냉이를 따로 내어 식성에 따라 넣어 국수를 소면장에 찍어 먹는다.

오이어묵매실무침

재료/4인분

구멍어묵 2개, 오이 1/3개, 매실장아찌 4개, 무순 조금 **단촛물** 식초 1큰술, 설탕 1큰술, 소금 1/2작은술

이렇게 만드세요

1 어묵 기름빼기 어묵은 기름기가 많으므로 채반에 담고 끓는물을 부어 기름기를 빼서 준비한다.

2 야채 준비하기 오이는 소금으로 문질러 씻은 뒤 반갈라 어슷하게 썰어 소금에 살짝 절여 놓는다. 무순은 씻어 놓는다.

3 매실장아찌 손질하기 매실장아찌는 손으로 씨를 제거하고 잘게 잘라 놓는다. 맛이 너무 강하면 물에 살짝 헹군다.

4 단촛물 준비하기 우묵한 볼에 식초, 설탕, 소금을 고루 섞어 단촛물을 만든다.

5 버무리기 절여 놓은 오이는 물기를 거두어 어묵, 무순, 매실과 같이 그릇에 담고 단촛물을 끼얹어 살살 버무려 접시에 담는다.

Sun일day

오늘의 식단
(총1810Kcal)

아침 · 토스트	290Kcal
	햄지짐	91Kcal
	과일샐러드	177Kcal
점심 · 아보카도초밥	516Kcal
	일식된장국	44Kcal
	오이지	10Kcal
저녁 · 현미밥(1공기)	331Kcal
	근대국	59Kcal
	감자조림	112Kcal
	김무침	47Kcal
	쇠고기마늘볶음	113Kcal
	깍두기	20Kcal

쇠고기마늘볶음

재료/4인분

쇠고기	200g
마늘	1통
마늘종	100g
붉은고추	1/2개
소금	1작은술
청주	2작은술
후춧가루	조금씩
참기름 · 식물성기름	조금씩

이렇게 만드세요

1 쇠고기 손질하기 쇠고기는 지방이 약간 있는 등심으로 골라 얇게 저며 썰어 핏물을 제거하여 준비한다.

2 야채 준비하기 마늘은 도톰하게 저며 썰고, 마늘종은 3~4cm 길이로 썬다. 붉은고추는 반 갈라 씨를 털어내고 마늘종과 같은 길이로 곱게 채썬다.

3 마늘 볶기 달구어진 팬에 기름을 넉넉히 두르고 저며 썰어 놓은 마늘을 넣고 옅은 갈색이 나도록 볶아 준다.

4 쇠고기 · 마늘종 볶기 볶은 마늘이 갈색이 나면 썰어 놓은 쇠고기를 넣고 볶다가 다시 마늘종을 넣어 볶는다.

5 소금 간하기 쇠고기와 마늘종이 반 정도 익으면 붉은고추를 넣고 소금으로 간을 맞추어 준다.

6 청주 넣기 쇠고기와 마늘종이 어느정도 익으면 청주와 후춧가루를 약간 넣고 볶아 다 익으면 마지막으로 참기름을 조금 둘러 볶아 낸다.

7 상에 내기 쇠고기와 마늘종이 다 익으면 접시에 담아 뜨거울 때 상에 낸다.

요리힌트

고기요리에는 고추기름을

고기를 볶기 전에 기름에 마늘이나 고추를 넣고 볶는 것은 매운 맛과 향이 우러나게 하기 위한 방법. 붉은 고추 간 것이나 고춧가루를 기름에 넣고 볶아 붉은 고추기름을 만들어 두면 요긴하게 쓸 수 있다.

더 맛있게! 쇠고기 대신 돼지고기를 이용해도 색다른 감칠맛이 있다. 마늘이나 마늘종은 독특한 향미로 돼지고기의 누린내를 없애주므로 궁합이 잘 맞는 음식이라 할 수 있다. 기름기 없는 목살이나 등심으로 준비해서 요리해 보자.

비디오 쿠킹

재료 썰기

마늘 볶기

재료 볶기

청주 넣기

월 Monday

무채나물

재료/4인분

무 1/2개, 숙주 200g, 시금치 50g, 소금 · 다진파 · 다진마늘 · 깨소금 · 참기름 조금씩 **양념장** 간장 2큰술, 식초 1큰술, 설탕 1큰술

이렇게 만드세요

1 무 채썰어 익히기 무는 5cm 길이로 곱게 채썰어 냄비에 넣고 물을 자작하게 부어 끓인다.

2 숙주 데치기 숙주는 머리와 꼬리를 떼고 끓는물에 소금을 조금 넣고 데쳐 건진다. 물기가 빠지면 소금, 파, 마늘, 깨소금, 참기름으로 밑간해 놓는다.

3 시금치 데치기 시금치는 깨끗이 다듬어 씻어 끓는물에 소금을 조금 넣고 살짝 데쳐 찬물에 재빨리 헹구어 물기를 제거한 다음 소금, 파, 마늘, 깨소금, 참기름으로 밑간한다.

4 밑간하기 무가 익으면 체에 밭쳐 물기를 뺀 다음 소금, 파, 마늘, 깨소금, 참기름으로 밑간한다.

5 양념하기 간장에 식초, 설탕을 넣고 고루 섞어 새콤한 간장양념장을 만든다. 우묵한 그릇에 밑간해 놓은 무, 숙주, 시금치를 넣고 양념장으로 고루 버무려 접시에 담아낸다.

배추달걀초무침

재료/4인분

배추속대 2장, 부추 100g, 달걀 3개, 마른고추 1개, 소금 · 식물성기름 적당량씩 **단촛물** 식초 2큰술, 설탕 2큰술, 소금 1작은술

이렇게 만드세요

1 야채 썰기 부추는 깨끗이 손질하여 4cm 길이로 썰고, 배추속대도 같은 길이로 큼직하게 썬다. 마른고추는 씨를 털어낸 후 가늘게 어슷썬다.

2 달걀 익히기 달걀은 소금을 약간 넣어 잘 풀어 달구어진 팬에 기름을 약간 두르고 달걀을 붓는다. 익기 시작하면 불을 줄이고 젓가락으로 휘저으면서 익혀낸다.

3 배추 · 부추 익히기 썰어놓은 배추는 끓는물에 소금, 식물성기름을 한두 방울 떨어뜨린 후 살짝 데쳐 물기를 뺀다. 부추는 달구어진 팬에 기름을 조금 두르고 마른고추를 넣고 볶다가 부추를 넣어 살짝 볶는다.

4 버무리기 식초에 설탕, 소금을 넣고 완전히 녹도록 충분히 젓는다. 우묵한 볼에 익혀서 준비한 달걀, 부추, 배추속대를 넣고 단촛물을 부어 고루 버무려 접시에 담아낸다.

Tu**화**day

<table>
<tr><td colspan="2" align="center">**오늘의 식단**
(총1793Kcal)</td></tr>
<tr><td>**아침**· 녹두죽</td><td>169Kcal</td></tr>
<tr><td>북어무침</td><td>101Kcal</td></tr>
<tr><td>열무물김치</td><td>17Kcal</td></tr>
<tr><td>**점심**· 김치온면</td><td>452Kcal</td></tr>
<tr><td>호박밀전</td><td>153Kcal</td></tr>
<tr><td>깍두기</td><td>20Kcal</td></tr>
<tr><td>**저녁**· 쌀밥(1공기)</td><td>334Kcal</td></tr>
<tr><td>감자찌개</td><td>165Kcal</td></tr>
<tr><td>**낙지산적**</td><td>306Kcal</td></tr>
<tr><td>비름나물</td><td>47Kcal</td></tr>
<tr><td>오이소박이</td><td>29Kcal</td></tr>
</table>

낙지산적

재료/4인분

낙지	1마리
느타리버섯	200g
꽈리고추	20개
꼬치	10개
식물성기름	적당량

간장양념

간장	3큰술
설탕	1 1/2큰술
청주	1큰술
다진파·참기름	1큰술씩
다진마늘·깨소금	2작은술씩
후춧가루	조금

고추장양념

고추장	2큰술
청주·다진파	1큰술씩
간장·설탕	1작은술씩
물엿·다진마늘	2작은술씩
생강즙	1작은술
깨소금·참기름	2작은술씩
후춧가루	조금

이렇게 만드세요

1 낙지 손질하기 낙지는 먹물주머니를 떼고 소금으로 주물러 씻어 해감을 뺀 후 물에 씻어서 준비한다.

2 낙지 데치기 손질해 놓은 낙지는 끓는물에 살짝 데쳐 6~7cm 길이로 썰어 가로로 칼집을 넣어 준다.

3 느타리버섯 데치기 느타리버섯은 작고 여린 것으로 골라 끓는물에 소금을 조금 넣고 데친다. 적당히 식으면 소금, 참기름으로 조물조물 밑간한다.

4 꽈리고추 양념하기 꽈리고추는 6~7cm 길이의 것으로 곧은 것으로 골라 소금, 참기름으로 밑양념한다.

5 양념장 만들기 분량의 재료를 섞어 간장양념장과 고추장 양념장을 만든다.

6 팬에 지지기 긴 꼬치에 낙지, 느타리버섯, 꽈리고추, 낙지 순서로 가지런히 꿰어 준다. 달구어진 팬에 기름을 조금 두르고 꼬치에 꿴 낙지산적을 놓고 간장양념을 약간씩 끼얹어 앞뒤로 지져준다.

7 접시에 담기 거의 익었으면 마지막으로 고추장양념을 조금씩 발라서 잠깐만 익혀서 접시에 담아낸다.

비디오 쿠킹

낙지 주무르기

양념장 만들기

버섯 데치기

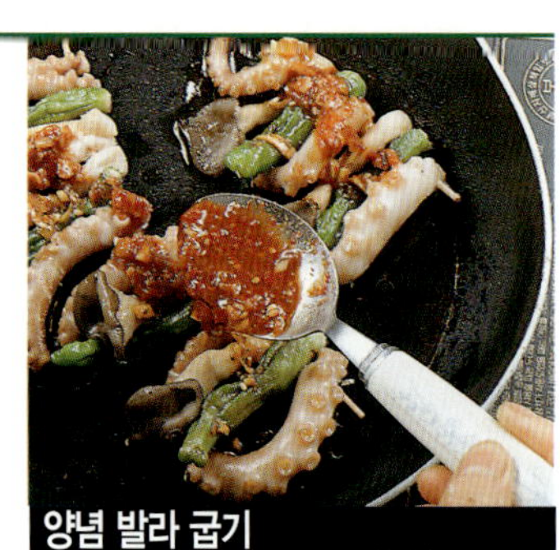

양념 발라 굽기

Wednesday 수

오늘의 식단
(총1721Kcal)

아침	· 현미밥(2/3공기)	221Kcal
	쇠고기당면국	147Kcal
	우엉볶음	120Kcal
	깍두기	20Kcal
점심	· 쌀밥(1/2공기)	167Kcal
	크림수프	72Kcal
	돼지고기등심구이	203Kcal
	오이피클	46Kcal
저녁	· 보리밥(1공기)	329Kcal
	북어콩나물찌개	168Kcal
	가리비깐풍	208Kcal
	깍두기	20Kcal

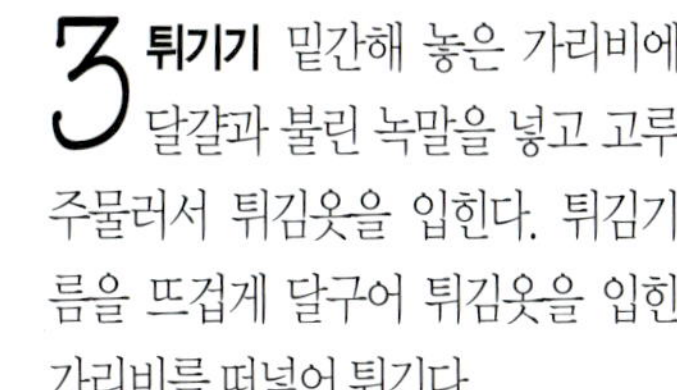

가리비 깐풍

 **재료/4인분**

가리비 300g, 굵은파 1/2대, 마른고추 3개, 마늘 7쪽, 간장 2큰술, 청주 1큰술, 설탕 1작은술, 참기름 1작은술, 후춧가루 조금, 튀김기름 적당량 **양념장** 간장 1작은술, 청주 1작은술, 소금 조금 **튀김옷** 달걀흰자 1개 분량, 불린 녹말 150g

이렇게 만드세요

1 **가리비 손질하기** 가리비는 살만 떼어 연한 소금물에 흔들어 씻어

물기를 빼고 한입 크기로 썰어 간장, 청주, 소금을 넣고 주물러 밑간한다.

2 **양념 다지기** 굵은파는 길게 반 갈라 다시 네모지게 잘게 썰고, 마른고추는 씨를 털고 파와 같은 크기로 썬다. 마늘은 굵게 다진다.

3 **튀기기** 밑간해 놓은 가리비에 달걀과 불린 녹말을 넣고 고루 주물러서 튀김옷을 입힌다. 튀김기름을 뜨겁게 달구어 튀김옷을 입힌 가리비를 떠넣어 튀긴다.

4 **부재료 볶기** 팬에 기름을 넉넉히 두르고 마른고추와 파, 마늘 다진 것을 넣고 볶아 기름에 매운 맛과 향이 배게 한다.

5 **간하기** 향이 밴 기름에 청주, 간장을 넣어 향을 돋우고 설탕, 참기름, 후춧가루로 맛을 낸다.

6 **버무리기** 소스가 완성되면 튀긴 가리비를 넣고 버무린다.

돼지고기등심구이

 **재료/4인분**

돼지고기(1.5cm 두께) 2장, 양파 1개, 토마토 1개, 소금 · 후춧가루 · 간장 · 버터 · 머스터드 · 파슬리가루 적당량씩

 **이렇게 만드세요**

1 **돼지고기 손질하기** 돼지고기는 1.5cm 정도 두께로 썰어 핏물을

빼고 자근자근 두드려 연하게 한 다음 소금, 후춧가루를 조금씩 뿌려 밑간한다.

2 **토마토 데치기** 토마토는 가운데 열십자로 칼집을 내고 끓는 물에 살짝 데쳐서 껍질을 벗겨 1cm 두께로 썬다.

3 **야채 굽기** 달구어진 팬에 버터를 두르고 썰어 놓은 토마토를 앞뒤로 지져낸다. 양파는 토마토와 같은 두께로 썰어 같이 굽는다.

4 **돼지고기 굽기** 달구어진 팬에 기름이나 버터를 두르고 가장자리로 간장을 약간 흘려 넣고 소금, 후춧가루를 뿌린 면이 아래로 가도록 고기를 놓는다. 표면의 색이 연한 갈색이 나도록 알맞게 익으면 뒤집어서 속까지 충분히 익힌다.

5 **접시에 담기** 구운 돼지고기는 접시에 담고 구운 토마토와 양파를 곁들여 머스터드를 끼얹어 먹는다.

오늘의 식단
(총1958Kcal)

아침	· 현미밥(2/3공기)	221Kcal
	콩나물국	43Kcal
	달걀찜	83Kcal
	오징어젓	12Kcal
	오이소박이	29Kcal
점심	· 버섯스파게티	576Kcal
	달걀탕	55Kcal
	토마토컵샐러드	266Kcal
	오이깍두기	20Kcal
저녁	· 보리밥(1공기)	329Kcal
	조갯살두부찌개	131Kcal
	당면두반장볶음	164Kcal
	오이소박이	29Kcal

토마토컵샐러드

재료/4인분

토마토 4개, 실파 3뿌리, 로메인상추 4장, 크림치즈 100g, 생크림 1/4컵, 설탕 조금

이렇게 만드세요

1 토마토컵 만들기 토마토는 작고 매끈한 것으로 골라 끝부분을 약간 저며낸 다음 속을 긁어낸다.

2 야채 손질하기 로메인 상추는 한 장씩 떼어내 찬물에 담가 두고, 실파는 1cm 길이로 썰어 찬물에 헹군 후 마른 행주로 물기를 제거한다.

3 생크림 거품내기 생크림은 차게 해 두었다가 설탕을 조금 넣은 후 거품기로 쳐서 거품을 낸다. 거품이 빡빡하게 일면 크림치즈와 실파를 넣어 고루 섞어 덩어리가 생기지 않게 잘 저어준다.

4 토마토에 속 채우기 속을 파놓은 토마토에 빡빡하게 거품낸 크림소스를 소복하게 채운다.

5 접시에 담기 로메인 상추는 물기를 제거한 다음 접시에 깔고 크림소스를 소복히 채운 토마토를 곁들여 담는다.

당면두반장볶음

재료/4인분

쌀당면 100g, 돼지고기(길은 깃) 100g, 두반장 1큰술, 마른고추 1개, 굵은파 1/2대, 마늘 2톨, 생강 1톨, 소금 조금, 간장 1큰술, 청주 1큰술, 참기름 조금, 식물성기름 5큰술

이렇게 만드세요

1 당면 불리기 쌀당면은 미지근한 물에 20분 정도 담가 부드럽게 불린 다음 10cm 정도의 길이로 잘라 준비한다.

2 부재료 준비하기 마른고추는 씨를 제거하고 굵게 다진다. 굵은 파는 송송 썰고, 마늘·생강은 다진다. 달구어진 팬에 기름을 넉넉히 두른 다음 다져 놓은 마른고추, 마늘, 생강을 넣고 센불에서 잠시 볶아 향을 낸다.

3 돼지고기 볶기 기름에 매운향이 돌면 돼지고기 갈은 것과 굵은 파를 넣고 볶는다.

4 간하기 고기가 어느 정도 익으면 두반장, 간장, 술, 소금을 넣고 간을 하여 볶는다.

5 당면 넣고 볶기 돼지고기가 익으면 물에 불린 당면을 넣고 함께 볶는다. 음식 자체가 약간 촉촉한 음식이므로 당면의 물기는 굳이 빼지 않아도 된다. 국물이 마르면 상에 내기 직전에 참기름을 뿌려 접시에 담는다.

Friday

오늘의 식단
(총1911Kcal)

아침	· 보리밥(2/3공기)	219Kcal
	무국	112Kcal
	고등어카레구이	185Kcal
	비름나물	47Kcal
	열무김치	19Kcal
점심	· 포크커틀릿	563Kcal
	열무김치	19Kcal
저녁	· 쌀밥(1공기)	334Kcal
	육개장	239Kcal
	양파장아찌	16Kcal
	야채초무침	139Kcal
	열무김치	19Kcal

야채초무침

재료/4인분

오이 1/2개, 배 1/4개, 배추속대 1장, 수삼 2뿌리, 밤 3개, 대추 3개 **단촛물** 꿀 1큰술, 식초 3큰술, 소금 1작은술

이렇게 만드세요

1 수삼 손질하기 수삼은 중간 크기의 것으로 준비하여 잔뿌리는 따로 떼내고, 굵은 부분은 칼등으로 긁어 깨끗이 씻는다.

2 야채 썰기 수삼은 4cm 길이로 잘라 채썬다. 오이는 수삼과 같은 길이로 잘라 돌려 깎기 하여 채썰고, 배·배추속대도 같은 길이로 채썬다.

3 밤·대추 썰기 밤은 껍질 벗겨 곱게 채썰고, 대추는 크고 좋은 것으로 골라 얇게 돌려 깎은 후 밀대로 얇게 밀어 곱게 채썬다.

4 단촛물 만들기 우묵한 그릇에 꿀, 식초, 소금을 넣고 고루 섞어 단촛물을 만든다.

5 버무리기 먹기 직전에 수삼, 오이, 배, 배추속대, 밤, 대추를 고루 섞은 다음 단촛물을 끼얹어 살짝 버무려 접시에 담는다.

고등어카레구이

재료/4인분

고등어(중간크기) 1마리, 소금 조금, 청주 2큰술, 생강즙 조금, 밀가루 1/2컵, 카레가루 1큰술, 식물성기름 적당량

이렇게 만드세요

1 고등어 손질하기 고등어는 신선한 것으로 골라 머리를 떼낸 후 내장을 제거하고 살만 포를 떠 준비한다.

2 고등어 밑간하기 포 떠놓은 고등어는 적당한 크기로 어슷하게 잘라 가운데 칼집을 넣은 다음 청주, 생강즙, 소금에 재둔다.

3 튀김옷 만들기 밀가루에 카레가루를 넣고 뭉치지 않도록 고루 섞어 준다.

4 고등어에 옷 입히기 양념에 재둔 고등어는 물기를 제거한 다음 튀김옷을 고루 입힌다.

5 팬에 지지기 달구어진 팬에 기름을 두르고 튀김옷을 입힌 고등어를 넣고 앞뒤로 노릇노릇하게 골고루 지져 준다.

더 맛있게! 팬에 지지는 방법 이외에 그릴에서 구워주는 방법도 있다. 고등어와 같은 등푸른 생선은 상하기 쉬우므로 되도록 남은 생선은 재빨리 먹거나 소금을 뿌려 자반으로 이용한다.

Sat**토**urday

오늘의 식단
(총 1782Kcal)

아침	쌀밥(2/3공기)	223Kcal
	된장찌개	159Kcal
	도라지오징어냉채	89Kcal
	멸치볶음	105Kcal
	김치	17Kcal
점심	**쇠고기자장볶음밥**	547Kcal
	오이냉국	37Kcal
	깍두기	20Kcal
저녁	쌀밥(1/2공기)	167Kcal
	국수전골	312Kcal
	호박전	89Kcal
	김치	17Kcal

쇠고기자장볶음밥

 **재료/4인분**

쇠고기	150g
호박	1/3개
당근	1/4개
양파	1/2개
실파	4뿌리
밥	2공기
자장	2큰술
간장	1작은술
소금·설탕·후춧가루	조금씩
다진마늘·샐러드유	적당량씩
녹말	1큰술
달걀물	1/2개 분량

 **이렇게 만드세요**

1 **쇠고기 재기** 쇠고기는 기름기 없는 연한 등심으로 준비하여 0.6cm의 정사각형으로 썰어 간장, 후춧가루, 달걀, 녹말로 밑간한 다음 20분간 재둔다.

2 **야채 썰기** 호박, 당근, 양파를 0.7cm의 정사각형으로 잘게 썰고, 실파는 송송 썬다.

3 **자장 볶기** 달구어진 팬에 기름 2큰술을 두르고 자장과 설탕 조금을 넣은 후 센불에서 기름과 잘 어우러질 때까지 주걱으로 저으면서 충분히 볶아낸다.

4 **밥 볶아내기** 달구어진 팬에 기름을 두르고 마늘을 넣고 볶아 기름에 향이 돌면 밥을 넣고 간장으로 밑양념하여 볶는다.

5 **쇠고기·야채 볶기** 달구어진 팬에 기름을 두르고 재둔 쇠고기를 넣고 센불에서 볶아 색이 나면 당근, 양파, 호박 순으로 넣고 소금 간하여 볶는다.

6 **자장 넣기** 쇠고기와 야채가 어느 정도 익으면 볶아 놓은 자장을 넣어 고루 섞으면서 볶아 준다.

7 **밥 넣어 볶기** 자장을 넣고 쇠고기와 야채가 잘 어우러지면 따로 볶아 놓은 밥을 넣어 고루 섞이도록 잘 볶는다.

기호에 따라서 달걀을 볶아서 섞기도 하며, 간장과 굴소스를 섞어서 양념하기도 한다.

비디오 쿠킹

야채 다지기

밥 볶기

재료와 자장 볶기

밥 넣어 볶기

Su일day

오늘의 식단
(총1973Kcal)

아침 · 바나나샌드위치	291Kcal
야채샐러드	97Kcal
우유	125Kcal
점심 · 달걀덮밥	529Kcal
숙주오이전	144Kcal
깍두기	20Kcal
저녁 · 쌀밥(1공기)	334Kcal
두부찌개	119Kcal
닭새우젓볶음	244Kcal
깻잎나물	50Kcal
깍두기	20Kcal

닭새우젓볶음

 **재료/4인분**

닭 1/2마리, 마른 통고추 1개, 굵은파 1/2뿌리, 식물성기름 조금, 물 적당량 **새우젓 양념** 새우젓 1큰술, 다진파 1큰술, 다진마늘 1/2큰술, 후춧가루 조금, 참기름 1작은술, 생강즙 조금

 **이렇게 만드세요**

1 닭 토막내기 닭은 속의 내장을 빼내고 깨끗이 씻어 먹기 좋은 크기로 토막을 낸다. 덩어리진 기름을 잘라낸 다음 물기를 뺀다.

2 마른고추 · 굵은파 썰기 마른고추는 어슷하게 썰어 씨를 털고, 굵은파는 손질하여 반 갈라 4cm 길이로 썬다.

3 양념장 만들기 새우젓은 굵게 다진 다음 그릇에 넣고 다진 파 · 마늘, 후춧가루, 참기름, 생강즙을 넣어 양념장을 만든다.

4 팬에 지져내기 프라이팬에 기름을 두르고 손질한 닭과 마른고추를 넣어 노릇하게 지진다.

5 양념장에 볶기 냄비에 닭 지진 것과 마른고추를 담고 새우젓 양념을 넣어 볶는다.

6 끓이기 볶은 닭고기에 양념이 적당히 배면 물을 자작할 정도로 부어 끓인다. 이때 떠오르는 거품은 수시로 걷어낸다. 국물이 적당히 졸아들면 굵은파 썬 것을 넣어 조금 더 익힌다. 그릇에 담아 뜨거울 때 먹는다.

숙주오이전

 **재료/4인분**

숙주 300g, 오이 1개, 새우(중간크기) 4마리, 당근 1/4개, 양파 1/4개, 소금 · 후춧가루 적당량씩, 달걀 2개, 밀가루 적당량, 식물성기름 적당량

 **이렇게 만드세요**

1 숙주 손질하기 숙주는 머리, 꼬리를 떼버리고 중간 부분으로만 추려서 깨끗이 씻어 건져 물기를 뺀다.

2 야채 손질하기 오이는 소금으로 문질러 씻어 4cm로 토막내고 곱게 채썬다. 당근과 양파도 껍질을 벗겨 오이와 같은 크기로 곱게 채썬다.

3 새우 손질하기 새우는 꼬치로 내장을 빼내고 연한 소금물에 살살 흔들어 씻어 머리를 떼고 껍질을 벗긴 후, 1cm 두께로 굵직하게 썬다.

4 재료 섞기 그릇에 달걀을 풀고 손질한 숙주, 오이, 당근, 새우, 양파를 넣어 고루 섞은 후 소금과 후춧가루로 간한다. 서로가 엉길 정도로만 밀가루를 조금 넣어서 잘 저어 준다.

5 팬에 지지기 프라이팬에 기름을 두르고 뜨겁게 달구어지면 반죽을 한 수저씩 떠서 동그랗게 모양을 만들면서 노릇하게 지져낸다.

오늘의 식단
(총1753Kcal)

아침	보리밥(2/3공기)	219Kcal
	김치찌개	157Kcal
	김구이	14Kcal
	감자볶음	87Kcal
	깍두기	20Kcal
점심	열무김치냉면	442Kcal
	새우튀김	164Kcal
저녁	콩밥(1공기)	329Kcal
	두부명란찌개	133Kcal
	생선조림	144Kcal
	미역오이초무침	24Kcal
	깍두기	20Kcal

열무김치냉면

재료/4인분

열무김치

냉면국수	400g
열무	800g
굵은소금	1/2컵
실파	50g
풋고추·붉은고추	3개씩
마늘	2쪽
생강	1톨
밀가루	4큰술
소금	1큰술
물	적당량

냉면고명

배	1/2개
오이	1개
삶은 달걀	2개
편육	적당량

냉면육수

열무김치국물·육수	6컵씩
소금	4작은술
식초·설탕	2큰술씩

이렇게 만드세요

1 열무 절이기 열무는 5cm 길이로 뚝뚝 끊어 여러 번 씻어 건진 뒤 소금 1/2컵을 뿌려 절인다. 한숨 죽으면 물에 한두 번 헹구어서 물기를 뺀다.

2 풀쑤기 밀가루 4큰술에 물 3컵 정도의 비율로 풀을 쑤어 식혀 둔다.

3 김칫국물 만들기 분마기에 반으로 가른 풋고추와, 붉은고추, 마늘, 생강을 넣어 곱게 간 후 식혀 놓았던 풀국을 부어 고루 섞는다.

4 버무려 담기 그릇에 물기 뺀 열무를 담고 야채 넣은 풀국을 넣어 버무려 항아리에 차곡차곡 담는다.

5 김칫국물 붓기 열무 버무린 그릇에 물을 넉넉히 붓고 소금으로 간을 하여 김칫국물을 만들어 열무를 담은 항아리에 자작하게 붓고 뚜껑을 덮어 익힌다.

6 고명 준비하기 양지머리 150g 정도를 삶아 편육으로 만들어 얇게 썰고, 육수는 차게 식혀 기름을 걷는다. 배는 껍질을 벗겨 저며 썰고, 오이는 반을 갈라 어슷하게 썰고, 달걀은 껍질을 벗겨 둥글게 썬다.

7 냉면육수 만들기 열무김치 국물에 차가운 육수를 반반씩 섞어 식초, 설탕, 소금으로 간을 맞춘다.

8 그릇에 담기 끓는물에 냉면국수를 넣어 삶는다. 국수가 익으면 건져 찬물에 여러 번 헹구고 사리를 만든다. 그릇에 냉면 사리를 담고 그 위에 고명을 고루 얹고 육수를 살며시 붓는다.

절인 열무 헹구기

김칫국물 만들기

버무린 열무 담기

냉면육수 만들기

Tuesday 화

오늘의 식단
(총1793Kcal)

아침	· 보리밥(2/3공기)	223Kcal
	아욱국	84Kcal
	달걀찜	83Kcal
	김치	17Kcal
점심	· 핫도그샌드위치	249Kcal
	오미자수단	218Kcal
저녁	· 보리밥(1공기)	329Kcal
	북어국	172Kcal
	들깨소스야채무침	157Kcal
	돼지불고기	244Kcal
	김치	17Kcal

오미자 수단

 **재료/4인분**

오미자 1/2컵, 찹쌀가루(고운 것) 9큰술, 치자 1/2개, 시금치 1/3단, 건포도 1큰술, 꿀 또는 시럽 적당량, 물 3컵

이렇게 만드세요

1 오미자 우리기 오미자는 젖은 수건에 담아 문지르면서 여러 번 씻고 끓인물을 뜨거울 때 부어 하루 정도 둔다. 빨갛게 우러나면 체에 밭쳐 국물만 준비한다.

2 치자 · 시금치 손질하기 치자는 젖은 행주로 깨끗이 닦아서 물에 담가 두었다가 건져 노란색의 물을 준비하고, 시금치는 깨끗하게 다듬어 갈아서 즙을 내어 녹색의 물을 준비한다.

3 찹쌀가루 반죽하기 찹쌀가루는 체에 두 번 정도 쳐서 고운 가루를 낸 다음 4등분하여 각기 다른 색의 물로 반죽한다. 말랑말랑하게 반죽해서 엄지 손톱만큼씩 떼어 가운데 건포도를 한 개씩 박아 둥글게 빚는다.

4 끓는 물에 삶아 익히기 끓는물에 빚어 놓은 새알심을 넣어 떠오르면 건져 찬물에 헹구었다가 체에 밭쳐 물기를 뺀다.

5 새알심 띄우기 오미자 우린 물을 알맞게 희석해서, 꿀을 넣어 단맛을 낸 다음 색색의 새알심을 넣는다. 잣이나 마른대추 채썬 것을 띄워도 좋다.

들깨소스야채무침

 **재료/4인분**

양상추 3잎, 붉은양배추 2잎, 오이 1/2개, 무순 조금, 방울토마토 5개 **들깨소스** 들깨가루 2큰술, 식초 2큰술, 설탕 2큰술, 물 2큰술, 소금 조금, 레몬즙 조금

 **이렇게 만드세요**

1 야채 손질하기 양상추는 먹기 좋게 한입 크기로 뜯어 놓고, 붉은양배추와 오이는 곱게 채썬다. 무순은 찬물에 담가 물기를 빼두고, 토마토는 동글게 썬다. 손질한 야채는 씻어서 물기를 빼고 냉장고에 차게 보관한다.

2 들깨소스 만들기 들깨가루와 식촛물(물, 식초, 설탕을 동량으로 섞은 것)을 1:3의 비율로 타고 레몬즙을 약간 섞어서 되직하게 들깨소스를 만들어 냉장고에 넣어둔다.

3 소스 끼얹기 그릇에 차게 식혀 둔 양상추를 깔고, 그 위에 붉은양배추, 오이, 무순, 토마토 썬 것을 보기 좋게 담고 들깨 소스를 끼얹는다.

Wednesday 수

감자냉수프

재료/4인분

감자	2개
양파	1개
버터	4큰술
밀가루	4큰술
육수	5컵
우유	2컵
소금 · 후춧가루	적당량씩
월계수잎	1장
파슬리 가루	조금
과자	조금
파프리카	조금

이렇게 만드세요

1 감자 · 양파 채썰기 감자는 깨끗이 씻어 껍질을 벗긴 다음 얇게 썬 뒤, 채썰어서 찬물에 담가 녹말기를 뺀다. 녹말기가 뽀얗게 우러나면 건져 물기를 빼고 양파는 껍질을 벗겨 곱게 채썬다.

2 감자 · 양파 볶기 냄비에 버터를 두르고 달구어 양파를 볶다가 감자를 넣어 색이 나지 않도록 충분히 볶는다.

3 밀가루 넣기 팬에 버터를 조금 더 넣고 밀가루를 넣어 색이 나지 않도록 볶는다.

4 육수 붓기 충분히 볶은 ③에 육수를 붓고, 끓어 오르면 월계수잎을 넣어 맛을 내고 중간에 떠오르는 거품은 수시로 걷어 낸다.

5 믹서에 갈기 감자가 익으면 월계수잎은 건져내고 믹서에 곱게 갈아 다시 냄비에 붓고 끓인다. 우유를 부어 농도를 맞춘다.

6 간하기 농도가 알맞게 맞춰지면 소금과 후춧가루를 넣어 간을 맞춘다.

7 그릇에 담기 완성된 수프는 냉장고에 넣어 차게 식혔다가 먹기 직전 그릇에 담아 파슬리가루와 파프리카를 뿌리고 과자를 곁들여 낸다.

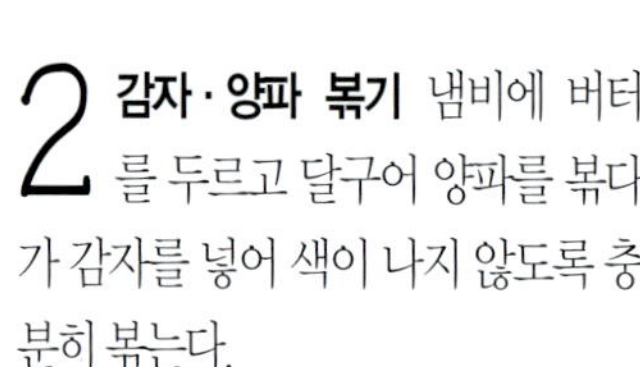

더 맛있게! 수프는 흔히 따뜻하게 먹는 것으로 알고 있지만 차갑게 해서 먹으면 색다른 별미다. 여름철에 즐겨 먹는 냉국처럼 차가운 수프는 더위로 입맛을 잃기 쉬운 아침 식탁을 상큼하게 만들어 준다. 감자 이외의 재료로 끓인 야채 수프도 차갑게 해서 먹어보자.

비디오 쿠킹

감자 채썰기

감자채에 밀가루 넣기

육수 붓기

우유 넣기

*Thu*목*sday*

오늘의 식단
(총1806Kcal)

아침	· 콩밥(2/3공기)	220Kcal
	미역국	104Kcal
	더덕생채	69Kcal
	어묵조림	142Kcal
	김치	17Kcal
점심	· 바지락칼국수	471Kcal
	김치	17Kcal
저녁	· 콩밥(1공기)	330Kcal
	닭고기섭산적	224Kcal
	마늘장아찌	16Kcal
	과일샐러드	177Kcal
	열무김치	19Kcal

닭고기섭산적

재료/4인분
닭살 300g, 두부 1/2모, 간장 1큰술, 소금 1작은술, 다진파 2큰술, 다진마늘 1큰술, 깨소금 · 참기름 1큰술씩, 잣 2큰술

이렇게 만드세요
1 **닭살·두부 다지기** 고기는 기름기가 없는 살 부분으로 곱게 다진다. 두부는 행주로 싸서 무거운 것으로 눌러 물기를 빼서 칼을 눕혀 곱게 으깬 후 체에 다시 한번 내린다.

2 **닭살·두부 양념하기** 다진 닭살과 두부를 합하여 간장, 소금, 다진파·마늘, 깨소금, 참기름으로 간하여 끈기가 날 때까지 고루 섞는다.

3 **반대기 모양 만들기** 양념한 닭살과 두부를 적당히 나누어 두께 1cm 정도로 네모진 반대기 모양을 만든다.

4 **잣 박아 굽기** 반대기 위에 잣을 모양있게 박는다. 은박지에 기름을 바르고 반죽을 얹어 그릴이나 오븐에 넣고 고루 익도록 굽는다. 팬에 익혀도 좋다.

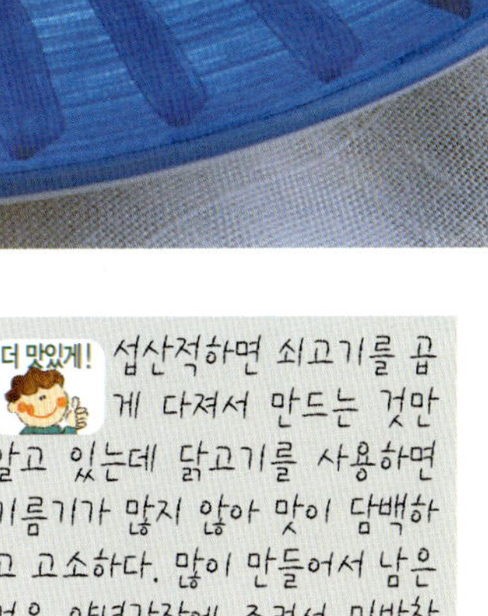

바지락칼국수

재료/4인분
생면 300g, 바지락 300g, 호박 1/2개, 당근 1/2개, 양파 1개, 붉은고추 1개, 소금 적당량, 물 8컵

이렇게 만드세요
1 **바지락 손질하기** 바지락은 연한 소금물에 담가 깨끗이 비벼 씻는다.

2 **야채 손질하기** 호박, 당근, 양파는 손질하여 4cm 길이로 채썬다. 붉은고추는 씨를 털고 4cm 길이로 곱게 채썬다.

3 **바지락 국물 만들기** 냄비에 바지락 조개를 담고 물을 부어 끓여서 입이 벌어지면 국자로 건지고, 조개 국물은 가만히 따라내 모래가 남지 않도록 한다.

4 **끓이기** 냄비에 바지락 국물을 담고 끓이다가 국수와 호박, 당근, 양파 채썬 것을 넣고 끓인다. 국수가 거의 익으면 건져 두었던 바지락과 붉은고추 썬 것을 넣어 한소끔 끓인다.

5 **간하기** 소금으로 간을 하고 그릇에 담아낸다.

Friday 금

새우식빵튀김

재료/4인분

생새우	200g
부추	30g
당근	30g
양파	1/4개
달걀	1개
녹말가루	1큰술
소금	1/2작은술
후춧가루	조금
식빵	3장
튀김기름	적당량

이렇게 만드세요

1 새우 다지기 새우는 꼬치로 내장을 빼내고 연한 소금물에 살살 흔들어 씻어 머리를 떼고 껍질을 벗겨 칼로 다진다.

2 야채 썰기 부추는 다듬어 잘게 썰어 두고, 당근은 껍질을 벗겨 얇게 저민 후 채썰어 다지고, 양파는 잘게 다진다.

3 재료 버무리기 다진 새우에 다진 당근·양파를 넣고 녹말가루, 달걀물, 소금, 후춧가루로 버무린 후 부추를 넣어 섞는다.

4 식빵 자르기 식빵은 가장자리를 잘라내고 4등분하여 작은 정사각형의 모양으로 만든다.

5 속 넣기 정사각형으로 자른 식빵 위에 새우 양념한 것을 얇게 펴서 얹고 다른 식빵으로 포개어 샌드위치 모양을 만든다.

6 튀기기 튀김냄비에 기름을 부어 달구어서 150℃ 정도의 온도가 되면 새우식빵샌드위치를 넣어 서서히 튀겨낸다.

더 맛있게! 식빵을 0.5cm 정도로 잘게 깍둑썰어 다진 새우와 함께 버무린 다음 튀겨내도 된다.

요리힌트

식빵 썰 때는 뜨겁게 달군 칼로

갓 구워낸 식빵은 보기만 해도 먹음직스럽지만 질감이 부드러워 칼로 잘 잘라지지 않고 모양새도 흐트러지기 쉽다. 샌드위치나 튀김을 할 때는 만든 지 2~3일 정도 지난 식빵이 적합하다. 식빵이 너무 부드러워 잘 잘라지지 않을 때는 칼을 불에 살짝 달구어 뜨겁게 만들면 쉽게 자를 수 있다.

새우 다지기

버무리기

빵 사이에 넣기

튀기기

*Sat**토**urday*

오늘의 식단 (총1825kcal)	
아침 · 보리밥(2/3공기)	219kcal
해장국	140kcal
김치	17kcal
점심 · 온면	452kcal
김치	17kcal
저녁 · 흑미밥(1공기)	327kcal
팟국	62kcal
규아상	269kcal
두부소박이	82kcal
연어빵가루구이	220kcal
깍두기	20kcal

규아상

재료/4인분

밀가루 2컵, 쇠고기 100g, 오이 2개, 표고버섯 4개, 잣 1큰술, 참기름 · 깨소금 · 소금 조금씩, 식물성기름 1큰술 **양념장** 간장 1큰술, 파 1/3 뿌리, 마늘 2쪽, 참기름 · 깨소금 · 설탕 1작은 술씩, 후춧가루 조금 **초간장** 간장 2큰술, 식초 2큰술, 잣가루 1/2작은술

이렇게 만드세요

1 **밀가루 반죽하기** 밀가루에 소금을 약간 넣고 체에 한번 친 후 물을 넣어 반죽하여 젖은 헝겊으로 덮

어 둔다.

2 **속재료 손질하기** 쇠고기는 잘게 다지고, 표고버섯은 물에 불려 밑둥을 떼낸 다음 가늘게 채썰고, 오이는 5cm 길이로 토막내 채썬 다음 소금에 절인다.

3 **양념장 만들기** 파, 마늘을 곱게 다져 재료의 양념을 합하여 양념장을 만든다.

4 **만두속 만들기** 절인 오이는 물기를 짜서 살짝 볶고, 쇠고기와 표고는 양념장에 잘 버무린 후 국물이 완전히 졸도록 살짝 볶는다. 볶아낸 재료들은 그릇에 함께 넣고 잣과 참기름, 깨소금을 넣어 골고루 섞는다.

5 **만두 빚기** 반죽을 얇게 밀어 직경 7cm 정도의 원형으로 만두피를 만들어 섞어둔 만두소를 한 숟갈씩 알맞게 떠 넣고 양끝을 맞붙여 주름을 만든다.

6 **만두 찌기** 찜통에 김이 오르면 젖은 행주를 깔고 만두를 겹치지 않게 놓고 약 5분 정도 찐다. 만두에 초간장을 곁들여 상에 낸다.

연어빵가루구이

재료/4인분

연어 400g(2토막), 레몬 1개, 소금 · 흰후춧가루 조금씩, 백포도주 2큰술, 밀가루 1컵, 달걀 2개, 빵가루 2컵, 식물성기름 적당량 **곁들이** 국수 80g, 피클 조금, 청 · 홍 피망 조금씩, 마요네즈 적당량

이렇게 만드세요

1 **연어 손질하기** 연어는 두께가 약 1~2cm 되는 것으로 준비하여 껍질 쪽의 비늘을 벗긴 다음, 가운데 뼈를 잘라내고 살만 두 토막을 내고 소금과 흰후춧가루, 백포도주를 뿌려 밑간을 해 둔다.

2 **곁들이 준비하기** 국수는 끓는 물에 알맞게 삶아 건져 찬물에 비벼 헹군 후 체에 밭쳐 물기를 빼고, 피클은 곱게 다지고, 청 · 홍피망은 씨를 털고 곱게 다져서 그릇에 알맞은 길이로 썬 국수와 피클, 피망을 담고 마요네즈를 넣어 버무린다.

3 **팬에 굽기** 연어에 간이 배면 밀가루, 달걀물, 빵가루 순으로 묻히고 프라이팬에 기름을 적당히 두르고 연어를 앞뒤로 노릇하게 익혀낸다.

4 **그릇에 담기** 접시에 연어 구이를 앞쪽으로 담고 국수 버무린 것을 뒤쪽으로 모양있게 담고 레몬을 잘라 곁들인다.

Sunday

삼겹살양배추볶음

재료/4인분

돼지고기(삼겹살)	300g
간장	2작은술
청주	1큰술
녹말	1큰술
양배추	1/2개
마른고추	2개
실파	3뿌리
굵은파	10cm
마늘 · 생강	1쪽씩
두반장	1큰술
참기름	적당량
식물성기름	적당량

이렇게 만드세요

1 돼지고기 양념하기 돼지고기는 먹기에 알맞은 한입크기로 썰어 간장, 청주, 녹말을 넣어 고루 주물러 밑양념을 한 다음 간이 배도록 잠시 둔다.

2 야채 손질하기 양배추는 한입 크기로 뜯어 둔다. 마른고추는 씨를 털어 굵직하게 다지고 실파는 3cm 길이로 썰고 굵은파와 마늘, 생강은 다진다.

3 삼겹살 볶기 프라이팬에 기름을 약간 두르고 달구어 간이 밴 돼지고기를 넣어 센불에서 저어가며 살짝 익혀 기름기를 뺀다.

4 양배추 데치기 끓는물에 소금, 식물성기름을 조금 넣어 양배추를 넣어 데쳐서 건져 물기를 뺀다.

5 재료 볶기 팬에 기름을 두르고 붉은고추, 다진파 · 마늘을 넣어 볶다가 향이 나면 돼지고기와 양배추를 넣어 볶다가 두반장을 넣어 살짝 볶는다.

6 실파 · 참기름 넣기 재료의 맛이 서로 어우러지면 썰어놓은 실파를 넣는다. 마지막에 참기름을 넣어 향을 낸 후 그릇에 담는다.

 요리힌트

중국식 소스도 이용해 보자

두반장이나 자장은 흔히 사용하는 재료는 아니지만 독특한 감칠맛이 있어 서양식 소스와는 또다른 맛을 낸다. 짠맛이 강하므로 적은 양으로도 충분히 간이 맞는다. 또 닭소스나 굴기름 등 다른 중국식 소스도 이용해 본다.

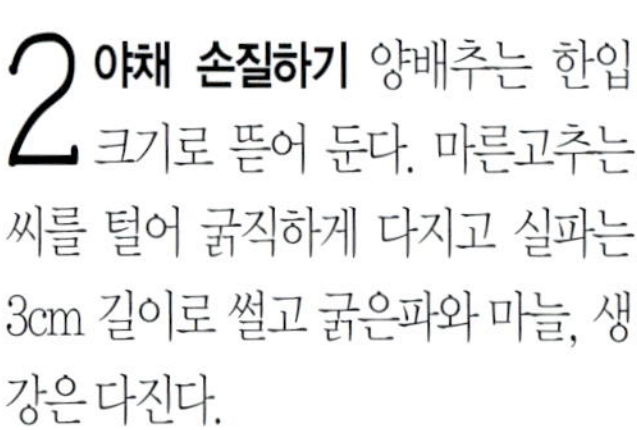

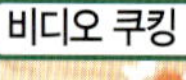

삼겹살 버무리기

삼겹살 볶기

양배추 삶기

양념 볶기

월 Monday

오늘의 식단
(총1984kcal)

아침	흰죽	235kcal
	베이컨에그	291kcal
	양상추샐러드	101kcal
	우유	125kcal
점심	보리밥(1공기)	329kcal
	우엉잡채	164kcal
	열무물김치	12kcal
저녁	콩밥(1공기)	330kcal
	초교탕	116kcal
	멸치조림	83kcal
	연근쇠고기샌드튀김	179kcal
	열무김치	19kcal

연근쇠고기샌드튀김

 **재료/4인분**

연근 1개, 쇠고기(다진 것) 300g, 밀가루 1컵, 달걀 2개, 빵가루 2컵, 소금·튀김기름 적당량 **쇠고기 양념** 간장 21/2큰술, 설탕 1큰술, 청주 2작은술, 다진파 1큰술, 다진마늘 2작은술, 깨소금 2작은술, 참기름 2작은술, 후춧가루 조금

이렇게 만드세요

1 연근 손질하기 연근은 표면의 흙을 깨끗이 닦아낸 다음 껍질을 벗겨 0.5cm 두께로 저며 썰어 식촛물에 담가둔다.

2 연근 데치기 냄비에 물을 넉넉히 붓고 끓으면 썰어 놓은 연근을 넣은 후 식초를 조금 넣어 데친다.

3 쇠고기 양념하기 쇠고기는 곱게 다진 후 분량의 재료로 만든 양념장으로 고루 버무려 끈기가 날 때까지 치댄다.

4 쇠고기 넣기 데쳐서 식힌 연근은 물기를 거두고 밀가루를 고루 바른 다음 양념한 쇠고기를 고르게 얹어 다시 연근으로 덮는다.

5 튀기기 쇠고기를 사이에 넣은 연근에 밀가루, 달걀, 빵가루 순으로 튀김옷을 고르게 입힌 다음 160~170℃ 정도의 튀김기름에 넣어 노릇노릇하게 튀긴다.

6 접시에 담기 튀긴 연근은 냅킨 위에 건져서 한김 나간 후에 접시에 담아 초간장을 곁들인다.

우엉 잡채

 **재료/4인분**

우엉 200g, 쇠고기(우둔) 200g, 표고버섯 5장, 미나리 10줄기, 깨소금·참기름 조금씩 **쇠고기 양념** 간장 4큰술, 설탕 2큰술, 청주 1큰술, 다진파 2큰술, 다진마늘 1큰술, 깨소금 1큰술, 후춧가루 조금, 참기름 1큰술 **우엉양념장** 간장 4큰술, 설탕 2큰술, 청주 2큰술, 물 1/3컵

이렇게 만드세요

1 우엉 손질하기 우엉은 칼등으로 껍질을 벗겨 4cm 길이로 곱게 채썰어 식촛물에 담가 놓는다.

2 재료 손질하기 고기는 곱게 채썰고, 표고버섯은 미지근한 물에 불려 곱게 채썬다. 미나리는 깨끗이 다듬어 4cm 길이로 썰어 소금물에 살짝 데친다.

3 양념하기 분량의 재료로 쇠고기 양념장을 만든 다음 반으로 나누어 채썰어 놓은 쇠고기와 표고버섯을 골고루 양념하고 프라이팬에 볶아 식혀 놓는다.

4 우엉 볶기 우엉은 찬물에 헹구어 물기를 뺀 후 프라이팬에 볶는다. 우엉에 기름이 돌면 우엉양념장을 붓고 끓기 시작하면 불을 줄이고 뚜껑을 덮어 은근히 조린다. 국물이 졸아들면 마지막으로 센불에서 고루 뒤적여 바짝 조린다.

5 쇠고기·표고버섯 볶기 양념해 놓은 쇠고기와 표고버섯은 달구어진 팬에 기름을 두르고 각각 볶아내어 식혀 놓는다.

6 버무리기 각각 양념하여 익혀 놓은 재료를 식혀서 볼에 담고 깨소금, 참기름으로 살짝 버무려 접시에 담아낸다.

오늘의 식단
(총1835kcal)

아침	· 풋콩밥(2/3공기)	207kcal
	곰국	248kcal
	상추나물	42kcal
	오이소박이	29kcal
점심	· 보리밥(1공기)	329kcal
	겉절이	45kcal
	청경채새우볶음	167kcal
저녁	· 흑미밥(1공기)	327kcal
	호박고추장찌개	159kcal
	오이생채	46kcal
	동태살양념구이	217kcal
	열무김치	19kcal

청경채새우볶음

재료/4인분

청경채	·············	250g
새우살	·············	200g
굵은파	·············	1/4대
생강	·············	1톨
마른고추	·············	2개
소금 · 식물성기름	·············	적당량씩

새우양념

청주	·············	2작은술
녹말가루	·············	2작은술

종합소스

굴소스	·············	2큰술
청주	·············	1큰술
물	·············	1/2컵
물녹말	·············	1작은술
참기름	·············	적당량

이렇게 만드세요

1 새우 손질하기 새우는 등쪽 내장을 제거한 다음 연한 소금물에 흔들어 씻어 청주와 녹말가루로 20분간 재둔다. 새우에 간이 배면 팬에 기름을 넉넉히 두르고 새우를 튀기듯이 데쳐낸다.

2 청경채 손질하기 청경채는 깨끗이 다듬어 큰것은 포기를 나누고, 파는 줄기만 다듬어 4cm 길이로 어슷썰고, 생강은 얄팍하게 저며 썬다. 마른고추는 어슷썰어 씨를 턴다.

3 청경채 데치기 끓는물에 소금과 식물성기름을 조금 넣어 청경채를 데쳐 낸다. 데칠 때 기름을 넣으면 재료에 윤기가 돈다.

4 종합소스 만들기 굴소스를 기본으로 해서 종합소스를 만든다. 굴소스에 청주, 물, 물녹말, 참기름을 넣고 고루 섞는다.

5 마른고추·파·생강 향내기 달구어진 팬에 기름을 넉넉히 두르고 마른고추와 생강·파를 넣고 볶아 기름에 향이 배게 한 다음 파와 생강은 건져 낸다.

6 소스 끓이기 ⑤에 분량의 재료를 섞어 만든 소스를 넣어 끓인다. 이때 농도를 보아 다소 묽은 듯하면 물녹말을 조금 더 풀어 넣는다.

7 청경채·새우 넣어 버무리기 소스가 끓으면 청경채와 새우를 넣고 재빠르게 섞어준 다음 마지막에 참기름을 두르고 접시에 담는다.

더 맛있게! 새우를 싫어하는 사람은 청경채와 잘 어울리는 초고버섯을 넣고 볶으면 담백한 맛을 즐길 수 있다.

청경채 데치기

종합 소스 만들기

기름에 향내기

청경채·새우 볶기

오늘의 식단
(총1698kcal)

아침 ·	보리밥(2/3공기)	219kcal
	된장찌개	159kcal
	가지장아찌	10kcal
	깍두기	20kcal
점심 ·	마파두부덮밥	431kcal
	배추된장국	73kcal
	단무지	10kcall
저녁 ·	쌀밥(1공기)	334kcal
	다시마냉국	83kcal
	오징어파전	253kcal
	콩나물오색채	86kcal
	오이깍두기	20kcal

가지장아찌

 **재료/4인분**

가지 4개, 부추 200g, 고춧가루 1/2컵, 다진마늘 1/2컵, 깨소금 2큰술 **조림간장** 간장 2컵, 물 2컵, 설탕 1/2컵, 굵은파 1대, 양파 1/2개, 마늘 3쪽, 생강 1톨, 마른고추 1개

 **이렇게 만드세요**

1 재료 손질하기 가지는 5cm 길이로 자른 후 가운데 십자형으로 칼집을 넣는다. 부추는 반은 4~5cm 길이로 썰고 나머지는 잘게 썬다.

2 가지 데치기 가지는 끓는 물에 살짝 데쳐 껍질이 연보라색으로 변했을 때 바로 꺼내어 찬물에 헹군다. 데친 가지는 물기를 꼭 짜서 채반에 넣어 꾸득꾸득하게 말린다.

3 간장 조리기 간장에 분량의 물, 설탕과 굵은파, 양파, 마늘, 생강, 마른고추를 큼직하게 썰어 넣고 끓으면 불을 줄여 중불에서 서서히 조려 야채가 무르면 체에 밭친다.

4 소 만들기 고춧가루에 조린 간장을 조금 부어 불린 후 마늘과 잘게 썬 부추를 깨소금 넣어 섞는다.

5 소 채우기 꾸득꾸득하게 말린 가지 속에 양념장을 듬뿍 발라, 소를 넣은 가지와 4~5cm 길이로 썬 부추를 통에 차곡차곡 넣고 남은 조림간장을 위에 뿌린다.

6 접시에 담기 가지 장아찌는 냉장고에 두었다가 먹을 때 손으로 찢어 깨소금과 참기름으로 다시 무쳐 부추와 함께 접시에 담는다.

콩나물오색채

 **재료/4인분**

콩나물 400g, 쇠고기(우둔) 200g, 미나리 80g, 당근 1/4개, 표고버섯 4장, 양파 1/4개 **겨자소스** 겨자 2큰술, 식초 1큰술, 설탕 1큰술, 간장 1/2작은술, 소금 조금 **양념장** 간장 3큰술, 설탕 1 1/2큰술, 청주 1큰술, 다진파 1 1/2큰술, 다진마늘 2작은술, 깨소금 1큰술, 참기름 1큰술, 후춧가루 조금

 **이렇게 만드세요**

1 콩나물 다듬기 콩나물은 머리와 꼬리를 떼고 냄비에 담아 물을 자작하게 붓고 뚜껑을 덮어 익혀낸다. 다 익으면 뚜껑을 열고 식힌다.

2 야채 썰기 쇠고기는 곱게 채썰고, 표고버섯은 물에 불려 곱게 채썬다. 당근과 양파도 4cm 길이로 곱게 채썬다. 미나리도 같은 크기로 썬다.

3 양념하기 양념장은 반으로 나누어 쇠고기와 표고버섯을 고루 무친다. 채썰어 놓은 양파는 물에 헹구어 매운맛을 뺀 다음 행주로 싸서 물기를 짠다.

4 재료 볶기 양념해 놓은 쇠고기와 표고버섯은 각각 볶아 내어 식힌다. 미나리는 끓는물에 소금을 약간 넣고 살짝 데친 다음 찬물에 헹구어 물기를 뺀다.

5 버무리기 유리볼에 차게 준비해 놓은 각각의 재료를 고루 섞은 다음 겨자장을 넣고 살살 버무려 접시에 담는다.

 더 맛있게! 겨자장을 만들 때 마늘을 좋아하는 사람은 마늘을 넣거나 땅콩버터, 우유 등을 조금씩 섞어 주어도 좋다.

*Thu*목*sday*

오늘의 식단
(총1975kcal)

아침	· 콘프레이크	227kcal
	우유	125kcal
	햄지짐	91kcal
	과일	50kcal
점심	· 야채밥	526kcal
	장어달걀찌개	293kcal
	김치	17kcal
저녁	· 현미밥(1공기)	331kcal
	아욱국	84kcal
	새우튀김	164kcal
	가지나물	48kcal
	열무김치	19kcal

장어달걀찌개

재료/4인분

말린 붕장어(아나고) 3마리, 달걀 3개, 굵은 파 1/4뿌리, 가다랭이 가루 1/2컵 **조림장** 간장 1/2컵, 가다랭이 국물 1 1/2컵, 설탕 1/4컵, 물엿 1큰술, 맛술 1/2컵, 산초가루 조금

이렇게 만드세요

1 붕장어 손질하기 꾸득꾸득하게 말린 장어는 두세 번 물에 씻어

더 맛있게! 장어달걀찌개에 사용하는 장어는 말리지 않은 장어를 사용하여 도 무방하다. 아나고로 잘 알려진 붕장어는 몸을 보한다 하여 여름철에 특히 많이 찾는 식품이다. 초여름에 가장 맛이 있다. 주로 회를 만 들며 간장구이, 초밥, 조림, 찜 등 다양하게 조리할 수 있다.

미지근한 물에 한 시간 정도 담가 불렸다가 건져 물기를 빼고 2~3cm 길이로 썰고, 굵은파는 어슷썬다.

2 장국 끓이기 냄비에 물 5컵을 붓고 끓기 시작하면 가다랭이가

루(가쯔오부시)를 넣고 5~7분 정도 끓여 국물이 우러나면 고운 체에 밭쳐 준다.

3 장어 조리기 냄비에 간장, 장국, 설탕, 물엿, 맛술을 넣고 중불에서 서서히 조리다가 산초가루와 장어를 넣고 조린다.

4 장국 붓기 장어에 맛이 들면 남은 장국을 붓고 끓인다.

5 줄알치기 장국이 끓기 시작하면 달걀을 풀어 넣고 굵은파를 넣어 끓인다. 이때, 달걀을 넣고 바로 젓지 말고 잠시 끓인 후에 한두 번 저어 준다.

가지나물

재료/4인분

가지 4개, 쇠고기(등심) 200g, 실파 3뿌리, 붉은고추 1/2개, 깨소금 2작은술, 참기름 1큰술, 소금·식물성기름 적당량씩 **쇠고기양념** 간장 2큰술, 설탕 1큰술, 청주 2작은술, 다진파 1큰술, 다진마늘 1/2큰술, 깨소금 2작은술, 참기름 2작은술, 후춧가루 조금

이렇게 만드세요

1 가지 썰기 가지는 길이로 반 가른 다음 4~5cm 길이로 잘라 약간 도톰하게 저며 썰고 소금을 약간 뿌려 절인다.

2 재료 썰기 쇠고기는 불고기감으로 골라 핏물 제거 후 얇게 저며 썰고, 실파와 붉은고추는 3cm 길이로 채썬다.

3 가지 물기 제거하기 절인 가지를 물에 한번 헹구어 마른 행주에 싸서 손으로 물기를 꼭 짜낸다.

4 쇠고기 볶기 쇠고기는 분량의 재료로 만든 양념장에 고루 무쳐 놓는다. 달구어진 팬에 기름을 두르고 쇠고기를 넣어 볶아 색이 변하면 가지를 넣고 볶는다.

5 간하기 쇠고기와 가지를 볶으면서 간을 보아 싱거우면 소금으로 간을 맞추고 거의 다 익을 무렵 실파, 붉은고추, 깨소금, 참기름을 넣고 다시 한번 살짝 볶는다.

오늘의 식단
(총1974kcal)

아침	· 샌드위치	426kcal
	과일	50kcal
	커피	43kcal
점심	· 참치채소비빔밥	550kcal
	북어국	172kcal
	깍두기	20kcal
저녁	· 보리밥(1공기)	329kcal
	감자국	87kcal
	닭다리중국식양념구이	
		278kcal
	열무김치	19kcal

참치채소비빔밥

재료/4인분

참치(횟감) 400g, 양상추 4장, 오이 1개, 당근 1/3개, 무 200g, 깻잎 10장, 밥 4공기 **초고추장** 고추장 4큰술, 식초 4큰술, 설탕 3큰술, 다진마늘 1큰술, 생강즙 1작은술, 청주 2작은술, 흰후춧가루 조금, 레몬즙 1/4개 분량

이렇게 만드세요

1 참치 손질하기 냉동참치는 소금물에 담가 반쯤 녹인 다음 마른 행주에 싸서 냉장고에 넣는다.

2 야채 썰기 양상추, 무, 당근, 깻잎, 오이는 각각 곱게 채썰어 물에 담가 싱싱하게 보관한다.

3 초고추장 만들기 고추장에 식초, 설탕, 마늘, 생강, 술, 후춧가루를 덩어리가 생기지 않도록 잘 저어준 다음 레몬즙을 섞는다.

4 참치 썰기 행주에 싸서 냉장고에 차게 보관해 두었던 참치는 1cm 정도의 정사각형으로 썰어 놓는다.

5 그릇에 담기 그릇에 밥을 담은 후 물에 담가 두었던 야채를 물기 제거하여 고루 얹는다. 그 위에 참치를 얹어 초고추장을 곁들인다. 참치를 초고추장에 버무려 담아도 좋다.

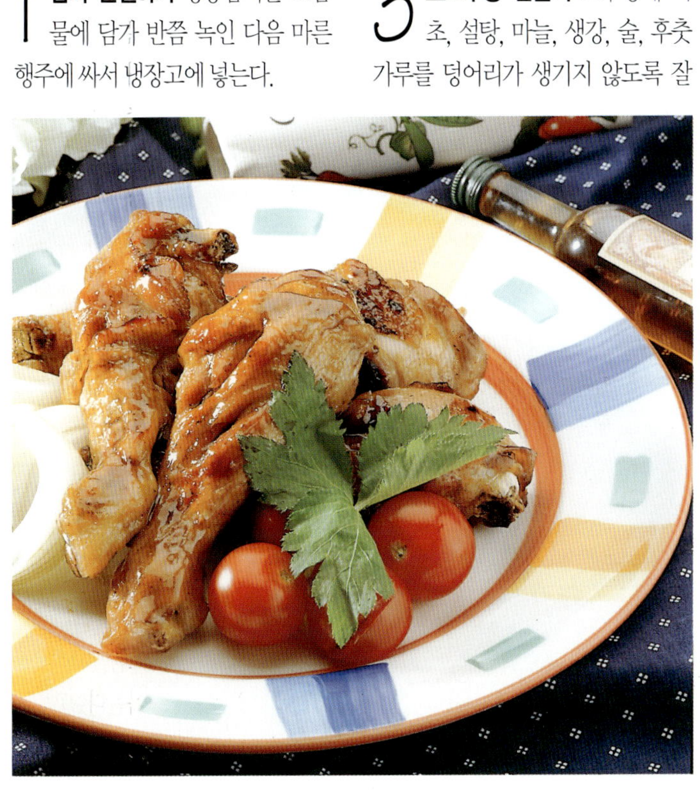

닭다리 중국식양념구이

재료/4인분

닭다리 4개, 양파 · 방울토마토 적당량씩 **닭기본양념** 간장 2큰술, 청주 2큰술, 후춧가루 조금, 굵은파 1/4대, 생강 1톨 **구이소스** 챠쇼우소스 4큰술, 물 4큰술, 닭소스 2큰술, 청주 1큰술, 후춧가루 조금

이렇게 만드세요

1 닭다리 손질하기 닭다리는 중간 크기로 골라 깨끗이 씻어 물기를 뺀 후 어슷하게 칼집을 넣는다.

2 닭다리 재기 굵은파와 생강을 편으로 썰어 기본양념과 고루 섞어 칼집 넣은 닭에 끼얹은 후 30분간 재둔다.

3 찜통에 찌기 김이 오른 찜통에 칼집 넣은 닭을 접시째 넣어 10~15분간 쪄낸다.

4 구이소스 만들기 챠쇼우소스에 물을 섞고 청주와 닭소스, 후춧가루를 넣고 고루 섞어 소스를 만든다. 챠쇼우소스나 닭소스 모두 매우 짜므로 반드시 물을 섞도록 한다.

5 굽기 그릴팬에 호일을 깔고 살짝 쪄 놓은 닭다리를 놓고 소스를 여러 번 덧발라 가면서 굽는다.

6 접시에 담기 앞뒤로 고루 구워 놓은 닭다리는 양파나 방울토마토와 같이 곁들여 담는다.

Saturday

두부토마토소스조림

 **재료/4인분**

두부	1/2모
토마토	2개
파슬리가루 · 소금 · 버터	적당량

토마토소스

토마토	1개
양파	1/2개
토마토케첩	1/4컵
토마토페이스트	1/4컵
육수	1컵
마늘	1쪽
오레가노 · 소금 · 설탕 · 후춧가루	적당량씩

 **이렇게 만드세요**

1 **토마토 데치기** 토마토는 빨갛게 잘 익은 것으로 골라 가운데 열 십자로 칼집을 넣은 후 끓는물에 넣어 살짝 데쳐 껍질을 벗긴다.

2 **재료 썰기** 두부는 2×3cm 크기로 도톰하게 썰고, 토마토는 한 입크기로 썬다. 소스에 들어가는 토마토와 양파, 마늘은 다져 놓는다.

3 **두부 지지기** 두부는 물기 제거 후 소금을 약간 뿌려 놓았다가 달구어진 팬에 버터를 약간 두르고 앞뒤로 노릇노릇하게 지져낸다.

4 **소스 만들기** 달구어진 팬에 버터를 두르고 마늘과 양파를 넣고 볶아 향을 낸 후 다진 토마토를 넣고 볶다가 토마토케첩, 토마토페이스트를 넣는다.

5 **육수 부어 조리기** 토마토케첩과 페이스트가 충분히 볶아지면 육수를 붓고 오레가노를 넣고 중불에서 서서히 끓인다. 이때, 소금과 설탕 · 후춧가루로 간을 맞추어 준다.

6 **두부 · 토마토 넣기** 소스가 끓으면 준비해 놓은 두부와 토마토를 넣고 은근히 끓인다. 자주 저으면 두부와 토마토가 으깨어지므로 주의한다.

7 **파슬리가루 넣기** 다 조려지면 파슬리가루를 약간 뿌려 살짝 버무린 다음 접시에 담아낸다.

 **더 맛있게!** 두부토마토소스조림을 그라탱 그릇에 담아 피자치즈를 얹어 전자레인지나 오븐에 구워내면 색다른 맛을 즐길수 있다.

토마토 썰기

두부 지지기

소스 만들기

섞어서 볶기

Su일day

오늘의 식단
(총1961kcal)

아침	· 보리빵	207kcal
	달걀요구르트샐러드	189kcal
	주스	40kcal
점심	· 쌀밥(1공기)	334kcal
	불고기	196kcal
	상추쌈	81kcal
	무생채	49kcal
저녁	· 콩밥(1공기)	330kcal
	곰국	372kcal
	병어무지지미	96kcal
	쑥갓나물	50kcal
	김치	17kcal

달걀요구르트
샐러드

 **재료/4인분**

달걀 4개, 오이 1/2개, 로메인 상추 3장, 건포도 2큰술, 소금·시럽 조금씩 **드레싱** 플레인 요구르트 1/2컵, 마요네즈 3큰술, 소금·흰후춧가루 조금씩

이렇게 만드세요

1 달걀 삶기 달걀은 심심한 소금물에 넣고 주걱으로 굴려가면서 노른자가 가운데 오도록 삶는다. 다 익으면 찬물에 재빨리 식혀 껍질을 벗

겨낸다.

2 재료 썰기 삶은 달걀은 1cm 정도의 정사각형 크기로 썰고, 로메인 상추는 큼직하게 손으로 뜯어 물에 담가 놓는다. 오이는 달걀과 같은 크기로 썰어 소금에 살짝 절인다.

3 건포도 재기 건포도는 말랑말랑하게 시럽에 재 놓거나 너무 단단할 경우에는 미지근한 물에 설탕을 약간 풀어 담가 놓는다.

4 드레싱 만들기 플레인 요구르트에 마요네즈를 넣고 소금과 흰후춧가루로 간하여 고루 섞는다.

5 버무리기 오이와 건포도는 물기를 거두어 달걀과 같이 볼에 담아 드레싱으로 살살 버무린다.

6 접시에 담기 접시에 물기를 제거한 로메인 상추를 깔고 샐러드를 얹는다. 드레싱은 따로 내어 먹을 때 버무려도 좋다.

병어무지지미

 **재료/4인분**

병어(중간크기) 2마리, 무 200g, 굵은파 1/4뿌리, 풋고추 1개, 붉은고추 1/2개 **양념장** 간장 3큰술, 설탕 2큰술, 청주 1큰술, 다진파 1큰술, 다진마늘 2작은술, 다진생강 1작은술

더 맛있게! 단맛을 좋아할 경우 드레싱에 설탕을 섞는다. 향이 진하지 않은 과일 요구르트를 사용하여 버무리면 은은한 과일향이 있어 더욱 맛있다.

이렇게 만드세요

1 병어 손질하기 병어는 머리와 지느러미를 떼고 간이 잘 배도록 어슷썰어 칼집을 넣는다.

2 야채 썰기 무는 2×3cm 크기로 도톰하게 썰고, 대파·풋고추·붉은고추는 어슷썰어 놓는다.

3 무 삶기 무는 냄비에 물을 붓고 넣어 한번 삶아낸다.

4 양념장 만들기 간장에 설탕, 청주, 파, 마늘, 생강을 넣어 양념장을 만든다.

5 냄비에 안치기 냄비에 무를 깔고 양념장을 끼얹고 그 위에 병어를 얹은 다음 다시 양념장을 고루 끼얹는다.

6 조리기 양념장 끼얹은 위에 물을 자작하게 붓고 끓기 시작하면 불을 줄여 양념장을 끼얹어 가며 서서히 조린다.

날씨 더워지면 더 생각나는
여름김치 10가지

날씨도 후덥지근하고 왠지 입맛도 없다.
배추줄기가 아삭 씹히면서 차가운 국물이 더위를 식혀주고
입맛도 살려주는 여름김치를 담가 상에 올려보자.

돌나물나박김치

재료
돌나물 200g, 무 300g, 배추 1/4포기, 굵은소금 4큰술(절임용), 굵은파(흰부분) 30g, 마늘 1/2통, 생강 1톨, 붉은고추 2개, 미나리 조금, 고춧가루 4큰술
김칫국물 물 20컵, 설탕 조금, 소금 6큰술

만드는 법
❶ **돌나물 손질하기** 돌나물은 깨끗이 손질하여 물에 씻어 건지고 물기를 뺀다.
❷ **무·배추 썰기** 무는 3cm 토막으로 잘라 3등분하여 얄팍하게 나박나박 썰고 배추 속대도 무와 같은 크기로 썬다.
❸ **무·배추 절이기** 썰어 놓은 무와 배추를 큰 그릇에 쏟고 분량의 소금을 뿌리고 고루 뒤적여 약 30분간 절인다.
❹ **부재료 손질하기** 굵은파는 씻어서 3cm 길이로 곱게 채썰고, 마늘과 생강도 곱게 채썬다. 붉은고추는 반 갈라서 씨를 긁어낸 후 3cm 길이로 곱게 채썬다. 미나리도 같은 길이로 썬다.
❺ **무와 배추 씻기** 무와 배추가 절여졌으면 흐르는 물에 씻어 채반에 건져 물기를 빼 놓는다.
❻ **무·배추·돌나물 버무리기** 물기 뺀 무와 배추, 돌나물에 채썰어 놓은 굵은파, 마늘, 생강, 붉은고추, 미나리를 한데 넣고 버무려 항아리에 담는다.
❼ **김칫국물 붓기** 물 20컵에 소금 6큰술을 넣어 심심하게 소금물을 만들고 분량의 고춧가루를 가제에 싸서 소금물에 넣고 흔들면서 붉은물이 우러나도록 한다. 김칫국물이 완성되면 ❻의 항아리에 붓는다.

열무연배추김치

재료
열무 800g, 연배추 400g, 굵은소금 1/2컵, 실파 50g, 붉은고추 6개, 풋고추 3개, 마늘 2통, 생강 1톨, 밀가루 5큰술, 물 5컵, 소금 1큰술

만드는 법
❶ **열무 절이기** 열무는 연하고 싱싱한 것으로 골라 겉대를 떼어내고 깨끗이 다듬어 4~5cm 정도로 잘라 흐르는 물에 여러 번 씻어 건져 소금을 겹겹이 뿌리고 물을 부어 절인다.
❷ **연배추 절이기** 연배추는 밑둥을 잘라내고 열무와 같은 길이로 잘라 흐르는 물에 깨끗이 씻어 건져 열무와 같이 소금을 뿌려 절인 후 도중에 위아래를 뒤집어 고루 절여지게 한다.
❸ **양념 준비하기** 붉은고추는 3개 정도는 어슷썰고, 나머지는 생강·마늘과 같이 분마기에 넣어 곱게 간다. 실파는 3~4cm로 썰고, 풋고추는 어슷썬다.
❹ **밀가루 풀 만들기** 밀가루 5큰술에 물 5컵 정도의 비율로 만든 밀가루풀을 불에 올려 놓은 다음 저으면서 멀겋게 끓인다. 투명해질 때까지 저어야 하며, 풀이 너무 뻑뻑하면 눋거나 타므로 주의한다.
❺ **열무와 연배추 씻기** 절여진 열무와 연배추는 흐르는 물에 깨끗이 씻고 마지막에 심심한 소금물에 헹군 다음 채반에 건져 물기를 뺀다.
❻ **김칫국물 만들기** 밀가루풀에 찬물을 섞고 썰어 두었던 고추·실파와 갈아 놓은 붉은고추·마늘·생강을 넣고 소금으로 간한다.
❼ **김칫국물에 버무려 담기** 절여진 열무와 연배추를 김칫국물에 담갔다가 건져 김치통에 담고 그 위에 김칫국물을 자작하게 붓는다.

한마디 더 | 상온에 1~2일 정도 두어 알맞게 익은 냄새가 나면 냉장고에 넣어 차갑게 해서 먹는다. 설탕과 식초로 맛을 내어 차게 두었다가 밀국수를 말아 먹으면 여름별미다.

양배추김치

재료
양배추(작은 것) 1포기, 소금 1/3컵, 멸치액젓 1/3컵, 깻잎 30장, 찹쌀풀 5큰술, 고춧가루 1/3컵, 무 200g, 실파·미나리 50g씩, 다진마늘 4큰술, 다진생강 1큰술

만드는 법
❶ **양배추 절이기** 양배추는 뿌리를 도려내듯 잘라 잎을 한 장씩 떼어 두꺼운 줄기 부분은 얇게 저미고 소금물로 절인다.
❷ **야채 준비하기** 깻잎은 깨끗하게 씻어 물기를 닦아서 준비하고, 무·미나리·실파는 3~4cm 길이로 채썬다.
❸ **무 절이기** 채썰어 놓은 무는 소금에 살짝 절여 물기를 꼭 짠다.
❹ **양념장 만들기** 찹쌀풀과 멸치액젓을 혼합하여 고춧가루를 섞은 후 다진마늘, 생강을 넣고 소금으로 간을 하여 양념장을 만든다.
❺ **속 버무리기** 무채·실파·미나리를 양념장에 버무려 김치속을 만든다.
❻ **양배추 말기** 절여진 양배추는 물에 헹구어 채반에 건져 물기를 뺀다. 김발

에 양배추와 깻잎을 두겹으로 얹고 다시 양념해 놓은 김치속을 가지런히 얹어 풀리지 않도록 단단하게 말아 항아리에 차곡차곡 담아 하룻밤 정도 익힌다.
❼ **접시에 담기** 익힌 양배추 김치를 먹기 좋은 크기로 썰어 담는다.

풋고추김치

재료
풋고추 25개, 무 1/2개, 부추 1/4단, 멸치액젓 1/4컵, 고춧가루 1/4컵, 생강 10g, 마늘 5쪽, 통깨 1큰술, 소금·다진파 조금씩

만드는 법
❶ **풋고추 칼집 넣기** 풋고추는 6~7cm 길이 곧은 것으로 고른다. 꼭지는 1~2cm 정도 남겨 자르고 몸통 양쪽으로 1cm 남긴 후 가운데 칼집을 넣는다.
❷ **소금에 절이기** 칼집을 넣은 풋고추는 소금물에 담가 적당히 절인 다음에 티스푼으로 씨를 긁어내고 물에 헹구어 건진다.
❸ **무 채썰기** 무는 4cm 길이로 곱게 채썰고, 부추는 준비한 양의 1/4만 송송 썰어 놓고, 마늘·생강은 곱게 다져 놓는다.
❹ **부추 절이기** 썰고 남은 분량의 부추는 소금물에 살짝 절인 후 씻어 건진다.
❺ **양념 만들기** 고춧가루에 물을 조금씩 부어 촉촉해질 정도로 고루 갠 다음 멸치액젓·마늘·생강·파·통깨·소금을 섞어 양념을 만든다.
❻ **풋고추에 속 채우기** 양념에 무채와 송송 썰어 놓은 부추를 넣고 고루 버무린 다음 씨를 제거한 풋고추에 꼭꼭 채워 김치통에 담는다. 절여 놓은 부추는 양념에 버무려 김치통에 곁들여 담는다.
❼ **국물 붓기** 양념을 버무린 그릇에 끓여서 식힌 물이나 생수를 조금 부은 후 소금으로 간을 맞추어 국물을 만들고 풋고추김치에 자작할 정도로 붓는다.

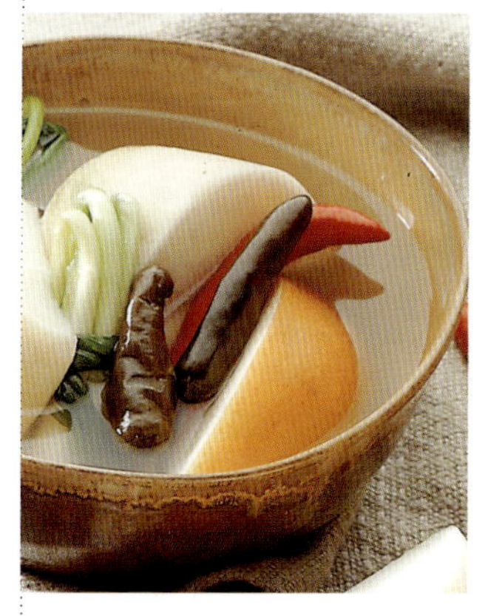

햇무동치미

재료
햇무 3개, 굵은소금 1컵, 배 1/2개, 실파 40g, 풋고추(삭힌 것) 60g, 붉은고추 3개, 통마늘 5개, 대파 2뿌리, 생강 조금
김칫국물 소금 1/4컵, 물 5컵

만드는 법
❶ **무 절이기** 무는 깨끗이 씻어 큼직하게 썰고 소금에 절였다가 흐르는 물에 2~3번 헹구어 물기를 뺀다.
❷ **배 갈기** 배는 반은 껍질째 깨끗이 씻고, 반은 껍질을 벗긴 후 강판에 간다.
❸ **실파 절이기** 실파는 깨끗이 씻어 소금에 잠깐 절였다가 2~3가닥씩 돌돌 말아 묶는다.
❹ **베주머니에 재료 넣기** 굵은파는 깨끗이 씻어 뿌리 부분만 준비하고, 마늘과 생강은 얇게 저며 썬 다음 베주머니나 가제에 넣는다.
❺ **항아리에 담기** 항아리에 재료를 담은 베주머니를 넣고 무와 부재료를 번갈아 가면서 켜켜이 담는다.
❻ **김칫국물 만들기** 분량의 소금을 체에 담아 물을 부어 미리 밭쳐 놓는다. 그래야 깨끗한 국물을 만들 수 있다.
❼ **김칫국물 붓기** 밭쳐 놓은 소금물을 항아리에 가만히 따라 붓는다.

총각무물김치

재료
총각무 1단, 배추 300g, 미나리 50g, 양파 1/2개, 파 50g, 마늘 1통, 생강 1톨, 붉은고추 3개, 소금 1컵, 밀가루 3큰술, 물 10컵

만드는 법
❶ **총각무 절이기** 총각무는 연한 것으로 골라 다듬어 씻은 후 먹기 좋게 토막내어 소금에 살짝 절여 놓는다.
❷ **배추 절이기** 배춧잎도 다듬어 씻어 총각무와 같은 길이로 길쭉하게 썰어 살짝 절인다.
❸ **부재료 준비하기** 붉은고추는 어슷하게 썰어 씨를 빼놓고, 미나리와 파는 5cm 길이로 잘라 놓는다. 양파는 강판에 곱게 갈아서 준비한다.
❹ **밀가루 풀국 만들기** 냄비에 물 3컵과 밀가루 3큰술을 넣어 거품기로 멍울이 없도록 잘 푼 후 중간불에서 나무주걱으로 저으면서 밀가루 풀국을 만들어 놓는다.
❺ **항아리에 담기** 넓은 그릇에 총각무, 배춧잎, 마늘, 생강, 실파, 미나리, 붉은고추를 섞고 소금으로 살짝 버무려 항아리에 담는다.
❻ **김칫국물 만들기** 풀국이 식으면 양파 간 것과 물을 부어 묽게 만든 후 소금으로 간을 맞춘다.
❼ **항아리에 붓기** 간을 맞추어 놓은 김칫국물을 항아리에 부어 익힌다.

오이지

재료

조선오이 50개, 소금 1컵,
소금물(소금 4컵, 물 15컵)

만드는 법

❶ **오이 항아리에 담기** 오이는 소금으
로 문질러 씻어서 항아리에 차곡차곡 담고 깨끗하게 씻은 돌로 눌러 놓는다.

❷ **소금물 끓이기** 냄비에 소금 4컵과 물 15컵을 넣고 잘 저어 한번 끓인 다음
뜨거운 채로 오이를 담아둔 항아리에 붓는다.

❸ **소금물 다시 끓이기** 이틀 후쯤에 소금물을 따라내어 다시 끓여서 식혀 붓
는다. 일주일 정도 지나면 맛이 밴다.

❹ **상에 내기** 먹을 때는 둥근 모양으로 얇게 썰거나 3cm 길이로 토막내어
4등분으로 냉수에 띄우고 잘게 썬 실파와 고춧가루를 조금 뿌린다.

한마디 더 | 조선오이는 껍질이 연한 색의 재래종을 말하는 것으로 오이지를
담글 때는 통통한 것이 적합하다. 입맛이 없는 여름철의 좋은 반
찬이 되며, 남은 것은 꾸득꾸득 말려서 고추장에 박아 오이장아찌
로 먹어도 맛이 좋다.

오이열무물김치

재료

오이 10개, 열무 1단, 부추 300g, 양파 1/2개, 굵은소금 1/2컵, 마늘 1통, 생강 1톨,
붉은고추 5개, 밀가루 5큰술, 소금 적당량
오이소박이 양념 고춧가루 1/3컵, 밀가루풀 3/4컵, 다진파 3큰술,
다진마늘 4큰술, 다진생강 1큰술, 설탕 1큰술, 소금 조금

만드는 법

❶ **오이 절이기** 작고 단단한 조선 오이를 골라 굵은소금으로 문질러 씻어 가
운데 부분에 세 번 정도 칼집을 넣어 소금물에 절인다.

❷ **열무 절이기** 열무는 연하고 싱싱한 것으로 골라 깨끗이 다듬어 4~5cm로
잘라 흐르는 물에 여러 번 헹구어 씻고 켜켜이 소금을 뿌린 다음 물에 절인다.

❸ **양념 준비하기** 부추는 3~4cm 길이로 썰고, 붉은고추와 마늘, 생강은 분마
기에 넣고 곱게 간다. 양파는 곱게 채썬다.

❹ **오이소박이 소 만들기** 밀가루풀에 고춧가루를 섞어 불린 다음 다진파·마
늘, 생강, 소금, 설탕을 넣어 간을 맞추고 부추를 넣어 고루 버무린다.

❺ **김칫국물 만들기** 물 5컵에 밀가루 5큰술을 잘 풀고 밀가루풀을 쑤어 차게
식힌 다음 찬물을 붓고 분마기에 갈아 놓
은 붉은고추, 마늘, 생강, 양파를 넣은 후
소금으로 간을 맞춰 김칫국물을 만든다.

❻ **오이·열무 씻기** 절여진 열무는 물에 살
짝 헹구어 채반에 건져 놓고, 오이는 물에
헹구어 물기를 닦아 놓는다.

❼ **오이에 소 넣기** 물기를 닦아 놓은 오이
에 오이소박이 소를 젓가락으로 얌전하게
채워 넣는다.

❽ **국물에 버무리기** 물기를 뺀 열무와 소를 넣은 오이는 김칫국에 담갔다가
건져 김치통에 담고 국물은 간을 보아 싱거우면 다시 소금으로 간을 맞춘 다음
김치통에 부어 뚜껑을 덮은 다음 서늘한 곳에 두어 익힌다.

오이송송이

재료

무 400g, 오이 5개, 고춧가루 1/3컵,
실파 30g, 미나리 30g, 다진마늘 2큰술,
다진생강 1큰술, 새우젓 1큰술반,
소금·설탕 조금씩

만드는 법

❶ **오이 절이기** 오이는 곧은 것으로 골
라 소금으로 문질러 씻고 3cm 길이로
잘라 4등분한 다음 가운데 씨부분은 제거하여 소금에 살짝 절인다.

❷ **무 절이기** 무도 오이와 같은 크기의 직사각형으로 썰어 소금에 살짝 절인다.

❸ **부재료 손질하기** 실파, 미나리는 3cm로 썰고 새우젓 건지는 굵게 다진다.

❹ **무·오이에 고춧가루 물들이기** 절여놓은 무, 오이는 물기를 뺀 후 그릇에
담고 분량의 고춧가루를 넣고 고루 버무려 고춧가루 물을 들인다.

❺ **양념하기** ❹에 다진마늘·생강, 새우젓, 설탕을 넣고 고루 버무린 후 소금으
로 간을 한 다음 실파, 미나리를 넣고 다시 한번 살짝 버무린다.

❻ **항아리에 담기** 버무려 놓은 오이송송이는 항아리에 꼭꼭 눌러 담는다.

얼갈이김치

재료

얼갈이배추 1kg, 쪽파 100g, 오이 4개, 붉은고추(간 것) 3/4컵, 찹쌀가루 1/2컵,
멸치액젓 1컵, 통깨 4큰술, 생강 2톨, 마늘 2통, 고춧가루·설탕·소금 적당량씩

만드는 법

❶ **얼갈이 다듬기** 얼갈이는 다듬어 씻어 뿌리 쪽에 열십자로 칼집을 넣는다.

❷ **오이·쪽파 준비하기** 오이는 소금으로 문질러 씻어 반 갈라 길이로 4등분
하고, 쪽파는 다듬어 깨끗이 씻어 물기를 뺀다.

❸ **얼갈이·오이 절이기** 물 2컵에 소금 4큰술 정도의 비율로 소금물을 만들어
얼갈이와 오이를 담가 절인다.

❹ **찹쌀풀 만들기** 물 2컵, 찹쌀가루 1/2컵의 비율로 찹쌀풀을 만들어 냄비에
넣고 끓여 식힌다.

❺ **얼갈이와 오이 씻어 건지기** 얼갈이와 오이
가 절여지면 찬물에 살살 헹구고 마지막에 심심
한 소금물로 헹궈 채반에 담아 물기를 뺀다.

❻ **양념장 만들기** 넓은 그릇에 고춧가루와 갈
아 놓은 붉은고추를 한데 섞고 멸치액젓을 붓는
다. 생강과 마늘도 다져 넣고 찹쌀풀, 설탕, 통깨
를 넣어 고루 섞은 후 소금으로 간한다.

❼ **버무리기** 양념장에 절인 얼갈이와 오이, 파
를 잘 버무려 항아리에 담는다.

찌는 듯한 더위에 입맛도 없고 몸도 마음도 지치다보니 균형 잡힌 식단이 더더욱 필요한 계절이다. 육류와 생선, 해조류 등으로 보신음식도 만들고 시원한 콩국수와 냉채, 국수로 더위도 식히자. 요즘 한창인 가지, 애호박, 고추, 부추 등은 가벼운 여름 반찬으로 안성맞춤. 여름방학을 맞은 아이들에게는 영양 간식, 휴가인 남편에게는 별미 요리로 가족 건강은 물론 행복을 더하자.

7 > 8월

Monday 월

<table>
<tr><td colspan="2" align="center">오늘의 식단
(총 1730kcal)</td></tr>
<tr><td>아침 · 모닝빵</td><td>195kcal</td></tr>
<tr><td>햄구이</td><td>36kcal</td></tr>
<tr><td>오이피클</td><td>26kcal</td></tr>
<tr><td>오렌지주스</td><td>82kcal</td></tr>
<tr><td>점심 · 열무김치비빔밥</td><td>416kcal</td></tr>
<tr><td>미역냉국</td><td>83kcal</td></tr>
<tr><td>두부양념구이</td><td>110kcal</td></tr>
<tr><td>저녁 · 두유땅콩냉국수</td><td>515kcal</td></tr>
<tr><td>부추부침개</td><td>170kcal</td></tr>
<tr><td>가지나물</td><td>48kcal</td></tr>
<tr><td>무초김치</td><td>49kcal</td></tr>
</table>

두유땅콩냉국수

재료/4인분

젖은국수	500g
완숙달걀	1개
오이	1개
실파	50g
두유	2컵
생수	3컵
볶은땅콩	1/2컵
소금	조금
토마토	1개
통잣	1큰술
무순	조금

이렇게 만드세요

1 국수국물 만들기 껍질 벗긴 땅콩은 대강 썰어 믹서에 넣고 자박할 정도의 생수를 부어 곱게 간다. 남은 생수와 두유, 곱게 간 땅콩국물을 섞어준 후 고운체에 내려 소금간하여 냉장고에 넣어둔다.

2 고명 만들기 완숙달걀은 원하는 모양과 크기로 썰고 토마토는 저며 썬다.

3 오이 손질하기 오이는 껍질을 대강 벗기고 반으로 갈라 속을 파낸 다음 어슷하게 썰어 소금에 절인 후 물기를 꼭 짠다.

4 국수 삶기 냄비에 넉넉한 분량의 물을 붓고 끓여 소금을 조금 넣은 뒤 국수를 넣고 5분정도 삶아 흐르는 냉수에 말갛게 씻어 물기를 빼고 그릇에 담는다.

5 그릇에 담기 국수 위에 오이, 달걀, 토마토, 통잣, 무순을 얹고 차가운 국수 국물을 부어 얼음을 띄워 낸다.

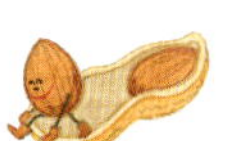
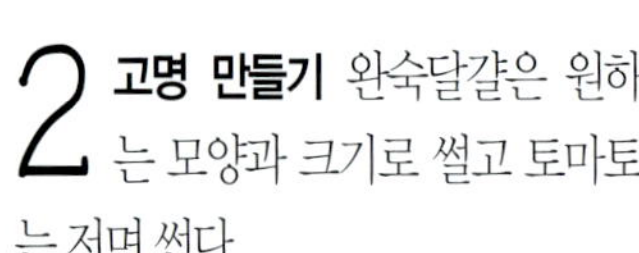

요리힌트
콩국물 만들기

흰콩 1컵을 깨끗이 씻어 하루 저녁 불린 다음, 콩이 잠길 정도로 물을 붓고 약한 불에서 콩비린내가 나지 않을 때까지 삶는다. 믹서에 불린 콩과 12컵의 물을 붓고 곱게 갈아 고운 체에 콩국물을 낸 다음 차게 식힌다. 먹을 때는 소금으로 간을 한다.

더 맛있게! 삶은 콩을 이용하지 않고 간단하게 냉콩국물을 만들 수 있다. 수퍼에서 파는 두유와 땅콩을 같이 넣고 믹서에 갈면 간편한 냉콩국물이 된다. 잣을 넣고 함께 갈아 주면 고소한 맛이 더해진다.

비디오 쿠킹

땅콩 갈기

두유와 생수 섞기

오이속 파내기

국수 삶기

Tu화day

오늘의 식단 (총1993 kcal)

끼니	메뉴	열량
아침	오트밀참치죽	278kcal
	쇠고기장조림	148kcal
	오이깍두기	20kcal
	참외(1쪽)	18kcal
점심	김밥	516kcall
	실파장국	62kcal
	쇠고기수육냉채	197kcal
	깍두기	20kcal
저녁	팥밥(1공기)	365kcal
	미역홍합국	39kcal
	가지강정	108kcal
	닭살야채조림	180kcal
	상추겉절이	42kcal

쇠고기수육냉채

재료/4인분

얇은쇠고기 300g, 양파 1개, 청·홍피망 1개씩, **고기삶는물** 물 1 1/2컵, 간장 1큰술, 청주 1큰술, 대파뿌리 3개, 통후추 5개 **무침소스** 간장 1큰술, 발효겨자 2큰술, 다진마늘 1큰술, 핫소스 1큰술, 물엿 2큰술, 식초 2큰술, 소금·후춧가루·참기름 조금씩

이렇게 만드세요

1 야채 썰기 양파와 청·홍피망은 둥근 모양으로 얇게 썰어 냉수에 헹궈 건져 물기를 뺀다.

2 고기 삶기 분량의 고기 삶는 물을 준비하여 골고루 섞은 후 끓이고 맛이 우러나면 얇게 썬 쇠고기를 넣고 데쳐 건져 물기를 뺀다.

3 소스 만들기 발효겨자에 분량의 간장과 물엿을 먼저 넣고 골고루 섞어준 다음 나머지 양념을 넣고 충분히 저어 준다.

4 버무려 담기 야채와 고기를 함께 담고 상에 내기 직전에 무침소스로 가볍게 버무려 담는다.

요리힌트

가루겨자는 충분히 저어준다

겨자소스는 시판하는 발효된 튜브 겨자를 이용하는 것이 편리하다. 가루겨자는 같은 양의 따뜻한(30~40℃) 물로 충분히 저어 눈물이 날 정도의 톡 쏘는 냄새가 날 때가 발효된 상태이다.

가지강정

재료/4인분

가지 3개, 소금·후춧가루·참기름 조금씩, 달걀흰자 1개, 녹말가루 3큰술, 튀김기름 적당량, 청·홍고추 1개씩, 대파채 조금, 저며썬 마늘 2쪽, 통깨 조금 **강정소스** 간장 2큰술, 다시마물 2큰술, 설탕 2큰술

이렇게 만드세요

1 가지 튀기기 얇게 썬 가지는 알맞게 잘라 물기를 닦아내고 소금, 후춧가루, 참기름으로 무친다. 달걀흰자와 녹말가루를 가지에 넣고 버무려 160℃정도의 튀김기름에 튀겨낸다.

2 청·홍고추 썰기 청·홍고추는 반으로 갈라 속씨를 털어내고 사방 0.5 cm 크기로 썬다.

3 강정소스 만들기 팬에 식물성 기름을 두르고 저며썬 마늘과 청·홍고추를 볶다가 간장과 다시마물, 설탕 섞은 것을 넣고 끓인다.

4 소스에 버무리기 강정소스에 튀긴 가지를 넣어 가볍게 버무린 다음 대파채를 올리고 통깨를 뿌려낸다.

요리힌트

가지는 썰어 말려둔다

가지가 많이 나는 철에 저며 썰어 말려 두면 가지강정을 쉽게 만들어 먹을 수 있다. 말린 가지는 물에 헹궈 건져 강정 혹은 가지불고기나 가지볶음 등을 만들면 좋다.

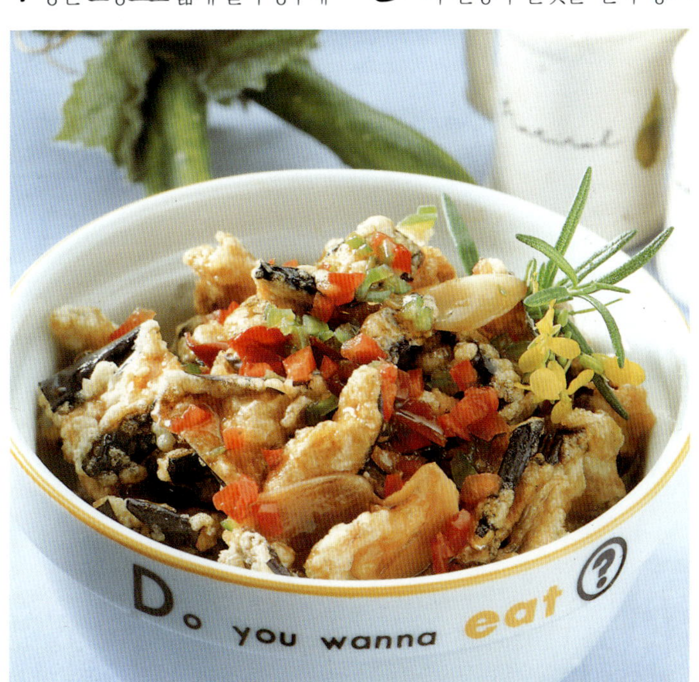

Wednesday 수

아침		
	잡곡밥(2/3공기)	241kcal
	콩나물국	43kcal
	꽁치고추장조림	184kcal
	시금치나물	58kcal
	배추김치	17kcal
점심	마늘빵토스트	347kcal
	감자샐러드케익	180 kcal
	우유	118kcal
	키위(1개)	46kcal
저녁	흰밥(1공기)	334kcal
	두부풋고추찌개	170kcal
	비름나물초무침	47kcal
	물오징어조림	132kcal

감자샐러드케익

재료/4인분

감자(중간굵기)	4개
완숙달걀	2개
오이	1/2개
당근	40g
게맛살	1쪽
소금·후춧가루	조금씩
마요네즈	3큰술

이렇게 만드세요

1 재료 썰기 완숙달걀은 노른자 하나는 남기고 반으로 잘라 얇게 저며 썰고 게맛살도 얇게 저며 썬다. 오이는 반으로 갈라 속을 파내고 어슷하게 저며 썰고 당근은 가로세로 1cm로 얇게 저며 썬다.

2 오이·당근데치기 끓는물에 소금을 약간 넣고 썬 오이와 당근을 데쳐 건져 물기를 거둔다.

3 감자 찌기 감자는 껍질째로 씻어 김이 오른 찜통에 넣고 30분 정도 찐다. 쪄낸 감자는 껍질을 벗겨 잘게 썬다.

4 버무리기 감자는 적당하게 식혀 달걀, 게맛살, 오이, 당근을 넣고 마요네즈로 버무려 소금, 후춧가루로 간한다.

5 케익모양 만들기 깊지 않은 컵이나 사각틀에 랩을 깔고 감자샐러드를 채워 담고 케익 모양을 잡아준 다음 도마 위에 뒤집어 쏟아 모양을 만든다.

6 담아내기 적당한 크기로 잘라 담고 달걀 노른자 남긴 것을 체에 내려 가루를 솔솔 뿌려준다.

요리힌트

감자상자에 사과를 넣어두면 싹이 나지 않는다

종이 봉투에 감자를 넣고 입구를 벌린 채로 상자에 보관한다. 이때 감자 속에 사과 1~2개를 함께 넣어두면 날씨가 더워도 싹이 잘 나지 않게 된다. 사과에 들어있는 효소성분이 감자에 영향을 미치기 때문이다.

더 맛있게! 감자는 아주 많은 양이 아닐 때는 껍질째로 찌는 것이 영양이 손실되지 않는다. 껍질째로 찌면 감자가 더욱 보송보송해진다.

비디오 쿠킹

달걀 썰기

당근 썰기

당근·오이 데치기

감자껍질 벗기기

*Thu*목*sday*

불고기비빔밥

재료/4인분

밥 4인분, 참기름 조금, 송송 썬 청·홍고추 1개씩분량, 래디시 3개, 오이 1개, 깻잎 6장, 달걀지단 1개분량, 양배추 2잎, 얇은 쇠고기 150g **불고기양념** 간장 1큰술, 청주 1/2큰술, 설탕 1/2큰술, 다진파·마늘 1/2큰술씩, 깨소금·후춧가루·참기름 조금씩 **비빔양념장** 간장 3큰술, 깨소금 1큰술, 참기름 1큰술, 잘게 썬 김 2큰술

이렇게 만드세요

1 야채 썰기 청홍고추는 송송 썰어 냉수에 헹궈 속씨를 제거하여 건지고 래디시와 오이, 깻잎, 양배추는 4~5cm 고운채로 썰어 냉수에 헹궈 건져 물기를 제거한다.

2 불고기 만들기 재료를 골고루 섞어 불고기 양념을 만든 후 얇게 썬 쇠고기를 버무려 굽는다.

3 밥짓기 밥은 보슬하게 지어 뜨거울 때 참기름으로 비벼 따뜻한 그릇에 담는다.

4 그릇에 담기 밥 위에 야채와 불고기, 달걀지단채를 올려 담고 비빔양념장을 곁들여 낸다.

풋고추게맛살채볶음

재료/4인분

청고추 10개, 게맛살채 50g, 다진마늘 1큰술, 생강즙 1작은술, 청주 1작은술, 설탕 1큰술, 실파채 조금, 간장 1작은술, 소금·후춧가루·식물성기름·참기름 조금씩

이렇게 만드세요

1 청고추 채썰기 청고추는 반으로 갈라 속을 털어 내고 0.3cm 폭의 긴 채로 썬다.

2 게맛살채 손질하기 게맛살채는 말린 것을 준비하여 알맞은 길이로 잘라 가늘게 찢어준다. 찢은 게맛살채에 물을 뿌려 부드럽게 하여 다진마늘, 생강즙, 청주, 설탕, 간장으로 무친다.

3 게맛살채 볶기 팬에 식물성 기름을 두르고 준비한 게맛살채를 볶는다.

4 청고추채 넣고 볶기 청고추채와 실파채를 넣고 볶다가 소금, 후춧가루로 간을 맞추고 참기름을 둘러 담은 후 통깨를 뿌려낸다.

중간중간 칼집을 내면 고기가 연해진다

불고기용 고기는 썰어두면 육즙이 나와 맛이 달아나고 공기 중에서는 신선도도 떨어지므로 되도록 덩어리를 구해 조리 직전에 저며 써는 것이 좋다. 고기가 흐물흐물하면 잘 안 썰어지므로 냉동실에 넣어 살짝 얼려 자른다. 고기를 자르는 칼이 잘 들지 않으면 썰어진 면이 거칠어져 육즙이 많이 빠지게 된다. 중간중간 칼로 조직을 끊어주면 고기가 한결 연해진다.

오늘의 식단 (총1989kcal)	
아침 · 플레인오믈렛	138kcal
소시지버터구이	200kcal
사과샐러드	177kcal
토마토주스	46kcal
점심 · 잡곡밥(1공기)	361kcal
감자유부국	87kcal
취나물볶음	131kcal
배추김치	17kcal
저녁 · 자장면	537kcal
달걀야채탕	55kcal
두부당근즙탕수	220kcal
깍두기	20kcal

두부당근즙탕수

🍚 재료/4인분

두부	1모
소금 · 후춧가루 · 참기름	조금씩
녹말가루	1/3컵
튀김기름	적당량
오이	1/2개
불린 목이버섯	20g
청 · 홍피망	1/3개분량
소금 · 후춧가루	조금씩

당근탕수소스

당근주스	1컵
설탕	3큰술
식초	2큰술
소금	1/3작은술
녹말물	조금

📝 이렇게 만드세요

1 **두부 밑간하기** 두부는 깨끗이 씻어 물기를 빼고 사방 2.5 cm 굵기로 깍둑 썰어 소금, 후춧가루, 참기름으로 밑간한다.

2 **두부 튀기기** 밑간한 두부에 녹말가루를 흡수시킨 다음 160℃의 튀김기름에 2번 정도 바삭하게 튀긴다.

3 **야채 손질하기** 오이는 3cm 길이로 토막 썰어 길이로 얇게 썰고 청 · 홍피망은 반갈라 속씨를 털어낸 다음 1cm 폭의 마름모꼴로 썬다.

4 **야채볶기** 팬에 식물성 기름을 두르고 목이버섯과 ③의 야채를 볶은 후 소금, 후춧가루를 뿌린다.

5 **탕수소스 만들기** 냄비에 당근주스와 설탕, 식초, 소금을 넣고 끓인다.

6 **녹말물 넣기** 녹말가루를 물에 풀어 탕수소스의 농도를 맞춘 후 끓인다.

7 **소스에 버무리기** 알맞게 끓은 탕수소스에 튀긴두부와 볶은야채를 넣고 가볍게 버무려 접시에 담아 낸다.

🧑‍🍳 요리 힌트

과일을 넣어 탕수소스를 만든다

탕수소스를 만들 때 과일주스 혹은 야채주스로 만들면 색다른 맛이 날 뿐 아니라 비타민을 공급할 수 있어 영양면에서도 좋다. 탕수소스를 만들 때 가장 많이 사용되는 것은 파인애플. 파인애플 통조림에 들어있는 시럽을 이용하면 빠르게 만들 수 있다.

두부 밑간하기

두부 튀기기

야채볶기

탕수소스 만들기

Sat토day

오늘의 식단 (총 876kcal)	
아침 · 오트밀야채우유죽	278 kcal
안나포테이토	206kcal
오이피클	26kcal
딸기요구르트	114kcal
점심 · 열무보리비빔밥	416kcal
콩나물냉국	43kcal
두부야채지짐	103kcal
고추장아찌	33kcal
저녁 · 감자밥	320kcal
우거지토장국	93kcal
자반고등어구이	185kcal
콩나물무침	42kcal
배추김치	17kcal

오트밀야채우유죽

재료/4인분

오트밀 1 1/2컵, 육수 2컵, 우유 1컵, 애호박 1/4개, 익힌당근 30g, 풋콩 3큰술, 달걀 1개, 소금 조금

이렇게 만드세요

1 야채 썰기 끓는 물에 데쳐 익힌 당근과 애호박은 사방 0.7cm 로 얇게 썰어 준비한다.

2 오트밀죽 끓이기 냄비에 오트밀과 육수를 넣고 끓인다.

3 우유와 야채넣기 오트밀죽에 우유를 넣고 끓을 때 풋콩 당근, 애호박 순으로 넣어 한 번 더 끓인다.

4 달걀 올리기 소금으로 간을 하고 달걀흰자를 넣어 저어 익힌다. 그릇에 뜨거운 오트밀죽을 담고 달걀노른자를 올려 낸다.

열무보리비빔밥

재료/4인분

보리밥 4인분, 열무김치 1공기, 간장 1/2큰술, 청주 1작은술, 설탕 1작은술, 참기름 조금, 유부 4장, 쇠고기(갈은 것) 80g, 소금 · 참기름 · 후춧가루 · 식물성기름 조금씩, 감자 2개, 송송 썬청 · 홍고추 조금씩 **비빔양념** 고추장 3큰술, 간장 2큰술, 고춧가루 1큰술, 다진파 · 마늘 1큰술씩, 깨소금 · 참기름 조금씩

이렇게 만드세요

1 열무김치 무치기 열무김치는 1cm길이로 송송 썰어 물기를 대강 짠 다음 깨소금, 참기름으로 무친다.

2 유부볶기 유부는 1cm 폭으로 썰어 간장, 청주, 설탕, 참기름을 넣고 무쳐 볶는다.

3 쇠고기 볶기 간 쇠고기에 소금, 후춧가루, 참기름을 넣고 무쳐 기름 두른 팬에 볶는다.

4 감자 볶기 감자는 5cm길이, 0.3cm 폭으로 얇게 채썰어 소금물에 헹궈 건진다. 감자채는 물기를 닦아 기름 두른 팬에 볶아 소금, 후추로 간을 하고 참기름을 둘러 낸다.

5 비빔양념장 만들기 제시한 분량의 재료로 비빔양념장을 만들어 골고루 저어 준다.

6 그릇에 담기 그릇에 담은 보리밥 위에 준비한 재료를 색깔 맞춰 돌려 담고 비빔양념장을 올려 담는다.

더 맛있게! 열무비빔밥은 한여름의 별미비빔밥으로 입맛을 돋게 해준다. 열무김치는 알맞게 익힌 것이 좋다. 너무 시게 익었거나 익지 않았을 경우, 제맛이 나지 않는다.

Sun일day

<table>
<tr><td colspan="2">오늘의 식단
(총 1814kcal)</td></tr>
<tr><td>아침</td><td>· 잡곡밥(2/3공기)</td><td>241kcal</td></tr>
<tr><td></td><td>물오징어찌개</td><td>151kcal</td></tr>
<tr><td></td><td>달걀말이</td><td>95kcal</td></tr>
<tr><td></td><td>오이깍두기</td><td>20kcal</td></tr>
<tr><td>점심</td><td>· 깻잎콩국수</td><td>515kcal</td></tr>
<tr><td></td><td>북어풋고추초무침</td><td>101kcal</td></tr>
<tr><td></td><td>애호박전</td><td>89kcal</td></tr>
<tr><td></td><td>배추겉절이</td><td>45kcal</td></tr>
<tr><td>저녁</td><td>· 콤비네이션피자</td><td>353kcal</td></tr>
<tr><td></td><td>오이피클</td><td>26kcal</td></tr>
<tr><td></td><td>우유</td><td>118kcal</td></tr>
<tr><td></td><td>포도</td><td>60kcal</td></tr>
</table>

깻잎콩국수

재료/4인분

불린흰콩	1컵
잣	4큰술
생수	6컵
소금	조금
오이	1개
토마토	1개
쑥갓	조금
홍고추	조금

국수반죽

밀가루	4컵
깻잎채	20장분량
식용유	1큰술
달걀	1개
물	3/4컵
소금	1작은술

이렇게 만드세요

1 국수 반죽하기 밀가루에 깻잎채, 식용유, 달걀, 물, 소금을 넣고 숟가락으로 골고루 섞어준 다음 손으로 모아 반죽하여 충분히 치대준다.

2 국수 썰기 말랑하게 한 반죽은 밀대로 얇게 밀어 원하는 굵기의 국수가락으로 썰어 준다. 썰은 국수가락은 들러붙지 않게 밀가루를 솔솔 뿌려 털어 준다.

3 콩국 만들기 하루저녁 동안 불린 흰콩은 2컵 정도의 생수를 부어 5분 정도 삶아 콩물과 함께 그대로 식힌다. 믹서에 콩과 콩물을 넣고 잣도 함께 넣어 곱게 갈아 준다. 갈아 놓은 콩물은 고운 체에 내려 남은 생수를 넣고 소금간하여 차갑게 식힌다.

4 야채 썰기 오이는 얇게 저미며 0.2cm의 고운 채로 썰고 토마토는 저며 썬다. 홍고추는 실채로 썰고 쑥갓은 씻어 건져 놓는다.

5 국수 삶기 썰어둔 국수가락은 10배 이상의 넉넉한 끓는물에 넣고 8분 정도 삶아 흐르는 물에 헹궈 건져 물기를 뺀다.

6 그릇에 담기 넓은 그릇에 국수를 담고 야채를 올려 담은 다음 차갑게 준비한 콩국을 부어 낸다.

요리힌트

생면은 가루를 털어 내고 삶아야 끈적이지 않는다

생면은 젖은 국수라고도 하는데 서로 들러붙지 않게 하려고 표면에 밀가루를 뿌린다. 이 밀가루가 많으면 많을수록 국수를 삶을 때 넘치기 쉽고 또 국수표면에 끈적거리는 것이 남게 된다. 따라서 삶기 전에 반드시 이 가루를 털어내야 한다. 또 넘치기 쉬우므로 큰 냄비에 삶고 중간에 찬물도 넉넉히 부어주어야 한다.

비디오 쿠킹

흰콩 삶기

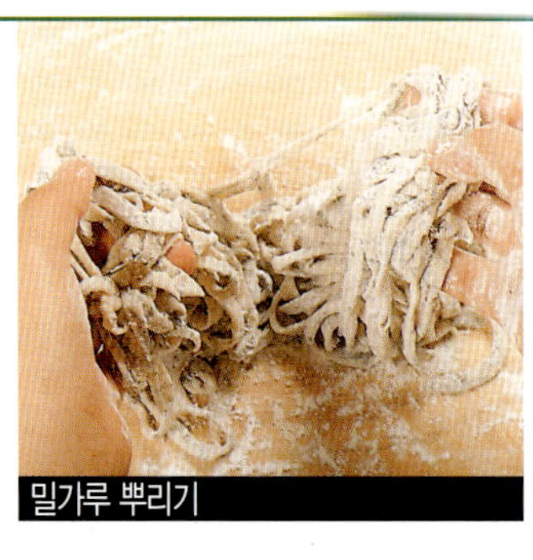

밀가루 뿌리기

국수반죽 하기

오이 썰기

Monday 월

스위스풍감자팬케익

 **재료/4인분**

감자 5개, 양파1/4개, 햄 50g, 청·홍피망 1/3개씩, 소금·후춧가루 조금씩, 완숙달걀 1개, 밀가루 조금, 달걀 풀은 물 2개분량, 빵가루 1/3컵, 식물성기름 조금,

이렇게 만드세요

1 감자 손질하기 감자는 껍질을 벗겨 한개만 3~4cm 길이의 고운 채로 썰어 냉수에 헹궈 건져 물기를 닦아준다. 남은 분량의 감자는 김이 오른 찜통에서 쪄낸 다음 으깬다.

2 재료 썰기 햄은 3cm, 길이 0.3cm 폭으로 얇게 썰고, 청·홍피망은 반으로 갈라 속씨를 털어 내고 채로 썬다. 양파도 같은 크기의 채로 썬다. 채썬 모든 야채는 식용유 두른 팬에 볶아 소금, 후추를 뿌린다.

3 팬케익 모양 만들기 으깬 감자에 볶은 야채를 넣고 섞어 소금, 후춧가루로 간한 다음 1cm 이하 두께의 원형으로 빚는다.

4 튀김옷 입히기 물기를 제거한 감자채와 빵가루를 섞어 둔다. 팬케익에 밀가루, 달걀 풀은 물, 빵가루의 순서로 옷을 입힌다.

5 튀기기 팬에 식물성기름을 넉넉하게 두르고 튀기듯이 노릇하게 구운후 접시에 담아낸다.

취나물어묵볶음

 **재료/4인분**

데친 취나물 400g, 소금 조금, 어묵 80g, 홍고추 실채 1개분량, 다진마늘 1큰술, 실파채 2뿌리분량, 소금·깨소금·참기름·식물성기름 조금씩, 청주 1/2작은술, 생강즙 1작은술

 **이렇게 만드세요**

1 취나물 데치기 취나물은 다듬어 씻어 끓는 연한 소금물에 데쳐 흐르는 물에 깨끗하게 씻어 건진다.

2 취나물 무치기 물기를 꼭 짠 취나물은 반정도의 길이로 잘라 담고 다진마늘, 실파채, 소금, 깨소금, 참기름으로 무친다.

3 어묵 무치기 어묵은 두께 그대로 얇게 썰어 청주, 생강즙, 참기름으로 무친다.

4 재료볶기 팬에 식물성기름을 두르고 어묵을 볶다가 취나물을 넣고 볶아 홍고추 실채를 뿌리고 참기름을 뿌려 낸다.

말린 취나물은 따뜻한 물에 불렸다가 삶는다

봄철에 나오는 참취는 선명한 초록색이 살아 있도록 조리하는 것이 포인트. 말린 취는 따뜻한 물에 충분히 불렸다가 부드럽게 삶아서 조리한다. 충분히 삶아 쓴맛을 빠지면 물기를 꼭 짜서 프라이팬에 기름을 두르고 볶으면 된다.

소면달걀탕

재료/4인분

삶은소면	4인분
부추	50g
육수	4공기
생표고	3개
달걀	2개
소금·간장	조금씩
파	조금
쑥갓	조금

이렇게 만드세요

1 부추 썰기 부추는 깨끗이 다듬어 씻어 4cm 길이로 송송 썬다.

2 생표고 썰기 생표고는 기둥을 짧게 잘라내고 0.3cm 폭으로 저며 썬다.

3 국물 만들기 냄비에 분량의 육수를 담고 끓이면서 간장으로 색깔을 내고 소금으로 간을 맞춘다.

4 소면 삶기 넉넉한 끓는물에 소면을 부채모양으로 펴서 넣고 저어가면서 5~7분 정도 삶아 냉수에 헹궈 건진다.

5 달걀 풀기 국물에 표고와 부추를 넣고 잠깐 더 끓이다가 삶은 소면을 넣고 끓을 때 달걀을 풀고 줄알을 쳐 살짝 익혀 담아낸다.

6 쑥갓 곁들이기 파를 송송 썰어 넣고 쑥갓은 잎만 따서 얹어낸다.

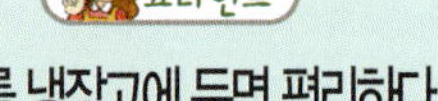

요리힌트

육수를 냉장고에 두면 편리하다

육수를 만들려면 양지머리나 사태를 덩어리째 찬물에 깨끗이 씻어 핏물을 뺀 다음 처음에는 센 불에서 끓이다가 한 번 끓어오르면 불을 약하게 줄여 2~3시간 푹 끓인다. 파잎과 마늘을 통째로 넣고 끓이면 고기의 누린내가 제거되어 구수한 맛을 낼 수 있다. 끓이는 동안 위에 떠오르는 거품이나 기름은 수시로 걷어낸다. 육수는 미리 만들어 놓고 냉장고에 보관했다가 필요할 때마다 조금씩 덜어쓴다.

더 맛있게! 라면을 이용하여 같은 방법으로 라면달걀탕을 끓여 본다. 아침 식사로 간편하고 신속하게 만들 수 있다. 이때 라면 수프는 사용하지 않는다.

비디오 쿠킹

재료 썰기

국물 간하기

국수삶기

야채 익히기

Wed수sday

 **오늘의 식단**
(총1802kcal)

아침		
완두콩수프		72kcal
마늘빵토스트		347kcal
치커리샐러드		101kcal
참외 1쪽		18kcal
점심	**감자참치그라탱**	319kcal
	양배추케첩수프	63kcal
	과일샐러드	177kcal
	오이피클	26kcal
저녁	현미밥(1공기)	331kcal
	오징어무국	88kcal
	돼지고기미나리초무침	224kcal
	부추김치	36kcal

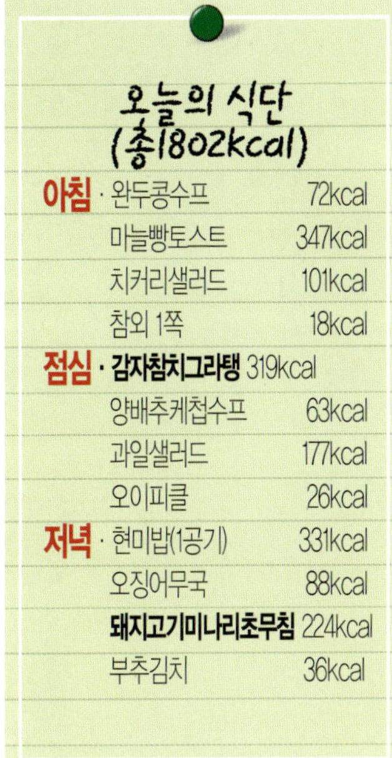

감자참치그라탱

 **재료/4인분**

찐감자 3개, 통조림참치 1/2컵, 데친애호박 1/4개, 익힌당근40g, 베이컨 2쪽, 버터, 치즈 40g, 가루치즈 조금 **화이트크림** 버터 2큰술, 밀가루 3큰술, 우유 1 1/2컵, 다진양파 3큰술생크림 1큰술, 소금 1/3작은술, 흰후춧가루 조금

이렇게 만드세요

1 야채 썰기 찐 감자와 데친 애호박, 익힌 당근은 1.5 cm 굵기로 깍둑 썬다.

2 참치와 베이컨 준비하기 참치는 통조림으로 준비하여 체에 담아 기름을 뺀다. 베이컨은 1cm 폭으로 썬다.

3 재료 볶기 버터를 두른 팬에 베이컨을 넣고 볶다가 준비한 야채와 참치를 넣고 가볍게 볶아 소금, 후춧가루를 뿌려둔다.

4 화이트 크림 만들기 냄비에 버터를 녹인 다음 다진 양파를 넣고 노릇하게 볶아지면 밀가루를 넣고 색깔나지 않게 충분히 볶아준다. 볶은 밀가루에 우유를 조금씩 넣어가면서 덩어리가 생기지 않도록 풀어 준 다음 소금, 흰후춧가루로 간을 하고 생크림을 넣고 젓는다.

5 그릇에 담기 화이트크림에 재료 볶은 것을 섞어 오븐에 넣을 그릇에 담은 후 잘게 썬 치즈를 얹고 파슬리가루를 뿌려준다.

6 오븐에 굽기 200℃로 예열시킨 오븐에 넣고 윗면이 노릇할 정도로 20~30분 구워 가루치즈를 뿌려낸다.

돼지고기미나리초무침

 **재료/4인분**

얇게 썬 돼지고기 200g, 실파채 조금, 홍고추채 조금다진마늘 1큰술, 소금 · 깨소금 · 참기름 조금씩, 미나리 300g **고기 삶는 물** 물 1 1/2컵, 간장 1큰술, 청주 1큰술, 생강쪽 조금, 대파 3뿌리 **양념고추장** 고추장 1/2큰술, 고운 고춧가루 1큰술, 다진마늘 1큰술, 다진생강 1작은술,설탕 1 1/2큰술, 식초 1 1/2큰술, 깨소금 · 참기름 조금씩

이렇게 만드세요

1 돼지고기 삶기 고기 삶는 물을 만들어 끓여 맛이 우러나면 알맞은 크기로 분리한 얇은 돼지고기를 넣고 완전히 익으면 건져 물기를 뺀다.

2 초무침 양념만들기 분량의 재료로 초무침양념을 만든다.

3 돼지고기 무치기 삶은 돼지고기에 실파채를 넣고 초무침양념을 넣어 무친다.

4 미나리 무치기 끓는물에 소금을 약간 넣고 미나리를 데쳐 냉수에 헹궈 건진다. 헹군 미나리는 5~6cm 길이로 잘라 물기를 꼭 짠 다음 소금, 다진마늘, 홍고추채, 깨소금, 참기름으로 무친다.

5 담아내기 돼지고기 초무침과 미나리무침을 살짝 섞는다.

오늘의 식단
(총1925kcal)

아침 ·	치즈햄토스트	505kcal
	토마토주스	46kcal
	오이피클	26kcal
	참외 1쪽	18kcal
점심 ·	해물국수	312kcal
	쪽파전	182kcal
	고추장아찌무침	38kcal
	부추냉채	66kcal
저녁 ·	달걀버섯볶음밥	543kcal
	미역오이냉국	37kcal
	꽈리고추멸치조림	132kcal
	무김치	20kcal

치즈햄토스트

 **재료/4인분**

슬라이스식빵 8장, 버터 조금, 슬라이스햄 8장, 슬라이스치즈 8장, 오이피클 조금

 **이렇게 만드세요**

1 버터 바르기 슬라이스 식빵 두장의 사이면에 버터를 발라준다.

2 햄·치즈 준비하기 얇게 썰어진 햄과 치즈를 준비하고, 두꺼운 것일 경우 얇게 저며 썬다.

3 샌드위치 만들기 버터 바른 두장의 식빵의 사이면에 슬라이스 치즈, 햄, 치즈의 순서로 놓고 식빵을 덮어 준다.

4 가장자리 썰기 만들어진 샌드위치를 겹쳐놓고 깨끗한 젖은 보를 덮어 잠시 두었다가 칼을 뜨겁게 달궈 가장 자리를 잘라내고 모양내서 썰어 담는다.

 **요리 힌트**

냉국 국물 만들기

냉국은 생수를 부어도 되지만 냉국국물을 만들어 두고 다양한 재료를 이용하여 냉국을 만들 수 있다. 그릇에 팔팔 끓여 식힌 물 4컵을 붓고 국간장 1큰술, 식초 4큰술, 설탕 1큰술을 넣어 차게 식혀 둔다. 좀 허전하다 싶으면 다시마를 조금 넣고 우려내도 좋다.

미역오이냉국

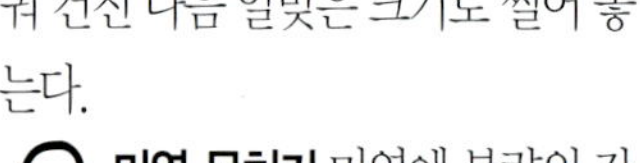 **재료/4인분**

불린미역 100g, 오이 1/2개, 송송 썬 홍고추 조금, 다진마늘 1/2큰술, 실파채 조금, 간장 1큰술, 깨소금 1작은술, 소금·참기름 조금씩, 설탕 1큰술, 식초 1큰술, 생수 3컵

이렇게 만드세요

1 미역 데치기 10분 정도 불린 미역은 끓는물에 데쳐 냉수에서 헹궈 건진 다음 알맞은 크기로 썰어 놓는다.

2 미역 무치기 미역에 분량의 간장, 다진마늘, 실파채, 깨소금, 설탕, 식초를 넣고 골고루 무친다.

3 오이 채썰기 오이는 껍질을 대강 긁어내고 씻어 물기를 닦아낸 다음 0.2cm 두께로 어슷 썰어 같은 두께의 채로 썬다.

4 냉국 만들기 그릇에 미역무침을 담고 차가운 생수를 부은 다음 소금 간을 하여 국물맛을 맞추고 오이채와 송송썬 홍고추를 뿌려 낸다.

더 맛있게! 냉국의 맛은 기호에 따라 새콤한 맛과 매운맛을 낼 수 있다. 새콤한 맛은 식초로, 매콤한 맛은 고춧가루로 낸다. 맛이 진하고 매운 음식을 먹을 때 곁들이는 국물은 뜨겁게 해서 내는 것이 보통이지만 여름철이라면 시원한 국물을 내는 것도 별미이다.

金 Friday

오늘의 식단 (총 1828kcal)	
아침 · 잡곡밥(2/3공기)	241kcal
애호박젓국찌개	159kcal
가지무침	48kcal
배추김치	17kcal
점심 · 보리밥(1공기)	329kcal
닭곰탕	242kcal
애호박전	89kcal
통도라지초무침	69kcal
연배추생김치	45kcal
저녁 · 흰밥(1공기)	334kcal
쇠고기전골	209kcal
마늘종장아찌무침	16kcal
오이소박이	30kcal

닭곰탕

🍳 재료/4인분

닭 (중간크기) 1마리, 쪽마늘 4쪽, 생강쪽 조금, 소금 · 후춧가루 · 송송 썬 대파 · 황백지단채 · 참기름 조금씩

📋 이렇게 만드세요

1 닭 손질하기 닭은 기름을 대강 떼어내고 큼직한 토막으로 자른다.

2 생강 손질하기 생강은 껍질을 벗기고 깨끗이 씻어 얄팍하게 저며 썬다.

3 곰탕 끓이기 냄비에 참기름을 두르고 쪽마늘과 생강을 넣고 볶다가 닭토막을 넣고 볶는다. 어느 정도 볶은 후 푹 잠길 만큼의 물을 부어 중불에서 서서히 끓이고 생강은 건져낸다.

4 대파 · 황백지단 썰기 대파는 송송 썰어 냉수에서 헹궈 건지고 황백지단은 6cm 길이의 고운 채로 썬다.

5 그릇에 담기 닭살이 부드러워질 정도로 푹 끓여진 닭곰탕은 떠오르는 기름을 깨끗하게 걷어낸 다음 그릇에 담고 송송 썬 대파와 황백지단채를 올려 담는다. 소금과 후춧가루를 곁들여 낸다.

닭고기는 껍질을 벗겨 조리한다

닭고기는 지방부위와 껍질에 기름기가 많으므로 이들을 벗겨내고 조리를 한다면 필요한 식이요법이나 열량을 많이 낮추는 조리법이 된다.

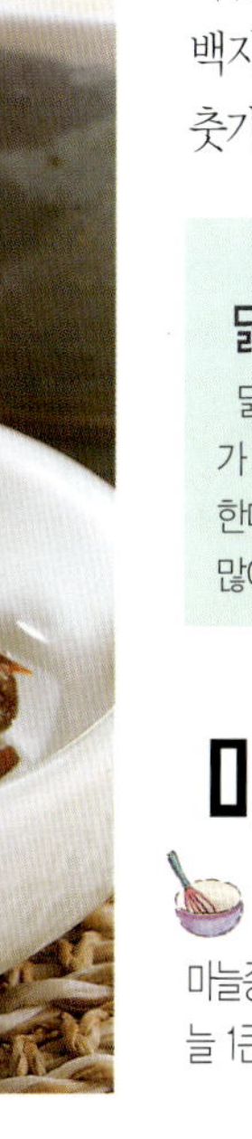

마늘종장아찌무침

🍚 재료/4인분

마늘종장아찌 200g, 고춧가루 2큰술, 다진마늘 1큰술, 식초 1작은술, 다진마늘 1큰술, 홍고추 1개, 통깨 조금, 간장 1/2큰술, 물엿 1큰술, 참기름 조금

📋 이렇게 만드세요

1 마늘종장아찌 짠맛 빼기 소금에 절여둔 마늘종 장아찌는 냉수에 3시간 정도 담가 짠맛을 빼고 건져 원하는 길이로 썬다.

2 홍고추 썰기 홍고추는 반으로 갈라 속씨를 털어내고 가로로 얇게 송송 썬다.

3 밑간 하기 마늘종에 식초와 간장, 물엿을 넣고 버무려 준다.

4 마무리 양념하기 마늘종에 고춧가루와 다진마늘, 홍고추, 통깨, 참기름을 넣고 버무려 간을 확인한다.

더 맛있게! 마늘종에 간장, 식초, 설탕을 넣어 담은 장아찌는 그대로 먹거나 고춧가루에 고추장을 섞은 갖은 양념에 무쳐서 먹는다.

Satu**토**day

오늘의 식단
(총1977 kcal)

아침	· 라면달걀탕	321kcal
	애호박볶음	47kcal
	두부조림	122kcal
	사과 1쪽	37kcal
점심	· 김밥말이	516kcal
	오징어볶음	164kcal
	실파장국	62kcal
	무깍두기	20kcal
저녁	· 야채밥	331kcal
	육개장	239kcal
	풋고추찜	55kcal
	오이생채	46kcal
	배추김치	17kcal

김말이·오징어볶음

재료/4인분

밥	2공기
소금 · 깨소금 · 참기름	조금씩
물오징어	2마리
양파	1/3개
청고추 · 홍고추	2개씩
당근	40g
쪽파	2뿌리
미나리	100g
식용유 · 소금 · 후춧가루	조금씩

볶음양념

고추장	2큰술
고춧가루	2큰술
간장	2큰술
다진마늘	1 1/2큰술
다진생강	1/2큰술
청주	1/2큰술
설탕	1큰술
깨소금	조금
참기름	조금
식초 · 설탕	2큰술씩

이렇게 만드세요

1 김밥말기 따뜻한 밥에 소금, 깨소금, 참기름을 넣고 버무려 준다. 살짝 구운 반폭의 김에 간을 한 밥을 얇게 펴 돌돌 말아 표면에 참기름을 발라준 다음 알맞은 길이로 썬다.

2 물오징어 손질하기 물오징어는 먹물 부위를 잘라내고 내장을 제거한 다음 물로 씻어 물기를 닦아준다. 오징어는 껍질을 벗겨 내고 안쪽에 0.5cm 폭으로 칼집을 넣어 적당한 크기로 저며 썬다. 썰은 오징어는 끓는물에 데친 후 물기를 제거한다.

3 야채 썰기 양파는 1cm 폭으로 썰고 청 · 홍고추는 어슷하고 길게 썰어 속씨를 털어낸다. 당근은 5cm 길이, 1cm 폭으로 얇게 썬다. 쪽파와 미나리는 다듬어 씻고 4cm 길이로 썬다.

4 볶음양념 만들기 고춧가루와 고추장, 간장, 설탕, 청주를 함께 담고 섞어준 다음 다진마늘, 생강, 깨소금, 후춧가루, 참기름을 넣고 골고루 저어 준다.

5 재료볶기 볶음 양념을 기름 두른 팬에 부어 볶다가 준비한 오징어와 야채를 넣고 볶아 간을 확인하고 참기름을 둘러 담아낸다.

건어물 고르는 요령

건조시킨 건어물을 살 때는, 몸 전체가 잘 건조되어 습기가 없는 지 살핀다. 햇볕에서 지나치게 오래 노출되어 있었던 것은 기름이 산화되어 누렇게 보인다.

비디오 쿠킹

김밥 말기

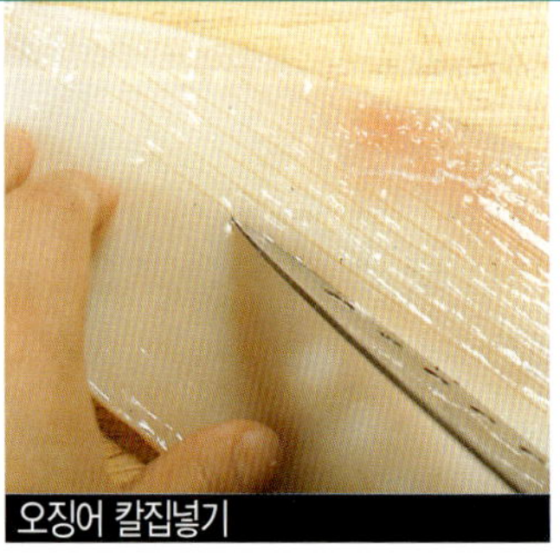

오징어 칼집넣기

야채 썰기

볶음양념 만들기

Sun일day

오늘의 식단 (총1855 kcal)	
아침 · 잡곡밥(2/3공기)	241kcal
건새우근대토장국	85kcal
닭다리장조림	245kcal
배추김치	17kcal
점심 · 버섯덮밥	469kcall
시금치나물	58kcal
북어풋고추초회	101kcal
열무김치	19kcal
저녁 · 비빔쫄면	535kcal
콩나물국	43kcal
치커리겉절이	42kcal

건새우근대토장국

 재료/4인분

근대 400g, 건새우 1/2컵, 참기름 1/2큰술, 멸치국물 4인분, 다진마늘 1큰술, 쪽파 4뿌리, 홍고추 1개, 된장 3큰술, 고춧가루·고추장 1큰술씩, 간장 1큰술, 소금·후춧가루 조금씩

이렇게 만드세요

1 **건새우 다듬기** 건새우는 잡티를 골라낸 뒤, 머리를 잘라내고 다리부분을 떼어낸다.

2 **근대 다듬기** 근대는 단단한 줄기는 잘라 내고 섬유질을 벗겨낸 다음 씻어 건져 4cm 길이로 썰어 준다.

3 **쪽파·홍고추 썰기** 쪽파는 4cm길이로 썰고 홍고추는 반으로 갈라 속씨를 털어내고 보통 굵기의 채로 썬다.

4 **멸치국물에 건새우 넣기** 멸치국물에 건새우를 넣고 끓이다가 된장과 고추장을 풀고 체에 내려 분량의 간장을 넣어 끓인다.

5 **토장국 마무리 하기** 준비된 국물에 근대, 쪽파, 홍고추채를 넣고 끓이다가 고춧가루, 다진마늘을 넣고 간을 한다.

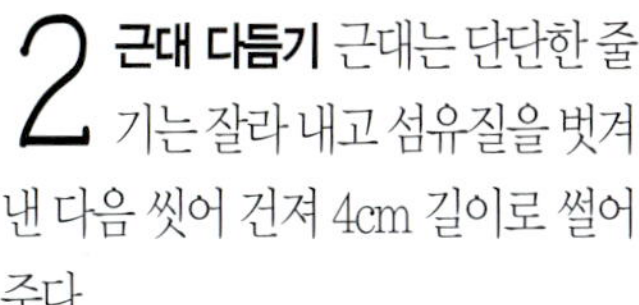

우거지,아욱 등도 같은 방법으로 토장국을 끓일수 있다. 기호에 따라 멸치국물 대신에 쇠고기육수를 이용 하기도 한다.
육수는 고기를 볶다가 쌀뜨물을 붓고 된장이나 고추장을 풀면 냄새가 나지 않고 국물 맛도 진하다.

비빔쫄면

 재료/4인분

쫄면 500g ,찐콩나물 조금, 소금 조금, 오이 1/2개, 당근 30g, 참기름 조금, 무순·쑥갓 조금씩, 완숙달걀 1개 **비빔양념장** 고추장 3큰술, 고춧가루 1큰술, 다진마늘 1큰술, 간장 1큰술, 설탕 1큰술, 식초 1/2큰술, 다진파 1큰술, 깨소금·참기름 조금씩

이렇게 만드세요

1 **쫄면 삶기** 넉넉한 끓는물에 쫄면을 넣고 6분 정도 삶아 흐르는 물에 씻어 물기를 빼 준 다음 참기름으로 버무려 담는다.

2 **야채 썰기** 찐콩나물은 소금, 참기름으로 무치고 오이와 당근은 길고 가는 채로 썰고 무순과 쑥갓은 씻어 건진다.

3 **비빔양념장 만들기** 고추장, 고춧가루, 다진마늘, 간장, 설탕, 식초, 다진파 등 제시한 양념들을 분량대로 골고루 섞어 비빔양념장을 만든다.

4 **쫄면 무치기** 쫄면에 비빔양념으로 버무려준 다음 당근, 오이채를 섞어 준다.

5 **그릇에 담기** 그릇에 쫄면을 담고 콩나물과 무순, 쑥갓, 썰은 완숙 달걀을 올려 담는다.

오늘의 식단
(1922Kcal)

아침	· 오므라이스	566Kcal
	무맑은국	123Kcal
	열무물김치	12Kcal
점심	· 열무냉면	446Kcal
	불고기	196Kcal
	대파채무침	38kcal
	깍두기	20kcal
저녁	· 흑미밥(1공기)	327Kcal
	시금치조갯국	88Kcal
	애호박전병말이	89Kcal
	배추김치	17Kcal

애호박전병말이

재료/4인분

애호박	1개
밀가루	1컵
달걀흰자	1개
녹말가루	3큰술
다시마물	3/4컵
식물성기름	조금
달걀	3개
소금 · 후춧가루	조금씩
삶은당근	40g

이렇게 만드세요

1 익힌 당근 채썰기 끓는물에 삶아 익힌 당근을 길고 고운 채로 썰어 놓고, 그릇에 달걀을 풀어 놓는다.

2 달걀말이 만들기 기름을 두른 팬에 달걀 푼 것을 부어 넣고 당근 채썬 것을 한줄로 놓고 돌돌 말아 달걀말이를 한다. 완성된 달걀말이는 뜨거울 때 김발에 놓고 둥근 막대기 모양으로 잡아준다.

3 애호박 채썰기 애호박은 3~4cm 길이의 토막으로 썬 다음 얇게 돌려 깎아 곱게 채로 썰어 준다.

4 애호박 전병 반죽하기 분량의 밀가루에 애호박채와 달걀흰자, 다시마물, 녹말가루를 함께 담아 저어준 다음 소금, 후추 간을 한다.

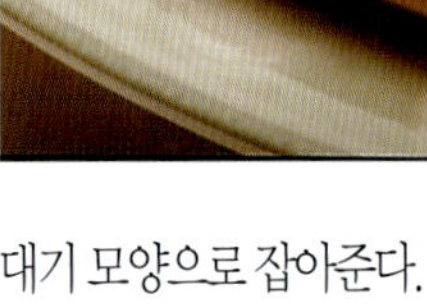

5 전병 만들기 팬에 기름을 두르고 반죽을 한 국자씩 얇게 붓고 펴서 지져 굽는다.

6 전병 말기 전병 위에 미리 만들어둔 달걀말이를 놓고 돌돌 말아준다.

7 전병말이 썰기 전병말이를 알맞은 두께로 썰어 담는다. 식은 뒤에 썰어야 잘 썰어진다.

더 맛있게! 전병을 부칠 때 한쪽 면이 익었을 때 뒤집기 직전에 만들어둔 달걀말이를 얹고 돌돌 말면 전병과 달걀말이가 분리될 염려가 없고 잘 아물어진다. 단, 속으로 들어간 부분이 잘 익도록 신경써야 한다.

밀전병의 반죽은 약간 묽게

밀전병을 부칠 때 반죽은 다소 묽게 하는 것이 좋다. 쫀득쫀득한 맛이 있으려면 반죽이 잘 되어야 한다. 너무 되면 꾸덕뚜덕해서 맛이 없고 반대로 너무 묽으면 모양이 흐트러진다. 다소 묽은 듯한 걸쭉한 상태라야 찰지고 맛이 있다. 전을 부칠 때는 기름이 넉넉해야 고소하다. 부치는 도중 기름이 모자랄 때는 기름을 팬 가장자리에 두르는 것이 요령이다.

달걀풀기

애호박 돌려깎기

전병 반죽하기

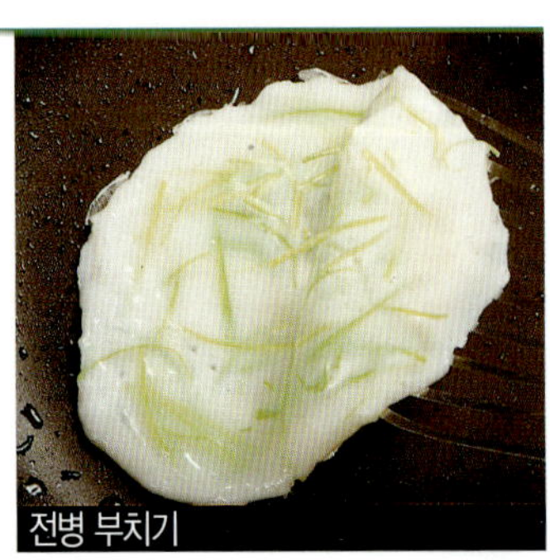
전병 부치기

화 Tuesday

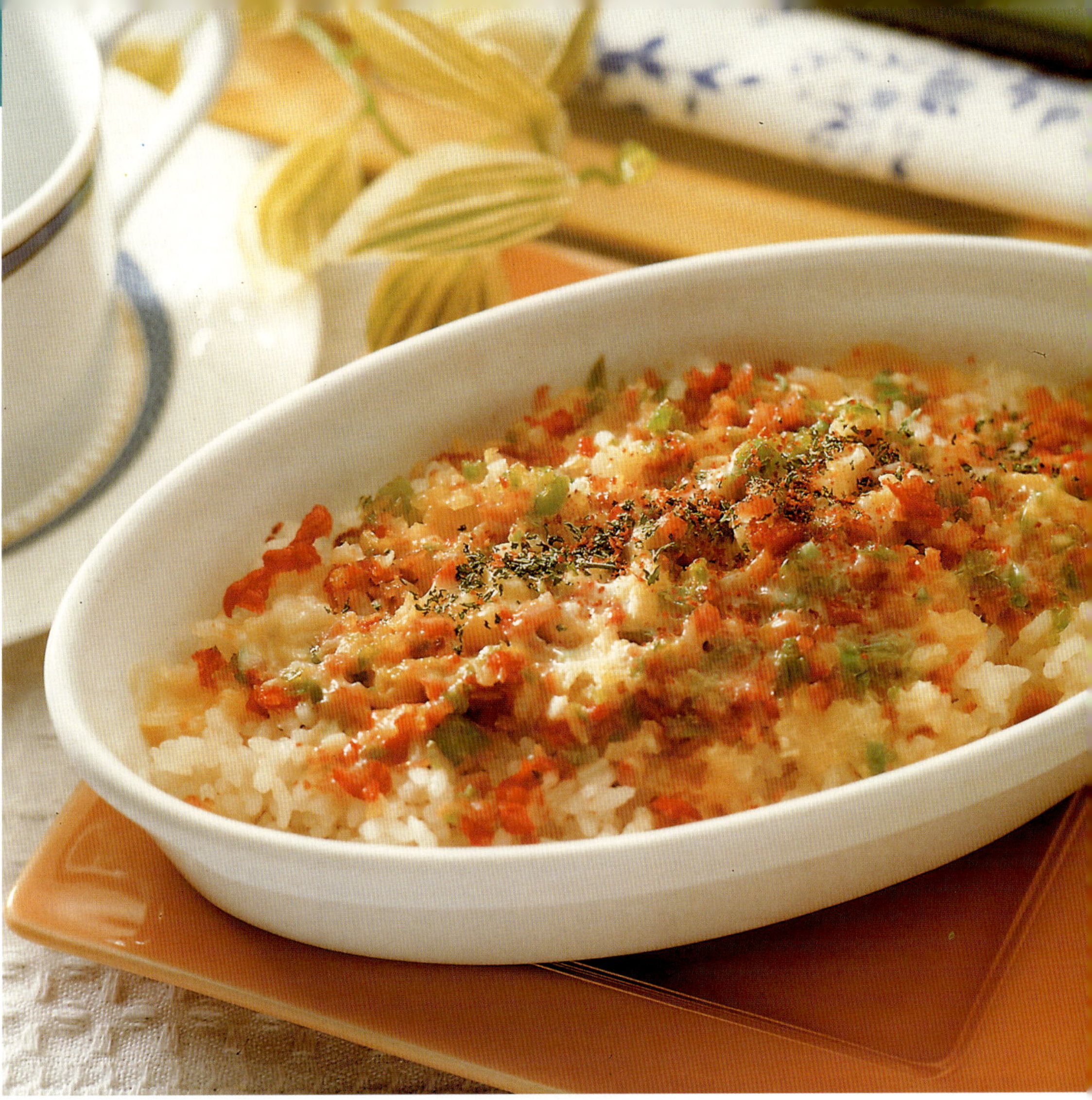

오늘의 식단 (1920Kcal)

아침	누룽지죽	250Kcal
	김치볶음	132Kcal
	감자쇠고기조림	150Kcal
	무김치	20Kcal
점심	**볶음밥치즈구이**	534kcal
	야채수프	63kcal
	새우케첩볶음	172kcal
	열무물김치	12kcal
저녁	팥밥(1공기)	365kcal
	미역국	104kcal
	양배추북어초회	101kcal
	백김치	17kcal

볶음밥치즈구이

재료/4인분

밥 4컵, 잘게 썬 양파 4큰술, 햄 40g, 청피망 1개, 홍피망 1개, 송송 썬 실파 조금, 식물성기름 · 버터 · 소금 · 후춧가루 조금씩, 치즈 40g ,화이트크림 1/2컵(둘째주 수요일 감자참치그라탱을 참고하세요)

이렇게 만드세요

1 **재료썰기** 양파와 햄은 0.5cm 굵기로 썰고 청 · 홍피망은 반으로 갈라 속씨를 제거한 다음 같은 크기로 썬다.

2 **볶음밥 만들기** 팬에 기름과 버터를 동량으로 넣고 준비한 재료를 넣고 볶다가 밥을 넣어 보슬하게 볶아 소금, 후추 간을 한다.

3 **크림치즈 만들기** 화이트크림에 잘게 썰은 치즈를 섞어 소금, 후춧가루로 간을 한다.

4 **오븐에 넣기** 오븐에 넣을 그릇에 볶음밥을 담고 크림치즈를 끼얹어 오븐온도 200℃에 넣고 30분 정도 노릇하게 굽는다. 오븐은 미리 예열해 두어야 한다.

더 맛있게! 치즈는 모짜렐라 피자치즈와 슬라이스치즈(체다프로세스치즈)를 섞어서 이용하는 것이 좋다. 기호에 따라 가루치즈를 뿌린다.

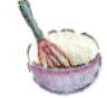

양배추북어 초회

재료/4인분

양배추 200g, 북어포 40g, 풋고추 2개, 홍고추 2개, 실파 3뿌리, 소금 · 통깨 조금씩 **초회양념** 고추장 2큰술, 고춧가루 2큰술, 다진마늘 1큰술, 다진생강 1작은술, 간장 1큰술, 설탕 1큰술, 식초 1 1/2큰술, 깨소금 · 참기름 조금씩

이렇게 만드세요

1 **양배추 찌기** 양배추는 씻어 김이 오른 찜통에 넣고 7~8분 정도 쪄낸 다음 식힌다. 찐 양배추는 7~8cm 길이로 잘라 찢어준 다음 물기를 뺀다.

2 **북어포 찢기** 북어포는 물을 조금 뿌려 부드럽게 해준 다음 알맞은 굵기로 찢는다.

3 **청홍고추와 파 썰기** 청홍고추는 어슷하게 썰어 속씨를 털어내고 실파는 4~5cm길이로 썬다.

4 **초회양념 만들기** 고추장, 고춧가루, 다진마늘 등 분량의 재료를 섞어 초회양념을 만든다.

5 **초회양념에 버무려 담기** 양배추찜과 찢은 북어포, 청홍고추, 실파를 담고 초회 양념을 넣어 골고루 버무려 담고 통깨를 뿌려 준다.

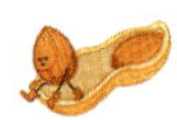

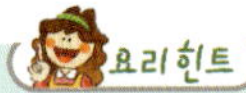

요리힌트

양배추 알뜰 이용법

양배추북어초회는 남은 양배추 혹은 양배추의 겉잎을 이용한다. 양배추는 위장장애가 있는 사람에게 아주 좋다.

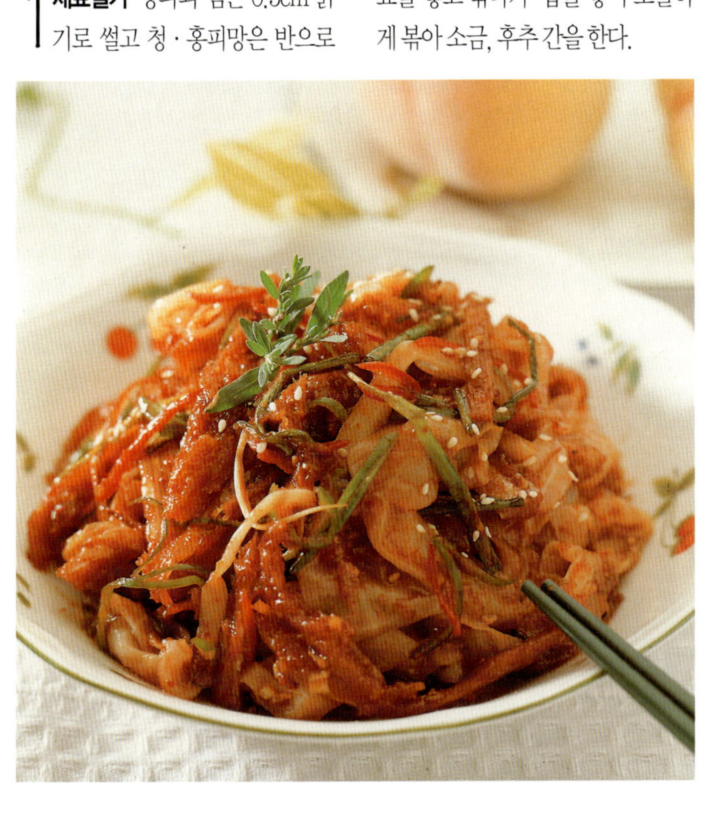

튀긴고등어양념조림

재료/4인분

고등어	1마리
소금 · 후춧가루	조금씩
생강즙	1큰술
밀가루 · 튀김기름	적당량
홍고추	2개
대파	1뿌리
초생강	조금

조림양념

간장	2큰술
생강즙	1큰술
마늘편	2쪽분량
다시마물	3큰술
청주	1큰술
설탕	1큰술

이렇게 만드세요

1 고등어 손질하기 고등어는 비늘을 긁어내고 머리를 잘라낸 다음 내장을 긁어낸다.

2 고등어 포뜨기 손질한 고등어는 소금물에 씻어 건져 물기를 닦아내고 양면의 살을 포뜬다.

3 고등어 밑간하기 고등어살은 4cm 폭으로 썰어 소금, 후추, 생강즙으로 밑간하여 30분 정도 재운다.

4 고등어 튀기기 밑간한 고등어에 밀가루를 골고루 묻혀주고 기름에 튀겨낸다.

5 홍고추 · 대파 썰기 홍고추는 반으로 갈라 속씨를 털어 송송 썰고 대파는 5~6cm의 길이의 고운채로 썬다.

6 조림양념 만들기 제시한 분량대로 간장, 생강즙, 다시마물 등을 준비하여 조림양념을 만들고 골고루 저어준다.

7 튀긴고등어 조림하기 냄비에 조림양념을 부어 넣고 끓을 때 튀긴 고등어를 넣고 잠깐 조려 청홍고추를 뿌린다.

8 담아내기 초생강을 곁들여 담아낸다.

> **더 맛있게!** 고등어는 조리하기 전에 반드시 생강즙으로 밑간을 하여 비린내를 줄이는것이 좋다.

요리힌트

생선조림은 큰 냄비에 한다

생선조림을 할 때는 생선이 겹치지 않게 놓을 수 있는 넓고 큰 냄비가 좋다. 뚜껑은 냄비 크기보다 조금 작은 것을 덮어야 조리는 도중에 생선 살이 부서지는 것을 막을 수 있고, 끓어오른 국물이 뚜껑에 부딪혀 다시 생선에 배어들게 되므로 간이 고루 들게 된다.

비디오 쿠킹

고등어에 생강즙 뿌리기

밀가루 묻히기

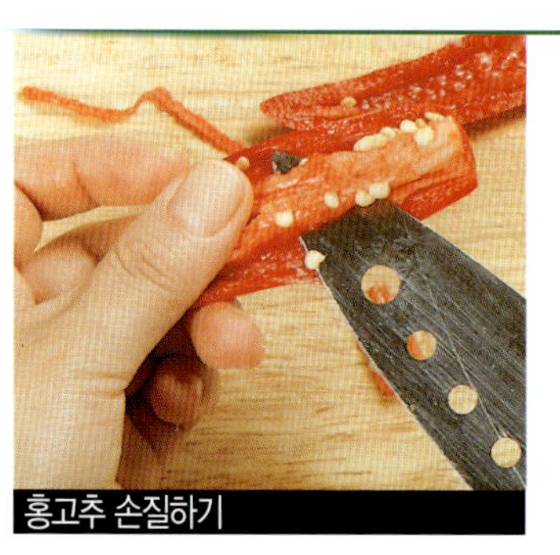

홍고추 손질하기

조림양념 만들기

오늘의 식단 (총1938kcal)	
아침 · 잡곡밥(2/3공기)	241kcal
북어두부국	191kcal
콩나물무침	42kcal
오징어젓갈	31kcal
배추김치	17kcal
점심 · **스터프트감자구이**	484kcal
유유	118kcal
오이피클	26kcal
참외 1쪽	18kcal
저녁 · 군만두	315kcal
연배추된장국	74kcal
탕수육	342kcal
중식오이김치	39kcal

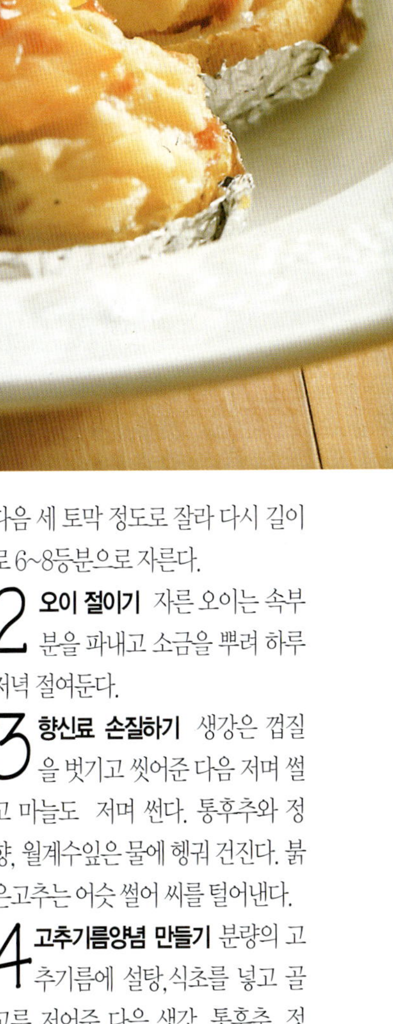

스터프트 감자구이

재료/4인분

감자 4개, 양파 1/4개, 햄 40g, 청홍피망 1/2 개씩, 생크림 1큰술, 마요네즈 2큰술, 치즈 50g, 소금 · 후춧가루 · 파슬리가루 조금씩, 파프리카 조금

이렇게 만드세요

1 감자 찌기 감자는 껍질째로 씻어 김이 오른 찜통에서 15분 정도 찌고, 반으로 갈라 속살을 파낸다.

2 속에 넣을 재료 썰기 양파와 햄, 청 · 홍피망은 3cm 길이의 채로 썰어준 다음 버터로 볶아 소금, 후춧가루를 뿌려 준다.

3 속재료 버무리기 감자살에 재료 볶은 것을 넣고 생크림과 마요네즈를 넣어 버무린다. 간을 확인한다.

4 감자 속 채우기 감자 껍질 속에 준비된 감자속을 채워 넣고 다져놓은 치즈를 뿌리고 파슬리가루와 파프리카를 뿌려 준다.

5 오븐에 굽기 200℃로 예열시킨 오븐에서 치즈가 녹아 갈색이 약간 날 때까지 구워준다.

 **더 맛있게!** 감자 속재료에 통조림참치 혹은 갈은 쇠고기 볶음을 함께 넣어 영양 풍부한 감자구이를 만들어 보기도 한다.

중식오이김치

재료/4인분

오이 5개, 소금 조금, 마늘 3쪽, 생강 20g, 통후추 6개, 정향 4개, 고추기름 1/3컵, 설탕 1/3컵, 식초 1/3컵, 월계수잎 2장, 붉은 고추 3개

이렇게 만드세요

1 오이 준비하기 단단한 조선오이를 준비하여 소금을 뿌려 씻어준 다음 세 토막 정도로 잘라 다시 길이로 6~8등분으로 자른다.

2 오이 절이기 자른 오이는 속부분을 파내고 소금을 뿌려 하루 저녁 절여둔다.

3 향신료 손질하기 생강은 껍질을 벗기고 씻어준 다음 저며 썰고 마늘도 저며 썬다. 통후추와 정향, 월계수잎은 물에 헹궈 건진다. 붉은고추는 어슷 썰어 씨를 털어낸다.

4 고추기름양념 만들기 분량의 고추기름에 설탕, 식초를 넣고 골고루 저어준 다음 생강, 통후추, 정향, 월계수잎 등 준비한 향신료들을 넣어 준다.

5 오이김치 담기 절인 오이는 너무 짜면 물에 한번 헹궈 건져 물기를 닦아준 다음 항아리에 담는다.

6 양념붓기 고추기름양념을 부어 4, 5일 후부터 먹기 시작한다.

7월

금 Friday

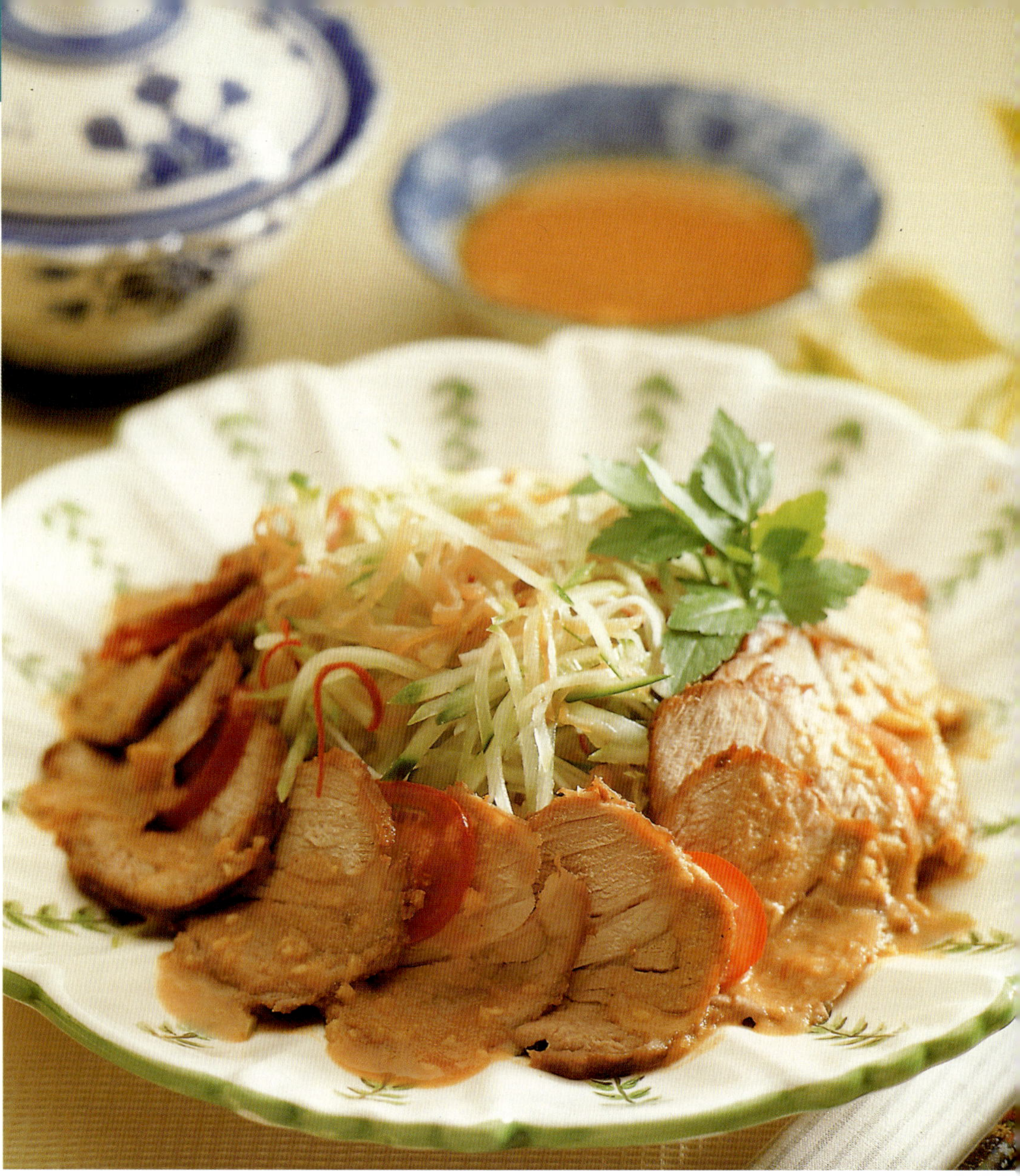

오늘의 식단 (총1895Kcal)

아침	북어야채죽	215kcal
	애호박볶음	47kcal
	감자양념구이	194kcal
	총각무물김치	14kcal
점심	현미밥(1공기)	331kcal
	가지냉국	55kcal
	달걀장조림	91kcal
	오징어불고기	164kcal
	배추김치	17kcal
저녁	해물잡탕밥	549kcal
	실파장국	62kcal
	오향장육해파리냉채	136kcal
	깍두기	20kcal

오향장육해파리냉채

재료/4인분

돼지고기(사태살) …………………… 500g
홍고추 …………………… 1개
해파리 …………………… 300g
오이 …………………… 2개
게맛살 …………………… 1쪽

오향장육소스

간장 …………………… 4큰술
다시마물 …………………… 2컵
설탕 …………………… 2큰술
청주 …………………… 2큰술
쪽마늘 …………………… 3개
생강쪽 …………………… 조금
마른고추 …………………… 1개
통후추 …………………… 5개
정향 …………………… 4개

겨자소스

발효겨자 …………………… 3큰술
설탕 …………………… 4큰술
식초 …………………… 3큰술
오렌지주스 …………………… 3큰술
다진마늘 …………………… 3큰술
간장 …………………… 1큰술
소금 · 후춧가루 · 참기름 …………… 조금씩

이렇게 만드세요

1 **돼지고기 손질하기** 사태부위를 준비하여 냉수에 씻어 건져 고깃살을 모아 잡고 실로 감아 모양을 잡아 준다. 끓는물에 고기를 넣고 반 정도 삶아 건진다.

2 **오향장육소스 만들기** 간장과 다시마물에 설탕, 청주를 함께 넣고 끓이면서 쪽마늘과 생강쪽, 마른 고추, 통후추, 정향을 넣어 준다.

3 **오향장육 만들기** 오향장육소스에 삶아놓은 고기를 넣고 서서히 끓여 조린다. 조린 장육은 식혀서 실을 풀어내고 얇게 썰어 둔다.

4 **해파리 손질하기** 해파리는 가늘게 10cm 이상의 길이로 썰어 냉수에 30분 이상 담가 짠맛을 빼준 다음 끓는물을 끼얹어 건진다.

5 **재료 준비하기** 홍고추는 반으로 갈라 속씨를 털어내고 고운 실채로 썬다. 오이는 겉껍질을 대강 벗겨내고 0.2cm 두께로 어슷하게 저며 썰어 같은 두께의 채로 썬다. 게맛살은 가늘게 찢어준다.

6 **겨자소스 만들기** 겨자가루에 동량의 따뜻한 물을 넣고 충분히 저어 발효시킨다. 발효된 겨자 3큰술에 분량의 양념들과 오렌지주스를 넣고 소스를 만든다.

7 **접시에 담기** 해파리와 채썬 오이, 홍고추채, 맛살채를 가볍게 섞어 담고 썰어둔 오향장육 편육을 담아 준다. 겨자소스를 곁들인다.

비디오 쿠킹

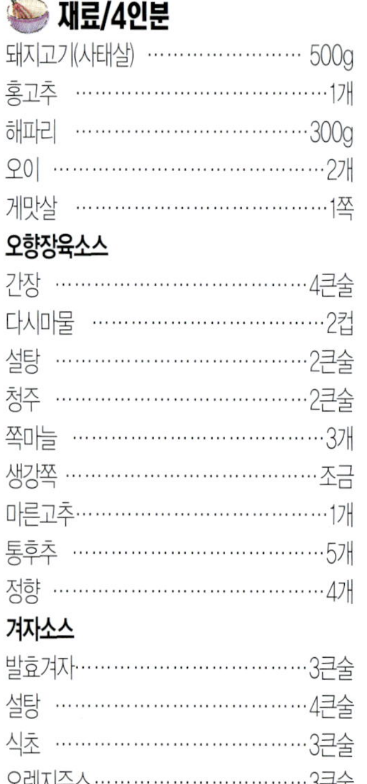

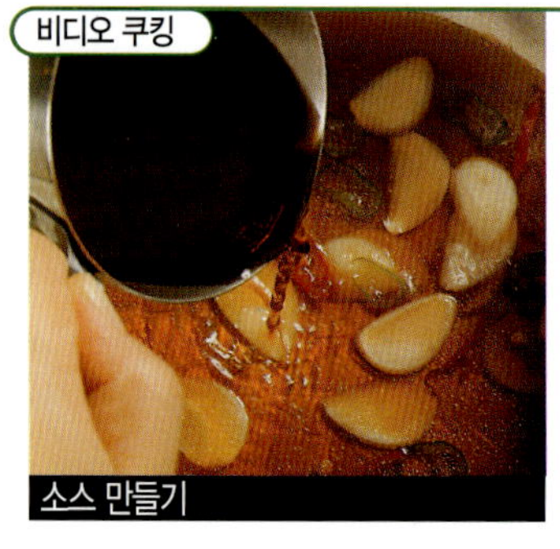

소스 만들기

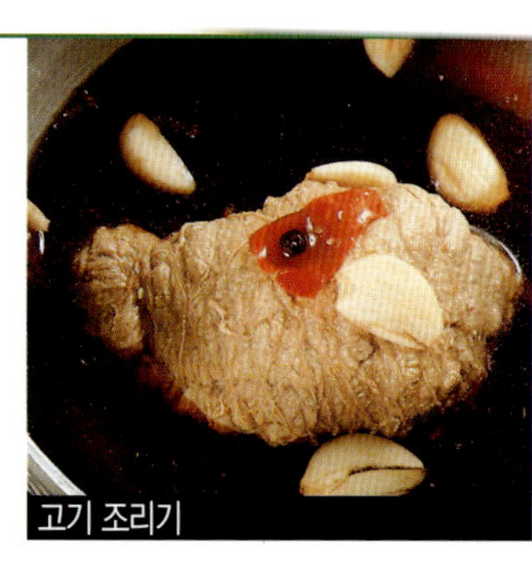

고기 조리기

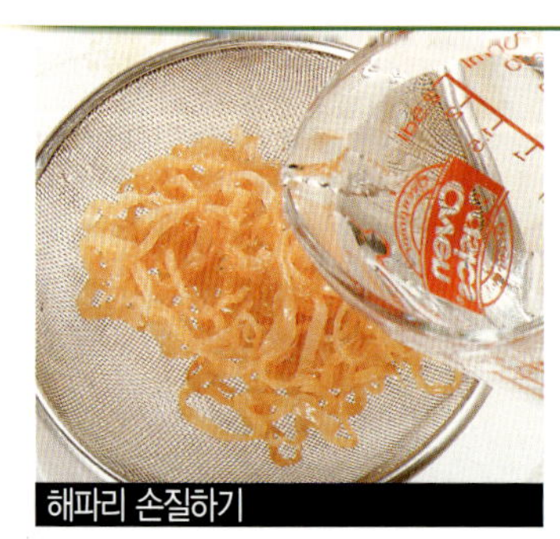

해파리 손질하기

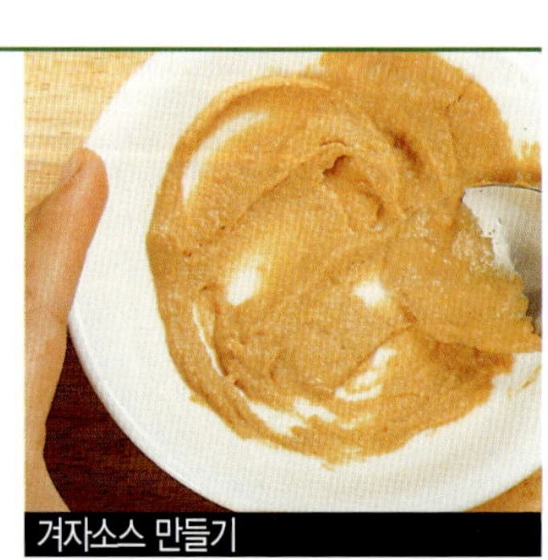

겨자소스 만들기

Satur토day

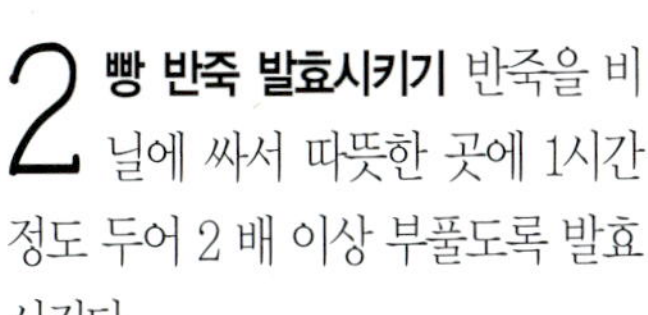

아침 · 달걀버섯덮밥	529kcal	
감자햄채볶음	155kcal	
양배추샐러드	117kcal	
무초김치	49kcal	
점심 · **부추말이찐빵**	238kcal	
부추달걀장국	65kcal	
오이초김치	26kcal	
저녁 · 흰밥(1공기)	334kcal	
돼지갈비통감자탕	291kcal	
쑥갓냉채	35kcal	
비름나물	47kcal	
배추김치	17kcal	

부추말이찐빵

 **재료/4인분**

밀가루 3컵, 이스트(인스턴트) 2큰술, 소금 1/3작은술, 우유 1/4컵, 달걀 1개, 식물성기름 2큰술, 부추 100g

이렇게 만드세요

1 빵 반죽하기 분량의 밀가루에 이스트, 우유, 달걀, 소금을 넣고 숟가락으로 섞어준 다음 손으로 모아 반죽을 한다.

2 빵 반죽 발효시키기 반죽을 비닐에 싸서 따뜻한 곳에 1시간 정도 두어 2배 이상 부풀도록 발효시킨다.

3 부추 썰기 부추는 다듬어 씻어 0.5cm 길이로 송송 썰어 준다.

4 빵 만들기 발효된 반죽은 충분히 치대어 0.3cm 두께로 밀어준 다음 한쪽면 위에 식물성기름을 골고루 발라준다. 식물성기름을 바른 위에 부추를 뿌려 돌돌 말아 원하는 두께로 썰어준다.

5 빵 찌기 썰어놓은 반죽이 약간 부풀어 오른 다음 김이 오른 찜통에 넣고 15분 정도 쪄낸다.

돼지갈비통감자탕

 **재료/4인분**

통감자(중간 굵기) 8개, 돼지갈비 500g, 대파 2뿌리, 마른고추 2개, 깻잎 20장, 마늘 1통, 생강 30g , 소금 · 후춧가루 조금씩 **고춧가루 양념** 간장 3큰술, 고춧가루 3큰술, 다진마늘 2큰술, 육수 2큰술, 다진파 2큰술, 다진생강 1작은술, 청주1/2큰술, 깨소금 · 참기름 조금씩

이렇게 만드세요

1 감자 손질하기 중간 이하 굵기의 감자를 준비하여 껍질을 벗겨 냉수에 헹궈 건진다. 너무 굵은 것은 반으로 자른다.

2 돼지갈비 손질하기 짧은 길이로 토막 친 것을 준비하여 기름을 떼어내고 냉수에 헹궈 건져 끓는 물에 데쳐 건진다.

3 재료 준비하기 대파는 잎을 뿌리째로 깨끗하게 씻어 반토막으로 잘라준다. 마른고추는 반으로 갈라 속씨를 털어 내고 마늘은 쪽마늘로 준비한다. 생강은 껍질을 벗겨 저며 썬다.

4 끓이기 돼지갈비가 푹 잠길만큼의 물을 부어 대파, 마른고추, 마늘, 생강, 등을 넣고 서서히 끓인다.

5 감자 넣기 고기가 거의 익었을 때 손질해 놓은 감자를 넣고 끓인다.

6 양념 만들기 분량의 재료를 넣어 양념을 만들어 넣고 골고루 저어 준다.

7 깻잎과 양념 넣기 감자가 익었을 때 양념과 깻잎을 넣고 소금,후춧가루로 간을 한다.

Sunday (일요일)

<table>
<tr><td colspan="2" align="center">오늘의 식단
(총1961kcal)</td></tr>
<tr><td>아침</td><td>· 잡곡밥(2/3공기)</td><td>241kcal</td></tr>
<tr><td></td><td>감자오징어국</td><td>88kcal</td></tr>
<tr><td></td><td>시금치나물</td><td>58kcal</td></tr>
<tr><td></td><td>오징어실채볶음</td><td>125kcal</td></tr>
<tr><td></td><td>배추김치</td><td>17kcal</td></tr>
<tr><td>점심</td><td>· 매운볶음밥</td><td>543kcal</td></tr>
<tr><td></td><td>콩나물국</td><td>43kcal</td></tr>
<tr><td></td><td>연근조림</td><td>50kcal</td></tr>
<tr><td></td><td>열무물김치</td><td>12kcal</td></tr>
<tr><td>저녁</td><td>· 닭칼국수</td><td>471kcal</td></tr>
<tr><td></td><td>부추전</td><td>170kcal</td></tr>
<tr><td></td><td>도라지볶음</td><td>98kcal</td></tr>
<tr><td></td><td>얼가리겉절이</td><td>45kcal</td></tr>
</table>

매운볶음밥

재료/4인분

밥	4인분
애호박	1/4개
양파	1/4개
오징어	1마리
송송 썬 대파	3큰술
통깨	조금

볶음양념

고추장	2큰술
고춧가루	1/2큰술
다진마늘	1큰술
설탕	1작은술
깨소금	조금
간장	1/2큰술
참기름	조금
식물성기름 · 소금 · 후추	조금씩
청주	1큰술

이렇게 만드세요

1 볶음양념만들기 분량의 재료를 넣고 볶음양념을 만든다.

2 오징어 손질하기 먹물 부위를 잘라 내고 내장을 제거한 다음 소금물에 씻어 껍질을 벗겨준다. 끓는 물에 오징어를 데쳐낸 다음 얇은 채로 썬다.

3 야채손질하기 애호박은 5~6cm 길이로 토막 썰어 돌려깎기하여 0.7cm폭으로 채썰고 소금을 뿌려준다. 양파는 얇게 썰어 소금을 조금 뿌려준다.

4 재료 볶기 오징어와 야채는 물기를 닦아낸 다음 기름을 두른 팬에 볶다가 청주를 뿌려 볶아낸다.

5 야채 볶기 절여놓은 양파와 호박은 물기를 꼭 짜서 기름에 살짝 볶아낸다.

6 매운밥 볶기 분량의 밥에 볶음양념을 넣고 골고루 비벼 준 다음 길이 잘 든 팬에 기름을 두르고 비벼 놓은 밥을 부어 넣고 골고루 볶아준다.

7 오징어와 야채넣기 볶음밥에 오징어와 볶아놓은 야채를 넣고 섞어 담는다.

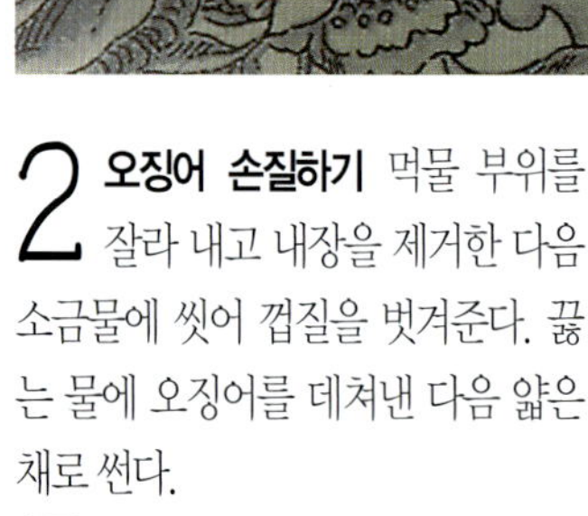

요리힌트

볶음요리는 기름을 뜨겁게 달구어 단시간에 조리한다

볶음요리를 할 때 프라이팬은 회색 연기가 나기 직전까지 달군다. 기름이 채 뜨거워지기도 전에 볶기 시작하면 익히는데 시간이 오래 걸리고 색깔도 맛도 볼품없게 된다. 따라서 기름을 두르기 전 팬을 뜨겁게 달군 후에 기름을 두르고 팬 전체에 기름이 고루 가게 팬을 기울여가며 연기가 나기 직전까지 기름을 뜨겁게 데운다. 함께 볶을 재료는 서로 비슷한 크기로 썰어야 열이 균일하게 전달되어 단숨에 익힐 수 있고 보기에도 좋다.

오징어 데치기

야채 손질하기

야채 볶기

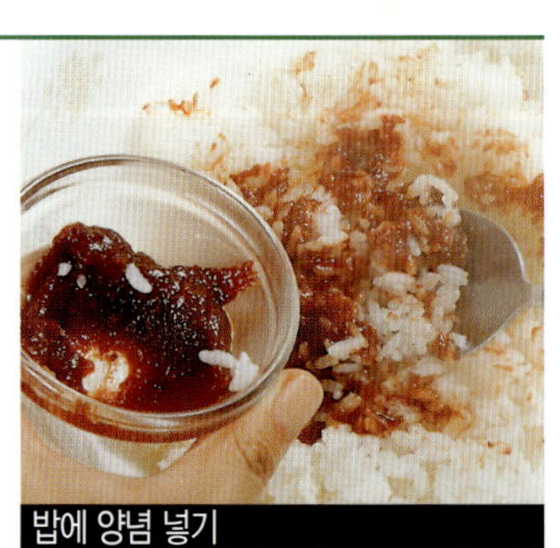

밥에 양념 넣기

*Mo*월*day*

오늘의 식단
(총1794kcal)

아침	· 베이글마늘토스트	314kcal
	우유	118kcal
	토마토샐러드	101kcal
점심	· 스파게티	576kcal
	양배추감자국	78kcal
	모듬샐러드	164kcal
	단무지	5kcal
저녁	· 쑥쌀밥(1공기)	327kcal
	무쇠고기국	12kcal
	야채양념구이	10kcal
	더덕생채	69kcal
	오이깍두기	20kcal

베이글마늘토스트

🥣 재료/4인분

베이글빵 4개, 파슬리가루 조금, 파프리카 조금, 토마토 조금 **마늘버터** 버터 4큰술, 다진마늘 3큰술, 레몬즙 1작은술, 소금 · 후추 약간씩

📋 이렇게 만드세요

1 마늘버터 만들기 잘게 다진 마늘에 분량의 버터와 레몬즙, 소금, 후춧가루를 넣고 골고루 섞어 마늘버터를 만든다.

2 버터 바르기 베이글은 반으로 갈라 자른면에 마늘버터를 골고루 발라준다.

3 베이글 굽기 버터 바른 베이글에 파프리카와 파슬리가루를 각각 뿌려준 다음 오븐 온도 200℃에서 구워낸다.

더 맛있게! 마늘 토스트에 우유를 곁들여 마시면 입속의 마늘 냄새가 제거된다. 오븐이 없을 땐 팬에서 구워 낸다.

야채양념구이

🥣 재료/4인분

감자 2개, 가지 1개, 애호박 1/3개, 식용유 조금 **구이양념** 간장 2큰술, 물엿 1/2큰술, 다진마늘 1/2큰술, 다진파 1/2큰술, 깨소금 조금, 잘게 썬 청홍고추 2큰술, 고춧가루 1/2큰술, 참기름 조금

📋 이렇게 만드세요

1 야채 손질하기 감자는 껍질을 벗겨 0.5cm 두께로 납작납작 썬다. 가지와 애호박도 깨끗이 씻어 물기를 거두고 가지는 어슷하게 0.5㎝ 두께로, 호박은 동글동글하게 모양을 살려 0.5cm 두께로 썬다.

2 구이양념 만들기 분량의 재료로 구이양념을 골고루 섞어준다.

🧑‍🍳 요리힌트

오븐레인지 이용법

오븐은 종류와 기종에 따라 사용법이 달라지므로 오븐의 성질을 잘 파악하는 것이 중요하다. 오븐의 밑불이 너무 셀 경우 바닥쪽만 타게 된다. 이럴 때는 팬을 2장 겹치거나 쿠킹호일로 아래부분을 감싸준다. 또 윗단에서 구울 때는 아랫단에도 팬을 놓아 열을 완화시켜 주는 것이 좋다. 윗불이 너무 세어 표면만 탈 경우에는 윗단을 쿠킹호일이나 기름종이로 덮어준다.

팬의 앞뒤 또는 좌우에서 골고루 구워지지 않고 한쪽만 유난히 탈 때는 도중에 팬의 방향을 한번 바꾸어준다.

3 야채굽기 팬에 기름을 넉넉하게 두르고 감자, 애호박, 가지의 순서로 노릇하게 구워낸다. 호박, 가지는 짧은 시간에 익지만, 감자는 약한 불에서 시간을 두고 지져야 속까지 익는다.

4 그릇에 담기 따뜻한 접시에 구운 야채를 담고 구이양념을 뿌려준다.

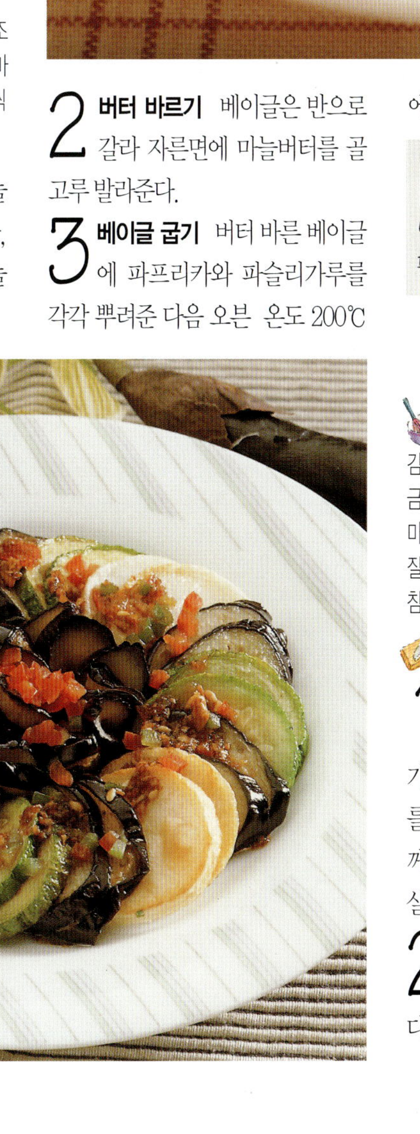

Tuesday 화

오늘의 식단
(총1984kcal)

오늘의 식단 (총1984kcal)	
아침 · 모닝빵	195kcal
잼 · 버터	107kcal
소시지버터구이	200kcal
오이피클	26kcal
사과주스	88kcal
점심 · 나물비빔밥(1공기)	550kcal
팽이버섯된장국	40kcal
돼지고기양념구이	203kcal
열무물김치	12kcal
저녁 · 현미밥(1공기)	331kcal
버섯전골	163kcal
삼색숙채무침	52kcal
백김치	17kcal

삼색숙채무침

재료/4인분

통도라지	6뿌리
풋고추	10개
소금 · 후춧가루	조금씩
고운고춧가루	1/2큰술
다진마늘	2큰술
다진파	2큰술
설탕	1/2큰술
식초	1/2큰술
깨소금 · 참기름 · 식물성기름	조금씩

이렇게 만드세요

1 통도라지 손질하기 통도라지는 겉껍질을 벗겨내고 6cm 길이의 고운채로 썰어 주거나 가늘게 찢어 준다.

2 도라지 볶기 손질한 도라지의 반 분량을 끓는물에 데쳐 씻어 준 다음 물기를 빼고 소금, 후춧가루, 다진마늘, 다진파, 깨소금, 참기름으로 무쳐 기름을 두른 팬에서 볶아낸다.

3 도라지생채 만들기 남은 분량의 도라지채는 소금과 설탕을 뿌려 주물러 쓴맛을 빼고 물기를 꼭 짜준 다음 고운 고춧가루, 다진마늘, 다진파, 식초, 깨소금, 참기름으로 무쳐 생채를 만든다.

4 풋고추 볶기 풋고추는 반으로 갈라 속씨를 털어 내고 0.3cm 굵기, 6~7cm 길이의 채로 썰어 두른 팬에 볶아 소금, 후춧가루를 뿌려 준다.

5 담아내기 도라지볶음과 도라지 생채, 청고추볶음을 가볍게 섞어 담고 통깨를 뿌려낸다.

더 맛있게! 도라지대신에 더덕, 오징어, 미나리, 숙주 등의 재료들을 다양하게 이용할 수 있다. 세 가지의 맛을 동시에 느낄 수 있다.

요리 힌트

나물에는 손맛이 들어가야 맛있다

나물을 볶을 경우 갖은 양념으로 조물조물 무쳐서 맛을 들인 후에 볶는다. 볶으면서 차례로 양념을 해도 되지만 그것보다는 삶아서 물기를 대충 눌러 짠 후에 갖은 양념을 넣고 조물조물 무쳐서 양념 맛이 푹 배게 한 다음 볶는다. 이렇게 조물조물 무치는 동안에 손끝 맛이 배게 된다. 조물거리는 손가락 사이에서 뽀얀 국물이 나오도록 양념한 후에 볶아야 깊은 맛이 난다.

비디오 쿠킹

도라지 썰기

도라지 쓴맛 빼기

도라지 양념하기

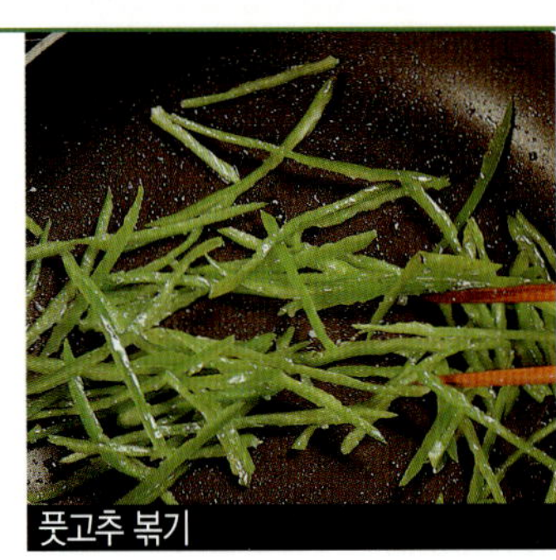

풋고추 볶기

Wed수esday

오늘의 식단
(총1881kcal)

아침	· 하이면반숙탕	278kcal
	두부양념조림	122kcal
	무물김치	12kcal
점심	· 흰밥(1공기)	334kcal
	애호박꽃게맑은국	104kcal
	흰콩야채조림	80kcal
	배추김치	17kcal
저녁	· 잡곡밥(1공기)	361kcal
	돼지고기콩나물찌개	281kcal
	오이나물	79kcal
	쥐포통깨전	196kcal
	김치	17kcal

애호박꽃게맑은국

재료/4인분

꽃게 2마리, 애호박 1/3개, 무 200g, 다시마물 4컵, 실파 4뿌리, 팽이버섯 1봉, 쑥갓 조금, 소금·후추 조금씩, 홍고추채 조금, 간장 2큰술

이렇게 만드세요

1 꽃게 손질하기 꽃게는 솔로 문질러 씻어 게딱지를 떼고 김이 오른 찜통에서 쪄낸 다음 알맞은 크기로 잘라준다.

2 야채 손질하기 애호박과 무는 1.5cm 굵기로 깍둑 썰고 실파는 4cm 길이로 썬다. 팽이버섯은 밑둥을 잘라내고 가닥을 분리한다.

꽃게맑은국은 너무 오래 끓이면 시원한 맛이 줄어든다. 다시마와 가다랭이 끓인 물을 이용하기도 한다.

3 다시마물 만들기 다시마를 물에 넣고 1시간 정도 지난 후 잠깐 끓여 면보에 내려 준다. 다시마물에 간장과 소금을 넣어 간을 맞춘다.

4 끓이기 다시마 국물에 꽃게와 무, 애호박, 팽이버섯, 홍고추채를 넣고 끓이다가 간을 확인하고 쑥갓을 넣어 낸다.

꽃게 기본 손질법

게는 솔로 껍질을 깨끗이 문질러 닦고 등딱지와 아가미를 떼어낸 다음 몸통을 토막낸다. 토막낸 꽃게의 집게 발가락을 떼어내고 모래주머니와 지저분한 내장을 제거한 다음 등딱지 속에 들어 있는 알과 내장을 젓가락으로 파낸다. 집게 발가락의 껍질은 꽤 단단해서 먹기가 불편하다. 조리 전에 칼등이나 망치로 살살 두들겨 연하게 해두면 먹기도 편하고 간도 잘 밴다.

쥐포통깨전

재료/4인분

쥐포 4장, 후춧가루·참기름·밀가루 조금씩, 달걀 풀은 물 1개분량, 송송 썬 실파 조금, 통깨·식물성기름·실고추 조금씩

이렇게 만드세요

1 쥐포 불리기 쥐포는 물에 적셔 건져 불린 후 후춧가루와 참기름을 뿌린다.

2 밀가루 묻히기 밑간한 쥐포에 밀가루를 묻힌 다음 여분의 가루는 털어낸다.

3 쥐포 지지기 달걀풀은 물에 손질한 쥐포를 적셔 기름을 두른 팬에 놓고 통깨를 뿌려준다.

4 실파·실고추 얹기 실고추와 송송 썬 실파를 뿌려 뒤집어 구운 후 자른다.

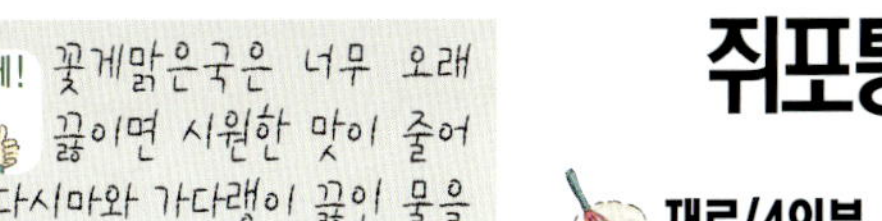

쥐포, 오징어포, 북어포 등은 부치기 전에 물에 불려 준 다음 전으로 부쳐 준다. 반찬, 술안주, 도시락 반찬으로도 적당하다.

오늘의 식단
(총1944kcal)

아침 ·	버섯야채진미죽	215kcal
	알감자조림	112kcal
	풋고추어묵볶음	144kcal
	배추김치	17kcal
점심 ·	감자애호박수제비	416kcal
	김치고기볶음	126kcal
	가지볶음	89kcal
	배추김치	17kcal
저녁 ·	콩밥	330kcal
	해물된장찌개	212kcal
	쇠고기달걀장조림	194kcal
	풋고추찜	55kcal
	김치	17kcal

버섯야채진미죽

 **재료/4인분**

불린쌀 2컵, 당근 50g , 양송이버섯 3개, 애호박 1/4개, 데친시금치 40g, 쇠고기 간 것 60g, 물 12컵, 소금 조금, 달걀 2개

 **이렇게 만드세요**

1 야채 썰기 당근은 껍질을 벗기고 반으로 갈라 반달 모양으로 얇게 썰고 애호박은 당근보다 약간 더 도톰하게 썬다. 양송이버섯은 모양 그대로 저며 썰고 데친 시금치는 3cm 길이로 썬다.

2 쇠고기 볶기 바닥이 두꺼운 냄비에 기름을 넣고 들러 붙지 않게 길을 들여준 다음 참기름을 냄비에 두르고 쇠고기 간 것을 볶아준다.

3 불린쌀 볶기 쇠고기 볶은 냄비에 3시간 이상 불린 쌀을 넣고 볶아 주다가 분량의 물을 부어 서서히 끓인다.

4 야채 넣기 쌀이 퍼지기 시작할 때 당근, 애호박, 양송이, 시금치 순서로 넣고 끓인다.

5 달걀흰자 넣기 죽이 농도가 맞게 끓여졌을 때 달걀흰자를 넣고 가볍게 저어 익으면 소금간을 한다.

6 그릇에 담기 따뜻한 그릇에 완성된 죽을 담고 달걀노른자를 올려 담아 낸다.

 **요리힌트**

맛있는 죽 끓이기

죽을 끓일 때는 불린 쌀의 5~7배 정도의 물 혹은 육수를 준비하고 끓을 때까지는 나무주걱으로 저어 준다. 중불 이하에서 서서히 끓인다.

쇠고기달걀장조림

 **재료/4인분**

쇠고기(홍두깨살) 400g, 달걀 3개, 쪽마늘 5개, 마른고추 2개, 생강 20g, 간장 5큰술, 설탕 2큰술, 청주 2큰술

 **이렇게 만드세요**

1 고기 삶기 쇠고기는 큼직하게 썰어 냄비에 담고 푹 잠길 만큼의 끓는 물을 부어 삶아 건진다. 국물은 면보에 내려 찌꺼기를 걸러낸 다음 그 국물에 고기를 다시 담고 끓인다.

2 간 맞추기 고기국물에 분량의 간장, 설탕, 청주를 넣어 간을 맞춘다.

3 달걀 삶기 달걀은 이리저리 굴려가며 삶아야 노른자가 가운데 오게 삶아진다. 끓는물에서 6~7분 정도 삶는다.

4 달걀 넣기 완숙 달걀은 껍질을 벗겨 통째로 넣어 끓인다.

5 향신료 넣기 쪽마늘과 껍질 벗긴 생강, 마른고추를 넣어 끓인다.

6 담아내기 냄비 바닥에 국물이 약간 남아 있고, 쇠고기살이 쭉쭉 찢어질 정도로 조림이 되었을 때 담아낸다.

Friday 금

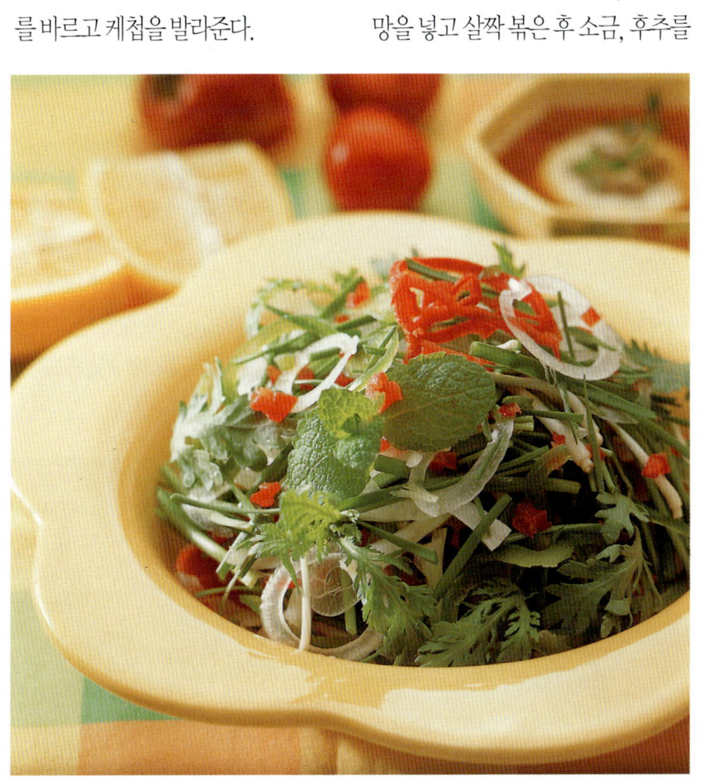

오늘의 식단
(총1833kcal)

아침	· 잡곡밥(2/3공기)	241kcal
	꽃게맑은국	104kcal
	미역줄기볶음	70kcal
	배추김치	17kcal
점심	**· 바게트빵피자**	353kcal
	베이컨양배추볶음	174kcal
	오이피클	26kcal
	우유	118kcal
저녁	· 잡채밥	549kcal
	실표고버섯장국	95kcal
	실부추피망냉채	66kcal
	깍두기	20kcal

바게트빵피자

 **재료/4인분**

바게트빵슬라이스 8쪽, 버터 · 케첩 조금씩, 소시지 2개, 오이피클 1/2개, 토마토 1개, 양파 1/4개, 청 · 홍피망 1개씩, 소금 · 후춧가루 조금씩 피자(모짜렐라)치즈 80g

 **이렇게 만드세요**

1 **바게트빵 손질하기** 바게트빵은 3cm 두께로 썰어 자른면에 버터를 바르고 케첩을 발라준다.

2 **토핑할 재료 썰기** 소시지와 양파, 오이피클, 청 · 홍피망은 채로 썰고 토마토는 저며 썬다.

3 **재료 볶기** 팬에 버터를 녹여 썰어놓은 소시지와 양파, 청홍피망을 넣고 살짝 볶은 후 소금, 후추를 뿌려준다.

4 **토핑얹기** 준비한 바게트빵 위에 볶은 재료와 토마토, 오이피클을 올려준다.

5 **치즈올려굽기** 재료를 다 얹은 뒤에 잘게 뜯은 치즈를 올리고 오븐 온도 200℃에서 30분 정도 구워낸다.

 **요리힌트**

간편한 피자토스트

피자소스가 없을 땐 케첩으로 대신할 수 있다. 바게트빵, 슬라이스식빵, 베이글, 기타 빵으로도 피자토스트를 간편하게 만들 수 있다.

실부추피망냉채

 **재료/4인분**

부추 100g, 양파 작은 것 1개, 청홍피망 1/2개씩, 쑥갓잎 조금 **냉채소스** 프렌치드레싱 3큰술, 간장 1큰술, 채썬 청양고추 1큰술씩, 물엿 1큰술, 발효겨자 1작은술, 레몬즙 1작은술, 핫소스 1큰술, 소금 · 후춧가루 조금씩

 **이렇게 만드세요**

1 **야채썰기** 실부추는 다듬어 4cm 길이로 썰고 양파, 청 · 홍피망은 링으로 얇게 썰고 쑥갓은 알맞은 길이로 잘라준다. 손질한 모든 야채는 냉수에 헹궈 건져 차갑게 보관한다.

2 **소스 만들기** 분량의 재료로 냉채소스를 만들어 골고루 섞어 충분히 저어 준다.

3 **그릇에 담기** 물기를 제거한 차가운 야채들을 담고 냉채소스를 끼얹어 낸다.

 **더 맛있게!** 샐러드에 들어갈 야채는 냉수에 헹궈 건져 물기를 제거하고 차갑게 준비하는 것이 기본이다 소스도 미리 만들어 냉장고에 보관하는 것이 샐러드를 맛있게 먹는 방법이다.

Saturday 토

아침	치즈오믈렛	235kcal
	야채케첩수프	63kcal
	고추피클	33kcal
	사과(1쪽)	37kcal
점심	김초밥	516kcal
	미역두부된장국	121kcal
	단무지	5kcal
저녁	자장면	537kcal
	실파장국	62kcal
	닭고기카레깜풍기	334kcal
	오이초김치	26kcal

닭고기카레깜풍기

 **재료/4인분**

닭고기(중간크기)	1마리
소금 · 후춧가루	조금씩
생강즙	1큰술
달걀풀은물	1/2개
카레가루	3큰술
녹말가루	4큰술
튀김기름	적당량
마늘	4쪽
대파	1/2뿌리
홍고추	2개
청고추	2개

깜풍소스

간장	1/4컵
물	1/4컵
설탕	1/4컵
식초	1/4컵

 **이렇게 만드세요**

1 닭고기 썰기 닭고기는 사방 3cm 크기 정도로 잘라 기름을 대강 제거하고 물에 씻어 건져 물기를 제거한다.

2 닭고기 밑간 하기 썰어놓은 닭고기에 소금, 후춧가루, 생강즙으로 밑간한다.

3 튀김옷 입히기 달걀 풀은 물, 카레가루, 녹말가루를 섞어 밑간을 한 닭고기를 넣어 뒤적여 튀김옷이 골고루 묻게 한다.

4 닭 튀기기 튀김기름 온도 170℃에 닭을 넣고 2번 정도 바삭하게 튀긴다.

5 향신료 썰기 마늘은 얇게 저며 썰고 청홍고추는 송송 썰어 냉수에 헹궈 속씨를 제거하여 건진다. 대파는 채로 썰어 냉수에서 헹궈 건진다.

6 깜풍 소스 만들기 팬에 기름을 두르고 썰어놓은 마늘, 청홍고추를 넣고 볶다가 간장, 물, 설탕, 식초 등 분량의 양념을 넣고 끓인다.

7 양념에 버무려 담기 끓는 소스에 튀긴 닭을 버무려 담고 대파채를 올려 담아낸다.

 **요리힌트**

닭은 작게 썰어 튀긴다

닭튀김의 가장 큰 문제는 속까지 푹 익히는 것 될 수 있으면 토막을 작게 내는 것이 좋다. 살이 두꺼운 닭다리에는 깊숙이 칼집을 내어 튀긴다. 칼집을 내지 않을 때는 포크로 쿡쿡 찔러 준다

더 맛있게! 닭고기 외에 돼지고기도 카레깜풍에 잘 어울린다. 육류의 튀김은 2번 정도 튀겨 주면 지방이 빠지고 파삭한 튀김이 된다.

닭고기 밑간하기

튀김옷 만들기

향신료 썰기

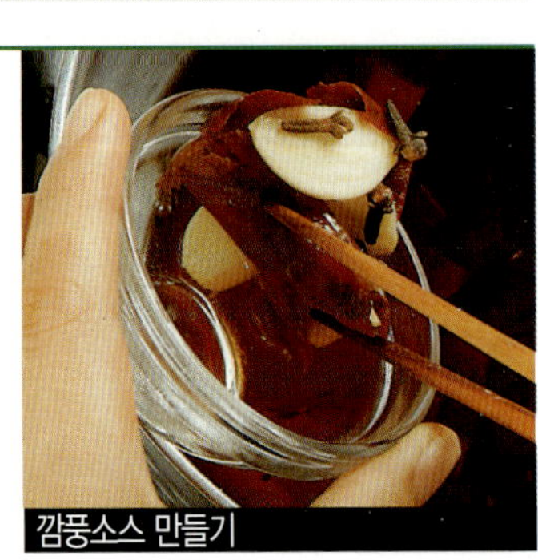

깜풍소스 만들기

*Sun*일*day*

구분	메뉴	열량
아침	· 콘프레이크우유	382kcal
	베이컨 · 달걀프라이	198kcal
	모듬피클	26kcal
	키위	46kcal
점심	· 애호박당근케익	215kcal
	우유	118kcal
	바닐라아이스크림	104kcal
저녁	해물영양밥	401kcal
	아욱토장국	84kcal
	꽈리고추가지찜	55kcal
	북어강정	266kcal
	백김치	17kcal

애호박당근케익

재료/4인분

애호박 1개, 당근 1개, 소금 조금, 밀가루 3컵, 베이킹파우더 3작은술, 달걀 5개, 설탕 1/3컵, 바닐라엣센스 1작은술, 우유 1/2컵, 버터 조금

이렇게 만드세요

1 애호박 · 당근 썰기 애호박은 얇게 저며 채로 썰고 당근은 4cm 길이의 고운 채로 썬다.

2 밀가루 체에 내리기 분량의 밀가루에 베이킹파우더를 넣고 체에 2번 정도 내려준다.

3 달걀흰자 거품내기 달걀은 황백으로 나누고 흰자는 거품기로 쳐서 탄력 있는 거품을 만든다.

4 달걀노른자 저어주기 달걀노른자에 분량의 설탕, 바닐라엣센스, 소량의 소금을 넣고 저어준다. 마지막으로 우유를 넣고 저어준다.

5 케익반죽 준비된 모든 재료를 함께 담고 가볍게 저어 케익반죽을 완성한다.

6 케익팬에 담기 오븐 팬에 케익반죽을 부어 넣고 오븐 온도 160℃에 넣고 40분 정도 구워 속까지 익은 정도를 확인하여 담아낸다.

요리힌트

오븐이 없어도 돼요!

오븐이 없을 때는 김이 오른 찜통에서 쪄주거나 전자레인지 '강' 에서 7분 정도 구워 낸다. 프라이팬에서 구워 내기도 한다.

꽈리고추가지찜

재료/4인분

꽈리고추 300g, 가지 2개, 소금물 조금, 녹말가루 3큰술, 밀가루 3큰술, **찜양념** 간장 3큰술, 다진마늘 1큰술, 다진파 1/2큰술, 잘게 썬 청홍고추 1큰술씩, 고춧가루 1작은술, 깨소금 · 참기름 조금씩

이렇게 만드세요

1 야채손질 꽈리고추는 꼭지를 따고 물에 씻어 건지고 가지는 4cm 길이 1cm 굵기로 썰어 물에 씻어 건진다.

2 야채에 밀가루 묻히기 손질한 야채에 밀가루와 녹말가루를 함께 섞은 가루를 묻혀준다.

3 찜통에 찌기 김이 오른 찜통에 가루옷을 입힌 야채를 넣고 10분 정도 쪄낸 다음 참기름으로 버무려 준다.

4 찜양념 만들기 제시한 분량대로 찜양념을 만들어 골고루 저어준다.

5 양념에 무치기 쪄낸 꽈리고추, 가지는 준비한 찜양념으로 버무려 담는다.

더운 여름, 아내와 남편에게 특히 좋다
부부 건강요리 10가지

푹푹 찌는 날씨 탓에 쉽게 지치고 입맛도 없을 때다.
맛과 영양이 풍부한 요리로 건강을 지키자. 피부미용은 물론
스트레스 해소, 피로회복에 좋은 부부를 위한 헬시푸드.

》아내를 위한 요리

스트레스 해소에 좋다
옥수수피망카레전

재료
찐옥수수 1컵, 청홍피망·양파 1개씩, 익힌 당근 50g, 카레가루 2큰술,
부침가루 1컵, 소금·후춧가루 조금씩, 달걀 1개, 다시마물·식용유 조금씩

만드는 법
❶ **옥수수 준비하기** 찐옥수수는 알맹이로 준비한다. 통조림옥수수를 이용할
경우 체에 건져 물기를 제거한다.
❷ **야채 썰기** 청홍피망은 반으로 갈라 속씨를 제거하여 사방 0.5cm 크기로
썰고 양파와 당근도 같은 크기로 썬다.
❸ **카레전 반죽하기** ①과 ②에 달걀을 풀어 넣고 카레가루와 부침가루를 섞어
준다. 반죽이 너무 되면 다시마물을 넣고 간을 확인한다.
❹ **팬에 지지기** 기름 두른 팬에 반죽을 원하는 모양과 크기로 얇게 부친다.

피로회복에 좋다
두부백년초식초탕수

재료
두부 1/2모, 소금·후춧가루·참기름 조금씩, 녹말가루 5큰술, 튀김기름 적당량,
청경채 2뿌리, 당근 40g, 소금·후춧가루 조금씩
탕수소스 오렌지주스 1컵, 설탕 3큰술, 백년초식초 2큰술, 소금·녹말물 조금씩

만드는 법
❶ **두부 손질하기** 두부는 3×2cm 크기, 1cm 두께로 썰어 소금, 후춧가루로
밑간해 참기름을 뿌린다.
❷ **두부 튀기기** ①의 두부에 녹말가루를 묻혀 흡수시킨 다음 170℃의 튀김기
름에 넣고 바삭하게 튀긴다.
❸ **야채 손질하기** 청경채는 3cm 길이로 저며 썰고 당근은 꽃모양으로 얇게
썰어 기름 두른 팬에 볶아 소금, 후춧가루를 뿌린다.
❹ **탕수소스 만들기** 냄비에 오렌지주스와 설탕, 백년초식초, 소금 조금을 넣고
끓이다가 녹말물을 조금씩 넣어 탕수소스의 농도로 맞춰 끓인다.
❺ **담기** 두부튀김과 준비된 야채를 탕수소스에 버무려 담는다.

한마디 더 │ 백년초, 레몬쪽, 비트, 포도알맹이, 산초 등의 과일이나 열매 한
가지에 2배식초를 부어 숙성시키면 과일식초가 된다.

피부에 좋다
브로콜리케익

재료
밀가루 1컵반, 베이킹파우더 1작은술반, 데친 브로콜리 50g, 달걀 3개,
설탕 1/3컵, 바닐라엣센스 1작은술, 우유 1/3컵, 소금 조금

만드는 법
❶ **밀가루 체에 내리기** 밀가루에 베이킹파우더를 넣고 2번 정도 체에 내린다.
❷ **재료 섞기** 데친 브로콜리와 우유를 섞어 소금 간을 한 후 믹서에 간다.
❸ **흰자 거품내기** 달걀은 황백으로 나누어 흰자는 거품기로 충분히 쳐서 거품

두부백년초식초탕수

브로콜리케익

옥수수피망카레전

을 일으킨다.

❹ 케익 반죽하기 노른자에 분량의 설탕과 바닐라엣센스, 소금을 조금 넣고 충분히 젓다가 우유를 넣는다. ①, ②, ③, ④를 함께 담고 가볍게 저어 케익반죽을 완성한다.

❺ 케익 굽기 오븐에 넣을 그릇에 케익반죽을 2/3 높이 만큼 채워담고 오븐 온도 160℃에 넣어 40분 정도 굽는다.

》남편을 위한 요리

체질을 알칼리성으로 바꾸어 준다
매실소스돼지고기탕수육

재료
돼지고기 300g, 소금·후춧가루 조금씩, 생강즙 1큰술, 달걀 1개, 녹말가루 1/2컵, 튀김기름 적당량, 데친 브로콜리 50g, 양파 1/4개, 통조림 파인애플 1쪽
매실탕수소스 매실소스 4큰술, 물 1컵, 설탕 3큰술, 식초 1큰술, 소금 조금, 녹말물 조금

만드는 법
❶ 돼지고기 밑간하기 돼지고기는 한입 크기로 썰어 소금, 후춧가루, 생강즙으로 밑간한다.

❷ 튀김옷 입혀 튀기기 돼지고기에 달걀 푼 물과 녹말가루를 넣고 버무려 튀김기름 온도 170℃에 2번 정도 바삭하게 튀긴다.

❸ 부재료 준비하기 파인애플은 1/2 두께로 저며 썰어 6등분으로 썰고, 데친 브로콜리는 작은 송이로 분리하고, 양파는 사방 2cm 크기로 썬다. 기름을 두른 팬에 각각의 부재료들을 볶아 소금, 후춧가루로 간한다.

❹ 소스 만들기 냄비에 매실소스와 설탕, 식초, 물, 소금 조금을 넣고 끓을 때 녹말물을 조금씩 넣어 탕수소스의 농도를 맞춰 끓인다.

❺ 소스에 버무리기 준비된 소스에 튀긴고기와 부재료들을 넣고 버무린다.

한마디 더 │ 매실소스는 청매실을 준비해 속씨를 제거한 후 잘게 썰어 믹서에 갈아 동량의 설탕과 물, 소금을 조금 넣어 조려 두고 이용한다.

숙취제거에 좋다
북어전골

재료
북어포 1마리, 쇠고기 80g, 참기름 조금, 두부 1/4모, 생표고 2개, 미나리 100g, 송송썬 대파·쑥갓 조금씩, 데친 배추 3잎, 소금 조금
고기양념장 간장 3/4큰술, 다진파·다진마늘·후춧가루 조금씩, 청주 1작은술, 설탕 1작은술, 참기름 조금

만드는 법
❶ 북어 국물내기 북어포는 5~6등분으로 잘라준다. 냄비에 참기름을 두르고 북어포를 볶다가 3컵 정도의 물을 부어 서서히 끓인다.

❷ 쇠고기 썰기 쇠고기는 얇게 썰어 분량의 고기양념장으로 무친다.

❸ 배추말기 데친 배춧잎은 두꺼운 줄기 부분은 저미고 2~3잎을 포개 놓고 쑥갓을 가지런히 놓아 돌돌 만다. 배추쑥갓말이는 3cm 길이로 썬다.

❹ 부재료 썰기 두부는 3×2cm 크기, 0.7cm 두께로 썰고 미나리는 깨끗하게 씻어 4cm길이로 썬다. 대파는 어슷 썰고 생표고는 0.5cm 두께로 썬다.

❺ 냄비에 담기 전골냄비에 고기, 배추말이, 부재료를 돌려 담고 북어와 북어국물을 부어 넣고 끓여 간을 확인한다.

피로회복에 좋다
참마날치알무침

재료
참마(작은 것) 1개, 식촛물, 날치알(혹은 명란젓) 1/3컵, 레몬즙 1큰술, 참기름·핫소스·물엿 1큰술씩, 고운고춧가루 1작은술, 청홍고추 1개씩, 소금·후춧가루 조금씩

만드는 법
❶ 참마 손질하기 참마는 껍질을 벗기고 5cm길이, 0.5cm 굵기의 채로 썰어 연한 식촛물에 담근다.

❷ 청홍고추 썰기 청홍고추는 반으로 갈라 속씨를 털어내고 0.2cm 굵기로 잘게 썬다.

❸ 무침소스 만들기 물엿에 핫소스, 고운 고춧가루, 레몬즙, 잘게 썬 청홍고추, 소금, 후춧가루, 참기름을 넣고 고루 섞는다.

❹ 담기 참마는 건져 물기를 닦은 다음 날치알과 함께 접시에 담고 레몬즙을 뿌린다. 무침소스를 끼얹는다.

소라깻잎초무침

재료

소라 200g, 깻잎 30장, 오징어포 30g,
양파 1/4개, 청홍고추 3개씩, 미나리 40g,
실파 3뿌리, 통깨 조금
초무침양념 고추장 3큰술, 간장 1큰술,
물엿·설탕·식초·고춧가루 1큰술씩,
다진파·마늘 1큰술씩, 레몬즙 1/2큰술,
발효겨자 1작은술, 깨소금·참기름 조금씩

만드는 법

❶ **소라 손질하기** 소라는 내장과 딱지를 떼어내고 소금을 조금 넣은 끓는물에
데친다.
❷ **오징어포 손질하기** 오징어포는 굵게 찢은 것을 준비하여 6cm 길이로 자르
고 굵은 것은 찢는다. 너무 단단한 것은 물을 뿌려 둔다.
❸ **야채 손질하기** 깻잎은 1cm 폭으로 썰고 양파는 채썬다. 청홍고추는 어슷하
게 길게 썰어 속씨를 털어낸다. 실파와 미나리는 4~5cm 길이로 썬다.
❹ **초무침양념 만들기** 분량의 무침양념을 만들어 골고루 섞는다.
❺ **초무침 마무리하기** 초무침양념에 소라, 오징어포를 넣고 무치다가 양파채,
홍고추채, 미나리, 실파, 깻잎채의 순서로 넣고 버무려 간을 확인하여 담는다.
마지막으로 통깨를 뿌린다.

삼계탕

재료

닭(600g) 1마리, 수삼 1뿌리,
쪽마늘 3쪽, 생강쪽 조금, 밤 2개,
대추 3개, 황기 1/2뿌리,
불린찹쌀 1컵, 은행 4개, 잣 조금,
송송썬 대파 조금, 황백지단 조금,
소금·후춧가루 조금씩

만드는 법

❶ **닭 손질하기** 닭은 크지 않은 것을 준비하여 내장을 꺼내고 손질하여 깨끗
하게 씻은 다음 물기를 뺀다.
❷ **수삼 손질하기** 수삼은 껍질을 긁어 싹이 나는 부위는 자르고 씻어 건진다.
❸ **부재료 손질하기** 밤은 껍질째로 준비하고 황기는 너무 긴 것은 적당한 길
이로 자른다. 은행은 소금을 넣은 끓는물에 데쳐 껍질을 벗긴다.
❹ **닭속 채우기** 손질한 닭속에 불린 찹쌀과 밤, 대추를 넣고 오무려 무명실로
꿰매 고정시킨다.
❺ **삼계탕 끓이기** 솥에 닭을 담고 푹 잠길 만큼의 물을 부어 넣고 수삼과 황
기, 마늘, 남은 밤, 대추, 생강을 넣고 끓인다.
❻ **그릇에 담기** 푹 끓인 삼계탕을 담고 황백지단채와 은행, 잣을 올리고 송송
썬 대파와 소금, 후춧가루를 곁들인다.

수박참외화채

재료

수박(중간굵기 이하) 1/2통, 참외 1개, 레몬 2쪽, 탄산수 1컵, 브랜디 3큰술,
설탕시럽 적당량

만드는 법

❶ **수박속 파내기** 수박은 반으로 갈라
작은 스쿠퍼로 동그랗게 판다.
❷ **참외 썰기** 참외는 껍질을 벗기고 원
하는 크기로 썬다.
❸ **레몬즙 뿌리기** 큼직한 유리그릇에
수박과 참외를 담고 레몬즙을 뿌린다.
❹ **화채시럽 만들기** 수박물은 모아 그
릇에 담고 설탕시럽과 브랜디, 탄산수를
넣고 섞는다.
❺ **화채시럽 넣기** 준비된 수박과 참외
에 화채시럽을 부어 넣고 차갑게 한다.

규아상(미만두)

재료

만두피반죽 밀가루 3컵, 소금 1작은술, 물 3/4컵
오이 1개, 애호박 1/2개, 쇠고기 간 것 100g, 불린 표고버섯 4개,
다진마늘·다진파 1큰술씩, 소금·후춧가루·깨소금·참기름·초간장 조금씩

만드는 법

❶ **만두피 반죽하기** 분량의 밀가루에 소금, 물을 넣고 섞은 다음 손으로 모아
반죽을 하여 충분히 치댄다.
❷ **야채 썰기** 오이는 4cm 길이로 토막 썰어 돌려깎아 채썰고 애호박은 저며
채로 썰어 오이와 함께 소금에 절여 물기를 꼭 짠다.
❸ **고기와 버섯 무치기** 쇠고기 간 것과 채썬 표고에 다진마늘, 다진파, 소금,
후춧가루, 깨소금, 참기름으로 무친다.
❹ **속재료 만들기** 야채와 쇠고기, 표고버섯무침을 함께 담고 간을 확인하여 만
두속을 완성한다.
❺ **만두피 만들기** 만두피
반죽은 작은 밤알 굵기로
떼어 지름 8cm 크기로 얇
게 민다. 만두피에 만두속
을 적당히 넣고 맞붙인다.
(만두 등쪽이 해심모양으로
주름지게 만든다.)
❻ **만두 찌기** 김이 오른 찜
통에 만두를 넣고 10분 정
도 쪄서 담쟁이잎을 깔고
담는다. 초간장을 곁들인다.

저칼로리 음식을 만드는 8가지 방법

같은 재료라도 조리법에 따라 저칼로리 음식을 만들 수 있다. 찌고 삶고 굽는 음식은 튀기고 볶는 음식보다 칼로리가 낮아지고 기름 대신 물로 볶거나 찌면 저칼로리 음식이 된다. 기름을 사용할 때도 기름 쓰는 요령에 따라 칼로리에 차이가 생긴다. 또한 어떻게 양념하느냐에 따라 살찌는 음식도 되고 살빼는 음식이 될 수도 있다.

1 기름 대신 물로 볶는다

기름을 사용하지 않고도 볶음이나 조림, 부침 등을 만들 수 있다. 기름 대신 물을 이용하는 것이다. 물로 볶을 때는 바닥이 코팅된 프라이팬을 뜨겁게 달군 다음 물을 2큰술 정도 두르고 재료를 넣은 후 센불에서 살짝 볶는다.

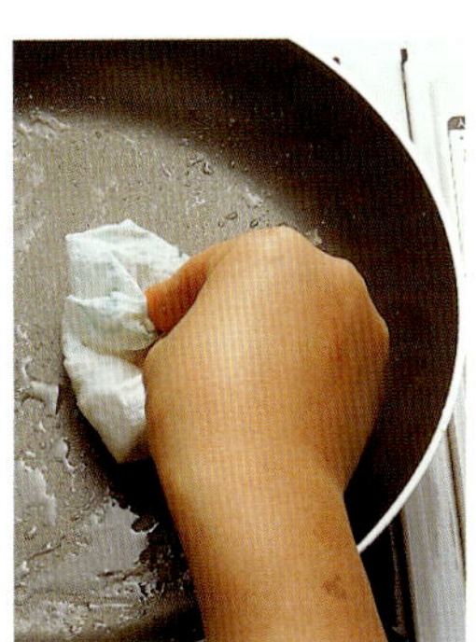

부침, 지짐 등 반드시 기름을 써야 할 때는 프라이팬에 직접 기름을 두르지 말고 프라이팬을 뜨겁게 달군 후 식물성기름을 묻힌 기름종이로 닦아내듯 문질러 살짝 기름을 묻힌 상태로 음식을 만든다.

2 고기는 끓는물에 살짝 데쳐 기름기를 빼고 조리한다

고기를 볶거나 찜을 하거나 탕을 끓일 때, 고기를 그대로 사용하지 말고 팔팔 끓는 물에 잠깐 동안 데쳐서 기름기를 뺀 다음 조리한다. 구이나 찜 등 생고기를 그대로 사용해야 할 경우는 지방질이 많이 붙은 부위는 잘라내고 조리한다. 닭고기라면 껍질 부분에 기름기가 많으므로 벗겨내도록 한다.

3 구이를 할 때는 석쇠를 이용한다

생선을 석쇠에 굽는 것은 이상적인 저칼로리 조리법이다. 기름기가 전부 밑으로 떨어지기 때문이다. 오븐에 구울 때도 식물성기름을 바른 오븐 석쇠에 얹어서 구우면 기름기가 녹아내려 지방 섭취를 줄일 수 있다.

4 자극적인 향신료는 피한다

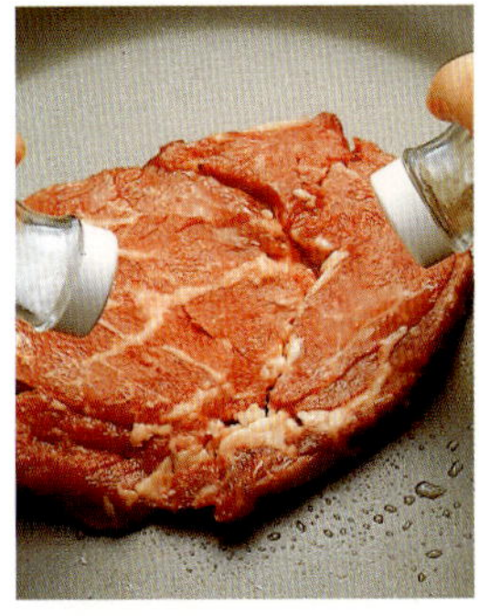

겨자, 후춧가루, 고춧가루, 생강, 파, 마늘 등은 직접적으로 비만의 원인이 되지는 않는다. 그러나 이들 향신료를 많이 사용해 양념을 하면 미각, 후각을 자극시켜 식욕을 증진시키므로 과식을 초래할 수 있다. 때문에 다이어트중에는 이들 향신료를 가능한 한 사용하지 않는 것이 좋다. 살찐 사람을 위해서는 모든 음식을 싱겁고 담백하게 조리해야 한다는 사실을 잊지 말아야 한다.

5 붉은고추로 매운 맛을 낸다

국물에 매운맛을 낼 때는 붉은고추를 어슷썰어 넣고 끓인다. 생채나 나물을 무칠 때도 붉은고추를 잘게 다져 쓰면 색도 곱고 자극적이지 않으면서도 매콤한 맛을 즐길 수 있다.

6 화학식초 대신 레몬즙을 이용한다

레몬즙은 부드러우면서 상큼한 신맛을 내고 비타민 C도 공급해준다. 때문에 화학식초 대신 레몬즙을 이용하면 좋다.

레몬즙은 레몬을 반으로 갈라 손으로 짜서 즙을 내면 되는데 많은 양이 필요할 때는 즙내는 도구에 엎어놓고 돌리듯 이 누르면 쉽게 짜진다. 생채나 나물, 초밥, 김밥 등을 만들 때 식초 대신 레몬즙을 쓰면 뒷맛이 한결 담백하고 상큼하다.

7 신선도가 높은 날 것을 즐겨 먹는다

다이어트를 위한 조리 방법의 포인트는 정해진 칼로리내에서 얼마나 만족스럽게 먹을 수 있고, 똑같은 재료를 가지고도 어떻게 하면 칼로리를 낮추느냐 하는 것이다.

단백질 식품인 어패류, 육류 가운데 조개류나 흰살생선은 칼로리가 낮아서 안심하고 먹을 수 있다. 특히 회같은 것은 이상적인 저칼로리 조리법. 같은 칼로리라 하더라도 회로 먹을 경우 많이 먹을 수 있다. 단, 날로 먹는 것이므로 무엇보다도 신선도가 높은 것을 택해야 재료의 맛을 즐길 수 있다.

8 설탕 대신 엿과 꿀을 이용한다

설탕은 단맛을 내기 때문에 누구나 좋아하는 식품이지만 지나치게 많이 먹으면 살이 찌는 원인이 되므로 엿이나 꿀로 대체해 사용량을 줄여가는 것이 좋다.

엿이나 꿀은 설탕에 비해 정제ㆍ가공과정을 적게 거치므로 비타민, 무기질의 손실이 적고 몸에 이롭지 않은 물질이 첨가될 가능성도 적기 때문이다. 그러나 엿이나 꿀 역시 지나치게 많이 먹으면 설탕과 같이 살이 찌게 되는 원인이 되므로 단 음식은 주의한다.

Monday 월

닭살튀김냉채

재료/4인분

닭가슴살	200g
소금 · 후추 · 생강즙	1/2큰술씩
튀김옷 ····· 밀가루 · 카레가루	3큰술씩
튀김기름	약간
양파	1/2개
래디시	2개
양상추	3잎

냉채소스

프렌치 드레싱	3큰술
잘게 썬 토마토	2큰술
레몬즙	1큰술,
소금 · 후추 · 다진 민트잎	약간씩

이렇게 만드세요

1 밑간하기 닭가슴살은 한입 크기로 얇게 저며 썰어 소금, 후추, 생강즙으로 밑간을 한다. 저며 썰면 밑간이 골고루 잘 밴다.

2 튀김옷 묻히기 분량의 튀김옷 가루를 섞어준 다음 밑간한 닭살에 뿌려 묻힌다.

3 튀기기 170℃의 튀김기름에 닭살을 넣고 바삭하게 튀겨 낸다.

4 야채 썰기 양파는 링으로 얇게 썰고 래디시는 둥글고 얇게 썬다. 양상추는 손으로 뜯어준다.

5 야채 물기빼기 준비해 둔 야채는 얼음물에 헹궈 건져 물기를 빼고 토마토는 원하는 모양으로 썰어 준다.

6 냉채 소스 만들기 분량대로 냉채소스를 만들어 골고루 저어 준다.

7 담기 접시에 ⑤의 야채와 ③의 닭살튀김을 담고 냉채소스를 뿌린다.

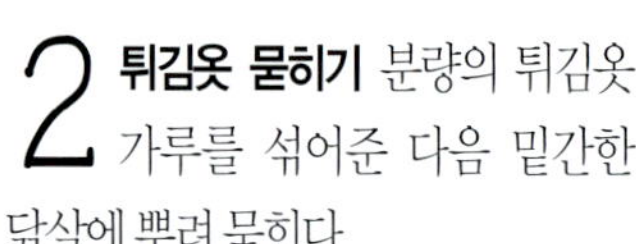

요리힌트

바삭하게 튀기는 요령

처음 튀길 때는 70% 정도 익을 만큼만 튀겨내고 충분히 식으면 온도를 높여 다시 한 번 재빨리 튀겨낸다. 너무 한꺼번에 많이 넣으면 기름 온도가 낮아져서 튀김이 눅눅해진다. 온도조절을 하면서 하나씩 넣어 튀기는 게 요령. 기름온도가 오르기 전에 튀김 재료를 넣지 말고 적정 온도가 되었을 때 하나씩 넣어 튀긴다.

더 맛있게! 양파채를 깔고 닭살을 올려 백포도주를 뿌려 익힌 다음 원하는 모양으로 썰거나 찢어 샐러드를 만들어 먹으면 색다른 맛을 즐길 수 있다.

비디오 쿠킹

닭고기에 튀김가루 묻히기

닭살 튀기기

야채 얼음물에 담그기

냉채소스 만들기

Tu**화**day

방게볶음

 **재료/4인분**

방게 300g, 소금 · 후춧가루 약간씩, 생강즙 1큰술, 녹말가루 약간, 튀김기름 적당량, 실파 3뿌리, 홍고추 1개, 생강채 1큰술, 저민마늘 3쪽분량, 간장 1큰술, 육수 3큰술, 청주 · 참기름 · 식용유 약간씩

 **이렇게 만드세요**

1 해감시키기 방게는 살아 있는 것으로 골라 연한 소금물에 담가 해감을 토하게 한 후 헹궈 건진다.

2 방게 데치기 끓는 소금물에 방게를 데쳐 건져 소금, 후추, 생강즙을 뿌려준 다음 녹말가루를 가볍게 뿌려 준다.

3 튀기기 170℃의 기름에 방게를 넣고 바삭하게 튀겨낸다.

4 파와 고추 썰기 실파는 6cm 길이로 썰고 홍고추는 어슷하게 얇게 썰어 속씨를 털어낸다.

5 야채 볶기 식용유를 두르고 홍고추와 생강채, 저민 마늘을 볶아 향을 낸 다음 육수를 넣어 끓인다.

6 간하기 ⑤에 튀긴 방게와 실파를 넣고 볶아 간장과 청주를 뿌린 다음 소금, 후추간을 하고 참기름을 둘러 담는다.

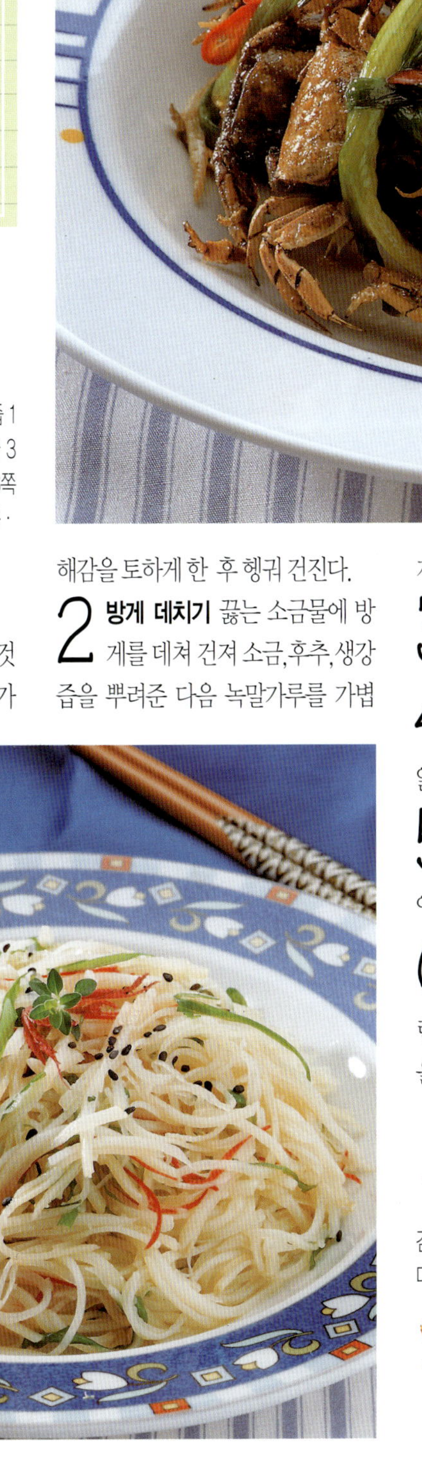

감자나물

 **재료/4인분**

감자큰 것 2개, 실파 3뿌리, 홍고추채 약간, 다진마늘 2큰술, 참기름 · 소금 · 깨소금 약간

 **이렇게 만드세요**

1 감자 채썰기 감자는 껍질을 벗겨 0.2cm굵기로 채썬 후 냉수에 헹궈 건진다.

2 야채 채썰기 실파는 6cm 길이의 채로 썬다. 홍고추는 반으로 갈라 속씨를 털어내고 고운 채로 썰어 준다.

3 감자채 데치기 끓는 소금물에 감자채를 데쳐낸 다음 물기를 제거한다.

4 버무리기 데쳐낸 감자에 소금, 다진마늘, 실파채, 홍고추채, 깨소금, 참기름을 넣고 버무려 담는다.

 **더 맛있게!** 감자채 볶음나물을 만들 때는 감자채를 냉수에 헹궈 표면의 전분을 없애고 소금물에 약간 절였다 건져 물기를 뺀 다음 볶는다. 전분을 씻어내지 않으면 끈적거려 맛이 없어지므로 주의 한다.

오늘의 식단
(총1966Kcal)

아침	· 모닝빵	195Kcal
	야채수프	63Kcal
	버터·잼·야채스프레드	192Kcal
	오렌지 1/2개	23Kcal
점심	· 보리밥(1공기)	329Kcal
	감자국	87Kcal
	고등어김치조림	180Kcal
	쇠고기장조림	74Kcal
	배추김치	17Kcal
저녁	· 감자애호박수제비	416Kcal
	야채장떡	199Kcal
	오징어튀김	171Kcal
	깍두기	20Kcal

고등어김치조림

🍚 재료/4인분

생고등어	1마리
소금물	약간
배추김치	1/5포기
다시마	2쪽(4x4cm)
양파	1/4개
청홍고추	1개씩
어슷썬 대파	약간
소금·후추	약간씩

고춧가루양념

고추장	1큰술
고춧가루	1큰술
설탕	1큰술
청주	1큰술
다진마늘	1큰술
다진생강	1작은술

📋 이렇게 만드세요

1 고등어 손질하기 고등어는 머리를 잘라내고 내장을 제거한 후 연한 소금물에 씻어 물기를 닦아준다.

2 고등어 썰기 ①의 고등어는 4cm 두께로 어슷하게 잘라준다. 배추김치는 속을 대강 털어내고 5cm 길이로 썬다.

3 고춧가루양념 만들기 양파는 저며 썬다. 고추장, 고춧가루, 설탕, 청주, 다진마늘, 다진생강으로 고춧가루양념을 만들어 골고루 저어 준다.

4 물 붓기 냄비에 다시마쪽과 양파채를 깔고 고등어와 배추김치, 대파를 놓고 자박할 정도의 물을 부어 준다.

5 끓이기 ④에 고춧가루양념을 넣어 끓인다. 끓이는 도중 간을 확인한다.

6 조리기 청홍고추를 송송 썰어 뿌리고 국물을 자주 끼얹어 가며 조려준다. 처음에 센불로 하다가 끓기 시작하면 불을 줄이고 조린다.

🧑‍🍳 요리힌트

국물을 계속 끼얹어 준다

생선 조림국물은 너무 많거나 적지 않게 재료가 살짝 잠길 정도만 부어 끓이다가 생선을 넣어 센불에서 재빨리 조린다. 조리는 도중에 숟가락으로 국물을 계속 끼얹어 주면 윤기 있고 간이 잘 밴 맛있는 조림을 만들 수 있다.

더 맛있게! 배추김치뿐만 아니라 남은 무종류의 김치도 이용한다. 염장다시마, 우거지 등은 고등어의 비린내를 없애준다. 고등어를 사서 둘 때는 소금이나 식초를 뿌려두면 부패를 막고 소화를 촉진한다. 조리할 때 된장을 조금 넣어도 비린내를 없앨 수 있다.

비디오 쿠킹

고등어와 김치 준비하기

고춧가루양념 만들기

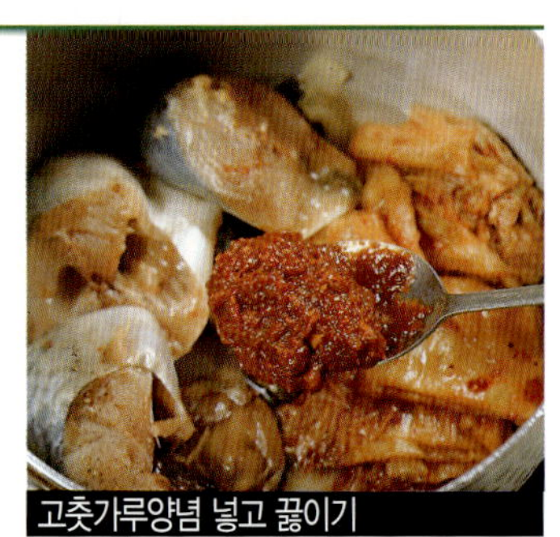

재료 안치기

고춧가루양념 넣고 끓이기

*Thu*목*sday*

오늘의 식단 (총1857Kcal)	
아침 · 샌드위치	466Kcal
감자수프	72Kcal
오이피클	26Kcal
점심 · 해물밥	401Kcal
실파버섯국	62Kcal
조갯살볶음	104Kcal
달걀삼색말이	116Kcal
열무김치	19Kcal
저녁 · 현미밥(1공기)	331Kcal
시금치국	88Kcal
꽁치소금구이	132Kcal
짠무실파무침	21Kcal
열무김치	19Kcal

해물밥

재료/4인분

불린 쌀 3컵,다시마물 3컵,오징어 1/2마리,새우 4마리,조갯살 40g,게맛살 1쪽,청주 1큰술,참기름 · 송송 썬 실파 · 소금 약간씩

이렇게 만드세요

1 오징어 저며썰기 오징어는 내장을 제거하고 껍질을 벗긴 다음 안쪽에 사선으로 칼집을 넣어주고 폭 1cm, 길이 4cm로 저며 썬다.

2 손질하기 새우는 내장을 빼내고 껍질을 벗겨낸다. 조갯살은 내장을 제거하고 게맛살은 4cm 길이로 썰어 찢어 놓는다.

3 쌀과 해물볶기 바닥이 두꺼운 냄비에 참기름을 두르고 불린 쌀과 해물을 함께 볶다가 청주를 뿌려 준다.

4 밥 짓기 ③에 분량의 다시마물을 붓고 물을 더 부어 밥물을 맞춘 다음 약간의 소금간을 한 후 밥을 짓는다.

짠무실파무침

재료/4인분

무 장아찌 1개(중간굵기), 실파채 4뿌리, 홍고추채 1개 분량, **무침양념** 다진마늘 1.5큰술, 생강즙 1작은술, 고춧가루 1.5큰술, 물엿 1/2큰술,식초 1작은술, 깨소금 · 참기름 약간씩

이렇게 만드세요

1 채썰기 짠무는 얇고 둥글게 저며 썰어 0.2~0.3cm 굵기 정도의 채로 썰어준다.

2 물기 없애기 ①의 짠무채는 냉수에 10분 정도 담가 짠맛을 뺀 다음 건져 물기를 꼭 짠다.

3 버무리기 짠무채에 실파채와 홍고추채를 넣고 고춧가루를 먼저 넣어 버무려 준다.

4 간 맞추기 나머지 양념들을 마저 넣고 무쳐 간을 확인하고 참기름을 뿌린다.

요리힌트

맛국물로 밥을 짓는다

해물밥은 맛과 향이 좋은 여러 가지 재료가 들어가 그 자체로도 맛이 좋다. 하지만 밥물을 맛국물로 잡으면 더욱 맛있다. 맛국물은 다시마를 우려내고 그 국물에 청주를 조금 넣으면 된다. 채소를 넣을 때는 채소에서 수분이 빠져 나오므로 밥물을 약간 적게 잡아야 밥이 고슬고슬하게 지어진다.

더 맛있게! 짠무채를 냉수에 담가 짠맛을 완전히 빼면 맛이 없다. 간을 하지 않아도 될 정도에서 건져 물기를 없애고 무친다. 식초는 생채에 넣는 것보다 적은 양을 넣어주면 나쁜냄새가 없어진다.

오늘의 식단
(총1850Kcal)

아침	오곡선식죽	235Kcal
	고추피클	33Kcal
	수박 한쪽	38Kcal
점심	냉콩국수	515Kcal
	해물파전	253Kcal
	오징어오이냉채	68Kcal
	무김치	20Kcal
저녁	쌀밥(1공기)	334Kcal
	아욱국	84Kcal
	병어불고기	186Kcal
	꽈리고추쇠고기조림	67Kcal
	배추김치	17Kcal

병어불고기

재료/4인분

병어	2마리
소금물	약간

대파채무침

대파채	4뿌리
고운 고춧가루	약간
깨소금 · 참기름	약간

불고기양념

고춧가루	1큰술
고추장	1큰술
다진마늘	1큰술
다진파	1큰술
다진생강	1작은술
청주	1작은술
간장	1큰술
설탕	1큰술
깨소금 · 후춧가루 · 참기름	약간

이렇게 만드세요

1 병어 손질하기 병어는 비늘을 긁어 내고 앞의 배쪽에 칼집을 넣고 젓가락으로 내장을 잡고 돌려 빼준 다음 소금물에 씻어 건져 물기를 닦아 준다.

2 병어 양념에 재기 ①의 병어는 3cm두께로 어슷하게 저며 썰어 약간의 소금, 후추, 생강즙을 뿌려 준다. 칼집을 사이사이 넣어줘야 양념이 골고루 밴다.

3 양념 만들기 제시한 분량대로 병어 불고기 양념을 만들어 준다.

4 굽기 물기를 닦은 병어에 양념을 발라 석쇠 혹은 그릴에 구워낸다.

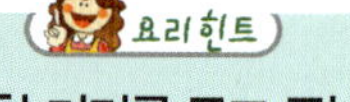

적당한 거리를 두고 굽는다

석쇠에 구울 때는 석쇠를 달구고 샐러드 기름을 쿠킹호일에 묻혀서 석쇠에 골고루 발라준다. 그 위에 생선을 놓고 강한 불에서 어느 정도의 거리를 두고 굽는다. 생선을 구울 때 너무 가까이 대고 구우면 겉만 타고 속은 익지 않고 불이 약하면 살이 부서지고 맛이 없다.

더 맛있게! 병어를 통째로 구울 때는 바둑무늬로 칼집을 넣고 기름장을 발라 애벌 구워준다. 그 위에 양념장을 발라 구워야 더 맛있고 양념을 태우지 않고도 속까지 잘 익힐 수 있다.

비디오 쿠킹

병어 내장 빼내기

병어 저며 썰기

양념 만들기

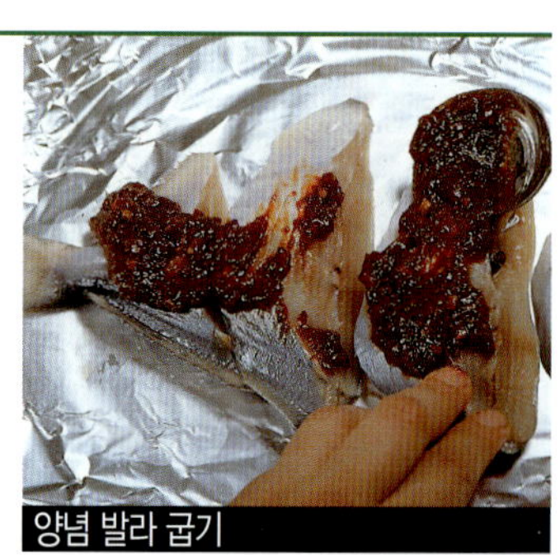

양념 발라 굽기

Satu토day

통도라지초회

재료/4인분

통도라지 6뿌리, 짧게 썰은 청홍고추 1개씩, 송송 썬 실파 · 통깨 약간, **초회소스** 식초 2큰술·설탕 1큰술, 물엿 1큰술, 소금 1/2작은술, 레몬즙 1/2큰술

이렇게 만드세요

1 통도라지 다듬기 통도라지는 껍질을 벗기고 6~7cm 길이로 얇게 저며 썰어 얼음물에 담가 30분 이상 둔다.

2 소스 만들기 제시한 분량대로 초회소스를 만들어 짧게 썬 청홍고추를 넣고 골고루 저어 준다.

3 도라지 담기 얼음물에 담가둔 도라지는 건져 물기를 빼고 차가운 접시에 담는다.

4 소스 끼얹기 상에 내기 직전에 도라지에 소스를 끼얹어 준다음 검은깨를 솔솔 뿌려 낸다. 고루 섞어서 먹는다.

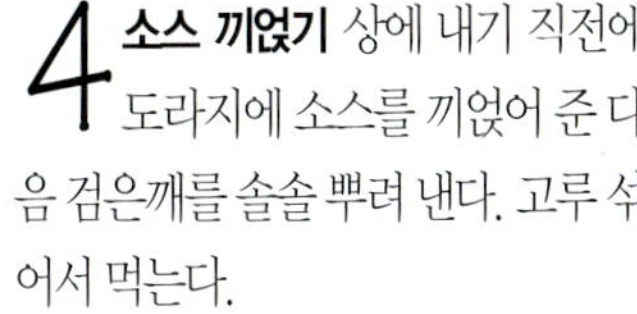

쟁반냉면

재료/4인분

젖은냉면 400g, 참기름 약간, 찐콩나물 300g, 양상추 3잎, 깻잎 1장, 완숙달걀 1개, 오이 1개, **양념장** 물엿 3큰술, 간장 2큰술, 식초 2큰술, 고추장 1큰술, 고운 고춧가루 1큰술, 설탕 2큰술, 발효겨자 1/2큰술, 깨소금 1/2큰술, 참기름 약간

이렇게 만드세요

1 콩나물 무치기 꼬리를 잘라내고 다듬은 찐콩나물을 약간의 소금, 참기름으로 무친다.

2 양상추 썰기 양상추는 0.5cm 폭으로 채썰고 깻잎도 같은 폭으로 채썰어 얼음물에 헹궈 건져 물기를 없앤다.

3 오이 돌려깎기 오이는 돌려 깎아 길게 채로 썰어 냉수에 헹궈 건져 물기를 제거한다.

4 달걀 썰기 완숙달걀은 절단기로 저며 썬다.

5 냉면 삶기 젖은 냉면은 끓는 물에 3분 정도 삶아 흐르는 물에서 매끈하게 씻어 물기를 빼준 다음 참기름으로 무쳐 준다.

6 접시에 담기 큰 접시에 오이, 콩나물, 양상추, 삶은 냉면국수를 섞어 담고 삶은 달걀을 얹은 뒤 양념장을 끼얹어 섞어 먹는다.

통도라지는 두들겨서 부드럽게 한다

통도라지 구이를 할 때는 우선 통도라지는 싱싱한 것을 준비해 옅은 소금물에 살짝 절인다. 적당히 절여졌으면 칼집을 넣고 조금씩 두들겨 준다. 두들긴 도라지의 배를 갈라 펴고 다시 두들겨 준다. 적당히 두들겨야 도라지가 부드러워 먹기 좋다. 그 후 양념장을 바르면 양념이 사이사이 잘 스며들어 맛있다.

오늘의 식단
(총1933Kcal)

아침 · 프렌치토스트		326Kcal
	감자샐러드	134Kcal
	토마토주스	46Kcal
점심 · 우리밀칼국수		501Kcal
	깻잎쇠고기전	**187Kcal**
	더덕초무침	69Kcal
	배추김치	17Kcal
저녁 · 감자밥		302Kcal
	오징어무국	88Kcal
	쑥갓나물	50Kcal
	쇠불고기	196Kcal
	배추김치	17Kcal

깻잎쇠고기전

 재료/4인분

깻잎	40장
밀가루	약간
달걀	3개
식용유	적당량
실고추	약간
송송 썬 실파	약간

쇠고기볶음

갈은 쇠고기	100g
소금 · 후춧가루	약간씩
다진파 · 마늘	1/2큰술
설탕 · 깨소금 · 후추 · 참기름	약간씩

이렇게 만드세요

1 쇠고기 볶기 갈은 쇠고기에 분량의 양념을 넣고 버무려 팬에 식용유를 두르고 보슬보슬하게 볶아 낸다.

2 밀가루와 달걀물 묻히기 깻잎은 깨끗하게 씻어 건져 물기를 거두고 양면에 밀가루를 뿌려준 다음 달걀물에 적셔 2장씩 포개 식용유를 두른 팬에 놓는다.

3 깻잎 지지기 ②의 깻잎 위에 쇠고기볶음을 골고루 뿌리고 실고추와 송송 썬 실파를 뿌린 뒤 달걀물을 조금 더 얹어 뒤집어 구워 낸다.

4 깻잎전 자르기 깻잎전은 반으로 잘라 접시에 담는다.

5 초간장 곁들이기 그냥 먹어도 좋으나 입맛에 따라 초간장을 찍어 먹는다.

더 맛있게! 반드시 밀가루를 묻힌 후에 달걀물에 담가야 옷이 잘 입혀진다. 달걀물을 적신 2장의 깻잎사이에 쇠고기볶음을 뿌려 넣고 맞부쳐 구워서 자르면 모양이 더 예쁘다.

 **요리힌트**

전을 부칠 때는 돼지기름이 좋다

전을 부칠 때는 기름을 계속 둘러주어야 전이 타지 않는다. 식물성기름이나 옥수수 기름을 사용해도 좋지만 돼지기름을 사용하면 색다른 감칠맛이 있다. 식물성 기름과는 달리 코를 찌르는 고소한 냄새도 전의 맛을 살려주는 요소가 된다. 단 돼지기름은 식으면 하얗게 굳어버리므로 뜨거운 상태를 유지해 주어야 하고 상에 낼 때는 음식이 식지 않도록 접시도 뜨겁게 데워서 내는 것이 좋다.

비디오 쿠킹

쇠고기 볶기

깻잎에 밀가루 묻히기

깻잎 달걀물에 적시기

깻잎 지지기

*M*onday 월

오늘의 식단
(총1809Kcal)

아침 · 잡곡밥(2/3공기)	241Kcal
	두부김치찌개	157Kcal
	고기완자전	224Kcal
	애호박나물	47Kcal
	부추김치	36Kcal
점심 · 파인애플튀김파이	292Kcal
	과일파르페	276Kcal
	야채샐러드	97Kcal
저녁 · 야채버섯죽	215Kcal
	감자부침개	165Kcal
	오이장아찌무침	47Kcal
	나박김치	12Kcal

파인애플튀김파이

재료/4인분
통조림 파인애플 4쪽, 레몬즙 1작은술, 설탕 2큰술, 물엿 1큰술, 버터 약간, 튀김기름 적당량
파이껍질반죽 밀가루 2컵, 버터 4큰술, 달걀노른자 1개, 소금 약간, 우유 3큰술

이렇게 만드세요
1 반죽하기 밀가루에 버터를 넣고 손바닥으로 비벼 체에 내린 다음 달걀노른자, 소금 약간, 우유를 넣고 가볍게 반죽을 한다.

2 반죽 냉장고에 넣기 반죽을 한 후 냉장고에 한 두시간 넣어두면 반죽이 덜 늘어져 튀김이 파삭해진다.

3 반죽 밀기 파이껍질반죽은 0.2cm두께로 밀어 사방 6cm 크기로 잘라 준다.

4 조리기 파인애플은 잘게 썰어 냄비에 담고 레몬즙, 설탕, 버터, 물엿을 넣고 되직하게 조려준다.

5 모양 만들기 잘라둔 파이껍질에 파인애플조림을 조금씩 넣고 삼각으로 맞붙여 포크로 아물린 부분을 두세 번 꼭꼭 눌러주어야 벌어지지 않는다.

6 튀기기 170℃의 기름에 빚어 놓은 것을 넣고 노릇하게 튀겨낸다.

과일파르페

재료/4인분
아이스크림 2컵, 키위 1개, 체리·파인애플 2쪽, 오렌지 30g, 레몬 1쪽, 애플민트 약간, 휘핑크림 2큰술

이렇게 만드세요
1 과일 썰기 껍질을 벗긴 키위와 나머지 과일은 원하는 모양으로 작게 썬다. 과일이 준비되지 않으면 프루츠펀치통조림을 이용해도 좋다.

2 레몬즙 뿌리기 준비된 과일에 레몬즙을 뿌려준다.

3 휘핑크림 끼얹기 차가운 컵에 아이스크림과 과일을 번갈아 담고 휘핑크림을 끼얹어 준다.

4 장식하기 맨 위에 신선한 애플민트 잎을 올려낸다.

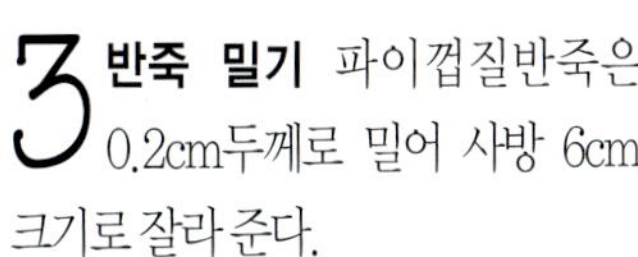
더 맛있게! 파이 반죽을 할 때 가장 중요한 것은 녹지 않은 상태의 버터를 잘게 다져 넣는 것이다. 너무 여러번 치대지 말고 중간중간 반죽이 늘어질 것 같으면 냉장고에 넣어둔다. 미는 도중에 밀가루를 뿌렸는데도 자꾸 들러붙으면 버터가 녹은 것이므로 다시 냉장고에 넣었다 미는 것이 좋다.

오늘의 식단
(총1895Kcal)

아침	· 소면달걀탕	452Kcal
	비름나물무침	47Kcal
	열무김치	19Kcal
점심	· 잡곡밥(1공기)	361Kcal
	콩나물국	43Kcal
	오징어볶음	164Kcal
	달걀장조림	91Kcal
	오이김치	30Kcal
저녁	· 흰밥(1공기)	334Kcal
	쇠고기야채전골	209Kcal
	꽈리고추튀김강정	126Kcal
	열무김치	19Kcal

꽈리고추 튀김강정

재료/4인분

꽈리고추	300g
달걀물	2큰술
녹말가루	4큰술
튀김기름	적당량
당근	30g
잘게 썬 청홍고추	1큰술씩

강정양념

간장	3큰술
다시마물	3큰술
물엿	1큰술
청주	1큰술
저민마늘	2쪽
생강즙	1작은술

이렇게 만드세요

1 녹말가루 묻히기 꽈리고추는 반으로 갈라 속씨를 털어내고 달걀물에 버무린 후 녹말가루를 묻혀 준다.

2 고추 튀기기 170℃의 온도에 녹말가루 묻힌 꽈리고추를 넣고 바삭하게 튀겨낸다.

3 당근 튀기기 당근은 4cm 길이의 고운 채로 썰어 약간의 녹말가루를 뿌려준 다음 튀겨낸다.

4 버무리기 강정양념 재료들을 분량대로 섞어서 끓인다. 양념이 졸아들면 고추튀김을 넣고 버무려 준다.

5 담기 ④에 잘게 썬 청홍고추와 당근채튀김을 섞어 담는다.

더 맛있게! 바삭하고 달콤한 맛이 일품인 강정은 다른조리 방법보다 맛뿐 아니라 영양 손실도 적은 조리방법이다. 가지, 연근, 당근 등 비교적 수분이 적은 야채나 말린 야채를 이용해도 좋다. 고추를 통으로 튀길 때는 미리 이쑤시개로 숨구멍을 내 준다. 숨구멍이 없으면 기름이 안으로 스며들지 못하고 공기가 빠져나오지 못해 기름이 튄다.

요리힌트
야채의 튀김 온도

튀김은 온도를 잘 맞추는 것이 가장 중요하다. 튀김옷을 떨어뜨렸을 때 바닥까지 가라앉고 거품도 적으면 150~160도의 저온이다. 튀김옷이 중간까지 잠겼다가 잠시 후 떠오르면 170도 정도의 중온이다. 튀김옷을 떨어뜨리자마자 파르르 소리가 나면서 곧바로 위로 떠오르고 거품도 많으면 190도 이상의 고온이다. 야채는 170도가 가장 좋은 온도이다. 야채를 조금씩 넣어야 기름온도가 내려가지 않는다.

비디오 쿠킹

녹말가루 묻히기

꽈리고추 튀기기

당근채 튀기기

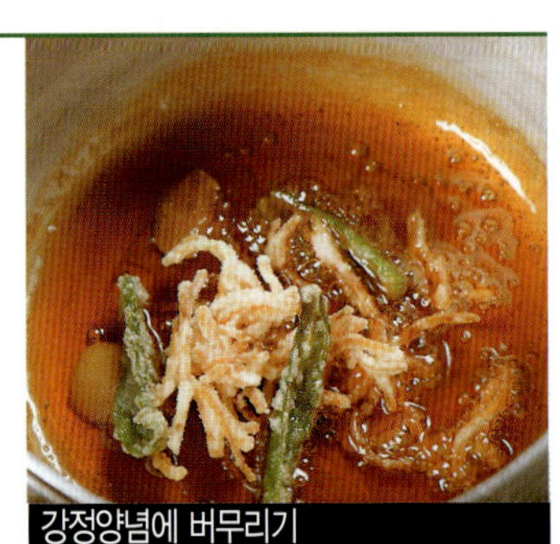

강정양념에 버무리기

Wednesday 수

오늘의 식단
(총1817Kcal)

아침	· 현미밥(2/3공기)	221Kcal
	새우조개맑은국	53Kcal
	닭살야채볶음	180Kcal
	오이생채	46Kcal
점심	· 감자참치그라탱	446Kcal
	양배추케첩국	63Kcal
	고추피클	33Kcal
	사과 한쪽	37Kcal
저녁	· 현미밥(1공기)	332Kcal
	미역국	104Kcal
	가자미죽순조림	196Kcal
	애호박전	89Kcal
	배추김치	17Kcal

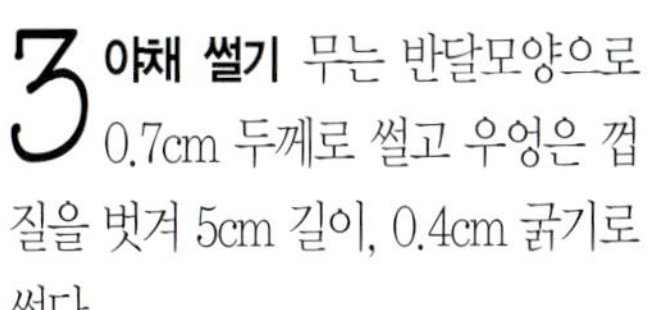

가자미죽순조림

 **재료/4인분**

가자미 1마리(500g), 무 100g, 죽순 50g, 꽈리고추 6개, 우엉 50g, 쑥갓 약간, **조림간장** 간장 4큰술, 청주 2큰술, 설탕 2큰술, 생강즙 1큰술, 다시물 2/3컵

이렇게 만드세요

1 가자미 손질하기 가자미는 비늘을 긁어내고 머리를 잘라낸 다음 내장을 없애고 연한 소금물에 씻어 건진다.

2 소금 뿌리기 가자미의 물기를 닦아준 다음 3~4토막으로 잘라 약간의 소금을 뿌린다.

3 야채 썰기 무는 반달모양으로 0.7cm 두께로 썰고 우엉은 껍질을 벗겨 5cm 길이, 0.4cm 굵기로 썬다.

4 조림간장 만들기 분량대로 재료를 섞어 조림간장을 만들어 준다.

5 조리기 냄비에 우엉과 무,가자미, 죽순을 담고 분량의 조림간장을 부어 서서히 조린다.

6 꽈리고추 넣기 조리는 도중 꽈리고추를 넣고 밑국물을 자주 끼얹어 가면서 조려낸다.

새우조개 맑은국

 **재료/4인분**

새우 4마리, 대합 4개, 레몬 1쪽, 쑥갓·소금·후추·실파 약간, **국물** 다시마 가다랭이 물 4컵, 청주 1큰술, 소금 약간

이렇게 만드세요

1 해감 토하기 대합조개는 연한 소금물에 1시간 이상 담가 해감을 토하게 한 후 씻어 건진다.

2 새우 내장 빼기 새우는 껍질을 벗기지 말고 등쪽의 내장을 빼준다.

3 맑은 국물 만들기 다시마 가다랭이 국물에 조개와 새우를 넣고 끓여 조개입이 벌어지면 베보자기에 내려 맑은 국물을 준비한다.

4 끓이기 냄비에 국물을 담고 분량의 청주와 소금 약간을 넣고 조개와 새우를 다시 넣고 끓인다.

5 간 맞추기 어느 정도 끓으면 소금, 후추로 간을 하여 그릇에 담고 쑥갓과 레몬 한쪽을 넣어 준다. 실파 다진 것을 뿌려준다.

 **더 맛있게!** 조개를 넣은 모든국에는 청주를 약간 넣어주면 조개의 깔끔하고 시원한 맛이 살아난다.

오늘의 식단
(총2037Kcal)

아침	· 프렌치토스트	326Kcal
	베이컨구이	165Kcal
	사과당근주스	42Kcal
점심	· 시금치감자수제비	416Kcal
	소라야채초무침	78Kcal
	풋고추채전	192Kcal
	열무김치	19Kcal
저녁	· 잡채밥	549Kcal
	부추달걀탕	60Kcal
	돼지고기땅콩볶음	144Kcal
	오이초김치	46Kcal

시금치감자수제비

 **재료/4인분**

밀가루 3컵, 삶은시금치 100g, 소금 약간, 감자 2개, 송송 썬 대파 1뿌리, 당근 30g, 간장·소금·후추 약간, **멸치국물** 국멸치 20마리, 양파 1/3개, 대파뿌리 3개

 **이렇게 만드세요**

1 시금치 갈기 삶은 시금치는 파란 잎부분만 따서 곱게 갈아 준다.

2 반죽하기 밀가루에 약간의 소금을 넣고 갈은 시금치와 4큰술 정도의 물을 부어 넣고 반죽을 하여 충분히 치대준다. 강력분과 박력분을 반씩 섞어서 반죽하면 쫀득쫀득한 맛을 낼 수 있다.

3 야채 썰기 감자는 반달모양으로 0.7cm 두께로 썰고 당근은 같은 모양으로 얇게 저며 썬다.

4 끓이기 5컵 정도의 물에 내장을 뺀 국멸치, 양파, 대파뿌리를 넣고 끓인다.

5 멸치국물 준비하기 끓인 국물은 베보에 내려 맑은 멸치국물을 준비한다.

6 반죽넣기 냄비에 멸치국물을 담고 간장, 소금으로 애벌간을 하고 끓이면서 감자와 당근을 넣고 수제비 반죽을 얇게 떼어 넣는다.

7 대파 넣기 수제비 반죽이 위로 모두 떠오르며 가하여 그릇에 담고 송송 썬 대파를 뿌려낸다.

돼지고기땅콩볶음

 **재료/4인분**

돼지고기 200g, 소금·후추 약간씩, 간장 1큰술, 청주 1작은술, 달걀물 2큰술, 녹말가루 5큰술, 튀김기름 적당량, 땅콩 1/4컵, 대파 1뿌리, 홍고추 1개 **볶음양념** 고추장 2큰술, 고운 고춧가루 1작은술, 간장 1큰술, 청주 1큰술, 생강즙 1큰술, 설탕 1큰술, 육수 3큰술

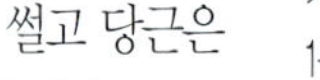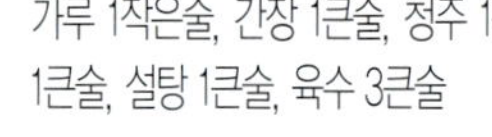 **이렇게 만드세요**

1 밑간하기 돼지고기는 1cm 굵기로 깍둑 썰어 소금, 후추, 간장, 청주로 밑간을 한다.

2 튀김옷 입히기 썰어놓은 고기에 달걀물, 녹말가루를 넣고 섞어 튀김옷을 입힌다.

3 튀기기 170℃의 기름에 고기를 한 개씩 떼어넣고 두번 정도 바삭하게 튀겨낸다.

4 야채 손질하기 땅콩은 껍질을 벗기고 대파와 홍고추는 1cm 길이로 썰어 홍고추는 속씨를 제거한다.

5 볶기 제시한 분량대로 볶음양념을 만들어 팬에 부어 끓여 졸아들기 시작할 때 홍고추와 땅콩, 대파를 넣고 볶다가 고기튀김을 넣고 조금 더 뒤적여 불을 끈다.

오늘의 식단
(총1825Kcal)

아침 · 잡곡밥(2/3공기)		241Kcal
	쇠뼈해장국	140Kcal
	뱅어포구이	122Kcal
	가지나물	48Kcal
	총각김치	27Kcal
점심 · 군만두		315Kcal
	실파장국	62Kcal
	양상추샐러드	101Kcal
저녁 · 현미밥(1공기)		332Kcal
	달걀찜	83Kcal
	모듬야채장떡찜	199Kcal
	오징어채볶음	125Kcal
	오이김치	30Kcal

쇠뼈해장국

 **재료/4인분**

쇠뼈 400g, 찐콩나물 300g, 데친 우거지 400g, 대파 3뿌리, 고춧가루 2큰술, 간장 2큰술, 다진마늘 2큰술, 된장 2큰술,소금·후추 약간씩

 **이렇게 만드세요**

1 핏물빼기 쇠뼈는 토막친 것을 준비하여 냉수에 하루저녁 정도 담가 핏물을 뺀다.

2 끓이기 끓는 물에 뼈를 넣고 애벌 끓여서 검게 우러난 첫 물은 따라버린다. 뼈에 엉겨붙은 찌꺼기를 떼내고 다시 한 번 찬물에 넣고 서서히 끓인다.

3 우거지와 대파썰기 데친 우거지는 물기를 짠 다음 4~5cm 길이로 썰고 대파는 어슷썬다.

4 버무리기 우거지와 대파, 찐콩나물을 함께 담고 고춧가루, 다진마늘, 간장, 된장을 넣어 버무려 준다.

5 간하기 국물이 뽀얗게 우러난 뼛국에 우거지무침을 넣고 끓여 소금, 후추로 간을 한다.

더 맛있게! 쇠뼈는 반드시 냉수에 담가 핏물을 빼고 끓는 물에 데쳐내야만 냄새가 없고 시원한 국물맛이 난다.

모듬야채장떡찜

 **재료/4인분**

청고추 10개, 홍고추 2개, 깻잎 20장, 쪽파 5뿌리, 양배추 3잎, 가지 1개, 달걀 1개, 된장 1큰술,고추장 1큰술, 부침가루 2/3컵, 깨소금·후추·참기름 약간씩

 **이렇게 만드세요**

1 야채 채썰기 청홍 고추는 송송 썰고 깻잎은 1cm폭으로 썬다. 쪽파는 3cm길이의 채로 썬다.

2 양배추와 가지 썰기 양배추와 가지는 4cm길이 0.5cm폭으로 얇게 썰어준다.

3 간하기 모든 야채를 그릇에 담고 된장, 고추장, 깨소금, 후추, 참기름으로 간을 한다.

4 달걀과 부침가루 섞기 양념한 야채에 달걀과 부침가루를 넣고 되직한 농도로 섞어 준다.

5 찌기 김이 오른 찜통에 젖은 베보를 깔고 ④의 반죽을 퍼서 담고 15분 정도 쪄낸다.

6 담기 쪄낸 장떡은 식힌 다음 알맞은 크기로 잘라 담는다.

더 맛있게! 약간 홀홀한 농도의 장떡 반죽으로 만들어 식용유 두른 팬에서 지지기도 한다. 장떡반죽의 간은 반드시 된장이나 고추장으로 한다.

*Satur*day 토

생야채김초밥

🍚 재료/4인분

밥	3공기
김	5장
고추냉이(와사비)	약간
오이	1개
당근	1/3개
무순	30g
붉은 양배추	약간
양배추	2잎
홍고추 실채	약간
황백지단채	1개 분량,

배합초

설탕	2큰술
식초	2큰술
소금	1/3작은술

📝 이렇게 만드세요

1 오이와 당근 채썰기 오이는 돌려깎아 길이 5~6cm, 0.2cm굵기의 채로 썬다. 돌려깎을 때는 칼을 상하로 움직여주면 잘 깎아진다. 당근도 같은 크기의 채로 썬다.

2 양배추 채썰기 붉은 양배추와 양배추도 깨끗하게 씻어 당근과 같은 크기로 채썬다.

3 밥에 배합초 섞기 뜨거운 밥에 설탕, 식초, 소금을 섞어 살짝 끓인 배합초를 골고루 섞어 식혀 준다.

4 고추냉이 바르기 살짝 구운 김은 김발에 놓고 김 한장에 넣을 양만큼 밥을 손에 뭉치는데 배합초를 묻혀가며 무친다. 뭉친 초밥을 얇게 펴고 그 위에 고추냉이를 한줄로 발라 준다.

5 소 넣기 무순, 홍고추실채, 황백지단채와 야채를 밥 위에 가지런히 놓는다. 소를 눌러주고 앞쪽을 들어 끝쪽의 밥에 붙이면서 김발로 꼭꼭 싼다.

6 김밥 썰기 칼에 배합초를 묻혀가면서 양끝을 잘라내고 한입에 먹기 좋게 썬다.

🧑‍🍳 요리힌트

다시마를 넣어 짓는다

초밥용 밥에 다시마를 넣어 밥을 지으면 맛있다. 다시마를 젖은 가제로 닦아 가위로 자른 후 밥 안칠 때 함께 넣는다. 처음에는 센불에서 끓이다가 한 번 끓어 오르면 중불로 줄인다. 물이 잦아드는 듯하면 다시마를 꺼내고 뜸을 들인다. 너무 일찍 뜸을 들이면 밥이 질어질 수 있으므로 주의한다.

비디오 쿠킹

오이 돌려깎기

밥에 배합초 섞기

고추냉이 바르기

밥에 재료 얹기

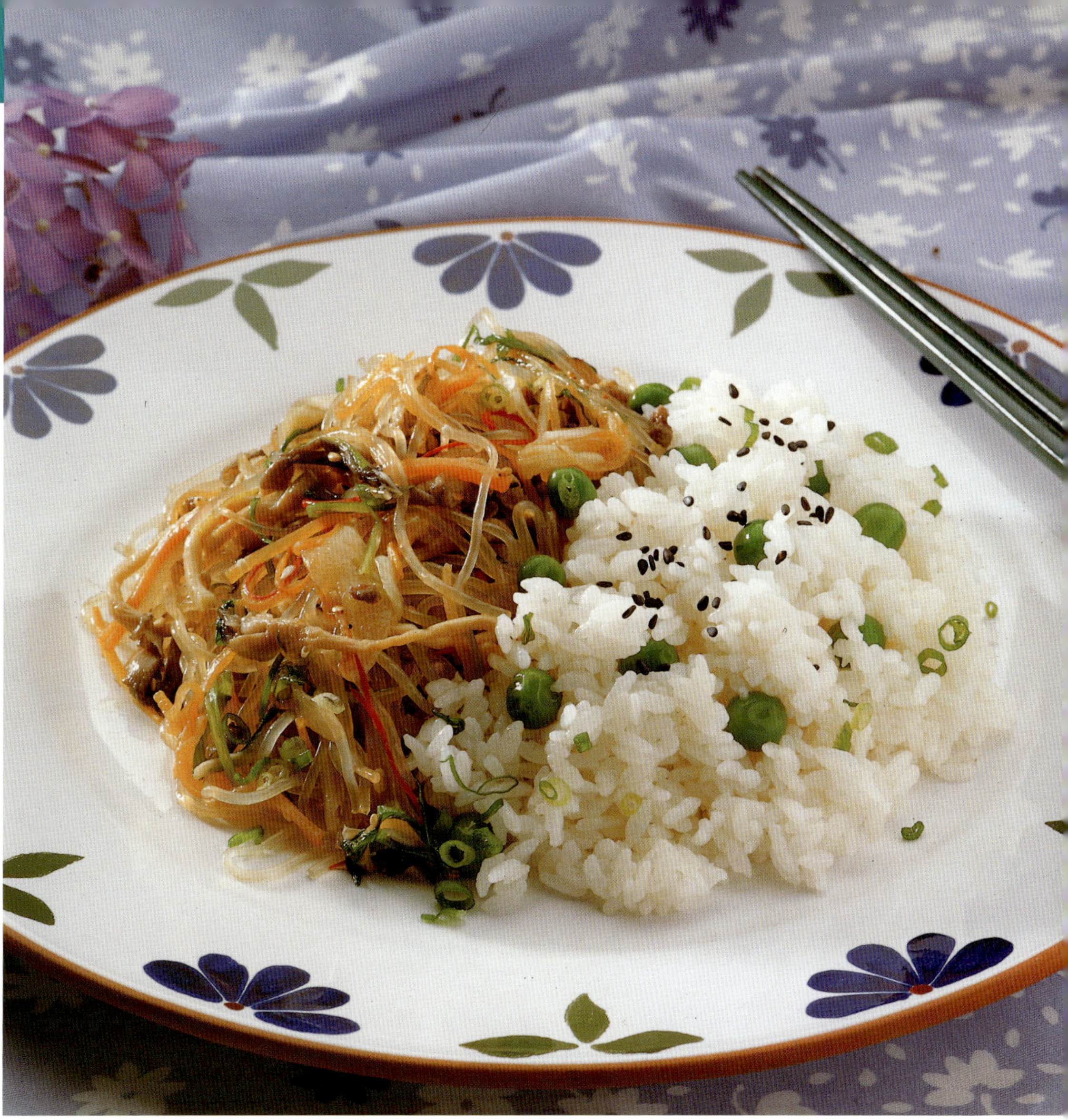

Sun일day

느타리버섯잡채밥

 **재료/4인분**

밥 4인분,불린 당면 400g,양파 1/3개, 쇠고기 100g, 느타리버섯 30g, 당근 30g, 실파 100g, 간장 1큰술, 식용유 · 소금 · 후추 · 참기름 약간씩, **고기양념** 간장 1큰술, 설탕 1/2큰술, 다진파 · 마늘 1/2큰술, 청주 1/2큰술, 깨소금 · 참기름 약간씩

 **이렇게 만드세요**

1 **당면 무치기** 불린 당면은 끓는 물에 데쳐 냉수에 헹궈 건진 다음 10cm길이로 잘라 간장, 설탕,참기름으로 무쳐 둔다.

2 **야채와 쇠고기 채썰기** 양파는 얇게 채로 썰고 당근, 실파,쇠고기는 6cm길이의 고운 채로 썬다.

3 **느타리 버섯 무치기** 느타리버섯은 끓는 물에 데쳐낸 다음 냉수에 헹궈 물기를 짜고 가늘게 찢어 소금,참기름으로 무친다.

4 **고기 양념하기** 고기는 제시한 분량의 양념으로 무친다.

5 **볶기** 팬에 식용유를 두르고 채 썬 야채와 버섯, 고기를 각각 볶아준다.

6 **당면 넣어 볶기** 팬에 당면을 넣고 볶아 부드러워지면 불에서 내리고 볶아놓은 재료와 섞는다.

7 **담기** 간을 확인하고 ⑥에 깨소금과 참기름을 넣어 버무려 밥과 함께 담는다.

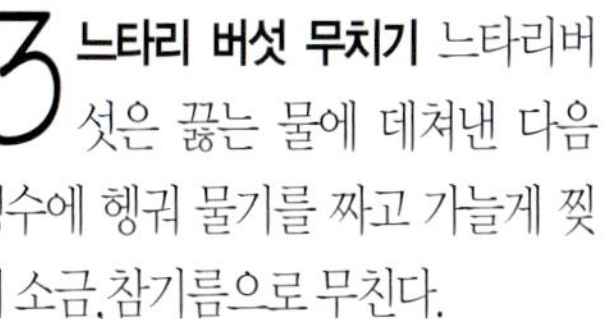

생선대파누름적

재료/4인분

흰살 생선살 250g,대파 2뿌리,소금 · 흰후추 · 생강즙 · 참기름 · 밀가루 약간씩, 달걀 2개 식용유 적당량

이렇게 만드세요

1 **흰살생선 밑간하기** 흰살생선은 좋아하는 것으로 준비하여 7cm 길이,1.5cm폭, 1cm두께로 썰어 소금, 후추, 생강즙,참기름으로 무친다.

2 **대파 자르기** 대파는 6cm 길이로 잘라 소금,후추,참기름으로 무친다.

3 **꼬치에 꿰기** 꼬치에 흰살생선살과 대파를 번갈아 끼워준 다음 밀가루를 앞뒤로 골고루 뿌려 준다.

4 **지지기** 달걀물에 ③을 담갔다 건져 식용유를 두른 팬에 노릇하게 지져 낸다. 접시에 담을 때는 꼬치를 빼고 담는다.

오늘의 식단
(총1985Kcal)

아침	· 오므라이스	377Kcal
	실파맑은국	62Kcal
	모듬피클	26Kcal
	깍두기	20Kcal
점심	· 잡곡밥(1공기)	361Kcal
	두부된장찌개	170Kcal
	백자반구이	142Kcal
	배추김치	17Kcal
저녁	· 김말이밥	442Kcal
	두부된장국	142Kcal
	돼지고기양념튀김	125Kcal
	양상추샐러드	101Kcal

돼지고기양념튀김

재료/4인분

돼지고기	300g
간장	1큰술
다진마늘	2큰술
다진생강	1작은술
다진파	2큰술
깨소금 · 후추 · 참기름	약간씩
달걀	1/2개
밀가루	3큰술
녹말가루	3큰술

샐러드

양상추 · 청홍피망 · 토마토	약간씩

드레싱

프렌치드레싱	3큰술
갈은 당근	2큰술
갈은 마늘	1큰술
레몬즙	1큰술
소금 · 후추	약간씩

이렇게 만드세요

1 돼지고기 양념하기 고기는 굵은 콩알 굵기로 썰어 분량의 간장, 다진마늘, 다진생강, 다진파, 깨소금, 후추, 참기름으로 버무려 준다.

2 고기와 튀김옷 섞기 양념한 고기에 달걀, 밀가루, 녹말가루를 넣고 골고루 섞어 준다.

3 튀기기 170℃기름에 고기를 작은 밤알 굵기로 떼어 넣고 노릇하게 튀겨 낸다.

4 야채 채썰기 양상추는 채로 썰거나 손으로 뜯어 냉수에 헹궈 건지고 청홍 피망은 얇은 링으로 썰어 냉수에 헹궈 건진다.

5 드레싱 만들기 제시한 분량대로 드레싱을 만들어 골고루 저어 준다.

6 담기 접시에 돼지고기양념 튀김과 준비해둔 야채와 토마토를 곁들여 담는다. 튀긴 고기에 드레싱이 흘러 닿으면 튀김옷이 눅눅해질 수 있으므로 고기와 채소 사이를 떼어 놓는다. 먹기 직전에 드레싱을 끼얹는다.

더 맛있게! 쇠고기 양념튀김도 같은 조리법으로 한다. 단 너무 오래 튀기면 살이 오그라들고 뻣뻣해진다. 중불의 기름에 고기를 넣은 후 곧 불을 세게 해서 파삭하게 튀긴다. 양념에 생강을 넣을 필요는 없다. 샐러드는 야채뿐만 아니라 과일로 샐러드를 만들어 곁들여도 좋다.

비디오 쿠킹

돼지고기 양념하기

고기에 튀김옷 섞기

야채 썰기

드레싱 만들기

Tue화day

아침	· 잡곡밥(2/3공기)	241Kcal
	시금치토장국	88Kcal
	이면수구이	212Kcal
	콩나물무침	42Kcal
	배추김치	17Kcal
점심	· 메밀국수	380Kcal
	장국	50Kcal
	무김치	20Kcal
저녁	· 튀김새우야채덮밥	592Kcal
	숙주나물	23Kcal
	연근조림	50Kcal
	취나물볶음	131Kcal
	백김치	17Kcal

메밀국수

 **재료/4인분**

메밀국수 4인분(500g), 송송 썬 대파 1/3컵, 갈은무 1/3컵, 고추냉이 약간, **국물** 다시마 가다랭이국물 4인분(6컵), 간장 1/4컵, 청주 2큰술, 소금 약간

이렇게 만드세요

1 국물 만들기 다시마 가다랭이 국물에 분량의 간장과 청주, 소금으로 간을 하여 차게 보관한다.

2 메밀국수 끓이기 끓는 물에 손으로 흔들어 펼치듯이 메밀국수를 넣고 5분 정도 삶아 흐르는 물에 말갛게 씻어 준다.

3 냉장국 만들기 삶은 국수는 물기를 제거하고 송송 썬 대파와 갈은 무와 고추냉이를 넣어 냉장국을 만든다.

4 담아내기 국수는 작은 바구니에 받침을 하여 담아내고 장국물에 국수를 담갔다 건져 먹는다.

튀김새우야채덮밥

 **재료/4인분**

밥 4인분, 당근 30g, 감자 1/2개, 우엉 30g, 청홍고추 1/2개씩, 새우 5마리, 녹말가루 약간, 튀김기름 적당량, 쑥갓·실파 약간,쇠고기 50g, 다시마물 4컵, 간장 3큰술, 조미술 2큰술, 소금·후추 약간씩 **튀김옷** 달걀물 4큰술, 밀가루 3큰술, 녹말가루 2큰술, 얼음물 4큰술

이렇게 만드세요

1 쇠고기 익히기 다시마물에 납작하게 썬 쇠고기를 넣고 끓이면서 떠오르는 불순물은 걷어낸다.

2 간 맞추기 국물에 분량의 간장과 조미술을 넣고 끓이다가 양파채와 실파채를 넣고 끓여 간을 확인한다.

3 야채 채썰기 당근, 감자, 우엉, 청홍 고추는 4cm길이의 고운 채로 썰고 새우는 내장을 빼고 껍질을 벗겨 준다.

4 튀김옷 만들기 제시한 분량대로 튀김옷을 만들어 가볍게 저어 준다.

5 튀기기 준비한 야채와 새우에 녹말가루를 뿌리고 튀김옷에 적셔 160℃에서 바삭하게 튀겨낸다.

6 담기 그릇에 밥을 담고 끓여 놓은 장국을 부어준 다음 튀김들을 알맞게 담고 쑥갓을 곁들여 낸다.

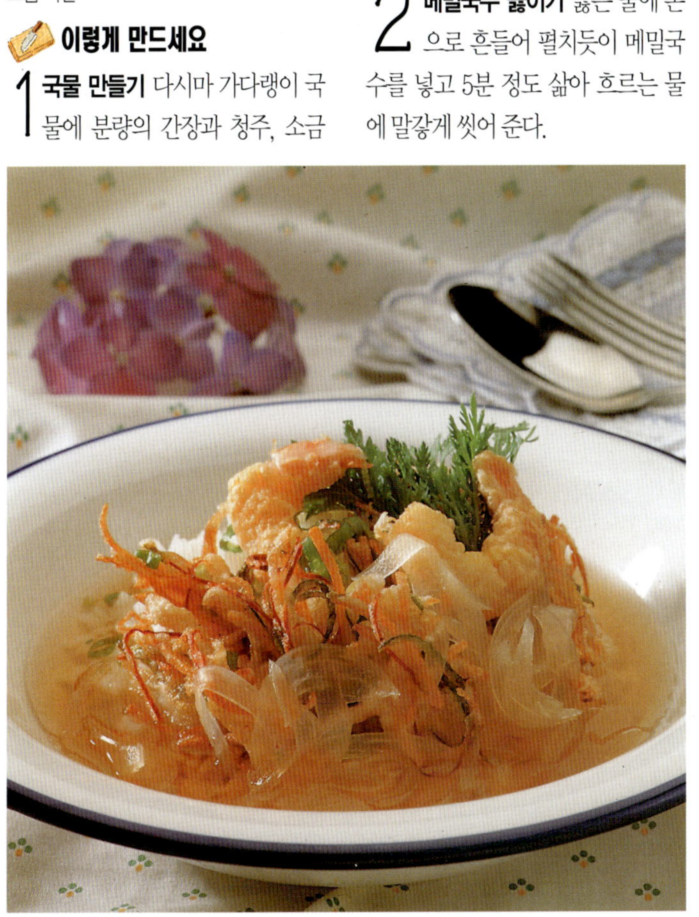

더 맛있게! 덮밥은 먹기 직전에 일인분씩 밥을 담고 장국을 부어 준다. 튀김은 바삭한 상태로 마지막에 올려 담는다. 기타 재료들을 이용한 버섯, 쇠고기, 달걀, 장어구이, 포크커틀릿, 야채 등의 일식풍의 덮밥을 간편하게 만들어 본다.

오늘의 식단
(총1899Kcal)

아침	· 오트밀우유죽	278Kcal
	소시지버터구이	200Kcal
	오이피클	26Kcal
	복숭아 한쪽	17Kcal
점심	열무비빔밥	416Kcal
	콩나물국	43Kcal
	두부양념지짐	110Kcal
	꼬막무침	128Kcal
저녁	· 낙지볶음라면	366Kcal
	무쇠고기맑은국	112Kcal
	달걀말이	95Kcal
	애호박전	89Kcal
	열무김치	19Kcal

낙지볶음라면

재료/4인분

삶은라면	3개분
식용유	적당량
당근채 · 실파채	약간
소금 · 후추 · 상추잎	약간씩
낙지(큰 것)	1마리
양파	1/4개
청고추	2개
홍고추	1개
양배추	3잎
참기름	약간

볶음양념

고추장	2큰술
고춧가루	1큰술
청주	1큰술
설탕	1큰술
다진마늘	1큰술
다진생강	1작은술
깨소금 · 후추 · 참기름	약간씩

이렇게 만드세요

1 볶음 양념 만들기 제시한 분량대로 볶음양념을 만들어 골고루 저어준다.

2 낙지 데치기 낙지는 소금을 뿌려 비벼 씻어 끓는 물에 데쳐낸 다음 5~6cm 길이로 썬다.

3 야채 썰기 양파와 양배추는 0.5cm폭으로 채썰고 당근도 같은 폭으로 얇게 썬다.

4 물기 없애기 청홍고추는 길게 어슷 썰어 속씨를 털어내고 상추잎은 씻어 건져 물기를 제거한다.

5 라면 볶기 식용유를 두른 팬에 삶은 라면을 넣고 고소하게 볶아 접시에 담아 준다.

6 끓이기 팬에 식용유를 두르고 볶음양념을 넣고 약한 불에서 서서히 볶아 끓인다.

7 간 맞추기 끓는 양념에 낙지와 야채들을 넣고 강한 불에서 타지 않게 볶아 간이 배면 꺼낸다.

8 담기 라면과 낙지볶음을 함께 담아 낸다.

더 맛있게! 낙지를 바로 볶으면서 양념을 하면 물이 많이 생긴다. 낙지를 살짝 데쳐서 볶으면 물이 생기지 않는다. 낙지에서 우러난 물을 버리지 말고 고춧가루를 불리는데 사용하면 낙지볶음의 풍미를 살릴 수 있다.

비디오 쿠킹

볶음양념 만들기

낙지 데치기

야채 채썰기

삶은 라면 볶기

*Thu*목*sday*

다시마맛살볶음

재료/4인분

염장 다시마 200g, 실파채 3뿌리, 맛살 2쪽, 식용유 적당량, 다진마늘 1큰술, 생강즙 1작은술·청주 1/2큰술, 홍고추채 약간, 소금·후추·참기름 약간씩

이렇게 만드세요

1 다시마 짠맛 빼기 염장 다시마는 0.5cm폭의 채로 썰어 냉수에 담궈 짠맛을 알맞게 줄여 건져 물기를 뺀다.

2 맛살 찢기 맛살은 5cm길이로 가늘게 찢어 준다.

3 간하기 다시마에 실파채,다진 마늘, 생강즙, 청주, 홍고추채, 맛살채를 넣고 소금,후추,참기름으로 간을 하여 버무린다.

4 볶기 팬에 식용유를 두르고 다시마맛살 무침을 넣고 볶아 담고 통깨를 뿌려준다.

> **더 맛있게!** 염장 다시마는 물에 20~30분 정도 담가 두어 짠맛을 충분히 우려낸 후 사용한다. 장수 식품이기도 한 다시마는 튀각, 조림, 쌈 등 다양하게 요리할 수 있고 각각 다른 맛을 느낄 수 있다.

야채두부냉채

재료/4인분

두부 1/3모, 애호박 1/2개, 가지 1개, 익힌 당근 1개, 소금·후추·참기름 약간씩, 청홍고추 3개씩, 녹말가루 약간, **냉채소스** 간장 2큰술, 물엿 2큰술, 발효겨자 1/2큰술, 깨소금 약간, 잘게 썬 청홍고추 1큰술씩

이렇게 만드세요

1 양념하기 두부와 애호박, 가지, 익힌 당근은 2cm 굵기의 깍둑 썰기로 하여 소금, 후추, 참기름으로 버무려 준다.

2 냉채소스 만들기 분량의 재료로 냉채소스를 만들어 잘게 썰은 청홍고추를 넣어 준다.

3 야채 데치기 ①의 야채에 녹말가루를 골고루 묻힌 후 소금을 약간 넣은 끓는 물에 데쳐 냉수에 잠깐 담갔다가 건져 식혀 담는다.

4 소스 뿌리기 데친 야채를 접시에 담고 냉채소스를 뿌려 낸다.

> **더 맛있게!** 야채뿐만 아니라 흰살생선, 새우, 전복, 버섯종류, 청홍 피망 등을 이용할 수 있다. 소스는 미리 뿌려 놓으면 음식이 축 처지고 향도 달아나므로 먹기 직전에 바로 뿌려 내도록 한다.

Friday 금

불고기스테이크

재료/4인분

쇠고기	300g
애호박	1/3개
식용유	약간
표고버섯	8개

스테이크 소스

간장	2큰술
청주	1/2큰술
다진마늘	1큰술
다진양파	1큰술
후추·깨소금·참기름	약간씩

이렇게 만드세요

1 쇠고기 칼집 넣기 쇠고기는 1.5cm두께, 손바닥 반 정도 크기로 잘라 칼을 세워서 칼끝으로 잔칼집을 넣어주며 힘줄을 끊는다.

2 쇠고기 양념에 재우기 스테이크 소스를 만들어 고기에 발라 1시간 정도 재운다. 양념해서 바로 구우면 양념이 겉돌고 맛이 없다. 살코기나 얇게 썬 고기는 최소한 30분 정도 양념에 재둔다.

3 애호박전 부치기 애호박을 썰어서 소금, 후추를 뿌린 다음 밀가루, 달걀물 순으로 옷을 입혀 식용유를 두른 팬에 노릇하게 구워 낸다.

4 표고버섯전 부치기 불린 표고는 물기를 짠 후 기둥을 떼어내고 소금, 후추, 참기름을 넣어 버무린다. 밀가루, 달걀물 순으로 입혀 식용유를 두른 팬에서 구워낸다.

5 쇠고기 익히기 석쇠나 오븐그릴에 양념한 고기를 원하는 정도로 익힌다. 석쇠나 오븐을 미리 뜨겁게 달군 다음 센불에서 굽다가 고기 위에 핏물이 고이면 한 번만 뒤집어서 익힌다. 쇠고기는 7할 정도만 익혀서 먹는게 부드럽다.

6 접시에 담기 익힌 쇠고기와 애호박전, 표고버섯전을 곁들여 담아 준다.

> **더 맛있게!** 불고기를 맛있게 만들려면 고기를 연하게 만들어야 한다. 칼로 꼼꼼히 두들겨 조직을 연하게 한다. 너무 세게 두들기면 흐물흐물해지므로 적당한 강도로 두들기는 것이 중요하다. 배나 파인애플을 썰거나 갈아서 양념할 때 넣으면 고기의 누린내도 없애주고 연하게 해 준다.

비디오 쿠킹

고기에 칼집 넣기

스테이크 소스 바르기

애호박에 밀가루 묻히기

표고버섯 지지기

Satu**토**day

오늘의 식단 (총1947Kcal)		
아침 · 쌀밥(2/3공기)		223Kcal
두부찌개		170Kcal
쇠고기야채볶음		101Kcal
총각김치		27Kcal
점심 · 유부초밥		429Kcal
미역된장국		104Kcal
참치야채구이		110Kcal
무초김치		49Kcal
저녁 · 잡곡밥(1공기)		361Kcal
북어두부국		168Kcal
팽이버섯전		101Kcal
오징어구이		87Kcal
배추김치		17Kcal

참치야채구이

 **재료/4인분**

날참치 200g, 애호박 1/4개, 당근 40g, 가지 1개, **구이양념** 다진양파 4큰술, 백포도주 2큰술, 레몬즙 2큰술, 다진마늘 1큰술, 올리브유 2큰술, 우스터소스 1/2큰술, 소금·후추 약간씩

이렇게 만드세요

1 **참치와 야채 썰기** 날참치는 4×3cm 크기, 1.5cm두께로 썰고 애호박과 당근, 가지도 비슷한 크기로 썬다.

2 **꼬치에 꿰기** 잘라둔 날참치와 야채는 쇠꼬치에 끼워준 다음 레몬즙을 뿌려 둔다.

3 **소스 바르기** 제시한 분량대로 다진양파, 백포도주, 다진마늘, 올리브유 등을 준비하여 구이양념을 만들어 꼬치에 발라 준다.

4 **오븐에 굽기** 200℃ 오븐에 꼬치를 넣고 30분 정도 구워낸다. 굽는 도중 구이양념을 덧발라가면서 구워 준다.

오븐을 이용하면 까다로운 구이요리도 하기 쉽다. 태울 염려가 없고 또 거운 정도와 요리 시간을 조절할 수 있어 편하다. 오븐을 굽기 전에 미리 예열해 두었다가 구워야 맛있다. 거의 다 익었을 때 소스를 한번 더 발라준다.

요리힌트

참치의 영양

바다의 닭고기라고 불리는 참치는 질좋은 단백질과 비타민, 무기질이 풍부하다. 그냥 먹어도 되는 통조림 참치는 찌개에 넣거나 전으로 부쳐먹으면 담백한 맛이 일품이다. 참치전을 할 때는 높은 온도에서 쉽게 타버리는 달걀을 묻히기 때문에 달구어진 팬에 재료를 놓은 후 재빨리 불의 세기를 약하게 해야 한다.

팽이버섯전

재료/4인분

팽이버섯 100g, 홍고추 1개, 청고추 1개, 달걀 1개, 소금·후추·참기름·밀가루 약간씩, 식용유 적당량

이렇게 만드세요

1 **고추 썰기** 청홍 고추는 동글동글하게 썰어 속씨를 털어 낸다.

2 **버섯 다듬기** 팽이버섯은 밑둥을 잘라 내고 적당하게 줄기를 갈라서 흐르는 물에 살살 씻은 후 물기를 없앤다.

3 **버섯 양념하기** 적당한 양의 팽이버섯에 청홍 고추 썬 것을 색깔대로 하나씩 끼우고 소금, 후추, 참기름을 넣고 밀가루를 뿌려 준다.

4 **버섯 지지기** 달걀을 풀고 ③의 버섯을 적셔 식용유를 두른 팬에 놓아 노릇하게 지져낸다.

5 **접시에 담기** 뜨거울 때 접시에 담고 초간장을 준비하여 곁들여낸다.

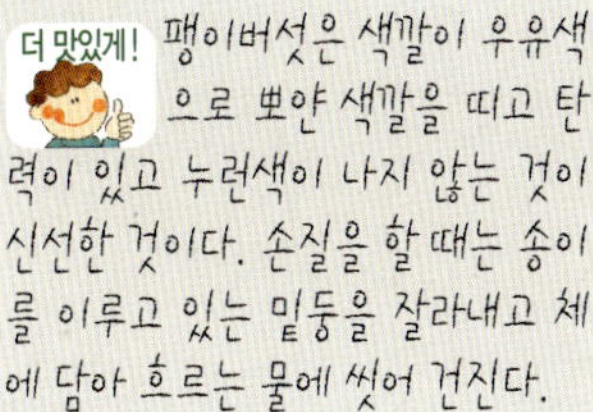

팽이버섯은 색깔이 우유색으로 뽀얀 색깔을 띠고 탄력이 있고 누런색이 나지 않는 것이 신선한 것이다. 손질을 할 때는 송이를 이루고 있는 밑둥을 잘라내고 체에 담아 흐르는 물에 씻어 건진다.

*Sun*일*day*

오늘의 식단 (총 1640Kcal)	
아침 · 참치샌드위치	414Kcal
우유	118Kcal
모듬피클	26Kcal
점심 · 우무콩국	426Kcal
애호박부침개	89Kcal
오이지무침	39Kcal
백김치	17Kcal
저녁 · 영양밥	401Kcal
야채국	93Kcal
북어산적	115Kcal
깻잎찬	24Kcal
가지볶음	89Kcal
배추김치	17Kcal

북어산적

🍚 재료/4인분

북어	1마리
유장	약간
통깨	조금
실고추	약간
송송 썬 실파	약간

고기반죽

갈은 쇠고기	60g
두부	30g
소금 · 후추	약간씩
다진마늘	1/2큰술
다진파	1/2큰술
깨소금 · 참기름	약간씩

산적양념

간장	2큰술
물엿	1큰술
청주	1/2큰술
다시마물	3큰술

📋 이렇게 만드세요

1 북어 불리기 북어는 물에 적셔 건져 물기를 빼면서 겉껍질을 벗기고 옆을 갈라 넓게 편다.

2 유장 바르기 북어의 양면에 유장을 발라준 다음 양면에 밀가루를 가볍게 뿌려 준다.

3 고기반죽 만들기 갈은 쇠고기와 두부에 분량의 양념을 넣고 골고루 치대 섞어 준다.

4 잔칼집 넣기 유장 바른 북어 위에 고기반죽을 얇게 편 다음 골고루 잔칼집을 넣어 준다.

5 북어 굽기 산적양념을 만들어 고기 위에 붓으로 바르고 팬이나 석쇠에서 구워 알맞은 크기로 잘라 담는다. 통깨와 실고추, 송송 썬 실파를 뿌려준다.

더 맛있게! 북어는 물에 너무 불리면 북어살이 흩어지기 쉽다. 냉수에 적셔 바로 건져 물을 빼면서 불려야 한다. 떫은 맛을 없애기 위해서는 맹물보다는 쌀뜨물에 불리는 것이 좋다. 생선의 맛난 성분이 나오는 것을 막아주고 뜨물의 콜로이드 성분이 떫은 맛을 없애준다.

북어포 겉껍질 벗기기

유장 바르기

고기반죽 만들기

고기반죽 펴 바르기

오늘의 식단
(총1941Kcal)

아침	· 잡곡밥(2/3공기)	241Kcal
	참치김치찌개	86Kcal
	마른오징어맛조림	132Kcal
	시금치나물	58Kcal
	물김치	12Kcal
점심	스파게티	576Kcal
	햄꼬치튀김	103Kcal
	양상추샐러드	51Kcal
저녁	팥밥(1공기)	365Kcal
	미역국	104Kcal
	돼지고기미나리초무침	149Kcal
	애호박볶음	47Kcal
	배추김치	17Kcal

마른오징어맛조림

재료/4인분

마른오징어 2마리, 잣가루 약간, 청홍고추채 1개분씩, **조림간장** 간장 3큰술, 설탕 2큰술, 청주 1큰술, 마늘쪽 4개, 생강즙 1큰술, 다시마물 1컵

이렇게 만드세요

1 마른 오징어 불리기 마른 오징어는 자박한 물에 하루저녁 정도 충분히 불려 건져 물기를 빼 준다.

2 오징어 몸통 실로 감기 오징어의 몸통에 다리와 청홍고추채를 놓고 탄력있게 돌돌 말아 실로 촘촘하게 감는다.

3 조림간장 만들기 제시된 분량대로 조림간장을 만들어 냄비에 부어 준다.

4 조리기 조림간장에 오징어말이를 넣고 서서히 조려 맛을 들인다.

5 오징어 조림 썰기 오징어 조림은 실을 풀고 식힌 다음 얇게 저며 썰어 담고 잣가루를 뿌린다.

건어물이 조림 요리 하기에 좋다

맛이 진한 양념장에 재었다가 약한 불에서 조리는 조림은 맛깔스런 밑반찬을 만드는데 적합한 조리법이다. 밑반찬을 위한 조림요리에는 살이 연한 재료보다는 단단하고 쫄깃한 질감이 살아 있는 재료가 제격. 어패류라면 날것보다는 말린 건어물이 조림 요리에 적합하다.

살이 연한 재료를 오랜 기간 조리면 쉽게 부스러지고 저장성도 떨어진다. 살이 연한 생선이나 무 같은 야채를 조릴 때는 속까지 간이 밸 정도로 익혀서 바로 먹는 것이 좋다.

햄꼬치튀김

재료/4인분

햄 150g, 데친 브로콜리 100g, 맛살 1쪽, 달걀 2개, 소금 · 후추 · 참기름 · 밀가루 · 빵가루 약간씩, 튀김기름 적당량

이렇게 만드세요

1 햄, 맛살 썰기 햄과 맛살은 3cm 길이로 썰고 데친 브로콜리도 비슷한 크기로 분리하여 준다.

2 꼬치에 꿰기 준비한 재료를 소금, 후추, 참기름으로 버무려 꼬치에 꽂아 준다.

3 밀가루 묻히기 꼬치에 밀가루를 가볍게 뿌려 준다.

4 달걀물, 빵가루 묻히기 꼬치에 달걀물, 빵가루 순서로 옷을 입혀 준다.

5 튀기기 170℃의 기름에 꼬치를 넣어 노릇하게 튀겨낸다.

더 맛있게! 튀김옷은 시간이 지나면 끈기가 생기므로 튀기기 직전에 갠다. 튀김옷은 늘 차게 해야 바삭한 튀김을 만들 수 있다. 또 튀김을 시작할 때부터 끝날 때까지 기름을 같은 온도로 유지해야 한다.

오늘의 식단
(총1851Kcal)

아침	· 야채진미죽	215Kcal
	짠무장아찌무침	10Kcal
	쥐포조림	100Kcal
	나박김치	12Kcal
점심	· 카레라이스	580Kcal
	양배추감자국	87Kcal
	무초김치	49Kcal
	참외 한쪽	18Kcal
저녁	· 잡곡밥(1공기)	361Kcal
	근대토장국	59Kcal
	돼지갈비양념구이	246Kcal
	어리게젓	56Kcal
	노각생채	58Kcal

돼지갈비양념구이

재료/4인분

돼지갈비	500g
짧게 썬 청홍고추	1개씩

구이양념

고추장	3큰술
고춧가루	1큰술
다진마늘	2큰술
다진양파	2큰술
다진파	2큰술
다진생강	1/2큰술
청주	1큰술
설탕	2큰술
깨소금 · 후추 · 참기름	약간씩

이렇게 만드세요

1 돼지갈비살 펴주기 돼지갈비는 뼈를 기준으로 하여 뼈에 붙은 살을 0.5cm두께로 저며 펴준다.

2 칼끝으로 찍기 살을 펴 준 돼지갈비는 칼끝으로 여러곳을 찍어 오그라 들지 않게 한다.

3 구이양념 만들기 제시한 분량대로 구이양념을 만들어 짧게 썬 청홍고추를 넣고 골고루 저어 준다.

4 버무리기 구이양념에 돼지갈비를 넣고 골고루 버무려 준 다음 30분 정도 잰다.

5 굽기 양념한 돼지갈비는 석쇠에서 구워 주거나 오븐온도 200℃에 넣고 완전히 익도록 구워 준다.

더 맛있게! 돼지고기는 센불에서 구워야 육즙이 생기지 않는다. 처음에는 센불에서 구워 표면이 익으면 불을 줄여 속까지 완전히 익게 한다. 또한 특유의 냄새를 없애기 위해서는 생강즙이나 청주를 넣어 밑간을 하면 냄새도 없어지고 고기도 연해진다.

요리힌트

갈비 손질법

갈비는 기름이 너무 많은 부위는 적당히 잘라 떼어내고 갈비뼈의 단면이 보이도록 얇게 저며썬다. 너무 굵거나 크게 썰면 익힐 때 시간이 오래 걸리고 양념장도 고루 배지 않는다. 손질한 갈비는 찬물에 오랜 시간 담가 두어 핏물을 뺀 다음 흐르는 물에 씻어서 건져 물기를 뺀다. 양념장에는 30분 이상 재어 골고루 간이 배도록 하는 것이 좋다.

갈비살 저며 펴 주기

칼끝으로 찍어주기

구이양념 만들기

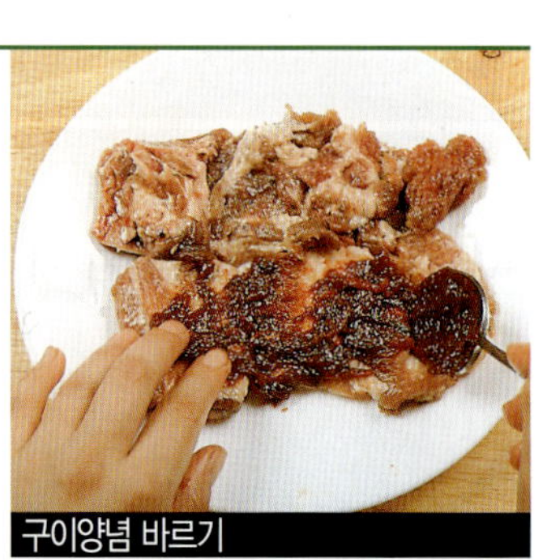

구이양념 바르기

오늘의 식단
(총1773kcal)

아침	· 김치볶음밥	479Kcal
	달걀탕	55Kcal
	풋고추감자채전	106Kcal
	오징어젓갈무침	12Kcal
	열무김치	19Kcal
점심	· 미역찹쌀수제비	518Kcal
	애호박볶음	47Kcal
	연배추겉절이	45Kcal
	수박 한쪽	38Kcal
저녁	· 완두콩밥(1공기)	345Kcal
	콩나물국	43Kcal
	고추장아찌양파무침	38Kcal
	깻잎김치	28Kcal

풋고추감자채전

 **재료/4인분**

풋고추 20개, 감자 2개, 게맛살 1쪽, 달걀 1개, 부침가루 1컵, 다시마물 2/3컵, 소금·후추·참기름·식용유 약간씩

 **이렇게 만드세요**

1 풋고추 채썰기 풋고추는 반으로 갈라 속씨를 털어내고 보통 굵기의 채로 썬다.

2 감자 썰기 감자는 채로 썰고 게맛살은 가늘게 찢어 준다.

3 달걀과 부침가루 넣기 큼직한 그릇에 풋고추와 감자, 맛살을 담고 달걀, 부침가루를 넣고 섞어 준다.

4 부침 반죽하기 ③에 다시마물을 넣고 섞어 부침반죽을 만든다.

5 지지기 식용유를 두른 팬에 부침반죽을 한 국자씩 놓아 얇게 펴서 지져 낸다.

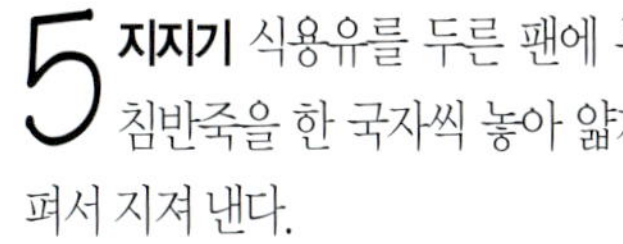

얇게 부쳐야 쫄깃하다

부침이 쫀득쫀득 맛있으려면 반죽이 잘 되어야 한다. 다소 묽은 듯 걸쭉한 상태가 맛있다. 반죽이 잘 되었어도 두껍게 부치면 쫄깃한 맛이 없어진다. 한 국자 떠 놓고 국자로 빙글빙글 움직이면서 얄팍하게 펼쳐 놓는다. 또한 부칠 때 뒤집개로 꾹꾹 눌러주면 얇게 퍼져 더 차지고 쫄깃해지며 섞은 재료끼리도 잘 달라 붙어 모양이 흐트러지지 않는다.

고추장아찌 양파무침

 **재료/4인분**

고추장아찌 200g, 양파 1/3개, 홍고추 2개, 고춧가루 2큰술, 간장 1큰술, 물엿 1큰술, 다진마늘 1큰술, 식초 1큰술, 통깨·참기름 약간씩

 **이렇게 만드세요**

1 고추장아찌와 양파 썰기 고추장아찌는 냉수에 담가 짠맛을 줄여 준 다음 건져 1cm길이로 썰고 양파는 사방 1cm 크기로 썬다.

2 홍고추 손질하기 홍고추는 송송 썰어 냉수에 헹궈 속씨를 제거하고 물기를 없앤다.

3 무치기 그릇에 ①,②를 담고 고춧가루, 간장, 물엿, 다진마늘, 식초의 순으로 넣고 골고루 무친다.

4 통깨, 참기름 넣기 간을 확인하고 통깨, 참기름을 넣고 버무려 담는다.

오늘의 식단
(총1912Kcal)

아침	· 통감자찜	218Kcal
	연두부탕	142Kcal
	오이생채	46Kcal
	오징어포볶음	63Kcal
점심	· 잡채덮밥	373Kcal
	야채육수국	51Kcal
	오향짜춘권	205Kcal
	중국식 오이김치	39Kcal
저녁	· **튀김쌀국수**	590Kcal
	모듬야채볶음	98Kcal
	무초김치	49Kcal
	수박 한쪽	38Kcal

오향짜춘권

 **재료/4인분**

달걀 2개, 밀가루 3큰술, 다시마물 1/2컵, 소금 · 밀가루풀 약간씩, 튀김기름 적당량, 부추 200g, 돼지고기채 100g, 표고버섯채 4개분량, 새우 4마리, 생강채 약간, 간장 1큰술, 청주 1/2큰술, 소금 · 후추 · 참기름 약간씩

 **이렇게 만드세요**

1 부추 썰기 부추는 5cm 길이로 썰고 새우는 잔새우로 준비한다.

2 돼지고기 볶기 팬에 식용유를 두르고 생강채를 넣어 타지 않게 볶다가 돼지고기를 넣고 볶는다.

3 새우와 야채 넣고 볶기 ②에 간장과 청주를 뿌려 볶다가 새우, 표고버섯채, 부추의 순으로 넣고 볶아 간을 확인하고 참기름을 둘러 낸다.

4 춘권 반죽 만들기 분량의 달걀에 밀가루와 다시마물, 약간의 소금을 넣고 저어 춘권 반죽을 완성한다.

5 반죽 굽기 사각팬에 식용유를 두르고 반죽을 얇게 부어 넣고 구워낸다.

6 꼬치로 고정하기 춘권 껍질에 ③의 잡채를 알맞게 넣고 돌돌 말아 밀가루풀로 붙이고 양끝을 아무려 꼬치로 고정시킨다.

7 튀기기 170℃의 기름에 꼬치를 넣고 노릇하게 튀겨내어 뜨겁지 않게 식혀준 다음 2cm 길이로 잘라 담는다.

 더 맛있게! 오향짜춘권 반죽은 달걀로만 할 수도 있다. 속에 넣는 잡채에 중국부추를 듬뿍 넣고 볶으면 중화풍 부추잡채가 된다. 튀길 때 기름이 속에 들어가지 않도록 주의한다.

튀김쌀국수

 **재료/4인분**

삶은 쌀국수 200g, 녹말가루 약간, 튀김기름 적당량, 햄 30g, 당근 20g, 실파채 약간, 불린 표고 2개, 청홍고추채 약간, 식용유 적당량, 육수 3컵, 간장 2큰술, 소금 · 후추 · 녹말물 적당량, 참기름 약간

 **이렇게 만드세요**

1 국수 튀기기 삶은 쌀국수는 씻어 건져 녹말가루를 조금 뿌려준 다음 일인분씩 체에 담고 튀겨낸다.

2 햄 · 당근 · 표고 채썰기 햄과 당근, 불린 표고는 4~5cm 길이의 고운 채로 썰어 준다.

3 장국 만들기 냄비에 분량의 육수를 담고 간장, 소금, 후추로 간을 맞춘다.

4 재료 익히기 장국에 햄, 당근, 표고와 청홍고추채, 실파채를 넣고 끓인다.

5 녹말물 넣기 ④에 녹말물을 조금씩 넣어 약간 걸쭉하게 농도를 맞춰 끓이고 참기름을 1~2방울 떨어뜨려 준다.

6 장국 붓기 튀겨 놓은 쌀국수 위에 장국을 부어 낸다.

Friday 금

오트밀초코쿠키

 **재료/4인분**

오트밀 1/2컵, 제과용초콜릿 100g, 제과용 젤리 80g, 버터 약간, **쿠키반죽** 버터1/3컵, 밀가루 2컵, 달걀물 3큰술, 설탕 1/3컵, 베이킹파우더 1작은술, 소금 약간, 우유 3큰술

 **이렇게 만드세요**

1 체에 내리기 밀가루에 분량의 베이킹파우더를 섞어 체에 내려둔다. 제과용젤리와 초콜릿은 잘게 썰어 준다.

2 설탕과 버터 섞기 설탕과 버터를 함께 담고 충분히 저어준 다음 달걀물, 우유, 소금 약간을 넣고 저어 준다.

3 쿠키반죽 하기 ②에 체에 내린 밀가루를 넣고 가볍게 섞어준 다음 오트밀과 젤리와 초콜릿을 넣어 섞어 준다.

4 오븐팬에 놓기 쿠키반죽을 냉장고에 넣어 차갑게 해준 다음 버터를 바른 오븐팬에 작은 밤알 굵기로 떼어 놓는다.

5 굽기 오븐 온도 190℃에 ④를 넣고 10~15분 정도 노릇하게 구워낸다.

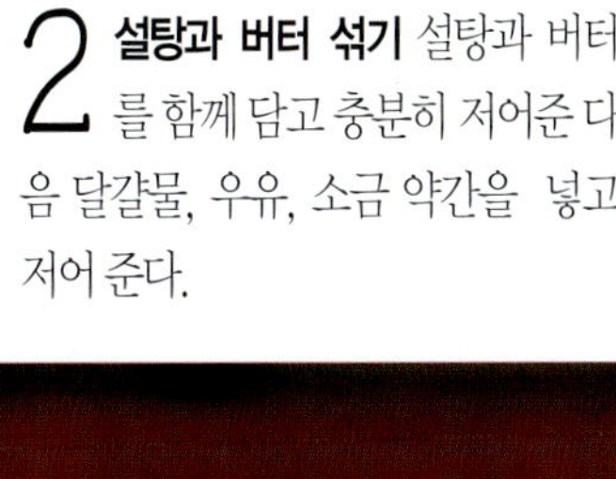 더 맛있게! 영양가가 많은 쿠키 중의 하나가 오트밀로 만든 쿠키이다. 쿠키는 거의가 버터를 넣기 때문에 즉석에서 구워주는 것이 좋다. 시판쿠키는 유통기한이 있기 때문에 버터가 산화되기 쉽다.

수박샤벳

 **재료/4인분**

수박 2쪽, 아이스크림 2~3컵, 휘핑크림 2큰술, 레몬즙 2큰술, 설탕 3큰술

 **이렇게 만드세요**

1 수박 믹서에 갈기 수박은 속살만 준비하여 레몬즙과 설탕을 뿌려 믹서에서 갈아 낸다.

2 아이스크림 넣기 아이스크림에 수박 갈은 것을 넣고 골고루 저어 준다.

3 휘핑크림 넣기 ②에 휘핑크림을 넣고 섞어준 다음 냉동 시킨다.

4 얼리기 응고될 정도로 얼었을 때 꺼내 거품기로 저어 다시 냉동시켜준다. 계절에 따라 딸기, 오렌지, 사과 등 제철과일을 이용해도 좋다.

 **요리힌트**

쿠키를 파삭하게 굽는 방법

쿠키를 파삭하게 구우려면 우선 버터를 충분히 저어주어야 한다. 충분히 휘저어서 공기가 듬뿍 들어가야 다른 재료와도 잘 어우러지고 반죽이 섬세하게 완성된다. 하지만 젓는 시간이 너무 많이 걸리면 버터가 녹기 시작해서 공기가 소용없게 된다. 또 하나는 박력분을 많이 치대지 않아야 한다. 박력분을 넣은 후엔 고무주걱으로 반죽을 자르듯이 섞으면서 날가루가 없게 바닥부터 뒤집어올리듯이 섞는다.

Saturday 토

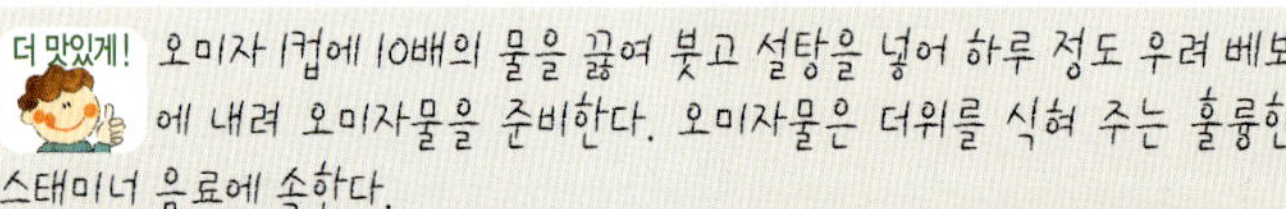

오늘의 식단
(총1876Kcal)

아침	· 바게트빵마늘토스트	205Kcal
	과일우유	170Kcal
	달걀프라이	93Kcal
	오이피클	26Kcal
점심	· 콩나물밥	435Kcal
	콩나물국	43Kcal
	더덕구이	74Kcal
	노각생채	58Kcal
저녁	· 해물자장면	537Kcal
	실파버섯장국	62Kcal
	오미자닭살탕수	124Kcal
	무초김치	49Kcal

오미자닭살탕수

🍚 재료/4인분

닭살	300g
소금 · 후추	약간씩
생강즙	1큰술
달걀물	3큰술
녹말가루	1/2컵
튀김기름	적당량
오렌지	1개
키위	1개

탕수소스

오미자물	1컵
설탕	4큰술
식초	2큰술
소금 · 녹말물	약간씩

📝 이렇게 만드세요

1 **닭살 밑간하기** 닭살은 한입 크기로 썰어 소금, 후추, 생강즙으로 밑간을 해서 20분 정도 그대로 두어 간이 배게 한다.

2 **달걀물과 녹말가루 섞기** 닭살에 달걀 물을 넣고 버무린 다음 녹말가루를 넣고 섞어 준다.

3 **튀기기** 튀김옷을 입힌 닭살은 튀김기름 온도 170℃에 떼어 넣고 바삭하게 튀겨 낸다. 식으면 한 번 더 튀긴다.

4 **오렌지와 키위 썰기** 오렌지와 키위는 껍질을 벗겨 원하는 모양으로 저며 썬다.

5 **탕수소스 만들기** 분량의 오미자물을 냄비에 담고 설탕, 식초, 소금 약간을 함께 넣어 끓을 때 녹말물을 조금씩 넣으면서 탕수소스의 농도를 맞춘다.

6 **닭살과 과일 버무리기** 탕수소스에 튀긴 닭살과 과일을 버무려 담는다.

🧑‍🍳 요리 힌트

녹말물은 재료가 거의 다 익었을 때 넣는다

소스를 맛있게 만들기 위해서는 녹말물을 잘 이용해야 한다. 녹말물은 여러 가지 재료가 거의 다 익었을 때 넣으면서 천천히 젓는다. 너무 일찍 넣거나 한꺼번에 듬뿍 넣으면 지나치게 걸쭉해져서 부드러운 맛이 떨어지므로 적당하게 농도를 조절하면서 넣는다.

더 맛있게! 오미자 1컵에 10배의 물을 끓여 붓고 설탕을 넣어 하루 정도 우려 베보에 내려 오미자물을 준비한다. 오미자물은 더위를 식혀 주는 훌륭한 스태미너 음료에 속한다.

비디오 쿠킹

닭살 튀기기

오렌지와 키위 썰기

오미자물 내리기

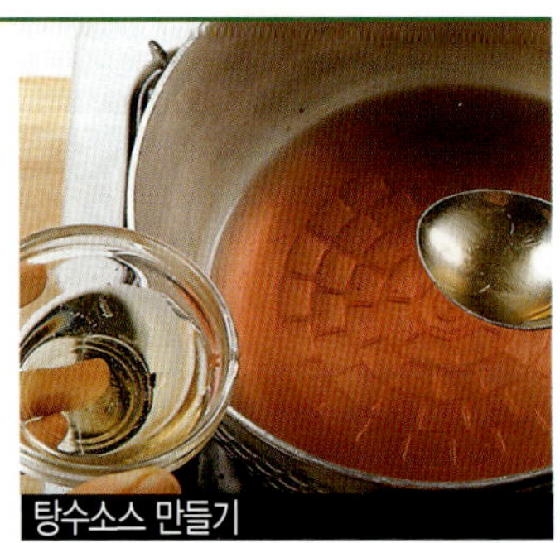

탕수소스 만들기

Sunday 일

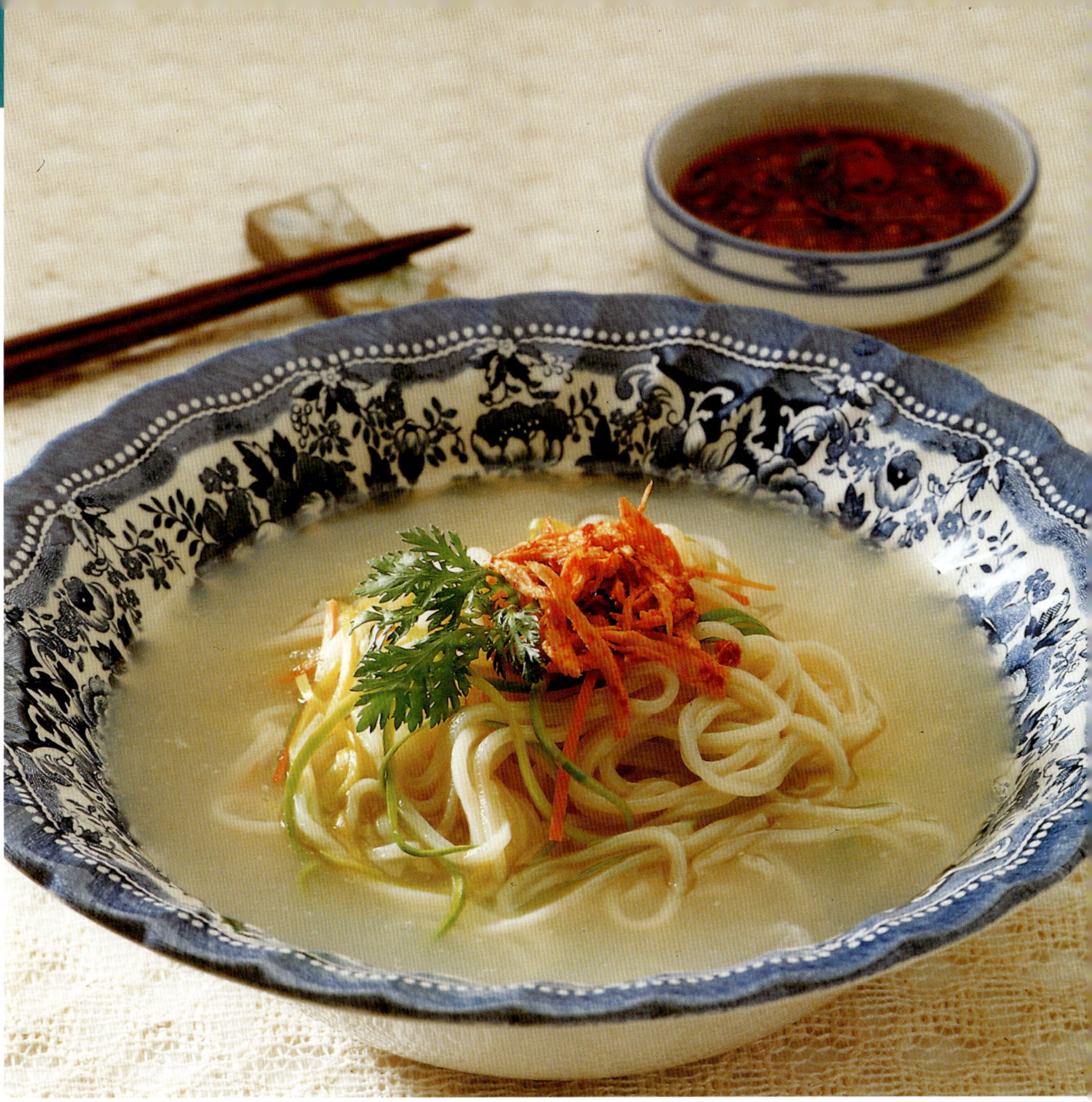

오늘의 식단 (총1793Kcal)

아침	· 잡곡밥(2/3공기)	241Kcal
	느타리버섯국	40Kcal
	꽁치감자고추장조림	123Kcal
	비름나물	47Kcal
	배추김치	17Kcal
점심	· **닭칼국수**	471Kcal
	실부추양파냉채	66Kcal
	겉절이김치	45Kcal
저녁	· 쇠고기필라프	460Kcal
	모듬야채국	51Kcal
	오징어볼깐풍기	114Kcal
	과일샐러드	118Kcal

닭칼국수

재료/4인분

닭 1/2마리, 양파 1개, 대파뿌리 3개, 당근 40g, 양파채 1/2개분량, 애호박 1/2개, 고운 고춧가루 1/2큰술, 다진마늘 1/2큰술, 소금 · 후추 · 참기름 · 깨소금 · 간장 · 약간씩, 닭육수 4인분, 실파 3뿌리, **양념간장** 간장 · 다진파와 마늘 · 고춧가루 · 잘게 썬 청홍고추 · 깨소금 · 참기름 약간씩, **칼국수반죽** 밀가루 3컵, 소금 약간, 식용유 1큰술, 달걀 1개, 물 4큰술

이렇게 만드세요

1 **닭 익히기** 닭이 푹 잠길 정도의 물을 부어 넣고 네토막으로 썬 양파와 대파뿌리를 넣고 푹 끓인다.

2 **육수 준비하기** 푹 삶은 닭은 건져내고 국물은 베보에 내려 기름을 걷어내고 닭육수로 준비한다.

3 **양념하기** 삶은 닭은 살로만 골라 찢어준 다음 고운 고춧가루, 다진마늘,소금,후추,깨소금, 참기름으로 무쳐 둔다.

4 **야채 썰기** 당근과 애호박은 5cm길이, 0.2cm굵기의 채로 썬다.실파는 5cm 길이로 썬다.

5 **칼국수 반죽해 썰기** 칼국수 반죽을 하여 충분히 치대준 다음 얇게 밀어 썰어 준다.

6 **칼국수 끓이기** 냄비에 닭육수를 부어 끓이면서 간장, 소금으로 애벌간을 한 다음 양파채,당근채,썰은 칼국수를 넣고 끓인다.

7 **간하기** 칼국수를 넣고 끓을 때 애호박채와 실파를 넣고 끓여 소금,후추간을 연하게 한다.

8 **담기** 그릇에 담고 양념한 닭고기를 얹어낸다.

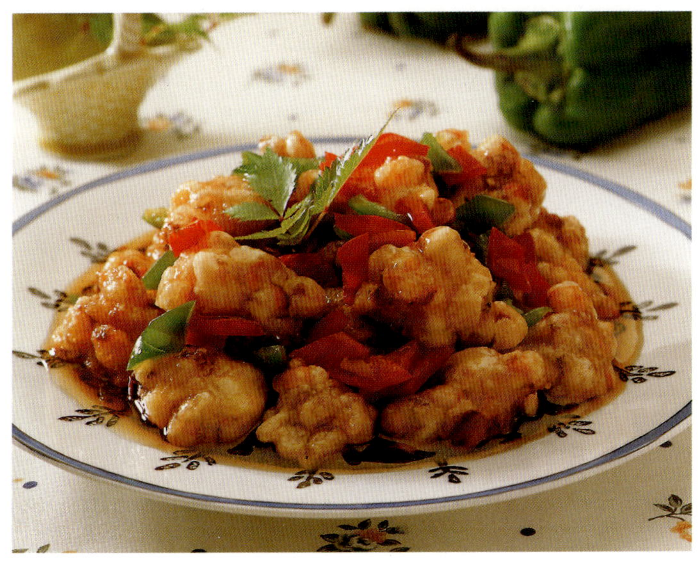

오징어볼깐풍기

재료/4인분

삶은 오징어다리 5개, 땅콩 30g, 달걀 1/2개, 소금 · 후추 약간씩, 생강즙 1작은술, 녹말가루 5큰술, 튀김기름 적당량, 청홍피망 1/2개씩, **깐풍소스** 간장 2큰술, 설탕 3큰술, 식초 2큰술, 다시마물 2큰술, 소금 약간

이렇게 만드세요

1 **삶은 오징어 썰기** 삶은 오징어 다리는 콩알 굵기로 썰고 볶은 땅콩은 껍질을 벗겨 반으로 나눠준다.

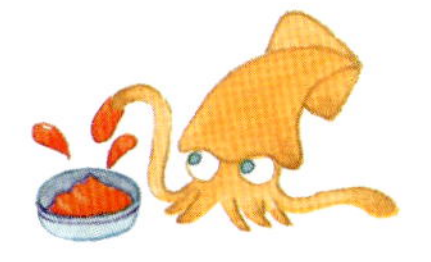

> 더 맛있게! 오징어 다리가 남았을 때 함께 모아 이용한다. 마른 오징어 다리는 하룻저녁 정도 불려서 준비한다. 오징어의 다리살은 몸통보다 쫄깃한 맛이 있다.

2 **튀김반죽 만들기** 오징어에 소금,후추,생강즙을 넣고 섞어준 다음 땅콩, 달걀, 녹말가루를 넣어 튀김반죽을 완성한다.

3 **튀기기** 튀김반죽에 오징어를 넣어 무친 후 170도의 기름에 한 숟가락씩 떠넣어 튀긴다.

4 **청홍 피망 썰기** 청홍 피망은 반으로 갈라 속씨를 털어내고 작은 마름모꼴로 썰어 준다.

5 **소스 만들기** 깐풍소스를 만들어 끓을 때 오징어튀김볼과 썰어둔 청홍피망을 넣고 버무려 담는다.

김자·고구마·옥수수·호박으로
만든 건강 메뉴

어린이
영양 간식
10가지

날씨가 더워지면서 아이들도 입맛을 잃는다.
밥 먹기 싫어하고 군것질거리만 찾는 아이를 위해 맛있고
영양 많은 건강 간식을 준비해 보자.

흰떡자장볶음

재료

흰떡 300g, 소금·참기름·녹말가루 조금씩, 튀김기름 적당량, 양배추 3잎,
양파·당근 1/4개씩, 데친 브로콜리 40g
자장소스 춘장 2큰술, 육수 1컵, 설탕 1큰술, 녹말물 적당량

만드는 법

❶ **흰떡 튀기기** 흰떡은 3cm 길이로 썰어 소금, 참기름에 버무려 녹말가루를
묻힌 다음 여분의 가루는 털고 160℃ 기름에 넣고 바삭하게 튀긴다.
❷ **야채 손질하기** 양배추와 양파, 당근은 사방 2cm 크기로 얇게 썰고 데친 브
로콜리는 알맞은 크기로 나눠 기름 두른 팬에 볶아 소금, 후춧가루를 뿌린다.
❸ **자장소스 만들기** 냄비에 춘장을 넣고 육수로 풀어 설탕을 넣고 끓이다가
녹말물을 조금씩 넣어가며 걸쭉한 농도로 맞춘다.
❹ **소스에 버무리기** 자장소스에 흰떡튀김과 야채볶음을 버무려 담는다.

야채말이구이빵

재료

삶은 당근 1/2개, 부추 40g, 식용유 적당량
반죽 밀가루 2컵, 인스턴트 이스트 1큰술, 달걀 1개, 따뜻한 우유 1/2컵,
소금·후춧가루 조금씩, 설탕 1큰술

만드는 법

❶ **발효빵 반죽하기** 이스트를 물에 녹여 밀가루와 섞어 발효빵 반죽을 만들어
충분히 치대 비닐에 넣고 따뜻한 곳에 1시간 정도 두어 부풀린다.
❷ **야채 손질하기** 삶은 당근은 잘게 다지고 부추는 0.5cm 길이로 송송 썰어
소금, 후춧가루를 조금씩 뿌려 식용유를 두른 팬에서 가볍게 볶는다.
❸ **빵모양 만들기** 발효빵 반죽을 더 치대준 다음 0.5cm 두께로 편편하게 밀
어 볶은 야채들을 골고루 뿌려 돌돌 말아준다.
❹ **빵 굽기** ❸을 1cm두께로 썰어 식용유를 두른 팬에서 노릇하게 굽는다.

한마디 더 | 빵 반죽을 할 때 이스트가 없으면 대신에 베이킹파우더를 이용할
수 있다. 이스트의 경우 충분히 치대면서 반죽하지만 베이킹파우
더는 반죽을 가볍게 한 후 바로 굽지 않으면 부풀어 오르지 않는다.

감자팥속송편

재료

감재(중간굵기) 5개, 쌀가루 1컵, 소금·참기름 조금씩
팥속 팥가루 1컵, 설탕 4큰술, 물엿 1큰술, 소금 조금, 통깨 1큰술

만드는 법

❶ **감자앙금 내기** 껍질을 벗긴 감자는 잘게 썰어 믹서에 곱게 갈아 그릇에 부
어 그대로 가라앉힌다.
❷ **송편 반죽하기** 윗물을 따라낸 감자앙금에 쌀가루를 넣고 소금을 조금 넣어
준 다음 반죽을 하여 충분히 치댄다.
❸ **팥속 만들기** 팥속 재료를 되직한 농도로 서서히 끓여 내어 식힌다.

야채말이구이빵

흰떡자장볶음

❹ **송편모양 만들기** 송편 반죽을 작은 밤알 굵기로 떼어 알맞은 양의 팥속을 넣고 송편모양을 만든다.
❺ **쪄내기** 김이 오른 찜통에 ④의 송편을 넣고 20분 정도 푹 쪄낸 다음 참기름에 버무려 담는다.

한마디 더 | 갈은 감자의 앙금을 낼 때는 가라앉힌 다음 3번 이상 윗물을 따라 내야 빛깔이 고운 흰색의 떡살이 된다.

경단단팥화채

재료
단팥조림 팥 1/2컵, 설탕 4큰술, 물엿 1큰술, 소금 조금
경단반죽 찹쌀가루 2컵, 소금 조금, 끓는 물 4큰술
설탕시럽 물 3컵, 설탕 1/2컵, 꿀 2큰술 **고명** 산딸기·체리 조금씩, 익힌 밤 3개

만드는 법
❶ **단팥조림 만들기** 팥은 물을 충분히 부어 5분 정도 끓여 윗물을 따라버리고 물을 다시 부어 팥알이 터지기 전까지 삶아 설탕과 물엿, 소금을 조금 넣고 조려 식힌다.
❷ **설탕시럽 만들기** 물 3컵에 설탕 1/2컵을 넣고 끓여 식혀준 다음 꿀을 섞어 차게 보관한다.
❸ **경단반죽 하기** 찹쌀가루에 소금과 끓는 물을 넣고 골고루 섞어 익반죽을 한 후 지름 1cm의 경단을 만들어 끓는 물에 삶아 냉수에 식혀 건진다.
❹ **고명 준비하기** 산딸기와 체리는 소금물에 헹궈 건지고 밤은 먹기 좋게 썬다.
❺ **담기** 경단, 단팥조림, 설탕시럽을 담고 고명을 얹어 얼음을 띄운다.

감자팥속송편

경단단팥화채

한마디 더 | 찹쌀가루 반죽으로 만든 경단을 삶을 때 위로 떠오르면 바로 건져 내어 냉수에 식혀 건진다. 계속 끓이면 경단이 풀어져버린다.

옥수수탕

재료
찐옥수수알맹이 1컵반, 볶은 땅콩 1/3컵, 달걀 1개, 녹말가루 1/3컵, 소금 조금, 튀김기름 적당량, 설탕 1/3컵

만드는 법
❶ **땅콩 썰기** 볶은 땅콩은 껍질을 벗기고 굵게 다진다.
❷ **재료 섞기** 큰 그릇에 물기를 제거한 찐옥수수알맹이와 땅콩, 달걀, 녹말가루, 소금 조금을 넣고 되직하게 섞는다.
❸ **튀기기** 160℃ 기름에 반죽을 작은 밤알 굵기로 떼어 넣고 바삭하게 튀긴다.
❹ **캐러멜시럽 만들기** 오목한 팬에 튀김기름을 바르고 분량의 설탕을 고루 뿌려가며 약한 불에서 갈색으로 완전히 녹인다.
❺ **시럽에 버무리기** 뜨거운 시럽에 옥수수 튀김을 넣고 버무린다.

고구마구이

재료
찐 고구마 2개(300g), 설탕 1/4컵, 소금 조금, 계피가루 조금, 달걀노른자 1개, 통깨 조금

만드는 법
❶ **고구마가루 만들기** 찐 고구마는 껍질을 벗겨 체에 내려 가루로 준비한다.
❷ **고구마 모양 만들기** 체에 내린 고구마에 분량의 설탕, 소금을 넣고 골고루 섞어 먹기 좋은 크기로 동글납작하게 빚는다.
❸ **굽기** ②의 고구마에 계피가루를 뿌린 후 한 면에 달걀노른자를 바르고 통깨를 뿌린다. 오븐 온도 200℃에 넣고 20분 정도 굽는다.

단호박쌀가루떡

재료
단호박 300g, 설탕 5큰술, 소금 조금, 건포도 30g, 쌀가루 3컵, 끓는 물 1/2컵, 참기름 적당량

만드는 법
❶ **단호박속 만들기** 껍질을 벗기고 속을 파낸 단호박은 찜통에서 쪄낸 다음 으깨 분량의 설탕과 건포도, 소금을 조금 넣고 약한 불에서 되직하게 조린다.
❷ **쌀가루 반죽하기** 3시간 이상 불린 쌀을 소금 간을 하여 곱게 빻은 후 분량

의 끓는 물을 부어 반죽을 하고 충분히 치댄다.
❸ **떡 모양 만들기** 쌀가루반죽은 1cm 두께, 20cm 폭, 15cm 길이로 밀어준
다음 단호박속을 알맞게 길게 놓고 돌돌 만다.
❹ **찌기** 김이 오른 찜통에 ❸을 넣고 20분 정도 찐 후 꺼내 참기름을 바른다.
❺ **썰기** 찐 떡은 한 김 식힌 후 1.5cm 두께로 썰어 담는다.

단호박쌀가루떡

오미자젤리

재료
오미자 1/2컵, 통조림과일 조금
설탕시럽 물 5컵, 설탕 3/4컵 **불린 젤라틴** 가루젤라틴 3큰술, 물 3/4컵

만드는 법
❶ **오미자물 만들기** 오미자는 씻어 건져, 끓여 식힌 설탕시럽에 넣어 하루 정
도 붉게 우려낸 다음 고운 체에 내린다.
❷ **젤라틴 불리기** 가루젤라틴에 분량의 물을 부어 불린다.
❸ **통조림과일 썰기** 통조림과일은 알맞은 크기로 썰어 물기를 제거한다.
❹ **젤리 만들기** 오미자물의 반 분량을 뜨겁게 하여 불린 젤라틴을 넣고 저어
완전히 녹인 다음 남은 오미자물과 과일을 넣어 원하는 모양의 그릇에 담아 냉
장 보관하여 굳힌다.

한마디 더 | 오미자는 신맛이 강한 다섯 가지의 맛을 내는 열매로, 색깔이 검
지 않고 밝은 붉은색의 것을 준비한다. 신맛이 강하기 때문에 다
른 음료보다 조금 더 강하게 단맛을 낸다.

오미자젤리

쑥인절미아이스크림

재료
아이스크림 2컵, 쑥가루 4큰술, 찹쌀가루 2컵반, 설탕 2큰술, 소금 조금

만드는 법
❶ **쑥인절미가루 준비하기** 찹쌀가루에 분량의 쑥가루와 설탕, 소금을 넣고 골
고루 비벼 섞는다.
❷ **쑥인절미 만들기** 김이 오른 찜통에 젖은 베보자기를 깔고 ❶의 가루를 넣
고 푹 찐 다음 들어내어 골고루 치대 식힌다.
❸ **아이스크림 속 넣기** 식힌 쑥인절미를 밤알 정도로 떼어 펴고 아이스크림을

밤알 정도로 동그랗게 넣고 싸준다. 냉동 보관해 두고 먹는다.

한마디 더 | 쑥인절미아이스크림에 팥가루를 묻히면 맛도 영양도 좋다.

양갱

재료
단밤조림(통조림) 8개, 단팥조림(통조림) 1/4컵, 불린 한천 1컵, 물 1컵,
설탕 1/3컵, 소금 조금

만드는 법
❶ **단밤 썰고 단팥 건져두기** 단밤은 저며 썰고 단팥도 건져 둔다.
❷ **한천물 만들기** 3분 정도 불린 한천은 건져 물 한 컵을 부어 서서히 끓여 완
전히 녹인 다음 분량의 설탕과 소금을 넣고 끓여 고운 체에 내린다.
❸ **양갱 굳히기** 한천물에 단밤과 단팥
조림을 넣고 골고루 저어, 냉장고에 넣
어두었던 판판한 그릇에 2cm 정도 두께
로 부어 냉장고에서 굳힌다.
❹ **양갱 자르기** 굳힌 양갱은 실 혹은 칼
날로 무늬를 내어 잘라 담는다.

한마디 더 | 팥소가루나 찐밤가루를 한
천물과 함께 끓여 굳히기도
한다.

오곡백과 무르익은 계절, 햇곡식, 햇과일로 최고의 밥상을 차려보자. 맛과 영양이 가득한 재료들이 풍성해 조금만 솜씨를 발휘해도 맛있다. 특히 버섯이 제철이므로 버섯으로 다양한 맛을 내보자. 과일, 채소와 더불어 해물류도 맛있을 때. 싱싱한 해물을 사다 구이, 튀김, 샐러드 등 별미 반찬도 만들어보자. 추석상차림에 필요한 한가위 요리며 별미떡 만드는 법까지 익혀두면 더 든든하다.

9 > 10월

오늘의 식단
(총1841 Kcal)

아침 · 잡곡밥(2/3공기)	241Kcal
미역쇠고기국	104Kcal
애호박전	89Kcal
고춧잎나물	60Kcal
배추김치	17Kcal
점심 · 마늘빵토스트	347Kcal
우유	118Kcal
오이피클	26Kcal
사과 한쪽	37Kcal
저녁 · 햄버그커틀릿	364Kcal
야채수프	63Kcal
볶음밥	272Kcal
양상추토마토샐러드	103Kcal

햄버그커틀릿

재료/4인분

밀가루	1컵
달걀물 · 튀김기름	적당량
빵가루	1컵

햄버그반죽

갈은쇠고기 · 갈은돼지고기	150g씩
다진양파	1/4컵
다진마늘	2큰술
생크림	1큰술
달걀물	3큰술
빵가루	4큰술

소스

토마토소스	1컵
에이원소스	3큰술
우스터소스 · 붉은포도주	1큰술
후춧가루	1/2큰술
버터 · 소금 · 후추	적당량

곁들이 야채

찐옥수수 · 삶은완두콩	3큰술
삶은당근	1/4개
녹말물(녹말1:물3)	1작은술

이렇게 만드세요

1 햄버그 반죽하기 곱게 갈은 돼지고기와 쇠고기를 섞고 준비한 분량의 반죽 재료들을 넣고 골고루 섞어 충분히 치댄다.

2 커틀릿 만들기 햄버그 반죽을 굵은 밤알 크기로 떼어 0.6cm 두께로 동글납작하게 만든다.

3 튀기기 햄버그모양에 밀가루, 달걀물, 빵가루 순으로 튀김옷을 입혀 170℃ 정도의 튀김기름에서 노릇하게 튀겨낸다.

4 소스 만들기 냄비에 버터를 녹여 후춧가루를 넣고 볶다가 붉은 포도주를 뿌린 다음 토마토소스, 에이원소스, 우스터소스를 넣고 타지 않게 끓여 소금으로 간을 맞춰 소스를 만들어 놓는다.

5 곁들이 준비하기 찐옥수수와 삶은당근, 삶은완두콩에 버터를 넣고 볶다가 소금, 후추로 간하고 녹말물을 조금 뿌려낸다.

6 담기 튀겨낸 햄버그커틀릿에 소스를 끼얹어 준 다음 준비한 야채를 곁들인다.

> **더 맛있게!** 튀김을 할 때는 온도를 160~170℃ 일정하게 유지해야 하는데, 튀김거리를 하나씩 넣고 익히는 동안 불을 조금씩 줄여주면 기름의 온도가 지나치게 올라가는 것을 방지할 수 있다.

비디오 쿠킹

햄버그 반죽하기

모양대로 빚기

튀김옷 입히기

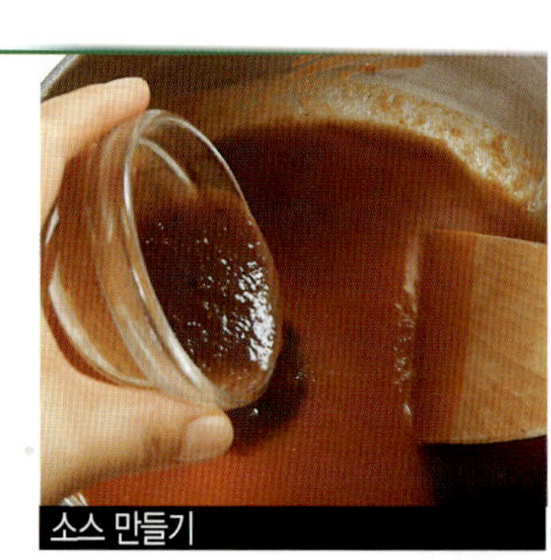
소스 만들기

Tuesday 화

오늘의 식단
(총1867Kcal)

아침	소면야채탕	452Kcal
	오이장아찌무침	39Kcal
	열무김치	19Kcal
	참외 한쪽	18Kcal
점심	감자그라탱	334Kcal
	해물핫수프	123Kcal
	오이김치	39Kcal
	수박한쪽	38Kcal
저녁	**닭카레볶음스파게티**	576Kcal
	야채수프	63Kcal
	콜슬로우샐러드	117Kcal
	무초김치	49Kca

닭카레볶음스파게티

 **재료/4인분**

스파게티 300g, 닭살 150g, 청피망 1/2개, 홍피망 1/2개, 양파 1/4개, 다진마늘 1큰술, 버터·식용유 적량, 백포도주 1큰술, 카레가루 2큰술, 소금·후추 적당량

 **이렇게 만드세요**

1 스파게티국수 삶기 넉넉한 양의 끓는 물에 스파게티국수를 넣고 15분 정도 삶아서 건져 냉수에 헹구어 건진다.

2 부재료 썰기 닭살은 길이 5cm, 폭 1cm로 얇게 썰고 청·홍피망과 양파는 채썬다.

3 카레가루 버무리기 삶은 스파게티국수에 카레가루를 넣고 버무려 준다.

4 닭살 볶기 달구어진 팬에 버터와 식용유를 넣고 다진마늘을 타지 않게 볶다가 닭살을 넣고 볶고 백포도주를 뿌린다.

5 스파게티국수 볶기 볶아놓은 닭살에 카레가루에 버무린 스파게티국수를 넣고 골고루 볶는다.

6 야채 넣기 ⑤에 준비한 야채를 넣고 볶고 알맞게 간한다.

> **더 맛있게!** 스파게티국수는 강력분에 달걀, 식용유, 소금을 넣고 직접 반죽하여 만드는 것이 훨씬 맛이 좋다. 익혀 갈은 당근, 시금치 등을 넣고 반죽하기도 한다.

해물핫수프

새우 4마리, 대합조갯살 40g, 물오징어 1/2마리, 양배추 1장, 당근 30g, 홍고추 1개, 다진마늘 1/2큰술, 데친브로콜리 30g, 토마토소스 1컵, 버터, 토마토페이스트 1큰술, 해물육수 2컵, 소금·후추·파슬리가루 적당량

 **이렇게 만드세요**

1 해물 손질 새우는 등쪽의 내장을 빼내고 물오징어는 배를 가르지 말고 내장을 빼내고 껍질을 벗긴다.

2 해물 데치기 끓는 물에 손질한 해물과 대합조갯살을 넣고 데쳐내어 새우는 껍질을 벗기고 오징어는 링으로 썬다. 국물은 베보자기에 내려 해물 육수로 준비 한다.

3 야채 썰기 양배추와 당근은 사방 2cm 크기로 얇게 썰고 홍고추는 송송썬다. 데친 브로콜리는 알맞은 크기로 저며 썬다.

4 해물·야채 볶기 냄비에 약간의 버터를 녹여 다진 마늘과 붉은 고추, 토마토페이스트를 넣고 볶다가 준비한 해물들을 넣고 볶는다.

5 마무리 ④에 썰어놓은 야채를 넣고 볶다가 해물 육수와 토마토소스를 넣고 서서히 끓여 소금과 후추로 간하여 담고 파슬리가루를 뿌려낸다.

오늘의 식단 (총1993Kcal)	
아침 · 달걀볶음밥	461Kcal
실파맑은장국	62Kcal
오이도라지생채	56Kcal
나박김치	12Kcal
점심 보리밥(1공기)	329Kcal
시금치토장국	88Kcal
야채장떡	199Kcal
얼가리겉절이	45Kcal
저녁 현미밥(1공기)	331Kcal
쇠고기미역국	104Kcal
오징어실파산적	198Kcal
달걀장조림	91Kcal
배추김치	17Kcal

오징어실파산적

재료/4인분

오징어	1마리
실파	100g
붉은고추	1개
식용유	적당량

산적양념장

간장	2큰술
다진마늘	2큰술
다진생강	1작은술
깨소금	1/2큰술
청주	1/2큰술
설탕	1/2큰술
실고추	약간
후추 · 참기름	적당량

이렇게 만드세요

1 오징어 손질하기 오징어는 내장을 빼내고 소금물에 씻어 건져 껍질을 벗겨낸 다음 안쪽에 사선으로 칼집을 얕게 넣어준다.

2 오징어 데치기 손질한 오징어는 길이 4cm, 폭 1.5cm로 잘라 끓는 물에 데쳐낸다.

3 야채 썰기 실파는 4cm 길이로 썰고 붉은고추는 반으로 갈라 속씨를 털어낸 다음 실파와 같은 길이, 0.6cm 폭으로 썬다.

4 산적꼬치 만들기 나무꼬치에 데쳐놓은 오징어와 실파, 붉은고추를 색을 맞추어 번갈아 끼워 산적꼬치를 만든다.

5 양념장 만들기 제시한 분량의 양념을 고루 섞어 걸쭉한 산적양념장을 만든다.

6 산적 굽기 꼬치에 끼워 준비한 산적에 양념장을 앞뒤로 고루 발라 식용유를 두른 팬에 노릇노릇하게 구워낸다.

요리 힌트

오징어는 소금물에 단시간에 살짝 익힌다

오징어는 데칠 때 너무 오래 삶거나 구울 때 오래 구우면 오징어살이 질겨진다. 끓는 물에 소금 1/2작은술을 넣고 준비한 오징어를 넣었다가 오그라들면 건져서 물기를 뺀다. 낙지산적도 오징어 산적과 같은 방법으로 조리한다.

더 맛있게! 매운 고추장 양념을 만들어 산적구이를 해도 좋다. 고추장 · 진간장 각 2큰술, 설탕 1큰술, 다진파 1 1/2큰술, 다진마늘 · 참기름 각 2작은술, 통깨 1작은술, 후춧가루 1/4작은술을 섞어 만든다. 매콤한 맛을 내려면 고추장의 양을 늘린다.

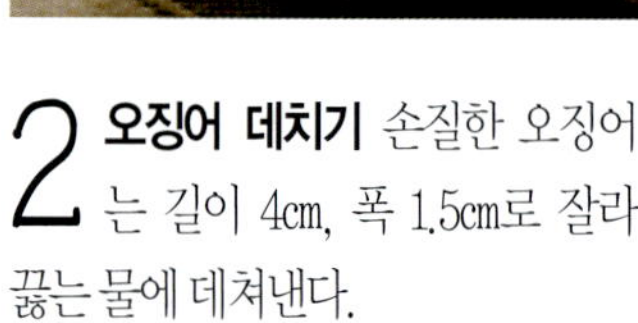

오징어 데치기

야채 썰기

꼬치에 꿰기

산적 지지기

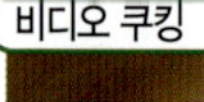

*Thu*rsday 목

북어야채죽

재료/4인분

북어포 50g, 불린쌀 1컵, 참기름 적당량, 대파 1/2뿌리, 달걀노른자 1개, 콩나물 200g, 당근 30g, 김 약간, 소금 적당량, 물 7컵

이렇게 만드세요

1 북어포 손질하기 북어포는 약간의 물을 뿌려 부서지지 않을 정도로 눅눅해지면 알맞은 길이로 자른다.

2 야채 썰기 대파는 송송 썰고 당근은 반달모양으로 얇게 썰고, 애호박은 당근보다 도톰하게 썬다. 콩나물은 뿌리를 잘라내고 다듬어 씻어 건진다.

3 죽 끓이기 냄비에 참기름을 두르고 북어포와 불린 쌀을 넣고 볶다가 분량의 물을 붓고 뭉근하게 끓인다.

4 야채 넣기 북어죽을 10분 정도 끓여 쌀이 퍼지면 썰어놓은 야채를 넣고 끓인다.

5 마무리 쌀알이 부드러워지고 죽의 농도가 적당히 걸쭉하게 끓여지면 간하여 그릇에 담고 달걀노른자와 김을 부수어 올린다.

미역줄기어묵볶음

재료/4인분

미역줄기 200g, 어묵 80g, 풋고추 · 붉은고추 각 1개, 다진마늘 1큰술, 청주 1/2큰술, 식용유 · 참기름 적당량, 통깨 적당량

이렇게 만드세요

1 미역줄기 손질하기 염장미역줄기는 냉수에 30분 정도 담갔다가 짠기를 빼고 건져 가늘게 찢어 알맞은 길이로 잘라 썬다.

2 고추썰기 풋고추와 붉은고추는 반 갈라 씨를 빼고 곱게 채썬다.

3 어묵 볶기 어묵은 미역과 비슷한 길이와 굵기로 썰어 식용유를 두른 팬에 다진마늘과 함께 넣고 볶다가 청주를 뿌리고 볶는다.

4 미역줄기볶기 볶은 어묵에 미역줄기를 넣고 볶다가 고추채를 넣고 마저 볶는다.

5 참기름 · 통깨 뿌려내기 볶아놓은 미역줄기와 어묵의 간을 확인하고 참기름을 두르고 통깨를 뿌려 담아낸다.

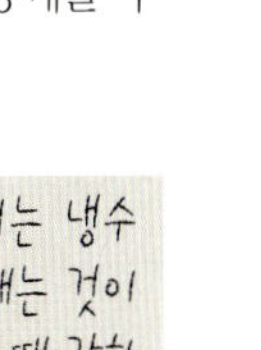

Friday 금

오늘의 식단
(총1900Kcal)

아침	잡곡밥(2/3공기)	241Kcal
	애호박젓국찌개	159Kcal
	가지나물	48Kcal
	쇠고기장조림	148Kcal
	배추김치	17Kcal
점심	**비프커틀릿샌드위치**	415Kcal
	양상추토마토샐러드	103Kcal
	오렌지주스	82Kcal
저녁	자장면	537Kcal
	표고버섯달걀탕	65Kcal
	단무지	10Kcal
	양파초절임	57Kcal
	참외 한쪽	18Kcal

비프커틀릿샌드위치

재료/4인분

식빵	6장
버터	적당량
통조림파인애플	2쪽
양상추	3잎
토마토	1개
양겨자	2큰술
오이피클	1개
쇠고기	200g
소금 · 후추	적당량
밀가루	적당량
달걀물	1개분량
빵가루	적당량
튀김기름	적당량

이렇게 만드세요

1 재료 손질하기 통조림 파인애플은 얇게 저며 썰고 양상추는 흐르는 물에 씻어 물기를 닦아준다. 토마토는 0.5cm 두께로 썰고 오이피클은 식빵 길이로 저며 썬다.

2 쇠고기 밑간하기 쇠고기는 0.4cm 두께로 넓게 저며썰어 칼집을 넣어 힘줄을 끊어주고, 소금과 후추를 뿌려 밑간한다.

3 튀기기 밑간한 쇠고기에 밀가루, 달걀물, 빵가루를 순서대로 입혀 170℃ 정도로 달군 튀김기름에 바삭하게 튀겨낸다.

4 식빵에 버터 바르기 토스터에서 노릇하게 구워낸 식빵의 한면에 버터를 바른다.

5 샌드위치 만들기 버터를 바른 식빵에 양겨자를 바르고 양상추, 비프커틀릿, 얇게 썬 토마토, 오이피클을 순서대로 놓고 다시 양겨자를 얹고 식빵 한쪽을 맞붙여 잘라 담는다.

요리 힌트

샌드위치의 모양이 흐트러지지 않게

샌드위치가 흐트러지지 않게 해보자. 젖은 가제 위에 샌드위치를 포개놓고 가제로 전체를 싸서 무거운 것으로 잠시 눌러 모양을 잡아준다. 가장자리를 잘라내고 먹기 좋은 크기로 썬다.

더 맛있게! 쇠고기는 다른 고기보다 부드럽지 않으므로 잔칼집을 많이 넣어 힘줄을 끊어 주어야 익혔을 때 많이 오그라들지 않는다. 육류를 이용한 샌드위치에는 양겨자를 바르면 느끼한 맛을 없앨 수 있고, 양파를 얇게 저며 넣어 신선한 맛을 내기도 한다.

쇠고기 힘줄 끊기

튀기기

빵에 버터 바르기

샌드위치 만들기

*Satur*토*day*

오늘의 식단
(총1884Kcal)

아침	· 누룽지죽	250Kcal
	시금치나물	58Kcal
	건오징어포볶음	125Kcal
	열무물김치	12Kcal
점심	· 숙채비빔밥	550Kcal
	버섯장국	40Kcal
	닭갈비	278Kcal
	더덕생채	69Kcal
	오이소박이	29Kcal
저녁	· **다시마주먹밥**	296Kcal
	콩나물국	43Kcal
	두부조림	122Kcal
	나박김치	12Kcal

닭갈비구이

재료/4인분

닭 1마리, 대파 1뿌리, 붉은고추 1개 **갈비양념** 간장 4큰술, 다진마늘 1 1/2큰술, 다진생강 1/2 큰술, 고운고춧가루 1 1/2큰술, 깨소금·후 추·참기름 적당량

이렇게 만드세요

1 닭고기 손질하기 닭고기는 갈비 부위를 중심으로 잘라 뼈를 발라 내고 살만 넓게 잘라내어 칼집을 넣

어 준다.

2 야채 썰기 대파는 채썰고 붉은 고추는 반 갈라 속씨를 털어내 고 채썬다.

3 갈비양념장 만들기 제시한 분 량의 양념을 골고루 섞어 양념

장을 만들어 실파채와 붉은고추채를 넣어 섞어준다.

4 양념에 재우기 만들어 놓은 양 념장에 칼집을 넣은 닭고기를 넣고 버무려 30분 이상 재운다.

5 갈비 굽기 석쇠 혹은 오븐팬을 달구어 양념한 닭갈비를 놓고 노릇노릇하게 구워 잘라 담는다.

다시마주먹밥

재료/4인분

염장다시마 250g, 밥 2공기, 통깨 적당량, 게 맛살 1쪽 **촛물** 설탕 2큰술, 식초 2큰술, 소금 1/2작은술

이렇게 만드세요

1 촛물 만들기 냄비에 분량의 설 탕, 식초, 소금을 넣고 설탕이 완 전히 녹을 정도로 끓여낸다.

2 초밥 버무리기 보슬보슬하게 지은 뜨거운 밥에 촛물을 넣고 골고루 버무린다.

3 초밥 식히기 촛물에 버무린 초 밥은 약간 온기가 남을 정도로 부채를 이용하여 식힌다.

4 게맛살 썰기 게맛살은 결의 반 대 방향으로 얇게 썰어 초밥에 섞는다.

5 주먹밥 만들기 식혀 놓은 초밥 은 달걀 크기로 떼어 주먹밥을 만든다.

6 염장다시마 손질하기 염장다 시마는 냉수에 30분 정도 담가 짠기를 빼고, 끓는 물에 데쳐 냉수에 헹궈낸 다음 물기를 닦아준다.

7 마무리 만들어 놓은 주먹밥은 다시마에 말아 싸서 묶고 통깨 를 양면에 뿌려 낸다.

장수 식품인 다시마는 쌈밥뿐만 아니라 볶음밥, 다시마쇠고기국, 다시 마볶음, 다시마조림, 다시마전, 다시마초회 등 여러가지 요리에 다양 하게 이용할 수 있다. 또 다시마를 불린 물은 국국물이나 찜, 조림 등의 장국에 이용하면 좋다.

오늘의 식단
(총1956Kcal)

아침	· 라면달걀탕	6411Kcal
	김무침	47Kcal
	배추김치	17Kcal
점심	· 국수장국	339Kcal
	오징어카레튀김	239Kcal
	청포묵쑥갓초무침	95Kcal
	배추김치	17Kcal
저녁	· 팥밥(1공기)	328Kcal
	북어콩나물탕	95Kcal
	통조림꽁치조림	92Kcal
	오이생채	46Kcal

오징어카레튀김

재료/4인분

오징어·······································1마리
소금 · 후추 · 참기름 ···················적당량
밀가루 ······································1컵
튀김기름·····································적당량
토마토 ·······································1개

튀김옷

카레가루 ·································· 2큰술
녹말가루···································2큰술
달걀 ···1개
밀가루 ····································1/2컵
소금 · 후추 ·······························적당량
다시마물·····································1/2컵

이렇게 만드세요

1 **오징어 손질하기** 오징어는 내장을 제거하고 껍질을 벗긴 다음 1cm 폭으로 둥글게 썬다.

2 **오징어 데치기** 손질한 오징어는 끓는 물에 살짝 데쳐낸 다음 물기를 닦아낸다.

3 **오징어 밑간하기** 익힌 오징어는 소금, 후추, 참기름을 넣고 골고루 버무려준 다음 밀가루를 묻히고 나머지는 털어낸다.

4 **튀김옷 만들기** 제시한 재료를 분량대로 골고루 섞어 걸쭉하게 튀김옷을 만든다.

5 **오징어 튀겨내기** 밑간해놓은 오징어에 튀김옷을 입혀 170℃ 정도로 달군 튀김기름에 바삭하게 튀겨낸다.

더 맛있게! 오징어 튀김을 할 때에 오징어의 껍질을 벗기지 않으면 튀길 때 기름이 튀어오르기 쉽다. 튀김옷은 빵가루, 아몬드가루 등을 이용하면 고소한 맛이 더하다.

요리힌트
오징어 껍질 벗기기

먼저 몸통을 왼손으로 붙잡고 오른손으로는 살며시 다리를 잡아당겨 내장과 함께 떼낸다. 몸통에 소금을 문지르라며 위로부터 아래쪽으로 껍질을 벗겨낸다. 마른 헝겊이나 키친타월로 오징어를 감싸쥐고 잡아당기면 훨씬 쉽게 벗겨진다.
오징어는 인산의 함량이 많은 산성식품이므로 알카리성 채소를 곁들여 함께 먹도록 한다.

비디오 쿠킹

오징어 썰기

오징어 데치기

튀김옷 만들기

오징어 튀기기

*Mo*월*day*

오늘의 식단 (총1880 Kcal)	
아침 · 잡곡밥(2/3공기)	241Kcal
오징어애호박국	88Kcal
연근조림	50Kcal
배추김치	17Kcal
점심 · **라면해물전골**	373Kcal
부추전	170Kcal
감자국	87Kcal
노각생채	58Kcal
저녁 · 포크커틀릿	423Kcal
완두콩밥약간	115Kcal
양배추케첩수프	63Kcal
그린샐러드	97Kcal
오렌지젤리	98Kcal

라면해물전골

재료/4인분

불린라면 3개, 새우 4마리, 김치 1/2컵, 양파 1/4개, 풋고추 · 붉은고추 각 1개, 두부 1/3모, 대파 1뿌리, 라면수프 1봉지, 쑥갓 적당량, 다시마물 3컵, 소금 · 후추 · 고춧가루 적당량

이렇게 만드세요

1 새우 · 두부 손질하기 두부는 가로 2cm, 세로 4cm, 두께 0.7cm 크기로 썰고 새우는 등쪽의 내장을 빼고 껍질을 벗긴다.

2 야채 썰기 배추김치는 속을 대강 털어내고 4cm 길이로 썰고, 양파는 2cm 폭으로 썬다. 풋고추와 붉은고추, 대파는 어슷썬다.

3 전골국물 만들기 3컵 정도의 다시마물에 라면수프와 고춧가루를 넣고 간장, 소금으로 간을 맞추어 전골국물을 만든다.

4 전골냄비에 재료담기 전골냄비에 새우, 두부, 썰어놓은 야채를 돌려담고 가운데 물에 적셔둔 라면을 담는다.

5 전골 끓이기 재료를 담은 전골냄비에 전골국물을 붓고 끓여 간을 확인하고 마지막으로 쑥갓을 넣어 낸다.

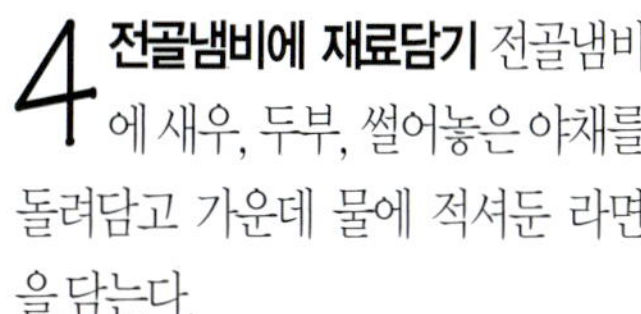

오렌지젤리

재료/4인분

오렌지즙 2컵, 설탕 3큰술, 레몬즙 1큰술, **불린 젤리** 젤라틴가루 1큰술, 물 3큰술

이렇게 만드세요

1 젤라틴 불리기 분량의 젤라틴가루에 분량의 물을 섞어 1시간 이상 불려준다.

2 오렌지주스 만들기 분량의 오렌지즙에 설탕과 레몬즙을 넣고 섞는다.

3 젤리시럽 만들기 만들어 놓은 오렌지주스의 반 분량을 냄비에 담고 불린 젤라틴을 넣어 가볍게 끓여 젤라틴이 완전히 녹으면 남아 있는 오렌지주스를 넣고 저어준다.

4 젤라틴 굳히기 동그란 유리그릇을 냉수에 헹구어 오렌지젤리물을 담아 냉장고에 넣어 굳힌다.

요리힌트

과일주스로 색색의 젤리를

젤라틴은 원하는 종류의 과일주스, 우유, 콜라, 야채주스 등에 섞어 다양한 젤리를 만들 수 있다. 여러가지 젤라틴을 넣은 주스를 색깔별로 켜켜로 굳혀 보아도 재미있다. 설탕을 많이 넣으면 잘 부수어지므로 양을 잘 조절한다.

Tuesday 화

방어생강간장구이

재료/4인분

방어	1/2마리(300g)
소금물	적당량
무꽃, 생강초, 레몬	조금씩
레몬즙	적당량

생강간장

간장 · 청주	1/4컵
설탕	1/4컵
다시마물	1/4컵
생강물	1/4컵

이렇게 만드세요

1 방어 손질하기 방어는 비늘을 긁어내고 머리와 내장을 제거한 후 연한 소금물에 씻어 물기를 닦아낸다.

2 방어살 뜨기 손질한 방어는 3장 뜨기로 칼집을 넣어 포를 뜨고 알맞은 길이로 썬다.

3 방어살 핏물제거 포를 뜬 방어살에 끓는 물을 한 국자 끼얹어 표면이 살짝 굳게 하여 핏물을 제거하고 냉수에 헹구어 물기를 닦아 레몬즙을 뿌린다.

4 생강간장 만들기 준비한 분량의 양념과 다시마물을 섞어 생강간장을 만든 다음 이것을 끓여 반으로 줄 때까지 조려낸다.

5 생강간장 바르기 방어살에 조려낸 생강간장을 앞뒤로 골고루 발라 30분 정도 재워둔다. 생선에 생강간장을 발라 구우면 비리지 않고 맛있는 구이가 된다.

6 구워 주기 재워두었던 방어살은 석쇠 혹은 오븐팬에 놓아 구워내고, 중간에 3~4번 정도 생강간장을 덧발라 가면서 굽는다.

7 접시에 담기 구운 방어는 접시에 담고 비린내를 없애고 향긋하게 먹으려면 레몬쪽과 무꽃, 초생을 곁들여 담는다.

비디오 쿠킹

방어살에 끓는물 끼얹기

생강간장 만들기

생강간장 바르기

방어 굽기

Wednesday 수

오늘의 식단
(총 1814 Kcal)

아침	연두부버섯탕	238Kcal
	풋고추쇠고기조림	67Kcal
	도라지생채	69Kcal
	무김치	20Kcal
	과일(포도 1/2송이)	60Kcal
점심	치즈야채밥구이	534Kcal
	시금치두부수프	88Kcal
	모듬피클	26Kcal
	사과 한쪽	37Kcal
저녁	잡곡밥(1공기)	361Kcal
	팽이버섯맑은장국	40Kcal
	돼지고기두반장볶음	228Kcal
	오이초김치	46Kcal

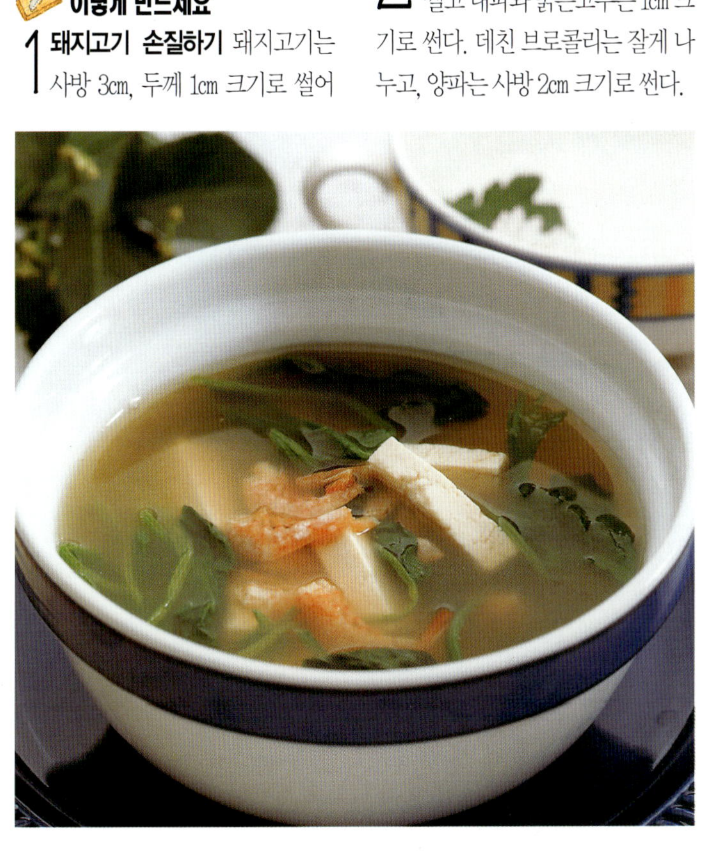

돼지고기두반장볶음

재료/4인분

돼지고기 300g, 쪽마늘 4쪽, 다진생강 1/2큰술, 대파 1뿌리, 붉은고추 1개, 식용유 적당량, 간장 1큰술, 청주 1큰술, 양파 1/4개, 데친브로콜리 40g, 두반장 1 1/2큰술, 녹말물 적당량, 소금·후추 적당량, 참기름 적당량

이렇게 만드세요

1 돼지고기 손질하기 돼지고기는 사방 3cm, 두께 1cm 크기로 썰어 잘게 칼집을 넣어 끓는 물에 살짝 데쳐낸다.

2 채소 썰기 쪽마늘은 얇게 저며 썰고 대파와 붉은고추는 1cm 크기로 썬다. 데친 브로콜리는 잘게 나누고, 양파는 사방 2cm 크기로 썬다.

3 돼지고기 볶기 달구어진 팬에 식용유를 두르고 마늘편과 다진생강, 붉은고추와 데친 돼지고기를 넣고 타지 않게 볶는다.

4 두반장으로 볶기 볶은 돼지고기에 대파와 양파, 간장, 청주를 넣고 볶다가 두반장을 넣고 볶는다.

5 야채 간하여 볶기 ④에 데친 브로콜리를 넣고 볶아 소금, 후추로 간하고 약간의 녹말물을 뿌리고 참기름을 둘러낸다.

두반장은 매운맛을 내고 갖은 양념이 들어간 붉은 색의 중화풍 양념소스로 육류요리에 특히 잘 어울린다. 그외 마파두부, 야채튀김소스 등에 이용해도 좋다.

시금치두부수프

재료/4인분

시금치 300g, 작은마른새우 1/4컵, 다진마늘 1큰술, 대파 1/2뿌리, 두부 1/3모, 참기름 적당량, 육수 4컵, 녹말물 적당량, 소금·후추 적당량

이렇게 만드세요

1 시금치 데치기 시금치는 다듬어 소금을 약간 넣은 끓는 물에 데쳐 냉수에 헹궈 건진다. 물기를 짜서 4cm 길이로 썬다.

2 재료 썰기 대파는 송송 썰고 두부는 가로 3cm, 세로 1cm, 두께 0.7cm 크기로 썬다.

3 새우국 끓이기 냄비에 참기름을 두르고 다진마늘과 마른 새우를 볶다가 육수를 붓고 끓인다.

4 국에 재료 넣기 끓여놓은 새우국에 두부와 시금치를 넣고 끓이다가 소금, 후추로 간하고 녹말물을 조금만 넣어 한소끔 끓여낸다.

시금치를 데칠 때는

시금치는 끓는 물에 소금을 약간 넣고 파랗게 데쳐 바로 찬물에 헹궈 건지는 것이 요령. 데칠 때는 반드시 뚜껑을 열고 데쳐 시금치가 가지고 있는 수산 성분이 날아가게 한다. 수산은 칼슘과 함유하여 담석을 만든다.

*Thu*목*day*

오늘의 식단
(총1988 Kcal)

아침	· 잡곡밥(2/3공기)	241Kcal
	김치찌개	157Kcal
	풋고추소박이	**82Kcal**
점심	· 애호박수제비	416Kcal
	풋고추부추부침개	170Kcal
	도라지생채	69Kcal
	배추김치	17Kcal
저녁	· 쌀밥(1공기)	334Kcal
	곱창전골	261Kcal
	깻잎맛살튀김	189Kcal
	양파냉채	35Kcal
	배추김치	17Kcal

풋고추소박이

 **재료/4인분**

풋고추 30개, 소금물 적당량, 부추 100g, 통깨 적당량 **속양념** 무채 200g, 멸치액젓 1/3컵, 고춧가루 3큰술, 다진마늘 2큰술, 찹쌀풀 3큰술, 설탕 1작은술, 붉은고추채 2개분량, 소금 적당량

 **이렇게 만드세요**

1 풋고추 절이기 풋고추는 꼭지를 짧게 잘라내고 칼집을 길게 넣는다. 소금물에 담가 살짝 절였다가 속

씨를 제거하고 건진다.

2 부추 썰기 부추는 깨끗하게 다듬어 씻어서 물기를 제거하고 3cm 길이로 썬다.

3 속양념 만들기 무는 길이 4cm, 굵기 0.2cm 크기로 채썰어 부추

를 함께 섞고 준비한 양념들을 넣고 버무려 속양념을 만든다.

4 풋고추 속채우기 절여놓은 풋고추에 속양념을 채워 넣고 통깨를 뿌려 익힌다.

깻잎맛살튀김

 **재료/4인분**

게맛살 2쪽, 달걀 2개, 깻잎 10장, 밀풀 4큰술, 밀가루 적당량, 튀김기름 적당량, 김 2장 **튀김옷** 밀가루 1/2컵, 녹말가루 3큰술, 달걀 1개, 다시마물 1/4컵

 **이렇게 만드세요**

1 달걀말이 만들기 달걀은 흰자와 노른자를 함께 풀어 소금, 후추로 간하여 달구어진 팬에 식용유를 두르고 1cm 두께로 달걀말이를 만든다.

2 밀풀 만들기 밀가루 3큰술에 물 2큰술을 넣고 골고루 섞어 되직한 생밀풀을 만든다.

3 재료 썰기 맛살은 4cm 길이로 썰고 달걀말이도 게맛살과 같은 길이로 썬다.

4 김 말기 김은 길이 6cm, 폭 4cm로 잘라 게맛살과 달걀말이를 얹어놓고 돌돌 말아 끝부분에 밀풀을 조금 묻혀 붙여놓는다.

5 깻잎 말아주기 지져낸 김말이를 깻잎으로 말고 끝부분에 밀풀을 발라 풀어지지 않게 붙인다.

6 튀김옷 만들기 준비한 분량의 재료를 섞어 튀김옷을 만들어 가볍게 저어준다.

7 튀기기 깻잎말이에 밀가루를 뿌려준 다음 튀김옷을 입혀 170℃의 튀김기름에서 바삭하게 튀겨낸다.

 **요리 힌트**

튀김옷은 가볍게 섞는다

튀김옷을 만들 때 1/3~1/4 정도의 녹말가루를 섞어준다. 튀김옷을 만들 때 먼저 달걀과 차가운 다시마물을 함께 넣고 충분히 저어준 다음 밀가루와 녹말가루를 넣고 가볍게 저어주는 것이 튀김옷을 바삭하게 하는 비결. 많이 저어주면 점질성분이 생겨 바삭한 튀김이 되지 않는다.

Friday 금

오늘의 식단
(총1716Kcal)

아침	· 토스트	290Kcal
	잼 · 버터	107Kcal
	슬라이스치즈	95Kcal
	야쿠르트	114Kcal
점심	잡곡밥(1공기)	361Kcal
	감자애호박국	51Kcal
	오징어포전	89Kcal
	총각김치	27Kcal
저녁	쌀현미밥(1공기)	332Kcal
	닭새우젓국찌개	155Kcal
	숙주나물	23Kcal
	조개젓무침	55Kcal
	배추김치	17Kcal

오징어포전

재료/4인분
오징어포 4장, 밀가루 적당량, 달걀 1개, 붉은고추 2개, 풋고추 3개, 통깨 적당량, 식용유 적당량 유장 간장 1작은술, 참기름 1 1/2큰술

이렇게 만드세요

1 유장 만들기 준비한 분량의 간장과 참기름을 섞어 유장을 만든다.

2 오징어포에 유장 바르기 얇은 오징어포의 앞뒤에 유장을 골고루 발라 준 다음 양면에 밀가루를 조금씩 뿌려준다.

3 고추 썰기 풋고추와 붉은고추는 반으로 갈라 속씨를 털어내고 고운 실채로 썰고 달걀은 소금을 넣고 풀어준다.

4 전 부치기 유장을 바른 오징어포는 달걀물에 적셔 식용유 두른 팬에 놓고 고추실채와 통깨를 뿌려 지져낸다.

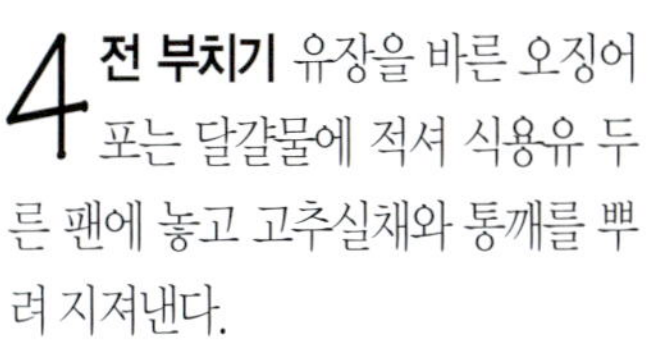

요리힌트

오징어포로 다양한 요리를

오징어포는 마른오징어를 얇게 압착시켜 만든 것으로 질기지 않기 때문에 여러가지 요리로 조리할 수 있다. 초무침, 볶음, 튀김 등 다양하게 만들어 보자.

조개젓무침

재료/4인분
조개젓 1/2컵, 붉은고추 2개, 풋고추 2개, 무 150g, 소금 적당량, 고춧가루 1 1/2큰술, 다진마늘 1큰술, 다진생강 1작은술, 통깨 적당량, 식초 1/2작은술, 참기름 적당량

이렇게 만드세요

1 조개젓 짠기 빼기 조개젓이 너무 짤 경우에는 체에 담고 생수를 부어 짠기를 뺀다.

2 야채 썰기 풋고추와 붉은고추는 반 갈라 냉수에 헹궈 속씨를 빼고 송송 썰어 물기를 제거한다.

3 무 절이기 무는 사방 1cm 크기로 얇게 썰어 소금을 뿌려 잠시 절였다가 물기를 제거한다.

4 고춧가루 넣기 짠기를 제거한 조개젓에 고춧가루를 넣고 붉게 버무린다.

5 조개젓 버무리기 조개젓에 다진마늘, 생강, 고추와 무를 넣고 약간의 식초와 통깨, 참기름을 넣고 버무린다.

더 맛있게! 간조개를 사서 너무 짠맛이 나지 않게 소금을 뿌려 조개젓을 직접 만들어 본다. 약간의 식초는 신맛은 나지 않고 조개젓의 비린내를 제거하고 신선한 맛이 나게 한다. 많은 양을 넣지 않도록 주의한다.

오늘의 식단 (총1860 Kcal)

아침	· 치즈햄토스트	505Kcal
	감자크림스프	97Kcal
	달걀반숙	75Kcal
	야채샐러드	97Kcal
점심	· 비빔국수	535Kcal
	콩나물국	43Kcal
	오이나물볶음	79Kcal
	열무물김치	12Kcal
저녁	· **달걀야채그라탱**	265Kcal
	미네스트로니스프	109Kcal
	오이피클	26Kcal
	배추김치	17Kcal

달걀야채그라탱

재료/4인분

완숙달걀 ……2개
익힌당근 ……30g
다진치즈……3큰술
데친브로콜리 ……40g
완두콩 ……2큰술
햄……40g
버터 ……적당량
소금 · 후추 ……적당량

화이트크림소스

버터 ……2큰술
다진양파……4큰술
밀가루 ……3큰술
닭육수 ……1컵
우유 ……1컵
소금 · 흰후추 ……적당량
생크림 ……1큰술

이렇게 만드세요

1 **양파 볶기** 냄비에 버터와 다진 양파를 넣고 중불에서 타지 않게 충분히 볶는다.

2 **루 만들기** 볶아놓은 양파에 밀가루를 넣고 색깔나지 않게 충분히 볶는다. 노랗게 타면 브라운 소스를 만드는데 이용한다.

3 **루 풀기** 끓여놓은 루에 닭육수와 우유를 넣고 덩어리지지 않게 풀어 끓인다. 이때 우유를 넣으면 누렇게 탄 것을 하얗게 하는 효과가 있다.

4 **소스 간하기** 풀어놓은 루에 소금, 흰후추로 간하고 생크림을 넣고 저어 크림소스를 완성한다.

5 **재료 썰기** 완숙달걀은 8등분으로 썰고 익힌 당근, 햄, 데친 브로콜리는 콩알 크기로 썬다.

6 **버터에 볶기** 달구어진 팬에 버터를 녹이고 ⑤의 재료 중에서 달걀을 제외한 재료와 완두콩을 넣고 볶다가 소금, 후추를 뿌려 간한다.

7 **그라탱 그릇에 담기** 화이트크림소스에 달걀과 ⑥을 가볍게 버무려 그라탱 그릇에 담고 잘게 다진 치즈를 뿌린다. 250℃로 예열된 오븐에 넣고 알맞게 구워낸다.

더 맛있게! 화이트크림은 소스로 이용될 뿐 아니라 크림수프의 기본이 된다. 닭육수를 낼 때는 양파, 셀러리, 월계수잎을 넣고 푹 끓여 기름을 완전히 제거한 다음 베보자기에 내려 이용하면 좋다. 작고 얇게 썬 야채를 볶다가 육수와 함께 화이트크림을 넣고 끓이면 훌륭한 야채 크림수프가 된다.

비디오 쿠킹

양파 볶기

루 만들기

우유 부어 풀기

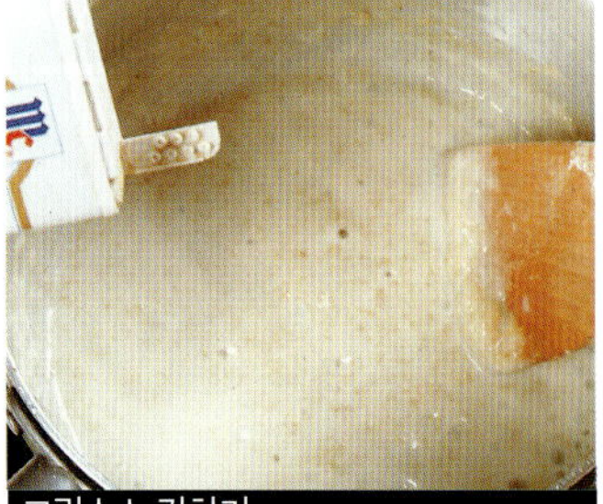
크림소스 간하기

Sunday 일

오늘의 식단 (총1930Kcal)	
아침 · 떡볶이치즈구이	299Kcal
실파장국	62Kcal
깍두기	20Kcal
점심 · 잡곡밥(1공기)	361Kcal
콩나물돼지고기찌개	281Kcal
북어포풋고추초회	101Kcal
열무물김치	12Kcal
저녁 · 감자밥	302Kcal
쇠고기야채국	134Kcal
북어양념구이	145Kcal
흰콩다시마조림	196Kcal
배추김치	17Kcal

떡볶이치즈구이

 재료/4인분

떡볶이떡 300g, 당근 30g, 양배추 2잎, 쇠고기 70g, 양파 1/4개, 소금 · 후추 적당량, 식용유 적당량, 데친브로콜리 40g, 모짜렐라치즈 100g, 실파 적당량 **떡볶기양념** 고추장 2큰술, 토마토케첩 2큰술, 설탕 1큰술, 청주 1큰술, 고춧가루 1/2큰술, 간장 1큰술, 다진마늘 1큰술, 육수 3큰술, 소금 · 후추 · 깨소금 적당량, 참기름 적당량

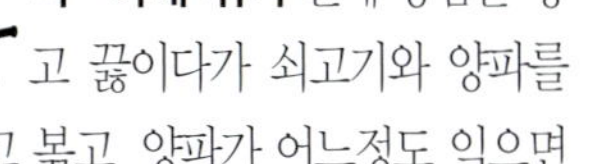 이렇게 만드세요

1 **양념 만들기** 준비한 분량의 재료를 함께 넣고 떡볶이 양념을 만들어 골고루 저어준다.

2 **떡볶이떡 자르기** 떡볶이떡은 4~5cm 길이로 자른다. 굵은 것은 반으로 잘라 썰고 단단한 것은 끓는 물에 살짝 삶아 냉수에 헹궈 건져 물기를 제거한다.

3 **쇠고기 · 야채 썰기** 쇠고기는 길이 4~5cm, 폭 1cm 크기로 얇게 썰고 양배추와 양파도 쇠고기와 같은 크기로 썬다. 브로콜리는 한입 크기로 떼어놓는다.

4 **떡 · 야채 볶기** 팬에 양념을 넣고 끓이다가 쇠고기와 양파를 넣고 볶고, 양파가 어느정도 익으면 나머지 야채를 넣고 볶아 간한다.

5 **오븐에 굽기** 내열그릇에 ④를 담고 잘게 뜯은 치즈를 뿌려 250℃로 가열된 오븐에서 노릇하게 구워내고, 실파를 뿌려준다.

북어포풋고추초회

 재료/4인분

북어포 60g, 양파 1/4개, 미나리 50g, 풋고추 4개, 붉은고추 2개, 실파 5뿌리 **초회양념장** 고추장 2큰술, 고춧가루 1큰술, 설탕 2큰술, 식초 2큰술, 다진마늘 1큰술, 다진생강 1/2큰술, 깨소금 · 후추 적당량, 참기름 적당량

 이렇게 만드세요

1 **북어포 손질하기** 북어는 포로 찢은 것을 준비하여 반 길이로 잘라 약간의 물을 뿌려 촉촉하게 해준다.

2 **야채 썰기** 양파는 채썰고 풋고추와 붉은고추는 어슷하게 길고 가늘게 썰어 속씨를 털어내고 미나리와 실파는 5cm 길이로 썬다.

3 **초회양념장 만들기** 준비한 분량의 재료를 섞어 초회양념장을 만들어 골고루 저어준다.

4 **초회양념장에 무치기** 찢어놓은 북어포와 썰어놓은 야채를 함께 담고 초회양념으로 버무린다.

요리힌트

초회양념장은 무침요리에 활용

초회양념을 이용하여 다양한 무침요리를 할 수 있다. 초회무침은 신진대사를 활발하게 해주는 효능이 있어 건강에 좋다. 오징어초회, 미역초회, 소라초회, 생아채초회 등 여러 가지 재료에 활용해 보자.

오늘의 식단
(총1912Kcal)

아침	· 잡곡밥(2/3공기)	241Kcal
	해물된장찌개	212Kcal
	삼치구이	138Kcal
	고추장아찌무침	38Kcal
	깍두기	20Kcal
점심	· 콩나물죽	217Kcal
	통조림참치김치볶음	97Kcal
	감자쇠고기조림	137Kcal
저녁	· 콩밥(1공기)	367Kcal
	병어풋고추찌개	181Kcal
	야채초나물	52Kcal
	돼지고기우엉말이조림	195Kcal
	배추김치	17Kcal

돼지고기우엉말이조림

재료/4인분

돼지고기	200g
우엉	250g
풋고추	2개
붉은고추	2개
마늘	4쪽
통깨	적당량

조림양념장

간장	4큰술
청주	2큰술
설탕	2큰술
생강즙	1큰술
다시마물	3/4컵

이렇게 만드세요

1 돼지고기 손질하기 돼지고기는 얇게 포로 썬 것으로 준비하고, 조리면서 고기가 오그라들지 않도록 칼끝으로 톡톡 쳐서 힘줄을 끊어 준다.

2 우엉 썰기 우엉은 껍질을 벗겨 손가락 굵기, 8cm 길이로 썰어 끓는 물에 삶아낸다.

3 우엉 고기에 말기 준비한 돼지고기에 삶은 우엉을 돌돌 말아 꼬치로 고정시킨다.

4 조림양념장 만들기 분량의 간장, 정종, 설탕, 생강즙, 다시마물을 섞어 조림양념장을 만들어 중불에서 타지 않게 끓여 준다.

5 조리기 조림양념장을 약한 불에서 은근히 조리다가 풋고추와 붉은고추 썬 것, 마늘, 우엉말이를 함께 넣고 서서히 조려낸다. 조려진 우엉말이는 잘라 담고 통깨를 뿌려 준다. 생강채를 곁들이기도 한다.

더 맛있게! 우엉조림이 남았을 때는 얇은 돼지고기에 돌돌 말아 꼬치로 꽂아 고정시켜 식용유나 참기름을 발라 구워 먹는 즉석 방법도 있다.

요리힌트

우엉은 식촛물에 담가 갈변을 방지한다

껍질을 벗긴 우엉은 공기 중에 두면 산화되어 검게 변색 되기 쉽다. 껍질을 벗겨 식초를 조금 떨어뜨린 물에 담가두면 색이 변하는 것도 막고 떫은 맛도 없앨 수 있다. 우엉은 조림 외에도 우엉구이, 찜 등을 해먹으며 구이를 할 때는 칼등이나 방망이로 자근자근 두들겨 조리하면 더욱 맛이 좋아진다. 우엉은 솔로 문질러 흙을 털어내고 칼등으로 껍질을 긁듯이 깎는다.

비디오 쿠킹

돼지고기 손질하기

우엉 썰기

우엉 고기에 말기

조리기

*Tu*화*day*

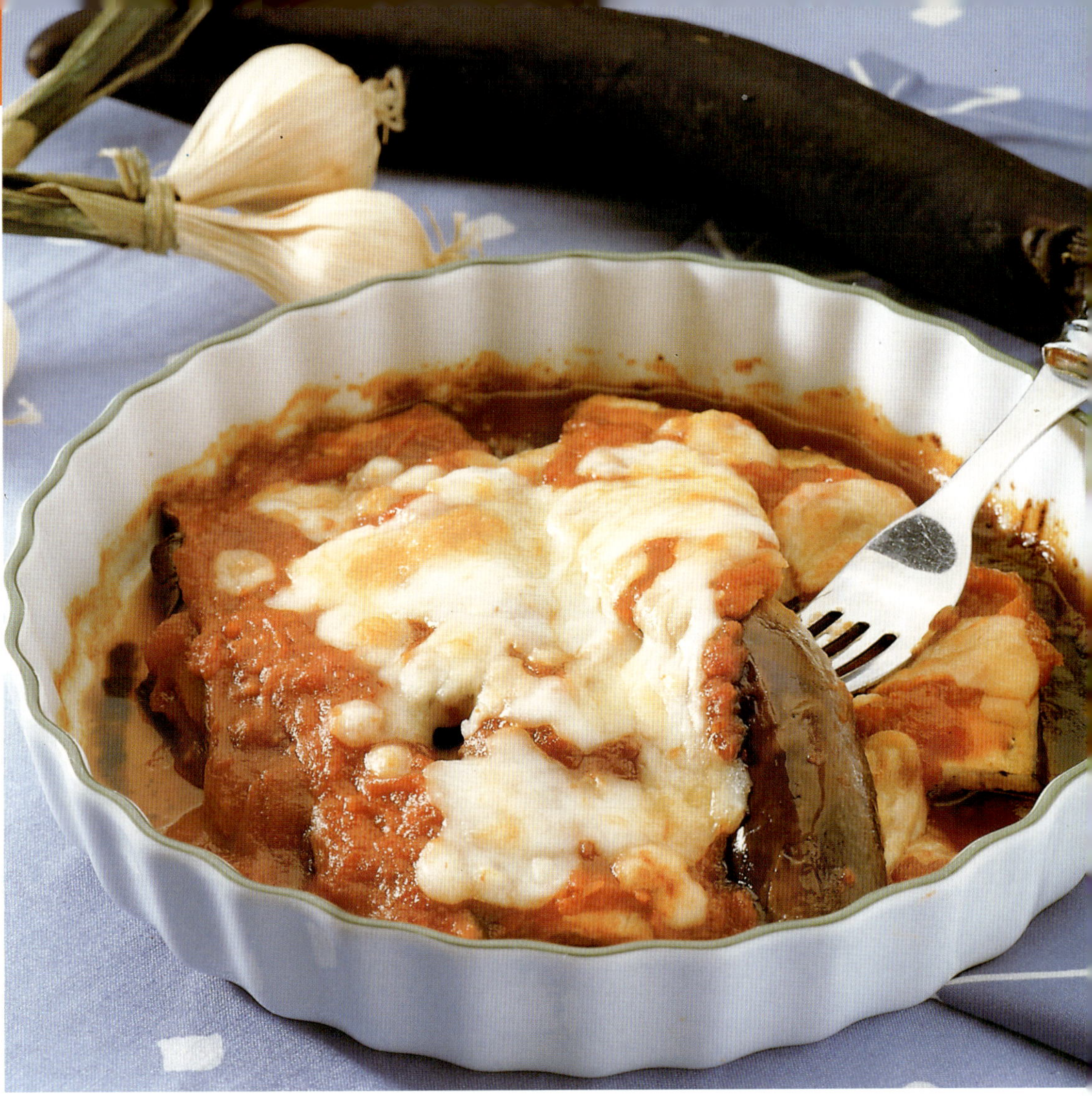

가지라자니아

재료/4인분

가지 2개, 소금·후추·버터 적당량, 모짜렐라치즈 80g, 파슬리가루 적당량, 가루치즈 적당량 **피자소스** 버터 1큰술, 양파 1/2컵, 다진마늘 3큰술, 토마토페이스트 3큰술, 케첩 3큰술, 붉은포도주 1큰술, 잘게썬토마토 1/2컵, 황설탕 1큰술, 소금·후추 적당량, 월계수잎 1장

이렇게 만드세요

1 피자소스 준비하기 냄비에 버터를 두르고 잘게 썬 양파와 다진 마늘을 넣고 볶다가 토마토페이스를 넣고 함께 볶아준다.

2 피자소스 완성하기 ①에 토마토케첩을 넣고 볶다가 잘게 썬 토마토와 붉은포도주, 월계수잎을 넣고 되직하게 끓여 황설탕, 소금, 후추로 간한다.

3 가지 굽기 가지는 0.6cm 두께로 저며썰어 소금, 후추를 뿌려 두었다가 달구어진 팬에 버터를 녹이고 노릇노릇하게 구워낸다.

4 그릇에 담기 내열 그릇에 구운 가지와 피자소스, 잘게 썬 치즈를 켜켜로 뿌려준다.

5 오븐에 굽기 250℃로 예열된 오븐에 가지라자니아를 넣고 30~40분 정도 구워 꺼내어 파슬리가루와 가루치즈를 뿌려낸다.

참치속오이샐러드

재료/4인분

통조림참치 1/2컵, 다진양파 4큰술, 소금·후추 적당량, 레몬즙 적당량, 완숙달걀 2개, 오이 2개, 마요네즈 2큰술, 파슬리가루 적당량, 파프리카 적당량

이렇게 만드세요

1 참치 기름빼기 통조림참치는 체에 밭쳐 기름을 제거하고 대강 부쉬뜨린다.

2 참치 샐러드 만들기 다진 양파는 소금을 뿌려 살짝 절였다가 물기를 꼭 짜고, 완숙달걀은 노른자를 조금만 남겨 두고 잘게 다진다. 참치에 양파와 달걀을 넣고 약간의 레몬즙을 뿌려 마요네즈로 버무린다.

3 오이 손질하기 오이는 소금을 뿌리고 비벼 씻어서 길게 반으로 갈라 속을 파내고 소금물에 헹구고 물기를 닦아낸다.

4 참치샐러드 넣기 속을 파낸 오이 속에 준비한 참치샐러드를 채워 담고 남은 달걀노른자를 가루내어 파슬리가루, 파프리카가루와 함께 약간씩 뿌려낸다.

참치샐러드를 더 맛있게 하는 재료들

바삭한 오이와 참치샐러드의 맛도 잘 어울리지만 저며 썬 오이와 양파채를 소금에 절여 건져 물기를 짜고 참치와 함께 버무려 주거나 저며 썬 셀러리를 넣어 만드는 샐러드도 향기롭다.

Wednesday 수

오늘의 식단
(총1759Kcal)

아침 · 현미밥(2/3공기)	221Kcal	
쇠고기국	104Kcal	
잔멸치풋콩튀김	145Kcal	
쇠고기달걀장조림	120Kcal	
배추김치	17Kcal	
점심 · 통감자구이	184Kcal	
우유	118Kcal	
토마토샐러드	135Kcal	
플레인요구르트	113Kcal	
저녁 · 현미밥(1공기)	331Kcal	
쇠고기야채볶음	202Kcal	
비름나물	47Kcal	
무김치	20Kcal	

잔멸치풋콩튀김

재료/4인분

잔멸치	1/2컵
풋콩	1/3컵
붉은고추	1개
통깨	적당량
달걀	1/2개
녹말가루	3큰술
밀가루	3큰술
다시마물	3큰술
튀김기름	적당량

이렇게 만드세요

1 고추 썰기 붉은고추는 송송 썰어 냉수에 헹궈 속씨를 제거한 다음 물기를 뺀다.

2 잔멸치 손질하기 잔멸치는 냉수에 헹궈 건지고 풋콩도 씻어 건진다.

3 달걀 풀기 달걀은 깨뜨려 그릇에 담고 소금, 후추로 간하여 나무젓가락으로 골고루 저어 준다.

4 튀김 반죽하기 볼에 썰어놓은 고추, 잔멸치, 풋콩, 달걀물을 담고 녹말가루, 밀가루, 다시마물, 통깨를 넣고 가볍게 섞어 튀김반죽을 만든다.

5 튀기기 160℃로 가열된 튀김기름에 튀김반죽을 조금씩 숟가락으로 떼어 넣고 바삭하게 튀겨낸다.

더 맛있게! 멸치는 단백질과 칼슘 등 무기질이 풍부해서 임산부나 발육기의 어린이에게 권장되는식품이다. 마른 멸치에는 굵은 것, 중간 것, 잔 것, 아주 희고 고운 멸치 등이 있는데 굵은 것은 주로 국물을 내는데 쓰이고, 중간 것이나 잔 것은 조림이나 볶음, 튀김 등 밥반찬으로 쓰인다. 멸치의 선도가 낮으면 쉽게 부서지고, 습기가 많은 것은 저장 중에 산화되어 좋지 않은 냄새가 나므로 꼭 밀봉해서 서늘한 곳에 보관한다.

요리힌트
잔멸치는 간하지 않고 채소와 함께 튀긴다

잔멸치 튀김에는 다른 간을 하지 않는 것은 상식이다. 함께 튀기는 부재료는 풋콩뿐만 아니라 당근, 파슬리, 김, 통깨를 합해 반죽하여 먹기 좋은 크기로 튀겨내면 짭짤하고 고소하다. 멸치와 함께 섞는 재료는 햄, 치즈, 감자, 양파, 피망, 우엉, 완두콩, 건포도 등으로 다양하게 응용할 수 있다. 채소를 멸치크기로 채썰어 튀겨내도 한결 먹음직스럽다.

비니오 쿠킹

고추씨 빼기

달걀 풀기

튀김 반죽하기

튀기기

*Thu*목*day*

오늘의 식단
(총1821 Kcal)

아침 ·	바게트마늘토스트	303Kcal
	우유	118Kcal
	양상추샐러드	101Kcal
	오이피클	26Kcal
점심 ·	불고기백반	424Kcal
	실파된장국	62Kcal
	조갯살조림	81Kcal
	배추김치	17Kcal
저녁 ·	쌀현미밥(1공기)	332Kcal
	해물된장찌개	212Kcal
	쑥갓양파냉채	43Kcal
	감자칩양념무침	85Kcal
	배추김치	17Kcal

감자칩양념무침

재료/4인분
감자(중간) 4개, 녹말가루 적당량, 튀김기름 적당량, 잘게썬붉은고추 1큰술, **무침양념장** 간장 2큰술, 물엿 2큰술, 다진파 1큰술, 다진마늘 1큰술, 발효겨자 1작은술, 식초 1/2큰술, 소금·후추·깨소금 적당량, 참기름 적당량

이렇게 만드세요

1 감자 손질하기 감자는 껍질을 벗겨 둥글고 얇게 썰어 냉수에 헹궈 물기를 닦고, 약간의 녹말가루를 뿌려놓는다.

2 감자칩 만들기 160℃로 가열한 튀김기름에 썰어놓은 감자를 넣고 바삭하게 튀겨낸다. 너무 타지 않게 노릇할 때 꺼낸다.

3 무침양념장 만들기 준비한 분량의 재료들을 한데 넣고 골고루 섞어 무침양념장을 만든다.

4 양념에 버무리기 무침양념장에 잘게 썬 홍고추와 튀겨놓은 감자칩을 넣고 버무린다

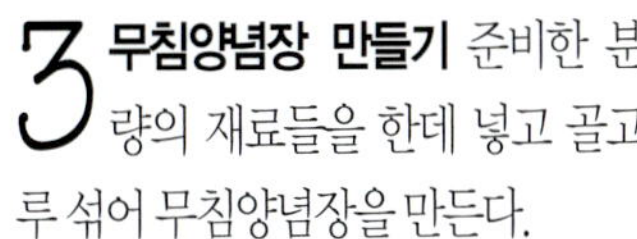

바게트마늘토스트

재료/4인분
바게트빵 1/2개, 파슬리가루 적당량, 파프리카 적당량 **마늘버터** 다진마늘 3큰술, 버터 4큰술, 레몬즙 1작은술, 소금·후추 적당량

이렇게 만드세요

1 마늘버터 만들기 다진마늘과 버터를 골고루 섞고 약간의 레몬즙과 소금, 후추를 섞어 마늘버터를 만들어 둔다.

2 바게트빵 썰기 바게트빵은 길이로 반 갈라 6cm 정도의 길이로 썰어 놓는다.

3 마늘버터 바르기 잘라놓은 바게트빵의 단면에 마늘버터를 골고루 바른다.

4 오븐에 굽기 마늘버터를 바른 빵은 오븐이나 달구어진 팬에 식용유를 조금 두르고 노릇노릇한 구워내어 파슬리가루나 파프리카를 뿌려준다.

요리힌트

마늘버터와 과일주스를 함께 먹으면 마늘냄새가 나지 않는다

마늘버터를 10회 정도 사용할 양을 미리 만들어 두고 이용하면 편리하다. 마늘버터 토스트는 과일주스 혹은 우유와 함께 먹으면 먹고 난 후에 나는 마늘냄새를 예방할 수 있다.

오늘의 식단
(총1905Kcal)

아침	· 찐만두	269Kcal
	부추달걀탕	82Kcal
	깍두기	20Kcal
점심	· 미니김말이밥	332Kcal
	두부된장국	142Kcal
	닭살카레아몬드튀김	231Kcal
	무초김치	49Kcal
	사과 한쪽	37Kcal
저녁	· 잡곡밥(1공기)	361Kcal
	북어해장국	172Kcal
	감자빈대떡	110Kcal
	오징어야채초회	83Kcal
	배추김치	17Kcal

닭살카레아몬드튀김

 **재료/4인분**

닭가슴살	200g
소금·후추	적당량
생강즙	1큰술
카레가루	적당량
달걀	2개
슬라이스아몬드빵가루	1/2컵
튀김기름	적당량

이렇게 만드세요

1 닭가슴살 손질하기 닭가슴살은 한입 크기로 얇게 저며 썰고 칼 끝으로 살짝살짝 쳐서 튀겼을 때 오그라들지 않도록 힘줄을 끊어준다.

2 닭가슴살 밑간하기 손질한 닭살은 소금, 후추, 생강즙으로 밑간하여 잠시 재워둔다. 검은 후추를 뿌리면 요리가 거뭇해 보이므로 흰후추를 뿌려준다.

3 카레가루 묻히기 밑간해 놓은 닭살에 카레가루를 골고루 묻히고 여분의 가루는 털어낸다.

4 아몬드빵가루 묻히기 달걀을 푼 물에 카레가루 묻힌 닭살을 적셔 다시 아몬드빵가루를 골고루 묻혀준다.

5 튀기기 170℃로 달궈진 튀김기름에 아몬드빵가루를 묻힌 닭살을 넣고 바삭하게 튀겨낸다.

요리힌트

빵가루에 견과류를 넣어 고소하게

슬라이스 아몬드가 없을 때에는 볶은 땅콩을 잘게 다지고, 통깨와 함께 빵가루와 같은 분량으로 섞어 튀김옷으로 이용한다.

더 맛있게! 닭을 튀기는 방법에는 서양식과 중국식이 있는데, 서양식은 단순히 소금과 후춧가루만으로 간하여 밀가루, 달걀물, 빵가루를 묻혀 튀기는 것이고, 중국식은 진간장, 술, 생강즙 등을 넣고 밑간을 해두었다가 녹말옷을 입혀 튀기는 것이다. 일품요리로 닭튀김만을 즐기고자 할 때는 소금과 후춧가루만으로 간을 한 서양식 방법이 좋지만, 다른 반찬과 어울려 반찬으로 이용할 때는 진간장으로 간을 한 중국식 닭튀김이 맛이 있다.

비디오 쿠킹

닭가슴살 밑간하기

카레가루 묻히기

아몬드빵가루 묻히기

튀기기

Satu**토**day

오늘의 식단
(총1867Kcal)

아침	· 잡곡밥(2/3공기)	241Kcal
	두부김치찌개	196Kcal
	부추장아찌	52Kcal
	열무물김치	12Kcal
점심	· 미역찹쌀경단수제비	441Kcal
	배추말이고기찜	141Kcal
	통도라지초무침	69Kcal
	열무물김치	12Kcal
저녁	· 현미밥(1공기)	331Kcal
	우거지토장국	93Kcal
	이면수양념구이	212Kcal
	연근조림	50Kcal
	배추김치	17Kcal

배추말이고기찜

재료/4인분

배춧잎 5장, 소금 적당량, 밀가루 적당량 **고기속양념** 갈은쇠고기 80g, 두부 1/4모, 다진마늘 1큰술, 다진파 1큰술, 깨소금·후추 적당량, 참기름 적당량 **탕국** 육수 2컵, 간장 1큰술, 청주 1큰술, 풋고추·붉은고추채 약간씩, 양파채 약간, 소금·후추 적당량, 참기름 적당량, 녹말물 약간

이렇게 만드세요

1 배춧잎 데치기 끓는 물에 소금을 조금 넣고 배춧잎을 줄기부분부터 넣고 살짝 데쳐 냉수에 헹궈 건진다. 배춧잎의 두꺼운 줄기부분은 잘라낸다.

2 고기속 만들기 물기를 꼭 짠 두부는 칼로 곱게 으깬 다음 갈은 쇠고기를 넣고 으깨며 버무린다. 준비한 양념들을 함께 넣고 골고루 섞어준다.

3 배추 말기 물기를 닦은 배춧잎에 약간의 녹말가루를 뿌리고 고기속을 조금씩 떼어 놓고 돌돌 말아 싸준다.

4 찌기 김이 오른 찜통에 고기를 말은 배추말이를 넣고 15분 정도 쪄낸다.

5 탕국 만들기 냄비에 육수, 간장, 청주를 넣고 불에 올려 끓어오르면 풋고추와 붉은고추채, 양파채를 넣고 소금, 후추로 간한다. 여기에 녹말물을 약간 풀어 야간 걸쭉하게 농도를 내고 참기름을 1~2방울 떨어뜨려준다.

6 탕국 붓기 그릇에 배추말이찜을 담고 뜨겁게 끓인 탕국을 부어낸다.

이면수양념구이

재료/4인분

이면수 1마리, 소금물 적당량, 생강즙 1큰술 **유장** 간장 1/2큰술, 참기름1/2큰술 **구이양념장** 간장 3큰술, 고운고춧가루 1/2큰술, 청주 1/2큰술, 다진마늘 1/2큰술, 다진생강 1작은술, 잘게 썬 풋고추·붉은고추 1큰술, 후추·깨소금 적당량, 참기름 적당량

이렇게 만드세요

1 이면수 손질하기 이면수는 비늘을 긁어내고 배를 갈라 내장을 제거하고 소금물에 씻어 건져 물기를 닦아준다.

2 유장 만들기 준비한 간장과 참기름을 섞어 유장을 만든다.

3 양념장 만들기 제시한 분량의 양념을 골고루 섞어 구이양념장을 만든다.

4 이면수 굽기 손질해 놓은 이면수에 유장을 발라 뜨겁게 달군 석쇠에서 한번 구워낸다.

5 양념장 발라 굽기 한번 구워낸 이면수에 구이양념장을 발라 오븐 혹은 달구어진 석쇠에서 한번 더 구워 담는다.

요리힌트

이면수는 소금물에 담가 냉동보관

이면수가 쌀 때 여러마리를 준비하여 깨끗하게 손질하여 머리, 내장을 제거하고 좀 짜다고 느낄 정도의 소금물에 1시간 정도 담갔다가 그대로 건져 물기를 제거한 다음 냉동보관 한다.

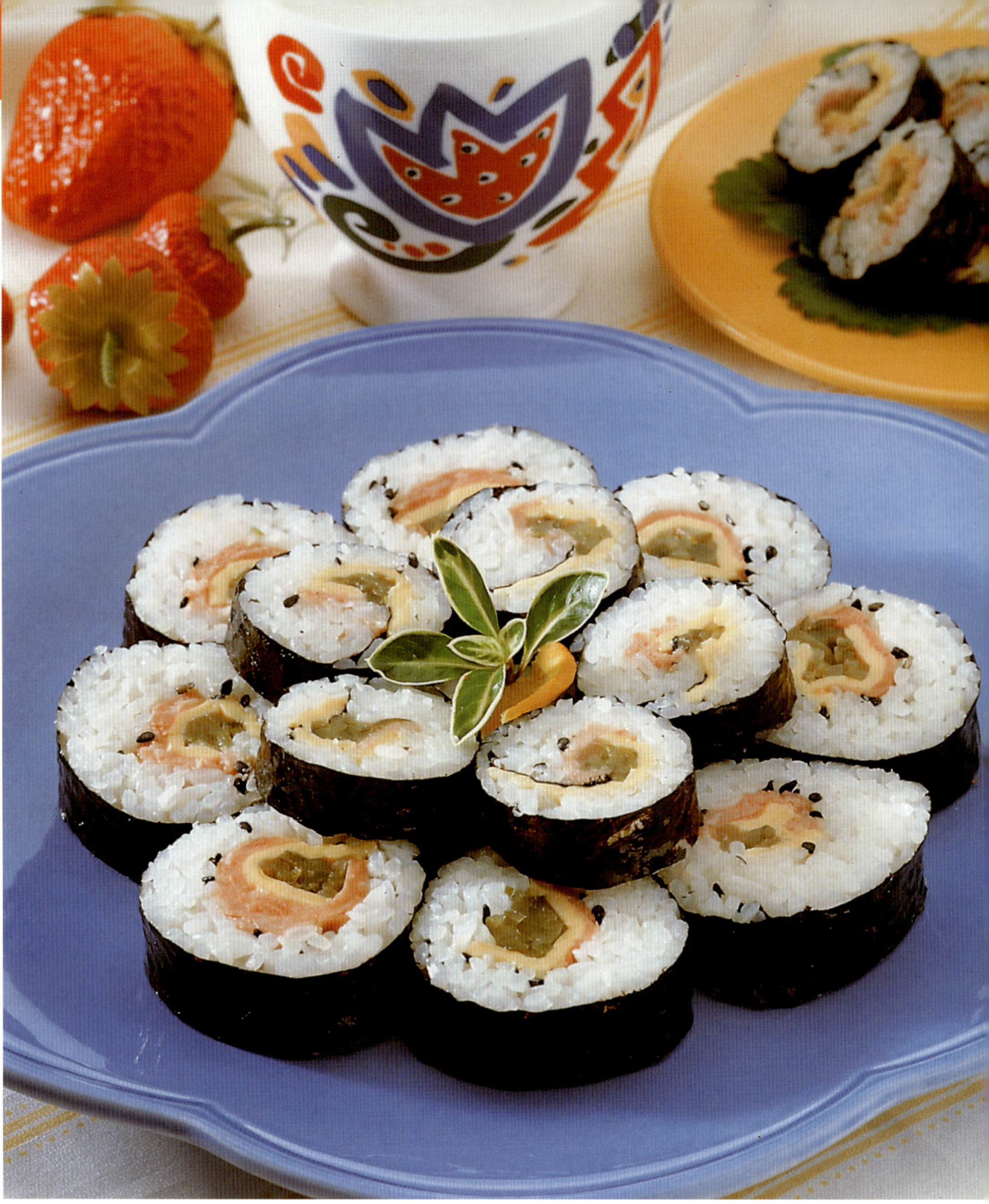

Sunday 일

햄치즈김밥

재료/4인분

밥 ······················· 4공기
슬라이스햄 ··················· 2장
슬라이스치즈 ················· 2장
오이피클 ···················· 1개
김 ························ 5장
검은깨 ··················· 적당량

촛물

설탕 ····················· 3큰술
식초 ····················· 3큰술
소금 ····················· 1작은술

 이렇게 만드세요

1 촛물 만들기 준비한 분량의 양념을 섞어 촛물을 만들고 설탕이 녹을 정도로만 끓여낸다.

2 초밥 만들기 찬밥에 촛물을 넣으면 잘 안 섞이므로 뜨거운 밥에 촛물을 넣고 골고루 섞어 약간 따뜻할 정도로 식힌다.

3 재료 썰기 슬라이스치즈와 햄은 반폭으로 자르고 오이피클은 곱게 채썬다.

4 김에 초밥 펴기 살짝 구운 김을 김발에 펴놓고 초밥을 적당량 덜어 놓고 얇게 펴준 다음 볶은 흑임자를 뿌려준다.

5 초밥 말기 얇게 펴놓은 초밥 위에 치즈와 햄, 오이피클 채를 나란히 놓고 돌돌 말아 알맞은 두께로 잘라 담는다.

> **더 맛있게!** 초밥을 한입크기로 뭉쳐 남은 채소와 재료를 활용하여 모듬초밥을 만들어보자. 뭉쳐놓은 초밥을 직사각형으로 자르고 적당한 크기로 자른 햄, 치즈, 달걀말이, 오이, 기름을 뺀 참치를 각각 얹고 길게 자른 김으로 한번 묶으면 맛갈스러운 알뜰모듬 초밥이 된다.

요리힌트

뜨거운 밥에 촛물을 섞는다

초밥을 만들때는 반드시 뜨거운 밥에 촛물을 섞어 주어야만 밥이 질어지지 않고 흡수가 잘되어 맛이 좋다. 김 위에 펴놓은 밥에 고추냉이(와사비) 길게 바르고 채썬 생야채를 넣고 말면 상큼한 생야채 초밥이 된다.

비디오 쿠킹

초밥 만들기

재료 썰기

초밥에 깨뿌리기

김밥 말기

Monday
M월day

오늘의 식단
(총1796Kcal)

아침	· 잡곡밥(2/3공기)	241Kcal
	어묵애호박국	51Kcal
	두부튀김강정	220Kcal
	배추김치	17Kcal
점심	스파게티	384Kcal
	감자수프	97Kcal
	양배추샐러드	78Kcal
	무김치	20Kcal
저녁	· 현미밥(1공기)	331Kcal
	쇠고기미역국	93Kcal
	갈치풋고추조림	144Kcal
	쥐포채볶음	103Kcal
	배추김치	17Kcal

두부튀김강정

 **재료/4인분**

두부 1/2모, 소금 · 후추 적당량, 참기름 적당량, 녹말가루 적당량, 튀김기름 적당량, 풋고추 1개, 붉은고추 1개, 마늘 3쪽, 통깨 적당량 **강정양념장** 간장 1큰술, 고운고춧가루 1작은술, 고추장 1큰술, 청주 1큰술, 설탕 1큰술, 다시마물 2큰술, 소금 · 후추 적당량

 **이렇게 만드세요**

1 두부 썰기 두부는 사방 2cm 크기로 깍둑썰기하여 소금, 후추, 참기름으로 짜지 않게 밑간하여 녹말가루를 묻힌다.

2 두부 튀기기 녹말가루가 두부에 흡수되면 160~170℃로 가열한 튀김기름에 바삭하게 튀겨낸다.

3 고추 썰기 풋고추와 붉은고추는 반으로 갈라 물에 담가 속씨를 털어내고 사방 0.5cm 크기로 잘게 썬다. 마늘은 깨끗이 씻어 결 반대로 얇게 썬다.

4 강정양념장 만들기 제시한 분량의 양념을 골고루 섞어 강정양념을 만들어 끓인다.

5 양념에 버무리기 끓는 강정양념장에 두부와 풋고추와 붉은고추, 마늘을 넣고 국물이 없어질 때까지 볶고 통깨를 뿌려준다.

갈치풋고추조림

 **재료/4인분**

갈치 1마리, 소금물 적당량, 다시마 2쪽, 무 200g, 붉은고추 2개, 풋고추 2개, 대파 1뿌리 **조림양념장** 간장 3큰술, 청주 1큰술, 생강즙 1작은술, 다진마늘 1큰술, 설탕 1큰술, 깨소금 · 후추 적당량, 참기름 적당량

 **이렇게 만드세요**

1 갈치 손질 갈치는 비늘을 긁어내고 내장을 제거한 다음 소금물에 씻어 6~7cm 길이로 토막낸다.

2 야채 썰기 무는 반달모양으로 0.8cm 두께로 썰고 풋고추와 붉은고추는 4cm 길이로 잘라 속씨를 털어낸다. 대파도 같은 길이로 썬다.

3 조림양념장 만들기 준비한 분량의 양념을 골고루 섞어 조림양념장을 만든다.

4 냄비에 담기 깊지 않은 냄비에 다시마를 깔고 무와 갈치, 풋고추와 붉은고추, 대파를 차례로 보기 좋게 담는다

5 조리기 재료를 담은 냄비에 만들어 놓은 조림양념장을 골고루 얹고 자박하게 물을 부어 중불에서 서서히 조린다.

 **요리힌트**

갈치는 비늘이 은빛으로 반짝이는 것이 신선하다

갈치는 비늘이 벗겨지지 않고 생선살이 단단하여 내장이 터지지 않는 것이 신선하다. 기호에 따라 조림양념장을 발라 석쇠나 오븐에 구워도 좋다.

Tuesday 화

깻잎찬

🍚 재료/4인분

깻잎	300g
간장	3큰술
풋고추	1개
붉은고추	1개
멸치	300g

찜양념장

깻잎절인간장	적당량
고춧가루	2큰술
다진마늘	1큰술
다진양파	1큰술
다진생강	1작은술
설탕	1작은술
깨소금·후추	적당량
참기름	적당량

📖 이렇게 만드세요

1 깻잎 절이기 깻잎은 흐르는 물에 씻어 체에 밭쳐 물기를 제거한 다음, 그릇에 담고 무거운 돌로 눌러 놓고 잠길 정도로 간장을 부어 10분 정도 절여둔다.

2 재료 썰기 풋고추와 붉은고추는 반으로 갈라 물에 담가 속씨를 털어낸 다음 물기를 빼고 송송 썰고, 멸치는 내장을 제거하고 잘게 썰어준다.

3 양념 바르기 간장에 절인 깻잎을 건져내어 체에 밭쳐놓는다.

4 찜양념장 만들기 깻잎 절인 간장에 고춧가루, 다진마늘, 다진생강 등의 양념을 분량대로 섞어 찜양념장을 만들고 잘게 썬 고추와 멸치를 넣고 골고루 저어준다.

5 깻잎 2~3장 사이에 만들어 놓은 찜양념을 고루 발라 켜켜로 그릇에 담는다.

6 깻잎 찌기 김이 오른 찜통에 양념을 바른 깻잎을 그릇째로 넣고 10분 정도 쪄낸다.

더 맛있게! 깻잎은 간장 대신에 액젓으로 절여 건지고 절였던 액젓 국물에 고춧가루, 다진파, 다진마늘, 설탕 약간, 실고추, 통깨를 섞어 김치양념을 만들어 3장 사이에 바르는 깻잎김치를 해도 별미이다. 그릇에 담을 때는 꼭꼭 눌러 담고 무거운 것으로 눌러 두는 것이 좋다.

깻잎 절이기

재료 썰기

찜양념장 만들기

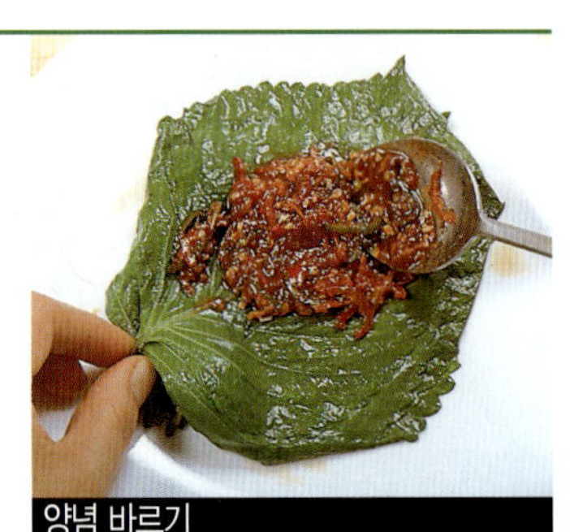

양념 바르기

We*d**수**esday

아침 · 소면장국	452Kcal	
시금치편육무침	149Kcal	
우엉채볶음	80Kcal	
배추김치	17Kcal	
점심 · 완두콩밥	345Kcal	
폭찹	211Kcal	
실부추양배추냉채	48Kcal	
총각김치	27Kcal	
저녁 · 해물빠에야	340Kcal	
쇠고기야채맑은수프	51Kcal	
양상추샐러드	101Kcal	
고추피클	33Kcal	
물김치	12Kcal	

해물빠에야

 **재료/4인분**

불린쌀 3컵, 우엉 60g, 물오징어 1/2마리, 새우 5마리, 조개 5마리, 당근 30g, 청주 1큰술, 양파 1/4개, 샤프란 1/2작은술, 버터 · 소금 · 후추 · 황설탕 적당량, 해물육수 3컵, 청 · 홍피망 1/2개씩

이렇게 만드세요

1 **해물 손질** 물오징어는 껍질을 벗기고 링모양으로 썰고 새우는 내장을 빼고 껍질을 벗긴다. 조개는 소금물에 2시간 정도 담가 해감시킨다.

2 **해물 육수 만들기** 3~4컵 정도의 끓는 물에 썰어놓은 오징어와 조개, 새우를 넣고 데쳐 건져내고 국물은 베보자기에 내려 찌꺼기를 걸러내고 해물 육수로 준비한다.

3 **야채 썰기** 우엉은 껍질을 벗기고 연필깎듯이 썰어 냉수에 담그고 양파와 청 · 홍피망은 사방 1.5cm 크기로 썬다.

4 **불린쌀 볶기** 바닥이 두꺼운 냄비를 뜨겁게 달구어 버터를 녹이고 불린쌀과 우엉을 넣고 볶다가 쌀이 어느정도 익으면 샤프란(시판제품)을 넣고 볶아 청주을 뿌린다.

5 **해물 · 야채 넣기** 볶던 쌀에 해물과 남은 야채를 넣고 잠시 더 볶다가 해물 육수를 붓고 소금, 후추 간하여 약간 되직하게 밥을 짓는다.

폭찹

 **재료/4인분**

돼지갈비 400g, 소금 · 후추 적당량, 식용유 적당량, 청 · 홍피망 1/2개씩 **폭찹소스** 토마토주스 1컵, 잘게썬양파 3큰술, 버터 약간, 잘게썬토마토 1/3컵, 케첩 3큰술, 황설탕 1큰술, 소금 · 후추 적당량

이렇게 만드세요

1 **돼지갈비 손질** 돼지갈비는 토막으로 준비하여 뼈를 중심으로 갈비살을 펴고 칼집을 넣어 준다.

2 **갈비 간하기** 칼집을 넣은 갈비에 소금, 후추를 뿌려 간한다.

3 **야채 썰기** 청피망과 홍피망은 반으로 갈라 사방 0.5cm 크기로 썬다.

4 **폭찹소스 만들기** 뜨겁게 달군 냄비에 버터를 녹이고 잘게 썬 양파를 넣고 볶다가 케첩, 잘게 썬 토마토를 넣고 볶는다. 토마토주스를 넣고 끓어오르면 황설탕, 소금, 후추로 간한다.

5 **돼지갈비 굽기** 달구어진 팬에 식용유를 두르고 ②의 갈비가 살짝 익을 정도로 노릇하게 구워낸 다음 오븐그릇에 담고 폭찹소스를 끼얹는다.

6 **오븐에 굽기** 그릇에 담은 돼지갈비에 청피망과 홍피망을 뿌리고 200℃로 예열된 오븐에 넣고 30분 정도 구워낸다.

 **요리힌트**

샤프란 대신 카레가루를

해물빠에야를 할 때 샤프란을 구하기가 어려우면 카레가루나 케첩을 넣고 밥을 지어도 좋다. 폭찹을 할 때 팬에 구운 갈비를 토마토소스에 넣고 서서히 조려 익혀 내어도 질기지 않고 부드러운 맛을 살려 준다.

오늘의 식단
(총1743Kcal)

아침 · 잡곡밥(2/3공기)	241Kcal
	우거지토장국	93Kcal
	두부양념구이	110Kcal
	총각김치	27Kcal
점심 · **도토리묵탕**	244Kcal
	닭고기야채전	210Kcal
	감자잡채	125Kcal
	나박김치	12Kcal
저녁 · 오므라이스	377Kcal
	김자국	87Kcal
	양배추볶음	91Kcal
	우엉조림	77Kcal
	무초김치	49Kcal

우거지토장국

 **재료/4인분**

우거지 400g, 쇠고기 100g, 대파 1뿌리, 참기름 적당량, 다진마늘 1큰술, 고추장 1큰술, 고춧가루 1큰술, 된장 4큰술, 간장 1큰술, 소금·후추 적당량

 **이렇게 만드세요**

1 우거지 데치기 끓는 물에 소금을 약간 넣고 우거지(얼가리 배추 등)를 줄기부분부터 넣고 살짝 데쳐 내어 냉수에 헹구어 건진다.

2 우거지 썰기 데친 우거지는 물기를 꼭 짜고 4~5cm 길이로 썰어 준다. 대파는 길게 어슷썬다.

3 우거지 양념하기 썰어놓은 우거지에 대파, 다진마늘, 된장, 고춧가루, 고추장, 간장, 참기름을 넣고 무친다.

4 육수 만들기 쇠고기는 납작하게 저며 썰어 냉수를 붓고 끓인다. 끓일 때 떠오르는 거품은 걷어낸다.

5 육수에 우거지 넣기 쇠고기를 넣어 끓인 장국에 우거지무침을 넣고 폭폭 끓여 간한다.

도토리묵탕

 **재료/4인분**

도토리묵 1모, 배추김치 200g, 쑥갓 50g, 달걀지단(흰자, 노른자) 약간, 육수 3컵, 소금 적당량 **쇠고기볶음** 갈은쇠고기 50g, 간장 1작은술, 다진파 1큰술, 다진마늘 1큰술, 깨소금·후추 적당량, 참기름 적당량

 **이렇게 만드세요**

1 도토리묵 썰기 도토리묵은 묵 써는 칼을 이용하여 두께 0.5cm, 길이 7cm 크기로 썰어 부숴지지 않게 참기름으로 무친다.

2 김치 썰기 배추김치는 속을 털어내고 송송 썰어 참기름에 무친다.

3 쇠고기 볶기 갈은 쇠고기는 준비한 분량의 양념을 넣고 무쳐 보슬하게 볶는다.

4 육수 간하기 준비한 분량의 육수에 간장, 소금, 후추로 간하여 끓인다.

5 육수 붓기 그릇에 무친 도토리묵과 김치, 쇠고기를 담고 달걀은 흰자와 노른자로 나누어 각각 지단을 부쳐 채썰고 쑥갓, 김치를 올려 담고 육수를 부어낸다.

 **요리힌트**

묵 종류는 무늬칼로 썬다

도토리묵은 무늬칼로 썰면 젓가락으로 집어 먹기가 훨씬 쉽다. 갖은 초간장 양념에 약간의 발효겨자를 섞어 만든 양념장에 썬은 도토리묵과 쑥갓 등의 여러가지 야채를 함께 버무려 준다.

Friday
금

아침	쇠고기야채덮밥	501Kcal
	짠무무침	26Kcal
	메추리알장조림	100Kcal
	오이김치	20Kcal
점심	연어그라탱	330Kcal
	감자오이피클샐러드	140Kcal
	양배추감자케첩수프	63Kcal
	오렌지쥬스	41Kcal
저녁	잡곡밥(1공기)	361Kcal
	미역된장찌개	153Kcal
	애호박볶음	47Kcal
	실부추오징어냉채	102Kcal
	배추김치	17Kcal

연어그라탱

재료/4인분

연어 150g, 양파채 30g, 소금·후추 적당량, 백포도주 1큰술, 건포도 약간, 삶은마카로니 1/2컵, 애호박 100g, 양파 1/4개, 토마토(작은 것) 4개, 버터 적당량 **화이트크림** 버터 2큰술, 다진양파 1/4컵, 밀가루 3큰술, 육수 1/2컵, 우유 1컵, 소금·후추 적당량, 생크림 1큰술

이렇게 만드세요

1 연어 익히기 냄비에 양파를 채썰어 깔고 약간의 물을 넣은 다음 연어를 담고 소금, 후추, 백포도주를 뿌린 후 뚜껑을 덮고 익혀준다.

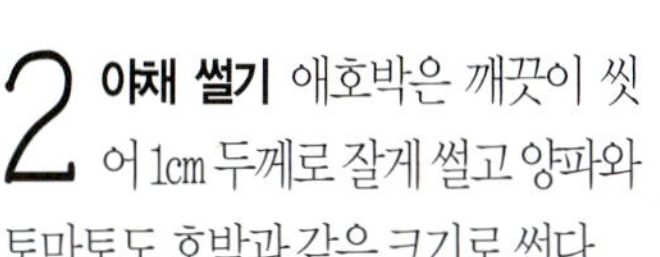

2 야채 썰기 애호박은 깨끗이 씻어 1cm 두께로 잘게 썰고 양파와 토마토도 호박과 같은 크기로 썬다.

3 재료 볶기 달구어진 팬에 버터를 녹이고 삶은 마카로니와 썰어놓은 애호박, 양파, 토마토와 연어살을 넣어 가볍게 볶고 소금, 후추를 뿌려 짜지 않게 간한다.

4 화이트크림 만들기 냄비에 버터와 다진 양파, 밀가루를 넣고 타지 않게 볶다가 육수와 우유를 조금씩 넣어 풀어 화이트크림을 만들어 준다. 소금, 후추로 약하게 간하고 생크림을 섞는다.

5 그릇에 담기 화이트크림에 ③의 볶음과 건포도를 섞어 그라탱 그릇에 담고 잘게 뜯은 치즈를 뿌린다.

6 오븐에 굽기 200℃로 예열된 오븐에 그라탱 그릇을 넣고 30분 정도 타지 않게 구워낸다.

실부추오징어냉채

재료/4인분

실부추 100g, 양파 1/2개, 물오징어 1마리, 붉은고추 1개, 통깨 적당량 **냉채소스** 간장 3큰술, 레몬즙 1큰술, 다진마늘 1큰술, 고운고춧가루 1/2큰술, 다진파 1큰술, 발효겨자 1큰술, 식초 1큰술, 설탕 1큰술, 깨소금·소금 적당량, 참기름 적당량

이렇게 만드세요

1 냉채소스 만들기 준비한 분량의 양념을 골고루 섞어 냉채소스를 만들어 냉장고에 넣어 차게 식혀둔다.

2 오징어 손질하기 오징어는 내장을 빼내고 껍질을 벗긴 다음 가늘게 링으로 썬다. 끓는 물에 오징어를 익을 정도로만 살짝 데쳐낸다.

3 야채 썰기 실부추는 깨끗하게 씻어 물기를 제거하고 4~5cm 길이로 썰고 양파는 링으로 얇게 썬다. 붉은고추는 길고 어슷하게 채썰어 물에 담가 씨를 제거하고 물기를 뺀다.

4 야채 얼음물에 헹구기 썰어놓은 야채는 얼음물에 헹궈 건져 물기를 제거한 다음 비닐주머니에 담아 차갑게 냉장고에 넣어둔다.

5 냉채소스 버무리기 데쳐놓은 오징어와 차게 식힌 야채를 함께 그릇에 담고 상에 내기 직전에 냉채소스에 버무려 낸다. 내기 직전에 얼음을 몇개 섞어주어도 시원하다.

요리힌트

냉채에는 매콤한 맛의 소스를 곁들인다

냉채는 여러가지 야채와 육류, 어류 등의 재료로 다양하게 만들 수 있다. 냉채소스도 겨자소스, 배즙겨자소스, 마늘겨자소스, 식초소스 등을 만들어 곁들여 여러가지 맛을 즐긴다.

오늘의 식단
(총 1851 Kcal)

아침	· 선식야채죽	215Kcal
	오이생채	46Kcal
	건새우볶음	160Kcal
	무김치	20Kcal
점심	· **파운드케익**	356Kcal
	포도주스	110Kcal
	과일생크림샐러드	219Kcal
저녁	· 콩나물밥	435Kcal
	비빔양념장	25Kcal
	콩나물국	43Kcal
	해초초회	40Kcal
	감자전	165Kcal
	배추김치	17Kcal

파운드케익

 **재료/4인분**

밀가루	1 1/2컵
베이킹파우더	1 1/2작은술
버터	1/2컵
설탕	1/2컵
달걀	4개
우유	1/4컵
바닐라엣센스	1작은술
버터	2큰술

설탕시럽

청홍 체리	적당량
땅콩, 건포도	적당량
황설탕	1/3컵

 **이렇게 만드세요**

1 베이킹파우더 섞기 준비한 밀가루에 베이킹파우더를 섞어 고운 체에 내려둔다.

2 달걀흰자 거품내기 달걀은 흰자와 노른자로 나누어 흰자는 거품기를 이용하여 계속 저어 거품을 일으켜둔다.

3 버터·설탕 섞기 볼에 분량의 버터와 설탕, 바닐라 엣센스를 넣고 거품기로 충분히 저어준다.

4 달걀에 우유 넣기 섞어놓은 버터설탕에 달걀 노른자를 넣고 젓다가 우유를 넣고 거품기를 이용하여 골고루 섞어 준비한다.

5 케익 반죽하기 ④에 달걀 흰자 거품과 체에 내린 밀가루를 함께 넣고 가볍게 섞어준다.

6 케익틀에 반죽 넣기 버터를 바른 케익틀에 케익반죽을 3/4 높이 만큼 붓는다.

7 케익 굽기 180℃ 정도로 온도를 달군 오븐에 케익틀을 넣고 40분 정도 굽는다. 꼬치로 찔러 보아 익은 것을 확인하고 꺼낸다.

8 시럽 만들기 청홍 체리와 땅콩, 건포도는 잘게 다져놓고, 황설탕 1/3컵과 물 1/5컵을 넣고 조리다가 걸쭉해지면 다져놓은 견과류를 넣는다. 조려진 시럽을 구운 케익에 발라낸다.

밀가루 체에 내리기

달걀흰자 거품내기

버터 설탕 섞기

반죽하기

Sunday 일

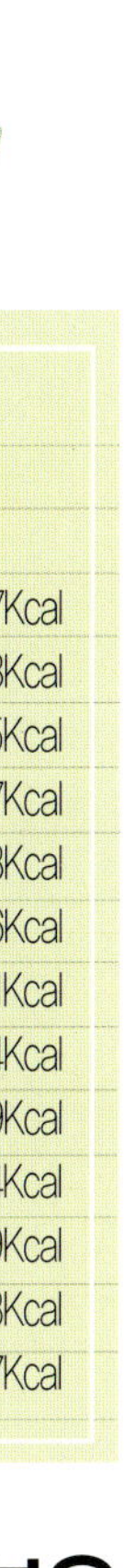

오늘의 식단
(총1773Kcal)

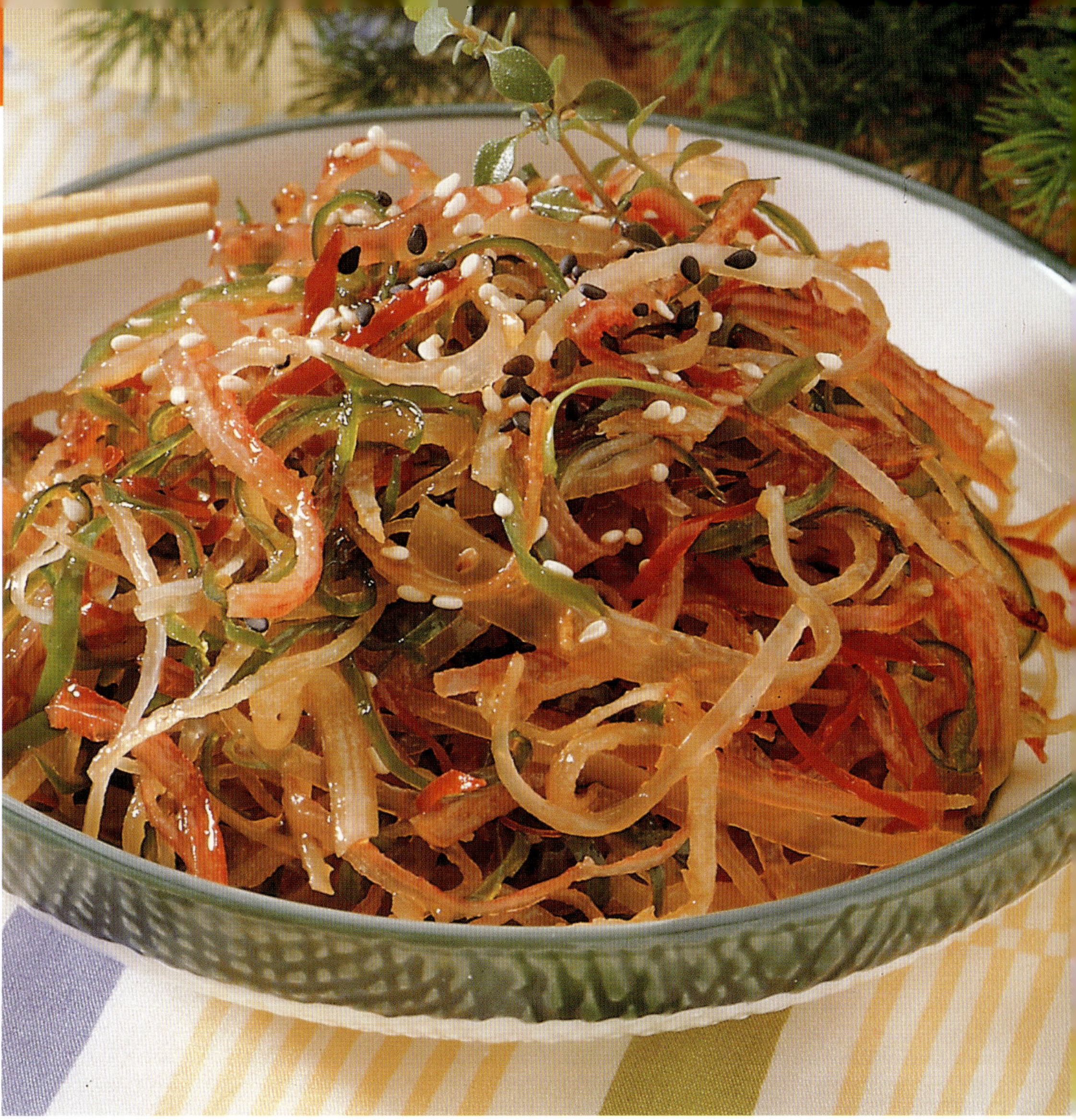

맛살포풋고추볶음

재료/4인분

게맛살포 80g, 풋고추 5개, 붉은고추 1개, 간장 1큰술, 청주 1/2큰술, 실파채 약간, 설탕 1큰술, 다진마늘 1큰술, 다진생강 1작은술, 식용유 · 참기름 적당량, 소금 · 후추 · 통깨 적당량

이렇게 만드세요

1 게맛살포 손질 말린 게맛살포는 약간의 물을 뿌려 부드러워지면 알맞은 길이로 썬다.

2 고추 썰기 풋고추와 붉은고추는 반으로 갈라 속씨를 털어내고 어슷하게 채썬다.

3 버무리기 게맛살과 고추채를 그릇에 담고 간장, 청주, 설탕, 다진마늘, 생강, 실파채, 참기름을 넣고 골고루 무쳐 간을 확인한다.

4 볶기 달구어진 팬에 식용유를 조금 두르고 양념에 버무린 게맛살포를 채소가 익을 정도로 볶아 통깨를 뿌려 그릇에 담아낸다.

고추장 양념으로 매콤한 맛을

곱게 채썬 오징어채나 쥐포채 등도 같은 방법으로 무쳐 볶거나 기호에 따라 고추장을 넣은 매운 양념으로 버무려 볶아도 맛있다. 케첩 양념으로도 버무려 볶으면 맵지 않기 때문에 아이들의 밑반찬으로 훌륭하다.

쇠고기콩나물무침

재료/4인분

얇게썬쇠고기 200g, 콩나물 400g, 실파채 약간, 붉은고추채 약간, 다진마늘 1큰술, 깨소금 · 소금 적당량, 참기름 적당량 **고기삶는 물** 물 11/2컵, 청주 1큰술, 간장 1큰술, 통후추 5개, 대파 3뿌리

이렇게 만드세요

1 고기 삶는 물 준비 제시한 분량의 양념을 넣어 쇠고기를 삶을 물을 만들어 끓인다.

2 쇠고기 삶기 끓는 물에 얇게 썬 쇠고기를 한점씩 넣고 흔들어 가볍게 익혀낸 다음 물기를 뺀다.

3 콩나물 찌기 콩나물은 꼬리를 떼고 다듬어 씻어 찜통에 넣고 10분 정도 쪄낸다.

4 양념에 무치기 삶아낸 고기와 찐콩나물을 함께 그릇에 담고 다진마늘, 실파채, 고추채, 깨소금, 참기름, 소금, 후추를 넣고 무쳐 담아낸다.

쇠고기 대신에 얇은 돼지고기를 삶아 익히고 야채나 생야채를 넣고 겨자장, 초고추장 등으로도 무쳐도 별미다.

찜, 전, 송편, 나물…
햇곡식으로 만드는 명절음식
한가위 요리 10가지

때마다 준비하지만 어렵기만 한 것이 명절음식이다.
가장 많이 해먹는 추석요리에 도전해보자. 미리미리 조금씩
배워두었다가 추석에 한껏 솜씨를 발휘해보자.

한마디 더 | 도미는 생선 눈이 하얗게 되면 익은 것이다. 석이버섯채는 미리 참기름, 소금, 후춧가루로 가볍게 무쳐 볶으면 오그라들지 않는다.

새우파전

재료
쪽파 100g, 새우 12마리, 소금 조금,
후춧가루 적당량, 생강즙 1/2큰술, 깨소금 조금,
참기름 조금, 달걀물 2개 분량, 밀가루 적당량,
식용유 적당량

만드는 법
❶ **새우 손질하기** 새우는 등 쪽의 내장을 빼내고 껍질을 벗긴 다음 배 쪽에 길게 칼집을 넣고 펴서 칼끝으로 쳐준다.
❷ **새우에 밑간하기** 손질한 새우에 소금, 후추, 생강즙으로 밑간한다.
❸ **쪽파 썰기** 쪽파는 7cm 길이로 잘라 깨소금, 참기름을 넣고 버무린다.
❹ **꼬치에 꽂기** 꼬치에 새우와 쪽파를 교대로 끼워 적당한 너비로 만든다.
❺ **전 부치기** ④의 꼬치에 밀가루를 뿌리고 달걀물을 입혀 식용유를 두른 팬에 지진다.
❻ **담기** 노릇노릇하게 지진 전은 꼬치를 빼내고 반으로 잘라 접시에 담는다.

오색도미찜

재료
도미(중간크기) 1마리, 소금·후추 적당량, 생강즙 1큰술, 청주 1큰술, 양파 1개,
식용유·참기름 적당량씩, 붉은고추 3개, 풋고추 3개, 달걀 2개,
불린 석이버섯 30g

만드는 법
❶ **도미 손질하기** 도미는 신선한 것으로 준비하여 비늘을 깨끗하게 긁어내고 아가미와 내장을 빼낸 다음 소금물에 씻어 건진다.
❷ **도미 밑간하기** 손질한 도미에 2cm 간격으로 칼집을 넣고 소금, 후추, 생강즙, 청주를 뿌려 밑간하여 30분 이상 재워둔다.
❸ **고명 채썰기** 고추는 반 갈라 씨를 털어내고 어슷하게 4cm 길이로 채썬다. 달걀은 흰자와 노른자로 나누어 얇게 지단을 부쳐 고추와 같은 길이로 채썬다.
❹ **버섯 손질하기** 불린 석이버섯은 검은물이 나오지 않을 때까지 손바닥으로 비벼 씻어준 다음 물기를 닦아 곱게 채썬다.
❺ **고명 볶기** 달구어진 팬에 참기름을 살짝 두르고 고추채와 석이버섯채를 가볍게 볶고 소금, 후추를 뿌려 간한다.
❻ **도미 익히기** 뚜껑이 있는 팬에 식용유를 두르고 양파를 채썰어 깐 다음, 도미를 놓고 뚜껑을 덮어 약한 불에서 40분 정도 속까지 완전히 익힌다.
❼ **도미에 오색고명 올리기** 익힌 도미는 접시에 담고 도미의 칼집 사이에 오색고명을 색 맞춰 올린다.

쇠고기사태찜

재료
쇠고기사태 600g, 양파 1개, 대파 3뿌리, 통후추 6개, 밤·대추·은행 6개씩,
무 200g, 식용유 적당량, 소금 조금
오색고명 풋고추, 붉은고추, 황백지단, 생표고버섯, 밀가루·달걀물 적당량씩
찜양념 간장 5큰술, 설탕 2큰술, 청주 2큰술, 쪽마늘 4개, 생강즙 1작은술, 깨소금·참기름 조금씩

만드는 법
❶ **고기 썰기** 쇠고기는 밤알 크기로 적당하게 자른다.
❷ **고기 삶는 물 만들기** 3컵 정도의 물에 양파토막과 대파 뿌리, 통후추를 넣고 끓인다.
❸ **고기 삶기** ②의 맛이 우러난 물에 고기토막을 넣고 삶아 건지고 국물은 베보자기에 내려 육수로 이용한다.
❹ **부재료 손질하기** 밤은 껍질을 벗기고 은행은 식용유로 볶으면서 소금을 뿌려 껍질을 벗긴다. 대추는 씻어 건진다. 무는 밤알 굵기로 썰어 모서리를 다듬어 끓는 물에 데친다.
❺ **오색고명 만들기** 고추는 반으로 갈라 속씨를 털어내고 안쪽에 밀가루와 달걀물을 묻혀 지진다. 표고는 불려 윗면만 저며 썰어 간하여 고추와 같은 방법으로 팬에서 지진다. 지져낸 전과 황백지단은 조그마한 마름모꼴로 자른다.
❻ **찜하기** 냄비에 삶은 고기와 무를 담고 육수, 찜양념을 넣고 서서히 끓인다.

❼ **부재료 넣기** 고기가 부드러워지면 밤, 대추, 은행을 넣고 찜을 마무리한다.
❽ **담기** 찜기에 사태찜을 담고 국물을 끼얹은 후 고명들을 올린다.

당면잡채

재료
불린 당면 500g, 쇠고기 200g, 간장·설탕·깨소금·참기름·소금 적당량씩,
후춧가루·식용유 적당량씩, 당근 1/2개, 양파 1개, 부추 150g, 생표고버섯 5개
쇠고기양념 간장 2큰술, 설탕 1큰술, 정종 1/2큰술, 다진파·다진마늘 1큰술씩,
깨소금·후춧가루·참기름 적당량씩

만드는 법
❶ **당면 손질하기** 당면은 1시간 정도 물에 담가 불려 끓는 물에 부드럽게 삶아
냉수에 씻어 물기를 제거한 다음 10cm 길이로 자른다.
❷ **당면 볶기** 삶은 당면은 식용유 두른 팬에 볶아 간장, 설탕으로 버무린다.
❸ **쇠고기채 간하기** 쇠고기는 결 방향 6cm 길이로 곱게 채썰어 분량의 쇠고
기양념으로 버무린다.
❹ **야채 썰기** 표고버섯은 기둥을 짧게
잘라 얇게 썰고 당근은 길이 6cm, 두께
0.2cm로 곱게 채썬다. 양파는 얇게 채썰
고 부추는 5~6cm 길이로 썬다. 각각의
야채에 소금을 조금씩 뿌린다.
❺ **볶기** 달구어진 팬에 식용유를 두르
고 준비한 야채를 각각 볶아 간하고, 양
념해둔 쇠고기도 볶는다.
❻ **버무리기** 볶아둔 야채와 쇠고기, 당
면을 함께 담고 참기름, 설탕, 간장, 후
추, 깨소금으로 간하여 버무린다.

삼색송편

재료
쌀가루 6컵, 소금 1큰술, 끓는 물 1컵, 참기름 적당량, 솔잎 적당량,
거피녹두 2컵, 설탕 1/3컵

만드는 법
❶ **쌀가루 만들기** 쌀을 깨끗이 씻어 3시간 이상 불린 후 곱게 빻는다.
❷ **쌀가루 반죽하기** 쌀가루에 소금을 조금 넣고 끓는 물로 반죽하여 충분히
치대어 젖은 베보자기에 싸둔다.
❸ **녹두속 만들기** 껍질을 벗긴 녹두는 씻어 돌을 제거하고 하루저녁 정도 푹
불려 건진다. 김이 오른 찜통에 넣고 30분 정도 푹 쪄낸 다음 믹서에 갈아 소
금과 분량의 설탕을 넣고 섞는다.
❹ **송편 만들기** 송편반죽을 밤 굵기로 떼어 동그랗게 만든 후 홈을 만들어
③의 녹두속을 알맞게 넣고 모양을 빚는다.
❺ **솔잎 다듬기** 솔잎은 깨끗하게 다듬어 냉수에 씻어 물기를 제거한다.
❻ **송편 찌기** 김이 오른 찜통에 젖은 베보자기를 깔고 솔잎을 펴 놓은 후 빚은
송편을 나란히 올려 20분 정도 찐다.

❼ **송편에 참기름 바르기** 쪄낸 송편은 솔잎을 떼어내고 참기름으로 버무린다.

한마디 더 | 떡반죽을 할 때 쑥가루, 식용색소 등을 이용하여 색깔을 낸다. 떡
가루를 만들 때 방앗간에서 소금을 맞춰 오는 것이 편하다. 송편
속은 녹두속, 고구마속, 밤속, 거피팥속, 콩속, 콩가루속 등 기호
에 맞는 것으로 만든다.

오절판

재료
밀전병반죽 밀가루 1/2컵, 물 1/2컵
통잣 1큰술, 달걀 4개, 풋고추 10개, 당근 1/2개, 통도라지 150g, 소금 적당량,
후춧가루·식용유 적당량씩
초고추장 고추장·설탕 3큰술씩, 식초 2큰술, 통깨 적당량, 참기름 조금

만드는 법
❶ **전병 만들기** 분량의 재료를 섞어 전병반죽을 한 다음 고운 체에 내린다. 식
용유를 얇게 바른 팬에 전병반죽을 한 숟갈씩 떠놓고 얇게 부친다.
❷ **채썰기** 달걀은 흰자와 노른자로 나눠 얇게 지단을 부쳐 5cm 길이로 곱게
채썬다. 풋고추와 당근, 통도라지도 같은 굵기로 채썰어 소금을 살짝 뿌린다.
❸ **볶기** 달군 팬에 식용유나 참기름을 두르고 채썬 야채들을 각각 볶는다.
❹ **초고추장 만들기** 분량의 양념을 골고루 섞어 초고추장을 만든다.
❺ **담기** 접시나 오절판에 각각의 볶은 재료들을 담고 가운데 밀전병을 담아
통잣을 뿌린다. 초고추장을 곁들인다.

숙채초무침

재료

더덕 6뿌리, 미나리 200g, 소금 적당량,
고운고춧가루 1작은술, 다진마늘 2큰술,
설탕·식초 1/2큰술씩, 다진파 2큰술,
깨소금·참기름·식용유 적당량씩

만드는 법

❶ **더덕 손질하기** 더덕은 껍질을 벗겨내고 방망이로 두들겨 가늘게 찢는다.
❷ **더덕 무치기** 찢어둔 더덕의 반에 고운고춧가루, 설탕, 식초, 다진파, 다진마
늘을 넣고 초무침을 만든다.
❸ **더덕 볶음** 남겨둔 더덕에 다진파, 다진마늘, 소금, 깨소금, 참기름을 넣고
무쳐 식용유를 두른 팬에서 볶는다.
❹ **미나리 무치기** 미나리는 다듬어 소금을 넣은 끓는 물에 살짝 데쳐 냉수에
헹군 후 4cm 길이로 잘라 다진파, 다진마늘, 깨소금, 참기름을 넣고 무친다.
❺ **담기** 더덕초무침과 더덕채볶음, 미나리무침을 가볍게 섞어 그릇에 담는다.

한마디 더 | 숙채초무침은 한 접시에 담은 야채에서 새콤한 맛, 고소한 맛을
함께 느낄 수 있는 요리이다. 더덕 대신 도라지나 물오징어를 이
용할 수 있고 파란 야채는 풋고추, 오이 등이 좋다.

느타리버섯산적

재료

느타리버섯 200g, 쇠고기 250g, 쪽파 100g, 소금·후추 적당량씩,
참기름·깨소금 적당량씩
고기양념 간장 2큰술, 설탕 1/2큰술, 청주 1/2큰술, 다진파 1/2큰술,
다진마늘 1/2큰술, 깨소금·후추·참기름 적당량씩

만드는 법

❶ **느타리버섯 손질하기** 느타리버섯은 너무 피지 않은 예쁜 것을 준비하여 소
금을 조금 넣은 끓는 물에 데쳐 물기를 짜고 소금, 참기름을 넣고 무친다.
❷ **쇠고기 썰기** 쇠고기는 얇게 썬 것으로 준비하여 길이 7~8cm, 폭 2cm 크
기로 썰어 칼끝으로 다져 힘줄을 끊는다.
❸ **쇠고기 양념하기** 분량의 재료로 양념을 만들어 ②의 고기를 넣고 버무린다.
❹ **쪽파 썰기** 쪽파는 깨끗이 다듬어 씻어 7cm 길이로 잘라 참기름, 깨소금으
로 무친다.
❺ **꼬치에 꽂기** 꼬치에 양념한 버섯과 고기, 쪽파를 번갈아 끼운다.
❻ **굽기** 팬에 식용유나 참기름을 두르고
⑤의 꼬치를 노릇노릇하게 굽는다.

한마디 더 | 산적용 고기는 간하여 가볍게
구운 다음 꼬치에 꽂아 굽기
도 한다. 쪽파 대신 대파를 반
갈라 이용하기도 하고 양념한
불고기감을 꽂아 구워 주기도
한다.

배숙

재료

배 1개, 물 6컵, 설탕 1컵, 생강 30g,
통잣 1큰술, 통후추 2큰술

만드는 법

❶ **배 다듬기** 배는 8등분으로 잘라 다
시 반 길이로 썰어 껍질을 벗기고 속씨 부분을 잘라내고 모서리를 다듬는다.
❷ **통후추 박기** 통후추는 젖은 천으로 닦은 후 배에 3개씩 박는다.
❸ **생강물 만들기** 생강은 껍질을 벗기고 얇게 저며 썰어 물을 붓고 끓인다.
❹ **배숙 만들기** 끓인 생강물을 베보자기에 내려 냄비에 담고 설탕과 통후추를
박은 배를 넣고 서서히 끓인다.
❺ **마무리** 배가 투명할 정도로 끓여지면 불에서 내려 차게 식힌 다음 통잣을
띄워 낸다.

한마디 더 | 배에 통잣을 박을 때는 깊이 박아 끓일 때 튕겨 나오지 않도록 한
다. 끓인 배는 건져 냉수에 담가 두었다가 먹기 직전에 띄워 내면
위로 떠올라 보기 좋다.

약과

재료

밀가루 2컵, 소금 1/2작은술, 후추 1/3작은술, 참기름 3큰술, 튀김기름 적당량,
잣가루 조금
약과반죽액 소주나 청주 4큰술, 꿀이나 조청 2큰술, 생강물 2큰술
집청꿀 설탕·물 3/4컵씩, 조청 2큰술

만드는 법

❶ **참기름 섞기** 밀가루에 소금, 후추를 곱게 갈아 넣고 참기름을 넣어 손바닥
으로 비벼 체에 내린다.
❷ **반죽액 만들기** 분량의 재료를 골고루 섞어 반죽액을 만든다.
❸ **약과 반죽하기** ①의 밀가루에 반죽액을 넣어 가면서 가볍게 반죽한다.
❹ **약과 만들기** 약과반죽은 작은 밤알 굵기로 떼어 약과틀에 넣고 눌러 찍는다.
❺ **튀기기** 150~160℃의 튀김기름에 약과를 넣고 서서히 튀겨 중간 갈색이
되면 건져낸다.
❻ **집청꿀 만들기** 분량의 재료를 섞어 집청꿀을 만들고 반으로 줄어들 때까지
은근한 불에서 끓인다.
❼ **약과에 꿀 바르기** 튀긴 약과는 집청꿀에 담갔다가 건져 바구니에 담고 잣
가루를 뿌린다.

한마디 더 | 약과반죽은 반죽액을 넣고 많이 치
대면 약과가 딱딱해지므로 가볍게
반죽한다. 튀김기름 온도가 160℃
가 넘으면 속은 익지 않고 색깔만
진하게 타고, 150℃이하일 때는 약
과가 기름 속에서 풀어지므로 튀김
기름 온도에 유의.

양념장 섞기만 하면 돼요!

불고기 양념을 한다든가 생선조림 또는 겉절이, 나물을 무칠 때 등등 우리 음식은 대개가 양념장이 맛을 더해준다.
양념장이 맛있어야 음식맛도 좋기 마련인데 양념장 맛을 좌우하는 건 배합 비율이다. 따라서 여러 가지 양념장의 기본 분량을 알아두면 음식 만들기의 반은 이루어진 셈이다.

초고추장

재료 : 고추장 4큰술, 식초 2큰술, 설탕 2큰술, 사이다 2큰술

만들기 : 볼에 고추장, 식초, 설탕을 분량대로 넣고 고루 섞는다. 사이다는 반드시 섞어야 하는 건 아니지만 고추장이 너무 된 경우에 물 대신 넣으면 톡 쏘는 듯한 맛이 나서 별미다.

볶음고추장

재료 : 고추장 2컵, 간 쇠고기 1컵, 참기름 1큰술, 다진마늘 1작은술, 설탕·물엿 1/4컵씩, 통깨 조금

만들기 : 프라이팬에 참기름 1큰술을 두르고 간 쇠고기 1컵에 다진마늘 1작은술을 넣어 볶는다. 고기가 익으면 고추장 2컵을 부어 볶으면서 끓으면 물엿과 설탕을 넣고 한 번 더 끓인 다음 통깨를 섞는다.

초간장

재료 : 간장 2큰술, 식초 1큰술, 설탕 1작은술

만들기 : 그릇에 간장, 설탕, 식초를 넣고 고루 섞는다. 잣가루를 뿌리기도 하고, 깨소금으로 맛을 더하기도 한다. 또 만두 같은 음식을 먹을 땐 고운 고춧가루를 섞기도 한다.

쌈장

재료 : 된장 5큰술, 고추장 2큰술, 풋고추 2개, 양파 1/4개, 깨소금·참기름 1큰술씩

만들기 : 된장, 고추장을 5:2로섞고 풋고추와 양파 다진 것, 깨소금, 참기름을 넣어 또 섞는다. 또는 참기름에 된장과 고추장을 섞어 볶다가 두부나 고기 다진 것을 넣어 볶기도 한다.

튀김간장

재료 : 가다랭이국물 1/2컵, 간장 1큰술, 설탕 1큰술, 청주 1큰술, 레몬즙 1작은술, 무즙 1큰술, 생강즙 1/2작은술, 실파 송송 썬 것 조금

만들기 : 가다랭이국물이나 또는 다시마국물에 간장, 술, 설탕을 넣고 끓인 뒤 식혀 레몬즙, 생강즙을 섞고 강판에 간 무즙을 탄다.

불고기양념장

재료 : 간장 3큰술, 설탕 1큰술, 청주 1큰술, 다진파·마늘 1큰술씩, 깨소금·참기름 1큰술씩, 후춧가루 조금

만들기 : 고기는 먼저 설탕과 청주에 재두었다가 간장, 다진파·마늘, 깨소금, 후춧가루, 참기름을 넣어 양념한다.

삼배초

재료 : 식초 1큰술, 설탕 1큰술, 간장 1큰술, 소금 1/2작은술, 가다랭이국물 1큰술

만들기 : 식초, 설탕, 간장을 같은 분량씩 섞고 가다랭이 끓인 국물 또는 다시마 우린 국물을 섞는다. 소금은 1/2작은술 정도 섞는게 적당하다.

양념간장

재료 : 간장 4큰술, 설탕·고춧가루·다진파 1큰술씩, 다진마늘 1작은술, 깨소금 1큰술, 참기름 2작은술

만들기 : 간장에 다진파·마늘, 깨소금, 참기름, 고춧가루를 넣고 섞는다. 묵무침, 야채 등을 날로 무쳐 먹을 때 쓴다.

겨자장

재료 : 겨자 갠 것·레몬즙 1큰술씩, 식초 2큰술, 설탕 1큰술 반, 간장·소금 1작은술씩

만들기 : 겨자가루인 경우 따뜻한 물에 개어 10~20분쯤 따뜻한 곳에 두어(전자레인지를 이용해도 된다) 발효시킨 후 식초, 설탕, 간장, 소금을 넣고 고루 섞는다.

생선조림장

재료 : 간장 2큰술, 고추장 1큰술, 설탕 1큰술, 술 1큰술, 조미료술 1/2큰술, 마늘·생강 다진 것 조금씩

만들기 : 모든 양념을 분량대로 넣고 고루 잘 풀어준다. 파나 고추 등은 함께 섞기도 하지만 대개는 어슷 썰어 나중에 얹는다.

다대기양념

재료 : 간장 5큰술, 고춧가루 5큰술, 육수 조금, 소금·후춧가루 조금씩

만들기 : 간장에 고춧가루를 섞어 갠다. 너무 뻑뻑하면 육수를 조금 붓고 갠 다음 소금, 후춧가루로 간한다.

양념고추장

재료 : 고추장 4큰술, 설탕 1큰술 반, 식초 1큰술, 다진 파·마늘 1작은술씩, 참기름·깨소금 2작은술씩

만들기 : 모든 재료를 한데 넣고 골고루 섞는다. 조금 더 칼칼한 맛을 원할 때는 고춧가루를 1/2큰술쯤 섞는다.

갈비찜양념장

재료 : 간장 10큰술, 배 1/2개, 설탕·깨소금·참기름 4큰술씩, 후춧가루 1작은술, 다진파 5큰술, 다진마늘 3큰술

만들기 : 갈비를 먼저 설탕과 배즙에 재두었다가 다른 양념 재료를 분량대로 섞어 재워놓은 갈비에 넣고 다시 주물러서 재웠다가 쓴다.

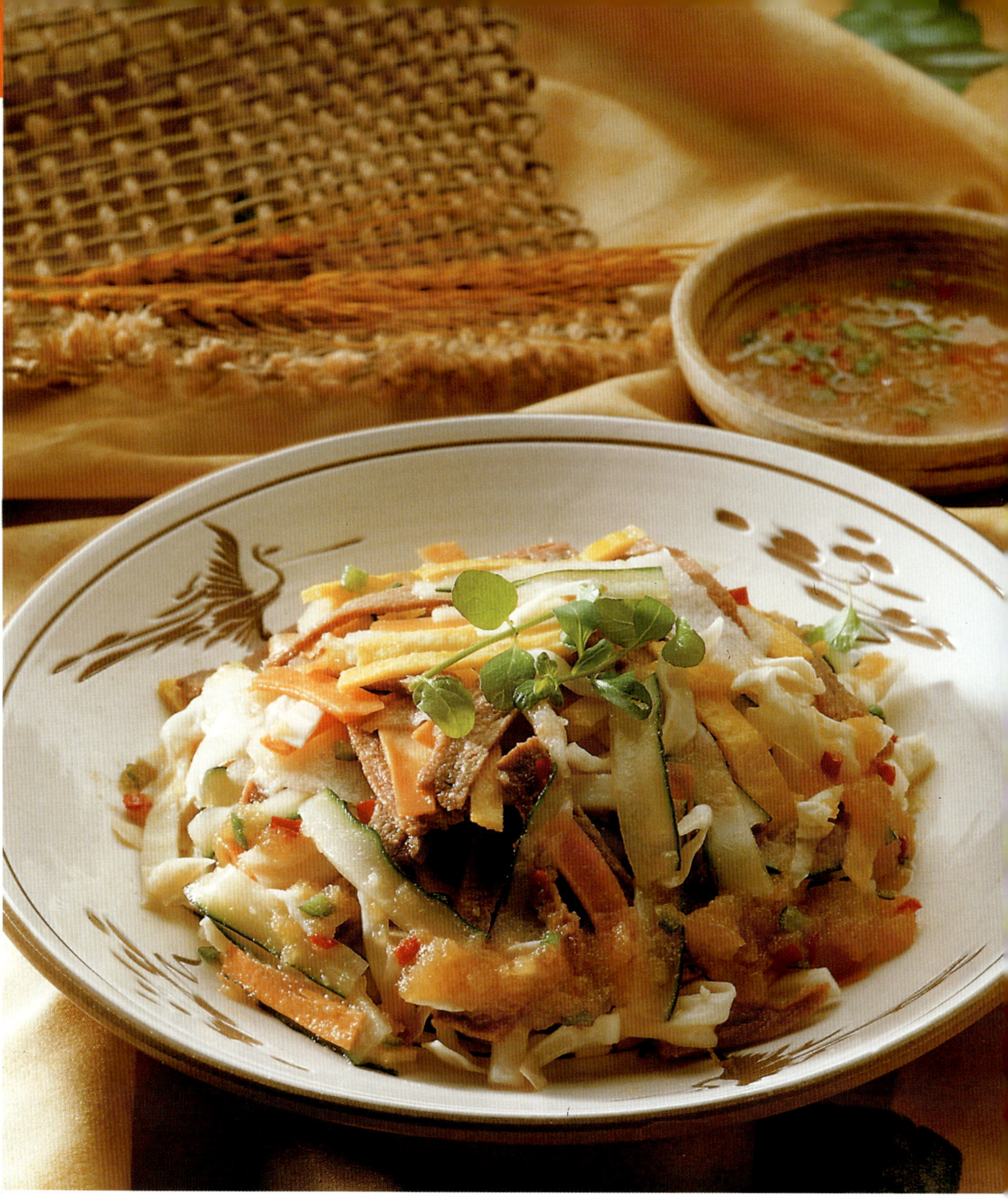

오늘의 식단
(총1816Kcal)

아침	감자야채죽	219Kcal
	고춧잎나물	60Kcal
	두부조림	122Kcal
	배추김치	17Kcal
점심	잡곡밥(1공기)	361Kcal
	육개장	239Kcal
	꽁치구이	132Kcal
	김치	17Kcal
저녁	눌림야채밥	331Kcal
	버섯된장국	40Kcal
	배즙편육냉채	197Kcal
	도라지생채	69Kcal
	나박김치	12Kcal

배즙편육냉채

재료/4인분

- 쇠고기(사태) ······ 400g
- 배 · 오이 ······ 1개씩
- 당근 ······ 1/3개
- 황백지단 ······ 2개분
- 양배춧잎 ······ 3장
- 소금 · 후춧가루 ······ 조금씩

고기삶는 물

- 물 ······ 2컵
- 간장 · 청주 ······ 1큰술씩
- 굵은파뿌리 ······ 3개
- 통후추 ······ 5알

배즙소스

- 배 갈은 것 ······ 1/4컵
- 발효겨자 ······ 2큰술
- 붉은고추 · 풋고추 ······ 1개씩
- 설탕 ······ 3큰술
- 식초 ······ 2큰술
- 간장 ······ 1큰술
- 소금 · 후춧가루 · 참기름 ······ 조금씩

이렇게 만드세요

1 **고기 삶기** 고기는 사태로 준비해 물에 한 번 담가 핏물을 뺀 다음 물 2컵에 간장, 청주, 굵은파 뿌리 등 준비한 재료를 넣고 끓인다. 물이 끓으면 고기를 넣고 25분 정도 삶아 건진다.

2 **재료 썰기** 배와 오이, 당근은 껍질을 벗기고 4cm 길이, 0.7cm 정도 폭으로 얇게 썬다. 황백지단, 양배추, 삶은 고기도 비슷한 크기로 썬다.

3 **야채 물에 담그기** 채썬 야채들은 얼음물에 잠깐 담갔다가 건져 물기를 빼 준 다음 차게 보관한다.

4 **배즙소스 만들기** 고추는 잘게 다지고 발효겨자를 배 갈은 것에 잘 개어 분량의 다른 재료를 넣고 배즙소스를 만든다. 냉장고에 넣어 차게 둔다.

5 **소스에 버무리기** 상에 내기 직전에 야채와 황백지단, 편육을 함께 담고 배즙소스로 버무려 낸다.

더 맛있게! 고기를 삶을 때는 맹물에 삶지 말고 간장, 청주, 파뿌리 등을 넣은 물에 삶아야 간도 알맞게 배고 누린내도 없어진다. 끓는 물에 넣고 삶아야 고기의 맛이 빠지지 않는다. 20분 정도 삶아 꼬치로 찔렀을 때 탄력있게 들어가면 알맞게 삶아진 것이다. 너무 오래 삶으면 편육으로 썰었을 때 모양이 흐트러지고 맛이 없다.

비디오 쿠킹

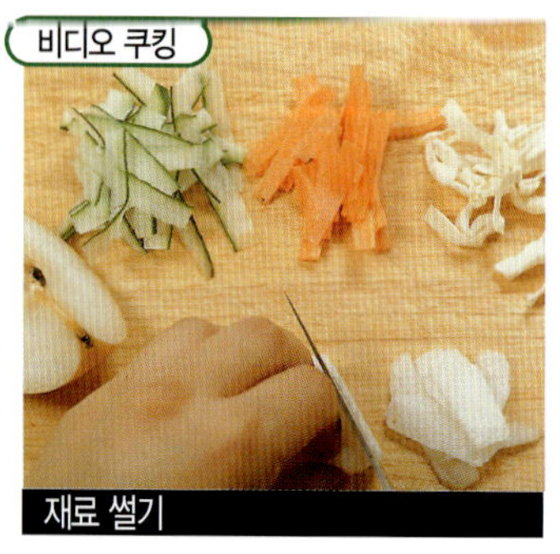

재료 썰기

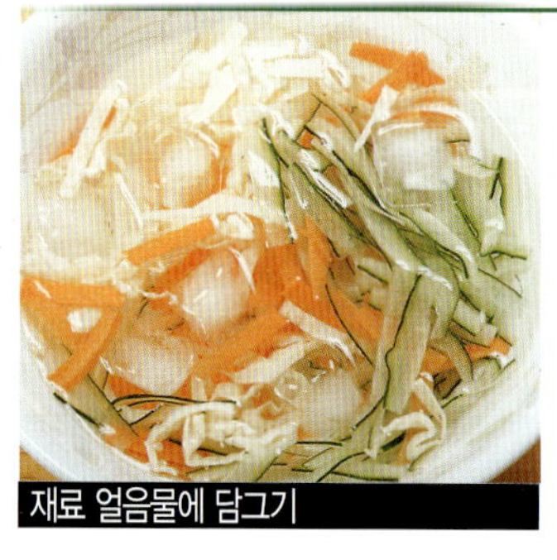

재료 얼음물에 담그기

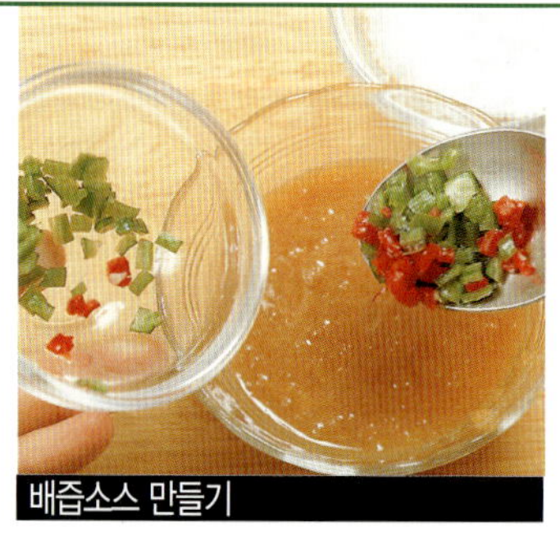

배즙소스 만들기

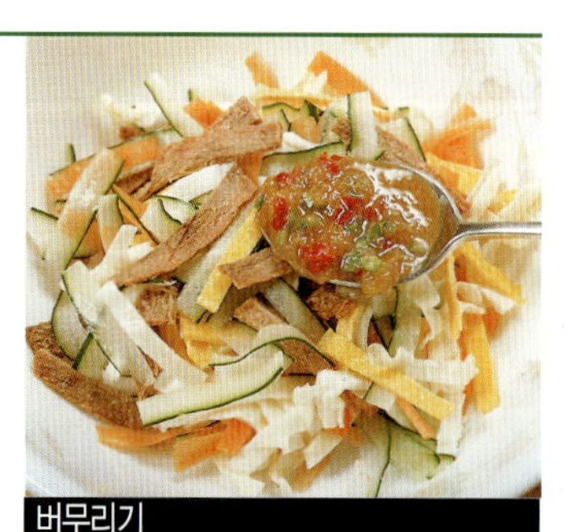

버무리기

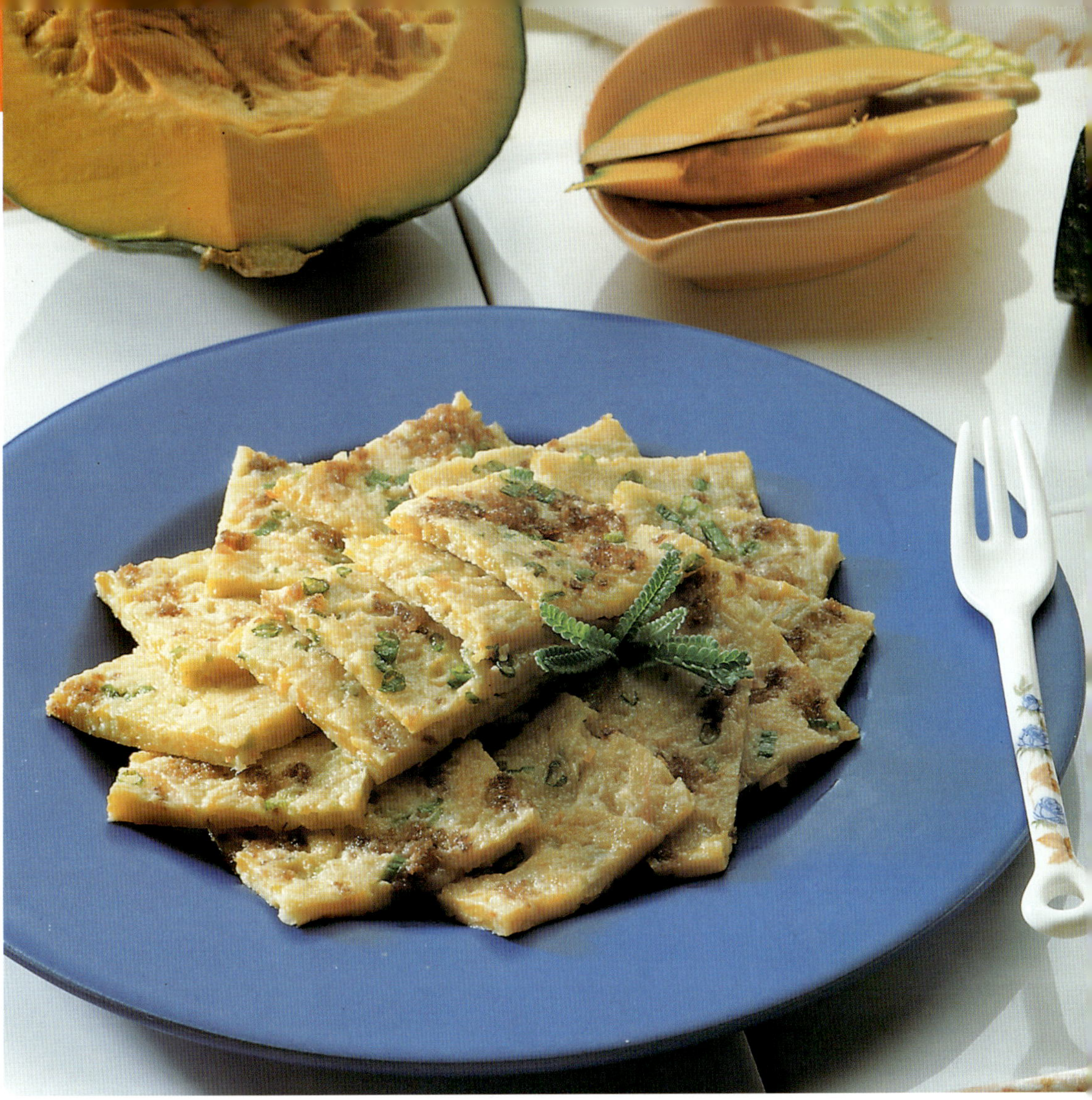

Tu화day

오늘의 식단
(총1722Kcal)

아침	· 현미밥(2/3공기)	221Kcal
	두부된장찌개	170Kcal
	애호박나물	47Kcal
	오징어포볶음	125Kcal
	오이김치	39Kcal
점심	· 단호박찹쌀지짐	236Kcal
	나박김치	12Kcal
	양배추샐러드	58Kcal
	키위(1개)	46Kcal
저녁	· 햄야채볶음밥	492Kcal
	무맑은국	112Kcal
	애호박샐러드	154Kcal
	단무지	10Kcal

단호박찹쌀지짐

재료/4인분

단호박 300g, 다진양파 1/4컵, 갈은쇠고기 80g, 송송썬실파 2큰술, 달걀 1개, 찹쌀가루 1/4컵, 부침가루 1/2컵, 설탕 1큰술, 다시마물 1/3컵, 소금 · 후춧가루 · 참기름 조금씩, 식용유 적당량

이렇게 만드세요

1 단호박 썰기 반으로 갈라 속씨를 긁어내고 껍질을 벗긴 다음 짧고 고운 채로 썬다.

2 쇠고기 볶기 갈은 쇠고기는 소금, 후춧가루, 설탕과 참기름을 조금씩 넣고 밑간을 하여 보슬하게 볶아 낸다.

3 단호박채 반죽하기 호박채에 다진 양파, 달걀, 찹쌀가루, 부침가루, 설탕을 넣고 농도에 맞게 다시마물을 부으면서 간을 맞춘다.

4 팬에 반죽 붓기 식용유를 두른 팬에 반죽을 한 국자씩 부어 넣고 얇게 펴서 부친다. 반죽 아래쪽이 절반 정도 익으면 위에 송송썬 실파와 쇠고기 볶음을 조금씩 얹은 다음 뒤집어 익힌다.

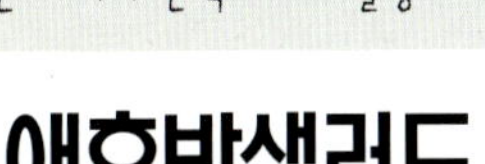

애호박샐러드

재료/4인분

애호박 1/2개, 게맛살 1쪽, 달걀 1개, 소금 조금, 송송썬 실파 1큰술 샐러드소스 마요네즈 3큰술, 다진양파 2큰술, 다진오이피클 2큰술, 레몬즙 1큰술, 소금 · 후춧가루 조금씩

이렇게 만드세요

1 애호박 · 달걀 썰기 달걀은 완숙으로 익혀 껍질을 벗기고 1.5cm 굵기로 깍둑썰어 준다. 애호박도 깨끗이 씻어 껍질째 깍둑썬다.

2 게맛살 썰기 게맛살은 결의 반대 방향으로 얇게 다진다. 손으로 잘게 찢어도 된다.

3 애호박 익히기 썰어놓은 애호박은 김이 오른 찜통에서 쪄내거나 끓는 물에 넣어 살짝 삶는다.

4 소스 만들기 마요네즈에 다진 양파와 오이피클 등 분량의 재료를 넣고 고루 저어 샐러드소스를 만든다.

5 버무리기 우묵한 그릇에 애호박과 달걀을 넣고 ④의 소스로 버무린 다음 위에 잘게 다진 게맛살과 송송 썬 실파를 조금 뿌려 준다.

달걀을 잘 삶으려면

달걀을 잘 삶는 것은 의외로 어렵다. 완숙하려면 찬물에 넣고 13~15분 정도 삶는다. 10분 정도는 반완숙, 7분 정도는 반숙 정도로 삶아진다. 끓는 물에 바로 넣었을 때는 8~9분 정도면 완숙이 된다.

오늘의 식단
(총1849Kcal)

아침	잡곡밥(2/3공기)	241Kcal
	우거지토장국	93Kcal
	달걀프라이	93Kcal
	흰콩조림	80Kcal
	배추김치	17Kcal
점심	김치수제비	300Kcal
	야채장떡	100Kcal
	물오징어조림	66Kcal
	물김치	19Kcal
저녁	자장면	537Kcal
	가지생선깜풍기	173Kcal
	부추유부무침	110Kcal
	깍두기	20Kcal

가지생선깜풍기

🥣 재료/4인분

말린가지	40g
흰살생선	200g
소금·후춧가루	조금씩
생강즙	1/2큰술
달걀	1개
녹말가루	6큰술
튀김기름	적당량
청홍피망	1/2개씩
저민마늘	3쪽 분량
굵은파	1/2개
참기름	조금

깜풍소스

간장·식초	2큰술씩
물·설탕	3큰술씩
소금	1/3작은술

📋 이렇게 만드세요

1 생선 밑간하기 흰살생선은 길게 포뜬 것을 준비해 3×2cm 정도로 썰어 소금, 후춧가루, 생강즙으로 밑간한다.

2 가지 밑간하기 말린 가지는 물에 살짝 적신 다음 알맞은 크기로 잘라 소금, 후춧가루, 참기름으로 가볍게 무친다.

3 튀김옷 입히기 밑간한 생선에 달걀을 풀어 넣고 분량의 녹말가루를 섞어 버무린다. 가지도 같은 방법으로 함께 버무려 튀김옷을 입힌다.

4 튀기기 튀김기름을 170℃ 정도로 달구어 튀김옷 입힌 생선과 가지를 넣고 2번 정도 바삭하게 튀겨 준다.

5 야채 썰기 청홍피망은 반으로 갈라 속씨를 털어 내고 1×1cm 정도로 네모나게 썰고 굵은파는 1cm 토막으로 썰어 준다.

6 소스 만들기 분량의 재료를 섞어 깜풍소스를 만들어 설탕이 완전히 녹을 정도로 골고루 저어 준다.

7 버무리기 우묵한 팬에 식용유를 두르고 저민마늘과 숭숭 썬 굵은파를 넣고 볶다가 깜풍소스를 넣고 끓여 졸아들기 시작할 때 생선·가지 튀김, 청홍피망을 넣고 버무려 담는다.

> **더 맛있게!** 중화풍의 탕수요리나 깜풍 요리는 식초, 설탕의 새콤달콤한 맛에 좌우된다. 조금 강한 듯한 맛을 내어 별미로 즐겨도 맛있다. 흰살생선뿐만 아니라 새우깜풍기도 만들어 보자.

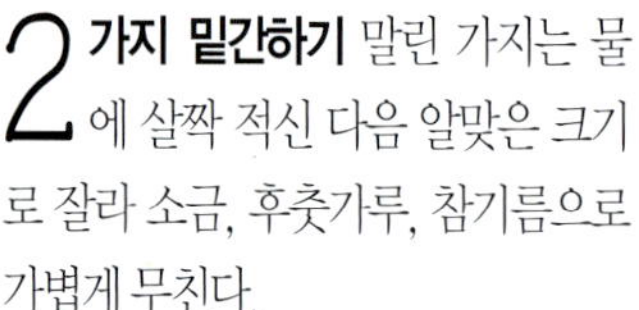

비디오 쿠킹

생선 밑간하기

가지 밑간하기

튀김옷 입히기

튀기기

Thu목sday

토란탕

 **재료/4인분**

토란 300g, 쌀뜨물 4컵, 쇠고기 150g, 굵은파 2뿌리, 소금 · 후춧가루 조금씩, 붉은고추 1개, 물 6컵

 **이렇게 만드세요**

1 토란 손질하기 껍질을 벗긴 토란은 팔팔 끓는 쌀뜨물에 넣고 5분 정도 삶아내어 아린맛을 뺀 다음 찬물에 씻어 건진다.

2 장국 만들기 물 6컵 정도에 쇠고기를 넣고 삶는다. 고기가 푹 무르면 건져내어 잘게 찢고 국물은 베보자기에 내린다.

3 야채 썰기 굵은파는 5cm 길이로 토막 썰고 1/2뿌리는 어슷썬다. 붉은고추는 어슷썰어 둔다.

4 국 끓이기 국물에 토막썬 굵은파를 넣고 끓이다가 토란과 고기를 넣고 맛이 어우러지게 끓인 다음 붉은고추와 다진마늘을 넣고 소금,후춧가루로 간을 맞춘다.

 **(요리힌트)**

토란 손질법

토란은 미끈거리는 질감과 아린맛이 독특한 뿌리식물이다. 살 때는 껍질째로 흙이 묻어 있는 것이 신선하다. 껍질을 벗겨서 파는 것은 표백처리한 것일 수도 있으므로 주의한다.

조리하기 전에 쌀뜨물에 한 번 삶아 주면 아린맛이 제거되고 맛이 부드러워진다. 토란은 당질이 풍부한 알칼리성 식품이므로 건강에도 좋다.

건파래무침

 **재료/4인분**

건파래 80g, 풋고추 · 붉은고추 1개씩, 소금 · 실파 조금씩, 다진마늘 1큰술, 간장 2큰술, 깨소금 조금, 참기름 1큰술

 **이렇게 만드세요**

1 건파래 손질하기 건파래는 부스러기가 나지 않게 작은 크기로 찢는다.

2 고추 썰기 풋고추, 붉은고추는 반으로 갈라 속씨를 털고 가는 채로 썬다.

3 파래 무치기 손질한 파래에 간장과 참기름을 넣고 부스러지지 않게 고루 버무려 준다.

4 파래 간하기 밑간한 파래에 고추채와 적당한 길이로 자른 실파, 다진마늘, 간장, 깨소금의 순서로 넣고 골고루 무쳐 간을 맞추고 참기름으로 향을 내어 담아 준다.

(요리힌트)

건파래의 효능

건파래는 공해를 이기고 특히 애연가들의 건강에 큰 도움을 주는 고마운 식품이다. 입맛에 따라 무채와 설탕, 식초를 넣고 새콤하게 초무침을 해도 맛있다. 튀김으로 만들 수도 있다.

오늘의 식단 (총1855Kcal)	
아침 · 오므라이스	377Kcal
야채국	51Kcal
오이초김치	26Kcal
과일(사과 1쪽)	37Kcal
점심 · 달걀버섯덮밥	529Kcal
비름나물	47Kcal
감자빈대떡	165Kcal
오이초김치	46Kcal
저녁 · 쌀현미밥(1공기)	332Kcal
아욱국	84Kcal
오징어야채지짐	230Kcal
어리굴젓	14Kcal
배추김치	17Kcal

오징어야채지짐

재료/4인분

물오징어	1마리
소금 · 후춧가루	조금씩
참기름	1작은술
밀가루	1컵
데친 시금치	150g
게맛살	1쪽
식용유	적당량
달걀물	1개분

이렇게 만드세요

1 오징어 손질하기 물오징어는 투명한 은빛이 도는 것으로 골라 몸통과 다리를 떼내어 내장을 꺼내고 신문지나 마른 행주로 잡고 껍질을 벗긴 다음 소금물에 씻어 건진다.

2 오징어 데치기 손질한 오징어는 몸통은 1cm 두께의 링으로 썰고 다리는 통째로 끓는 물에 넣고 데친다. 살이 단단해지면 건져 물기를 뺀 다음 앞뒤로 고루 밀가루를 묻힌다.

3 속재료 썰기 데친 시금치는 1cm 길이로 짧게 썰고 삶은 오징어 다리와 게맛살은 굵직하게 다진다.

4 속재료 만들기 준비한 속재료에 달걀을 풀어 넣고 참기름과 소금, 후춧가루로 간을 하면서 버무린다.

5 지지기 팬에 식용유를 두르고 뜨겁게 달군 다음 링으로 썰어 익힌 오징어의 몸통 부분을 달걀물에 적셔 팬에 올린다.

6 속재료 채우기 오징어링 안에 버무린 속재료를 채워 넣어 앞뒤로 노릇하게 지져 낸다.

요리힌트

몸에 좋은 오징어

오징어, 문어 등의 연체류에는 성인병의 원인이 되는 콜레스테롤이 많이 들어 있지만 반면에 콜레스테롤을 분해시키는 타우린이라는 성분도 많이 들어 있다. 이 타우린 성분은 시력 보호에 도움을 주므로 성장기 청소년에게 좋은 식품이라 할 수 있다. 특히 오징어는 조혈작용을 하는 비타민 B_{12}가 많아 여성들이 많이 먹으면 좋다.

비디오 쿠킹

오징어데치기

속재료 썰기

속재료 버무리기

오징어전 부치기

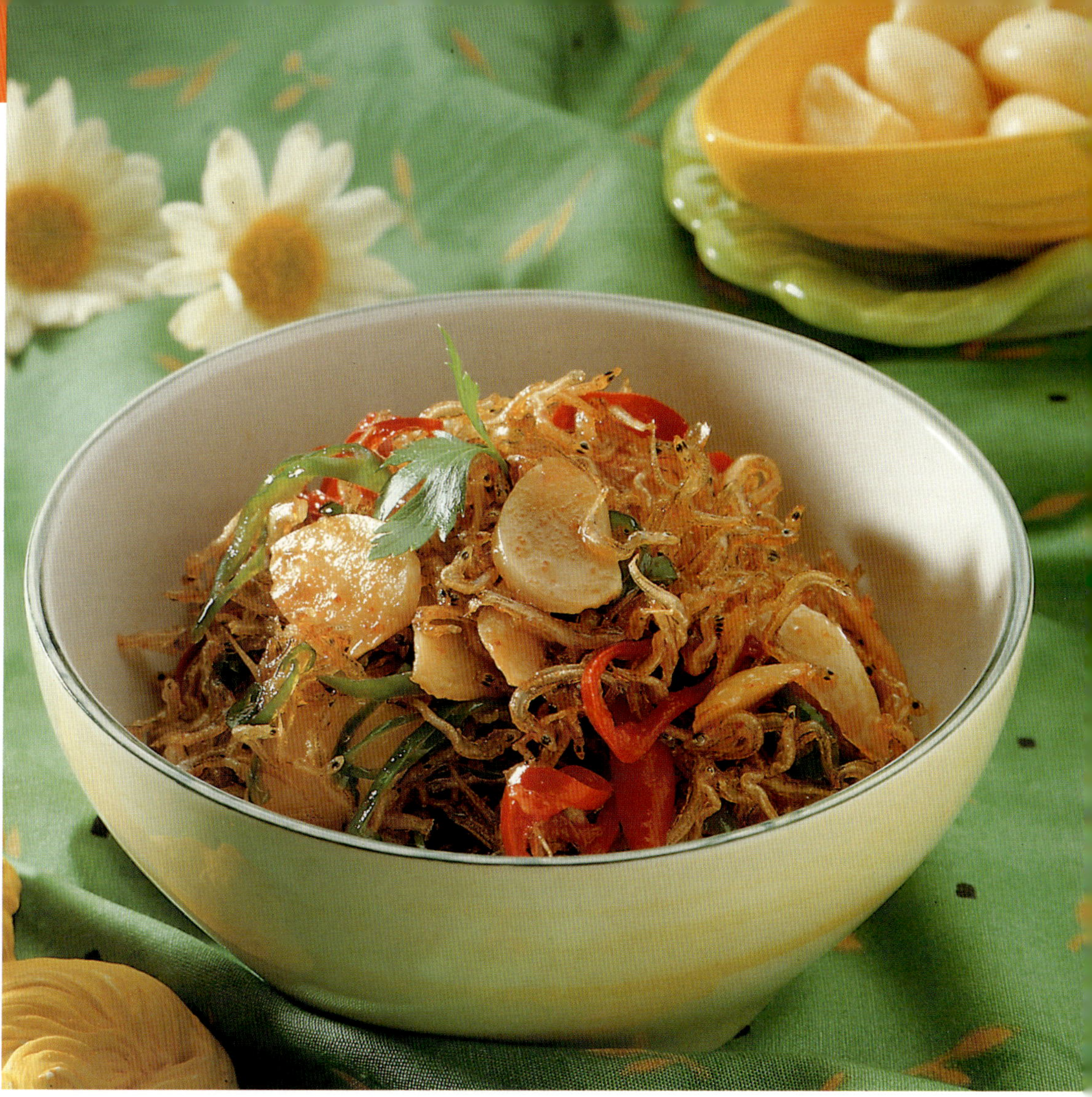

Saturday 토

마늘잔멸치볶음

 **재료/4인분**

쪽마늘 6개, 잔멸치 1컵, 붉은고추 2개, 풋고추 2개, 생강즙 1큰술, 청주 1큰술, 설탕 1큰술, 간장 1/2큰술, 식용유 · 참기름 · 통깨 조금씩

 **이렇게 만드세요**

1 마늘 썰기 쪽마늘은 뿌리나는 쪽을 잘라내고 마늘모양 그대로 얇게 저며 썬다.

2 고추 썰기 풋고추와 붉은고추는 반 갈라 씨를 털어내고 어슷하게 채썬다.

3 볶기 프라이팬에 식용유를 두르고 달군 다음 쪽마늘과 채썬 붉은고추를 넣고 타지 않게 볶다가 잔멸치를 넣어 준다.

4 간하기 ③에 생강즙과 청주, 설탕, 간장, 풋고추의 순서로 넣고 볶다가 참기름을 둘러 맛을 내고 통깨를 뿌려준다. 멸치 자체가 짠맛이 강하기 때문에 별다른 간은 하지 않지만 간장을 조금 뿌려 주면 맛을 더해 준다.

옥수수푸딩

 **재료/4인분**

찐옥수수알맹이 1/3컵, 달걀 2개, 우유 1컵, 설탕 3큰술, 소금 조금, 바닐라향 1/2작은술, 옥수수가루 1/2큰술, 녹인버터 1큰술, 체리 2개
캐러멜시럽 설탕 3큰술, 물 3큰술

이렇게 만드세요

1 시럽 만들기 냄비에 분량의 설탕과 물을 넣고 약한 불에서 조금 진한 갈색이 날 때까지 서서히 끓여 낸다.

2 푸딩컵 손질하기 푸딩컵이나 그릇에 버터를 발라준 다음 캐러멜 시럽을 바닥에 깔릴 정도로 조금만 부어 준다.

3 푸딩시럽 만들기 달걀과 우유, 설탕, 소금 조금, 녹인버터, 바닐라향, 옥수수가루를 함께 넣고 골고루 저어 고운 체에 내린다.

4 찐옥수수 넣기 캐러멜 시럽이 조금 굳은 다음 ②의 컵에 찐옥수수 알맹이를 몇알씩 넣어 준다.

5 푸딩 굽기 ④의 컵에 푸딩시럽을 2/3높이 만큼 만큼 붓고 높이가 있는 김이 오른 찜통에서 쪄낸다. 다 쪄지면 체리를 반 갈라 푸딩 위에 얹고 식혀서 상에 낸다.

요리힌트

오븐을 이용하려면

오븐을 이용할 때는 빵 굽는 오븐팬에 끓는 물을 붓고 푸딩컵을 담아 오븐온도 250℃에서 40분 정도 구워낸다. 전자레인지에서는 5분 정도 가열하여 익히면 된다.

오늘의 식단
(총1811 Kcal)

아침 · 찐감자		218Kcal
	실파장국	62Kcal
	무초김치	49Kcal
	과일우유(1/2컵)	85Kcal
점심 · 애호박수제비		300Kcal
	부추부침개	170Kcal
	배추겉절이	45Kcal
	과일(사과1쪽)	37Kcal
저녁 · 김초밥		381Kcal
	두부된장국	121Kcal
	샤브샤브야채샐러드	235Kcal
	달걀장조림	91Kcal
	백김치	17Kcal

샤브샤브야채샐러드

 재료/4인분

얇은쇠고기	300g
무	100g
당근	50g
오이	1개
양파	1/3개

고기삶는물

물	15컵
간장	2큰술
청주	1큰술
파뿌리	3개
통후추	5알

깨소스

볶은흰깨	1/3컵
육수	1/3컵
청주 · 간장	1큰술씩
설탕 · 마요네즈	1큰술씩
식초 · 레몬즙	1큰술씩
소금 · 후춧가루	조금씩

이렇게 만드세요

1 야채 썰기 무와 당근은 껍질을 벗겨내고 돌려 깎기하여 0.4cm 폭으로 얇고 길게 채썬다. 오이는 겉을 깨끗이 씻어 껍질째 돌려깎아 채썰고 양파는 껍질을 벗기고 링으로 얇게 썬다.

2 야채 찬물에 담그기 썬 야채는 얼음물에 20분 정도 담근 후에 건져 물기를 빼고 비닐 봉지에 담아 차갑게 보관한다.

3 고기 데치기 물 15컵에 분량의 재료를 넣고 고기삶는 물을 준비하여 끓인다. 물이 팔팔 끓으면 얇은 쇠고기를 한 장씩 넣고 살살 흔들어 가볍게 익힌 다음 꺼내어 식힌다.

4 깨소스 만들기 분마기에 갓볶은 참깨를 넣고 고루 으깨지도

록 갈아서 육수와 청주 등 준비한 재료를 섞어 깨소스를 만든다. 신맛이 싫으면 식초와 레몬즙 중의 하나만 넣는다.

5 버무리기 차가운 야채와 식힌 고기를 함께 담고 깨소스를 곁들여 내거나 버무려 낸다.

더 맛있게! 조금 많은 양의 소스를 만들 때는 모든 재료를 함께 믹서에 넣고 갈아 낸다. 입맛에 따라 겨자를 넣은 매콤한 소스를 만들어 먹어도 별미. 쇠고기는 기름이 없는 샤브샤브용 고기로 준비하는 것이 좋다.

비디오 쿠킹

야채 돌려깎기

야채 찬물에 담그기

깨소스 만들기

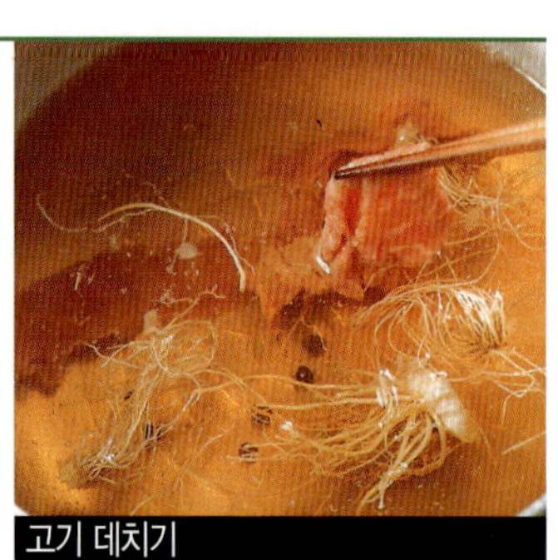
고기 데치기

둘째주

월 Monday

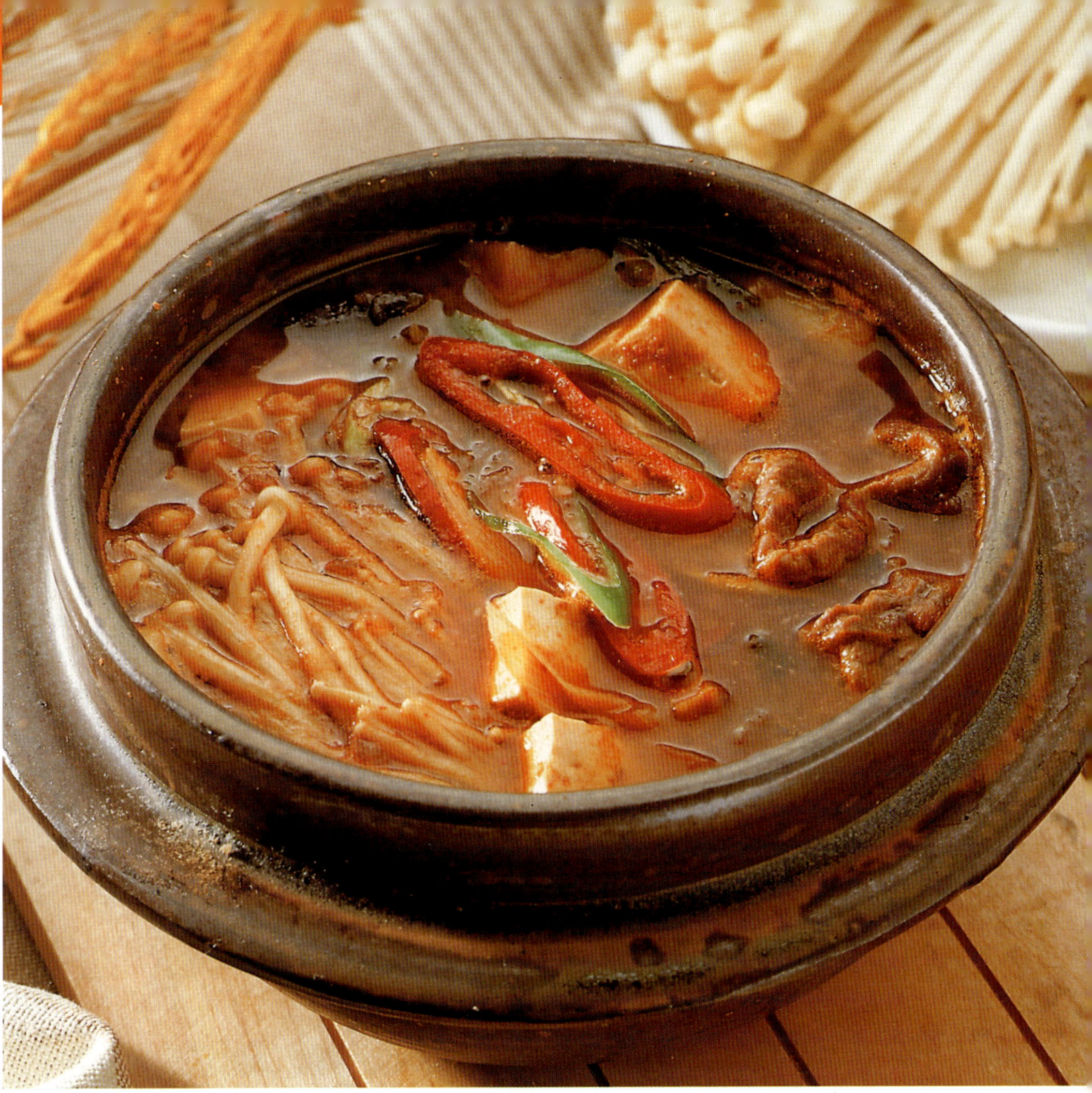

오늘의 식단 (총1895Kcal)

아침	· 감자밥	320Kcal
	버섯된장찌개	90Kcal
	취나물무침	38Kcal
	배추김치	17Kcal
점심	· 오징어매운볶음밥	460Kcal
	달걀탕	55Kcal
	배추베이컨말이구이	192Kcal
	무초김치	49Kcal
저녁	· 깻잎국수	452Kcal
	조갯살조림	40Kcal
	갈은감자부침개	165Kcal
	배추김치	17Kcal

버섯된장찌개

재료/4인분

생표고 4개, 팽이버섯 70g, 풋고추 2개, 붉은 고추 1개, 굵은파 1뿌리, 쇠고기 80g, 다진마늘 1큰술, 참기름 조금, 된장 4큰술, 다시마물 3컵, 고추장 1큰술, 고춧가루 1/2큰술, 다진양파 4큰술, 두부 1/4모

이렇게 만드세요

1 **버섯 손질하기** 생표고는 기둥을 짧게 잘라 6등분으로 찢어두고 팽이버섯은 밑둥을 잘라 내고 씻어 건져 가닥을 적당히 나눈다.

2 **부재료 준비하기** 고추와 굵은 파는 어슷썰고 쇠고기는 납작하게 썬다. 두부는 2×2cm크기, 1cm 두께로 썬다.

3 **쇠고기 볶기** 뚝배기에 약간의 참기름을 두르고 쇠고기와 다진마늘, 양파를 넣고 볶다가 된장을 넣고 한번 더 볶는다.

4 **끓이기** ③에 분량의 다시마물을 붓고 고추장을 넣어 끓인다. 한소끔 끓으면 버섯과 채썬 고추, 굵은파, 두부의 순서로 넣고 끓이다가 고춧가루를 넣고 불에서 내린다.

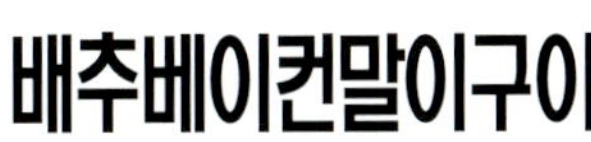

더 맛있게! 마른 표고버섯을 넣을 때는 물에 불려 부드럽게 한 다음 알맞은 크기로 찢어 넣고 불린 물은 된장 찌개 국물로 이용한다.

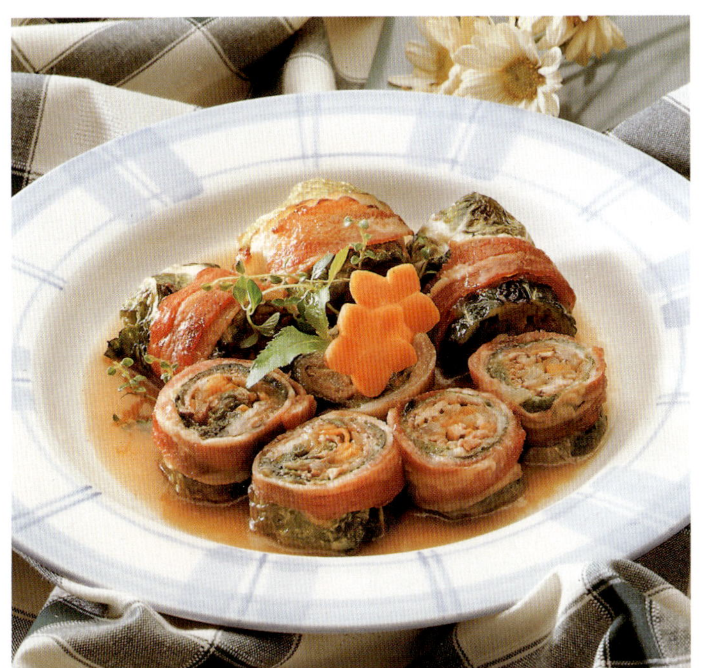

배추베이컨말이구이

재료/4인분

배춧잎 5장, 얇은쇠고기 80g, 당근 30g, 양파 1/4개, 표고버섯 4개, 소금 · 후춧가루 조금씩, 식용유 적당량, 참기름 1큰술, 밀가루 2큰술
국물 간장 1큰술, 육수 1컵, 청주 1/2큰술

이렇게 만드세요

1 **야채 볶기** 당근과 양파, 표고버섯은 5cm 길이의 채로 썰어 식용유를 두른 팬에 볶아 소금, 후춧가루를 뿌린다.

2 **쇠고기 손질하기** 쇠고기는 얇은 고기로 준비하여 소금, 후춧가루, 참기름으로 밑간해 재둔다.

3 **배춧잎 손질하기** 배춧잎은 소금에 살짝 절여 건져 줄기 부분은 잘라내고 잎부분만 편편하게 손질하여 한면에 밀가루를 뿌린다.

4 **야채 · 버섯 말기** 밑간한 쇠고기를 얇게 펴고 ①의 야채와 버섯볶음을 가지런히 넣어 돌돌 만다.

5 **배춧잎 말기** ③의 배춧잎의 한쪽 끝에 고기말이를 놓고 반 바퀴 정도 만 다음 양옆을 접어 올리고 나머지를 말아올린다.

6 **굽기** ⑤의 배추말이에 베이컨을 감아 꼬치로 고정시킨다. 오븐을 예열시킨 다음 팬에 베이컨말이구이를 담고 분량의 국물을 끼얹어 오븐온도 250℃에 넣고 20–30분 정도 익힌다.

7 **접시에 담기** 익으면 꺼내서 적당한 크기로 썰어 접시에 담고 분량의 재료로 국물을 끓여 붓는다.

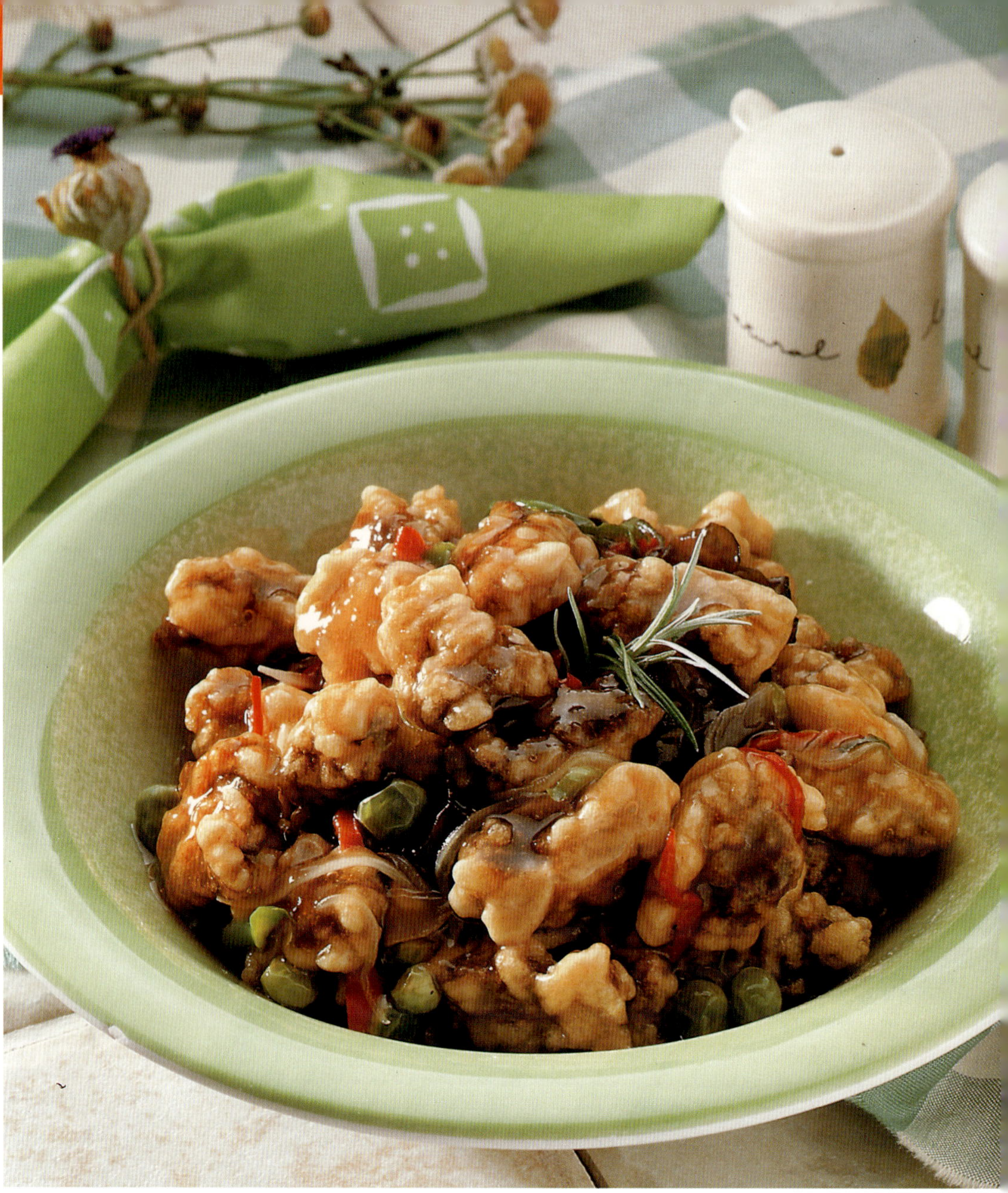

Tuesday 화

쇠고기탕수육

재료/4인분

쇠고기	300g
소금·후춧가루	조금씩
양파(갈은 것)	3큰술
달걀	1개
녹말가루	2/3컵
튀김기름	적당량
익힌완두콩	2큰술
불린목이버섯	30g
청홍피망	1개씩
양파	1/3개

탕수소스

물	1½컵
설탕	4큰술
식초	3큰술
간장	2큰술
녹말물	적당량

이렇게 만드세요

1 쇠고기 밑간하기 쇠고기는 4cm 길이, 2cm 폭, 0.5cm 두께로 썰어 소금, 후춧가루, 양파간 것을 넣고 버무려 준다.

2 튀김옷 입히기 손질한 고기에 달걀, 녹말가루를 넣고 버무린다.

3 튀기기 튀김기름은 170℃ 정도로 달구어 준비한 고기를 한 점씩 떼어 넣고 2번 정도 바삭하게 튀겨낸다.

4 부재료 썰기 청홍피망은 반으로 갈라 씨를 털어 채썰고 양파도 채로 썰어 식용유로 볶아 소금, 후춧가루를 뿌린다.

5 탕수소스 만들기 냄비에 분량의 물과 설탕, 간장, 식초를 넣고 끓이다가 녹말물을 조금씩 넣으면서 탕수소스의 농도로 맞춰 끓인다.

6 소스에 버무리기 탕수소스에 쇠고기튀김과 야채, 불린 목이버섯, 익힌 완두콩을 넣고 버무려 담는다.

> **더 맛있게!** 청홍피망과 양파는 따로 볶아야 색이 더욱 선명하다. 매번 따로 볶기가 번거로우면 넓은 프라이팬에 야채를 담은 다음 부분부분 나누어 볶는다. 탕수소스는 녹말물을 붓기 전에 간을 다 맞춰야 한다. 녹말물을 붓고 나면 걸쭉해져서 간을 맞추기가 어렵다.

 비디오 쿠킹

튀김옷 입히기

튀기기

야채 볶기

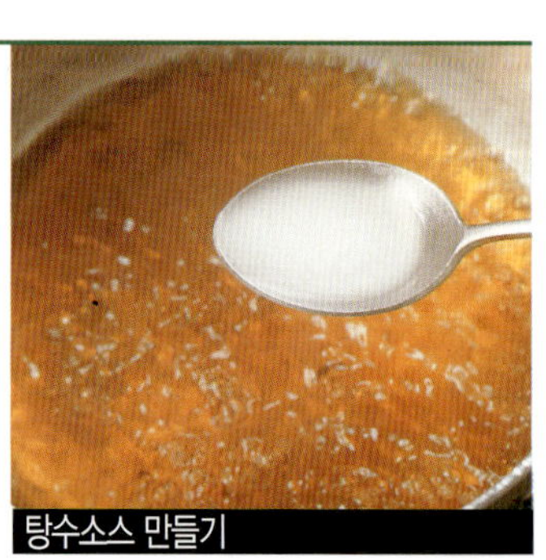
탕수소스 만들기

Wednesday 수

오늘의 식단
(총1785Kcal)

아침	· 잡곡밥(2/3공기)	241Kcal
	쇠고기무국	112Kcal
	가자미구이	143Kcal
	배추김치	17Kcal
점심	**포크커틀릿덮밥**	422Kcal
	버섯된장국	40Kcal
	모둠피클	26Kcal
	양상추샐러드	51Kcal
	깍두기	20Kcal
저녁	야채샌드위치	351Kcal
	오렌지주스	82Kcal
	오이피클	26Kcal
	사과건포도파이	254Kcal

포크커틀릿덮밥

재료/4인분

밥 2공기, 돼지고기 100g, 소금 · 후춧가루 조금씩, 생강즙 1/2큰술, 밀가루 3큰술, 달걀물 1개분, 빵가루 1컵, 튀김기름 적당량, 쑥갓 · 단무지 적당량씩, 송송썬 굵은파 1큰술 **덮밥국물** 다시마물 3컵, 간장 4큰술, 맛술 2큰술, 소금 1작은술, 후춧가루 조금, 양파채 30g

이렇게 만드세요

1 **돼지고기 밑간하기** 고기는 0.3cm 두께로 저며 썰어 소금, 후춧가루, 생강즙으로 밑간을 한다.

2 **튀기기** ①의 고기에 밀가루, 달걀물, 빵가루의 순서로 입힌 다음 튀김기름 170℃ 정도로 달구어 황금색으로 튀겨낸다.

3 **덮밥국물 만들기** 분량의 재료를 섞어 덮밥국물을 만든 다음 양파채를 넣고 한소끔 끓인다.

4 **그릇에 담기** 덮밥 그릇에 1인분의 밥을 담고 덮밥국물을 1/2국자 정도 붓고 알맞은 크기로 썬 포크커틀릿과 쑥갓, 송송썬 굵은파, 단무지를 올려 담는다.

사과건포도파이

재료/4인분

사과 4개, 건포도 3큰술, 설탕 1/3컵, 계핏가루 1작은술, 소금 1/4작은술, **뿌리는 토핑** 마아가린 3큰술, 설탕 3큰술, 바닐라향 1/2작은술 **파이반죽** 밀가루 1½컵 버터 3큰술, 달걀 노른자 1개, 우유 3큰술, 소금 조금

이렇게 만드세요

1 **사과속 조리기** 사과는 껍질을 벗기고 4등분으로 나누어 속을 파내고 은행잎 모양으로 0.5cm 두께로 썬다. 우묵한 냄비에 사과와 설탕 1/3컵, 소금을 넣고 조리다가 건포도를 넣고 물기없이 바짝 조린다.

2 **파이 반죽하기** 분량의 밀가루를 골고루 저어 체에 내려준 다음 버터와 달걀 노른자, 우유, 소금 조금을 넣고 가볍게 반죽을 한다.

3 **파이 껍질 만들기** ③의 반죽을 0.3cm 두께로 둥글게 밀어 버터 바른 파이판에 놓고 가장자리를 다듬어 준다.

4 **굽기** 마아가린에 설탕, 바닐라향을 넣고 고루 섞어 준다. 파이판에 사과조림을 펴서 담고 바닐라향을 섞은 마아가린을 얹는다. 오븐 온도 250℃에 준비한 파이를 넣고 20분 정도 노릇하게 구워 낸다.

더 맛있게! 바삭한 파이껍질을 만들려면 파이 껍질을 반죽할 때 너무 치대지 말고 가볍게 반죽을 한다. 사과 조림은 될 수 있는 대로 물기가 흐르지 않게 조려 주는 것이 좋다. 조림의 마지막에 녹말물을 조금 뿌리면 물기가 흐르지 않는다.

오늘의 식단
(총1911Kcal)

아침	· 찐만두	269Kcal
	실파장국	62Kcal
	오이초김치	46Kcal
	사과호두샐러드	211Kcal
점심	· 현미밥(1공기)	331Kcal
	미역국	104Kcal
	통조림꽁치김치조림	165Kcal
	감자채볶음	87Kcal
	배추김치	17Kcal
저녁	· 잡곡밥(1공기)	361Kcal
	병어고사리찌개	181Kcal
	고구마줄기볶음	60Kcal
	배추김치	17Kcal

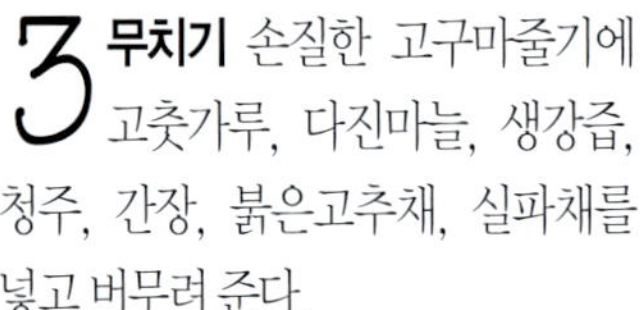

고구마줄기볶음

 **재료/4인분**

고구마줄기 400g, 소금 조금, 붉은고추채 1개분, 실파채 조금, 고춧가루 1½큰술, 다진마늘 1큰술, 생강즙 1/2큰술, 청주 1/2큰술, 간장 1큰술, 소금 · 후춧가루 · 조금씩, 깨소금 1작은술, 참기름 1작은술, 식용유 적당량

 **이렇게 만드세요**

1 고구마줄기 손질하기 고구마줄기는 잎을 잘라 내고 줄기의 뻣뻣한 섬유질을 깨끗하게 벗겨 내고 소금을 조금 넣은 끓는 물에 데친 다음 찬물에 헹구고 1시간 정도 물에 담가둔다.

2 고구마줄기 썰기 물에 담갔던 고구마줄기는 5-6cm 길이로 썰어 물기를 뺀다.

3 무치기 손질한 고구마줄기에 고춧가루, 다진마늘, 생강즙, 청주, 간장, 붉은고추채, 실파채를 넣고 버무려 준다.

4 볶아 내기 ③에 소금, 후춧가루로 간을 맞추고 식용유를 두른 팬을 달구어 양념한 고구마줄기를 볶다가 참기름과 깨소금을 뿌려 간을 맞추고 상에 낸다.

꽁치김치조림

 **재료/4인분**

통조림꽁치 1통, 김치 200g, 다시마 2장(4×4cm크기), 양파 1/3개, 풋고추 · 붉은고추 1개씩, 굵은파 1뿌리, 다시마물 1컵, **조림양념** 간장 · 다진마늘 1큰술씩, 고춧가루 · 고추장 1큰술씩, 다진생강 · 설탕 1작은술씩, 다시마물 2큰술, 청주 1큰술, 깨소금 · 후춧가루 · 참기름 적당량씩

 **이렇게 만드세요**

1 꽁치 손질하기 통조림꽁치는 부스러지지 않게 꺼내고 국물은 고운체에 내려 기름을 걷어 따로 준비한다.

2 재료 썰기 김치는 속을 털어낸 다음 4-5cm 길이로 썰고 양파는 채로 썬다. 고추와 굵은파는 반 갈라 4cm 길이로 토막 썬다.

3 조림양념 만들기 분량의 재료로 매콤한 조림 양념을 만들어 골고루 젓는다.

4 냄비에 담기 냄비에 양파채를 깔고 건져둔 통조림꽁치와 국물을 붓고 김치를 얹은 다음 고추, 굵은파를 위에 뿌려 준다.

5 조리기 ④에 조림양념을 뿌리고 분량의 다시마물을 조금씩 부으면서 간을 맞추고 조린다.

 **요리 힌트**

고구마 줄기 손질법

고구마 줄기가 많이 나올 때 충분한 양으로 준비하여 껍질을 벗겨 다듬어 연한 소금물에 데쳐 건진 다음 말려두면 겨울 반찬으로 좋다. 껍질을 벗기지 않고 말리면 질겨진다.

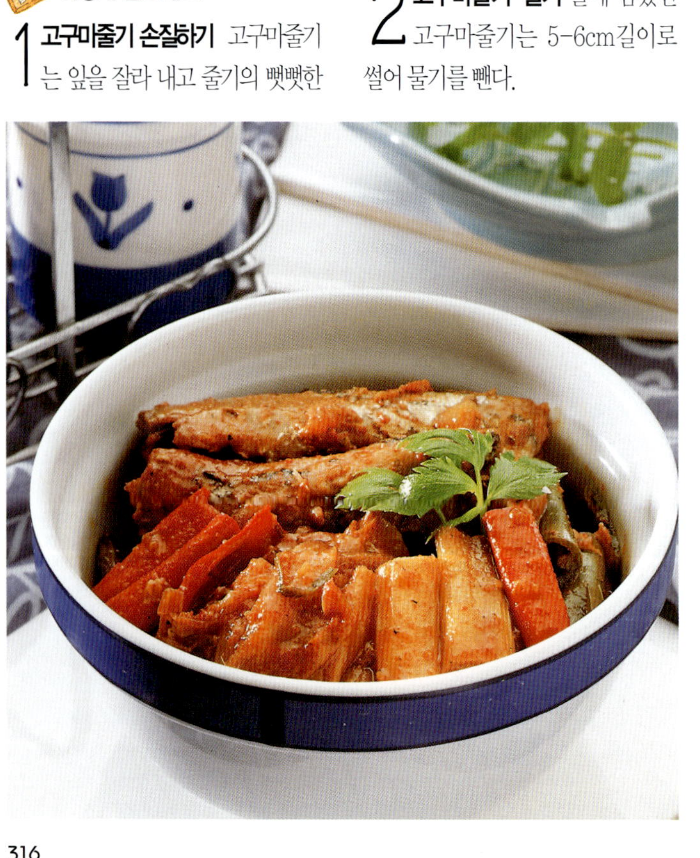

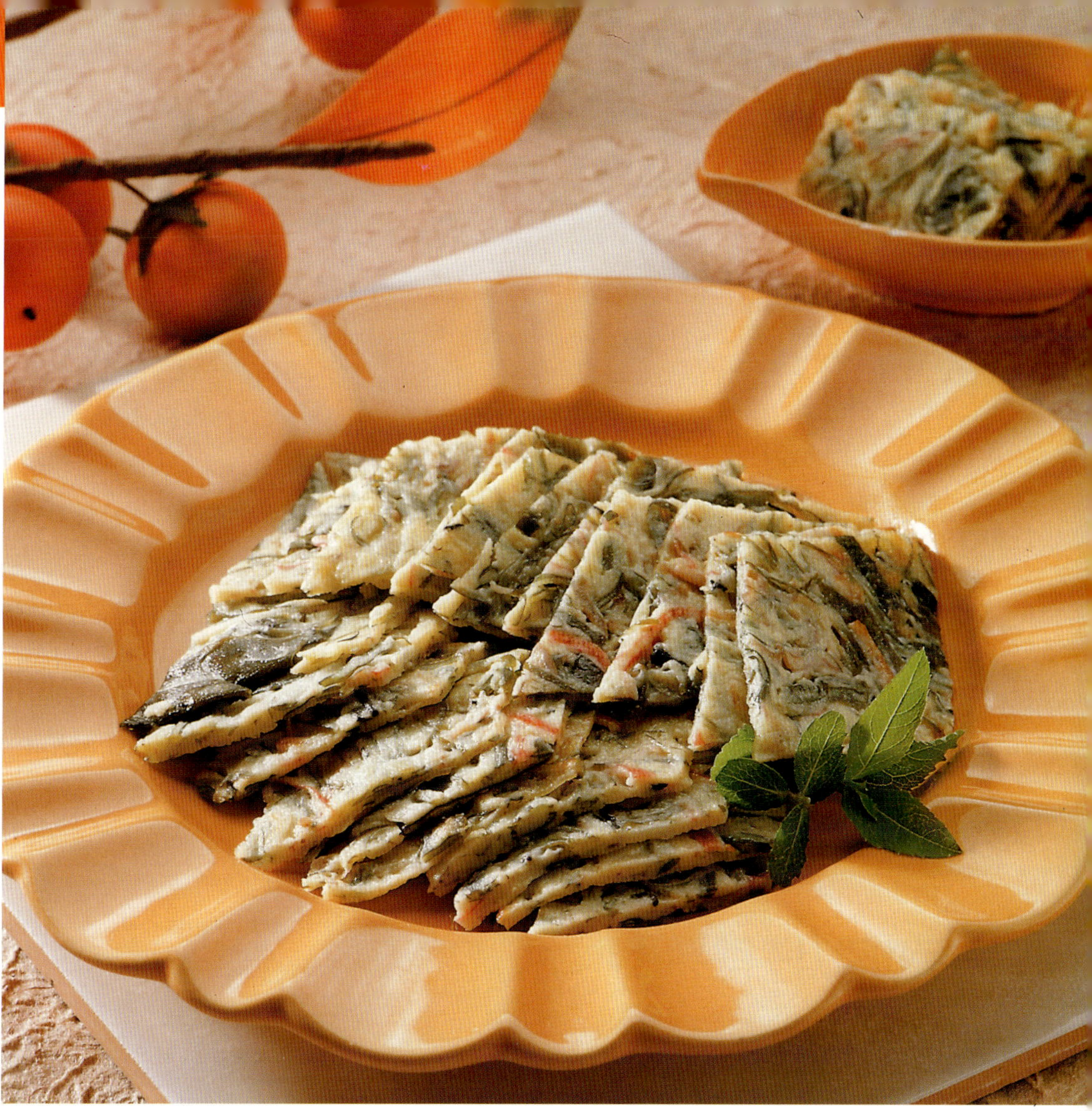

Friday
금

해초류지짐

재료/4인분

해초 150g, 게맛살 1쪽, 달걀 1개, 부침가루 1컵, 다시마물 3/4컵, 소금·후춧가루 조금씩, 식용유 적당량

이렇게 만드세요

1 해초류 손질하기 해초류는 찬물에 담가 짠맛을 빼고 끓는물에 살짝 데쳐 다시 찬물에 헹구고 4-5cm 길이로 썬다.

2 게맛살 찢기 게맛살은 4cm 길이로 잘라 가늘게 찢어 준다.

3 반죽 만들기 우묵한 그릇에 손질한 해초와 게맛살, 달걀물, 부침가루를 함께 담고 다시마물을 조금씩 부으면서 적당히 농도를 맞추고 소금, 후춧가루로 밑간을 한다.

4 전 부치기 팬에 식용유를 두르고 반죽을 한 국자씩 부어 얇게 펴서 지져낸다.

> **더 맛있게!** 염장 해초류는 찬물에 담가 짠맛을 적당히 빼야 맛이 있다. 너무 빼면 맛이 없고 덜 빼면 짜서 좋지 않다.

마카로니샐러드

재료/4인분

삶은마카로니 1컵, 완숙달걀 2개, 햄 50g, 셀러리 1줄기, 오이 1/2개, 소금·후춧가루 조금씩, 마요네즈 3큰술, 레몬즙 1큰술, 파슬리가루 1작은술

이렇게 만드세요

1 마카로니 삶기 마카로니는 끓는물에 넣어 15-20분 정도로 삶은 다음 건져 식힌다.

2 달걀·햄 썰기 완숙달걀은 굵은 콩알 굵기로 썰고 햄은 굵게 다진다.

3 셀러리 썰기 셀러리는 잎은 다 듬어내고 줄기만 준비해서 섬유질을 벗겨 내고 굵게 다진다.

4 오이 절이기 오이는 셀러리와 비슷한 크기로 굵게 다진 다음 소금에 살짝 절인다. 숨이 죽으면 물기를 꼭 짜서 준비한다.

5 버무리기 볼에 준비한 재료를 함께 담고 마요네즈를 넣고 버무려 레몬즙과 소금, 후춧가루를 넣고 섞어 담고 파슬리 가루를 뿌려 준다.

요리힌트

마요네즈를 이용한 소스

마요네즈와 토마토케첩을 5:1 정도의 비율로 섞은 것이 사우전드 아일랜드 소스다. 만들기도 쉽고 가장 많이 쓰이는 소스다.

마요네즈 3큰술에 삶은 달걀 1개, 피클 하나를 잘게 다져넣고 양파 다진 것도 1큰술 섞으면 타르타르소스가 완성된다. 마요네즈 2큰술에 떠먹는 요구르트 1큰술을 섞으면 상큼한 요구르트 소스가 된다.

Saturday 토

오늘의 식단 (총1856kcal)	
아침 · 떡볶기떡 떡국	418Kcal
취나물볶음	131Kcal
김치	17Kcal
과일(사과한쪽)	37Kcal
점심 · 취나물비빔밥	550Kcal
콩나물 무국	40Kcal
더덕생채	69Kcal
무김치	20Kcal
저녁 · 잡곡밥(2/3공기)	241Kcal
우거지된장국	93Kcal
고등어감자조림	180Kcal
고추장아찌	33Kcal
총각김치	27Kcal

고등어감자조림

재료/4인분

고등어	1마리(큰 것)
양파채	40g
감자	3개
굵은파	1뿌리
풋고추 · 붉은고추	1개씩
다시마	3장(4×4cm 크기)

조림양념

간장	3큰술
고춧가루	2큰술
고추장	1큰술
다진마늘	1큰술
다진생강	1작은술
청주	1큰술
깨소금 · 후춧가루 · 참기름	조금씩

이렇게 만드세요

1 고등어 손질하기 고등어는 표면의 얇은 비늘을 긁어내고 머리를 잘라 내장을 뺀 다음 소금물에 씻어 건져 물기를 뺀다.

2 고등어 썰기 손질한 고등어는 3장 포뜨기 해서 잔뼈들을 제거하고 4cm 토막으로 썬 다음 약간의 소금을 뿌려준다.

3 야채 썰기 풋고추와 붉은고추는 어슷하게 썰어 씨를 털고 굵은파도 어슷하게 썰어준다. 감자는 껍질을 벗겨 반달 모양으로 0.7cm 두께로 썬다.

4 조림장 만들기 분량의 재료를 고루 섞어 조림 양념을 만든다.

5 냄비에 담기 냄비에 양파채와 다시마를 깔고 고등어와 감자를 담은 다음 어슷썬 굵은파와 고추를 뿌리고 양념장을 끼얹어 준다. 고등어가 자작하게 잠길 정도로 물을 둘러 넣고 끓이면서 조린다.

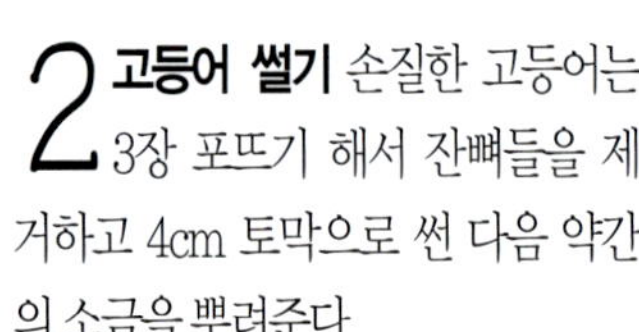

요리힌트

고등어 · 감자 조리법

고등어는 손질해서 파는 것을 사용하면 편하다. 3장 포뜨기는 생선 가운데 뼈를 중심으로 앞 뒤 살만 발라내는 것을 말한다. 감자를 넣고 너무 오래 조리면 감자가 부스러지기 쉽다. 감자는 될 수 있는대로 얇게 썰지 않는 것이 좋다.

더 맛있게! 생선을 조릴 때 냄비 바닥에 감자나 무 토막을 깔면 생선이 눌러붙지 않고 조려진 무나 감자는 함께 먹을 수 있어 일석이조. 조림은 자주 밑국물을 끼얹어 가면서 조려 골고루 간이 흡수되게 한다.

비디오 쿠킹

고등어 포뜨기

감자 썰기

양념장 만들기

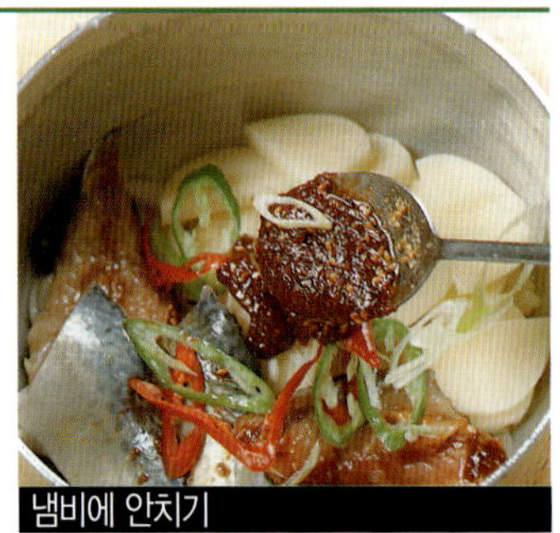

냄비에 안치기

Sunday 일

오늘의 식단 (총1765Kcal)	
아침 · 쌀현미밥	221Kcal
감자국	87Kcal
두부양념부침	110Kcal
김구이	14Kcal
짠무무침	10Kcal
점심 · 콩나물김치국밥	391Kcal
달걀장조림	91Kcal
배추된장무침	65Kcal
나박김치	12Kcal
저녁 · 쌀밥(2/3공기)	223Kcal
육개장	239Kcal
명태풋고추조림	151Kcal
표고버섯전	151Kcal

표고버섯전

재료/4인분

생표고버섯 8개, 달걀물 1개분, 부침가루 3/4컵, 소금 · 후춧가루 조금씩, 참기름 · 깨소금 1작은술씩, 부추 100g, 식용유 적당량, 다시마물 1/2컵, 붉은고추채 조금

이렇게 만드세요

1 표고버섯 손질하기 생표고버섯은 기둥을 떼고 물에 씻어 얇게 썬 다음 물기를 빼고 소금, 참기름으로 밑간한다.

2 부추 썰기 부추는 다듬어 씻은 다음 송송 썰어 소금, 후춧가루, 참기름으로 버무린다.

3 부침가루 섞기 손질한 표고와 부추에 달걀물과 부침가루를 넣고 다시마물을 부어 농도를 맞춘 다음 소금, 후춧가루로 간을 맞춘다.

4 지지기 식용유를 두른 팬을 뜨겁게 달구어 반죽을 한 숟갈씩 동그랗게 놓고 붉은 고추채를 얹어 지져낸다.

> **더 맛있게!** 여러 가지 전에 버섯을 함께 넣어 영양의 균형과 맛을 살려본다. 전은 말려 불린 표고보다 생표고가 더 부드럽다. 하지만 영양가는 말린 표고가 더 뛰어나다.

콩나물김칫국밥

재료/4인분

콩나물 300g, 밥 4컵, 배추김치 200g, 송송 썬굵은파 4큰술, 참기름 1작은술, 멸치국물 6컵, 간장 · 소금 · 후춧가루 조금씩, 달걀 1개, 김가루 1작은술

이렇게 만드세요

1 재료 손질하기 콩나물은 꼬리를 떼어 씻어 건지고 배추김치는 속을 대강 털어내고 2cm길이로 썬다.

2 김칫국 끓이기 멸치국물에 썰은 김치와 손질한 콩나물을 넣고 간장과 소금으로 밑간을 해 끓인다.

3 김칫국에 밥 넣기 고슬고슬하게 지은 밥 4컵을 김칫국에 넣고 서서히 끓인다.

4 마무리하기 쌀알이 부드럽게 퍼지면 소금, 후춧가루로 밑간을 하여 담고 1~2방울의 참기름을 뿌리고 달걀 노른자와 송송썬 굵은파, 김가루를 뿌려 낸다.

> **더 맛있게!** 찬밥이 남았을 경우 김칫국을 끓여 간을 맞춘 다음 찬밥을 넣고 끓인다. 마지막 끓을 때 달걀흰자를 섞어 익혀 담고 달걀 노른자는 뜨거운 김칫국밥에 올려담고 송송썬 굵은파와 김가루를 뿌린다. 입맛에 따라서 새우젓으로 간을 맞추거나 들깨가루를 넣어 먹어도 색다른 맛이다.

오늘의 식단
(총1960kcal)

아침	· 야채우유죽	245Kcal
	김무침	47Kcal
	감자어묵볶음	147Kcal
	무김치	20Kcal
점심	· 야채달걀볶음밥	543Kcal
	팽이버섯된장국	53Kcal
	실파전	182Kcal
	깍두기	20Kcal
저녁	· 쌀현미밥(1공기)	332Kcal
	해물전골	123Kcal
	돼지족찜	196Kcal
	부추양파냉채	35Kcal
	김치	17Kcal

돼지족찜

재료/4인분

돼지족	2개
생강	20g
통후추	5알
마른고추	2개
통깨	조금
마늘	5쪽
굵은파	1뿌리
다시마(4×4cm)	1장

찜양념

간장	3큰술
청주 · 생강즙	1큰술씩
꿀	1큰술
다시마물	1컵
양파 간 것	1/4컵
월계수잎	1장

이렇게 만드세요

1 돼지족 삶기 우묵한 냄비에 물을 넉넉히 붓고 생강과 통후추, 굵은파 뿌리를 넣고 끓인다. 물이 팔팔 끓으면 돼지족을 넣고 40분 정도 속까지 익혀 건진다.

2 돼지족 썰기 부드럽게 익힌 돼지족을 꺼내어 마디별로 먹기 적당한 크기로 자른다.

3 부재료 준비하기 마른고추를 반 갈라 씨를 털어내고 적당한 크기로 토막낸다. 굵은파도 비슷한 크기로 토막낸다. 마늘은 얇게 저며 썰고 다시마는 작은 마름모꼴로 썬다.

4 찜양념 만들기 간장과 청주 등 분량의 재료를 넣고 찜양념을 만들어 골고루 만든다. 다시마물을 부으면서 간을 조절한다.

5 끓이기 냄비에 토막낸 돼지족을 담고 찜양념과 마늘, 반 가른 고추, 굵은파, 다시마를 넣어 약한 불에서 뭉근히 끓인다.

6 상에 내기 양념장이 졸면서 돼지족에 간이 배면 불에서 내리고 통깨를 뿌려 뜨거울 때 상에 낸다.

더 맛있게! 돼지족은 살이 토실한 것을 준비한다. 찜을 하기 전에 양파와 통후추 등을 넉넉히 넣고 삶아야 돼지고기의 누린맛도 없애주고 밑간이 된다. 소개된 재료 외에도 생강, 굵은파의 뿌리, 정향, 팔각이나 월계수잎, 계피, 감초 등 향이 강한 다른 재료들을 사용해도 된다.

비디오 쿠킹

돼지족 삶기

돼지족 토막내기

양념장 만들기

돼지족 넣고 끓이기

Tuesday 화

오늘의 식단
(총17이kcal)

아침	· 잡곡밥(2/3공기)	241Kcal
	무콩나물국	40Kcal
	조기구이	120Kcal
	감자조림	112Kcal
	배추김치	17Kcal
점심	· 호박범벅	236Kcal
	해물파전	253Kcal
	양배추숙회	37Kcal
	나박김치	12Kcal
저녁	· 햄야채볶음밥(1공기)	331Kcal
	콩나물된장찌개	153Kcal
	꽁치팬구이	132Kcal
	배추김치	17Kcal

무콩나물국

재료/4인분
무 200g, 콩나물 300g, 쇠고기 60g, 실파 4뿌리, 붉은고추채 조금, 다진마늘 1큰술, 소금 · 후춧가루 · 깨소금 조금씩, 물 6컵

이렇게 만드세요

1 무·콩나물 준비하기 무는 껍질을 벗겨 7cm 길이로 토막내고 0.3cm 굵기의 채로 썰어 준다. 콩나물은 꼬리를 잘라내고 다듬어 씻어 건진다.

2 국물 만들기 쇠고기는 납작하게 썰어 물 6컵을 부어 끓이면서 떠오르는 거품은 걷어낸다.

3 실파 썰기 실파는 뿌리를 잘라내고 다듬어 씻어 5cm 길이로 자르고 굵은 것은 채로 썰어 준다.

4 국 끓이기 끓인 쇠고기 국물에 콩나물을 넣고 뚜껑을 덮어 한소끔 끓인 다음 무채를 넣어 10분 정도 더 끓인다.

5 간 맞추기 국에 다진 마늘과 실파, 붉은고추채를 넣고 소금, 후춧가루간을 한다. 참기름을 한 방울 뿌려 섞고 깨소금을 조금 뿌린다.

> **더 맛있게!** 콩나물을 넣고 오래 끓이면 질겨져서 맛이 없다. 무채도 10분 이상 끓이면 무채가 뭉크러진다. 간을 맞추고 한소끔만 끓여서 바로 불에서 내리도록 한다.

꽁치팬구이

재료4인분
꽁치 2마리, 소금물 2컵, 생강즙 1큰술, 소금 · 후춧가루 적당량, 밀가루 3큰술, 식용유 2큰술, 레몬 2쪽

이렇게 만드세요

1 꽁치 손질하기 꽁치는 비늘을 긁어 내고 머리를 잘라낸 다음 내장을 빼내고 소금물에 씻어 건진다. 손질한 꽁치는 2~3토막으로 잘라 1cm 간격으로 칼집을 넣는다.

2 밑간하기 분량의 생강즙에 소금, 후춧가루를 섞어 손질한 꽁치에 뿌려 30분 정도 재운다. 간이 적당히 배면 물기를 닦고 꽁치의 앞뒤에 밀가루를 묻힌 다음 여분의 가루는 털어낸다.

3 굽기 팬에 식용유를 두르고 꽁치를 넣고 노릇하게 굽는다. 접시에 담을 때는 따뜻하게 데워 꽁치가 식지 않도록 하고 레몬즙을 뿌려 낸다.

생선을 잘 구우려면
생선을 구울 때는 숯불에 굽는 것이 가장 맛있다. 열이 골고루 전달되어 잘 익고 생선의 비린내도 덜하다. 집에서 가스로 구울 때는 철판을 이용하거나 프라이팬에 알루미늄 호일을 깔고 구우면 열이 고루 퍼져 그냥 구울 때보다 더 맛있게 구울 수 있다.

오늘의 식단
(총1863Kcal)

아침 · 토스트	290Kcal	
달걀프라이	93Kcal	
소시지버터구이	100Kcal	
토마토샐러드	101Kcal	
점심 · 카레해물볶음밥	460Kcal	
숙음배추된장국	74Kcal	
양배추샐러드	58Kcal	
나박김치	12Kcal	
저녁 · 쌀밥(1공기)	334Kcal	
버섯전골	163Kcal	
이면수구이	106Kcal	
꽈리고추찜	55Kcal	
배추김치	17Kcal	

카레해물볶음밥

재료/4인분

밥	3공기
카레가루	2큰술
소금·후춧가루	조금씩
다진양파	4큰술
잔새우	1/2컵
오징어	1마리
조갯살	조금
청·홍피망	1/2개씩
건포도	조금
식용유·버터	1큰술씩
송송썬 실파	1큰술
백포도주	1큰술

이렇게 만드세요

1 밥에 카레가루 섞기 밥은 포슬포슬하게 지은 것으로 3공기 정도 준비해 카레가루와 다진 양파를 밥에 넣고 골고루 섞어 노랗게 색깔이 들게 한다.

2 피망 썰기 청·홍피망은 반으로 갈라 속씨를 털어 내고 4-5cm 길이의 가는 채로 썰어 준다.

3 해물 손질하기 새우는 잔새우로 준비해 심심한 소금물에 흔들어 씻는다. 오징어는 껍질을 벗기고 깨끗이 씻은 다음 안쪽에 촘촘하게 칼집을 넣고 5cm 길이로 납작하게 썬다.

4 데쳐내기 냄비에 물을 담고 팔팔 끓여 준비한 새우와 오징어, 조갯살을 넣고 살짝 데쳐 낸다.

5 해물 볶기 팬에 식용유와 버터를 1큰술씩 두르고 뜨겁게 달군 다음 해물을 넣고 볶다가 백포도주를 뿌린다.

6 밥 볶기 해물을 볶던 프라이팬에 카레가루를 섞은 밥과 피망을 함께 넣고 소금, 후춧가루로 간을 하여 볶다가 재료가 어우러지면 불에서 내려 그릇에 담고 위에 송송썬 실파를 뿌려 상에 낸다.

요리힌트

볶음밥을 맛있게 하려면

볶음밥을 할 때 밥이 질면 물기가 생기고 잘 볶아지지 않는다. 밥은 고슬고슬하게 짓고 코팅된 프라이팬이나 길이 잘들은 팬에서 들러 붙지 않게 센불에서 볶아낸다. 해물을 볶을 때 포도주가 없으면 청주를 이용한다.

밥에 카레가루 섞기

해물 데치기

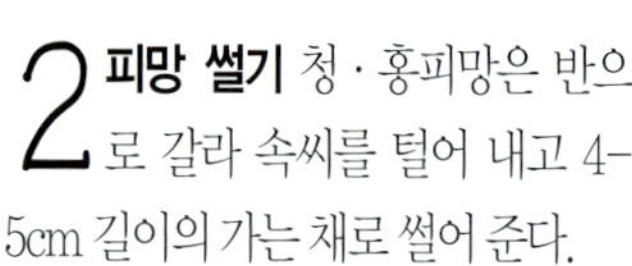

해물 볶기

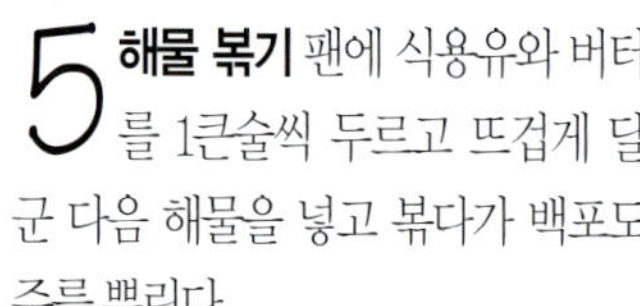

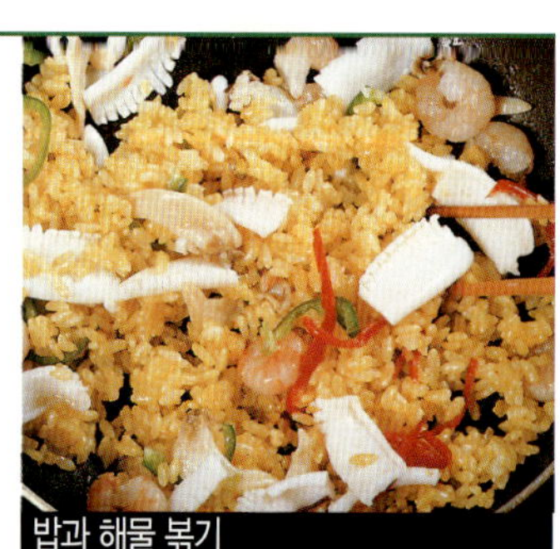

밥과 해물 볶기

Thu**목**sday

오늘의 식단 (총1952Kcal)	
아침 · 김치참치볶음밥	490Kcal
달걀탕	55Kcal
오이생채	46Kcal
물김치	12Kcal
점심 · 김말이주먹밥	387Kcal
실파된장국	62Kcal
고구마돼지고기케첩볶음	249Kcal
무초김치	49Kcal
저녁 · 팥밥(1공기)	328Kcal
근대토장국	59Kcal
미역줄기볶음	70Kcal
도라지조림	71Kcal
쇠고기장조림	74Kcal

도라지조림

 **재료/4인분**

통도라지 200g, 통깨 조금, 송송썬 실파 1작은술 **조림양념** 간장 3큰술, 청주 2큰술, 고운 고춧가루 1/2큰술, 설탕 1큰술, 물엿 1큰술, 청주 1큰술

이렇게 만드세요

1 도라지 손질하기 통도라지의 껍질을 벗기고 소금물에 헹궈 건진 다음 끓는물에 넣고 삶아 건진다.

2 조리기 분량의 재료를 섞어 조림양념을 만들어 골고루 저어 준다. 냄비에 손질한 도라지를 담고 자작하게 잠길 정도의 물을 붓고 조림양념을 뿌려 중불에서 뭉근히 조린다.

3 상에 내기 양념장이 바짝 졸아 들면 도라지를 꺼내 알맞은 크기로 잘라 담고 송송썬 실파와 통깨를 뿌려 상에 낸다.

요리힌트

도라지를 맛있게 조리려면

도라지를 조릴 때는 고운 고춧가루를 넣은 붉은색, 간장간으로 조린 갈색, 소금간으로 조린 하얀색의 3가지 색깔로 조림을 하기도 한다. 세 가지 다른 맛이 어우러져 색다르다.

고구마돼지고기 케첩볶음

 **재료/4인분**

고구마 250g, 돼지고기 200g, 소금·후춧가루 조금씩, 생강즙 1/2큰술, 녹말가루 5큰술, 달걀물 2큰술, 튀김기름 적당량, 데친 브로콜리 50g **케첩소스** 간장·설탕 1큰술씩, 청주·생강즙 1큰술씩, 케첩 4큰술, 붉은포도주 1큰술, 다진마늘 1큰술, 소금·후춧가루 조금, 육수 3큰술

이렇게 만드세요

1 고구마 썰기 고구마는 껍질째로 깨끗하게 4cm 길이, 2cm 굵기로 썰어준다.

2 고구마 튀기기 우묵한 프라이팬에 튀김기름을 담고 150℃ 정도로 달군 다음 썰어 놓은 고구마를 속까지 익도록 서서히 튀긴다.

3 돼지고기 밑간하기 3×2m크기, 0.6cm 두께로 썰어 소금, 후춧가루, 생강즙으로 밑간을 한다.

4 튀기기 밑간한 돼지고기에 분량의 달걀물과 녹말가루를 섞어 튀김옷을 입힌 다음 온도 170℃에서 2번 정도 바삭하게 튀겨 낸다.

5 케첩소스 만들기 분량의 재료를 고루 섞어 케첩소스를 만들어 한소끔 끓인다. 맛이 너무 강하면 육수를 조금 더 부어 간을 맞춘다.

6 볶기 끓는 케첩소스에 튀긴 고구마와 돼지고기, 데친 브로콜리를 넣고 버무린 다음 불에서 내린다.

Friday 금

오늘의 식단
(총1945Kcal)

아침 · 소면장국	452Kcal
	애호박나물	47Kcal
	오이김치	39Kcal
점심 · 숙채비빔밥	550Kcal
	시금치조갯국	88Kcal
	통도라지구이	69Kcal
	배추김치	17Kcal
저녁 · 라이스그라탱	406Kcal
	당근수프	63Kcal
	양상추샐러드	51Kcal
	식빵단호박튀김	168Kcal

식빵단호박튀김

재료/4인분

단호박	1/2개
밀가루	1/2컵
식빵	4쪽
튀김기름	적당량

튀김옷

튀김가루	3/4컵
달걀	1개
우유	3큰술
소금	1/4작은술

이렇게 만드세요

1 단호박 썰기 단호박은 8쪽 정도로 갈라 씨 부분을 긁어내고 찜통에서 한 번 쪄낸 다음 3cm길이로 자른다.

2 식빵 썰기 식빵은 너무 부드럽지 않은 것으로 준비해서 팥알 굵기로 잘게 썰어 준다. 빵이 부드러워 잘 썰어지지 않으면 칼을 불에 뜨겁게 달구어 썰면 잘 썰어진다.

3 튀김옷 만들기 튀김가루에 달걀과 우유, 소금을 섞어 튀김옷을 만들어 가볍게 섞어 준다.

4 튀김옷 입히기 한 번 익힌 호박의 겉에 밀가루를 뿌린 다음 튀김옷을 묻히고 그 겉에 다시 잘게 썬 식빵을 묻힌다.

5 튀겨내기 튀김기름 온도 170℃에 식빵 묻힌 호박을 넣고 노릇노릇하게 튀겨낸다.

> **더 맛있게!** 단호박을 찔 때는 살짝 익을 정도로만 쪄야 속이 뭉크러지지 않고 깔끔하다. 튀김옷을 만들 때 쉽게 흘러내리지 않을 정도로 조금 되직하게 만들어 주면 쉽다. 식빵은 만든 지 2-3일 정도 지나 약간 꾸덕해진 것을 사용해야 잘게 썰어지고 튀겼을 때 모양도 흐트러지지 않는다.

요리힌트

튀김을 맛있게 하려면

튀김옷을 입힐 때는 물기를 말끔히 없애고 밀가루부터 꼼꼼히 입혀야 튀긴 후에 모양이 흐트러지지 않는다. 튀길 때는 재료에 따라 적당한 온도에서 튀겨야 한다. 생선이나 고기류는 180℃ 정도가 적당한데 튀김옷을 조금 떼어 넣어보면 소리를 내면서 바로 익기 시작하는 온도다. 한 번 익힌 재료를 다시 튀길 때는 그보다 좀 낮은 160℃ 정도가 적당하다.

비디오 쿠킹

찐단호박 썰기

식빵 썰기

튀김옷 만들기

튀김옷 입히기

Satu토day

오늘의 식단
(총1989Kcal)

아침 · 잡곡밥(2/3공기)	241Kcal
오징어무국	98Kcal
감자애호박부침개	127Kcal
쇠고기달걀장조림	120Kcal
김치	17Kcal
점심 · 쌀현미밥(1공기)	332Kcal
두부된장찌개	170Kcal
콩나물아귀찜	168Kcal
오이생채	46Kcal
저녁 · **김치밥**	460Kcal
감자대팟국	87Kcal
표고버섯볶음	111Kcal
물김치	12Kcal

콩나물아귀찜

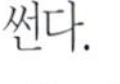

재료/4인분

찐콩나물 400g, 아귀 350g, 미나리 200g, 불린고사리 60g, 굵은파 2뿌리, 풋고추 · 붉은 고추 2개씩, 육수 1/2컵, 찹쌀가루 1/4컵, 소금 · 후춧가루 조금씩, 참기름 1큰술 **양념장** 고춧가루 3큰술, 다진마늘 2큰술, 다진생강 1작은술, 청주 1큰술, 설탕 1큰술, 간장 2큰술, 깨소금 · 후춧가루 · 참기름 조금씩

이렇게 만드세요

1 야채 손질하기 콩나물은 머리를 떼고 살짝 찐다. 미나리와 불린 고사리는 다듬어 씻어 4~5cm 길이로 썬다. 굵은파와 고추는 어슷하게

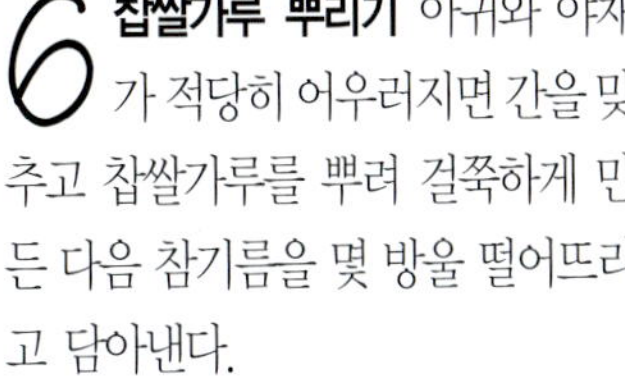

육수의 양을 넉넉히 잡으면 아귀탕이 된다. 찹쌀가루가 준비되지 않았을 때는 녹말물(녹말가루 : 물2 의 비율)을 조금씩 뿌려 가면서 농도를 맞춘다.

썬다.

2 양념장 만들기 분량의 재료를 섞어 양념장을 만들어 골고루 저어 준다.

3 아귀 손질하기 아귀는 내장과 지느러미를 제거한 다음 소금물에 씻어 건져 큼직하게 토막내 준비한 양념장으로 버무린다.

4 아귀 볶기 냄비에 참기름 1큰술을 두르고 양념한 아귀를 넣고 센불에서 볶다가 육수를 부어 뚜껑을 덮고 끓여 익힌다.

5 야채 넣기 아귀가 적당히 익으면 건져 내고 야채들을 넣고 볶다가 아귀를 다시 넣어 끓인다.

6 찹쌀가루 뿌리기 아귀와 야채가 적당히 어우러지면 간을 맞추고 찹쌀가루를 뿌려 걸쭉하게 만든 다음 참기름을 몇 방울 떨어뜨리고 담아낸다.

김치밥

재료/4인분

불린쌀 3컵, 배추김치 200g, 돼지고기 100g, 송송썬굵은파 조금, 김가루 조금, 참기름 1/2큰술, 청주 1큰술, 간장 1큰술, 다시마물 2컵

이렇게 만드세요

1 재료 썰기 배추김치는 속을 대강 털어 내고 1cm 폭으로 썰고 돼지

고기는 콩알만하게 썰어 준다.

2 고기와 쌀 볶기 솥에 참기름을 두르고 돼지고기를 볶다가 청주와 간장을 넣고 한번 더 뒤적인 다음 불린쌀을 넣고 볶는다.

3 김치 넣기 볶은 쌀에 분량의 다시마물을 부어 밥을 짓다가 끓을 때 김치를 넣고 불을 낮춘다.

4 상에 내기 약한 불에서 뜸을 들인 밥은 보슬하게 섞어 그릇에 담고 송송썬 파와 김가루를 위에 뿌린 다음 상에 낸다. 기호에 따라 양념장을 곁들여 준다.

맛있는 김치밥 만들기

돼지고기 외에 쇠고기, 닭고기, 통조림참치, 해물 등을 넣고 김치밥을 만들어 보자. 김치가 수분이 있으므로 밥물을 적게 잡아야 보슬한 김치밥을 지을 수 있다.

Sunday 1일

야채말이쌀피튀김

 **재료/4인분**

당근	30g
청 · 홍피망	1/3개씩
감자	30g
햄	50g
소금 · 후춧가루	조금씩
식용유	적당량
쌀피	6장
밀가루	3큰술
달걀물	1개분
빵가루	1/2컵

이렇게 만드세요

1 **쌀피 손질하기** 쌀피는 찢어지지 않은 것을 준비하여 부드러워지도록 물에 한번 적셔둔다.

2 **속재료 볶기** 청홍피망은 반 갈라 씨를 털어 채썰고 감자와 햄은 4~5cm 길이의 채로 썬다. 채썬

재료를 식용유로 볶아 소금, 후춧가루를 뿌려 밑간한다.

3 **쌀피에 말기** 부드러워진 쌀피의 한쪽에 볶은 속재료를 넣고 한번 말은 다음 양옆을 접어올리고

남은 쌀피를 다시 돌돌 말아 싸 준다.

4 **튀김옷 입히기** 속재료를 넣고 싼 쌀피의 겉에 밀가루를 뿌리고 달걀물, 빵가루 순으로 튀김옷을 입힌다.

더 맛있게! 튀기지 않고 쌀피에 싼 채로 기호에 맞는 소스(초간장, 겨자소스, 케첩 소스)를 준비하여 찍어 먹을 수 있다. 쌀피에 원하는 여러 가지 볶음을 넣고 구절판처럼 싸서 먹기도 한다. 쌀피는 쌀을 이용해 만두피처럼 얇게 만든 음식재료로 중국음식 재료상(서울 플라자호텔 뒤편 북창동)에 가면 구할 수 있다. 말다가 쌀피가 찢어지면 밀가루를 물에 개어 바르면 쉽게 붙일 수 있다.

5 **튀겨내기** 튀김기름을 170℃ 정도로 달구어 튀김옷을 입힌 야채말이를 넣고 노릇하게 튀겨 낸다.

6 **상에 내기** 튀겨진 쌀피말이 튀김은 기름을 빼고 절반으로 어슷썰어 내용물이 잘 보이도록 하여 접시에 담아낸다.

비디오 쿠킹 

쌀피 불리기

재료 볶기

쌀피에 말기

튀김옷 입히기

*Mo*월*day*

아침	누룽지죽	250Kcal
	김치소시지볶음	143Kcal
	마른새우조림	80Kcal
	단무지무침	26Kcal
	물김치	12Kcal
점심	잡곡밥(1공기)	361Kcal
	북어콩나물해장국	103Kcal
	말린가지닭불고기	341Kcal
	배추생채	45Kcal
저녁	햄치즈토스트	361Kcal
	브로콜리수프	87Kcal
	알감자마늘버터구이	114Kcal
	양배추당근샐러드	59Kcal

말린가지닭불고기

 **재료/4인분**

닭살코기 200g, 말린가지 40g, 굵은파 1뿌리, 붉은고추채 1개분 **불고기양념** 간장 2큰술, 고추장 2큰술, 간장 1큰술, 다진마늘 1½큰술, 다진생강 1작은술, 청주 1큰술, 깨소금·후춧가루·참기름 조금씩

 **이렇게 만드세요**

1 닭살 간하기 닭살을 큼직하고 얇게 저며 썬 다음 분량의 재료를 고루 섞어 만든 불고기양념으로 고루 버무린다.

2 말린가지 손질하기 말린가지는 물에 적셔 건져 물기를 흡수하게 한 다음 4-5cm 길이로 썰어 소금, 참기름으로 조물조물 무쳐 둔다.

3 재료 섞기 굵은파는 길게 어슷썰고 붉은고추채와 함께 양념한 닭고기에 넣어 고루 섞는다.

4 굽기 식용유를 두른 팬이나 오븐팬에 양념한 닭고기와 가지를 골고루 펴서 놓고 굽는다. 가지가 먼저 익으므로 타지 않도록 뒤적여가며 굽다가 먼저 꺼낸다.

 **요리힌트**

생가지도 이용해 보자

말린 가지가 아닌 생가지를 이용할 때는 조금 도톰하게 썰어 소금에 절인 다음 물기를 제거하고 사용한다. 입맛에 따라서는 가지도 매콤하게 양념해도 된다.

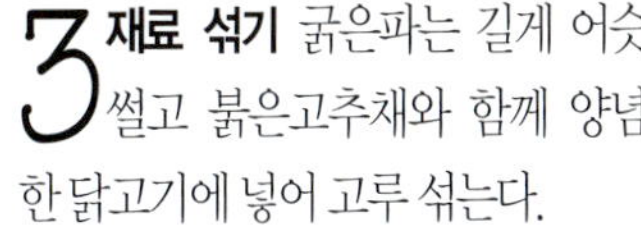 

알감자 마늘버터구이

 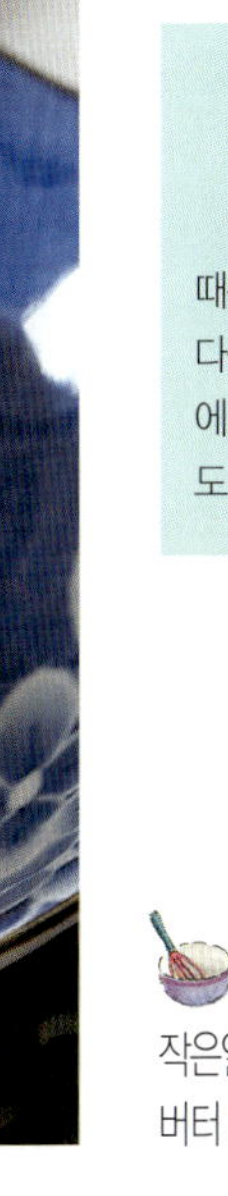

재료/4인분

작은알감자 300g **마늘버터** 다진마늘 3큰술, 버터 3큰술, 소금 1/2작은술

이렇게 만드세요

1 감자 익히기 작은 알감자는 껍질을 벗겨 씻은 다음 끓는물에 삶아 건진다.

2 마늘버터 만들기 잘게 다진 마늘과 분량의 버터, 소금을 넣고 골고루 섞어 마늘버터를 만들어 준다.

3 감자 굽기 삶은 감자에 준비한 마늘버터를 바르고 오븐팬에 담아 오븐온도 250℃ 정도로 노릇하게 구워낸다.

4 상에 내기 익은 알감자를 접시에 담고 상에 낸다.

 **요리힌트**

감자를 맛있게 구우려면

시중에서 판매되는 마늘버터를 이용하면 간단하게 구울 수 있다. 너무 굵은 감자는 반으로 갈라 익힌다. 파슬리가루나 송송 썬 실파를 얹으면 더 맛있다.

Tuesday 화

아침	· 잡곡밥(2/3공기)	241Kcal
	콩나물국	43Kcal
	전갱이우거지조림	111Kcal
	감자양파볶음	92Kcal
	오이장아찌무침	24Kcal
점심	국수장국	452Kcal
	애호박부침개	89Kcal
	취나물볶음	131Kcal
	배추김치	17Kcal
저녁	· 튀김덮밥	397Kcal
	물오징어미역냉채	89Kcal
	쇠고기장조림	74Kcal
	백김치	17Kcal

전갱이우거지조림

재료/4인분

전갱이	2마리
소금물	2컵
데친우거지	200g
양파	1/2개
다시마	3쪽(4×4cm크기)
굵은파	1뿌리
붉은고추	2개

고추장조림양념

고추장	1큰술
고춧가루	1큰술
된장	1큰술
다진마늘	1큰술
간장	2큰술
다진생강	1작은술
청주	1큰술
깨소금 · 후춧가루 · 참기름	조금씩

이렇게 만드세요

1 전갱이 손질하기 전갱이의 옆면 가운데 두꺼운 비늘을 저며 내고 머리와 내장을 제거한 다음 소금물에 씻어 건져 큰 것은 2토막으로 자른다. 앞뒤로 2cm 간격으로 칼집을 넣는다.

2 야채 썰기 데친 우거지는 5cm 길이로 썰고 굵은파와 풋고추, 붉은고추는 어슷하게 썰고 양파는 껍질을 벗겨 잘게 채썬다.

3 양념장 만들기 고추장과 고춧가루, 된장을 1큰술씩 섞고, 다진 마늘, 간장 등을 분량대로 넣어 고추장 조림양념을 만들어 고루 섞는다. 입맛에 따라 원하는 양념을 더 넣어도 된다. 칼칼한 맛을 내고 싶으면 고춧가루를 더 넣으면 된다.

4 냄비에 담기 냄비에 다시마와 양파채를 깔고 전갱이와 우거지, 굵은파, 고추를 담는다.

5 조리기 전갱이를 담은 냄비에 양념장을 뿌리고 자작하게 물을 부어 조린다. 조리는 중간에 간장을 전갱이 위에 끼얹어 준다.

요리힌트

전갱이 손질법

흔히 아지라고 부르는 전갱이는 양옆의 표면에 비늘이 두껍게 붙어 있다. 칼날을 눕혀서 포 뜨듯이 저며내고 다른 부분의 비늘은 칼날로 긁어 내고 조리한다. 겨울에는 우거지 대신 시래기나 김치 등을 같이 넣고 조려도 별미다.

전갱이 칼집넣기

우거지 썰기

냄비에 안치기

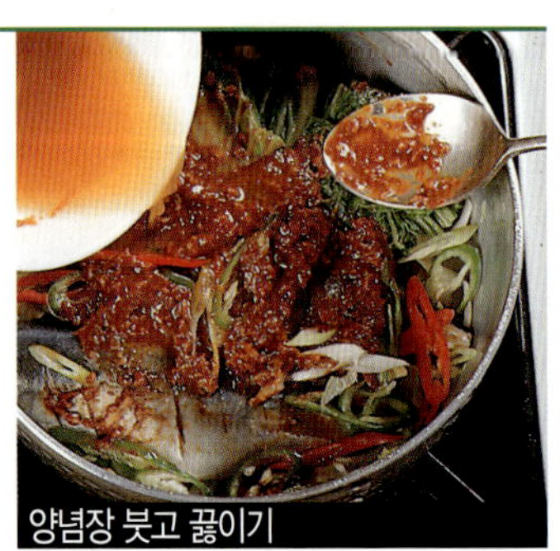
양념장 붓고 끓이기

Wednesday 수

오늘의 식단
(총1945Kcal)

아침 · 모닝빵		195Kcal
	양배추베이컨볶음	110Kcal
	토마토샐러드	101Kcal
	오렌지·키위쉐이크	160Kcal
점심 · **마파두부덮밥**		315Kcal
	라조기	167Kcal
	마라황과	39Kcal
	과일(사과1쪽)	37Kcal
저녁 · 콩밥(1공기)		367Kcal
	우거지토장국	93Kcal
	버섯잡채	168Kcal
	북어강정	133Kcal
	고춧잎나물	60Kcal

오렌지·키위쉐이크

재료/4인분
오렌지 알맹이 3개분, 키위 3개, 레몬즙 1큰술,
우유 2컵, 생크림 1큰술, 설탕 3큰술, 땅콩가루
조금

이렇게 만드세요

1 오렌지 손질하기 오렌지는 깨끗
이 씻어 껍질을 벗기고 4~5토막
으로 나누어 썬다.

2 키위 손질하기 키위는 껍질을
벗겨내고 3~4토막으로 자른다.

3 갈기 믹서에 토막낸 오렌지를
넣고 레몬즙 조금, 우유, 생크

림, 설탕을 넣고 간다. 키위도 같은
방법으로 갈아준다.

4 컵에 담기 믹서에 갈은 오렌지
와 키위 셰이크를 각각 컵에 담

고 땅콩가루 조금을 뿌려낸다.

더 맛있게! 과일 쉐이크는 차갑게 한 과일, 우유 등을 넣고 갈면 쉽게 만들 수 있다. 산뜻한 맛을 강하게 하려면 우유 대신에 사이다를 넣고 갈아 주기도 한다.

마파두부덮밥

재료/4인분
밥 3공기, 두부 1/3모, 갈은돼지고기 100g, 다
진마늘 1큰술, 식용유, 다진 양파 3큰술, 다진
생강 1작은술, 고춧가루 1½큰술, 송송썬굵은
파 3큰술, 풋고추·붉은고추 1개씩, 간장 1큰
술, 청주 1큰술, 육수 2컵, 소금·후춧가루·
참기름 조금씩, 녹말물 적당량

이렇게 만드세요

1 두부 썰기 두부는 사방 1cm 크기
로 잘게 썰어 끓는 물에 데쳐 낸다.

2 고기 볶기 우묵한 프라이팬에
식용유를 넉넉히 두르고 갈은

돼지고기와 다진 마늘, 생강, 양파를
넣고 볶는다.

3 고춧가루 넣기 돼지고기를 볶
던 팬에 고춧가루와 간장과 청
주를 넣고 볶다가 분량의 육수를 넣
고 끓인다.

4 두부 넣기 ③에 소금, 후춧가루
로 간을 하고 녹말물을 조금씩
넣으면서 농도를 맞춘 다음 두부를
넣어 끓인다.

5 상에 내기 재료가 어우러지면
참기름을 두르고 불에서 내린
다. 잘게 다진 풋고추와 붉은고추,
송송썬 굵은파를 뿌려 담고 밥을 곁
들여 상에 낸다.

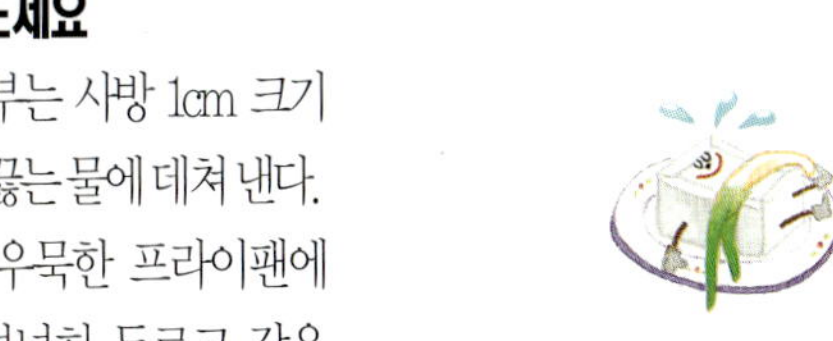

오늘의 식단
(총1907Kcal)

아침	· 잡곡밥(2/3공기)	241Kcal
	돼지고기김치찌개	147Kcal
	노각생채	58Kcal
	연근조림	50Kcal
	깻잎김치	28Kcal
점심	· 유부초밥	429Kcal
	두부버섯된장국	121Kcal
	우엉곤약조림	58Kcal
	고추피클	33Kcal
저녁	· 쌀수수밥(1공기)	363Kcal
	감자어묵국	80Kcal
	고추말랭이찜	55Kcal
	닭살야채볶음	244Kcal

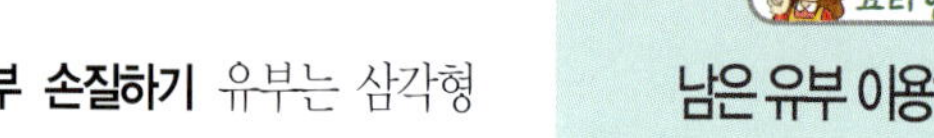

유부초밥

재료/4인분

밥 2공기, 유부 7장, 오이 1개, 통깨 조금, 노란 단무지 40g, 불린 박고지 100g **단촛물** 설탕 2큰술, 식초 1큰술, 소금 1/2작은술 **유부양념장** 다시마물 1/2컵, 간장 1/2큰술, 청주 1/2큰술, 설탕 조금 **박고지조림양념** 간장 1큰술, 설탕 1큰술, 청주 1큰술, 다시마물 1/2컵

이렇게 만드세요

1 박고지 조리기 박고지는 30분 정도 물에 불린 다음 분량의 조림 양념을 부어 물기가 없어질 때까지 약한 불에서 윤기있게 조린 다음 잘

게 썬다.

2 유부 손질하기 유부는 삼각형으로 썰어 속을 파내고 유부양념장을 부어 약한 불에 끓이면서 밑간을 한다.

3 단무지 썰기 단무지는 얇게 저며 잘게 다지고 참기름으로 살짝 볶는다.

4 오이 손질하기 오이는 돌려 깎아 굵게 다지고 소금으로 절인 다음 물기를 꼭 짜서 볶아 낸다.

5 초밥 만들기 분량의 재료를 섞어 단촛물을 만들고 끓이면서 설탕이 다 녹으면 뜨거운 밥에 섞어 초밥을 만들어 준 다음 손질한 단무지와 오이, 박고지를 넣고 섞어 준다.

6 유부 안에 넣기 초밥을 둥글게 뭉쳐 유부 속에 넣어 준다. 단무지를 곁들여 상에 낸다.

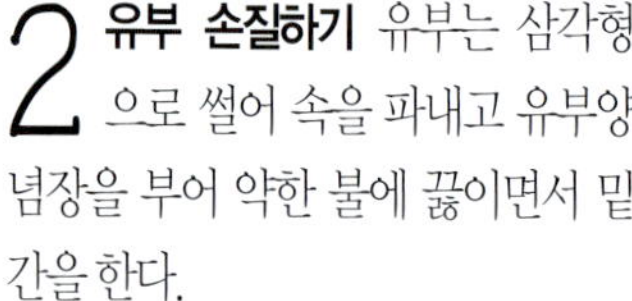
요리힌트

남은 유부 이용하기

남았거나 찢어져 쓰지 못하는 유부는 물기를 짠 다음 잘게 썰어 초밥에 함께 섞어 주면 맛도 더 좋다. 초밥용 밥은 약간 되게 지어야 제맛이 난다.

고추말랭이찜

재료/4인분

고추말랭이 2컵, 콩가루 3큰술, 밀가루 3큰술, 통깨 조금 **찜양념** 간장 3큰술, 물엿 1작은술, 다진마늘 1큰술, 풋고추·붉은고추 다진 것 1큰술씩, 깨소금, 참기름

이렇게 만드세요

1 고추말랭이 손질 고추말랭이는 물에 적셨다 건져 물기를 거두고 콩가루와 밀가루를 반반으로 섞은 가루를 묻힌다.

2 쩌 내기 김이 오른 찜통에 가루 묻힌 고추를 넣고 푹 쩌낸다.

3 양념장 만들기 분량의 재료를 섞어 찜양념을 만든다.

4 양념하기 찜통에 쩌낸 고추찜에 찜 양념을 부어 골고루 버무려 담고 통깨를 뿌려 준다.

더 맛있게! 고추는 풋고추 혹은 꽈리고추를 다듬어 그대로 말리거나 밀가루를 묻혀 찜통에 쩌서 말린 다음 튀겨서 양념장으로 무쳐 내기도 한다.

*Fri*day 금

오늘의 식단 (총1752Kcal)	
아침 · 잡곡밥(2/3공기)	241Kcal
콩나물국	43Kcal
두부김치두루치기	112Kcal
양배추김치	45Kcal
과일(배1쪽)	32Kcal
점심 · 버섯진미죽	208Kcal
삼색달걀말이	116Kcal
깻잎볶음	59Kcal
나박김치	12Kcal
저녁 · 치즈김초밥	514Kcal
조개미역된장국	91Kcal
사과생채	49Kcal
두부탕수	220Kcal
단무지	10Kcal

두부김치두루치기

 **재료/4인분**

두부 1/2모, 김치 200g, 굵은파 1뿌리, 풋고추 · 붉은고추 1개씩, 식용유, 참기름, 소금, 후춧가루 **두루치기 양념** 간장 1큰술, 고춧가루 2큰술, 다진마늘 1큰술, 다진생강 1작은술, 다진양파 3큰술, 청주 1큰술, 깨소금, 다시마물 1/4컵, 고추장 1큰술, 참기름

 **이렇게 만드세요**

1 **두부 · 김치 썰기** 두부는 5×6cm 크기, 0.8cm 두께로 썰고 배추김치는 속을 대강 털어내고 4~5cm길이로 썰어 준다.

2 **굵은파 · 고추 썰기** 굵은파는 어슷썰고 풋고추 · 붉은고추는 어슷썰어 속씨를 털어 낸다.

3 **양념 만들기** 분량의 재료를 섞어 두루치기 양념을 만들어 고

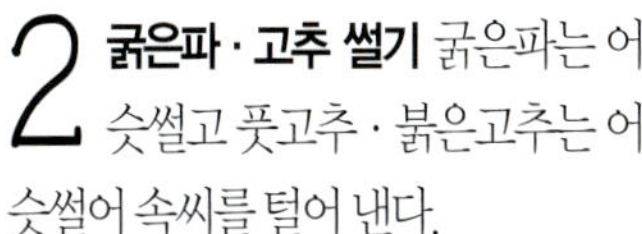

루 저어 준다.

4 **양념 끓이기** 식용유를 넉넉히 두르고 준비한 양념을 부어 넣고 약한불에서 서서히 끓인다.

5 **상에 내기** 양념장이 끓으면 김치와 두부, 고추, 굵은파를 넣고 뒤집어 가면서 지져 간을 확인한 다음 참기름을 한두 방울 넣어 접시에 담는다.

사과생채

 **재료/4인분**

사과 2개, 고춧가루 1큰술, 다진마늘 1큰술, 설탕 1큰술, 식초 1/2큰술, 깨소금 · 참기름 조금씩, 풋고추 · 붉은고추 1개씩, 굵은파 1/2뿌리, 소금

 **이렇게 만드세요**

1 **사과채 썰기** 사과는 신맛이 적은 파란 사과로 준비해 깨끗하게 씻

어 껍질을 벗긴 다음 0.2cm굵기의 채로 썰어 준다.

2 **밑간하기** 사과채에 소금과 분량의 설탕, 식초를 뿌려 섞어 준다.

3 **고추 · 파 썰기** 풋고추 · 붉은고추는 반으로 갈라 속씨를 털어 내고 6cm 길이로 어슷하게 채로 썰어 준다. 파도 같은 길이로 잘게 채썬다.

4 **고춧가루 섞기** 사과채에 고춧가루를 섞어 붉게 색깔을 낸 다음 고추채와 파채를 넣고 섞어 준다.

5 **버무리기** 사과채가 붉게 색깔이 나면 다진마늘과 설탕, 식초, 깨소금, 참기름을 넣고 버무려 간을 맞춘다.

_Satu_토_day_

<table>
<tr><td colspan="3">오늘의 식단
(총1854Kcal)</td></tr>
<tr><td>아침</td><td>· 오트밀참치야채죽</td><td>278Kcal</td></tr>
<tr><td></td><td>무생채</td><td>49Kcal</td></tr>
<tr><td></td><td>햄감자볶음</td><td>155Kcal</td></tr>
<tr><td></td><td>모듬피클</td><td>26Kcal</td></tr>
<tr><td>점심</td><td>· 쇠고기야채밥</td><td>331Kcal</td></tr>
<tr><td></td><td>감자호박전</td><td>127Kcal</td></tr>
<tr><td></td><td>두부애호박국</td><td>51Kcal</td></tr>
<tr><td></td><td>김치</td><td>17Kcal</td></tr>
<tr><td>저녁</td><td>· 쌀밥(2/3공기)</td><td>223Kcal</td></tr>
<tr><td></td><td>버섯전골</td><td>163Kcal</td></tr>
<tr><td></td><td>**해물꼬치구이**</td><td>**187Kcal**</td></tr>
<tr><td></td><td>편육냉채</td><td>197Kcal</td></tr>
<tr><td></td><td>쑥갓나물</td><td>50Kcal</td></tr>
</table>

해물꼬치구이

🍚 재료/4인분

패주	4개
새우(중간크기)	8마리
오징어	1마리
브로콜리	60g
소금 · 후춧가루	조금씩
생강즙	1/2큰술
청주	1큰술
참기름	1작은술

📋 이렇게 만드세요

1 패주 · 새우 손질하기 패주는 손질하여 살로만 준비하고 새우는 심심한 소금물에 흔들어 씻은 다음 꼬치를 찔러 등쪽의 내장을 꺼낸다.

2 오징어 썰기 오징어는 껍질을 벗기고 반 갈라 한 장으로 펼친 다음 안쪽에 사선으로 칼집을 넣고 6×2cm 크기로 네모꼴로 자른다.

3 해물 데치기 끓는 소금물에 손질한 패주와 새우, 오징어를 살짝 데쳐낸 다음 패주는 얇게 반 가르고 새우는 껍질을 벗긴다. 브로콜리도 한입 크기로 송이를 나누어 팔팔 끓는 소금물에 살짝 데친다.

4 밑간하기 데친 해물과 알맞은 크기로 송이를 나눈 브로콜리는 소금, 후춧가루, 생강즙, 청주로 버무려 준다.

5 굽기 나무꼬치에 밑간한 해물과 브로콜리를 번갈아 끼운다. 식용유나 참기름을 두른 팬을 뜨겁게 달군 다음 해물꼬치를 노릇하게 구워낸다.

더 맛있게! 해물 꼬치구이의 해물은 특별히 신선한 것으로 준비한다. 본문의 재료 외에도 전복이나 게맛살, 홍합 등의 조갯살을 이용해도 맛있는 해물 꼬치구이를 만들 수 있다. 패주는 조갯살과 조개껍질을 이어주는 연결 부분으로 두툼해서 반으로 저며 사용하는데 전유어처럼 달걀물을 입혀 패주전으로 부쳐도 별미다.

해물 데치기

재료 밑간하기

꼬치에 꿰기

팬에 지지기

*Sun*일*day*

오늘의 식단 (총1944Kcal)		
아침 · 참치샌드위치	341Kcal
오이피클	26Kcal
과일샐러드	133Kcal
우유(1/2컵)	59Kcal
점심 · 필라프	460Kcal
케첩야채국	63Kcal
가자미레몬버터구이	152 Kcal
피클	26Kcal
저녁 · 잡곡밥(1공기)	361Kcal
애호박말랭이된장찌개	122Kcal
삼치구이	138Kcal
오이생채	46Kcal
배추김치	17Kcal

가자미 레몬버터구이

 **재료/4인분**

가자미 1마리, 소금 · 후춧가루 조금씩, 식용유, 청홍피망(다진 것) 1큰술씩, 다진 양파 1큰술 **레몬버터** 레몬즙 1큰술, 버터 2큰술, 소금 · 후춧가루 조금씩

 **이렇게 만드세요**

1 가자미 손질하기 가자미는 비늘을 긁어 내고 내장을 빼낸 다음 심심한 소금물에 씻어 건져 마른 행주로 물기를 닦는다.

2 가자미 밑간하기 손질한 가자미는 어슷하게 2cm 간격으로 칼집을 넣고 소금, 후춧가루를 뿌려 밑간한다.

3 레몬버터 만들기 분량의 재료를 섞어 레몬버터를 만든다.

4 가자미 굽기 팬에 식용유를 두르고 뜨겁게 달군 다음 가자미를 넣고 어느 정도 익었을 때 레몬버터를 발라가면서 구워 준다.

5 상에 내기 가자미가 적당히 익으면 잘게 썬 청홍피망과 다진 양파를 뿌려 비린내를 없애면서 속까지 익혀 상에 낸다.

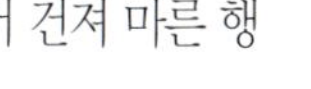

애호박말랭이 된장찌개

 **재료/4인분**

애호박말랭이 300g, 풋고추 · 붉은고추 1개씩, 잘게썬 양파 4큰술, 굵은파 1뿌리, 쇠고기 60g, 다진마늘 1큰술, 두부 1/4모, 된장 4큰술, 멸칫국물 3컵, 고추장 1큰술, 고춧가루 1/2큰술, 참기름 조금

 **이렇게 만드세요**

1 재료 썰기 애호박말랭이는 찬물에 헹궈 건지고 고추는 길게 채썬다. 굵은파는 어슷 썰고 쇠고기는 납작하게 썬다. 두부는 2×3cm 크기, 0.7cm 두께로 썬다.

2 재료 볶기 뚝배기에 참기름을 조금 두르고 다진마늘, 잘게썬 양파, 쇠고기를 넣고 볶다가 된장을 넣고 볶아 준다.

3 끓이기 재료를 볶던 뚝배기에 분량의 멸칫국물과 고추장을 넣어 한소끔 끓을 때 애호박말랭이와 채썬 고추, 굵은파, 두부의 순서로 넣어 끓인다.

4 간하기 찌개가 끓으면서 재료가 어우러지면 고춧가루를 넣어 칼칼한 맛을 내고 간을 확인한다.

간식으로도 좋고 별미 음식으로도 그만인 떡
별미떡 10가지

가을이 오고 추석 즈음이면 어릴 적 외갓댁에서 먹던 떡 생각이 간절하다. 쌀가루만 준비해 두면 언제라도 쉽게 만들 수 있는 별미떡 10가지로 색다른 간식을 만들어 주자.

호박버무리떡

재료

멥쌀가루 4컵, 소금 1/2큰술, 설탕 1컵, 단호박 350g

만드는 법

❶ **가루 체에 내리기** 멥쌀가루는 설탕과 소금을 섞어 고운 체에 내린다.

❷ **단호박 썰기** 단호박은 반으로 갈라 속의 씨를 파내고 껍질을 벗긴 다음 납작하게 썰어 설탕을 조금 뿌린다.

❸ **섞기** ①의 가루에 준비한 호박을 넣고 가볍게 섞는다.

❹ **찌기** 김이 오른 찜통에 젖은 베보자기를 깔고 떡가루를 넣고 고루 펴 준 다음 30분 정도 찐다.

❺ **마무리하기** 떡은 젓가락으로 찔러 가루가 묻어 나오지 않으면 다 익은 것. 불을 끈 다음 5분 정도 뜸을 들인다.

한마디 더 | 잘 익은 늙은 호박을 사용하면 더 맛있다. 말린 박고지를 사용하려면 물에 1시간 정도 부드럽게 불린 다음 물기를 제거하고 설탕을 뿌리고 멥쌀가루에 섞어 찐다. 대추채를 섞어서 쪄도 된다.

삼색찹쌀경단

재료

찹쌀가루 3컵, 끓는 물 6큰술, 소금 3/4작은술, 설탕 3큰술, 건포도 1/4컵, 잣 3큰술, 카스텔라가루 1컵, 완두콩가루 1컵, 팥가루 1컵

만드는 법

❶ **경단 반죽하기** 찹쌀가루는 분량의 소금과 끓는 물, 설탕을 넣고 반죽을 하여 충분히 치댄다.

❷ **경단 만들기** ①의 반죽을 메추리알 굵기로 떼어 안에 건포도와 잣을 박아 경단을 빚는다.

❸ **카스텔라가루 만들기** 카스텔라는 색이 진한 양쪽 가장자리를 잘라내고 속 부분만 굵은 체에 내린다.

❹ **경단 삶기** 냄비에 물을 넉넉히 잡고 팔팔 끓인 다음 경단을 넣고 삶는다. 경단이 물 위로 떠오르면 건져 찬물에 식혀 건진다.

❺ **가루 묻히기** 경단에 카스텔라가루와 완두콩가루, 팥가루를 각각 입힌다.

한마디 더 | 경단에 콩가루, 팥가루, 계핏가루, 깨소금 등 여러 가지 가루를 묻혀 본다. 경단에는 팥가루조림, 잣, 대추, 밤, 고구마 등을 설탕에 버무린 것으로 속을 넣을 수 있지만 아무 것도 넣지 않을 때는 경단 굵기를 잘게 만들어 삶아 건져 가루를 묻힌다. 완두콩은 쪄서 건져 물기를 거둔 다음 믹서에 갈아 체에 내려 가루를 낸다.

잡과병

재료

쌀가루 4컵, 대추 8개, 불린 흑태 1/3컵, 곶감 2개, 물 4큰술, 흑설탕 1/2컵, 소금 조금

만드는 법

❶ **쌀가루에 물 섞기** 쌀가루 4컵에 물 4큰술을 넣고 손으로 비벼 섞은 다음

고운 체에 내린다.
❷ 흑설탕 섞기 체에 내린 쌀가루에 소금과 분량의 흑설탕을 고루 섞는다.
❸ 대추·곶감 썰기 대추와 곶감은 씨를 발라내고 콩알 굵기로 썬다.
❹ 떡 찌기 ②의 쌀가루에 콩을 섞어 젖은 베보자기를 깔은 찜통에 넣고 잘게 썬 곶감과 대추를 웃기로 올린 다음 40분 정도 찐다.

한마디 더 | 잡과병이란 여러 가지 재료를 섞어서 만든 떡이라는 뜻. 곶감과 대추는 따로 올리지 않고 콩과 한꺼번에 섞어서 쪄도 된다. 단호박이나 팥 등 다양한 재료로 응용해보자.

한마디 더 | 팥가루를 직접 내고 싶을 때는 팥을 푹 삶아 체에 밭쳐 껍질을 제거하고 팥물만 받아 3시간 이상 가라앉힌다. 웃물은 따라내고 앙금만 베보자기에 싸서 물기를 짜낸 다음 가루만 받으면 된다.

백설기

재료

멥쌀가루 4컵, 물 4큰술, 소금 조금, 설탕 1/2컵, 대추 7개, 석이버섯채 2큰술

만드는 법
❶ 쌀가루 내리기 쌀가루에 분량의 물을 넣고 손바닥으로 비벼 체에 내린다.
❷ 대추채 썰기 대추는 돌려깎기 하여 씨를 빼내고 잘게 채로 썰어 준다.
❸ 석이버섯채 썰기 석이버섯은 물에 불려 흐르는 물에 비벼 씻고 물기를 닦아 돌돌 말아 곱게 채썬다.
❹ 설탕 섞기 ①의 가루에 소금과 분량의 설탕을 넣어 가볍게 섞는다.
❺ 떡 찌기 김이 오른 찜통에 젖은 베보자기를 깔고 ④의 가루를 넣고 골고루 펴준 다음 대추채와 석이버섯채를 고루 뿌려 30분 정도 찐다.

한마디 더 | 백설기는 쌀가루를 곱게 갈아준 다음 물을 뿌리면서 체에 여러 번 내려주면 부드럽게 쪄진다.

구름떡

재료

찹쌀가루 4컵, 밤 10개, 대추 8개, 호두 4개, 팥가루 1컵, 설탕 1/2컵, 계핏가루 1큰술, 소금 조금

만드는 법
❶ 팥가루 섞기 팥가루에 소금 조금과 분량의 계핏가루, 설탕을 섞는다.
❷ 견과류 썰기 밤과 호두는 속껍질까지 깔끔하게 벗겨 콩알 굵기로 썬다. 대추도 돌려깎기 하여 씨를 발라내고 밤과 같은 크기로 썬다.
❸ 견과류 섞기 찹쌀가루에 설탕 4큰술, 소금 조금, 다진 견과류를 섞는다.
❹ 찌기 김이 오른 찜통에 젖은 베보자기를 깔고 견과류를 섞은 찹쌀가루를 넣고 30분 정도 찐다. 찌는 도중 표면이 촉촉해지도록 물을 한번 뿌린다.
❺ 구름떡 만들기 찐 떡은 굵은 밤알 정도로 떼어 팥가루를 묻혀 판판한 그릇에 꼭꼭 붙여 눌러 담고 냉동고에서 얼린다. 얼기설기 담은 다음 꼭 눌러야 무늬가 만들어진다.
❻ 떡 썰기 ⑤의 얼린 떡을 꺼내어 녹인 다음 먹기 좋게 자른다. 잘라 놓은 무늬가 구름과 같다 하여 구름떡이라 부른다.

풋콩인절미

재료

풋콩 1컵, 찹쌀가루 4컵, 설탕 1/3컵, 소금 조금

만드는 법
❶ 풋콩 데치기 풋콩은 소금을 넣은 끓는 물에 데친다.
❷ 풋콩 썰기 데친 풋콩은 4토막 정도로 굵직하게 썬다.

❸ 찹쌀가루 내리기 찹쌀가루에 소금 조금, 설탕 1/3컵을 가볍게 섞은 다음 고운 체에 내린다.
❹ 찜통에 찌기 체에 내린 찹쌀가루에 굵게 썬 풋콩을 섞은 후 젖은 베보자기를 깔은 찜통에 고루 펴 넣고 찐다.
❺ 떡 썰기 떡은 30분 정도 푹 찐 다음 꺼내어 찰지게 치댄 다음 그릇에 눌러 담아 식힌 후 적당한 크기로 잘라 접시에 담는다. 보통 인절미처럼 콩가루를 묻혀도 된다. 남은 떡은 냉동실에 둔다.

취버무리떡

재료

쌀가루 4컵, 취 200g, 소금 조금, 설탕 1/3컵

만드는 법
❶ 쌀가루 내리기 쌀가루는 소금과 분량의 설탕을 넣어 간을 맞추고 고운 체에 내린다.
❷ 취 손질하기 취는 씻어 건져 물기를 빼고 알맞은 크기로 뜯어 준다.
❸ 재료 섞기 ①의 쌀가루에 취를 넣고 고루 버무려 섞는다.
❹ 떡 찌기 김이 오른 찜통에 젖은 베보자기를 깔고 떡가루를 넣어 30분 정도 찐다.

한마디 더 | 취는 수분을 많이 머금고 있으므로 쌀가루에 물을 내리지 않아도 된다. 상추나 쑥, 기타 나물을 넣고 버무리떡을 만들어도 맛있다.

고구마속쌀떡

즉석찹쌀떡

만드는 법

❶ **쌀가루 반죽하기** 분량의 쌀가루에 소금 조금과 설탕 2큰술을 넣고 1/2컵의 끓는 물로 반죽을 하여 충분히 치댄다.

❷ **고구마가루 만들기** 고구마는 찐 다음 껍질을 벗기고 한 번 으깬 다음 체에 내려 포슬포슬하게 가루로 만든다.

❸ **고구마속 만들기** 체에 내린 고구마에 분량의 설탕, 계핏가루, 물엿, 소금 조금을 넣고 불 위에서 조린다.

❹ **떡 모양 만들기** ①의 쌀가루 반죽은 1cm 두께로 밀어 조린 고구마속을 알맞게 넣고 김밥 말듯이 말아 준다.

❺ **떡 찌기** 김이 오른 찜통에 둥글게 말은 떡을 넣고 20분 정도 쪄낸 다음 참기름을 발라 식힌다. 한 김 나가면 2cm 두께로 썰어 담근다.

한마디 더 | 떡속으로 고구마속 말고도 팥을 조림거나 단호박을 조려 넣어도 맛있다. 떡을 반죽할 때는 끓는 물로 익반죽을 하여 쫄깃한 맛이 나게 한다.

즉석찹쌀떡

재료

찹쌀가루 15컵, 끓는 물 4큰술, 대추 5개, 밤 5개, 은행 4개, 잣 1큰술, 호두 3개, 황설탕 3큰술, 소금 조금, 식용유 적당량

만드는 법

❶ **찹쌀가루 반죽하기** 찹쌀가루에 소금을 조금 넣고 분량의 끓는 물로 반죽하여 충분히 치댄다.

❷ **재료 손질하기** 대추는 씨를 발라낸 다음 채썰고 밤과 후두는 속껍질까지 말끔히 벗겨 콩알 굵기로 썬다. 은행은 소금을 조금 뿌려 식용유를 두른 팬에 볶아 껍질을 벗긴다.

❸ **떡 모양 만들기** ①의 반죽은 1cm 두께로 둥글게 만든다. 식용유를 두른 레인지 그릇에 반죽을 케익 모양으로 놓고 견과류와 설탕을 뿌린다.

❹ **익히기** 떡 반죽을 놓은 그릇의 뚜껑을 덮고 레인지 온도 강에서 7분 정도 익힌다.

한마디 더 | 즉석찹쌀떡 반죽은 찹쌀경단 반죽보다 조금 무르게 한다. 레인지에서 익힐 때 윗부분의 물기가 자글자글 끓으면 다 익은 것이다.

고구마속쌀떡

재료

으깬 고구마 2컵, 설탕 5큰술, 계핏가루 1/2큰술, 물엿 1큰술, 소금 조금, 쌀가루 4컵(설탕 2큰술), 참기름 적당량

쑥찹쌀부꾸미

재료

찹쌀가루반죽 찹쌀가루 2컵,
소금 1/2작은술, 끓는 물 4큰술
쑥찹쌀반죽 찹쌀가루 1과2/3컵,
쑥가루 3큰술, 설탕 1큰술,
끓는 물 5큰술, 소금 조금
팥속 팥가루 1컵반, 설탕 1/3컵,
물엿 1큰술, 소금 1/3작은술
고명 대추 8개, 쑥갓 조금,
식용유 · 설탕 · 꿀 조금씩

만드는 법

❶ **찹쌀가루 반죽하기** 찹쌀가루에 소금, 끓는 물을 넣고 반죽해 충분히 치댄다.

❷ **쑥찹쌀 반죽하기** 찹쌀가루에 쑥가루, 설탕, 소금을 넣고 골고루 섞어준 다음 분량의 끓는 물을 부어 반죽한다.

❸ **팥속 만들기** 분량의 팥속 재료를 냄비에 담고 1큰술 정도의 물을 넣어 되직하게 끓인다.

❹ **고명 손질하기** 대추는 돌려깎아 씨를 발라낸 후 돌돌 말아 얇게 썬다. 쑥갓은 찬물에 씻어 건져 작은 잎만 따서 준비한다.

❺ **부꾸미모양 만들기** 찹쌀반죽과 쑥찹쌀반죽은 8cm 폭, 0.5cm 두께로 동그랗게 만든다.

❻ **익히기** 팬에 식용유를 두르고 부꾸미를 올려 조금 익혀 뒤집은 다음 팥속을 놓고 반 접어 가장자리를 맞물린다. 대추채와 쑥갓을 얹고 뒤집어 익힌다.

❼ **담기** 접시에 ⑥의 부꾸미를 놓고 꿀을 뿌린다.

한마디 더 | 수수부꾸미는 하루 정도 불린 가루를 걸쭉하게 반죽하고, 지지면서 속을 넣어 굽는다. 찹쌀가루에 쑥가루를 소량 섞어 쑥부꾸미도 만든다. 부꾸미를 작은 크기로 만들어 떡 위의 장식으로 쓰는 웃기떡으로 이용해도 좋다.

추운 날씨 탓에 운동량도 줄고 식욕도 없을 때다. 이럴 때일수록 맛과 영양이 풍부한
식재료로 가족 건강을 챙기자. 요즘 제철인 오징어, 고등어, 굴, 꽃게 등 해산물로
고단백 반찬을 만들고, 말려두었던 채소로 영양의 균형을 잡자. 갖가지 별미 김치로
김장도 넉넉히 해두면 반찬걱정도 덜하다. 연말연시 술자리도 잦은 때이므로
해장요리도 배워보자.

11 > 12월

오늘의 식단
(총 1857kcal)

아침	· 잡곡밥(2/3공기)	241kcal
	바지락된장국	98kcal
	달걀프라이(소스없음)	139kcal
	나박김치	12kcal
점심	· 라면볶음	525kcal
	오렌지주스	82kcal
	단무지	10kcal
저녁	· 찌라시초밥	520 kcal
	굴튀김과 소스	204kcal
	단무지무침	26kcal

굴튀김과 소스

 **재료/4인분**

굴	200g
무(갈은것)	1컵
흰후추	약간
레몬	1개
달걀	2개
밀가루	3큰술
빵가루	적당량

타르타르소스

마요네즈	1/2컵
삶은 달걀	1개
오이피클	1개
파슬리가루	1큰술

레몬간장

간장	2큰술
물	1큰술
식초	1작은술
레몬즙	2큰술
설탕	약간

겨자장

간장	1작은술
연겨자	2작은술
물	2작은술
설탕	1큰술
소금	약간
식초	2작은술

 **이렇게 만드세요**

1 **굴 준비하기** 굴은 슴슴한 소금물에 깨끗이 씻어서 껍질을 골라내고 물기를 빼 갈아 놓은 무즙에 넣어 20분 정도 두어 냄새를 제거한다.

2 **타르타르소스 만들기** 파슬리는 잎만 다져 행주에 싸서 흐르는 물에 씻어서 물기를 꼭 짜 파슬리가루를 만들고 삶은 달걀과 오이피클은 잘게 다진다. 마요네즈에 다진 재료를 섞고 소금, 후추로 간한다.

3 **레몬간장 만들기** 간장에 물과 식초, 레몬즙을 넣고 설탕을 약간 섞는다. 차게 두면 더욱 상큼한 맛이 난다.

4 **겨자장 만들기** 간장에 식초와 물, 설탕, 소금을 섞은 후 연겨자를 조금씩 넣으면서 부드럽게 저어 풀어준다.

5 **달걀물 만들기** 달걀을 풀고 밀가루를 넣어서 고루 섞이도록 젓는다.

6 **튀김옷 입히기** 굴은 건져서 키친 타월에 하나씩 올려 물기를 빼고 밀가루를 묻혀 가볍게 털어낸 후 달걀물에 담갔다가 빵가루를 묻힌다. 빵가루에 물을 뿌려 촉촉한 상태로 묻히면 튀길 때 빨리 타지 않고 맛도 부드럽다.

7 **굴 튀기기** 160℃ 중온의 기름에 넣어서 노릇하게 튀긴다.

무즙에 굴담그기

굴 건지기

빵가루에 물뿌리기

빵가루 묻히기

Tu화day

오늘의 식단 (총1926 kcal)	
아침 · 손가락김밥	332 kcal
햄케첩볶음	222kcal
콩나물된장국	58kcal
배추김치	17kcal
점심 · 국수장국	452kcal
메밀김치부침	207kcal
고추장아찌	33kcal
저녁 · 돈가스덮밥	484kcal
양송이장조림	33kcal
양배추샐러드	88kcall

메밀김치부침

 **재료/4인분**

메밀가루 2컵, 김치 2컵, 실파 50g, 보리새우 1/3컵, 소금 약간, 물 2컵

 **이렇게 만드세요**

1 메밀가루 풀기 메밀가루는 물을 넣어 멍울이 없이 잘 푼다.

2 재료 손질하기 배추김치는 잘 익은 것으로 준비하여 길게 찢 듯이 썰고 보리새우는 미지근한 물에 불려 물기를 꼭 짠 다음 다진다. 실파는 씻어 그대로 길게 준비한다.

3 소금 간하기 메밀가루는 짠기 가 들어가면 삭는 시간이 빨라지므로 부치기 직전에 소금간 한다.

4 부치기 팬을 달군 다음 먼저 메 밀 반죽을 얇게 펴고 그 위에 김 치와 실파를 가지런히 올린 후 보리 새우 다진 것을 드문드문 뿌린다.

5 담아내기 부침의 가장자리가 노 릇하게 지져져 색이 나면 뒤집 어서 뒤집개로 꾹꾹 눌러가면서 얇 게 지지고 꺼내어 한김 식힌 다음 네 모나게 썰어서 접시에 담는다.

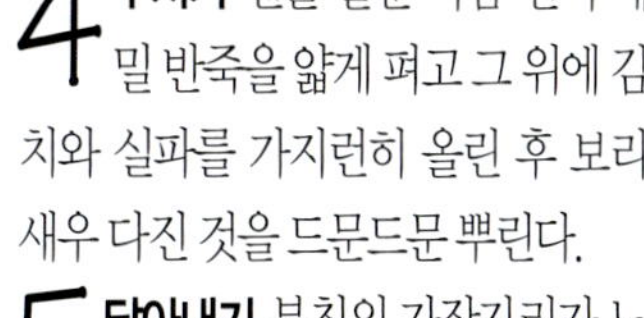

얇게 부쳐야 쫀득한 맛이 난다

부침이 쫀득쫀득한 맛이 있으려면 반죽이 잘 돼야 한다. 너무 되면 꾸덕 꾸덕해서 맛이 없고 반대로 너무 묽으 면 모양이 흐트러진다. 다소 묽은 듯 한 걸쭉한 상태라야 차지고 맛있다. 또 반죽이 잘 되었어도 너무 두껍게 부치면 쫄깃한 맛이 없어진다. 한 국 자 떠놓고 국자를 빙글빙글 움직이면 서 얄팍하게 떨어뜨려 놓는다.

양송이 장조림

 **재료/4인분**

양송이 20개, 간장 1/2컵, 물 2컵, 마늘 5알, 대파 10cm 토막, 맛술 3큰술, 설탕 3큰술, 풋 고추 4개

 **이렇게 만드세요**

1 양송이 손질하기 양송이는 껍질 을 벗기고 기둥은 검은 부분만 얇게 도려낸다.

2 양념간장 만들기 냄비에 간장 과 물, 맛술, 설탕을 넣고 한소 끔 끓여서 맛술의 알콜기를 날린다 음 마늘과 대파, 양송이를 넣고 약한 불에서 뚜껑을 덮고 국물이 반으로 줄어들 때까지 조린다.

3 풋고추 넣기 국물이 줄어들면 풋고추나 꽈리고추를 넣고 함 께 조려 곁들인다.

양송이 손질하기

양송이는 물로 씻지 않고 칼로 얇은 막을 벗겨 손질한다. 양송이를 생으로 이용할 경우 썰어 놓으면 금방 갈색으 로 변하므로 레몬즙을 뿌려 놓는다. 양 송이를 보관할 경우 겹쳐 놓으면 색이 금방 변색되므로 키친타월을 깔고 겹 쳐지지 않게 놓아 냉장고에 보관한다.

Wed수esday

아침	· 인절미구이	324kcal
	미숫냉국	73kcal
	과일(사과)	37kcal
점심	· 파스타와 닭튀김 도리아	483kcal
	야채수프	63kcal
	백김치	17kcal
저녁	· 흰밥(1공기)	334kcal
	풋고추된장찌개	59kcal
	메밀묵배추김치무침	96kcal
	파전	182kcal
	깍두기	20kcal

파스타와 닭튀김 도리아

재료/4인분

닭고기	200g
파스타(핀네)	1컵
양파	1개
피자치즈	60g
버터	2큰술
생크림	1큰술
빵가루	1/4컵
소금 · 후추	약간씩
튀김가루	1컵
우유	3큰술
튀김기름	적당량

크림소스

버터	30g
밀가루	25g
우유	1 1/4컵
닭고기육수	1/2컵
소금 · 후추	조금씩

이렇게 만드세요

1 닭 손질하기 닭은 기름기가 없이 손질하여 작게 토막을 낸 다음 소금, 후추, 술, 간장으로 밑간하고 튀김가루와 우유를 넣어 고루 섞어서 가루가 잘 스며들 때까지 둔다.

2 파스타 삶기 파스타는 끓는 물에 소금을 넣고 7분간 삶아낸다. 삶은 파스타는 찬물에 헹구지 말고 뜨거울 때 소금, 후추로 밑간을 한다.

3 재료 준비하기 피자치즈는 강판에 갈아서 보슬하게 두고 양파는 채썬다.

4 닭 튀기기 160℃의 기름에 닭을 넣어서 노릇하게 튀긴다.

5 크림소스 만들기 냄비를 충분히 달군 다음 불을 낮추어 버터를 넣고 전체에 둘러질 정도로 녹으면 밀가루를 넣고 볶는다. 밀가루색이 갈색이 나지 않도록 약한불에서 오랫동안 볶아야 한다. 밀가루에 버터가 완전히 흡수되어 보글보글 끓는 듯한 상태가 되면 따뜻하게 데운 우유를 조금씩 넣고 멍울이 없이 푼다.

우유가 고루 풀리면 닭고기육수를 넣고 3분정도 더 끓인 다음 소금, 후추로 간을 한다.

6 그릇에 담기 크림소스와 생크림, 파스타, 양파를 섞고 소금, 후추로 간을 맞추고 내열그릇에 버터를 바른 후 담는다. 닭 튀긴 것을 올린 다음 남은 치즈와 빵가루를 고르게 뿌린다.

7 오븐에 굽기 190℃의 예열된 오븐에 넣어서 윗면이 노릇해질 정도가 되도록 굽는다.

닭고기 간하기

파스타 간하기

크림소스만들기

치즈가루 뿌리기

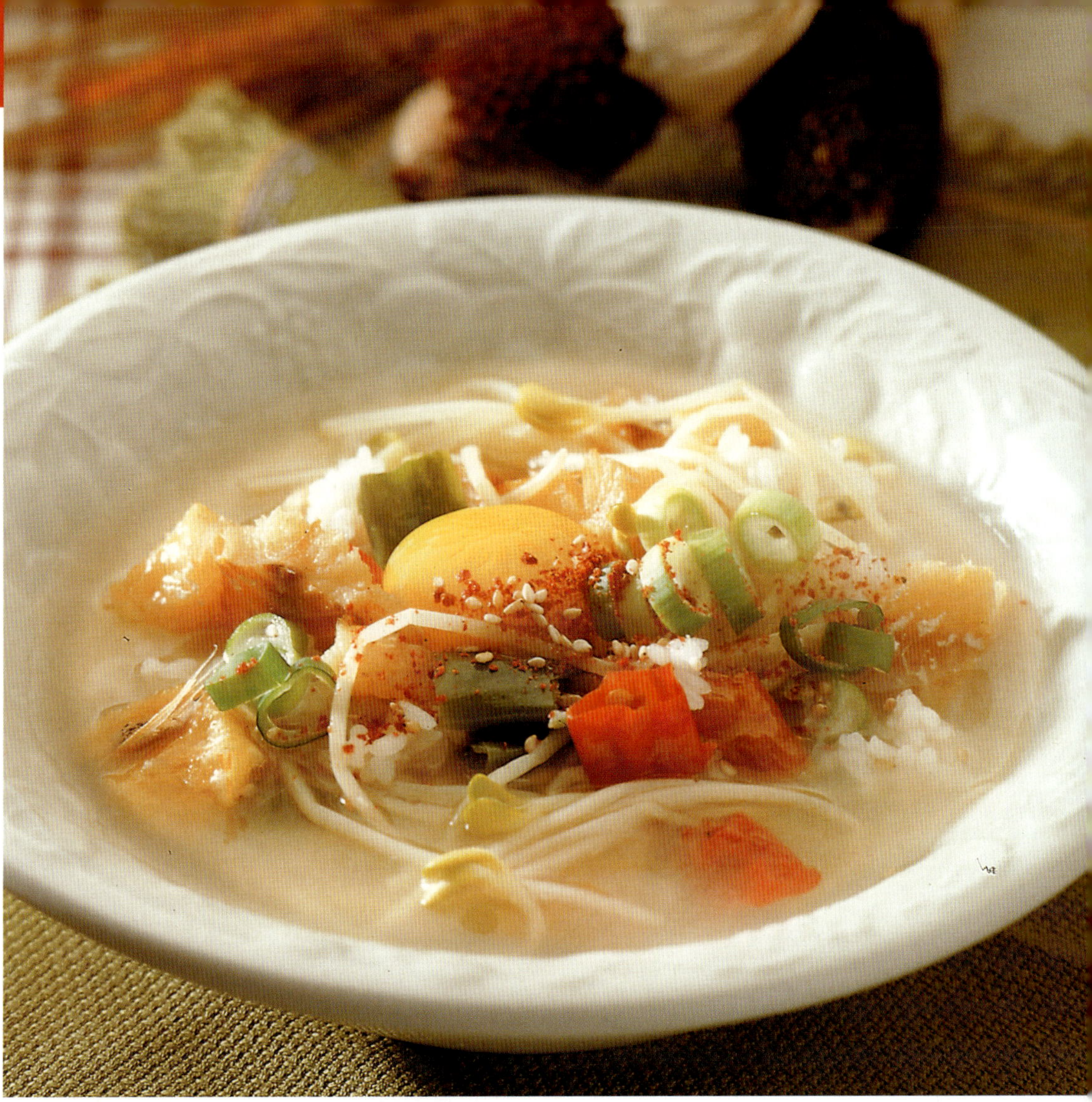

Thu목sday

북어해장국밥

재료/4인분

북어포(껍질이 없는 것) 1개, 콩나물 한줌, 홍고추 · 풋고추 1개씩, 달걀 1개, 고춧가루 약간, 밥 4공기, 멸치장국 5컵 **북어 양념** 다진마늘 2작은술, 국간장 1작은술, 소금 조금, 후춧가루 약간, 밀가루 1큰술, 참기름 2작은술

이렇게 만드세요

1 북어양념하기 북어는 물에 적셔서 부드럽게 한 다음 물기를 꼭 짜고 3~4 cm길이로 썰어서 북어양념한다.

2 국 끓이기 냄비에 멸치장국을 붓고 끓기 시작하면 북어와 콩나물을 넣어서 콩나물이 익을 때까지 끓인다. 시원한 맛이 우러나면 홍고추와 풋고추를 넣고 소금으로 간한다.

3 뚝배기에 담기 뚝배기에 찬밥을 담고 국물맛이 우러난 북어국을 담고 잠시 끓인다.

4 달걀풀기 밥이 끓기 시작하면 달걀을 풀고 상에 낸다.

새우를 곁들인 양상추샐러드

재료/4인분

분홍새우 500g, 바게트 10cm, 양상추 1/2통, 가루치즈 **샐러드소스** 샐러드유 3큰술, 양겨자 1작은술, 레몬즙 4큰술, 소금, 후추 약간씩

이렇게 만드세요

1 양상추 다듬기 양상추는 손으로 큼직하게 뜯어서 찬물에 담아 싱싱하게 둔다.

2 빵 굽기 바게트빵은 얇게 썰어서 오븐에 바삭하게 굽는다.

3 새우 손질하기 분홍새우는 슴슴한 소금물에 씻어서 물기를 뺀 다음 뜨겁게 달군 팬에 소금 뿌려서 굽듯이 익히고 껍질을 벗긴다.

4 샐러드소스 만들기 양겨자와 소금, 후추를 섞어서 샐러드유와 레몬즙을 번갈아 가며 조금씩 넣으면서 포크나 작은 거품기로 젓는다.

5 담아내기 양상추를 마른 행주에 싸서 물기를 잘 뺀 다음 소스를 섞고 바게트와 새우를 합하여 그릇에 담고 가루치즈를 뿌린다.

요리 힌트

샐러드용 야채 손질하기

양상추는 칼로 자르면 칼 댄 부분이 쉽게 갈색으로 변하므로 손으로 쪼개거나 얌전히 한 장씩 벗겨낸다. 작게 잘라서 사용할 때도 손으로 찢어 물에 담가두면 싱싱해진다. 또 샐러드에 사용하는 모든 야채는 손질해 찬물이나 얼음물에 담가두어야 싱싱한 맛이 있다.

Friday 금

잣국수

 **재료/4인분**

잣	1/2컵
밀가루	2컵
물	2/3컵
소금	1큰술
육수	3컵
달걀	1개

이렇게 만드세요

1 잣 갈기 잣과 물을 동량으로 믹서에 넣고 입자가 거의 없어질때까지 곱게 간다.

2 밀가루 준비하기 밀가루는 체에 한번 내려서 준비한다.

3 육수만들기 사태나 양지머리에 갖은 야채를 넣어서 육수를 만들어 맑게 걸러둔다. 고기 덩어리가 없으면 고기를 얇게 썰어서 끓는 물에 넣고 끓여 맑은 육수를 낸다.

4 국수 만들기 밀가루에 잣물을 넣고 소금간하여 되직한 반죽을 만든 다음 방망이로 밀거나 국수 빼는 기계에 넣어서 가느다란 국수를 만든다.

5 국수넣기 육수가 끓으면 국수를 넣어서 그대로 끓여 제물국수를 만든다.

6 고명 얹기 달걀은 지단을 만들어 곱게 채썰어서 고명으로 쓴다. 잣을 고명으로 얹으면 더욱 맛스럽다.

잣물 갈아놓은 물을 넉넉히 하여 국물을 만들 때 다시 이용하면 고소한 맛이 더해진다. 육수대신 잣국물을 이용해 국수를 만들어도 맛이 좋다.

 요리힌트

쫀득쫀득한 국수 만들기

국수는 직접 반죽해서 손으로 밀어 돌돌 말아 칼로 썬 것이라야 제맛이 난다. 국수 맛의 비결은 쫀득거리는 반죽이 좌우한다. 쫀득쫀득한 맛을 내는 반죽의 비결은 밀가루를 강력분과 박력분을 반반씩 섞는다는 것 그리고 반드시 소금물로 반죽하며 다된 반죽은 발로 자근자근 밟아 매끈매끈해지게 치대야 쫀득쫀득한 맛이 난다.

반죽은 썰어 밀가루를 조금씩 뿌려 두어야 붙지 않으므로 밀가루를 조금 뿌리고 가닥가닥 헤쳐 놓는다.

비디오 쿠킹

잣갈기

밀가루 체에 내리기

밀가루 반죽하기

국수삶기

Sat**토**day

오늘의 식단 (총1899kcal)

아침	· 잡곡밥(2/3공기)	241kcal
	배추당면국	147kcal
	햄지짐	91kcal
	콩조림	80kcal
	깍두기	20kcal
점심	· 잡곡밥(1공기)	361kcal
	도토리묵잡채	122kcal
	오이소박이	30kcal
저녁	· **오징어버터구이**	130kcal
	해시라이스	580kcal
	그린샐러드	97kcal

오징어버터구이

재료/4인분

오징어 2마리, 버터 5큰술, 다진실파 6큰술, 후추 약간, 다진마늘 3큰술, 청주 약간

이렇게 만드세요

1 오징어 씻기 오징어는 내장을 제거하고 다리는 빨판이 떨어지도록 여러번 씻는다.

2 오징어 껍질 벗기기 소금, 종이, 행주 등을 이용하여 미끄러지지 않게 오징어 껍질을 벗긴다.

3 버터소스 만들기 버터를 크림 상태로 만든 다음 다진 실파와 마늘, 후추를 넣어서 고르게 섞는다.

4 오징어 삶기 끓는 물에 청주를 반컵 정도 넣고 오징어를 넣어서 삶아낸다.

5 오징어 굽기 삶은 오징어는 1cm 폭으로 썰어서 그릴 팬에 놓고 위에 버터크림을 올린 다음 굽는다.

오징어 손질하기

오징어는 내장빼기가 기본손질. 먼저 몸통과 아랫부분에 손가락을 집어 넣어 가만히 내장이 붙은 부분을 떼어낸다. 몸통 안에서 떨어진 느낌이 들면 다리쪽을 잡고 내장이 터지지 않게 잡아 당긴다. 몸통 속에 남아있는 연골을 뺀 다음 흐르는 물에서 씻어준다. 다리는 몸통과 분리하여 눈을 제거하고 다리 안쪽에 붙어있는 단단한 빨판은 엄지로 눌러 제거한다. 다리 안쪽에 붙어있는 흡판은 칼로 긁어낸다.

도토리묵잡채

재료/4인분

도토리묵 1모, 다진 쇠고기 50g, 깻잎 · 미나리 20g씩, 실고추 · 깨소금 · 김 약간씩 **쇠고기양념** 간장 1작은술, 다진마늘, 다진파, 깨소금, 참기름, 설탕, 후춧가루 약간씩

이렇게 만드세요

1 묵썰기 도토리묵은 3cm길이로 도톰하게 썬다.

2 쇠고기 양념하기 쇠고기는 간장, 다진 파, 마늘, 설탕 등을 넣어 갖은 양념한다.

3 야채 손질하기 깻잎은 채썰고 미나리는 줄기만 다듬어 끓는 물에 데쳐서 3cm 길이로 썬다.

4 재료볶기 팬에 기름을 두르고 먼저 다진 고기를 볶다가 보슬보슬 해지면 도토리묵을 넣어서 볶는다. 묵이 반투명해지면 미나리와 김 구운 것을 넣어 섞고 실고추, 깨소금, 참기름을 넣어서 불에서 내린다. 깻잎채썬 것을 뿌려낸다.

도토리묵은 쉽게 부서져 칼로 썰기가 어렵다. 칼에 물을 묻혀 썰면 부서지지 않고 쉽게 썰어진다.

Sunday 일

오늘의 식단
(총1641 kcal)

아침	· 팥밥(2/3공기)	273kcal
	순두부탕	241kcal
	오이나물	46kcal
	연근조림	50kcal
	깍두기	20kcal
점심	· 감자크로켓	312kcal
	양파수프	14kcal
	셀러리스틱	50kcal
저녁	· 잡곡밥(1공기)	361kcal
	김치참치찌개	86kcal
	갈치구이	119kcal
	피망볶음	52kcal
	배추김치	17kcal

감자크로켓

🥣 재료/4인분

감자	2개
쇠고기	50g
양파	1/2개
피자치즈	20g
당근	2cm토막
파슬리가루	2큰술
소금 · 후추 · 술	조금씩
튀김기름	적당량

튀김옷

감자	1개
밀가루	적당량
달걀	1개

📋 이렇게 만드세요

1 감자삶기 감자는 껍질을 벗기고 대강 썰어서 물을 잘박하게 부어서 삶고 잘 익으면 남은 물을 따라내고 볶듯이 굴려서 수분을 날려 보슬보슬하게 만든다.

2 재료 준비하기 양파는 잘게 다지고 쇠고기는 소금, 후추, 술로 밑간한다.

3 재료 볶기 팬을 달군 다음 기름을 두르고 양파를 볶다가 양파의 향이 나면 쇠고기를 넣어서 함께 볶는다.

4 당근 데치기 당근은 잘게 다져서 끓는 물에 데친다.

5 감자 채썰기 튀김옷용 남은 감자 1개는 가늘게 채썰어서 찬물에 담아두었다가 물기를 빼 준비한다.

6 감자믹스 만들기 삶은 감자에 양파, 쇠고기 볶은 것과 당근, 파슬리가루, 소금, 후추를 넣어서 잘 섞는다.

7 튀김옷 입히기 감자믹스는 동글게 모양내어 먼저 밀가루를 묻혀서 남은 가루는 털어내고 다시 달걀물에 담갔다가 감자채를 양손으로 살짝살짝 눌러가면서 묻힌다.

8 튀기기 160℃의 기름에 넣어서 노릇하게 튀긴다.

🧑‍🍳 요리힌트

크로켓 튀기기

크로켓을 만들 때 기름을 너무 많이 빨아들여 기름지게 되거나 튀기는 도중 배가 터져버리는 일이 있다. 이런 것을 방지하려면 모양을 빚은 후에 반드시 밀가루를 묻혀 단단하게 모양을 만들어 주고 빵가루를 묻힌 후에는 되도록 손을 대지 않아야 한다.

또 기름지지 않게 튀기려면 높은 온도에서 재빨리 튀겨야 하며 한 번에 몇 개씩만 튀겨야 한다. 또 튀긴 후에는 반드시 망에 건져 기름을 빼야 한다.

📹 비디오 쿠킹

감자삶기

감자채 물기빼기

튀김옷 만들기

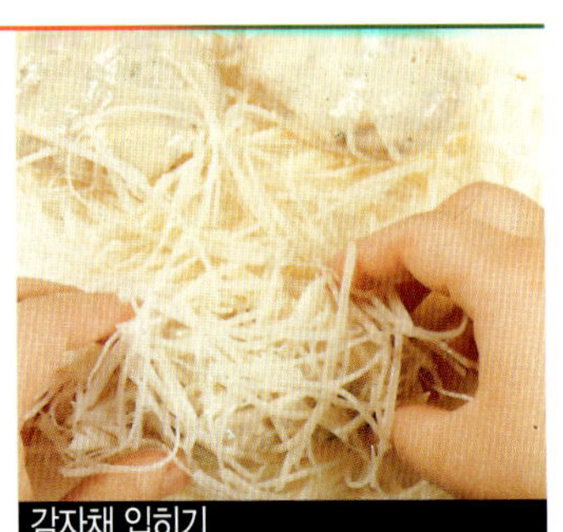

감자채 입히기

Monday 월

아침	· 호박수프	114kcal
	양상추쇠고기볶음	120kcal
	나박김치	12kcal
점심	· 짜장소면	537kcal
	무초나물	49kcal
	달걀탕	55kcal
저녁	· 쌀밥(1공기)	334kcal
	나물육개장	239kcal
	홍합적	271kcal
	겉절이	45kcal

나물육개장

재료/4인분

양지머리 500g, 물 10컵, 파 3뿌리, 마늘 5톨, 파 200g, 국간장·고추장 약간씩 **양념** 고 춧가루 3큰술, 식용유 3큰술, 국간장 1큰술, 소금 2작은술, 다진파 4큰술, 다진마늘 2큰술, 참기름 2큰술, 후춧가루 약간, **취나물** 소금, 다 진마늘, 참기름, 깨소금, **느타리나물** 소금, 참 기름, 깨소금, **콩나물** 소금, 다진마늘, 깨소금, 참기름

이렇게 만드세요

1 육수 준비하기 양지머리는 찬물 에 담가 핏물을 빼고 건져 두꺼 운 솥이나 냄비에 물을 붓고 펄펄 끓 으면 고기를 넣어 센불에서 끓인다.

2 육수 끓이기 국이 펄펄 끓어오 르면 불을 줄이고 2시간 정도

고기가 무르게 익을 때까지 서서히 끓인다. 도중에 파와 마늘을 크게 썰 어 넣고 기름과 거품은 걷어낸다.

3 고기 썰기 고기가 충분히 무르 면 그릇에 건져내고 국물은 식 혀서 위에 뜨는 기름을 제거한다. 양 지머리는 결대로 가늘게 찢거나 납 작납작하게 썬다.

4 대파썰기 대파는 7cm 길이로 토막 내고 서너 갈래로 갈라서 끓는 물에 살짝 데쳐낸다.

5 양념하기 양념 중 먼저 고춧가루 를 그릇에 담아 기름을 조금씩 넣고 으깨어 고추기름을 만들고 나머 지 양념재료를 넣어 고루 섞어 고기 와 데친 파를 각각 양념한다.

6 나물 준비하기 취나물은 질긴 줄기는 다듬어서 끓는 소금물 에 파랗게 데친다음 찬물에 담아 두 었다가 물기를 꼭 짜서 양념하고 느 타리는 끓는 물에 데쳐서 찬물에 헹 구어 대강 찢어서 양념한다. 콩나물 은 소금을 넣고 물을 약간만 넣어서 뚜껑을 덮어서 익힌 다음 뜨거울 때 양념한다.

7 간 맞추기 장국에 양념한 고기 와 파를 넣고 끓여 맛이 어우러 지게 끓이고 간이 부족하면 국간장 이나 고추장으로 간을 맞춘다. 나물 은 먹을 때 기호대로 넣는다.

홍합적

재료/4인분

생홍합 15개, 소금 1/3작은술, 후춧가루 1/4작 은술, 쇠고기 200g, 느타리버섯15잎, 밀가루 또는 쌀가루 1컵, 식용유 약간

이렇게 만드세요

1 홍합 손질하기 생홍합은 크고 좋 은 것으로 손질하여 소금과 후춧 가루를 뿌려 놓는다.

2 쇠고기 양념하기 쇠고기는 생 홍합의 크기와 같이 너비아니 를 떠서 갖은 양념을 한다.

3 느타리버섯 양념하기 느타리버 섯도 손질하여 길이로 등분하 고 갖은 양념을 해놓는다.

4 기름에 지지기 꼬치에 생홍합, 쇠고기, 느타리의 순서로 꿰어 쌀가루나 밀가루를 묻혀 찜통에 찌 고 한김 나가면 기름에 지져낸다.

Tu화day

아침 · 보리밥(2/3공기)	243kcal
	무맑은탕	123kcal
	생선전	205kcal
	쑥갓생채	45kcal
	배추김치	17kcal
점심 · 물호박떡	272kcal
	우유	118kcal
	물김치	12kcal
저녁 · 해물스파게티	576kcal
	감자구이	184kcal
	백김치	17kcal

해물스파게티

재료/4인분

스파게티	200g
식용유	2큰술
마늘 (얇게 편으로 썬 것)	3쪽
새우	4마리
오징어	1마리
홍합	100g
바지락	50g
다진양파	3큰술
다진파	2큰술
소금	2큰술
백포도주	2큰술
육수	2컵

토마토소스

샐러드유	1큰술
토마토	2개
토마토케첩	1/2컵
다진양파	20g
다진마늘	1큰술
월계수잎	1장
설탕	1작은술
후추, 소금	약간씩

이렇게 만드세요

1 국수 삶기 스파게티는 물을 넉넉히 붓고 15~20 분 정도 삶아 물기를 빼둔다.

2 토마토 데치기 토마토를 끓는 물에 살짝 데쳐서 껍질을 벗긴 다음 4등분하여 씨를 빼고 큼직하게 다진다.

3 토마토소스 만들기 냄비에 샐러드유를 두르고 양파와 마늘을 넣고 볶다가 양파가 약간 갈색이 되면 다진 토마토와 토마토케첩을 넣어 중간불에서 20분간 볶다 나머지 재료를 넣고 5분간 더 끓인다.

4 조리하기 밑이 넓고 턱이 있는 팬에 기름을 두르고 양파, 해산물, 고춧가루, 홍고추를 넣고 볶다가 해산물이 어느 정도 익으면 백포도주를 넣어 잡냄새를 제거한 후 육수를 붓고 소금으로 간을 한다.

5 토마토소스 넣기 해산물이 익고 국물이 끓기 시작하면 토마토소스를 넣어 저어준다.

6 스파게티 넣기 해산물 소스에 스파게티를 넣고 1~2분간 끓인 후 접시에 담아 상에 낸다.

요리힌트

스파게티 국수 삶기

스파게티의 맛은 삶는 방법이 결정한다고 해도 과언이 아닐 정도로 삶는 방법이 중요하다. 씹히는 맛을 살려서 면을 삶으려면 물을 넉넉히 끓여 서로 들러붙지 않게 하고 적당한 양의 소금을 넣어 간을 맞추어야 한다. 스파게티 100g 기준에 물 1ℓ, 소금은 1 작은술이 기준이며 삶을 때는 젓가락으로 자주 섞어 주어야 한다.

약간 강한 듯한 중간불에서 15~20분 정도 삶으면 되는데 한 가닥 들어 보아 중심에 철사 끝 정도의 심이 남아 있을 때가 가장 맛있게 삶아진 상태이다.

비디오 쿠킹

토마토소스 만들기

해산물볶기

백포도주 넣기

국수 넣기

Wednesday 수

오늘의 식단 (총1814kcal)	
아침 · 새우리조토	206kcal
오이피클	26kcal
과일주스	82kcal
점심 · 멕시칸샐러드	416kcal
바게트빵	205kcal
우유	118kcal
저녁 · 보리밥(1공기)	365kcal
무굴젓조치	118kcal
두부엿장조림	129kcal
꽁치마늘구이	132kcal
배추김치	17kcal

새우리조토

재료/4인분

새우살 200g, 올리브오일 3큰술, 다진마늘 1
큰술, 다진 파슬리 2큰술, 소금 · 후추 조금씩,
화이트와인 2큰술, 닭육수 2컵, 물 1/2컵, 양파
1개, 쌀 200g

이렇게 만드세요

1 재료볶기 깊이가 있는 팬에 올리
브오일을 1큰술 두르고 다진마
늘, 파슬리, 새우를 넣고 소금, 후추
로 간하고 살짝 볶다가 화이트와인
을 부어 잡맛을 제거한다.

2 국물 만들기 ①에서 새우는 건
져 다른 그릇에 담아 놓고 남은
국물을 2~3분 더 끓이다가 육수와
물을 더하여 뭉근한 불에서 끓인다.

3 쌀 넣기 냄비에 올리브오일을 1
큰술 두르고 다진 양파를 넣어
서 2~3분 더 볶다가 물기 뺀 쌀을
넣고 볶아준다.

4 끓이기 쌀을 볶다가 준비해둔
국물을 붓고 수분이 증발할 때
까지 계속 저으면서 끓인다.

5 간하기 쌀이 죽이 되기 직전의
상태가 되면 담아놓은 새우와
남은 올리브오일을 넣고 소금, 후추
로 간한다.

두부엿장조림

재료/4인분

두부 1/2모, 잔멸치 50g, 꽈리고추 50g, 식
용유, 간장 2큰술, 맛술 2큰술, 물엿 2큰술, 물
2큰술, 통깨 약간

이렇게 만드세요

1 두부 준비하기 두부는 행주에 싸
서 도마로 눌러 물기를 빼고 사
방 4cm, 3cm, 1cm크기로 썰어서 소
금, 후추를 뿌려 밑간한다.

2 멸치볶기 멸치는 기름을 넣지
않고 포슬포슬하게 볶은 다음
망에 담아 가루를 털어낸다.

3 고추볶기 꽈리고추는 큰 것은
반으로 가르고, 작은 것은 칼집
을 넣어 소금간하여 재빨리 볶는다.

4 조림장 만들기 팬에 간장과 맛
술, 물엿과 물을 넣고 끓으면 두
부와 멸치, 꽈리고추를 넣어서 서서
히 조린다.

5 담아내기 접시에 두부를 먼저
담은 다음 볶은 멸치와 꽈리고
추를 얹어낸다.

요리힌트

두부 조리기

두부는 부드럽게 조리는 게 포인트.
센불에서 갑작스럽게 조리면 두부 속
의 수분이 끓어 두부 내부에 구멍이
생기고 단백질이 응고되어 버린다. 약
한 불에서 서서히 조려야 부드러운 두
부조림이 된다. 모양이 흐트러지지 않
게 조리려면 팬에 노릇노릇하게 지져
서 조리면 된다.

Thu목day

<table>
<tr><td colspan="2" align="center">오늘의 식단
(총 2032 kcal)</td></tr>
<tr><td>아침 · 참치김치볶음밥</td><td>490kcal</td></tr>
<tr><td>두부냉채</td><td>103kcal</td></tr>
<tr><td>동치미</td><td>10kcal</td></tr>
<tr><td>점심 · 보리밥(1공기)</td><td>365kcal</td></tr>
<tr><td>콩나물무국</td><td>40kcal</td></tr>
<tr><td>고등어깻잎찜</td><td>152kcal</td></tr>
<tr><td>버섯당면볶음</td><td>168kcal</td></tr>
<tr><td>나박김치</td><td>12kcal</td></tr>
<tr><td>저녁 · 쌀밥(1공기)</td><td>334kcal</td></tr>
<tr><td>순두부찌개</td><td>241kcal</td></tr>
<tr><td>배추적</td><td>97kcal</td></tr>
<tr><td>깍두기</td><td>20kcal</td></tr>
</table>

고등어깻잎찜

 **재료/4인분**

고등어자반 1마리, 깻잎 20장, 대파 5cm, 마늘 4알, 생강 약간, 실고추 약간, 간장 1큰술, 국간장 1작은술, 참기름 1큰술, 깨소금 2큰술, 설탕 2작은술, 술 1큰술

 **이렇게 만드세요**

1 고등어 썰기 고등어자반은 쌀뜨물에 담아두어 짠맛을 빼고 물기를 닦아 깻잎만한 크기로 얇게 져며 썬다.

2 깻잎 손질하기 깻잎은 한 장씩 깨끗이 씻어서 물기를 뺀다.

3 야채 손질하기 대파와 마늘, 생강은 가늘게 채썰고 실고추는 짧게 끊어둔다.

4 양념 만들기 간장, 국간장, 참기름, 깨소금 등 남은 양념들을 섞어 양념장을 만든다.

5 켜켜 안치기 뚝배기에 깻잎과 생선살을 켜켜로 안치는데 한 켜마다 채썬 야채와 준비한 양념을 얹어준다.

6 끓이기 처음에는 센불로 끓이고 끓기 시작하면 불을 약하게 하여 찜하듯이 익힌다.

 **요리 힌트**

고등어 자반고르기

생선찜은 대개 자반으로 만드는 것이 맛있다. 자반을 고를 때는 살에 뼈가 단단히 붙어 있는지 살피고 노르스름한 기름덩어리가 겉돌지 않고 배를 눌러 보아 내장이 밀리지 않는 것을 고른다.

순두부찌개

 **재료/4인분**

순두부 300g, 굴 100g, 조갯살 100g , 홍고추, 풋고추 1개씩 **양념** 고춧가루 1큰술 참기름 1큰술 다진파 2큰술, 다진마늘 1큰술, 고추장 1큰술, 국간장 1큰술

 **이렇게 만드세요**

1 순두부 담기 순두부는 뚝배기나 냄비에 부서지지 않게 가만히 담아 놓는다.

2 해물 손질하기 굴과 조갯살은 옅은 소금물에 흔들어 껍질을 골라내고 깨끗이 씻어 건져서 물기를 뺀다.

3 양념장 만들기 양념 중에 먼저 고춧가루에 참기름을 넣어 고루 섞고 나머지 양념을 넣어 양념장을 만든다.

4 고추 썰기 풋고추와 다홍고추는 잘게 썰어 씨를 털어낸다.

5 끓이기 순두부를 담은 냄비를 불에 올리고 양념장을 고루 얹고 끓인다.

6 해물넣기 순두부가 끓기 시작하면 굴과 조갯살, 잘게 썬 고추를 얹어서 맛이 어우러질 때까지 끓인다.

Friday 금

오늘의 식단 (총1744kcal)	
아침 · 잡곡밥(2/3공기)	241kcal
돼지고기무말이찜	180kcal
미역조개국	72kcal
도라지생채	69kcal
김치	17kcal
점심 · 호박범벅	418kcal
동치미	10kcal
저녁 · 쌀밥(1공기)	334kcal
해삼볶음	122kcal
오이선	113kcal
두부전골	151kcal
김치	17kcal

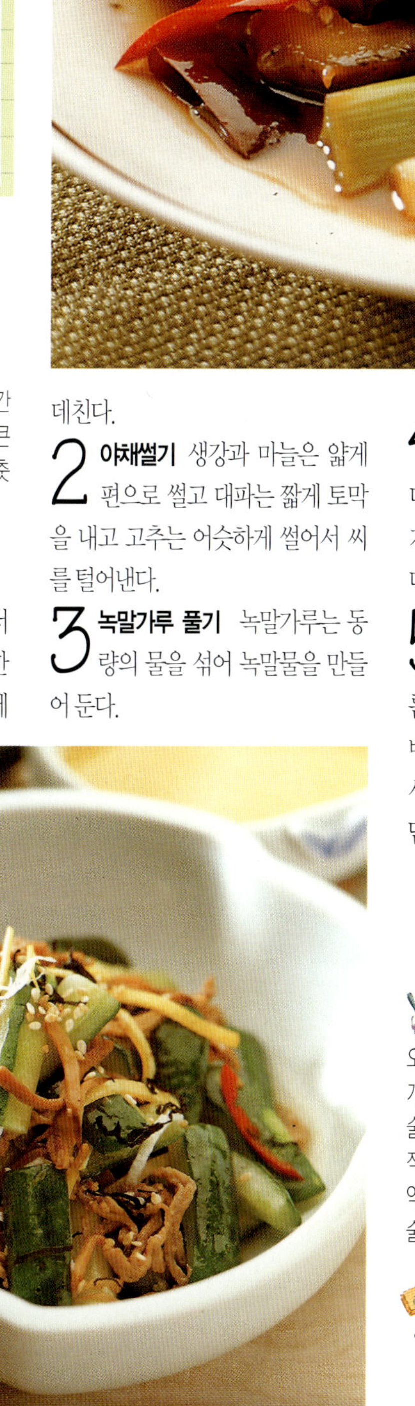

해삼볶음

재료/4인분

불린해삼 2개, 녹말가루 1큰술, 물엿 1큰술, 간장 2큰술, 참기름 1작은술, 대파 1대, 마늘 1큰술, 풋고추 1개, 마른고추 1개, 생강 약간, 후춧가루 약간

이렇게 만드세요

1 해삼 손질하기 해삼은 반 갈라서 속의 지저분한 것을 떼어내고 한 입크기로 저미듯이 썰어 끓는 물에 데친다.

2 야채썰기 생강과 마늘은 얇게 편으로 썰고 대파는 짧게 토막을 내고 고추는 어슷하게 썰어서 씨를 털어낸다.

3 녹말가루 풀기 녹말가루는 동량의 물을 섞어 녹말물을 만들어 둔다.

4 재료볶기 팬에 식용유를 두르고 먼저 생강을 넣어서 향을 낸 다음 대파와 마늘, 고추 등을 넣어 기름에 향이 충분히 배이도록 볶는다.

5 해삼넣기 ④에 해삼을 넣어서 잠시 볶다가 간장과 물엿, 참기름 넣어서 간을 하는데 간이 고르게 배이면 녹말물과 후춧가루를 넣어서 서로 잘 어우러지도록 볶아 접시에 담는다.

오이선

재료/4인분

오이 2개, 쇠고기 100g, 표고버섯 2장, 달걀 1개, 실고추 조금, 잣 약간 **쇠고기양념** 간장 1큰술, 설탕 1/2큰술, 다진마늘 1작은술, 다진파 2작은술, 깨소금 · 참기름 1작은술씩, 후춧가루 약간 **단촛물** 물 3큰술, 식초 3큰술, 설탕 2큰술, 소금 2작은술,

이렇게 만드세요

1 오이썰기 오이는 가운데 씨를 빼고 손가락 반정도의 굵기로 길게 썰어서 소금물에 20분간 절인다.

2 재료 손질하기 쇠고기는 가늘게 채썰고 표고버섯은 미지근한 물에 불려서 여러번 헹군 다음 기둥을 떼고 2~3번 얇게 저며서 가늘게 채썬다. 고기와 표고버섯을 합하여 고기양념으로 무친다.

3 지단 부치기 달걀은 황백으로 나누어 얇게 지단을 부치고 실고추는 짧게 썰어둔다.

4 단촛물 만들기 단촛물은 분량대로 섞어서 냉장고에 차게 둔다.

5 재료썰기 절인 오이는 물기를 꼭 짜고, 달걀은 가늘게 채썰어 준비한다.

6 재료볶기 팬을 달군 다음 기름을 조금 두르고 먼저 오이를 재빠르게 볶아내어 식히고 다시 기름을 조금 더 두르고 고기와 표고 합친 것을 넣어서 보슬보슬하게 볶아낸다.

7 단촛물 뿌리기 볶은 오이와 고기가 차게 식으면 실고추와 지단을 마저 섞어서 그릇에 담고 먹기 전에 단촛물을 뿌린다.

Saturday 토

오늘의 식단
(총1940 kcal)

아침	쌀밥(2/3공기)	223kcal
	토란들깨탕	134kcal
	파래무침	35kcal
	장똑똑이	161kcal
	배추김치	17kcal
점심	돼지고기튀김소스	342kcal
	양파샐러드	57kcal
	냉면	334kcal
저녁	보리밥(1공기)	365kcal
	콩나물국	43kcal
	갈치된장조림	144kcal
	실파말이꼬치구이	68kcal
	배추김치	17kcal

갈치된장조림

재료/4인분

갈치	1마리
무	300g
우거지	200g
대파	5cm
풋고추 · 홍고추	1개씩

양념장

간장	1큰술
된장	1큰술
고춧가루	1큰술
설탕	2작은술
다진마늘	1큰술
참기름	1큰술
생강즙	1/2작은술
깨소금	약간

이렇게 만드세요

1 **갈치 손질하기** 갈치는 적당한 크기로 토막내어 비늘을 긁고 양념이 잘 배이도록 군데군데 칼집을 넣어 준다.

2 **야채 준비하기** 무는 4등분하여 1cm두께로 썰어 끓는 물에 삶고 고구마줄기는 껍질을 벗긴다. 우거지는 삶아서 찬물에 담가 두었다가 물기를 빼고 4cm폭으로 썬다. 대파와 고추는 어슷썰기 한다.

3 **끓이기** 편편한 냄비에 무와 고구마 줄기를 깔고 위에 갈치를 얹고 분량대로 양념장을 만들어 얹는다.

4 **조리기** 물을 밑에 깔릴 만큼만 붓고 뚜껑을 덮어서 끓이다 한번 끓어오르면 불을 약하게 하여 고추와 파를 넣고 국물이 거의 없어질 때까지 국물을 끼얹으면서 조린다.

더 맛있게! 갈치는 얼핏보면 비늘이 없는 것 같지만 반짝이는 것을 칼끝으로 깨끗이 긁어내야 입안에서의 촉감이 좋다. 머리에서 꼬리쪽을 향해 긁어내야 쉽게 벗겨진다.

요리힌트

조림 국물을 자주 끼얹어 준다

생선조림을 할때 냄비바닥에 도톰하게 썬 무를 깔아주면 생선이 늘어붙는 것을 막아주며 시원한 맛을 낸다. 조림 국물은 자작하게 붓고 조리며 조리는 도중 조림국물을 자주 끼얹어 주어야 간이 골고루 잘 밴다. 간이 어느정도 밴 후에 고추나 파 등을 넣으면 훨씬 먹음직스러워 보인다.

갈치 손질하기

끓는 물에 무삶기

양념장 만들기

양념장 얹기

Sun일day

호박떡

재료/4인분

멥쌀 5컵, 단호박 200g, 소금 1큰술, 설탕 6큰술, 찐 녹두 고물(또는 계피팥고물) 6컵

이렇게 만드세요

1 쌀가루 만들기 멥쌀은 씻어 불린 후 건져 물기를 뺀 후 소금간을 해 가루를 빻아 쌀가루를 만든다.

2 단호박 가루만들기 단호박은 껍질을 벗겨 찜통에 찐 후 작게 조각을 만들어 쌀가루를 넣고 다시 가루로 빻아 설탕을 섞는다.

3 녹두고물 만들기 녹두는 5시간 가량 불려 제물에서 손으로 비벼 껍질을 벗기고 김이 오른 찜통에 넣어 쪄낸 후 뜨거울 때 소금간하여 포슬하게 고물을 내린다.

4 떡찌기 찜기에 한지를 깔고 녹두고물을 뿌리고 떡가루를 편편히 놓고 다시 녹두고물을 올려 김이 오른 찜통에서 20분간 찐다.

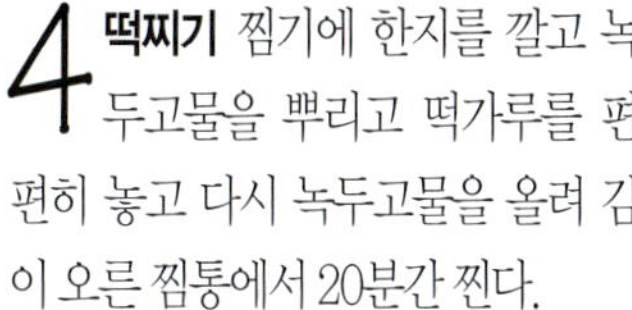
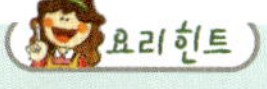

찜통에 떡 찌는 법

떡은 20분 정도 찌고 김이 오르면 약한 불에서 뜸을 들이면서 익힌다. 대꼬치로 찔러보아 마른 가루가 묻어 나오지 않으면 익은 것이다. 불에서 내려 떡을 쏟아 한김 나간 후 썰어 놓는다. 시루가 있다면 시루에 떡을 찌는 것이 더욱 맛이 좋다.

오과차

재료/4인분

황률(마른 밤) 10개, 대추 10개, 마른인삼 1뿌리, 귤피 10g, 계피 10g, 물 10컵

이렇게 만드세요

1 재료준비하기 황률은 깨끗이 씻어 불리고 계피와 귤피는 잘게 조각내어 나눈다 인삼과 대추는 씻어 그대로 사용한다.

2 끓이기 그릇에 재료를 모두 넣고 물을 부어 센불에서 끓이다가 불을 줄여 뭉근히 달인다.

3 체에 거르기 냄비에 물이 반으로 줄어들고 재료가 물러지면 체에 거른다.

4 담아내기 따뜻하게 데워 대추나 잣을 띄워 낸다.

오과차의 효능

오과차는 우리나라 고유의 차 중에서 특색 있는 차. 대추는 위산을 중화하고 혈액에 흡수되어 혈액순환을 좋게 하며 인삼은 보혈제, 강장제로서 신진대사를 왕성하게 한다. 또 계피는 발한제로서 향기가 우수하다. 귤피는 오래된 것일수록 좋으며 위장과 내장신경을 자극하여 식욕을 증진한다. 황률은 좋은 당질을 갖고 있어 칼로리가 높은 식품으로 위장 기능을 강화하는 효과가 있다.

*Mo*월*day*

<table>
<tr><td colspan="2">오늘의 식단
(총1850 kcal)</td></tr>
<tr><td>아침 · 쇠고기덮밥</td><td>501kcal</td></tr>
<tr><td>청포묵회</td><td>95kcal</td></tr>
<tr><td>짠지</td><td>3kcal</td></tr>
<tr><td>점심 · 춘권</td><td>205kcal</td></tr>
<tr><td>달걀수란샐러드</td><td>129kcal</td></tr>
<tr><td>무초나물</td><td>20kcall</td></tr>
<tr><td>저녁 · 잡곡밥(1공기)</td><td>361kcal</td></tr>
<tr><td>취나물된장국</td><td>67kcal</td></tr>
<tr><td>서양식 닭불고기</td><td>341kcal</td></tr>
<tr><td>버섯나물</td><td>111kcal</td></tr>
<tr><td>배추김치</td><td>17kcal</td></tr>
</table>

서양식 닭불고기

재료/4인분

닭다리살 ·················3장
실파 ·················50g
양파 ·················1/2개
토마토 ·················1개

소스

칠리파우더 ·················1큰술
고추장 ·················2큰술
토마토케첩 ·················2작은술
간장 ·················1큰술
다진마늘 ·················2작은술
설탕 ·················1작은술
후춧가루 ·················약간

이렇게 만드세요

1 닭다리 손질하기 닭다리살은 두꺼운 부분을 얇게 손질하여 편다.

2 야채 손질하기 실파는 4cm 길이로 썰고, 양파는 굵게 채썰어 준비한다.

3 토마토 데치기 토마토는 칼집을 넣어서 끓는 물에 데치고 껍질을 벗긴 다음 씨는 짜내고 과육은 굵게 다진다.

4 닭다리 양념하기 닭다리살은 한 입크기로 썰어서 칠리파우더와 고추장, 간장, 설탕 등의 양념을 넣어서 20분간 재운다.

5 팬에 지지기 팬에 기름을 넉넉히 두르고 닭다리살 재운 것과 토마토, 양파를 넣어서 볶듯이 지진다.

6 담아내기 고기가 익으면 실파를 넣고 깨소금을 뿌려서 내린다.

> **더 맛있게!** 닭고기는 비교적 담백하고 물기가 많은 재료이므로 굽기 전에 간을 잘 해야 물기나 냄새가 적어지고 풍미도 좋아진다. 닭고기 역시 다른 고기처럼 우선 센 불에서 양면을 구운 다음에 불을 줄여 속까지 익힌다. 도톰한 부위를 눌러보아 피가 나오지 않으면 다 익은 것이다.

요리힌트

닭냄새 없애기

닭고기는 밑손질이 기본이다. 튀기든 찌든 닭 특유의 냄새를 없애고 닭살이 속까지 익을 수 있도록 닭살 군데군데 칼집을 넣어 익혀야 한다.

닭냄새를 없애는 방법으로는 생강즙, 양파즙, 파, 마늘 등의 향신료로 버무려 재어 놓았다 조리하면 된다.

비디오 쿠킹

토마토씨 빼기

닭다리 양념하기

팬에 지지기

토마토 넣기

Tue화day

오늘의 식단
(총1726 kcal)

아침	· 토스트와 크림치즈	417kcal
	과일샐러드	177kcal
	커피	45kcal
점심	· 홍합맛살죽	225kcal
	멸치미역국	101kcal
	오이소박이	30kcal
저녁	· 쌀밥(1공기)	334kcal
	닭계장	256kcal
	명란고추찜	48kcal
	오징어취나물	76kcal
	배추김치	17kcal

명란고추찜

 **재료/4인분**

풋고추 10개, 명란 100g, 녹말가루 3큰술 **초간장소스** 간장 1큰술, 물 1큰술, 식초 1큰술, 참기름 2작은술

이렇게 만드세요

1 풋고추 손질하기 풋고추는 작은 것으로 골라 꼭지를 떼고 길이로 한쪽만 반을 갈라 씨를 턴다.

2 고추속 채우기 명란은 수저로 알만 발라내 고추 속을 채운다.

3 찜통에 찌기 명란을 채운 풋고추에 녹말가루를 묻혀 김이 오른 찜통에 10분정도 찐다.

4 간장소스 만들기 분량의 재료를 섞어 간장 소스를 짜지 않도록 만들어 시원하게 하여 곁들여 낸다. 맵고 뜨거운 고추와 차가운 양념 장맛이 잘 어울린다.

 **더 맛있게!** 명란에 다진 고기, 두부 으깬 것, 야채 다진 것을 섞어 소금, 후춧가루, 참기름으로 양념하여 고루 섞어 중탕하여 쪄도 맛있다.

🧑‍🍳 요리힌트
신선한 명란고르기

명란은 붉은 빛이 돌고 살이 단단한 것이 신선하다. 색이 너무 빨간 것은 색소를 착색한 것이며 알주머니가 찢어진 것이나 질척거리는 것은 오래되고 상한 것이다.

오징어취나물

 **재료/4인분**

취나물 150g , 오징어 1/2마리, 소금 약간 **초고추장** 고추장 2큰술, 식초 1큰술, 물 1작은술, 깨소금 1큰술, 다진마늘 1작은술, 생강즙 약간, 레몬즙 1작은술

이렇게 만드세요

1 취나물 손질하기 취나물은 여린 잎은 그대로 쓰고 억센 잎은 줄기를 다듬어서 잎을 손으로 대강 뜯어서 따로 구분하여 둔다.

2 오징어 손질하기 오징어는 껍질을 벗기고 통째로 데친 다음 가늘게 채썬다.

3 초고추장 만들기 분량의 재료를 섞어 초고추장을 만들고 차게 둔다.

4 취나물 데치기 취나물은 끓는물에 소금을 넣고 억센 잎을 먼저 넣어서 한소끔 끓으면 여린 잎을 넣어서 데친 후 찬물에 10분 정도 담가 두었다가 물기를 꼭 짠다.

5 무치기 오징어와 삶아 놓은 취나물을 합하여 초고추장으로 무친다.

오늘의 식단 (총1969 kcal)

아침	유부초밥	429kcal
	참나물	38kcal
	삼겹살튀김	250 kcal
	단무지	10kcal
점심	샐러드피자	394kcal
	오렌지주스	82kcal
저녁	잡곡밥(1공기)	361kcal
	미역국	104kcal
	김부각	28kcal
	돼지고기채소무침	197kcal
	낙지구이	59kcal
	배추김치	17kcal

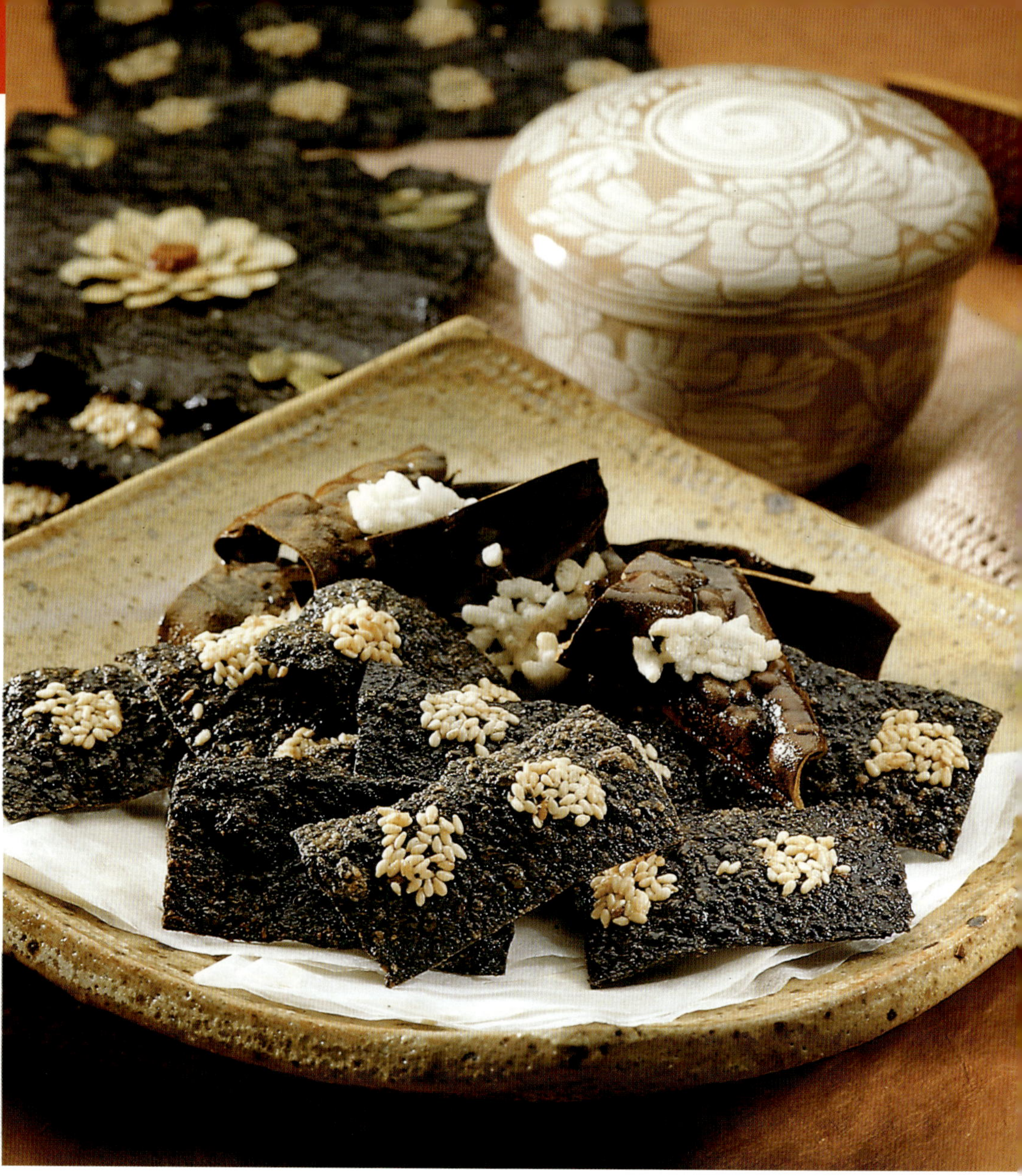

김부각

재료/4인분

김 ……100장
통깨 ……약간

찹쌀풀
찹쌀가루 ……5컵
국간장 ……7큰술
소금 · 마늘즙 ……2큰술
생강즙 ……약간
장국 ……10컵

장국
쇠고기 ……200g
무 ……반토막
대파 · 마늘 ……약간씩
다시마 ……20cm

이렇게 만드세요

1 **장국 재료 준비하기** 쇠고기는 핏물을 빼서 건지고 무는 큼직한 토막을 내고 다시마는 젖은 행주로 흰가루를 닦아낸다.

2 **장국 끓이기** 준비한 무, 쇠고기, 다시마는 물에넣어 푹 끓여 달인 후 고기와 무, 다시마를 건져내고 식힌 후 면보로 걸러낸다.

3 **죽 끓이기** 찹쌀가루를 장국물로 되직하게 풀고, 장국에 넣어 죽을 쑤다가 국간장과 소금, 마늘즙을 넣어 간을 한다.

4 **풀 칠하기** 김을 반짝거리는 쪽을 앞으로 놓고 찹쌀풀을 살짝 바르고 다시 한 장을 덮어 풀을 칠한다. 뒷면에는 앞면보다 풀을 많이 바른다.

5 **통깨 바르기** 비닐을 깔고 풀을 바른 김을 널은 후에 통깨를 군데군데 찍어 바른다. 부각을 튀겨 먹을 것이면 볶지 않은 것을 붙이고 생으로 먹을 것이면 볶은깨를 바른다.

6 **기름에 튀기기** 기름을 넉넉히 두르고 튀겨낸 후 건져 바로 가위질을 한다.

7 **자르기** 튀긴 후 바로 눅눅할 때 가위질 하면 부서지지 않고 잘 라진다.

더 맛있게! 부각을 만들 때 죽의 점도는 되직하게 흐르는 정도로 쑨다. 이때 사용하는 찹쌀가루는 쌀을 3일정도 삭혀 씻은 후 물기를 빼고 가루를 내어 사용하여 주면 더 맛이 있다. 부각을 하기 좋은 시기는 정월이 지나고 김맛이 떨어지기 시작할 때가 가장 좋다.

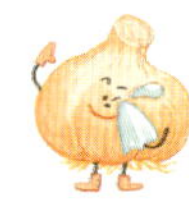

비디오 쿠킹

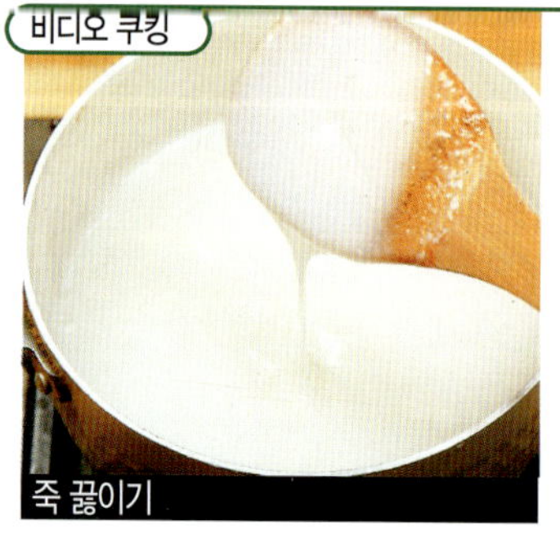

죽 끓이기

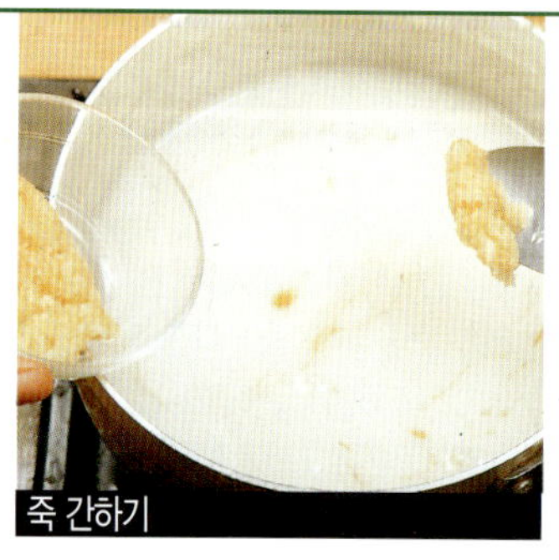

죽 간하기

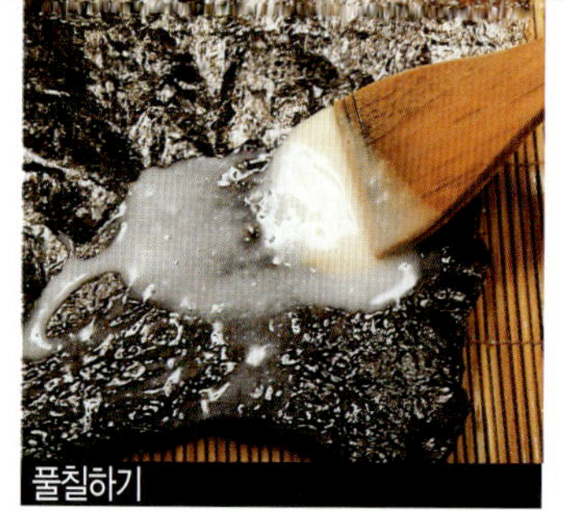

풀칠하기

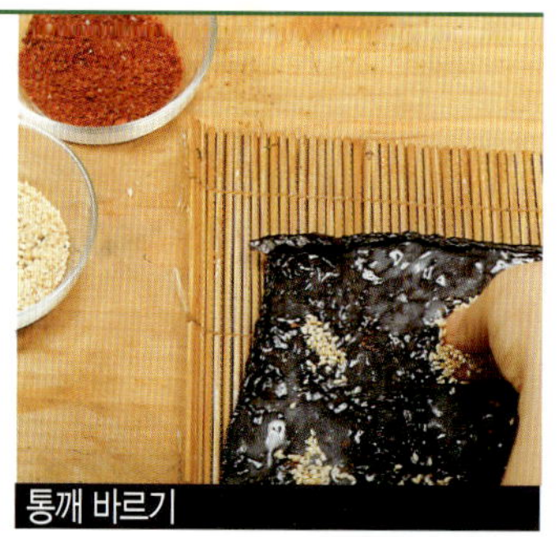

통깨 바르기

*Thu*목*sday*

배추들깨국

 **재료/4인분**

배추잎(푸른 것으로 연배추) 500g, 소금 20g, 된장 3큰술, 들깨 1컵, 다시국물 5컵, 매운고추 2개 **다시장국** 다시마 10cm, 다시멸치 20g, 무, 양파, 대파 등 남은 야채 적당량, 물 8컵

 **이렇게 만드세요**

1 배추 손질하기 배추잎은 손으로 대강 뜯어서 소금을 뿌려 푸른물

이 나도록 주물러 씻어 여러번 흐르는 물에 헹구어 낸다.

2 들깨 갈기 들깨는 분마기에 넣어서 곱게 간다.

3 장국 만들기 다시장국에 필요한 재료를 넣어서 10분간 끓인

다음 불에서 내려 식혀 맛을 우려낸다. 우린 국물은 깨끗한 가제에 맑게 거른다.

4 간 맞추기 맑게 거른 장국은 매운고추를 동글게 썰어 넣어, 된장물을 풀고 국간장으로 간을 맞추어 끓인다.

5 들깨 넣기 끓는 장국에 들깨갈은 것을 망으로 걸러 넣어서 들깨맛을 우린다.

6 배추 넣기 맛이 우러나면 배추를 넣어서 배추가 부드럽게 되도록 끓이고 익으면 담아낸다.

무말랭이볶음

 **재료/4인분**

무말랭이 2컵, 간장 4큰술, 다진쇠고기 80g, 실파 5줄기, 고춧잎 조금, 설탕 2큰술, 맛술 1큰술, 채썬파 · 마늘 1큰술씩, 깨소금 · 참기름 2작은술씩

 **이렇게 만드세요**

1 무말랭이 준비하기 무말랭이는 찬물에 주물러서 씻은 다음 물기를 꼭 짠 후 간장에 같은 양의 물을 타서 무말랭이를 불린다.

2 야채 손질하기 실파는 2cm길이로 썰고 고춧잎은 마른것은 불리고 생것은 데친다.

3 끓이기 팬에 불린 무말랭이를 꼭 짜 장물을 넣고 채썬 파, 마늘을 넣어서 끓인다.

4 조리기 ③에 다진 쇠고기와 맛술, 설탕을 넣어서 한 번 끓인 다음 불린 무말랭이를 넣고 윤기나게 조린다.

5 담아내기 마지막에 실파와 깨소금, 참기름을 넣어서 불에서 내리고 접시에 담아낸다.

Friday 금

오늘의 식단
(총1756 kcal)

아침	· 닭고기볶음밥	492kcal
	두부양념장었음	87kcal
	무짠지냉국	10kcal
점심	· 쌀강정	408kcal
	홍차	2kcal
	과일(배)	42kcal
저녁	· 냄비우동	473kcal
	고기양념튀김	212kcal
	오이김치	30kcal

쌀강정

재료/4인분

말린쌀	3컵
호박씨	1/4컵
대추	5개
땅콩	1/2컵
건포도	1/4컵
포도차가루	약간

시럽

설탕	1컵
물엿	1컵
물	3큰스푼
소금	약간

이렇게 만드세요

1 쌀 말리기 쌀은 충분히 불려 밥보단 질고 죽보다는 약간 되직하게 하여 밥을 짓고 물에 여러번 헹구어낸 다음 마지막 헹구는 물에 소금간을 하여 쌀을 건진다. 건진쌀은 물기를 없앤 후 발에 널어 바짝 말린다.

2 기름에 튀기기 바짝 말린 밥알은 200℃ 고열의 기름에 튀겨 체에 밭쳐 기름기를 없앤다.

3 시럽 만들기 설탕과 물엿을 1:1의 비율로 합하여 불에서 설탕이 녹을 정도로 끓여 엿물을 만든 다음 소금간을 한 후 시럽이 만들어지면 끓는물에 시럽 냄비를 담가 중탕하여 굳지 않게 둔다.

4 버무리기 호박씨, 땅콩, 대추, 건포도는 다져서 분량의 시럽에 튀겨낸 쌀을 넣고 한가지씩 넣어 버무린다.

5 강정썰기 버무린 강정을 넓은 종이에 쏟아붓고 밀대로 납작하게 민 다음 어느정도 식으면 네모지게 썰어 접시에 담는다.

더 맛있게! 강정이 굳기 전에 채썬 대추나 호도살을 엿강정 위에 붙여 모양을 내기도 한다. 엿강정을 동그랗게 만들려면 판판하게 민 다음 돌돌 말아서 썰면 된다.

요리힌트

엿강정 만들기

쌀 이외에 땅콩과 들깨, 흰깨, 잣 등을 이용해 엿강정을 만들어도 좋다. 땅콩은 껍질을 벗기고 반으로 갈라 눈을 떼고 들깨와 흰깨는 깨끗이 씻어 고소하게 볶는다. 작은 고깔을 빼고 준비해 둔다. 쌀강정과 마찬가지로 시럽을 만들고 준비해 놓은 재료를 한가지씩 따로 버무려 쟁반 등에 쏟아 놓는다. 이것을 기름 바른 밀대로 밀어 잠낀 식힌 후 썰어 놓으면 엿강정이 완성된다.

비디오 쿠킹

밥 짓기

밥 말리기

기름에 튀기기

버무리기

*Satur*토*day*

오늘의 식단
(총 2310kcal)

아침	· 주먹밥구이	350kcal
	돼지고기장똑이	161kcal
	오이생채	46kcal
점심	· 온면	452kcal
	불고기와 시금치생채	216kcal
	단무지	10kcal
저녁	· 잡곡밥(1공기)	361kcal
	오이고추장찌개	159kcal
	술안주모듬	417kcal
	조개구이	121kcal
	배추김치	17kcal

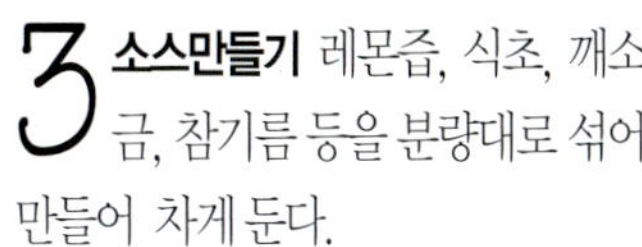

불고기와 시금치생채

 **재료/4인분**

쇠고기(불고기감) 200g, 시금치 200g **소스** 레몬즙 1큰술, 식초 1큰술, 깨소금 1큰술, 참기름 2작은술, 간장 약간, 홍고추 다진 것 1작은술(또는 연겨자)

이렇게 만드세요

1 불고기 양념하기 불고기감은 한 입크기로 썰어서 간장, 다진파, 다진마늘 등 갖은 양념으로 불고기 양념하여 재워둔다.

2 시금치 준비하기 시금치는 샐러드용으로 밑둥이 여리고 잎이 작은것으로 준비한다.

3 소스만들기 레몬즙, 식초, 깨소금, 참기름 등을 분량대로 섞어 만들어 차게 둔다.

4 쇠고기 볶기 팬을 뜨겁게 달군 다음 기름을 두르고 양념한 쇠고기를 넣어서 국물이 거의 없도록 볶아낸다.

5 소스 뿌리기 고기를 뜨거울 때 볼에 담아 물기 뺀 시금치를 넣어 섞고 먹을 때 소스를 끼얹는다.

술안주모듬

 **재료/4인분**

호두튀김 호두 100g, 설탕 3큰술, 튀김기름 적당량 **뱅어포튀김** 뱅어포 4장, 다시마 5cm **연근튀김** 연근 1/2개

 ### 이렇게 만드세요

1 호두 데치기 호두는 가능하면 껍질이 얇은 것으로 준비하여 끓는 물에 넣어 검은물이 우러나도록 끓여 데치고 건져서 망에 담아 한김 식힌다.

2 소스에 버무리기 냄비에 달짝지근할 정도로 설탕물을 끓이다가 데친 호두를 넣어서 단맛이 충분히 배이도록 조린다. 끈기가 날 정도로 조리면 서로 붙어서 좋지 않다.

3 호두 튀기기 조린 호두는 160℃의 기름에 넣어서 노릇하게 튀겨낸다.

4 뱅어포 썰기 뱅어포는 4~7cm 크기로 썰고 다시마는 묶음을 할 수 있을 정도로 가늘게 썰어 뱅어포를 짧은 방향으로 돌돌 말아서 묶는다.

5 연근 준비하기 연근은 얇게 썰어서 식촛물에 담가두었다가 건져서 여러번 헹군 다음 물기를 뺀다.

6 뱅어포와 연근 튀기기 뱅어포와 연근은 고온의 기름에 바삭하게 튀긴다.

7 접시에 담기 튀겨낸 호두, 뱅어포, 연근을 접시에 골고루 담아낸다.

Sunday 일

오늘의 식단
(총1743 kcal)

아침	· 누룽지장국죽	384kcal
	고추장아찌무침	38kcal
	배추김치	17kcal
점심	· 마파소스와 면	358kcal
	달걀국	155kcal
	과일(사과)	37 kcal
저녁	· 쌀밥(1공기)	334kcal
	방게튀김	170kcal
	달걀찜	83kcal
	청포묵전	150kcal
	배추김치	17kcal

방게튀김

재료/4인분

게	2마리
식초	2큰술
녹말가루	2큰술
소스	
술	2큰술
간장	2큰술
설탕	1큰술
물엿	1큰술

이렇게 만드세요

1 게 씻기 게는 껍질을 솔로 문질러서 깨끗이 씻는다.

2 식촛물에 담그기 씻은 게는 식촛물에 살짝 담가 연하게 하고 소금물로 깨끗하게 씻어 소쿠리에 받쳐 물기를 뺀다. 물기가 빠지면 4-6등분한다.

3 게 튀기기 손질한 게에 녹말가루를 묻힌 다음 180℃정도로 예열된 기름에 넣어서 바삭하게 튀긴다.

4 소스 만들기 팬에 간장, 설탕, 물엿, 술을 넣어 잘 저어 끓여 소스를 만든다.

5 볶아내기 소스가 거품이 일면서 끓기 시작하면 튀긴 방게를 넣어서 재빠르게 볶아낸다.

6 담아내기 팬소스가 고루 묻어지면 통깨를 솔솔 뿌려 낸다.

더 맛있게! 튀김을 맛있게 튀기려면 온도에 신경을 써야 한다. 온도가 낮으면 튀기더라도 바삭한 맛이 적다. 그리고 튀김 온도가 오르기 전에 튀김재료를 넣지 말고 적정 온도가 되었을때 하나씩 넣어 튀긴다. 바삭한 맛을 즐기려면 재료를 두번 튀겨도 된다. 처음에는 속이 70%정도 익을 만큼만 튀겨내고 충분히 식으면 온도를 높여 다시 한번 재빨리 튀긴다.

요리 힌트

게 손질하기

게는 솔을 이용해 깨끗이 씻는다. 특히 몸체와 다리가 연결된 부분, 구석구석까지 깨끗이 씻는다. 게를 자를 경우에는 요령이 필요하다. 야채나 고기 썰듯하면 껍질 속에 든 살만 자꾸 빠져나오고 잘 잘라지지 않는다. 위에서 힘있게 내리치듯 단 번에 자르도록 한다. 또 게발의 끝 부분은 불필요한 양념만을 흡수할 뿐이므로 잘라 주어야 하는데 칼보다는 가위를 이용하는 것이 자르기가 쉽다. 일단 토막을 친 게는 살에 물이 닿으면 맛이 떨어지므로 재빨리 요리하는 것이 좋다.

게 손질하기

게 튀기기

소스 만들기

소스에 버무리기

Monday 월

오늘의 식단 (총1847 kcal)	
아침 · 토스트	290kcal
양송이수프	114kcal
과일(오렌지)	46kcal
점심 · 김밥	516kcal
된장국	44kcal
오징어불고기	130kcal
단무지	10kcal
저녁 · 보리밥(1공기)	365 kcal
감자국	87kcal
돼지고기향미야채볶음	
	228kcal
배추김치	17kcall

양송이수프

재료/4인분

양송이 200g, 양파 50g, 닭국물육수 500cc, 버터 30g, 식빵 30g, 우유 50cc, 생크림 50~100cc, 소금, 흰후추 약간

이렇게 만드세요

1 야채손질하기 양송이는 검은 껍질은 벗기고 싱싱한 것은 그대로 하여 얇게 썰고 양파는 손질하여 잘게 다진다.

2 야채볶기 팬에 버터를 두르고 양파와 양송이를 볶는다.

3 끓이기 양파가 익어서 투명해지면 닭국물을 넣어서 20분간 끓인 다음 차게 식힌 후 믹서에 넣고 곱게 갈아 다시 냄비에 쏟고 생크림을 넣어 데운다. 소금, 후추로 간한다.

4 식빵 모양내기 식빵은 검은 껍질을 떼어내고 우유에 넣어 5분간 약한 불에서 찜을 한 다음 차게 식히고 버섯모양으로 잘라 팬에 버터를 발라 노릇하게 양면으로 굽는다.

5 그릇에 담기 수프그릇에 수프를 담고 식빵구운 것을 올려서 내거나 구운 양송이나 파슬리가루를 모양내어 뿌려 낸다.

돼지고기 향미야채볶음

재료/4인분

돼지고기 안심700g, 양파 2개, 홍사과 2개, 로즈마리 말린 것 약간, 생크림 250g, 사과 브랜디 4큰술, 소금 · 후추 조금씩

이렇게 만드세요

1 돼지고기 손질하기 돼지고기 안심은 기름기와 힘줄을 떼어낸 후 소금과 로즈마리 다진것을 골고루 뿌리고 꼭꼭 눌러 향이 배이도록 둔다.

2 돼지고기 굽기 프라이팬을 달구어 기름을 충분히 두르고 준비한 돼지고기를 구워낸다. 두께가 있으므로 앞, 뒤 옆으로 뒤집어가며 골고루 익힌 뒤 온기를 잃지 않게 호일로 싸둔다.

3 야채볶기 고기를 기름에 굽고 나면 팬에 육수기름이 남는데 이것을 버리지 않고 양파, 사과를 넣고 약한 불에 조리듯이 볶는다.

4 잡맛 제거하기 사과와 양파가 육수에 자작자작 볶아지면 구어둔 고기를 프라이팬에 넣고 함께 볶는다. 국자에 사과 브랜디를 가득히 떠 불에 데우고 국자를 약간 숙여 브랜디를 부어 팬의 내용물 전체가 불 붙은 브랜디에 크게 한번 그을이도록 하고 생크림을 부어 불을 끈다.

5 접시에 담기 생크림으로 걸쭉해진 소스와 돼지고기, 사과, 양파를 잘 휘저어 섞어주고 원하면 후추와 소금으로 간하여 접시에 담는다.

오늘의 식단
(총1968 kcal)

아침	· 오믈렛	375kcal
	야채모듬피클	26kcal
	우유	118kcal
점심	· 잡곡밥(1공기)	361kcal
	아욱국	84kcal
	돼지고기불고기	228kcal
	두부조림	122kcal
	배추김치	17kcal
저녁	· 보리밥(1공기)	365kcal
	버섯된장찌개	90kcal
	홍어찜	137kcal
	참마구이	30kcal
	깍두기	20kcal

세상에서 가장 쉬운 오믈렛

재료/4인분

달걀	3개
우유	3큰술
밥	2공기
치즈	2장
양파	1개
양상추	적당량
청 · 홍피망	적당량
버터	1큰술
기름	1큰술
소금	약간

오로라 소스

마요네즈	4큰술
토마토케첩	2큰술
설탕	2작은술

이렇게 만드세요

1 재료 준비하기 달걀에 우유와 소금, 후추를 넣어서 잘 풀어두고 밥은 찬밥으로 준비한다.

2 양파썰기 양파는 잘게 다져서 찬물에 담아 매운맛을 빼서 물기를 꼭 짠다.

3 야채 준비하기 양상추는 손으로 대강 찢어서 찬물에 담아 싱싱하게 두었다가 물기를 빼고 청·홍 피망은 둥근 모양으로 자른다.

4 밥 볶기 팬을 먼저 달군 후 버터와 기름을 1큰술씩 두르고 밥을 넣어 밥이 구워지면 케첩을 넣고 달걀물과 치즈 다진 것을 넣는다.

5 담아내기 달걀이 노릇하게 익으면 뒤집어서 익힌 다음 접시에 내고 준비한 야채를 위에 얹어 가루치즈를 뿌려 먹는다. 야채에는 기호에 따라 오로라 소스를 뿌려 먹는다.

요리힌트

달걀 많이 먹어도 될까?

최대의 영양식품이라고 불리우는 달걀은 조개보다 6배의 단백질이 있으며 지방은 뱀장어의 2배, 칼슘은 우유보다 5할이나 많다. 부족한 것은 비타민 C뿐이고 나머지는 영양만점이다.

그러나 달걀의 노른자는 다른 동물성 식품과 비교할 때 더 많은 콜레스테롤이 있다. 그러므로 많이 먹으면 콜레스테롤을 높여 동맥경화 등을 일으키는 원인이 되므로 하루 한 개 정도가 적당하다.

더 맛있게! 오믈렛을 할 때 달걀에 생크림을 넣으면 더욱 맛이 부드러워진다. 생크림과 핫소스로 섞어 크림소스를 만들고 위에 얹어 먹어도 좋다.

비디오 쿠킹

달걀에 우유넣기

야채 손질하기

밥볶기

달걀물 넣기

Wednesday 수

오늘의 식단
(총1954 kcal)

끼니	음식	열량
아침	· 잡곡밥(2/3공기)	241kcal
	북어김치국	182kcal
	감자어묵조림	155kcal
	참나물	38kcal
	배추김치	17kcal
점심	· 달걀찜밥	306kcal
	자반	108kcal
	삼치장조림	134kcal
	나박김치	12 kcal
저녁	· 쌀밥(1공기)	334kcal
	쇠고기무찜	171kcal
	녹두빈대떡	211kcal
	배추겉절이	45kcal

쇠고기무찜

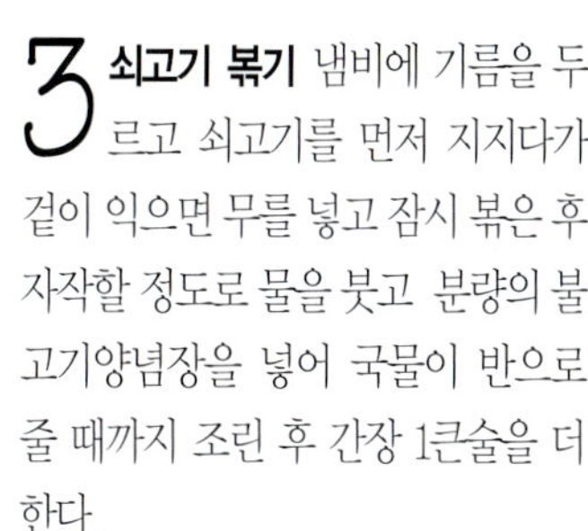

 **재료/4인분**

무 400g, 쇠고기(등심) 150g, 다진마늘 1큰술, 불고기양념장 5큰술, 간장 1큰술, 후추·소금 약간

 **이렇게 만드세요**

1 무썰기 무는 껍질을 벗긴 후 길이로 반을 갈라 1cm두께로 큼직하게 썰고 모서리는 다듬어 양념이 잘 배이도록 한다.

2 쇠고기 준비하기 쇠고기는 4cm 길이로 도톰하게 썰어 소금, 다진마늘, 후춧가루로 밑간을 하여 준비해둔다.

3 쇠고기 볶기 냄비에 기름을 두르고 쇠고기를 먼저 지지다가 겉이 익으면 무를 넣고 잠시 볶은 후 자작할 정도로 물을 붓고 분량의 불고기양념장을 넣어 국물이 반으로 줄 때까지 조린 후 간장 1큰술을 더한다.

4 조리기 불을 약하게 하여 무가 투명하게 익을 때까지 조린다.

감자조림

 **재료/4인분**

감자 3개, 어묵 150g, 당근 50g, 실파 50g **양념장** 고추장 2큰술, 간장 2작은술, 토마토케첩 3큰술, 설탕 2큰술, 맛술 2큰술, 깨소금 1큰술, 참기름 조금, 후춧가루

 **이렇게 만드세요**

1 야채 썰기 감자는 1.5cm 로 깍뚝 썰어 찬물에 담가 전분을 우려낸다. 감자는 전분을 우려내야 볶을때 질척거리지 않는다. 당근도 감자와 같은 크기로 썬다. 실파는 3 cm 길이로 썬다.

2 어묵 손질하기 어묵은 어떤 종류든 상관없이 기호에 맞는 것을 준비하여 뜨거운 물을 부어서 겉기름을 씻어낸다.

3 양념장 만들기 볼에 조림 양념장을 분량대로 섞어서 미리 준비해 둔다.

4 재료볶기 팬에 감자와 어묵, 당근을 볶다가 반정도 익으면 양념장과 물을 반컵을 넣어서 물이 없어질 때까지 서서히 조린다.

더 맛있게! 가을철에는감자 대신 토란을 이용해도 맛있다. 토란을 한 입크기로 다듬어 미리 삶아 놓은 다음 어묵과 함께 조리다가 물에 불려 놓은 미역을 꼭 짜서 넣고 조림장이 졸 때까지 뒤적여가며 조린다.

아침 · 콩밥(2/3공기)		220kcal
	참치찜	104kcal
	깻잎찜	24kcal
	동치미	10kcal
점심 · 호박고지찰밥		496kcal
	수정과	116kcal
	과일(배)	42 kcal
저녁 · 잡곡밥(1공기)		361kcal
애호박오가리된장찌개		159kcal
	셀러리볶음	99 kcal
	무굴생채	82kcal
	배추김치	17kcal

호박고지찰밥

 **재료/4인분**

호박고지 150g, 찹쌀 3컵, 밤 5개, 대추 10개, 황설탕 1컵, 간장 4큰술, 참기름 4큰술, 계피가루 1작은술, 잣 4큰술.

 **이렇게 만드세요**

1 호박고지 불리기 호박고지는 찬물에 불려서 부드럽게 한 후 3cm 길이로 썬다.

2 밥짓기 찹쌀은 2시간 동안 불려서 물을 빼고 김이 오른 찜통에 젖은 천은 깔고 50분 정도 찐다.

3 밤·대추 준비하기 밤은 껍질을 벗겨 반으로 가르고, 대추는 씨를 발라 대강 찢는다.

4 버무려 찌기 찹쌀이 오돌오돌하게 잘 익으면 넓은 그릇에 넣고 황설탕, 간장, 참기름, 계피가루를 넣어 고루 버무린 다음 호박고지와 밤대추를 넣고 다시 잘 섞어서 간이 배이도록 30분 정도 두었다가 다시 김이 오른 찜통에 올려서 30분 정도 찐다.

 **요리힌트**

호박오가리 손질법

말린 오가리는 우선 물을 듬뿍 붓고 깨끗이 씻은 다음에 소금을 뿌려 부드럽게 문지르면 오가리의 섬유질이 한층 부드러워진다.

애호박오가리 된장찌개

 **재료/4인분**

애호박오가리 2컵, 바지락 조개 2컵, 양파 1/2개, 풋고추 2개, 홍고추 1개, 된장, 다진마늘, 고춧가루 적당량

 **더 맛있게!** 된장찌개는 애호박된장찌개 말고도 들어가는 주재료에 따라 오분자기, 우렁이, 해물, 달래, 우거지, 콩나물 된장찌개 등 다양하게 이름 붙여지며 맛도 각기 다르므로 재료에 변화를 주어 찌개를 끓이도록 한다.

이렇게 만드세요

1 호박 불리기 애호박오가리는 찬물에 불려서 물기를 꼭 짠다.

2 바지락 손질하기 바지락은 깨끗이 씻어서 해감을 토하게 하고 다시 여러번 헹구어 물기를 뺀다.

3 야채 손질하기 양파는 굵게 채썰고, 풋고추, 홍고추는 어슷하게 썬다.

4 끓이기 뚝가리에 쌀뜨물과 멸치장국을 붓고 된장을 풀어서 끓이고 된장물이 끓으면 바지락과 호박오가리, 양파, 고추를 넣어서 맛이 우러나도록 끓인다.

5 맛내기 다진마늘과 고춧가루를 넣어서 맛을 낸다.

Friday 금

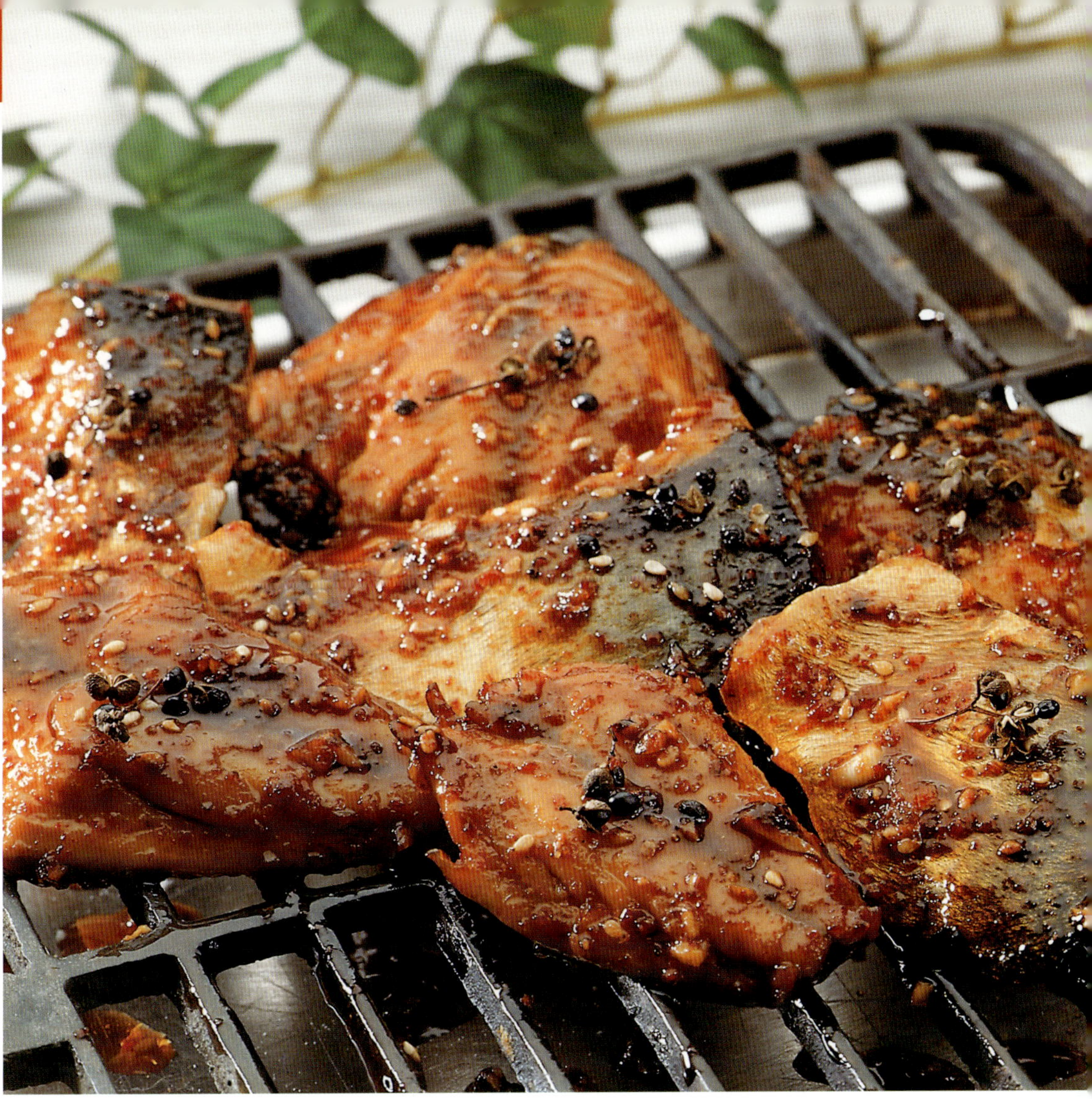

오늘의 식단
(총1851kcal)

아침	· 홍합맛살죽	225kcal
	무생채	49kcal
	당근전	118 kcal
점심	· 햄버거스테이크	258kcal
	브로콜리숙회	50kcal
	스파게티	384kcal
저녁	· 잡곡밥(1공기)	361kcal
	고등어불고기	180kcal
	옥수수전	209kcal
	배추김치	17kcal

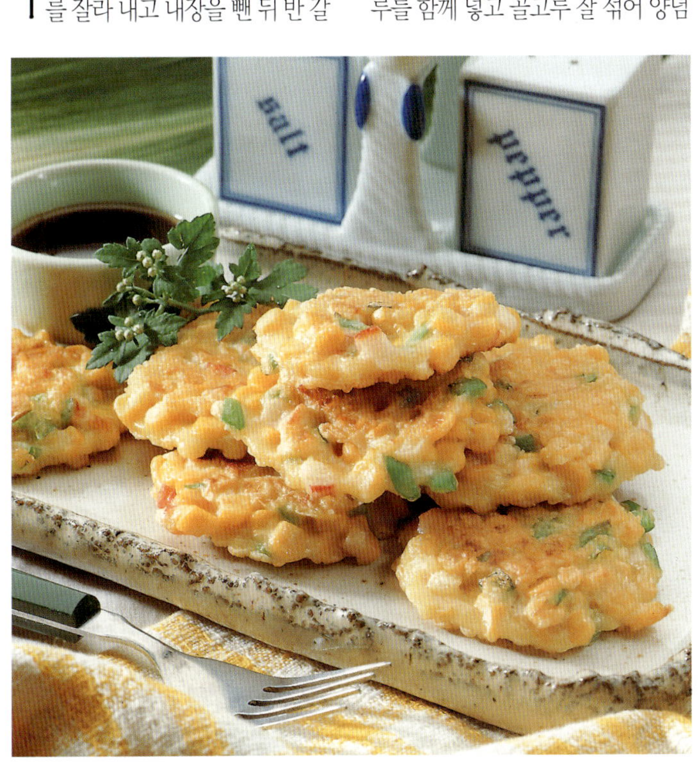

고등어불고기

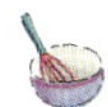

재료/4인분

고등어 2마리, 상추, 레몬, **양념장** 간장 4큰술, 고춧가루 2 큰술, 물엿 2큰술, 다진파 3큰술, 다진마늘 1 1/2큰술, 다진생강 약간, 맛술 2큰술, 깨소금 1큰술, 참기름·후춧가루 1작은술씩

이렇게 만드세요

1 **고등어 손질하기** 고등어는 머리를 잘라 내고 내장을 뺀 뒤 반 갈라 포를 뜨듯이 칼을 어슷하게 넣어 3토막으로 크게 썰어 놓는다.

2 **양념장 만들기** 큰 그릇에 간장, 고춧가루, 물엿, 다진 파, 마늘, 생강, 맛술, 깨소금, 참기름, 후춧가루를 함께 넣고 골고루 잘 섞어 양념장을 만든다.

3 **고등어 재어두기** 손질해서 토막친 고등어에 양념장을 뿌려 간이 배도록 30분 정도 재워둔다.

4 **고등어 굽기** 석쇠에 호일을 깔고 양념한 고등어를 놓아 앞뒤로 타지 않게 굽는다. 호일을 깔고 구우면 양념장이 아래로 흐르지 않아 타지 않고 깨끗하게 구울 수 있다.

5 **접시에 담기** 접시에 상추를 깔고 고등어불고기를 먹음직스럽게 담는다. 한쪽 옆에 레몬을 곁들이고 먹을 때 레몬즙을 뿌린다.

더 맛있게! 고등어는 살이 연하므로 두껍게 써는 것이 좋다. 또 먹을 때 레몬즙을 뿌리면 비린내를 없애고 한결 상큼한 맛을 즐길 수 있다.

옥수수전

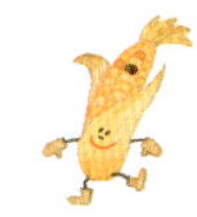

재료/4인분

옥수수캔 2개, 맛살 5줄, 청피망 2개, 부침가루 1/3컵, 녹말가루 2/3컵, 달걀 3개

이렇게 만드세요

1 **재료 준비하기** 옥수수캔은 따서 체에 밭쳐 옥수수알만을 이용하고, 맛살과 피망은 0.5cm크기로 썰어 놓는다.

2 **한데섞기** 준비된 옥수수, 맛살, 피망을 한데 섞어 분량의 부침가루, 녹말가루, 달걀 풀은 물에 넣어 가볍게 섞어준다.

3 **팬에 굽기** 프라이팬에 기름을 두르고 약한불에서 지진다.

요리힌트

고등어 고르기

고등어는 가을에 제맛을 내므로 9월~11월까지가 맛있다. 등쪽은 녹색, 흑생이 짙고 배쪽은 은백색의 윤기가 있는 싱싱한 것을 고른다. 고등어는 꾸준히 먹으면 혈전증, 심장병, 동맥경화증을 예방할 수 있다.

백김치보쌈

오늘의 식단 (총1964kcal)	
아침 · 참치샌드위치	341kcal
우유	118kcal
피망베이컨볶음	329kcall
점심 · 주먹밥	392kcal
김치볶음	132kcal
오이생채	46kcal
저녁 · 콩밥(1공기)	330 kcal
김치국	51kcal
백김치보쌈	55kcal
실파부추전	170kcal

🥣 재료/4인분

배추속대	300g
돼지고기 목살	400g
무	500g
굴	100g
미나리	50g
실파	한줌
다진마늘	3큰술
대파	5cm
소금	3큰술
멸치액젓	3큰술
설탕	약간
된장	2큰술
차잎	1큰술

📝 이렇게 만드세요

1 배추 절이기 배추 연한 속대로 준비해 소금에 푹 절인다.

2 재료 준비 하기 굴은 소금물에 껍질을 제거해 씻고 미나리는 짧게 썰어 놓는다.

3 삶는 물만들기 냄비에 된장과 차잎을 넣고 풀어 돼지고기 삶는 물을 만든다.

4 돼지고기 삶기 돼지고기는 묶어서 된장물에 2시간 동안 삶아 건진다. 실로 묶어 삶아야 고기도 단단하고 썰어 놓았을 때 모양도 있다.

5 무 양념하기 무는 채썰어서 고춧가루로 물을 들인 다음 소금, 다진마늘, 멸치액젓, 설탕을 넣어서 대강 섞고 짧게 썬 미나리와 실파, 굴을 넣어서 가볍게 버무린다.

6 담아내기 무채와 배추 절임, 돼지고기 썬 것을 옆에 담아낸다.

 더 맛있게! 김치를 담글 때, 아니면 김장을 하고 난 끝에 배추 속 양념이 남아 있으면 돼지고기를 삶아 상에 내어도 된다. 배추 속을 만들 경우에는 무채를 먼저 양념에 버무린 후 미나리, 갓 등의 푸른 채소로부터 버무리면 풋내가 나므로 굴과 푸른 채소는 나중에 넣고 살짝 버무려야 한다.

 요리 힌트

돼지고기 누린내 없애기

돼지고기의 누린내를 없애는 방법은 된장과 생강을 이용하는 방법이 있다. 된장과 생강은 냄새를 없애는 작용도 하지만 돼지고기의 맛을 깊이 있고 구수하게 살려주는 역할을 한다. 된장을 덩어리지지 않게 잘 풀어 넣은 다음 껍질을 벗겨 얇게 저며 썬 생강을 넣어 끓이다가 고기를 넣어 삶는다. 생강대신 차잎을 넣어주어도 된다.

배추절이기

된장풀기

돼지고기삶기

무 채썰기

Sunday 일

오늘의 식단
(총1852 kcal)

아침	· 새우달걀죽	246kcal
	두부장떡	125kcal
	동치미무침	20kcal
	과일(사과)	37kcal
점심	· 영양솥밥	401kcal
	맑은된장국	44kcal
	고기전	224kcal
	연근우엉조림	83kcal
	배추김치	17kcal
저녁	· 보리밥(1공기)	365kcal
	콩비지찌개	180kcal
	개성식무채나물	93kcal
	배추김치	17kcal

두부장떡

 **재료/4인분**

두부 1모, 된장 1큰술, 고추장 1큰술, 쇠고기 다진것 30g, 다진파 1큰술, 다진마늘 2작은술, 깨소금 1큰술, 참기름 1작은술, 밀가루 3큰술, 식용유 약간

이렇게 만드세요

1 두부 으깨기 두부는 깨끗한 행주로 꼭 짜서 물기를 없앤 후 체에 내린다.

2 양념 준비하기 된장, 고추장은 체에 걸러 내린다.

3 장떡빚기 쇠고기를 곱게 다져서 갖은 양념을 하여 볶는다. 쇠고기 볶은 것, 된장, 고추장, 두부를 한데 섞고 밀가루를 넣어 잘 섞어지게 주물러 지름 2.5cm정도의 크기로 동글납작하게 빚어 놓는다.

4 팬에 지지기 팬에 기름을 넉넉히 두르고 노릇하게 지진다.

콩비지찌개

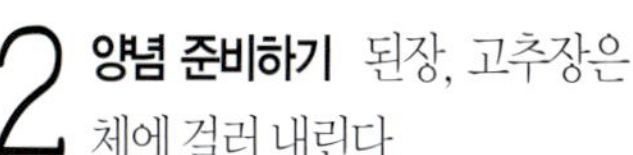

 **재료/4인분**

흰콩 2컵, 돼지갈비 600g, 배추 1/4포기, 무 1/3개, 새우젓 2큰술 **갈비양념** 소금 1큰술, 후춧가루 약간, 생강즙 1/2작은술, 다진마늘 1큰술, 다진파 2큰술 **양념장** 간장 3큰술, 국간장 4큰술, 고춧가루 2큰술, 다진파 2큰술, 다진마늘 1큰술, 생강즙 1/2큰술, 깨소금 1큰술, 참기름 약간, 후춧가루 약간

 **이렇게 만드세요**

1 콩 준비하기 콩은 깨끗이 씻고 하룻밤 불린 뒤 콩 껍질을 벗겨내고 깨끗이 손질하여 물기를 뺀 후 콩을 믹서에 담고 콩이 잠길 정도의 물을 부어 간다.

2 콩물 만들기 볼에 면보자기를 펼쳐놓고 콩물은 짜내고 면보자기 안의 비지는 그릇에 담아둔다.

3 돼지고기 준비하기 돼지갈비는 3cm 크기로 썰어 찬물에 1시간가량 담가 핏물을 깨끗이 빼고 갈빗살에 1cm 간격으로 2~3개의 칼집을 넣어 양념을 해 재워둔다.

4 야채준비하기 배춧잎은 끓는 소금물에 살짝 데쳐 찬물에 헹궈 물기를 짠 후 3cm폭으로 썰고, 무는 3mm 두께로 굵은 채를 썬다.

5 돼지고기 볶기 두꺼운 냄비에 기름을 두르고 돼지고기를 겉이 노릇해질 때까지 볶다가 배추를 넣고 함께 볶는다.

6 콩비지 붓기 배추가 전체적으로 기름이 돌도록 볶아지면 불을 줄여 채썰어 둔 무를 올린 후 콩비지를 가만히 붓고 끓인다.

7 양념장 만들기 볼에 분량의 양념 재료를 넣고 고루 저어 양념장을 만들고 새우젓은 굵게 다져 따로 담아낸다.

김치만으로도 밥상을
풍성하게 차릴 수 있다
별미 김장김치 10가지

김치 몇 가지만 있으면 주부의 마음은 든든하기만 하다.
겨울철 특별하게 즐기는 별미 김치요리를 소개한다.

나박김치

재료
무 500g, 배추속대 300g, 소금 4큰술,
파(흰 부분) 30g, 마늘 20g, 생강 10g,
붉은고추 2개, 고춧가루 2큰술, 설탕 1큰술,
미나리 50g
소금물 소금 4큰술, 물 15컵

만드는 법
❶ **무 썰기** 무는 깨끗이 씻어서 폭 3cm로 토막을 내어 사방 2.5cm, 두께 0.4cm 정도의 납작한 모양으로 썬다.
❷ **배추·무 절이기** 배추는 연한 흰 속대만을 모아서 잎을 세로로 2등분하고 사방 3cm 크기로 썰어서 무 썬 것과 합하여 소금을 넣어 절인다.
❸ **재료 썰기** 파는 3cm 길이로 채썰고, 마늘과 생강도 가는 채로 썬다.
❹ **고추 손질하기** 붉은고추는 갈라서 씨를 빼고 3cm 길이로 채썬다.
❺ **항아리에 담기** 절인 무와 배추, 양념을 한데 섞어 항아리에 담는다.
❻ **소금물 붓기** 버무린 그릇에 소금물을 삼삼하게 만든 후 고춧가루를 면 헝겊으로 싸서 흔들어 붉은 빛이 우러나게 하여 항아리에 부어서 익힌다.
❼ **미나리 넣기** 김치가 익으면 미나리를 3cm 길이로 썰어서 넣는다.

배추통김치

재료
배추 20통(60kg), 무 10개(10kg), 미나리 300g, 갓 300g, 실파 300g,
파 300g, 생굴 300g, 생동태 2마리, 고춧가루 5컵, 다진마늘 100g,
다진생강 50g, 새우젓 2컵, 조기젓국 3컵, 소금 1컵, 설탕 1/2컵
(가) 소금 4컵, 물 20컵 **(나)** 소금 2컵, 물 10컵

만드는 법
❶ **배추 절이기** 배추는 뿌리 쪽에 칼집을 넣어 양쪽으로 갈라서 포기를 나누고 (가)의 소금물에 담갔다가 건진다. 뿌리 쪽에 (나)의 소금물을 뿌려서 큰 독이나 용기에 가른 단면이 위로 오게 차곡차곡 담아 절인다. 다섯 시간쯤 후에 위아래를 바꾸어 고루 절인다.
❷ **물기 빼기** 절인 배추를 깨끗이 씻어서 큰 채반이나 소쿠리에 건져 물기를 뺀다. 포기가 큰 것은 다시 반으로 가르고 뿌리 부분을 깨끗이 도려낸다.
❸ **소 만들기** 무채에 고춧가루를 넣어 고루 버무린 후 미나리, 갓, 실파, 파를 넣어 섞는다. 다진마늘, 생강, 젓갈을 넣어 섞고 소금, 설탕으로 간을 맞춘 후 생굴, 동태살을 넣어 버무린다.
❹ **항아리에 담기** 절인 배추에 소를 고르게 채워 넣고 겉잎으로 싸서 항아리에 차곡차곡 담는다. 절인 배추 겉잎으로 덮고 깨끗한 돌로 눌러 놓는다. 국물이 적으면 물을 끓여서 소금이나 젓국으로 간을 맞추어 붓는다.
❺ **김치 익히기** 약 3주일 정도 지나야 맛있게 익으며 김치를 꺼내고 나서는 반드시 꼭꼭 눌러둔다.

백김치

재료
배추 5포기(15kg), 무 3개(3kg), 미나리 100g, 갓 100g, 실파 100g,
파(흰 부분) 50g, 마늘 40g, 생강 20g, 실고추 5g, 배 1개, 밤 5개, 대추 5개,
석이버섯 5장, 표고버섯 4개, 소금 3큰술
(가) 물 10컵(2ℓ), 소금 2컵 **(나)** 배 1개, 물 10컵, 소금 1/2컵

만드는 법
❶ **배추 다듬기** 배추는 겉잎을 떼고 다듬어 반으로 갈라서 배추통김치 담는 요령으로 (가)의 소금물로 절인다.
❷ **물기 빼기** 절인 배추는 씻어서 자른 단면이 바닥을 보도록 채반에 건져놓아 물기를 뺀다. 포기가 큰 것은 다시 반으로 가르고 뿌리 부분을 도려낸다.
❸ **무 썰기** 무는 씻어서 0.3cm 정도 굵기로 채썬다.
❹ **재료 손질하기** 미나리, 실파, 갓은 다듬어서 4cm 길이로 썬다. 파는 어슷하게 채썰고, 마늘과 생강은 곱게 채썬다.
❺ **밤·배 썰기** 밤은 껍질을 벗기고 대추는 씨를 발라내어 각각 채로 썬다. 배는 껍질을 벗겨서 채로 썬다.
❻ **고추·버섯 손질하기** 석이버섯과 표고버섯은 불려서 채로 썬다. 실고추는 3cm 길이로 썬다.
❼ **재료 섞기** 넓은 그릇에 채썬 무, 배, 밤, 대추를 담고 실고추를 넣어 버무린다. 이어서 소의 재료를 모두 넣어 살살 버무리고 소금으로 간을 맞춘다.
❽ **소 넣기** 절인 배추에 준비한 소를 배

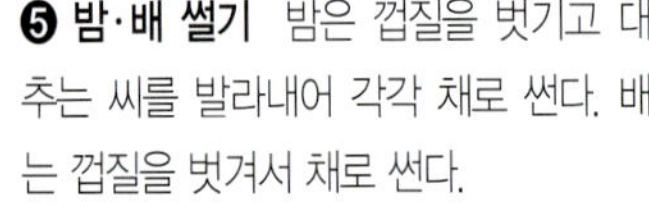

찻잎 사이에 채워 겉잎으로 소가 빠지지 않게 감싸 항아리에 차곡차곡 담는다.
❾ **김치 익히기** (나)의 배를 강판에 갈아 소금물과 합하여 김칫국물을 만들고 항아리에 부어서 뚜껑을 덮고 익힌다.

동치미

재료
동치미무 20개(10kg), 배 2개,
실파 100g, 갓 100g, 청각 100g,
풋고추(삭힌 것) 100g,
붉은고추 5개, 마늘 40g, 생강 20g
(가) 소금 2컵 **(나)** 소금 2컵, 물 10ℓ

만드는 법
❶ **무 절이기** 무는 작고 단단한 것으로 골라 깨끗이 씻어서 건진다. (가)의 소금에 굴려서 항아리에 담고 남은 소금은 위에 뿌려서 하룻밤을 절인다.
❷ **실파, 갓 준비하기** 실파와 갓은 깨끗이 씻어서 소금을 뿌려 살짝 절여서 두세 가닥씩 모아 말아 묶는다.
❸ **청각, 고추 손질하기** 청각, 삭힌 고추, 붉은고추는 씻어 건져서 물기를 뺀다.
❹ **배, 마늘, 생강 준비하기** 배는 씻어서 반을 가른다. 마늘과 생강은 얇게 저미며 가제로 된 양념주머니에 넣는다.
❺ **소금물 만들기** (나)의 소금물을 만들어 고운 체에 거른다.
❻ **항아리에 담기** 항아리 제일 밑에 양념주머니를 놓고 절인 무를 한 켜 올린 후 부재료를 얹는다. 다시 무를 올리고 맨 위에 갓을 올린 다음 떠오르지 않도록 눌러 놓는다.
❼ **소금물 붓기** 항아리에 (나)의 소금물을 가만히 붓고 뚜껑을 덮어서 익힌다.

깍두기

재료
무 3kg, 실파·갓·미나리 200g씩, 생굴 300g, 다진마늘 4큰술,
다진생강 2큰술, 새우젓·멸치젓 1/2컵씩, 고춧가루 1컵, 소금 4큰술, 설탕 2큰술

만드는 법
❶ **무 손질하기** 무는 깨끗이 씻어서 잔뿌리만 떼고 껍질을 벗겨 2cm 두께로 둥글게 토막을 낸 후 사방 2cm 크기로 깍둑썰기 한다.
❷ **야채 손질하기** 실파, 갓, 미나리는 다듬어서 3cm 길이로 썬다.
❸ **굴 씻기** 생굴은 소금물에 흔들어 씻어 건진다.
❹ **마늘, 생강, 새우젓 준비하기** 마늘, 생강은 다듬어서 곱게 다지고 새우젓은 건지를 대강 다진다.
❺ **버무리기** 큰 그릇에 무, 고춧가루, 마늘, 생강, 새우젓, 멸치젓, 설탕을 넣어 잘 섞은 후 실파, 갓, 미나리를 넣어 버무린다. 소금, 설탕으로 간을 맞춘다.
❻ **항아리에 담기** 항아리에 버무린 깍두기를 꼭꼭 눌러서 담고 뚜껑을 잘 덮어 익힌다. 김장철에는 열흘 정도면 알맞게 익는다.

한마디 더 | 무는 크기를 균일하게 썰어야 간이 고루 밴다. 모가 난 재료를 쓸 때는 양념은 다져서 써야 채 썬 양념이 잘 붙는다. 공기에 접하면

부패하므로 꼭꼭 눌러 담아 뚜껑을 덮고, 버무린 그릇은 연한 소금물로 씻어 깍두기 위에 뿌린다.

총각김치

재료
총각무 2kg, 실파 300g, 갓 300g, 파(흰 부분) 50g, 다진마늘 4큰술,
다진생강 2큰술, 멸치젓 1/2컵, 새우젓 1/2컵, 고춧가루 1컵, 설탕 2큰술
(가) 소금 1/2컵 **(나)** 물 1컵, 찹쌀가루 3큰술, 소금 2큰술

만드는 법
❶ **무 절이기** 총각무는 잔털을 떼고 무청 달린 부분의 껍질을 도려내어 깨끗이 씻는다. 소금을 고루 뿌려 절인 후 헹구어서 소쿠리에 건져 물기를 뺀다.
❷ **실파, 갓 손질하기** 실파와 갓은 다듬어서 무를 절이는 도중에 함께 넣어 절인 후 살짝 씻어 건진다.
❸ **파, 마늘, 생강 준비하기** 파는 어슷하게 채썰고, 마늘과 생강은 다진다.
❹ **풀 쑤기** 냄비에 (나)의 물과 찹쌀가루를 잘 풀어서 풀을 쑤고 소금으로 간을 하여 식힌다.
❺ **양념 만들기** 그릇에 멸치젓국을 담아 먼저 고춧가루를 섞고 이어서 식힌 찹쌀풀을 고루 섞은 후 마늘, 생강, 새우젓, 설탕을 넣어 걸쭉한 양념을 만든다.
❻ **항아리에 담기** 섞어놓은 양념에 절인 총각무, 실파, 갓을 넣어 버무린다. 총각무, 실파, 갓을 두 가닥 정도씩 모아 말아 둥근 묶음으로 하여 항아리에 차곡차곡 담고 꼭꼭 눌러서 익힌다. 김장철에는 2주 정도면 먹기에 알맞게 익는다.

파김치

재료

실파 1kg, 멸치젓 1/2컵, 고춧가루 1컵,
물 3큰술, 다진마늘 4큰술, 다진생강 2큰술,
설탕·통깨 1큰술씩, 소금 적당량

만드는 법

❶ 파 손질하기 싱싱한 실파를 골라서 씻어 건져서 물기를 뺀다.

❷ 젓국 만들기 멸치젓은 미리 같은 양의 물을 부어서 끓여 소쿠리에 한지를 깔고 걸러서 맑은 젓국을 만든다.

❸ 젓국 끼얹기 그릇에 실파를 한 켜 고르게 펴고 멸치젓을 수저로 고루 뿌린 다음 파를 놓고 멸치젓을 끼얹어 절인다. 도중에 위아래를 바꾸어 고루 절인다.

❹ 재료 손질하기 마늘과 생강은 다듬어서 곱게 다진다.

❺ 양념 만들기 고춧가루와 물을 섞어서 잠시 두어 불어나면 다진마늘, 생강, 설탕, 통깨를 넣어 섞고 절였던 멸치젓국도 따라 붓는다. 간이 부족하면 소금을 넣어 걸쭉한 양념을 만든다.

❻ 눌러 담기 절인 파를 양념에 가지런히 넣어서 고루 주물러 파를 다섯 가닥 정도씩 잡고 한데 감아 묶어 항아리에 차곡차곡 담아 꼭꼭 눌러서 익힌다. 김 장철에는 담가서 한 달 이상 두어 잘 익혀야 맛이 좋다.

한마디 더 | 실파를 멸치젓으로 절여서 고춧가루를 넉넉히 넣고 담은 맵고 진한 맛의 김치이다. 실파는 재래종의 길이가 짧고 뿌리 쪽이 굵으며 흰 부분이 많은 것이 단맛이 난다.

갓김치

재료

갓 1kg, 실파 500g, 멸치젓 1컵, 고춧가루 1/2컵, 굴 300g, 배 1개, 밤 5개,
잣 1큰술, 실고추 3g, 다진마늘 4큰술, 다진생강 2큰술, 설탕·통깨 1큰술씩,
소금 적당량 **(가)** 소금 1/2컵

만드는 법

❶ 갓, 실파 손질하기 갓은 붉은색에 줄기가 연하고 싱싱하면서 포기가 크지 않은 것으로 골라 깨끗이 다듬는다. 실파도 다듬어서 씻어 두 가지를 한데 놓고 (가)의 소금을 뿌려서 절인다. 도중에 위아래를 바꾸어 고루 절인다.

❷ 젓국 만들기 멸치젓은 미리 같은 양의 물을 부어 끓여서 소쿠리에 한지를 깔고 걸러서 맑은 젓국을 만든다.

❸ 재료 준비하기 생굴은 소금물에 흔들어 씻어서 건지고, 배와 밤은 껍질을 벗겨서 사방 1cm 크기로 납작하게 썬다. 잣은 고깔을 떼어놓고 실고추는 3cm 길이로 짧게 끊는다. 마늘과 생강은 다듬어서 곱게 다진다.

❹ 골고루 섞기 큰 그릇에 멸치젓국을 담고 먼저 고춧가루를 섞어서 잠시 불린 후 다진마늘, 생강, 설탕, 통깨를 섞어 걸쭉한 양념을 만든다. 굴, 밤, 배, 실고추를 넣어 고루 섞는다.

---

❺ 양념하기 절인 갓과 실파를 세 가닥씩 손에 들고 양념을 중간에 얹어 반으로 접어 묶어 항아리에 차곡차곡 담는다. 배추, 절인 우거지 등을 덮어 익힌다.

❻ 익히기 한 달 이상 두어 잘 익으면 한 뭉치씩 꺼내 짧게 썰어서 담는다.

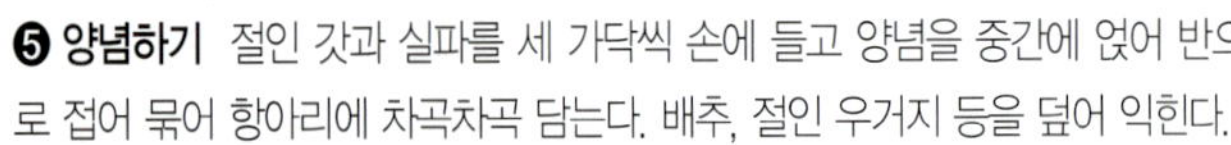

섞박지

재료

무 3개, 배추 1통, 굵은소금 1컵,
갓·실파·미나리 1단씩, 대파 2뿌리,
마늘 3통, 생강 2톨, 청각 50g, 굴 1컵,
고춧가루 2컵, 새우젓·조기젓 1컵씩,
소금 1큰술, 설탕 2큰술

만드는 법

❶ 무, 배추 절이기 무는 가로 3cm, 세로 2.5cm, 두께 0.6cm 크기로 썰고, 배추는 중간 속대로 준비하여 무와 같은 크기로 썰어 슴슴하게 절인다.

❷ 재료 자르기 갓, 미나리, 실파는 다듬어 씻은 후 2.5cm 길이로 자른다.

❸ 재료 손질하기 파, 마늘, 생강은 다지고 청각은 불려 짧게 자른다. 굴은 소금물에 씻어 건진다.

❹ 젓국 준비하기 새우젓은 다지고, 조기젓은 살은 어슷어슷 썰고 머리와 뼈는 달여서 국물을 밭친다.

❺ 버무리기 무, 배추에 고춧가루를 넣어 물을 들이고 양념, 젓갈, 조기젓국을 넣어 버무린다.

❻ 간 보기 소금, 설탕을 넣어 간을 보고 끝으로 굴을 섞는다.

오이소박이

재료

오이 10개(1kg), 부추 100g, 다진파(흰 부분) 4큰술, 다진마늘 2큰술,
다진생강 1큰술, 고춧가루 4큰술, 설탕 1작은술, 소금 1큰술
(가) 소금 4큰술, 물 2컵 **(나)** 소금 1큰술, 물 2컵

만드는 법

❶ 오이 손질하기 오이는 껍질을 소금으로 문질러 씻어 길이 5cm로 토막을 내어 한가운데에 칼집을 넣는다. 단면이 삼각진 오이는 세 번 칼집을 넣고, 둥근 오이는 십자로 칼집을 넣어서 (가)의 소금물에 담가 절인다.

❷ 재료 손질하기 부추는 다듬어서 1cm 폭으로 썰고 파, 마늘, 생강은 다진다.

❸ 소 만들기 부추에 파, 마늘, 고춧가루, 설탕, 소금을 넣어서 고루 버무린다.

❹ 물기 빼기 오이가 충분히 절여지면 헹구어 행주에 싸서 눌러 물기를 뺀다.

❺ 소 채우기 오이의 칼집 사이에 소를 채워 넣고 항아리에 차곡차곡 담는다.

❻ 소금물 붓기 소를 버무린 그릇에 (나)의 소금물을 만들어서 항아리에 부어 작은 접시로 눌러 익힌다. 여름철에는 하룻만에 익으므로 바로 냉장고에 보관한다.

월별 식품 저장 계획표

고기류, 생선류, 채소류 등 제철일 때 싼 값으로 구입해서 가공 · 저장해 두었다가 언제든지 먹고 싶을 때 양념으로 맛을 살려 철 아닐 때 그 독특한 맛을 즐기자.

저장법 / 월별	건조법	염장법				담장법	움저장 냉장, 냉동	산저장	기타
		소금에 절이기	간장에 절이기	된장, 고추장에 넣기	젓갈 담그기				
1월	동태말림, 민어말림, 대구말림	고등어자반			명란젓, 창란젓, 어리굴젓	굴마말레이드			담북장, 유밀과, 강정
2월				두부장아찌	어리굴젓				간장 담그기, 고추장 담그기
3월	육포, 어포, 김자반			동치미무장아찌, 김장아찌	꼴뚜기젓, 어리굴젓, 곤쟁이젓, 뱅어젓				간장, 고추장
4월	취, 고사리말림, 산나물말림, 쑥말림, 가죽나무순말림			더덕장아찌, 마늘종장아찌	꼴뚜기젓, 조개젓, 조기젓, 뱅어젓, 홍합젓, 황석어젓, 대합젓,			마늘종장아찌, 마늘잎장아찌	송순주, 살구주
5월	굴비, 고사리말림, 더덕말림, 도라지말림		꽃게장	더덕장아찌	조기젓, 멸치젓, 준치젓, 소라젓, 정어리젓, 병어젓	딸기잼, 사과잼, 딸기주스, 딸기시럽	딸기냉동, 완두냉동, 껍질콩냉동	마늘장아찌, 양파장아찌	매실주, 매화주
6월	미숫가루, 두릅말림, 멸치말림	오이지	풋고추 장아찌, 홍합장아찌, 깻잎장아찌	매실장아찌, 고기장아찌	갈치젓, 오징어젓, 새우젓	장미잼	완두냉동, 콩냉동		매실주
7월	어란, 감자말림	오이지		감장아찌, 오이장아찌, 고추장아찌, 깻잎장아찌	오징어젓, 곤쟁이젓				
8월	애호박말림, 감자말림, 도라지말림, 더덕말림, 감자녹말 준비, 풋고추부각, 깻잎부각, 민어말림	단무지	풋고추 장아찌	깻잎장아찌, 양파장아찌, 가지장아찌, 참외장아찌, 풋고추장아찌, 수박껍질장아찌, 오이장아찌	오징어젓, 대합젓			오이피클	복숭아주, 포도주, 능금주
9월	가지말림, 무말림, 고구마말림, 아주까리잎말림, 버섯말림, 고구마순말림, 참외말림, 박고지말림, 고춧잎말림, 호박말림, 엿기름 준비	송이절이기, 갈치절이기, 자반, 어포	가지장아찌, 토란장아찌, 오이장아찌	감장아찌, 깻잎장아찌, 오이장아찌, 풋고추장아찌, 참외장아찌		포도즙, 복숭아잼, 포도젤리, 포도잼	포도즙냉동		국화주, 인삼주, 머루주, 포도주, 복숭아병조림
10월	토란대말림, 곶감, 버섯말림, 황률, 고구마말림, 김부각, 들깨꽃부각, 풋고추부각	짠지, 단무지, 대구말림	매운 풋고추절임, 속대장아찌, 무장아찌, 고춧잎 장아찌	고춧잎장아찌, 송이장아찌, 가지즙장아찌	토하젓, 명란젓, 대구알젓				
11월	무청말림	김장		김장아찌, 무장아찌	전복젓, 명란젓, 창란젓, 어리굴젓	편강, 유자청, 모과청	무, 배추, 고구마, 파		과일차 (귤, 모과, 생강, 유자, 인삼)
12월	포 종류(편포, 육포, 어포)			홍합장아찌	굴젓, 뱅어젓	굴마말레이드, 배잼		유자청, 모과청	메주 쑤기, 엿, 다식, 청국장, 강정, 유밀과

염장법과 산(酸)저장법 김치와 장아찌는 소금과 간장을 이용한 대표적인 염장식품으로 저장방법이 비교적 간단하고 저장성도 뛰어나다. 채소피클은 끓인 식촛물에 채소를 담가 미생물의 생육을 억제하는 산저장법의 하나로 설탕이나 소금을 함께 이용하면 더욱 큰 효과를 볼 수 있다.

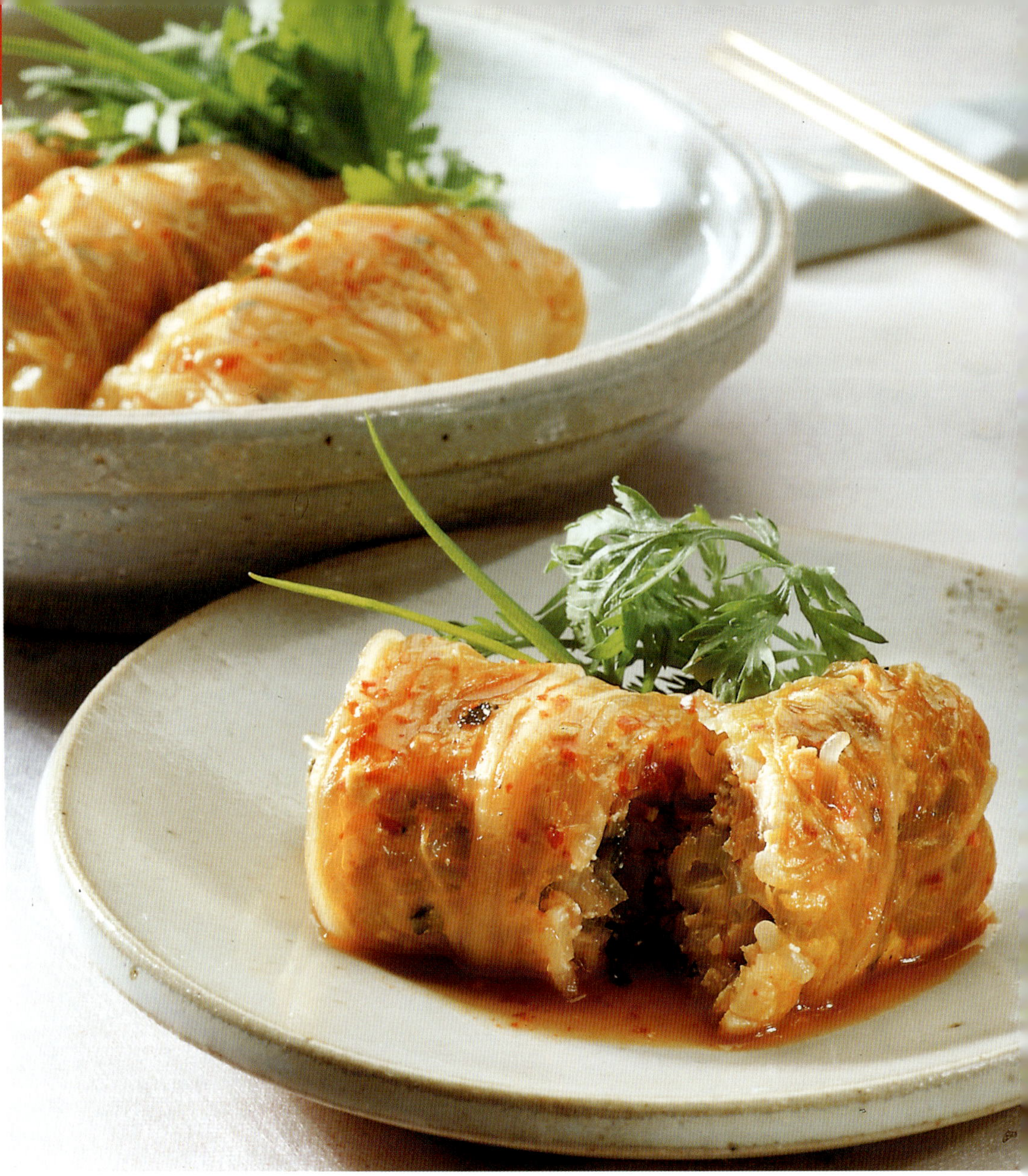

오늘의 식단 (총1957kcal)

아침	손가락김밥	332Kcal
	유부된장국	121Kcal
	양배추햄볶음	222Kcal
	단무지	10Kcal
점심	콩나물국밥	498Kcal
	부추김치	36Kcal
	장조림	148Kcal
저녁	잡곡밥(1공기)	361Kcal
	김치롤찜	138Kcal
	중국식오이볶음	79Kcal
	나박김치	12Kcal

김치롤찜

재료/4인분

배추김치 ··· 1/2포기
두부 ··· 600g
대파 ··· 1대
숙주 ··· 150g
쑥갓 ··· 조금
돼지고기(다진것) ··· 200g
당면 ··· 150g
육수 ··· 조금

돼지고기양념

다진파 ··· 1큰술
다진마늘 ··· 1큰술
참기름 ··· 1/2큰술
생강즙 ··· 조금
후춧가루 ··· 1/4작은술
소금 · 간장 ··· 1작은술

소 양념

다진마늘 ··· 2작은술
청주 ··· 1큰술
후춧가루 · 소금 · 설탕 ··· 조금씩
깨소금 · 참기름 ··· 2작은술씩

이렇게 만드세요

1 **김치 양념하기** 배추김치는 속을 털어내고 겉잎쪽을 떼어서 줄기와 잎부분을 나누어 반으로 썬다. 줄기부분은 잘게 다져 김치물을 짜놓는다. 잎부분도 김칫물을 꼭 짠 다음 참기름, 설탕으로 밑간을 약간 한다.

2 **소 만들기** 두부는 으깨어 베보자기에 놓고 꼭 짜서 물기를 없애고, 숙주는 데쳐서 물기를 꼭 짠 다음 대강 썬다. 대파는 송송 썬다. 당면은 미지근한 물에 불려서 부드러워지면 가위로 짤막한 길이로 자른다. 쑥갓은 데쳐서 잘게 썬다.

3 **돼지고기 양념하기** 다진파 · 마늘, 간장 등 분량의 양념을 잘게 썬 돼지고기에 넣은 후 조물조물 무쳐서 재워둔다.

4 **소 양념하여 무치기** 배추김치의 줄기부분을 잘게 썰은 것과 돼지고기, 두부, 대파, 숙주, 쑥갓, 당면 등을 합하여 참기름, 설탕, 다진마늘, 깨소금 등의 양념을 넣어 손으로 무친다.

5 **배춧잎에 말기** 배춧잎에 양념한 소를 한 수저씩 올려놓고 가장자리를 아무려 가면서 단단하게 말아준다.

6 **찜하기** 밑이 두꺼운 냄비에 김치말이를 가지런히 안친 다음 육수를 자작하게 부어서 불에 올려 찜을 하거나 또는 180도로 예열한 오븐에 넣어서 30분간 찜한다. 오븐에 넣을 때는 쿠킹호일로 윗부분을 덮고 찜을 할 때도 마찬가지로 뚜껑을 덮는다.

비디오 쿠킹

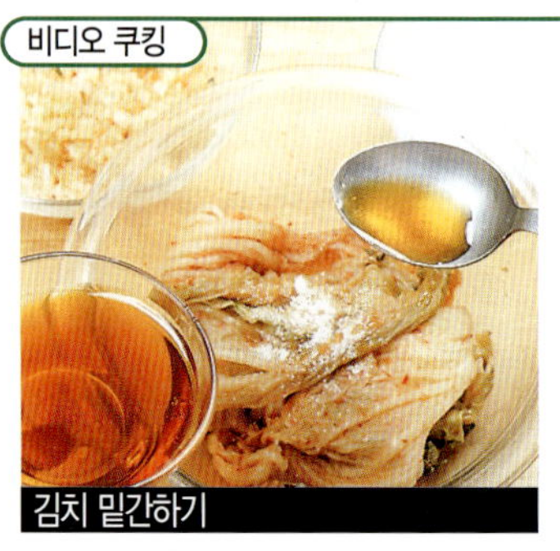

김치 밑간하기

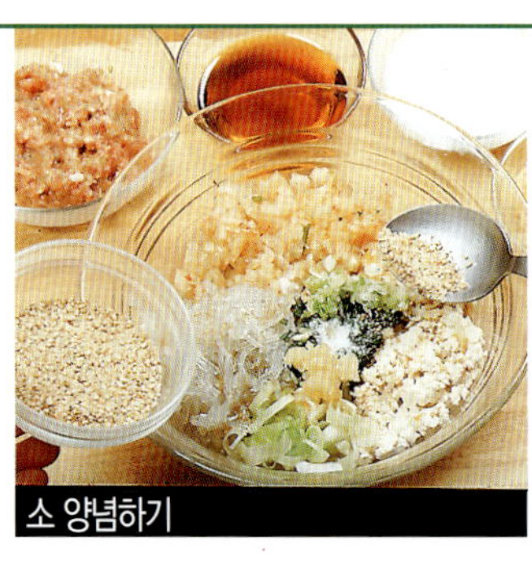

소 양념하기

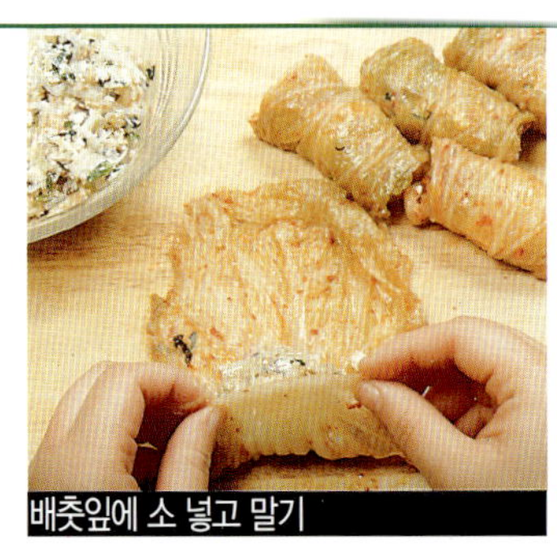

배춧잎에 소 넣고 말기

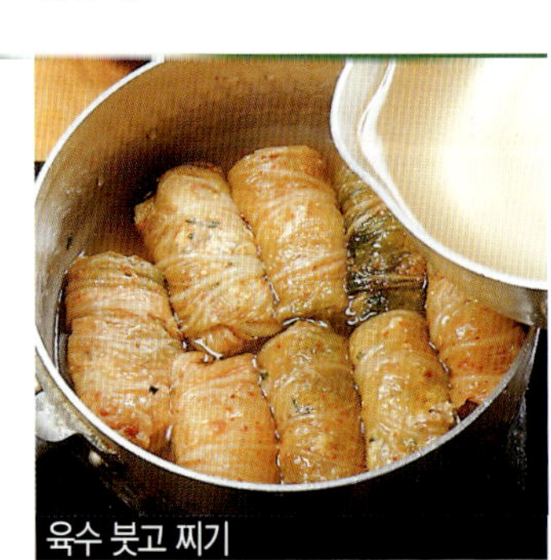

육수 붓고 찌기

Tu화day

지중해식해물찜

재료/4인분

오징어 1마리, 새우 200g, 소금 · 흰후춧가루 조금씩, 바지락 400g, 백포도주 4큰술, **소스** 다진마늘 1큰술, 양파 1/2개, 월계수잎 1장, 올리브 조금, 마른고추 1/2개, 토마토(삶은 것 400g, 버터 · 식용유 2큰술씩 **바지락 볶음양념** 마른고추 1개, 식용유 2큰술, 백포도주 4큰술

이렇게 만드세요

1 오징어 손질하기 오징어는 다리를 빼고 내장을 잘라낸 다음 흐르는 물에 속을 깨끗이 씻어서 물기를 없앤 후 2cm폭에 3~4cm 길이로 썬다. 다리는 4~5cm길이로 자른다.

2 오징어와 새우 간하기 새우는 슴슴한 소금물에 씻어서 물기를 뺀다. 손질한 오징어와 새우는 소금, 흰후춧가루로 밑간을 한다.

3 바지락 해감 토하기 바지락은 물을 여러번 갈아주면서 해감을 토하게 한 다음 깨끗이 씻어 물기가 빠지도록 망에 담아둔다.

4 바지락 익히기 냄비에 기름을 두르고 마른고추와 식물성기름을 넣은 후 백포도주 2큰술을 넣어서 끓기 시작하면 바지락을 넣고 뚜껑을 닫는다. 조개의 입이 벌어지면 조개만 꺼낸다. 그중에서 2/3는 조개껍질에서 살을 빼내고 껍질은 버린다.

5 소스 만들기 다른 냄비에 버터와 식물성기름을 두르고 다진마늘과 양파, 마른고추를 볶다가 향이 나면 토마토 삶은 것과 월계수잎, 올리브를 넣어서 15분간 약한불에서 뭉근하게 끓인다.

6 찜하기 팬에 버터를 두르고 오징어와 새우, 익혀놓은 바지락을 넣어서 볶는다. 남은 백포도주 2큰술을 넣어 한소끔 끓인 다음 소스를 넣어서 다시 4~5분간 찜한다.

누룽지장국죽

재료/4인분

누룽지 200g, 물 6컵, 쇠고기 다진 것 100g, 표고버섯(작은 것) 2개, 국간장 · 소금 적당량씩 **고기양념** 간장 1큰술, 다진마늘 2작은술, 참기름 1큰술, 후춧가루 조금

이렇게 만드세요

1 누룽지 말리기 집에서 만든 누룽지를 바짝 말려 두었다가 쓰거나 말려서 파는 누룽지를 써도 좋다.

2 쇠고기 양념하기 쇠고기 다진 것에 불린표고를 잘게 다져 넣고 간장, 다진마늘 등 고기 양념을 넣어 손으로 무친다.

3 누룽지 끓이기 냄비에 물 6컵을 부어서 끓기 시작하면 누룽지를 넣어서 끓인다.

4 쇠고기 반죽 넣기 누룽지가 부드러워지기 시작하면 쇠고기 반죽을 한 수저씩 떠 넣는다. 간은 국간장으로 하면 알맞다. 먹을 때 김을 구워 부순 것을 뿌려먹는다.

오늘의 식단
(총1907 kcal)

아침	· 달걀찜밥	306Kcal
	동치미무무침	20Kcal
	장조림	148Kcal
점심	· 자장밥	547Kcal
	콩나물무침	42Kcal
	나박김치	12Kcal
저녁	· 쌀밥(1공기)	334Kcal
	양지머리곰국	248Kcal
	생선전	205Kcal
	배추겉절이	**45Kcal**

배추겉절이

재료/4인분

배추	1/4포기
굵은소금	5큰술
홍고추	2개
실파	1/2단
대파	조금

양념

고춧가루	1/4컵
마른고추	20g
마늘	3쪽
생강	1톨
멸치액젓	3큰술
새우젓	1큰술
설탕	2큰술
소금	1큰술
통깨	조금

이렇게 만드세요

1 배추 다듬어 절이기 배추는 속이 꽉 차고 잎이 연하며 얇은 것으로 골라 겉잎은 떼고 깨끗이 씻어 4등분한다. 소금절임을 하면 살균 효과가 있으므로 절인 후에는 가볍게 헹구는 정도가 좋다.

2 배추 찢기 배추는 통째로 분량의 소금에 절여서 가볍게 한 번 씻어서 물기를 빼고 먹기 좋은 크기로 쭉쭉 찢어 놓는다.

3 야채 손질하기 굵은 파와 홍고추는 어슷썰기한다. 실파는 4cm길이로 자르고 마른고추는 물을 질팍하게 부어서 3시간 정도 불린다.

4 굴 씻기 굴은 슴슴한 소금물에 깨끗이 씻어서 체에 받쳐 물기를 뺀다.

5 양념 만들기 고추 불린 것과 불린 물 1/3컵, 마늘, 생강, 액젓, 고춧가루를 넣어서 믹서에 곱게 간다. 물이 많으면 고추가 잘 갈리지 않고 고추입자가 커져서 지저분하다.

6 배추에 간하기 그릇에 배추를 담고 굴, 양념을 섞어 설탕과 소금으로 간을 하면서 버무린다. 싱거우면 진간장을 조금 넣어 간을 맞춘다.

요리힌트

겉절이는 먹기 직전에 참기름을 넣는다

담가 놓은 김치가 덜 익었을 때 배추 겉절이를 해 먹으면 산뜻하고 신선하며 입맛이 개운해진다. 액젓을 넣어 깔끔한 맛을 내거나 새우젓을 넣어 시원한 맛을 더하면 좋다. 단, 양념이 걸쭉해지지 않도록 주의한다.

먹기 직전에 보시기에 약간 적은 듯이 담아 참기름을 넣어 버무려 먹으면 싱싱한 배추맛과 고소한 참기름맛이 어우러져 맛있다. 겉잎은 데쳐두었다가 우거지찌개나 국을 끓인다.

비디오 쿠킹

배추 찢기

양념 만들기

무치기

간하기

*Thur*목*sday*

오늘의 식단
(총1966kcal)

아침	감자카레구이	310Kcal
	데친 야채샐러드	97Kcal
	바게트	205Kcal
	우유 1컵	118Kcal
점심	잡곡밥(1공기)	361Kcal
	콩나물된장국	58Kcal
	코다리양념구이	217Kcal
	겉절이	45Kcal
저녁	콩밥(1공기)	367Kcal
	된장국	44Kcal
	참치뚜가리	104Kcal
	야채쌈	40Kcal

참치뚜가리

🥣 재료/4인분
참치통조림 1캔, 대파 5cm, 매운 풋고추 1개, 다진마늘 1큰술, 고춧가루 1작은술, 깨소금 1큰술

✏️ 이렇게 만드세요

1 대파와 고추 손질하기 대파는 송송 썰고, 매운 풋고추는 동글게 썰어서 씨를 대강 털어낸다.

2 익히기 뚝배기(작은것)에 참치통조림을 국물과 함께 쏟아 넣는다.

3 양념하기 참치 위에 대파와 고추, 다진 마늘, 고춧가루, 깨소금을 넣고 뚜껑을 덮어서 약한불로 30분간 익힌다. 먹을 때 위의 양념을 섞어서 먹는다.

더 맛있게! 카레는 인도말로 소스라는 뜻이다. 향기와 자극성이 있는 식물의 뿌리, 줄기, 껍질, 잎, 꽃, 열매, 씨앗 등을 가루로 만들어 재빨리 섞은 것이다. 매운맛이 위장을 적당히 자극해 식욕을 돋우며 소화액의 분비를 도와준다. 카레가루를 넣은 후에는 나무주걱으로 저으면서 볶는다. 그대로 두면 눋게 되므로 잘 저어야 한다.

감자카레구이

🥣 재료/4인분
감자 600g, 옥수수통조림 1컵, 완두콩 3큰술, 카레가루 3작은술, 칠리소스 3큰술, 다진마늘 1큰술, 칠리파우더 1큰술, 식용유 1/2컵

✏️ 이렇게 만드세요

1 감자 씻기 감자는 껍질을 벗기고 한입 크기로 썰어서 찬물에 씻어서 건져 물기를 뺀다.

2 재료 볶기 프라이팬에 기름을 둘러 뜨겁게 한 다음 먼저 마늘을 넣고 볶다가 감자와 옥수수, 완두콩을 넣어서 볶는다.

3 카레가루와 소스 넣어 볶기 감자의 겉이 익기 시작하면 카레가루와 칠리소스, 칠리파우더를 넣어서 볶다가 뚜껑을 덮는다.

4 감자 굽기 불을 약하게 하여 감자속은 푹 익으면서 겉은 노릇노릇하게 구워지도록 한다.

🧑‍🍳 요리힌트
감자 고르는 법과 손질법
감자를 살 때는 약간 갸름하고 통통하며 껍질에 광택이 있는 것이 좋다. 푸른빛이 돌거나 싹이 나 있는 것, 껍질이 쭈글거리거나 만져 보아 물렁한 것은 오래 묵은 것이다. 감자의 씨눈이나 햇볕에 �찐 부분에는 솔라닌이라는 유독성분이 들어 있어 이것을 먹으면 식중독을 일으키기 쉽다. 따라서 감자를 손질할 때는 껍질을 벗기고 씨눈을 말끔히 도려낸 뒤 조리해야 한다. 솔라닌은 햇볕에 두면 더 증가하므로 서늘한 곳에 보관하도록 한다.

Friday 금

오늘의 식단
(총1783kcal)

아침	· 삶은달걀과 생야채샐러드	
		173Kcal
	베이글	208Kcal
	오렌지주스(1/2컵)	41Kcal
점심	보리밥(1공기)	365Kcal
	굴탕	114Kcal
	조기구이	120Kcal
	쑥갓생채	45Kcal
저녁	쌀현미밥(1공기)	332Kcal
	된장찌개	170Kcal
	꽁치마늘구이	132Kcal
	씀바귀나물	66Kcal
	배추김치	17Kcal

굴탕

재료/4인분

굴	300g
소금 · 후춧가루	조금씩
쇠고기(양념한 것)	100g
실파	5뿌리
실고추	조금
밀가루	1/3컵
달걀	2개
물	조금

장국물

멸치국물	4컵
소금	2큰술
간장	1작은술
통후추	5알
통마늘	3쪽
파	2뿌리

이렇게 만드세요

1 밑간하기 굴은 슴슴한 소금물에 씻어서 물기를 뺀 다음 소금, 후춧가루로 밑간한다.

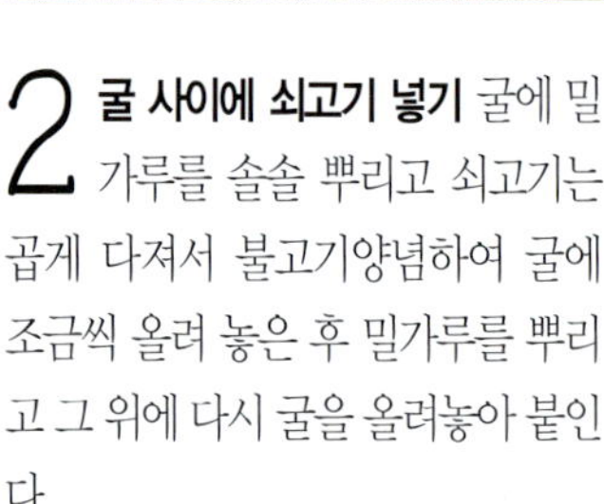

2 굴 사이에 쇠고기 넣기 굴에 밀가루를 솔솔 뿌리고 쇠고기는 곱게 다져서 불고기양념하여 굴에 조금씩 올려 놓은 후 밀가루를 뿌리고 그 위에 다시 굴을 올려놓아 붙인다.

3 장국 만들기 장국은 멸치국물, 마늘, 파, 통후추, 소금, 간장을 넣고 팔팔 끓인 다음 체에 거른다.

4 장국에 넣어 끓이기 굴에 밀가루와 달걀물을 묻혀서 끓는 장국에 한 개씩 넣는다.

5 실고추와 실파 넣기 굴이 동동 떠오르면 실고추와 실파를 3cm 길이로 썰어 달걀물에 담갔다가 한수저씩 넣는다. 실고추의 매운맛이 우러나서 맛이 시원하다.

요리힌트

굴 깨끗하게 씻는 법

굴을 깨끗하게 씻으려면 무즙 속에 굴살을 넣고 무즙이 까매질 때까지 휘저어 더러움을 없애고 흐르는 물에 한 번 더 씻는다. 그 후 체에 밭쳐 소금물에 살살 흔들어 씻어 물기를 뺀다.

더 맛있게! 장국에 부드럽고 연한 굴을 넣어 끓이면 담백하고 시원한 맛이 나 해장국으로 그만이다. 주의할 점은 굴을 너무 오래 끓이면 오그라들어 볼품이 없고 부드럽게 씹히는 맛이 없어지므로 처음부터 굴을 넣지 않도록 한다. 굴과 굴 사이에 양념한 쇠고기를 넣어 탕을 끓이면 영양도 많고 색다른 맛을 느낄 수 있다.

비디오 쿠킹

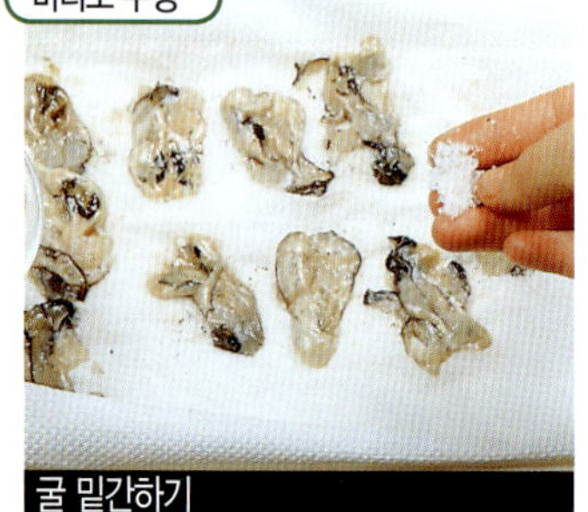

굴 밑간하기

굴 사이에 쇠고기 넣기

장국에 굴 넣기

실파 넣기

Satu토day

오늘의 식단
(총1758kcal)

아침 · 잡곡밥(1공기)	361Kcal
	된장찌개	159Kcal
	우엉조림	116Kcal
	배추김치	17Kcal
점심 · **김치볶음밥**	479Kcal
	명란두부탕	133Kcal
	오이지무침	39Kcal
	깍두기	20Kcal
저녁 · 쌀밥(1/2공기)	167Kcal
	아구찜	168Kcal
	굴회	82Kcal
	절임김치	17Kcal

김치철판볶음밥

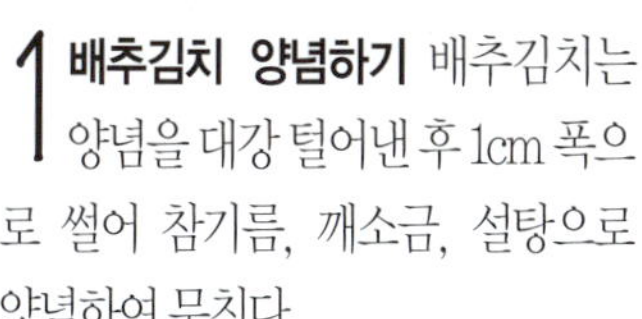

재료/4인분

배추김치 1/4포기, 쇠고기 200g, 햄 100g, 콩나물 200g, 양파 1/2개, 김 1장, 간장 · 참기름 · 깨소금 조금씩, 쌀밥 2공기 **김치양념** 참기름 · 깨소금 1큰술씩, 설탕 2작은술 **불고기양념** 간장 2큰술, 설탕 1큰술, 다진파 1큰술, 다진마늘 · 깨소금 · 참기름 2작은술씩, 후춧가루 조금 **콩나물양념** 국간장 · 소금 · 다진마늘 · 참기름 · 깨소금 1작은술씩, 다진파 2작은술

이렇게 만드세요

1 배추김치 양념하기 배추김치는 양념을 대강 털어낸 후 1cm 폭으로 썰어 참기름, 깨소금, 설탕으로 양념하여 무친다.

2 고기 양념하기 쇠고기는 불고기감으로 준비해 제시한 분량대로 양념하여 무쳐 재워둔다.

3 재료 준비하기 콩나물은 꼬리만 다듬어 삶은 후 양념으로 무치고 햄은 3cm 길이로 채썰고, 양파도 채썬다. 김은 구워 잘게 부순다.

4 밥 양념하기 쌀밥은 고슬고슬하게 볶아 참기름과 깨소금으로 양념하여 놓는다.

5 볶기 철판을 달군 후 불고기를 볶아 한쪽으로 밀어놓고 김치와 양파를 볶아준다. 그 다음에 밥과 콩나물, 햄을 넣고 고루 섞어 볶은 후 간장, 참기름, 깨소금, 김을 넣고 고루 섞어준다. 먹을 때 불을 약하게 해놓고 따뜻하게 먹는다. 상추를 잘게 썰어 함께 볶아먹으면 더욱 맛있다.

명란두부탕

재료/4인분

명란젓 (소금절임) 200g, 두부 1모, 매운 풋고추 2개, 대파 1/2뿌리, 소금 · 다시마 조금씩

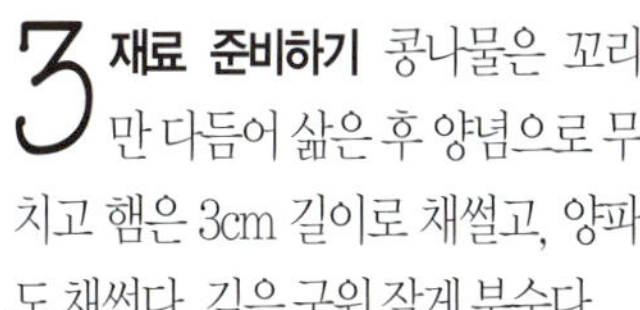

이렇게 만드세요

1 명란젓과 두부 썰기 명란젓은 2cm 길이로 썰고 두부는 2cm 크기로 깍뚝썰기를 한다.

2 다시마 끓이기 찬물 2컵을 냄비에 붓고 다시마를 넣어 끓여 오르면 다시마를 건진다.

3 간 맞추기 뚝배기에 두부, 명란, 송송썬 대파, 풋고추를 같이 담고 다시마물을 넣고 끓인다.

4 끓이기 한 번 끓어 오르면 뚜껑을 덮어 명란의 맛이 우러나와 국물이 뽀얗게 될 때까지 끓인다. 소금으로 간을 맞춘다.

더 맛있게! 명란젓은 조리하지 않고 먹을 수 있을 뿐만 아니라 익는데 시간이 걸리지 않으므로 살짝만 끓인다. 너무 센불에서 오래 끓이면 알이 흩어져서 국물이 지저분해진다. 명란젓 자체가 짭짤하게 간이 되어 있으므로 맛을 보아가며 간을 맞추고, 국물의 양은 너무 많이 잡지 않는 것이 좋다.

*Sun*일*day*

단호박오븐찜

🍚 재료/4인분

단호박	1/2개
쇠고기(다진 것)	200g
양파	1개
홍피망 · 청피망	1/2개씩
토마토	1개
피자치즈	100g
빵가루	1/2컵
버터	3큰술
설탕	2큰술
카레가루	2작은술
토마토케첩	3큰술
다진마늘	1큰술
소금 · 후춧가루	조금씩

📝 이렇게 만드세요

1 단호박 손질하기 단호박은 가로로 반갈라 썬 후 몸체가 흔들리지 않도록 밑을 평평하게 자른다. 속의 씨를 긁어내고 껍질은 중간중간 벗긴다.

2 야채 다지기 양파와 피망은 굵게 다지듯이 썰고 토마토도 껍질 벗겨 씨를 뺀 다음 굵게 다진다.

3 야채와 고기 볶기 팬에 버터와 식물성기름을 1큰술씩 두르고 먼저 마늘과 양파를 볶다가 고기를 넣어서 볶는다. 고기가 익으면 한쪽으로 밀고 피망을 넣어서 볶는다.

4 토마토와 케첩 넣어 끓이기 어느 정도 볶아지면 토마토와 케첩을 넣고 소금과 후춧가루로 간을 한 다음 후루룩 끓여서 불에서 내린다.

5 재료 섞기 빵가루에 버터와 설탕, 카레가루를 고루 섞는다.

6 오븐에 굽기 단호박의 가운데에 ④를 넣고 위에 피자치즈를 뿌린 다음 ⑤의 빵가루를 뿌리고 호일로 전체를 싼 다음 180도의 오븐에 굽는다. 30분간 구운 다음 호일을 벗기고 10분간 윗면을 갈색이 나도록 더 구워낸다.

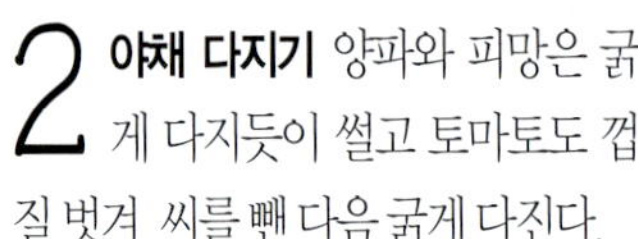

🧑‍🍳 요리힌트

호박에는 비타민이 풍부하다

동지에 호박을 먹으면 중풍에 걸리지 않고 장수한다는 속설이 있을만큼 호박은 겨울동안 부족하기 쉬운 비타민의 공급원이다. 늙은 호박에 치즈와 토마토, 버터 등을 넣어 만든 단호박찜은 서양식 요리이다. 병후 영양식으로 좋고 위장이 약한 사람도 무리없이 먹을 만하다.

더 맛있게! 호박을 가장 효과적으로 먹는 방법은 기름에 살짝 볶는 것. 기름은 호박 속의 카로틴이 몸안에서 잘 흡수되도록 도와주는데 호박은 빨리 익으므로 모양이 망가지지 않게 빠른 시간내에 볶아야 한다.

비디오 쿠킹

호박속 긁어내기

재료 볶기

소스 만들기

단호박 채우기

*Mo*월*day*

오늘의 식단
(총1918kcal)

아침 · 장국죽	208Kcal
파국	62Kcal
무초절이	49Kcal
점심 · 삼각만두튀김	275Kcal
카레라이스	580Kcal
피망볶음	52Kcal
배추김치	17Kcal
저녁 · 쌀밥(1공기)	334Kcal
개조개된장찌개	142Kcal
골뱅이무침	98Kcal
다시마튀각	84Kcal
배추김치	17Kcal

삼각만두튀김

 **재료/4인분**

만두피(큰 것) 10장, 새우살 200g, 피자치즈 100g, 허브 20g, 소금·후춧가루·청주 조금씩, 달걀 1개

 **이렇게 만드세요**

1 만두피 자르기 만두피는 얇게 밀어 동그랗게 모양을 만든 후 반으로 자른다. 파는 만두피를 사서 반으로 갈라 사용해도 좋다.

2 새우 밑간하기 새우살은 깨끗이 씻어서 소금, 후춧가루, 청주로 밑간을 한다. 조금 큰 새우는 도마에 놓고 칼로 굵게 다진다.

3 재료 준비하기 피자치즈는 잘게 다지고 허브잎은 한잎씩 떼어놓는다. 허브잎이 없으면 쑥갓이나 미나리잎을 조금씩 떼어 써도 좋다.

4 만두 만들기 반으로 가른 만두피는 반으로 접어 붙여서 삼각뿔 모양을 만든다. 가운데에 새우살과 치즈, 허브를 조금씩 넣고 입구를 맞물려서 붙인다. 만두피를 맞붙이는 부분에는 달걀 흰자를 바른다.

5 튀기기 기름 온도가 170℃가 되면 넣어 노릇하게 튀겨낸다.

 **요리 힌트**

튀김기름 오래 보존하는 법

튀김을 하고 난 뒤에는 튀김기름을 식혔다가 불순물을 없애고 깨끗하게 걸러낸다. 기름을 걸러 담아둘 때는 주둥이가 좁고 햇빛을 차단하는 색이 있는 병에 담아 서늘한 곳에 보관한다.

무초절이

 **재료/4인분**

무 400g, 무순 10g, 날치알 3큰술, 레몬즙 2작은술, 식초 1큰술, 설탕 2큰술, 소금 2큰술

 **이렇게 만드세요**

1 무 절이기 무는 얇게 동글썰기하여 가지런히 눕혀놓고 1.5cm 폭으로 채썰어서 소금을 뿌려 절인다음 물기를 꼭 짜 꼬들꼬들하게 한다.

2 재료 섞기 무에 레몬즙과 식초, 설탕, 날치알을 넣은 후 고루 섞는다. 레몬껍질도 얇게 채썰어 넣으면 색이 좋다.

3 버무리기 간이 배면 먹기 직전에 깨끗이 씻어서 건져놓은 무순을 넣고 살살 버무려서 그릇에 담는다. 고기요리 등 기름진 음식을 먹을 때 곁들여 먹으면 새콤달콤한 맛이 입맛을 개운하게 해준다.

 **요리 힌트**

무껍질에는 비타민 C가 많이 들어 있다

무는 몸체가 고르고 빛깔이 희며 싱싱한 것을 고른다. 무청이 달려 있는 것은 진흙에서 자란 것으로 맛이 좋다. 시커먼 빛이 나거나 울퉁불퉁한 것은 맛이 없다. 무청이 푸른색일수록 단맛이 강하다. 무에는 디아스타제라는 소화효소가 들어 있어 음식물의 소화흡수를 돕는다. 또 무껍질에는 비타민 C가 많이 들어 있으므로 껍질을 벗기지 말고 깨끗이 씻어 먹는 것이 좋다.

오늘의 식단
(총1952kcal)

아침 · 김치칼국수	334Kcal
느타리나물	55Kcal
메추리알장조림	100Kcal
배추김치	17Kcall
점심 · 잡곡밥(1공기)	361Kcal
감자고추장찌개	165Kcal
쇠고기튀김	212Kcal
배추김치	17Kcal
저녁 · 보리밥(1공기)	365Kcal
돼지갈비비지찌개	230Kcal
도토리묵오이무침	76Kcal
깍두기	20Kcal

돼지갈비비지찌개

재료/4인분

흰콩	1컵
돼지갈비	200g
배추김치	1/2포기
식물성기름	2큰술

고기양념

다진파	2큰술
다진마늘	1큰술
생강	조금
간장	1큰술
소금	조금
청주	1큰술
참기름	1큰술
후춧가루	조금

양념간장

진간장	3큰술
참기름	1큰술
다진마늘	1큰술
다진파	2큰술
깨소금	1큰술
고춧가루	2작은술
물	조금

이렇게 만드세요

1 콩 씻기 흰콩은 깨끗이 씻어 물에 담가 반나절 동안 불린 후 손으로 비벼 껍질을 벗긴다.

2 콩 갈기 불린 콩은 물을 조금 섞어서 믹서에 갈아 놓고 돼지갈비는 찬물에 담가 핏물을 빼고 씻어건진 뒤 기름을 대강 떼어내고 칼집을 넣는다. 배추김치는 양념을 털고 2cm폭으로 썬다.

3 양념하기 돼지갈비를 생강, 간장, 다진파 등의 고기양념으로 무쳐서 30분간 재운다.

4 볶기 냄비를 달군 다음 기름을 두르고 양념한 돼지갈비와 배추김치를 넣고 볶는다.

5 끓이기 돼지갈비와 배추김치가 익으면 갈아 놓은 콩을 넣는다. 물을 약간 붓고 뚜껑을 열고 약한 불에서 끓인다.

6 양념장 만들기 비지찌개가 끓는 동안 다진파, 마늘, 참기름, 깨소금, 간장, 고춧가루, 물을 섞어 만든 다음 먹을 때 끼얹어 섞어 먹는다.

더 맛있게! 날콩을 물에 담가서 하루 종일 불렸다가 돼지고기, 신김치 등을 넣고 끓이면 아주 고소한 맛이 나는 별미음식이다. 두부는 부드러워 씹는 맛이 별로 없지만 비지는 콩의 섬유질이 같이 섞여 있어서 씹는 맛이 더욱 고소하다. 끓일 때는 콩이 넘치거나 눌어붙지 않도록 불을 아주 약하게 하는 것이 제맛을 내는 비결이다. 양념장을 따로 만들어 두었다가 식성에 맞춰 먹어도 좋고 끓이는 중에 새우젓으로 살짝 간을 해도 맛있다.

갈비에 칼집 넣기

갈비 양념하기

김치·갈비 볶기

콩비지 넣기

Wednesday 수

오늘의 식단 (총1754kcal)

아침	· 북어죽	215Kcal
	뱅어포구이	122Kcal
	깻잎나물	50Kcal
	동치미	10Kcal
점심	· 오징어불고기와 소면	
		506Kcal
	호박부침	89Kcal
	오이소박이	30Kcal
저녁	· 라이스버거	533Kcal
	굴수프	154Kcal
	양배추생채	45Kcal

라이스버거

재료/4인분

쇠고기(다진것) 300g, 간장 3큰술, 설탕 1큰술, 꿀 1큰술, 후춧가루 조금, 청주 1큰술, 녹말가루 조금, 지짐기름 적당량 **볶음밥** 찬밥 2공기, 버터 1큰술, 식용유 1큰술, 소금 조금, 브로콜리 50g, 치즈 조금, **브라운소스** 양파 1/2개, 당근 1/5개, 셀러리 1줄기, 버터 2큰술, 밀가루 1큰술, 토마토케첩 4큰술, 육수 1컵, 오레가노 조금

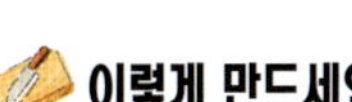 이렇게 만드세요

1 양념하기 쇠고기는 간장, 설탕, 꿀, 후춧가루, 청주로 양념하여 재워둔다.

2 쇠고기 볶기 팬에 기름을 두르고 뜨겁게 달구어 양념한 쇠고기를 넣고 볶는다.

3 볶음밥 만들기 찬밥은 버터와 식용유, 소금을 넣어 볶는다. 브로콜리는 얄팍하게 썰어서 끓는물에 소금을 조금 넣고 파랗게 데쳐 건진 뒤 밥과 함께 볶는다.

4 쇠고기와 밥 볶기 쇠고기와 밥을 섞어 볶은 후 녹말가루를 약간 넣고 섞어 손바닥만한 크기로 둥글게 모양을 빚는다.

5 지지기 뒤집개로 위아래가 고르게 편편해지도록 누르면서 지진다.

6 소스 만들기 버터를 조금 두른 팬에 채썬 양파와 당근, 셀러리를 볶다가 밀가루와 버터를 조금 더 넣고 볶는다. 여기에 토마토케첩을 넣고 조금 더 볶은 후 육수를 붓고 오레가노를 넣어 걸쭉해질 때까지 끓인다.

7 담기 뜨거운 접시에 구운 라이스버거를 담고 그 위에 브라운소스를 뿌려낸다.

뱅어포구이

재료/4인분

뱅어포 20장 **무침양념** 간장 1큰술, 고추장 2큰술, 다진파 1큰술, 다진마늘 2작은술, 참기름 · 깨소금 1작은술씩, 식초 2큰술, 설탕 1큰술 **구이양념** 간장 2큰술, 설탕 2큰술, 물엿 1큰술, 참기름 · 깨소금 1작은술씩, 물 2큰술

이렇게 만드세요

1 뱅어포 손질하기 뱅어포는 냄새가 없고 잘 마른 것을 골라 잡티를 골라내고 석쇠에 살짝 굽는다.

2 양념 만들기 분량의 재료대로 넣어 무침양념과 구이 양념을 각각 만들어 둔다.

3 굽기 뱅어포 10장은 사방 4cm 크기로 잘라서 무침양념으로 무치고 나머지 10장은 구이 양념을 발라서 재워두었다가 촉촉해지면 석쇠에 올려서 굽는다.

<table>
<tr><td colspan="2">오늘의 식단
(총 1967kcal)</td></tr>
<tr><td>아침 · 쇠고기볶음밥</td><td>492Kcal</td></tr>
<tr><td>두부된장국</td><td>121Kcal</td></tr>
<tr><td>굴초회</td><td>82Kcal</td></tr>
<tr><td>점심 · 떡만두국</td><td>383Kcal</td></tr>
<tr><td>도라지생채</td><td>69Kcal</td></tr>
<tr><td>깍두기</td><td>20Kcal</td></tr>
<tr><td>저녁 · 토란미트볼소스 & 스파게티</td><td></td></tr>
<tr><td></td><td>635Kcal</td></tr>
<tr><td>스틱샐러드</td><td>110Kcal</td></tr>
<tr><td>포도주스(1/2컵)</td><td>55Kcal</td></tr>
</table>

토란미트볼소스 & 스파게티

 **재료/4인분**

스파게티 국수 300g, 다진 쇠고기 250g, 이탈리안 햄 50g, 토란 200g, 다진마늘 1쪽, 레몬 껍질 간 것 1/2작은술, 달걀 1개, 달걀 노른자 1개, 파마산 치즈가루 1 1/2큰술, 소금·후춧가루 조금씩, 올리브 오일 조금 **소스** 토마토 통조림 1개(보통 토마토 2개), 설탕 1작은술, 육수 1컵, 월계수잎 조금, 소금·후춧가루 조금씩

 **이렇게 만드세요**

1 미트볼 만들기 쇠고기와 햄, 삶아 으깬 토란, 마늘, 레몬 껍질 간 것, 달걀, 달걀 노른자, 파마산 치즈가루, 소금, 후춧가루를 섞는다. 이 반죽을 한손에 쥐어 눌러 짜서 엄지와 검지 사이로 나오는 양을 일정하게 정하여 큼직한(직경4cm크기) 완자를 납작하게 해 미트볼을 만든다.

2 미트볼 지지기 팬을 달구어 올리브 오일을 두르고 미트볼을 가지런히 놓아 한쪽면이 노릇하게 되도록 지진다. 그다음 하나씩 부서지지 않도록 뒤집는다.

3 소스 만들기 다른 소스팬에 토마토를 으깨 넣고 육수 1컵과 월계수잎을 넣고 끓인다. 국물 양이 반으로 줄어들면 소금, 후추로 간한다.

4 미트볼에 소스 넣어 조리기 미트볼 지지는 팬에 소스를 넣고 약한불에서 15~20분 조린다.

5 스파게티 면 삶기 스파게티면을 부드럽게 삶아서 식물성기름으로 버무린 다음 뜨거울 때 미트볼소스와 함께 곁들인다.

굴초회

 **재료/4인분**

굴 2컵, 배 1/4개, 염장미역 20cm, 새우살 50g, 무순 20g, **굴 손질** 무간것 1/2컵, 소금 3큰술 **초고추장** 고추장 3큰술, 식초 2큰술, 물 2큰술, 레몬즙 2작은술, 마늘즙 1작은술, 설탕 1큰술

이렇게 만드세요

1 굴 손질하기 굴은 슴슴한 소금물에 깍지 없이 씻어서 물기를 뺀 다음 무간것에 10분간 재워둔다. 재워두었던 굴은 살짝 헹구어 건져 물기를 거둔다.

2 배 썰기 배는 껍질을 벗기고 반으로 갈라 납작하게 썬다.

3 미역 썰기 염장미역은 찬물에 담가두어 짠맛을 우린 다음 5cm길이로 썬다.

4 새우살 찌기 새우살은 등으로 내장을 빼낸 다음 청주와 소금, 흰 후춧가루를 뿌려서 한김만 올려 찐다.

5 초고추장 만들기 고추장, 식초, 물, 레몬즙, 마늘즙, 설탕을 분량대로 넣어 초고추장을 만든다.

6 담기 접시에 굴과 배, 염장미역, 새우살, 무순은 담고 먹기 전에 초고추장을 뿌려 버무려내거나 따로따로 찍어 먹도록 한다.

*Fri*day 금

오늘의 식단
(총1684Kcal)

아침	· 잡곡밥(2/3공기)	241Kcal
	두부명란젓국	133Kcal
	시금치나물	58Kcal
	무채김치	49Kcal
점심	· 순두부와 양념장	241Kcal
	김치전	207Kcal
	총각김치	27Kcal
저녁	**· 햄버거스테이크**	534Kcal
	양송이스프	114Kcal
	사과샐러드	180Kcal

햄버거스테이크

 **재료/4인분**

다진 쇠고기 250g, 다진 돼지고기 150g, 다진 양파 60g, 달걀 1개, 빵가루 1/2컵, 우유 2큰술, 소금 11/2큰술, 후춧가루 1/3작은술, 버터 · 식물성기름 2큰술씩 **토마토케첩소스** 토마토케첩 4큰술, 다진양파 4큰술, 다진마늘 2큰술, 버터 조금, 육수 1 1/2컵, 소금 · 후춧가루 조금씩

 **이렇게 만드세요**

1 볶기 다진양파와 마늘은 버터로 잠깐 볶아 식힌다. 빵가루에 우유를 부어서 촉촉하게 만든다. 생양파가 들어가면 반죽이 익으면서 수분이 생겨 즙도 많이 빠지게 되고 모양도 망가지게 된다.

2 재료 섞기 곱게 다진 쇠고기와 돼지고기에 볶은 양파와 달걀, 우유에 불린 빵가루를 넣고 골고루 섞는다.

3 치대기 ②에 소금, 후춧가루를 넣고 간을 한 다음 충분히 치대 끈기가 생기도록 한다.

4 반죽하기 스테이크반죽을 4~6등분하여 두께가 1.5cm정도 되도록 둥글게 모양낸다. 모양을 만들 때는 양손에 기름을 발라서 반죽한다. 공을 던지듯이 상하로 움직여 공기를 빼면서 반죽을 다듬는다. 이렇게 해야 고기를 지지는 도중에 모양이 부서지지 않고 모양도 매끄럽게 잘 된다.

5 굽기 달구어진 팬에 식물성기름과 버터를 2큰술씩 두르고 버터가 녹으면 스테이크 반죽을 올린다. 처음에 센불로 고기의 겉이 노릇하게 익도록 한 다음 불을 중불 이하로 줄여서 서서히 익힌다. 옆면이 아래로부터 2/3정도 익었으면 뒤집어서 호일을 덮어 속까지 익도록 굽는다.

6 담기 햄버거 스테이크를 접시에 담고 치즈 다진것을 얹어 오븐에 치즈가 녹을 때까지 넣어둔다.

7 소스 만들기 분량의 재료를 섞어 끓여서 토마토케첩소스를 만든 뒤⑥에 끼얹어 낸다.

사과샐러드

재료/4인분

사과 2개, 치커리 10g , 호두 5개, 마요네즈 1/2컵, 레몬즙 · 생크림 1큰술씩, 파슬리가루 조금

이렇게 만드세요

1 사과 썰기 사과를 한개는 껍질째 씻어서 반을 갈라 얇게 반달모양으로 썬다. 나머지 한개는 껍질을 벗기고 각지게 썬다.

2 호두 다지기 호두는 종이타월을 밑에 깔고 기름을 흡수시키면서 굵게 다진다.

3 소스 만들기 마요네즈에 레몬즙과 생크림, 소금, 설탕을 넣어서 맛을 맞춘 다음 차게 둔다.

4 접시에 담기 접시에 치커리를 깔고 얇게 썬 사과를 넓게 펴서 놓고 위에 각지게 썬 사과를 올린 다음 먹기 전에 소스를 끼얹고 위에 호두 다진 것과 슬라이스 아몬드를 뿌린다.

Satu토day

애플스프링롤

재료/4인분

사과	2개
설탕	4큰술
계피가루	1작은술
건포도	2큰술
스프링롤 껍질	8장
버터	조금
달걀 노른자	1개

이렇게 만드세요

1 사과 조리기 사과는 껍질을 벗기고 얄팍하게 썬 다음 설탕과 버터를 넣어서 투명하게 조린다. 도중에 불린 건포도와 계피가루를 넣는다. 사과에서 물이 많이 나오므로 불을 약하게 하여 뭉근하게 오랫동안 조려야 한다.

2 껍질 겹쳐두기 스프링롤 껍질 4장을 겹쳐 두는데 1장을 깔고 버터를 바른 후 한 장을 얹고 또 버터를 얇게 바른 후 얹기를 반복한다. 버터는 미리 냉동실에서 꺼내 실온에 두어 부드럽게 녹은 것을 사용한다.

3 말기 조린 사과를 스프링롤 가운데에 놓고 가장자리를 감싸면서 돌돌 만다.

4 물 묻히기 스프링롤 껍질 가장자리에 물이나 달걀물을 묻힌 후 붙여야 제대로 잘 붙는다. 내용물을 놓고 밑에서 한번 접은 뒤 양쪽을 안으로 접고 계속 돌돌 말아준다.

5 굽기 180℃의 오븐에 돌돌 만 애플스프링롤을 넣어서 15분간 굽는다.

더 맛있게! 사과는 얄팍하게 썰어 분량의 설탕을 조금씩 넣어가며 조린다. 단, 물은 넣지 않는다. 사과에서 수분이 빠져나와 물을 더 넣지 않아도 된다. 사과가 완전히 익었으면 계피가루를 넣고 골고루 뒤적여 잠깐만 더 조려낸다.

요리힌트

사과의 효능

사과는 비타민 C가 풍부해 흡연자에게 좋고 수용성 섬유소가 많으므로 심장이 약한 사람에게 좋다. 사과 섬유소의 25퍼센트는 펙틴인데 이 펙틴이 지방을 감싸안고 몸 밖으로 배출되어 혈액 중 콜레스테롤 수치를 낮추어 동맥경화와 고혈압에도 효과적이다. 또한 사과의 당은 흡수가 잘 되어 공복감이 빨리 사라져 다이어트에 좋다.

사과 조리기

계피가루 넣기

껍질에 버터 바르기

말기

Sunday 일

      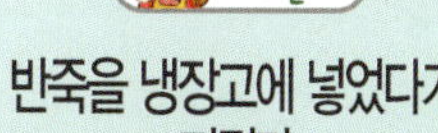  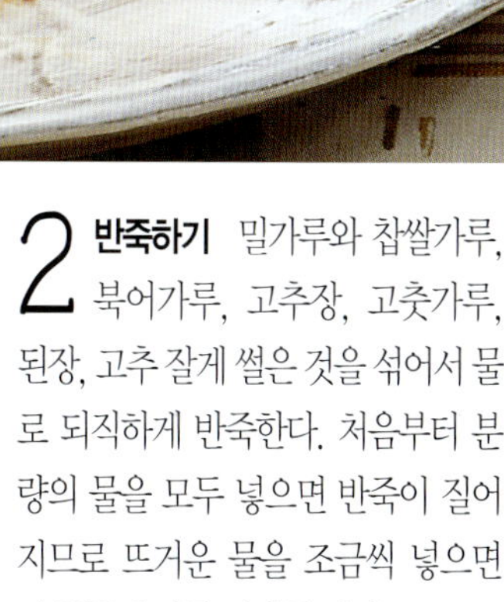 

오늘의 식단 (총1840kcal)

아침	잡곡밥(2/3공기)	241Kcal
	시금치토장국	73Kcal
	달걀말이	95Kcal
	북어장떡	199Kcal
	배추김치	17Kcal
점심	히레돈가스	317Kcal
	감자오븐구이	184Kcal
	오이미역초	24Kcal
저녁	보리밥(1공기)	365Kcal
	다시마무국	123Kcal
	양념꽃게장구이	157Kcal
	배추겉절이	45Kcal

양념꽃게장구이

재료/4인분

꽃게 4마리, 미나리 50g, **양념** 간장 2큰술, 고추장 2큰술, 고춧가루 2큰술, 깨소금 1큰술, 설탕 1큰술, 후춧가루 1/4작은술, 물엿 1큰술, 청주 2큰술

이렇게 만드세요

1 꽃게 손질하기 꽃게는 솔로 문질러 씻어서 등딱지를 떼고 다리끝을 잘라낸 다음 몸통을 4등분한다.

2 미나리 손질하기 미나리는 잎을 떼어내고 깨끗이 손질한 다음 3~4cm 길이로 썬다.

3 양념 발라 굽기 꽃게에 분량대로 섞어 만든 양념을 넣어서 고루 섞은 다음 그대로 3~4일을 두었다가 꺼내 먹는데 기호에 따라 그대로 먹어도 좋지만 석쇠에 구워 먹어도 좋다.

더 맛있게! 금방 구워서 먹을 때는 게를 손질하기 전에 식초물에 1시간 정도 담가두었다가 물기를 빼고 양념한 후 구우면 껍질이 연해져서 먹기에 좋다. 냉동게를 이용하면 게살이 빠져나오므로 냉동게는 게딱지만 떼어내고 양념하면 된다.

북어장떡

재료/4인분

북어(껍질벗긴 것 또는 잘게 찢은 것) 50g, 밀가루 1컵, 찹쌀가루 4큰술, 고추장 2큰술, 고춧가루 1큰술, 된장 1작은술, 매운고추 1개, 물 2큰술

이렇게 만드세요

1 북어 갈기 껍질을 벗긴 북어는 잘게 찢은 후 믹서에 간다.

2 반죽하기 밀가루와 찹쌀가루, 북어가루, 고추장, 고춧가루, 된장, 고추 잘게 썬 것을 섞어서 물로 되직하게 반죽한다. 처음부터 분량의 물을 모두 넣으면 반죽이 질어지므로 뜨거운 물을 조금씩 넣으면서 주물러 반죽 상태를 본다.

3 지지기 직경 4~5cm크기로 동그랗게 모양을 만들어서 팬에 지진다.

요리힌트

반죽을 냉장고에 넣었다가 지진다

반죽을 하자마자 기름에 지지는 것보다는 30분에서 1시간 정도 냉장고에 넣었다가 지지면 더욱 끈기 있다. 고추장과 고춧가루를 밀가루 반죽에 섞은 후 반죽을 체에 걸러주면 장떡을 부쳤을 때 표면이 매끄럽게 된다. 다 부친 장떡은 채반에 얼기설기 담아 한김 내보낸다. 겹치게 담으면 붙어서 눅눅해지고 맛깔스러움이 줄게 된다.

Monday

월

오늘의 식단
(총1918 kcal)

아침 · 달걀스크램블과 햄구이		
		198Kcal
크로와상		172Kcal
우유(1/2컵)		59Kcal
점심 · 쇠고기감자카레덮밥		
		580Kcal
콩나물국		43Kcal
단무지		10Kcal
저녁 · 잡곡밥(1공기)		361Kcal
동태찌개		168Kcal
모듬야채전		200Kcal
두부구이양념장		110Kcal
배추김치		17Kcal

모듬야채전

재료/4인분

배춧잎	4잎
무	4cm 토막 2개
고구마	2개
밀가루	2컵
찬물	2컵
소금	1큰술

양념장

간장	3큰술
물	2큰술
다진마늘	1작은술
다진실파	2큰술
식초	2큰술
설탕	1큰술
고춧가루	2큰술
참기름	1작은술

쇠고기 양념

다진쇠고기	50g
다진마늘	조금
소금 · 후춧가루	조금씩

이렇게 만드세요

1 데치기 배춧잎은 중간의 연두빛이 도는 것으로 준비하여 끓는물에 소금을 넣고 파랗게 데친다.

2 무 손질하기 무는 2mm두께로 동글게 썰어서 끓는물에 살짝 데친 다음 바로 찬물에 헹구어 건져서 물기를 하나하나 닦아둔다.

3 쇠고기 양념하기 쇠고기는 다진마늘과 소금, 후춧가루를 분량대로 넣어 섞은 후 그대로 둔다.

4 고구마 익히기 고구마는 8mm 두께로 동글게 썰어서 끓는물에 넣어 노란빛이 돌 정도로 익혀서 망에 건져 식힌다.

5 양념장 만들기 양념장은 제시한 분량대로 섞어서 차게 둔다.

6 반죽하기 밀가루는 반컵 정도 남겨두고 나머지는 동량의 물을 넣고 소금 간하여 거품기로 힘있게 저어서 밀가루즙을 만든다.

7 무전 준비하기 무는 양쪽에 밀가루를 가볍게 묻힌 다음 쇠고기 양념한 것을 얇게 펴바른 후 두개를 맞붙인다.

8 지지기 배추와 고구마에 밀가루를 묻혀서 털어낸 다음 밀가루즙에 담갔다가 달구어진 팬에 기름을 둘러가며 지진다. 지질 때는 뒤집개로 꾹꾹 눌러가면서 지져야 모양이 제대로 된다.

9 담기 한김 식힌 다음 각각의 전들을 적당한 크기로 썰어서 접시에 모듬으로 담고 양념장을 곁들인다.

배춧잎 데치기

무 사이에 양념넣어 붙이기

밀가루즙 만들기

무에 밀가루즙 묻히기

Tuesday 화

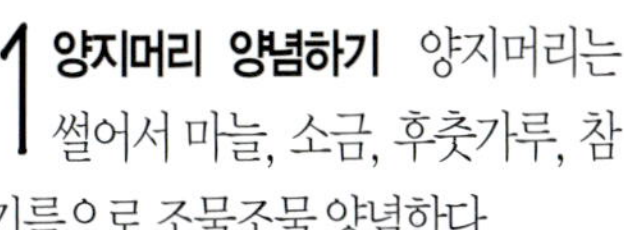

아침	김치볶음밥	479Kcal
	스패니쉬오믈렛	115Kcal
	양파생채	57Kcal
점심	쌀밥(1공기)	334Kcal
	전라도식청국장	168Kcal
	콩나물볶음	65Kcal
	돼지편육김치쌈	121Kcal
	동치미	10Kcal
저녁	안심스테이크	320Kcal
	양송이수프	114Kcal
	브로콜리찜	50Kcal

전라도식청국장

 **재료/4인분**

양지머리 50g, 고사리 50g, 배추김치 200g, 두부 1/4모, 청양고추 2개, 대파 1뿌리, 국간장·소금·마늘·참기름·후춧가루·멸치 조금씩 **국물** 청국장 2큰술, 쌀뜨물 2컵, 다시멸치 20g, **양념** 소금 1큰술, 다진마늘 2작은술, 고춧가루 적당량

이렇게 만드세요

1 양지머리 양념하기 양지머리는 썰어서 마늘, 소금, 후춧가루, 참기름으로 조물조물 양념한다.

2 두부 썰기 두부는 2cm 두께로 납작하게 썰어둔다.

3 고사리 다듬기 고사리는 질긴 것은 버리고 여린것만 가려서 깨끗이 씻어 물기를 뺀다. 말린 고사리를 이용하면 더욱 감칠맛이 난다.

4 야채썰기 청양고추와 대파는 도톰하게 어슷썬다. 배추김치는 속을 털어내고 3cm폭으로 썬다.

5 고사리 밑간하기 잘 다듬은 고사리는 마늘, 참기름, 국간장을 넣어 양념한다.

6 국물내기 찬물에 멸치를 넣어서 10분간 끓인 다음 멸치는 건져낸다. 쌀뜨물 2컵을 넣은 다음 청국장을 풀어서 팔팔 끓인다.

7 고기 넣기 청국장물이 끓기 시작하면 양념한 양지머리를 넣어 고기맛이 우러나도록 충분히 끓인다. 불을 너무 세게 하면 국물이 넘치므로 한소끔 끓인 다음 중불로 줄여 서서히 끓인다.

8 재료 넣어 끓이기 국물에 고기 맛이 우러나면 김치를 넣어 김치가 투명해지도록 익으면 다진마늘과 고춧가루를 넣고 간은 소금으로 맞춘다. 고사리, 두부, 대파, 고추를 넣어서 한소끔 끓인 후 불에서 내린다.

콩나물볶음

재료/4인분

콩나물 300g, 홍고추 1개, 대파 1대, 마늘 2쪽, 식물성기름 1큰술, 간장 1큰술, 소금 1작은술, 설탕 1/2큰술, 고춧가루 1큰술, 깨소금 1큰술, 참기름 1/2큰술

이렇게 만드세요

1 콩나물 다듬기 콩나물은 껍질을 떼고 꼬리를 다듬어 씻어서 소쿠리에 건져서 물기를 뺀다.

2 야채 썰기 홍고추는 얇게 어슷 썰기 하여 찬물에 빨리 씻어서 씨를 턴다. 마늘은 굵게 다지고 파는 어슷하게 썬다.

3 콩나물 볶기 팬에 기름을 두르고 마늘과 파를 볶다가 향이 나면 콩나물을 넣어서 볶는다. 콩나물의 숨이 죽으면 고춧가루와 홍고추, 간장, 소금, 설탕, 깨소금을 넣어서 맛을 낸다.

4 참기름 넣기 불을 줄여서 한김 올려 익힌 다음 콩나물이 투명해지면서 맑은빛이 돌면 참기름을 넣어 마무리한다.

Wednesday 수

오늘의 식단 (총1946 kcal)	
아침 · 잡곡밥(2/3공기)	241Kcal
배추속대국	74Kcal
이면수소금구이	212Kcal
도라지나물	97Kcal
총각김치	27Kcal
점심 · 보리밥(1공기)	365Kcal
미역국	104Kcal
김치느름적	97Kcal
조개구이	81Kcal
깍두기	20Kcal
저녁 · 잡곡밥(1공기)	361Kcal
도미전골	225Kcal
상추겉절이	42Kcal

도미전전골

재료/4인분

쇠고기(사태, 양지머리)	300g
쇠고기(우둔)	80g
도미	1마리
당면	150g
미나리	100g
달걀 · 표고버섯	2개씩
목이버섯	5잎
홍고추	1개
잣	1작은술
국간장	적당량
밀가루	1/2컵
식물성기름	적당량
당근 · 무	조금씩

생선양념

소금 · 후춧가루	조금씩
청주	적당량

이렇게 만드세요

1 간 맞추기 사태나 양지머리는 덩어리째 물에 씻어서 물 10컵을 붓고 끓이다가 고기를 넣어 연해질 때까지 삶아서 납작납작하게 썰어 양념하고 육수는 소금과 국간장으로 간을 맞춘다.

2 도미 손질하기 도미는 비늘을 긁고 내장을 빼서 머리와 꼬리는 남긴 채로 살을 크게 포를 뜬다. 포는 폭을 4cm정도로 어슷하게 썬다.

3 밑간하기 어슷하게 포 뜬 것은 소금, 후춧가루, 청주를 뿌려 밑간을 한다.

4 달걀 풀기 달걀은 소금을 조금 넣어 잘 풀어 둔다.

5 지지기 생선살에 밀가루와 달걀물을 묻혀서 팬에 노릇하게 지진다.

6 미나리 썰기 미나리는 잎을 떼고 다듬어서 깨끗이 씻은 후 길이를 맞추어 5cm길이로 썬다.

7 야채 썰기 목이버섯과 표고버섯은 물에 불려 목이는 한잎씩 떼고 표고버섯은 기둥을 떼고 채썬다. 홍고추는 길게 어슷하게 썰어서 찬물에 헹구어 씨를 턴다.

8 야채 간하기 다진마늘, 소금, 참기름을 당근과 무에 넣어 따로따로 간한다.

9 끓이기 넓은 냄비나 전골틀에 포 뜨고 남은 생선을 석쇠에 대강 구운 뒤 담고, 위에 전과 고기를 담는다. 주위에 야채를 돌려 담고 육수를 부어 끓인다.

10 당면 익히기 당면은 더운 물에 불려서 짧게 끊어 전골이 끓으면 한 옆에 넣어 익힌다.

생선 밑간하기

야채 밑간하기

전 부치기

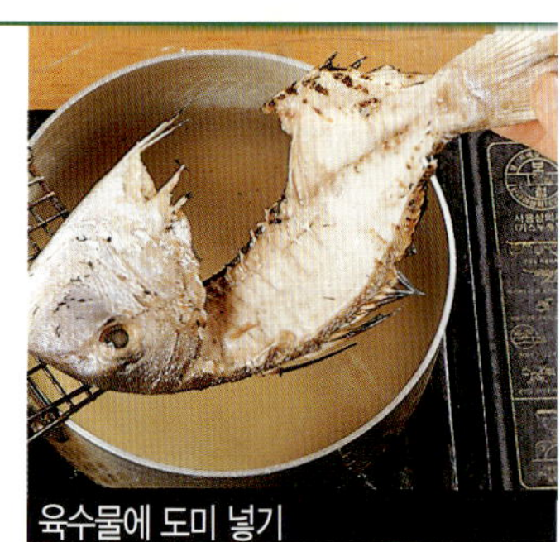
육수물에 도미 넣기

木 Thursday

오늘의 식단
(총1845 kcal)

아침	새우죽	206Kcal
	미역자반	162Kcal
	셀러리볶음	52Kcal
	나박김치	12Kcal
점심	쌀밥(1공기)	334Kcal
	불낙찌개	249Kcal
	스틱샐러드	110Kcal
	감자튀김과 메추리알조림	
		270Kcal
저녁	**야채호떡**	224Kcal
	달걀프라이	107Kcal
	배추들깨국	134Kcal

야채호떡

재료/4인분

밀가루 반죽 밀가루 4컵(체에 친 것), 소금 2 작은술, 우유 1/4컵, 드라이 이스트 1큰술/설탕 1작은술), 설탕 2큰술, 미지근한 물 3/4컵, 식 물성기름 3큰술, **잡채재료** 부추 또는 시금치 50g , 당근 20g, 양파 1/2개, 베이컨 2장, 당 면 100g, 간장 1큰술, 소금 · 후춧가루 조금씩

이렇게 만드세요

1 밀가루 반죽 만들기 이스트는 미 지근한 물을 넣고 설탕을 조금

뿌려서 상온에 두면 거품이 일듯이 발효가 된다. 두배 정도로 부풀어지 면 발효가 잘된 것이다. 밀가루는 체 에 2~3번 내린 다음 발효된 이스트 를 넣어서 반죽한다.

2 가스 빼기 랩을 씌워서 1시 간 동안 두어 두배로 부풀어 오르면 반죽을 주물러서 가스를 빼 고 다시 한 번 부풀린다. 부풀어 오 른 반죽은 한 번 더 주무른다.

3 당면 자르기 당면은 미지근한 물에 불려 적당히 자른다.

4 야채와 베이컨 썰기 당근과 양 파는 채썰고 시금치는 4cm길이 로 썬다. 베이컨은 1cm폭으로 썬다.

5 볶기 팬을 달군 다음 먼저 기 름을 두르고 양파와 베이컨을 볶다가 양파가 익으면 나머지 야채 를 넣고 볶는다. 야채가 살캉하게 익 으면 소금, 후춧가루로 간을 한다.

6 당면 볶기 당면을 넣어서 간장 과 설탕으로 간을 하면서 당면 이 투명해질 때까지 볶는다.

7 반죽에 잡채소 넣기 반죽을 탁구 공만큼씩 떼어서 넓게 편 다음 잡채를 올리고 양끝을 아무려서 둥 글게 모양을 잡는다.

8 굽기 기름을 두르지 않은 팬 에 반죽이 서로 붙지 않도록 놓아서 앞뒤로 노릇하게 굽는다.

감자튀김과 메추리알조림

재료/4인분

감자 2개, 메추리알 20개, 간장 1/2컵, 물 2컵, 마늘 5쪽, 청주 3큰술, 설탕 3큰술, 풋고추 2 개, 홍고추 2개, 녹말가루 · 식물성기름 적당량

이렇게 만드세요

1 감자 손질하기 감자는 싹이 나지 않은 것으로 골라 껍질을 벗겨 깨끗이 씻는다. 감자를 5mm 굵기로 곱게 채썰어 찬물에 담가두어 전분 질을 뺀 다음 건져서 물기를 뺀다.

2 메추리알 삶기 메추리알은 찬 물에 소금을 조금 넣은 후 10분 정도 삶아 건져 찬물에 헹군다.

3 메추리알 조리기 냄비에 간장, 물, 마늘, 청주, 설탕, 홍고추를 넣고 팔팔 끓이다가 껍질을 벗긴 메 추리알을 넣고 불을 줄여 약한 불에 서 조린다.

4 감자 튀기기 감자에 녹말가루 를 묻혀서 여분의 가루는 털어 낸 다음 구멍이 뚫린 국자에 얇게 펴 서 담고 위에 다른 국자로 눌러서 기 름에 넣어 튀긴다. 그렇게 튀기면 서 로 엉킨 채 튀겨져, 새집모양의 감자 튀김이 된다.

Friday 금

오늘의 식단
(총1952kcal)

아침 · 케익떡	214Kcal
	밀크펀치	191Kcal
	감자샐러드	151Kcal
	과일(사과쪽)	37Kcal
점심	떡만두국	383Kcal
	오징어무초무침	89Kcal
	다시마부각	84Kcal
	배추김치	17Kcal
저녁	잡곡밥(1공기)	361Kcal
	청국장	168Kcal
	동태전	205Kcal
	삼색나물	52Kcal

케익떡

재료/4인분

멥쌀가루	5컵
팥가루	2컵
설탕	100g
호두	50g
소금	조금

이렇게 만드세요

1 쌀가루 내기 쌀을 3~4시간 불린 다음 물기를 완전히 빼고 방앗간에서 소금간하여 가루를 낸다. 쌀 4컵을 불려서 가루를 내면 멥쌀가루가 10컵 나온다.

2 팥껍질 벗기기 팥에 물을 넉넉히 붓고 충분히 불린 다음 양손으로 비벼 껍질을 완전히 벗긴다.

3 팥 찌기 껍질 벗긴 팥을 소쿠리에 건져 물을 뺀 후 찜통에 넣고 무르게 찐다. 팥을 으깨보아 심이 없을 때까지 찐다.

4 소금 간하기 찐 팥을 어레미에 부어 내리기 전에 소금간을 한다. 그래야 고물이 싱겁지 않다.

5 망에 내리기 뜨거운 팥을 식혀서 나무주걱으로 비벼가며 내려 고물을 만든다. 단, 시루떡에 쓸 고물은 굳이 내리지 않아도 된다.

6 볶기 팥고물을 면보에 담아서 물기를 자연스럽게 뺀 다음 길이 잘 든 팬에 볶아서 보슬보슬하게 만든다.

7 재료 섞기 멥쌀가루에 팥가루와 설탕, 잘게 썬 호두를 모두 합하여 손으로 고르게 섞는다. 맨 위에는 다지지 않은 알호두를 놓아 장식한다.

8 찌기 김이 오른 찜통에 안친 다음 20분간 찐다. 꼬치로 찔러서 흰가루가 묻어 나오지 않는지를 확인한다.

9 썰기 꺼내어 한김 식힌 다음 썰어 접시에 담는다. 뜨거울 때 썰면 떡이 부서진다.

> **더 맛있게!** 떡에 쓰는 쌀은 수분을 흡수한 후 가루를 만들어 쪄야만 빨리 잘 익혀진다. 쌀은 물에 담가서 5시간이면 100% 흡수하므로 그 이상은 물에 담글 필요가 없다. 떡은 꼭 간이 필요하므로 특별한 떡을 제외하고는 가루를 빻을 때 소금을 쌀 5컵에 1큰술 정도 넣는다. 멥쌀가루로 만들 때는 그대로 찌면 부서지게 되므로 서로 잘 붙도록 물을 부어 차지게 해야 한다. 물은 떡가루를 손에 쥐고 뭉쳐 흩어지지 않을 정도면 된다.

팥가루 볶기

호두 다지기

재료 섞기

호두 장식하기

Satu**토**day

 **오늘의 식단**
(총 1920kcal)

아침	·잡채밥	549Kcal
	달걀국	55Kcal
	양파생채	57Kcal
점심	**·토스트까나페**	280Kcal
	파래맛크래커	148Kcal
	커피	45Kcal
	과일(사과 1쪽)	37Kcal
저녁	·통닭구이	222Kal
	버섯필라프	460Kcal
	브로콜리숙회	50Kcal
	배추김치	17Kcal

토스트까나페

 **재료/4인분**

식빵 10장(보리식빵과 섞음), 슬라이스 치즈 2장, 하얀치즈 2장, 오이 1/2개, 통조림 밀감 1개, 방울토마토 3알, 민트잎 적당량, 마요네즈·양겨자 조금씩

이렇게 만드세요

1 식빵 모양 내기 식빵은 가장자리를 잘라내고 네모지게 4등분하

거나 꽃모양으로 떠낸다.

2 치즈와 야채 썰기 슬라이스 치즈는 4등분하고 다른 치즈는 얇게 썬다. 오이와 토마토는 둥글게 썬다. 민트는 잎을 하나씩 떼어둔다.

3 장식하기 모양낸 식빵은 쟁반에 나란히 놓고 위에 마요네즈를 1/2작은술씩 올린 다음 위에 치즈와 토마토, 밀감 등을 어울려서 보기 좋게 올린다.

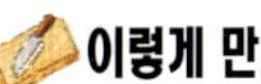

파래맛크래커

 **재료/4인분**

밀가루 1컵, 파래가루 2큰술, 보리새우가루 1큰술, 통깨 2작은술, 우유 4큰술, 식물성기름 2큰술, 소금 조금

이렇게 만드세요

1 재료 섞기 큰 그릇에 밀가루와 파래가루, 보리새우가루, 통깨, 설탕을 넣고 섞는다.

2 체에 내리기 섞어진 가루재료들이 고루 섞이도록 망이 굵은 체에 내린다.

3 반죽하기 ②에 우유와 식용유, 소금을 넣어서 손으로 가볍게 반죽한다.

4 반죽 밀기 30분 정도 두어서 수분이 고르게 스며들면 방망이로 얇게 민다.

5 오븐팬에 반죽 놓기 오븐팬에 밀가루를 얇게 바르고 반죽을 올린다음 칼로 원하는 크기대로 선을 긋는다.

6 굽기 180℃로 예열된 오븐에 오븐팬을 넣어서 15분간 굽는다. 크림치즈나 땅콩버터를 곁들이면 맛이 잘 어울린다.

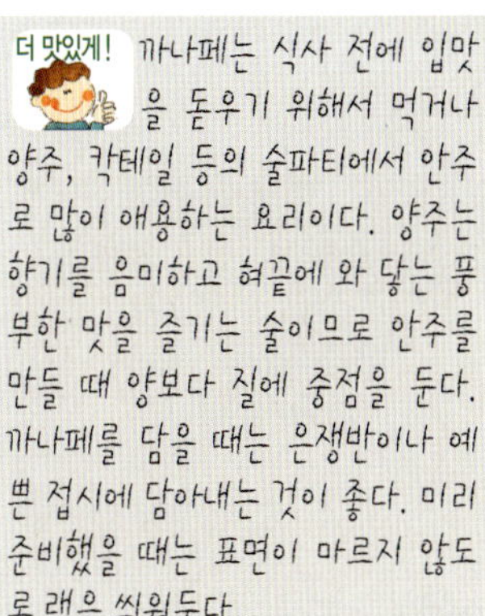

까나페는 식사 전에 입맛을 돋우기 위해서 먹거나 양주, 칵테일 등의 술파티에서 안주로 많이 애용하는 요리이다. 양주는 향기를 음미하고 혀끝에 와 닿는 풍부한 맛을 즐기는 술이므로 안주를 만들 때 양보다 질에 중점을 둔다. 까나페를 담을 때는 은쟁반이나 예쁜 접시에 담아내는 것이 좋다. 미리 준비했을 때는 표면이 마르지 않도록 랩을 씌워둔다.

오늘의 식단
(총 1983kcal)

아침	팥밥(2/3공기)	273Kcal
	두부북어매운탕	179Kcal
	김구이	14Kcal
	불고기	98Kcal
	동치미	10Kcal
점심	떡볶기	218Kcal
	오뎅국	97Kcal
	시금치와 양송이샐러드	117Kcal
저녁	잡곡밥(1공기)	361Kcal
	우거지갈비탕	328Kcal
	한치깻잎무침	83Kcal
	생선전	205Kcal

우거지갈비탕

🥣 재료/4인분

배추우거지	400g
쇠갈비	1kg
된장	2큰술
대파	1뿌리
다진마늘	2큰술
들깨가루	2큰술
고춧가루	적당량
소금	조금

우거지 양념

된장	2큰술
고추장	2큰술
고춧가루	1큰술
다진파	1큰술
다진마늘	1큰술
참기름	조금

📝 이렇게 만드세요

1 갈비 끓이기 갈비는 찬물에 담가 핏물을 뺀 다음 냄비에 담고 대파와 마늘, 통후추, 물을 넉넉히 부어서 푹 끓인다

2 우거지와 대파 썰기 우거지는 끓는 소금물에 삶아서 찬물에 헹군 다음 물기를 꼭 짠 후 4cm 길이로 썬다. 대파도 다듬어 4cm 길이로 토막을 내어 반 가른다.

3 국물 거르기 삶은 갈비는 건지고 국물은 깨끗한 가제에 걸러 둔다. 갈비는 다진파와 마늘, 국간장, 후춧가루, 참기름으로 양념해 고루무친다.

4 우거지 무치기 삶은 우거지는 넓은 그릇에 담아서 갖은 양념 하여 조물조물 무친다.

5 끓이기 준비된 육수가 끓으면 된장을 풀어 한소끔 끓인 후 갈비와 우거지를 넣고 푹 끓이다가 대파와 다진마늘, 들깨가루, 고춧가루를 넣고 잠시만 끓여서 낸다.

🧑‍🍳 요리힌트

된장을 넣으면 더 맛있다

우거지는 김장 때 갈무리해 두었던 무청, 배추 시래기이다. 기름기 많은 쇠고기를 넣어 뭉근히 끓여내면 아주 부드러운 맛이 된다. 시래기는 된장국에 넣어 끓이는 것이 제일 맛있다. 무청과 배추를 삶아서 끓여도 좋다.

더 맛있게! 쇠갈비를 사다가 살이 많은 것은 찜을 하고 나머지 부분으로 탕을 끓인다. 먼저 갈비를 찬물에 담가 핏물을 충분히 뺀 다음 끓여야 국물이 검어지지 않는다. 살코기보다는 뼈가 많기 때문에 오래 끓여야 고기가 연하고 국물도 충분히 우러나와 싱겁지 않다. 무를 넣으면 시원한 맛이 우러나고 우거지를 넣으면 고소하고 담백한 맛이 난다.

비디오 쿠킹

갈비 삶기

갈비 양념하기

우거지 양념하기

우거지 넣기

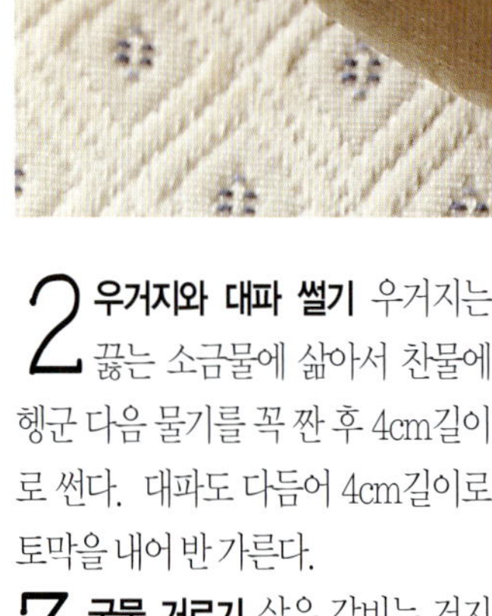

*Mo*월*day*

오늘의 식단
(총1980 kcal)

아침	· 고구마밥	338Kcal
	배추들깨국	134Kcal
	메밀묵회	76Kcal
점심	· 미트소스스파게티	576Kcal
	마늘빵	135Kcal
	단무지	10Kcal
저녁	· 보리밥(1공기)	365Kcal
	명태포장구이	217Kcal
	순두부볶음	112Kcal
	백김치	17Kcal

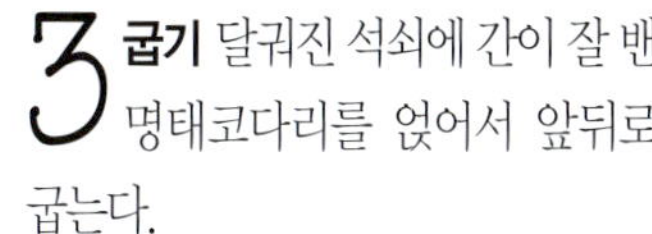

명태포장구이

재료/4인분
명태코다리 2마리, 간장 4큰술, 맛술 4큰술, 설탕 2큰술, 후춧가루 조금

이렇게 만드세요

1 명태코다리 손질하기 명태코다리는 머리를 잘라내고 배를 갈라서 넓게 편 다음 뼈를 발라낸다. 명태코다리를 5cm 길이로 토막 낸다.

2 간하기 간장과 맛술, 설탕, 후춧가루를 섞어서 명태코다리에 골고루 묻혀서 간을 하여 재워두었다가 색이 고르게 들면 채반에 널어서 1~2일 정도 꾸덕하게 말린다.

3 굽기 달궈진 석쇠에 간이 잘 밴 명태코다리를 얹어서 앞뒤로 굽는다.

순두부볶음

재료/4인분
순두부 1팩, 돼지고기(삼겹살) 200g, 실파 5뿌리 **돼지고기 양념** 고추장 1큰술, 고춧가루 1작은술, 간장 1큰술, 설탕 1큰술, 청주 2작은술, 다진마늘 1큰술, 깨소금·참기름 1큰술씩, 후춧가루 조금

이렇게 만드세요

1 순두부 물기 빼기 순두부는 팩을 개봉하여 망에 담아 물기를 뺀다.

2 재료 썰기 돼지고기는 한입크기로 썰어서 갖은 양념하여 둔다. 실파는 송송 썬다.

3 돼지고기 볶기 팬을 뜨겁게 달군다음 기름을 두르고 먼저 돼지고기를 넣어서 고기가 익을 때까지 볶는다. 도중에 실파의 흰대부분은 먼저 넣는다.

4 순두부 볶기 고기가 다 익으면 순두부를 한수저씩 떠서 넣고 큰 주걱으로 순두부가 깨지지 않도록 섞으면서 볶는다.

5 간 맞추기 두부에 맛이 배기 시작하면 간을 보아 싱거우면 간장으로 간을 맞추고 실파의 잎부분을 넣은 후 불을 끈다.

요리힌트

두부 종류와 보관법
두부는 보통 두부와 연두부, 순두부가 있다. 보통 두부는 두유에 응고제를 넣어 눌러 굳힌 단단한 것으로 두부전이나 찌개 등에 많이 쓰인다. 순두부는 눌러서 굳히지 않은 상태의 두부로 부드러워서 소화가 잘 된다. 연두부는 보통 두부와 순두부의 중간 정도이다.

두부는 수분이 많아 상하기 쉬우므로 사온 후에는 곧 조리하도록 하며 그렇지 못할 때는 물에 담가두어 반나절 내에 사용한다. 냉장고에 보관하더라도 2일을 넘겨서는 안된다.

Tue*화*day

오늘의 식단
(총1964kcal)

아침	김치국밥	302Kcal
	돼지고기장조림	148Kcal
	부추김치	36Kcal
점심	버터볶음밥	543Kcal
	오징어무초무침	89Kcal
	동치미	10Kcal
저녁	보리밥(1공기)	365Kcal
	생선매운탕	179Kcal
	버섯잡채	168Kcal
	연근마요네즈무침	104Kcal
	깍두기	20Kcal

오징어무초절임

재료/4인분

오징어	1마리
무(10cm)	1토막
오이	1개

단촛물

식초	1/2컵
물	1/2컵
설탕	5큰술

양념

고추장	2큰술
고춧가루	1/2컵
간장	1큰술
다진마늘	2큰술
깨소금	2큰술
참기름	1작은술

이렇게 만드세요

1 오징어 손질하기 오징어는 껍질을 말끔히 벗기고 다리를 빼고 반갈라 깨끗이 씻는다.

2 오징어 삶기 끓는물에 소금을 넣고 오징어를 넣어 완전히 익으면 건진다. 삶은 오징어는 오이와 같은 길이, 0.7cm 굵기로 채썬다.

3 오이 썰기 오이는 반갈라 수저로 씨를 긁어낸 다음 5cm토막으로 썰어서 다시 반으로 가른다. 무는 오이와 같은 굵기로 썬다.

4 절이기 오이와 무에 단촛물을 넣어 각각 절인다. 물을 조금 더 부어서 빨리 절여지도록 해도 좋다.

5 물기 빼기 절인 무와 오이, 오징어는 무거운 것으로 눌러서 물기를 빼거나 가제에 싸서 꼭 짠다. 오이와 무가 꼬들꼬들해야 양념을 한 다음에도 물이 생기지 않는다.

6 양념하기 양념을 분량대로 합해 절인 무와 오이, 오징어를 넣어서 양념이 배도록 주무른다.

7 담아두기 단지에 꼭꼭 눌러담아 틈이 없도록 하고 밀봉해 두었다가 적당량씩 꺼내어 먹는다.

오징어 저장방법

오징어는 생으로 얼려두어도 맛이 떨어지지 않는다. 값이 저렴할 때 한꺼번에 사서 얼려두고 먹으면 경제적. 몸통과 다리를 분리하여 내장을 제거하고 껍질을 벗긴 후 물로 씻어서 사용하기 좋은 크기로 썬다. 물기를 잘 닦아 랩에 싸서 다시 비닐봉지에 2마리씩 넣어 냉동실에 저장한다. 그러면 1개월 정도는 보존할 수 있다.

더 맛있게! 오징어는 단백질이 풍부한 영양가가 높은 식품이지만 강산성이므로 오징어를 먹을 때는 반드시 채소를 곁들이는게 좋다. 무엇보다도 물이 생기지 않게 하는게 중요하므로 야채는 반드시 살짝 절여서 물기를 꼭 짠 후 섞도록 한다.

비디오 쿠킹

오이 속 긁기

단촛물에 절이기

오이 · 물기 빼기

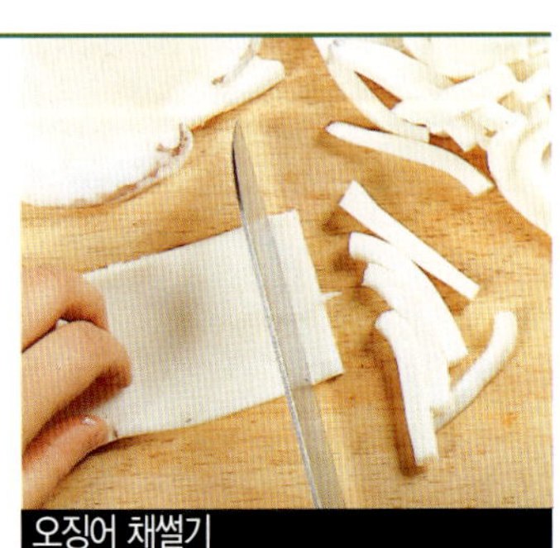

오징어 채썰기

Wednesday 수

오늘의 식단
(총1994kcal)

아침	· 우유식빵	224Kcal
	참치샐러드	156Kcal
	오렌지주스(1컵)	82Kcal
점심	· 달걀볶음밥	460Kcal
	핫윙	272Kcal
	양상추샐러드	101Kcal
저녁	· 양상추쌈밥	435Kcal
	닭마늘구이와 야채볶음	
		215Kcal
	무생채	49Kcal

핫윙

재료/4인분
닭날개 400g, 생강즙 1큰술, 소금·청주·후춧가루 조금씩, 버터 2큰술, 핫소스 3큰술, 칠리가루 조금, **소스** 홍피망 1/3개, 청피망 1/3개, 토마토 1개, 핫소스 2큰술, 소금·후춧가루 조금씩

이렇게 만드세요
1 닭날개 재우기 닭날개를 손질하여 씻은 후 물기를 없애고 생강즙, 핫소스, 소금, 후춧가루, 칠리가루를 뿌려 30분 정도 재운다.

2 튀기기 재운 닭에 밀가루를 골고루 묻혀 180도의 기름에 넣고 노릇하게 튀긴 다음 기름을 뺀다.

3 소스 만들기 토마토는 껍질을 벗겨 씨를 제거한 후 다진다. 청피망, 홍피망도 다져 큰 그릇에 담고 핫소스, 소금, 후춧가루를 넣어 섞는다.

4 담기 야채를 담고 튀긴 닭을 모양있게 담은 후 소스를 곁들여낸다.

닭마늘구이와 야채볶음

재료/4인분
닭다리 4개, 양배추잎 2장, 깻잎 3장, 부추 50g, 오이 1/2개, 홍고추 1개, 풋고추 2개, 양파 1/2개, **닭양념** 다진마늘 2큰술, 간장 2큰술, 조미술 1큰술, 물 1큰술, 설탕 1큰술, 후춧가루 조금, **소스** 간장 2큰술, 다시국물 1큰술, 참기름 2작은술, 깨소금 1큰술, 다진마늘 1작은술, 다진파 1큰술

이렇게 만드세요
1 포크로 찍기 닭다리살은 칼로 저며 얇게 편다음 껍질쪽에 포크로 찍어서 간이 배도록 한다.

2 양념하기 손질한 닭고기에 다진 마늘과 간장, 조미술, 물, 설탕, 후춧가루를 넣고 조물조물 양념하여 재워둔다.

3 야채썰기 양배추는 채썰어서 끓는물에 살짝 데친다. 깻잎은 1cm폭으로 채썰어서 찬물에 여러번 헹궈내고, 부추는 4cm길이로 썬다. 오이는 어슷썰기 한다.

4 야채 다지기 홍고추와 풋고추, 양파는 굵게 다진다.

5 지지기 양념한 닭다리살에 녹말가루를 묻혀서 속까지 완전히 익도록 지져낸다. 지지는 도중에 다진 고추와 양파를 옆에 넣어서 함께 볶는다.

6 조리기 닭살이 완전히 익으면 고기를 재웠던 소스를 넣어서 국물이 없어질 때까지 중불에서 조린다.

7 담기 준비한 야채를 담고 조린 닭을 먹기 좋은 크기로 썰어서 야채 위에 얹는다.

오늘의 식단
(총1717 kcal)

아침 · 고구마범벅	429Kcal
	동치미	10Kcal
	배(2~3쪽)	42Kcal
점심 · 군만두	315Kcal
	마파두부	130Kcal
	양배추채	32Kcal
	나박김치	12Kcal
저녁 · 홍합밥	401Kcal
	고등어김치지짐	180Kcal
	연두부잣소스얹음	121Kcal
	쑥갓생채	45Kcal

고등어김치지짐

 **재료/4인분**

고등어 1마리, 총각김치 200g, 김치국물 1/2컵, 간장 1큰술, 국간장 1큰술, 다진마늘 2작은술, 대파 1뿌리, 식물성기름 적당량

이렇게 만드세요

1 고등어 손질하기 고등어는 머리를 떼고 내장을 함께 빼내어 흐르는 물에 얼른 씻어서 물기를 닦는다. 생선은 토막을 낸 다음에는 씻지 않는다.

2 굽기 손질한 고등어는 3~4cm두께로 썰어서 소금간만 살짝 하여 달구어진 팬에 놓아 노릇하게 굽는다. 또는 그릴을 이용하여 겉만 익도록 구워도 좋다. 한 번 구우면 생선의 겉이 단단하게 익어 찜을 할 때 생선살이 잘 부서지지않는다.

3 총각김치 썰기 총각김치는 무청과 무를 분리하여 무는 긴 것은 반으로 가르고 무청은 5cm길이로 썬다.

4 찜하기 밑이 얇은 냄비에 기름을 조금 두르고 먼저 김치를 볶다가 고등어를 얹어서 김치국물과 물 1/2컵을 넣고 뚜껑을 닫고 중불에서 30분간 찜한다. 도중에 간장과 국간장, 다진마늘을 넣어서 맛을 내고 대파는 어슷썰어서 마지막에 얹는다.

고구마범벅

 **재료/4인분**

고구마 4개, 단호박 1/4개, 붉은팥 1/2컵, 설탕 1컵, 소금 2작은술

 ### 이렇게 만드세요

1 고구마 크게 썰기 고구마는 깨끗이 씻어서 껍질을 벗기고 반갈라 큼직하게 썬다. 단호박도 껍질을 벗기고 큼직하게 썬다.

2 끓이기 붉은팥은 돌없이 일구어서 찬물을 넣고 처음 물을 따라내어 버리고 물을 4배정도 부어서 끓인다.

3 간하기 팥이 알맞게 익으면 고구마와 단호박을 넣어서 고구마가 무르게 익으면 설탕과 소금을 넣어서 맛을 낸다. 기호에 따라서 강낭콩을 넣어도 좋다.

더 맛있게! 조림국물은 너무 많거나 적지않게 고등어가 잠길정도로만 물을 부어 센불에서 조리는 것이 포인트. 조림장이 끓어 국물이 거의 없어지면 찬물을 조금 더 넣어 조린다. 이렇게 하면 생선의 속살과 표면의 온도차가 줄어들게 되어 생선살이 고루 익게 된다.

조리는 도중에 숟가락으로 국물을 계속 끼얹어주는 것도 윤기 있고 간이 잘 밴 맛있는 조림을 만들 수 있는 요령이다.

Friday 금

오늘의 식단
(총1997kcal)

아침	· 주먹밥	302Kcal
	김치굴국	92Kcal
	달걀장조림	91Kcal
점심	· 야채자장밥	547Kcal
	배추샤브샤브	147Kcal
	단무지	10Kcal
저녁	· 나물비빔밥과 약고추장	
		604Kcal
	쇠고기무국	112Kcal
	우엉다시마장조림	75Kcal
	배추김치	17Kcal

우엉다시마장조림

재료/4인분

우엉 1대, 마른다시마 20cm **조림장** 물 1컵, 간장 3큰술, 설탕 3큰술, 청주 3큰술씩, 물엿 2작은술, 식초 · 소금 조금씩

이렇게 만드세요

1 우리기 우엉은 10cm길이로 채썰어서 찬물에 검은물을 우려낸다. 2~3번 물을 갈아주면서 우린다.

2 데치기 다시마는 가늘게 채썰어서 찬물에 불리고 우엉은 끓는 물에 식초 1방울을 넣고 아삭하게 데친 다음 찬물에 헹군다.

3 조리기 냄비에 조림장을 넣고 팔팔 끓이다가 우엉과 다시마를 넣고 약한 불에서 우엉이 반투명하게 되도록 조린다. 칼칼한 맛을 내려면 마른고추를 1개 찢어서 넣고 조린다.

요리힌트

우엉 좋은 것 고르기

너무 굵거나 가는 것은 피하고 지름이 10원짜리 동전 굵기의 것을 고른다. 껍질에 흠이 없고 틈이 갈라지지 않은 것이 맛이 좋다. 우엉뿌리가 힘이 있고 단단한 것이 신선한 것이며 껍질의 흙이 말라 있거나 시들시들한 것은 심지가 생겨서 질기고 맛이 없다.

배추샤브샤브

재료/4인분

쇠고기(샤브샤브용) 200g, 배추 100g, 당면 50g, 대파 1뿌리 **장국** 다시마국물 5컵, 청주 1큰술, 소금 · 설탕 조금

이렇게 만드세요

1 썰기 쇠고기는 안심이나 등심과 같이 부드러운 고기를 준비하여 0.3cm정도의 두께로 썬다.

2 배추 썰기 배추는 속대로 준비하여 깨끗이 씻은 뒤 4cm길이로 썬다.

3 당면 자르기 당면은 미지근한 물에 불려 적당한 길이로 자른다. 대파는 어슷썬다.

4 익히기 분량대로 넣어 장국을 만든 후 끓인다. 고기를 넣고 배추, 당면, 대파를 넣어 익혀 먹는다. 소금, 국간장으로 간을 맞춘다.

더 맛있게! 담백하고 깔끔한 맛이 나는 배추샤브샤브는 다시마장국을 맛있게 만드는 것이 맛을 내는 비결이다. 다시마장국을 맛있게 만들려면 다시마의 흰가루를 털고 젖은 가제로 깨끗이 닦는다. 물을 붓고 10분 정도 끓인 후 다시마를 건져내고 진간장과 청주, 설탕을 약간 넣어 더 끓이면 맛있는 맛장국이 된다.

오늘의 식단 (총1746kcal)

아침	· 나물비빔밥전	367Kcal
	보리새우볶음	160Kcal
	나박김치	12Kcal
점심	· 꽃빵	200Kcal
	달걀국	55Kcal
	돼지고기솔방울찜	318Kcal
	부추김치	36Kcal
저녁	· 닭백숙	393Kcal
	수삼생채	49Kcal
	버섯볶음	111Kcal
	배추겉절이	45Kcal

돼지고기솔방울찜

재료/4인분

삶은 감자	1개
다진 돼지고기	150g
대파	1/2뿌리
다진마늘	1작은술
청주	조금
후추	조금
찹쌀	1/3컵
흑미	1/4컵
치자	1개
달걀 흰자	1개분량

고추기름소스

고추기름	2큰술
간장	2큰술
식초	1큰술
다진마늘	2큰술
설탕 · 참기름	조금씩

이렇게 만드세요

1 **찹쌀 물들이기** 먼저 찹쌀을 깨끗이 씻어서 치자를 반으로 쪼개 적은양의 물에 담가 우려낸다. 치자 우린 물에 찹쌀을 담고, 흑미는 깨끗이 씻어 물에 담가 각각 1시간 동안 담가두면 치자 우린 물에 담가둔 찹쌀이 노랗게 물이 든다.

2 **물기 없애기** 쌀알은 체에 밭쳐 물기를 뺀 후 키친타월이나 마른 행주로 물기를 완전히 없애준다.

3 **반죽하기** 돼지고기에 대파 · 다진마늘 · 청주 · 후춧가루를 넣어 끈기 나도록 주무른 다음 감자를 삶아 으깬 것을 넣어서 동글게 반죽을 만든다.

4 **쌀알 묻히기** 반죽을 직경 2cm 크기로 동그랗게 만든 다음 달걀흰자에 담갔다가 노란색 쌀과 흑미에 굴려 전체에 고루 쌀을 묻힌다.

5 **찌기** 김이 오른 찜통에 넣어서 쌀알이 말랑하게 익을 때까지 찐다.

6 **소스 만들기** 고추기름에 간장, 식초, 굵게 다진 마늘, 설탕, 참기름을 넣고 소스를 만든다. 다 쪄지면 소스에 찍어 먹는다.

더 맛있게! 지방분이 많아 감칠맛과 고소한 맛을 즐길 수 있는 돼지고기에는 콜레스테롤이 많아 자주 많이 먹는 것은 좋지 않다. 감자와 함께 찌게 되면 지방이 감자에 흡수되어 돼지고기의 느끼한 맛을 없애주고 감자의 풍미를 더해준다.
감자와 돼지고기를 섞어 동그랗게 경단 모양을 만든 후 노란색이 나는 치자물에 담근 찹쌀을 묻혀 찌고, 흑미를 묻혀 찌면 노란색과 검정색이 조화를 이뤄 훌륭한 손님상요리가 된다.

찹쌀 물들이기

쌀 물기 없애기

돼지고기와 감자 섞기

반죽에 쌀알 입히기

Sun 일 day

오늘의 식단 (총1974kcal)	
아침 · 김치굴국밥	539Kcal
깻잎들깨나물	80Kcal
오이백김치	30Kcall
점심 · 비빔밥	550Kcal
양지머리곰국	248Kcal
무말랭이볶음	75Kcal
배추김치	17Kcal
저녁 · 물만두	200Kcal
수육	158Kcal
토란찜	57Kcal
깍두기	20Kcal

깻잎들깨나물

재료/4인분

깻잎 200g, 들깨가루 2큰술, 국간장 1작은술, 소금 1작은술, 참기름 1작은술, 깨소금 2작은술, 다진마늘 1작은술

이렇게 만드세요

1 깻잎 데치기 깻잎은 억센 부분의 꼭지를 자르고 끓는 소금물에 살짝 데친 후 바로 찬물에 헹구어 물기를 꼭 짠다.

2 양념섞기 들깨가루에 국간장, 소금, 참기름, 깨소금, 마늘을 넣고 고루 섞어준다.

3 양념하기 준비한 큰 그릇에 손질한 깻잎과 양념을 넣어 고루 무쳐준다.

 **요리힌트**

깻잎의 영양

깻잎에는 칼슘과 철분같은 무기질이 많이 들어있고 비타민 A, B1, B2, C, 나이아신이 풍부해서 영양도 많다. 맛과 향이 진하고 고소해 입맛을 돋워주기도 한다. 향이 좋은 알칼리성 식품이기 때문에 냄새가 강한 육류와 함께 먹으면 궁합이 잘 맞는다.

비빔밥

재료/4인분

쇠고기(다진 것) 50g, 표고 2개, 시금치 100g, 콩나물 100g, 무 100g, 생선전감 4장, 다시마 5cm, 다진파 3큰술, 다진마늘 11/2큰술, 간장 1큰술, 소금 · 참기름 · 깨소금 조금씩

이렇게 만드세요

1 쇠고기 볶기 쇠고기는 다진 것으로 준비하여 고기양념을 해서 달구어진 팬에 볶아 식힌다.

2 시금치 무치기 시금치는 끓는 물에 소금을 약간 넣어 뿌리쪽부터 넣어 데쳐서 바로 찬물에 헹구어 물기를 짜서 파, 마늘, 참기름, 깨소금, 간장을 넣어 고루 무친다.

3 콩나물 볶기 콩나물은 꼬리만 떼어 소금물에 삶아 고춧가루와 다진마늘, 파, 참기름, 깨소금을 넣어서 무친 다음 팬에 볶아낸다.

4 무 익히기 무는 채썰어 냄비에 담고 은근한 불에서 익힌 다음 다진마늘과 파, 국간장, 생강즙 약간을 넣고 양념하여 다시 한김을 올린 다음 불에서 내린다.

5 표고버섯 볶기 표고버섯은 채썰어 간장, 마늘, 파, 깨소금 등으로 양념하여 볶는다. 그릇에 재료와 밥을 담고 양념고추장을 곁들인다.

더 맛있게! 콩나물, 시금치 등 일단 삶아서 무치거나 볶는 나물은 젓가락으로 대충 무치는 것보다는 손으로 조물조물 무쳐야 양념이 고루 배어 맛있다. 또한 나물을 무조건 물기를 꼭 짜야 하는 것은 아니다. 오히려 수분이 너무 없으면 뻣뻣해서 간이 잘 배지 않는다.

시원하고 얼큰한 국물로 속을 확 풀어준다
해장요리 10가지

모임이 많아 술을 자주 마시게 되는 12월. 남편의 괴로운 숙취를 빠르고 쉽게 풀어줄 수 있는 해장요리를 만들어보자.

》깔끔하고 개운한 맛의 해장국

조개탕

재료
모시조개 300g, 부추 100g, 대파 5cm 1개, 생강 1톨, 마늘 1쪽, 소금 조금, 물 6~7컵 정도

만드는 법
❶ **모시조개 씻기** 모시조개는 손으로 문질러 껍질에 붙은 때가 서로 부딪쳐 벗겨지도록 한 다음 찬물에 헹군다.
❷ **해감 토하기** 슴슴한 소금물에 모시조개를 2시간 동안 담가두어 해감을 토하게 한다.
❸ **끓이기** 깨끗하게 손질한 모시조개와 대파, 얇게 썬 마늘, 생강을 냄비에 넣고 물 6~7컵 정도 넣어 끓인다. 거품이 많이 생기면 국물이 지저분해지므로 걷어낸다.
❹ **소금 간하기** 조개가 입을 벌리기 시작하면 소금으로 간을 맞춘다. 끓이는 도중 자꾸 뒤적이면 조갯살이 떨어지므로 주의한다.
❺ **부추 넣기** 오래 끓이면 부추잎이 질겨지므로 간을 한 후 부추를 썰어 넣고 한소끔 끓으면 불에서 내린다.

한마디 더 │ 신선한 모시조개로 끓여야 국물에 냄새가 없고 담백하므로 살아 있는 것으로 준비한다. 맹물로 씻으면 조개의 맛이 녹게 되므로 꼭 소금물에 씻은 후 소금물에 담가 해감을 토하게 한다. 오래 끓이면 조갯살이 질겨지므로 여러 번 데우지 말고 바로 끓여 먹는 것이 제일 맛있다.

청파탕

재료
대파 2뿌리, 간장 2큰술, 달걀 1개, 고춧가루 1큰술, 후춧가루 1/2작은술

만드는 법
❶ **대파 준비하기** 대파는 보기에 탄력 있고 잎이 싱싱한 것을 고른다. 지나치게 굵어 뻣뻣해 보이는 것은 피한다.
❷ **대파 다듬기** 잎끝과 뿌리를 다듬고 깨끗이 씻어서 7~8cm 길이로 잘라 길게 쭉쭉 찢는다. 찬물에 다시 한 번 흔들어 씻어서 끈적끈적한 진을 없앤다.
❸ **간 맞추기** 맹물에 재래식 국간장을 부어 끓인다. 한소끔 끓어오르면 맛을 보아 간장을 더 넣거나 소금으로 간을 맞추고 다시 팔팔 끓인다.
❹ **달걀물 넣기** 한소끔 끓었으면 파와 푼 달걀을 넣고 숟가락으로 고루 저어 달걀과 파가 동동 뜨게 한다. 후춧가루와 고춧가루로 얼큰한 맛을 낸다.

한마디 더 │ 파는 칼슘, 인, 비타민이 많은 산성식품으로 몸을 따뜻하게 해주고 위장의 기능을 도와준다. 파를 주재료로 끓인 파국은 시원한 맛이 일품으로 숙취해소에도 좋다.

북어콩나물국

재료
콩나물 200g, 쇠고기 50g, 북어포 1/2마리, 다진파 조금, 된장 2큰술, 다진마늘 1큰술, 식용유 1큰술, 고춧가루 1/2큰술, 후춧가루 적당량, 물 4컵

만드는 법

❶ 북어포 썰기 콩나물은 꼬리를 다듬어 깨끗이 씻어놓는다. 북어포는 물에 잠깐 불렸다가 손가락 굵기의 막대모양으로 4~5cm정도 되게 썬다.

❷ 양념하기 쇠고기는 납작납작하게 썰어 다진파, 다진마늘, 된장, 후춧가루로 양념하여 골고루 간이 배게 조물조물 무친다.

❸ 볶기 냄비에 기름을 두른 뒤 양념한 쇠고기를 넣어 볶다가 콩나물과 북어포를 넣어 뽀얀 국물이 우러날 때까지 함께 볶는다.

❹ 끓이기 물 4컵을 붓고 끓이다가 콩나물이 익으면 된장을 넣어 심심하게 간을 맞춘다. 마지막에 다진파, 다진마늘, 고춧가루, 후춧가루를 넣어 더 끓인다.

김치굴국

재료

김치 1/2포기, 콩나물 50g, 굴 적당량, 참기름 1/2큰술, 대파 1뿌리, 마늘 5쪽, 붉은고추 3개, 고춧가루 1큰술

만드는 법

❶ 재료 준비하기 김치는 가볍게 속을 털어내어 송송 썰고, 콩나물은 깨끗이 다듬는다. 굴은 소금물에 흔들어 씻어 물기를 뺀다.

❷ 무치기 김치와 콩나물을 한 그릇에 담고 참기름으로 조물조물 무친다. 다진마늘은 끓일 때 넣지 말고 무칠 때 함께 넣어도 된다.

❸ 끓이기 냄비를 달군 후 ②를 넣어 잠깐 볶아주고 어느 정도 볶아지면 물 3~4컵 정도를 붓고 계속 끓인다.

❹ 양념 넣기 한소끔 끓어오르면 어슷썬 파, 다진마늘을 넣고 굴도 함께 넣어 살짝 익힌다.

북어콩나물국

김치굴국

❺ 고춧가루 넣기 상에 내기 직전에 고춧가루를 넣는다. 붉은고추를 큼직하게 썰어 함께 넣으면 더욱 먹음직스럽다.

한마디 더 | 굴이 싱싱한 겨울철에 김장김치를 송송 썰어 콩나물과 함께 볶다가 물을 붓고 한소끔 끓으면 굴을 넣고 살짝 익혀 먹으면 좋다. 간을 심심하게 하면 국을 많이 먹을 수 있으므로 술 마신 다음날 국물을 많이 담는다.

》신선하고 부드러운 맛의 해장 음료

매실차

재료

매실 1kg, 설탕 1kg

만드는 법

❶ 물기 빼기 알이 굵은 청매를 골라 물에 잘 씻어 물기를 뺀다.

❷ 용기에 넣기 청매와 설탕을 잘 섞어서 소독한 용기에 넣는다.

❸ 보관하기 용기에 넣은 청매실과 설탕을 잘 밀봉해 서늘한 곳에 보관한다.

❹ 건지기 약 2~3개월이 지난 후 과육과 씨가 쪼글쪼글해지면 매실을 건진다.

❺ 끓이기 뜨거운 물에 매실건지와 액을 넣어서 한 번 끓여서 뜨겁게 먹거나 얼음물에 넣어 차게 마시기도 한다.

한마디 더 | 매실에는 당질의 대사를 촉진하고 피로회복에 도움을 주는 구연산이 들어 있어 한약의 약재로 쓰이고 있다. 매실에는 구연산 외에도 사과산, 호박산, 구연산 등이 풍부하고 칼슘, 인, 칼륨 등의 무기질도 들어 있다. 매실차를 끓여 먹으면 피로회복에 효과적이다.

배꿀찜

재료

배 1개, 꿀 1/2컵, 대추·잣 조금씩

만드는 법

❶ 중탕하기 배는 6등분하여 껍질을 깐 뒤 사기그릇에 담고 그 위에 꿀을 뿌려 중탕한다.

❷ 먹기 배가 투명하게 되면 물이 생기는데 건지와 함께 먹는다.

한마디 더 | 배는 해열작용이 있어 열이 많은 감기에 좋고 목이 아프거나 가래가 끓을 때도 좋다. 배꿀찜이 번거롭다면 배를 곱게 갈아 즙을 낸 다음 꿀과 섞어 마시면 숙취에 효과가 있

다. 배는 차가운 성질을 가진 과일이므로 설사를 하는 경우나 냉증이 있을 때는 피한다.

오이생즙

재료
오이 1개, 사과 1/2개,
굵은소금 적당량

만드는 법
❶ **오이 씻기** 오이는 꼭지를 자르고 소금으로 가볍게 문질러 깨끗이 씻는다.
❷ **야채 씻기** 사과도 껍질째 깨끗이 씻어 놓는다.
❸ **즙 내기** 오이, 사과를 차례로 강판에 갈아 가제에 놓고 꼭 짜서 즙을 낸다.

마즙

재료
마 400g, 달걀 2개, 간장·참기름 조금씩, 김 1장

만드는 법
❶ **갈기** 껍질을 벗긴 마를 강판에 곱게 갈아 그릇에 담는다.
❷ **간하기** 간장과 참기름을 조금 넣고 달걀노른자와 김을 넣는다. 먹을 때 젓가락으로 골고루 섞는다.

한마디 더 | 알칼리성 식품인 마에는 녹말 소화효소인 아밀라제를 비롯해 다양한 효소가 들어 있어 날로 먹어도 소화가 잘된다. 마는 갈아서 먹을수록 효소의 작용이 활발해지기 때문에 즙을 내거나 가루를 내어서 먹기도 한다. 마를 갈면 색깔이 갈색으로 변하는데 조리 전 식촛물에 담가두면 이를 방지할 수 있다.

북어초회

재료
북어포(껍질 벗긴 것) 1마리, 참기름·소금 조금씩, 마늘 2쪽, 대파 4cm 1개, 붉은고추 1개, 풋고추 1개
초고추장 고추장 2큰술, 고춧가루 2작은술, 식초·설탕 2큰술씩, 물엿 조금, 깨소금 2큰술, 맛술 조금

만드는 법
❶ **썰기** 북어포는 물을 뿌려서 부드럽게 한 다음 4cm 길이로 잘라 손가락 굵기로 썬다.
❷ **참기름과 소금 넣기** 북어포에 물기가 조금 있는 정도일 때 참기름과 소금을 넣어 조물조물 무친다.

❸ **야채 손질하기** 마늘은 얇게 편으로 썰고 대파는 가늘게 어슷썬다. 고추도 얇게 어슷썰기하여 찬물에 한 번 헹군다.
❹ **초고추장 만들기** 재료를 분량대로 넣어 초고추장을 만들어 놓는다.
❺ **무치기** 북어포와 마늘, 대파, 고추를 섞고 초고추장을 넣어서 손으로 주무르듯이 무친다.

한마디 더 | 말린 생선은 지방이 산화되어 떫은맛이 난다. 생선살을 부드럽게 하고 떫은맛을 없애려면 맹물보다 쌀뜨물에 불리는 것이 좋다. 쌀뜨물은 점도가 높아 맛난 성분이 빠져나오는 것을 막아주고 쌀뜨물의 콜로이드성 물질이 떫은 맛을 흡착해준다.

해물죽

재료
홍합·새우·대구살 50g씩, 당근 30g, 양파 조금, 불린 쌀 1컵, 물 8컵, 소금·흰후춧가루 조금씩, 참기름 조금

만드는 법
❶ **해물 다지기** 홍합과 새우, 대구살을 깨끗이 씻은 후 잘게 다진다.
❷ **당근·양파 다지기** 당근은 곱게 다지고 양파도 함께 다진다.
❸ **볶기** 냄비에 참기름을 1큰술 두르고 양파와 해물을 넣어서 볶는다.
❹ **끓이기** 해물에서 물이 생기기 시작하면 당근을 넣고 끓인다.
❺ **죽 만들기** 냄비에 불린 쌀을 넣고 참기름을 넣어 나무주걱으로 젓다가 물 8컵, 볶아둔 해물재료를 국물까지 넣고 서서히 저어준다. 쌀알이 푹 퍼질 때까지 쑨다.

| 가 |

| 나 |

| 다 |

| 라 · 마 |

| 바 |